# 中国国家标准汇编

2014年修订-12

中国标准出版社　编

中国标准出版社

北　京

**图书在版编目(CIP)数据**

中国国家标准汇编:2014年修订.12/中国标准出版社编.—北京:中国标准出版社,2015.11
ISBN 978-7-5066-7948-0

Ⅰ.①中…　Ⅱ.①中…　Ⅲ.①国家标准-汇编-中国-2014　Ⅳ.①T-652.1

中国版本图书馆CIP数据核字(2015)第179867号

中国标准出版社出版发行
北京市朝阳区和平里西街甲2号(100029)
北京市西城区三里河北街16号(100045)

网址 www.spc.net.cn
总编室:(010)68533533　发行中心:(010)51780238
读者服务部:(010)68523946
中国标准出版社秦皇岛印刷厂印刷
各地新华书店经销

*

开本 880×1230 1/16　印张 36　字数 1 115 千字
2015年11月第一版　2015年11月第一次印刷

*

定价 220.00 元

# 出 版 说 明

1.《中国国家标准汇编》是一部大型综合性国家标准全集。自1983年起，按国家标准顺序号以精装本、平装本两种装帧形式陆续分册汇编出版。它在一定程度上反映了我国建国以来标准化事业发展的基本情况和主要成就，是各级标准化管理机构，工矿企事业单位，农林牧副渔系统，科研、设计、教学等部门必不可少的工具书。

2.《中国国家标准汇编》收入我国每年正式发布的全部国家标准，分为“制定”卷和“修订”卷两种编辑版本。

“制定”卷收入上一年度我国发布的、新制定的国家标准，顺延前年度标准编号分成若干分册，封面和书脊上注明“20××年制定”字样及分册号，分册号一直连续。各分册中的标准是按照标准编号顺序连续排列的，如有标准顺序号缺号的，除特殊情况注明外，暂为空号。

“修订”卷收入上一年度我国发布的、被修订的国家标准，视篇幅分设若干分册，但与“制定”卷分册号无关联，仅在封面和书脊上注明“20××年修订-1，-2，-3，……”字样。“修订”卷各分册中的标准，仍按标准编号顺序排列(但不连续)；如有遗漏的，均在当年最后一分册中补齐。需提请读者注意的是，个别非顺延前年度标准编号的新制定的国家标准没有收入在“制定”卷中，而是收入在“修订”卷中。

读者配套购买《中国国家标准汇编》“制定”卷和“修订”卷则可收齐由我社出版的上一年度我国制定和修订的全部国家标准。

3. 由于读者需求的变化，自1996年起，《中国国家标准汇编》仅出版精装本。

4. 2014年我国制修订国家标准共1 611项。本分册为“2014年修订-12”，收入新制修订的国家标准20项。

中国标准出版社

2015年8月

# 目　　录

ICS 29.120.30
K 30

# 中华人民共和国国家标准

GB/T 11918.1—2014
代替 GB/T 11918—2001

# 工业用插头插座和耦合器 第1部分:通用要求

Plugs, socket-outlet and couplers for industrial purposes—Part 1: General requirements

(IEC 60309-1:2012, MOD)

2014-06-24 发布　　2015-01-22 实施

中华人民共和国国家质量监督检验检疫总局
中国国家标准化管理委员会　发布

# 前　言

GB/T 11918《工业用插头插座和耦合器》计划分为4部分：
——第1部分：通用要求；
——第2部分：带插销和插套的电器附件的尺寸兼容性和互换性要求；
——第3部分：(名称待定)；
——第4部分：有或无联锁带开关的插座和连接器。
本部分是GB/T 11918的第1部分。
本部分按照GB/T 1.1—2009给出的规则起草。
本部分代替GB/T 11918—2001《工业用插头插座和耦合器　第1部分：通用要求》。
本部分与GB/T 11918—2001相比，主要变化如下：
——第1章中的额定工作电压由690 V改为1 000 V，额定电流由250 A改为800 A；
——第1章中明确了这些附件只打算由受过训练或操作熟练的人员安装使用；
——第1章中补充了适用于带无螺纹端子或绝缘穿刺端子的电器附件的范围；
——第3章增加了3.18.7无螺纹端子和3.18.8绝缘穿刺端子定义；
——按GB/T 11918.4—2014给出的定义3.103.3，修改了3.8整体式开关电器的定义；
——4.1明确了最小防护等级应为IP23；并对用来一起使用的插头、插座、器具输入插座和连接器的组合提出了要求；
——4.2.1对部件或元件做出了相关规定；
——4.2.4增加了对一组新的附加试样进行11.1.4试验的要求；
——5.1增加750 V和1 000 V；
——5.2的系列Ⅰ增加315 A、400 A、630 A、800 A，系列Ⅱ增加300 A、350 A、500 A、600 A，并增加了注释；
——表1中增加"在我国推荐使用系列Ⅰ。"；
——6.1.2修改为依据GB 4208按防护等级分类；
——第6章增加了6.1.6、6.1.7、6.1.8；
——7.1增加了标识本标准的编号的要求；并规定：本标准的编号可以标在产品或包装单元上；
——7.6给出了建议所用汽油的成分；
——7.7的表2给出了额定工作电压为500 V～1 000 V对应的外壳颜色；
——第7章增加了7.8、7.9、7.10；
——8.1增加了注释"GB/T 11918.2给出了一些标准活页。"；
——8.2增加了允许单相或三相插头插入三相＋中性插座的连接的条件；
——表3中增加315 A、400 A、630 A、800 A的可连接的导体尺寸；
——第11章重新进行了编写，增加了螺纹型端子、无螺纹端子、绝缘穿刺端子(IPT)的要求及相关试验；
——第12章明确了联锁要求按GB/T 11918.4检查；
——15.8修改为额定工作电压高于50 V a.c.或120 V d.c.的插座的要求；
——16.9修改为额定工作电压超过50 V a.c.或120 V d.c.的插头和连接器的要求；
——17.3修改为额定工作电压高于50 V a.c.或120 V d.c.的器具输入插座的要求；
——18.2增加了当第一特征数字为3或4，且防护等级小于等于IPX4时的规定；

——18.3 和 18.4 的内容删除；
——19.3 增加电气强度试验的 3 个注释；
——表 12 按 IEC 60245-4:2011 对电缆型号进行了增减；
——第 20 章中删除了额定电压 380 V～415 V 的电器附件连接金属支架的描述；
——表 9 中增加了 315 A、400 A、630 A、800 A 的分断能力；
——第 21 章增加了每 500 个行程后的擦干清洁保养操作，并规定在试验期间，电器附件的插销或插套不得有校正、加润滑剂或其他调整；
——表 10 中增加了 315 A、400 A、630 A、800 A 的正常操作的周期数；
——表 11 中增加了 315 A、400 A、630 A、800 A 的温升试验的试验电流和导体的横截面积；
——第 22 章增加了额定电流超过 250 A 的温升试验持续时间；
——表 12 中增加了 315 A、400 A、630 A、800 A 对应的标称横截面积；
——表 13 中增加了 315 A、400 A、630 A、800 A 对应的电缆外径近似值；
——表 14 中增加了 315 A、400 A、630 A、800 A 对应的电缆经受的拉力和力矩值；
——表 15 中增加了 315 A、400 A、630 A、800 A 对应的冲击能量；
——表 16 中删除了“大于 30 A”一栏；
——表 19 中增加了“500 V 以上至 690 V”、“690 V 以上至 1 000 V”的爬电距离、电气间隙和穿通密封胶距离；
——27.3 直接引用 GB/T 5169.21，简化了相关描述；
——27.5 直接引用 GB/T 4207，简化了相关描述；
——图 13 中增加了导体横截面积 185 $mm^2$、240 $mm^2$、300 $mm^2$、400 $mm^2$、500 $mm^2$、630 $mm^2$ 相应的用以检查最大规定横截面积的未经处理的圆导体的可插入性的规；
——增加了附录 B。

本部分使用重新起草法修改采用 IEC 60309-1:2012《工业用插头插座和耦合器　第 1 部分：通用要求》。

本部分与 IEC 60309-1:2012 的技术性差异及其原因如下：

——关于规范性引用文件，本部分做了具有技术性差异的调整，以适应我国的技术条件，调整的情况集中反映在第 2 章“规范性引用文件”中，具体调整如下：

- 用 GB/T 3956—2008　电缆的导体(IEC 60228:2004，IDT)代替 IEC 60228:1978；
- 用 GB 4208—2008　外壳防护等级(IP 代码)(IEC 60529:2001，IDT)代替 IEC 60529:1989；
- 用 GB/T 5023(所有部分)　额定电压 450/750 V 及以下聚氯乙烯绝缘电缆[IEC 60227(所有部分)]代替 IEC 60227(所有部分)；
- 用 GB/T 5169.11—2006　电工电子产品着火危险试验　第 11 部分：灼热丝/热丝基本试验方法　成品的灼热丝可燃性试验方法(IEC 60695-2-11:2000，IDT)代替 IEC 60695-2-1:1994；
- 用 GB/T 5169.21　电工电子产品着火危险试验　第 21 部分：非正常热　球压试验(GB/T 5169.21—2006，IEC 60695-10-2:2003，IDT)代替 IEC 60695-10-2；
- 用 GB/T 9797　金属覆盖层　镍＋铬和铜＋镍＋铬电镀层(GB/T 9797—2005，ISO 1456:2003，IDT)代替 ISO 1456；
- 用 GB/T 9799　金属覆盖层　钢铁上的锌电镀层(GB/T 9799—1997，eqv ISO 2081:1986)代替 ISO 2081；
- 用 GB/T 11918.4　工业用插头插座和耦合器　第 4 部分：有或无联锁带开关的插座和连接器(GB/T 11918.4—2014，IEC 60309-4:2012，MOD)代替 IEC 60309-4；
- 用 GB/T 12599　金属覆盖层　锡电镀层　技术规范和试验方法(GB/T 12599—2002，ISO 2093:1986，MOD)代替 ISO 2093；

- 用 GB 13539.1—2008　低压熔断器　第1部分：基本要求(IEC 60269-1：2006，IDT)代替 IEC 60269-1：1986；
- 用 GB/T 13539.2—2008　低压熔断器　第2部分：专职人员使用的熔断器的补充要求(主要用于工业的熔断器)标准化熔断器系统示例A至I(IEC 60269-2：2006，IDT)代替 IEC 60269-2：1986；
- 用 GB/T 16935.1—2008　低压系统内设备的绝缘配合　第1部分：原理、要求和试验(IEC 60664-1：2007，IDT)代替 IEC 60664-1：1992；
- 用 GB 17465(所有部分)　家用和类似用途器具耦合器[IEC 60320(所有部分)]代替 IEC 60320(所有部分)。

——本标准编号的标识。参照其他标准要求及相关规定，7.1增加了标识本标准编号的要求。

——依据 IEC 60245-4：2011 在表12、表13中增减了相应的电线型号。

与本部分中规范性引用的国际文件有一致性对应关系的我国文件如下：

——GB/T 5013.4—2008 额定电压450/750 V及以下橡皮绝缘电缆　第4部分：软线和软电缆(IEC 60245-4：2004，IDT)。

本部分做了下列编辑性修改：

——在第1章中补充了"GB/T 11918的本部分规定了工业用插头插座和耦合器的结构、机械性能、电气性能等技术要求。"；

——将 IEC 60309-1：2012 的第3章与第2章调换次序，即将"规范性引用文件"为第2章，"术语和定义"为第3章；

——将 IEC 60309-1：2012 引言中关于标准结构的说明，移至本部分的前言中。并删除 IEC 引言；

——将"术语和定义"的引导语进行了修改；

——为保证 GB/T 11918 定义的一致性，对3.8整体式开关电器按 GB/T 11918.4—2014 的3.103.3进行了补充；

——为了便于查阅，8.1增加了注释："GB/T 11918.2 给出了一些标准活页。"；

——将 IEC 60309-1：2012 中表4-1改为表4，表4-2改为表5，表4-3改为表6，表4-4改为表7，后面的表的序号做顺延；

——参照其他电器附件标准对电气强度试验的要求，19.3补充了注2、注3、注4；

——对附录B"要求重复试验的章目列表"，根据 GB/T 11918—2001 对应的 IEC 60309-1 版本的情况，进行了调整；

——增加了参考文献。

本部分由中国电器工业协会提出。

本部分由全国电器附件标准化技术委员会(SAC/TC 67)归口。

本部分起草单位：中国电器科学研究院有限公司、杭州鸿雁电器有限公司、汕头市东亚电器厂、广东明家科技股份有限公司、跃华控股集团有限公司、中山市威浦电器有限公司、北京突破电气有限公司、成都瑞联电气股份有限公司、公牛集团有限公司、宁波唯尔电器有限公司、浙江恒泰电工有限公司、南京曼奈柯斯电气有限公司、上海电动工具研究所、威凯检测技术有限公司、奇胜工业(惠州)有限公司深圳分公司、飞雕电器集团有限公司、广州市番禺天虹工业开发有限公司、耐思电气(嘉兴)有限公司、南京康尼科技实业有限公司。

本部分主要起草人：蔡军、丁汉辉、金峰、黄俊、王朝圣、陈赞辉、朱松涛、王化毅、阮立平、李红文、骆德元、鞠明华、张玮昌、袁曲、龚志雷、郑伟、黎达坚、姜九龙、丁丽、李立新、罗时明、蔡映峰、张礼荣。

本部分所代替标准的历次版本发布情况为：

——GB/T 11918—1989，GB/T 11918—2001。

# 工业用插头插座和耦合器
# 第1部分:通用要求

## 1 范围

GB/T 11918 的本部分规定了工业用插头插座和耦合器的结构、机械性能、电气性能等技术要求。

本部分适用于主要作工业用途的、户内和户外使用的额定工作电压不超过 1 000 V d.c.或 a.c.和 500 Hz a.c.,额定电流不超过 800 A 的插头和插座、电缆耦合器和器具耦合器。

这些附件只打算由受过培训的[电气]人员(GB/T 2900.73—2008,定义 195-04-02)或熟练[电气]技术人员(GB/T 2900.73—2008,定义 195-04-01)安装使用。

所列优选额定值并无排斥其他额定值之意。

本部分适用于环境温度通常在−25 ℃～+40 ℃范围内时使用的插头和插座、电缆耦合器和器具耦合器(以下简称电器附件)。这些电器附件预定仅与铜或铜合金电缆连接。

本部分适用于系列Ⅰ中额定电流不高于 32 A、系列Ⅱ中额定电流不高于 30 A 的、带无螺纹端子或绝缘穿刺端子的电器附件。

不排除将这些电器附件用于建筑工地,或作农业、商业或家用用途。

安装在电气设备里的或固定于电气设备的插座或器具输入插座在本部分范围之内。本部分亦适用于预定用于特低电压装置里的电器附件。

本部分不适用于主要作家用的及类似一般用途的电器附件。

在特殊场所,例如在船上或易发生爆炸的场所,可能要有附加要求。

## 2 规范性引用文件

下列文件对于本文件的应用是必不可少的。凡是注日期的引用文件,仅注日期的版本适用于本文件。凡是不注日期的引用文件,其最新版本(包括所有的修改单)适用于本文件。

GB/T 3956—2008 电缆的导体(IEC 60228:2004,IDT)

GB/T 4207—2012 固体绝缘材料耐电痕化指数和相比电痕化指数的测定方法(IEC 60112:2009,IDT)

GB 4208—2008 外壳防护等级(IP 代码)(IEC 60529:2001,IDT)

GB/T 5023(所有部分) 额定电压 450/750 V 及以下聚氯乙烯绝缘电缆[IEC 60227(所有部分)]

GB/T 5169.11—2006 电工电子产品着火危险试验 第 11 部分:灼热丝/热丝基本试验方法 成品的灼热丝可燃性试验方法(IEC 60695-2-11:2000,IDT)

GB/T 5169.21 电工电子产品着火危险试验 第 21 部分:非正常热 球压试验(GB/T 5169.21—2006,IEC 60695-10-2:2003,IDT)

GB/T 9797 金属覆盖层 镍+铬和铜+镍+铬电镀层(GB/T 9797—2005,ISO 1456:2003,IDT)

GB/T 9799 金属及其他无机覆盖层 钢铁上经过处理的锌电镀层(GB/T 9799—2011,ISO 2081:2008,IDT)

GB/T 11918.4 工业用插头插座和耦合器 第 4 部分:有或无联锁带开关的插座和连接器(GB/T 11918.4—2014,IEC 60309-4:2012,MOD)

GB/T 12599 金属覆盖层 锡电镀层 技术规范和试验方法(GB/T 12599—2002,ISO 2093:

1986,MOD)

GB 13539.1—2008　低压熔断器　第1部分:基本要求(IEC 60269-1:2006,IDT)

GB/T 13539.2—2008　低压熔断器　第2部分:专职人员使用的熔断器的补充要求(主要用于工业的熔断器)标准化熔断器系统示例A至I(IEC 60269-2:2006,IDT)

GB/T 16935.1—2008　低压系统内设备的绝缘配合　第1部分:原理、要求和试验(IEC 60664-1:2007,IDT)

GB 17465(所有部分)　家用和类似用途器具耦合器[IEC 60320(所有部分)]

IEC 60083　IEC成员国标准化的家用和类似一般用途插头插座(Plugs and socket-outlets for domestic and similar general use standardized in member countries of IEC)

IEC 60245-4:2011　额定电压450/750 V及以下橡皮绝缘电缆　第4部分:软线和软电缆(Rubber insulated cables of rated voltages up to and including 450/750V—Part 4:Cords and flexible cables)

## 3　术语和定义

下列术语和定义适用于本文件。

注1:凡使用"电压""电流"一词之处,均为d.c.或a.c.有效值。

注2:电器附件的用途示于图1。

3.1

**插头和插座　plug and socket-outlet**

能将软电缆根据需要连接到固定布线的器件,由如下两部分组成:

3.1.1

**插座　socket-outlet**

预定与固定布线安装在一起的或安装在设备里的那部分。

插座也可安装在隔离变压器的输出电路里。

3.1.2

**插头　plug**

与连接到设备或连接器的一根软电缆成一整体的或预定直接与此软电缆连接的那部分。

3.2

**电缆耦合器　cable coupler**

能根据需要连接两根软电缆的器件,由如下两部分组成:

3.2.1

**连接器　connector**

与连接到电源的一根软电缆成一整体的或预定与该电缆连接的那一部分。

注:通常,连接器与插座二者触头的排列是一致的。

3.2.2

**插头　plug**

与连接到设备或连接器的一根软电缆成一整体的或预定与此软电缆连接的那一部分。

注:电缆耦合器的插头与"插头和插座"的插头完全相同。

3.3

**器具耦合器　appliance coupler**

能将软电缆根据需要连接到设备的器件,由如下两部分组成:

3.3.1

**连接器　connector**

与连接到电源的一根软电缆成一整体的或预定与该电缆连接的那一部分。

注：通常，器具耦合器的连接器与电缆耦合器的连接器完全相同。

3.3.2

**器具输入插座　appliance inlet**

安装在设备里的，或固定到该设备的，或预定固定到该设备的那一部分。

注：通常，器具输入插座与插头二者触头的排列是一致的。

3.4

**可拆线插头或连接器　rewirable plug or connector**

可更换软电缆的这种结构的电器附件。

3.5

**不可拆线插头或连接器　non-rewirable plug or connector**

若不使电器附件永久失效便不能使软电线与电器附件分离的这种结构的电器附件。

3.6

**机械开关电器　mechanical switching device**

借助可分开的触头的动作闭合和断开一个或多个电路的开关电器。

3.7

**带开关的插座　switched socket-outlet**

装有关联开关装置以使电源与插座的插套断开的插座。

3.8

**整体式开关电器　integral switching device**

结构上作为本标准范围内的插座或连接器的一部分的开关电器，且无论是开关电器还是插座或连接器均不能被独立替换。

3.9

**联锁装置　interlock**

防止插头的插销与插座或连接器正常插合之前带电的，和防止插头在其插销带电时被拔出或使插头的插销在被拔出前不带电的电气或机械装置。

3.10

**保持装置　retaining device**

插头或连接器正常插合时将插头或连接器保持于正常位置并防止其被意外拔出的机械装置。

3.11

**额定电流　rated current**

制造商给电器附件规定的电流。

3.12

**绝缘电压　insulation voltage**

制造商给电器附件规定的电压值，且电气强度试验、电气间隙与爬电距离都参照此电压确定。

3.13

**额定工作电压　rated operating voltage**

电器附件预定要用的电源的标称电压。

3.14

**基本绝缘　basic insulation**

电器附件正常起作用及防触电基本保护所必需的绝缘。

3.15

**附加绝缘　supplementary insulation**

**保护性绝缘　protective insulation**

在基本绝缘上增加的用以在基本绝缘万一失效时，确保防触电保护的独立的绝缘。

3.16

**双重绝缘　double insulation**

由基本绝缘和附加绝缘二者组成的绝缘。

3.17

**加强绝缘　reinforced insulation**

具有提供与双重绝缘同一防触电保护等级的机械性能和电气性能的改进型基本绝缘。

3.18

**端子　terminal**

用以将导体连接到电器附件的导电部件。

3.18.1

**柱型端子　pillar terminal**

将导体插入孔或槽中,并夹紧在螺钉端部下面的端子,其夹紧压力可直接由螺钉端部施加,或通过受到螺钉体端部压力的中间夹紧件施加[见图 14 a)]。

3.18.2

**螺钉端子　screw terminal**

将导体夹紧在螺钉头下的端子。其夹紧压力可直接由螺钉头施加,或通过一个中间夹紧件,例如垫圈、夹紧板或防松部件施加[见图 14 b)和图 14 c)]。

3.18.3

**螺栓端子　stud terminal**

将导体夹紧在螺母下面的端子。其夹紧压力可由经适当加工成形的螺母施加,或通过一个中间夹紧件,例如垫圈、夹紧板或防松部件施加[见图 14 d)]。

3.18.4

**鞍型端子　saddle terminal**

用两个或多个螺钉或螺母将导体夹紧在鞍型压板下的端子[见图 l4 e)]。

3.18.5

**接片端子　lug terminal**

用一个螺钉或螺母将电缆接线片或汇流条夹紧的螺钉端子或螺栓端子[见图 14 f)]。

3.18.6

**罩式端子　mantle terminal**

用螺母将导体夹紧在螺栓槽底部的端子。通过螺母下面的适当加工成形的垫圈(如果螺母是帽式螺母,则通过中心销)或通过等效部件将螺母的压力传到槽内的导体,将导体夹在螺栓槽底[见图 14 g)]。

3.18.7

**无螺纹端子　screwless type terminal**

将一根或多根导体连接和随后断开的端子,用除螺钉之外的方法直接或间接连接。

注:无螺纹端子的示例见图 14 h)。

3.18.8

**绝缘穿刺端子　insulation piercing terminal;IPT**

将一根或多根导体连接和随后断开的端子,无需事先剥离导体的绝缘层,通过穿刺、钻透、截断、移除、替换或其他方式使绝缘失效而完成连接。

注 1:电缆护套的移除,如有必要,不被视作事先剥离。

注 2:绝缘穿刺端子的示例见图 14 i)。

3.19

**夹紧件　clamping unit**

端子中导体机械夹紧及电气连接所必需的部件。

3.20

**限制短路电流　conditional short-circuit current**

在规定的使用和性能条件下，由规定的短路保护电器来保护的电器附件在该短路保护电器动作期间所能承受的预期电流。

注：上述定义与 IEV 441-17-20 是有区别的。上述定义已把限流电器的概念扩展到短路保护电器，短路保护电器的功能不仅只局限于限流作用。

3.21

**帽盖　cap**

一种分立或连着的部件。可用来提供当插头或器具输入插座不与插座或连接器插合时某一等级的防护。

3.22

**盖　lid**

用以确保插座或连接器上的防护等级的部件。

## 4　总则

### 4.1　一般要求

电器附件的设计和构造应能保证在正常使用时性能可靠，对使用者和周围环境没有危险。

除非另有规定，否则符合本部分要求的装置通常使用时的正常使用环境为 GB/T 16935.1—2008 规定的 3 级污染环境。

如需其他污染等级，爬电距离和电气间隙必须符合 GB/T 16935.1—2008 的规定，相比电痕化指数(CTI)应按 GB/T 4207 的要求评估。

根据 GB 4208 的要求，附件的最小防护等级应为 IP23。

用来一起使用的插头、插座、器具输入插座和连接器的组合，应符合本部分的要求和相关标准活页(若有)。

是否合格，通常要通过全部规定的试验来检查。

### 4.2　关于试验的一般说明

4.2.1　本部分规定的试验均为型式试验。如果电器附件的一部分已经在某一给定严酷程度的试验合格，且有关的型式试验的严酷程度没有超过已进行的试验，不再重复这些有关的型式试验。当符合 GB/T 11918 的装置或电器附件中包含一个部件或元件，且此部件或元件符合相应的我国标准，则此部件或元件不需要进一步的试验，除非其使用方式与其标准目的有显著差异。

4.2.2　除非另有规定，否则试样应以(20±5)℃的环境温度、额定频率，按交货状态在正常使用条件下进行试验。

4.2.3　除非另有规定，否则试验应按本部分章条的顺序进行。

4.2.4　除非另有规定，否则用 3 个试样进行全部的试验，但必要时，要用一组新的附加试样进行 11.1.4 和第 29 章的试验。如果第 20、21 和 22 章的试验既要用 d.c.，又要用 a.c.进行，则用 a.c.进行的试验应在 3 个附加试样上进行。

4.2.5　如果没有试样在整个系列的适用试验不合格，电器附件视作符合本部分的要求。如果有一个试样在一项试验不合格，该项试验及对其试验结果可能已发生影响的前项(前数项)试验应在另一组 3 个试样上重复进行，复试时，所有这 3 个试样均应试验合格。

注：通常，只需重复进行造成不合格的那项试验，但如果该试样在第 21 和 22 章的其中一项试验不合格，则应从第 20 章的那一项试验开始复试。

申请者可在送交第一组试样的同时送交一组附加试样，以备万一有试样不合格时需要，这样，测试站无需等申请者再次提出要求，即可对附加试样进行试验，并且，只有在再出现不合格时，才判为不合格。不同时送交附加试样者，一有试样不合格，便判为不合格。

4.2.6 由于符合本部分要求的电器附件预定是仅连接铜或铜合金的电缆的，因此，当试验要用导体来进行时，所用导体应为铜导体并应符合 GB/T 5023、GB/T 3956—2008[第 3 章实心(第 1 种)，绞合(第 2 种)，软导体(第 5 种)]和 IEC 60245-4:2011 的要求。

## 5 标准额定值

5.1 额定工作电压范围和额定电压优选值为：

20 V～25 V　　380 V～415 V

40 V～50 V　　440 V～460 V

100 V～130 V　480 V～500 V

200 V～250 V　600 V～690 V

277 V　　750 V　　1 000 V

5.2 额定电流优选值由表 1 给出。

**表 1 额定电流优选值**

| 系列Ⅰ<br>A | 系列Ⅱ<br>A |
|---|---|
| 16 | 20 |
| 32 | 30 |
| 63 | 60 |
| 125 | 100 |
| 250 | 200 |
| 315 | 300 |
| 400 | 350 |
| 630 | 500 |
| 800 | 600 |

注 1：当制造商不使用优选额定值时，本部分中提及的作为“其他额定值”的额定值仅用于试验用途。

注 2：本表不提供系列Ⅰ和系列Ⅱ之间的对应值，只是优选额定值列表。

注 3：在我国推荐使用系列Ⅰ。

## 6 分类

6.1 电器附件按如下分类：

6.1.1 按用途分类：插头、插座、连接器、器具输入插座。

6.1.2 依据 GB 4208 按防护等级分类(带最小防护等级 IP23，见 4.1)：

注：依据GB 4208，指定第二特征数字为7或8的电器附件只适用水密的。用于防喷的电器附件，按第二特征数字5或6，需要附加试验，然后相应地产品也应有标志。

6.1.3 按接地结构分类：

——不带接地触头的电器附件；

——带接地触头的电器附件。

6.1.4 按电缆连接方法分类：

——可拆线插头和连接器；

——不可拆线插头和连接器。

6.1.5 按联锁机构分类：

——没有联锁、带或不带整体式开关电器的电器附件；

——带机械联锁的电器附件；

——带电气联锁的电器附件。

6.1.6 按端子类型分类：

——带螺纹型端子的；

——带无螺纹端子的；

——带绝缘穿刺端子的。

6.1.7 对于无螺纹端子和绝缘穿刺端子，按导体类型分类：

——只用于实心导体；

——只用于硬(实心和绞合的)导体；

——只用于软导体；

——硬的(实心和绞合的)和软的导体都适用。

6.1.8 按带电部件的易触及性分类：

——提供IPXXB防护等级的电器附件；

——提供IP2X防护等级的电器附件；

——提供IPXXD防护等级的电器附件；

——提供IP4X防护等级的电器附件。

## 7 标志

7.1 电器附件应标出如下标志：

——额定电流，单位为安培；

——额定工作电压或额定工作电压范围，单位为伏特；

——如果电器附件预定不作a.c.和d.c.两用，或预定作a.c.用途而频率不是50 Hz或60 Hz，或如果a.c与d.c的额定值不同，电源性质符号；

——额定频率，如额定频率高于60 Hz；

——制造商或代理商的名称或商标；

——本标准的编号，如，GB/T 11918；

——型号，型号可以是产品目录编号；

——防护等级；

——用以指出接地触头位置或(如有互换性)指出互换性使用方式的符号。

注：绝缘电压标志是非强制性标志。

本标准的编号可以标在产品或包装单元上。

是否合格，通过观察检查。

7.2　使用符号时应使用如下符号：

A　　　　安培

V　　　　伏特

Hz　　　赫兹

～　　　交流电

⎓　　　直流电

(⏚)(优选)或⏚　　接地

IPXX(有关数字)　GB 4208 的防护等级

用 IP 代码时，应规定两个特征数字(XX)。

插头和器具输入插座的防护等级标志只有在插头和器具输入插座与配套电器附件处于插合状态或如有连着的帽盖时，只有在帽盖起作用的状态下，才有效。

可以仅用数字来表示额定电流和额定工作电压或额定工作电压范围。

如果有 d.c.额定工作电压，代表此额定工作电压的数字应位于代表 a.c.额定工作电压的数字之前，并应以一直线或一破折号隔开。

7.3　若为插座和器具输入插座，额定电流、电源性质(必要时)、制造商或代理商的名称或商标的标志应标在主要部件上、外壳外侧上、或盖上(如有，此盖必须用工具才能卸下)。

若为非暗装式插座和器具输入插座，这些标志应在电器附件按正常使用要求安装和接线时，必要时，还应在将电器附件从外壳拆下之后，易于辨认。如有绝缘电压标志，此标志应标在主要部件上，而且应是电器附件完成安装和接线后，正常使用时是看不见的。

额定工作电压、型号、防护等级、用以指出接地触头位置或(如有互换性)指出互换性使用方式的符号等标志，应位于电器附件安装后可见之处，应标在外壳外侧，或在盖上(如有，此盖必须用工具才能卸下)。

上述的标志，除型号标志之外，其余的均应在电器附件按正常使用要求安装和接线时易于辨认。

是否合格，通过观察检查。

注：插座或器具输入插座的“主要部件”一词是指带有触头的部件。

　型号可标在主要部件上。

如果有盖，额定电流、电源性质、额定工作电压和制造商或代理商的名称或商标可在盖上重复标出。

7.4　若为插头和连接器，7.1 规定的标志(如有绝缘电压标志，此标志除外)应在电器附件按正常使用要求接线准备使用时易于辨认。

如有绝缘电压标志，此标志应标在主要部件上，而且应是电器附件完成安装和接线后，正常使用时是看不见的。

注 1：“准备使用”一词并非说插头或连接器与其他配套电器附件插合。

注 2：插头或连接器的“主要部件”一词是指带有触头的部件。

是否合格，通过观察检查。

7.5　若为可拆线电器附件，触头应以符号显示：

——三相电器附件，L1、L2、L3 或 1、2、3 代表相线；如有中线，N 代表中线；符号(⏚)或⏚代表地极；

——可作交直流两用的两极电器附件，一个符号代表其中一个带电极，符号(⏚)或⏚代表地极；

——在一段时间内，可用 R1、S2、T3 代替 L1、L2、L3。

这些符号应位于靠近有关端子处，且不得标在螺钉、可拆卸垫圈或其他可拆卸部件上。

注：控制导体用端子不要求标志。

　与字母配用的数字可以写为下标。建议在可行之处尽量使用符号(⏚)。

是否合格，通过观察检查。

7.6 标志应耐磨，清晰。

是否合格，通过观察并进行如下试验检查：

经第18章的潮湿处理之后，手持浸透水的布片用力擦拭标志15 s，然后，再用浸透汽油的布使劲擦拭标志15 s。

建议所用汽油为溶剂己烷，其芳族含量体积比最大为0.1%，贝壳松脂丁醇值为29，初沸点约为65 ℃，干点约为69 ℃，密度为0.68 g/cm$^3$。

应特别注意制造商的或代理商的名称或商标，如有电源性质标志，此标志亦是特别注意的对象。

注：用以检查标志耐磨程度的试验正在考虑中。

7.7 如果除了采用上述标志之外，还要用颜色来显示额定工作电压，则所用颜色标志应如表2所示，如果显示色与外壳的颜色不同，则只有在易于识别此显示色时才使用显示色。

**表2 额定工作电压对应的外壳颜色**

| 额定工作电压<br>V | 颜色[a,b] |
|---|---|
| 20～25 | 紫 |
| 40～50 | 白 |
| 100～130 | 黄 |
| 200～250 | 蓝 |
| 380～480 | 红 |
| 500～1 000 | 黑 |

[a] 若为频率为60 Hz～500 Hz，必要时，可将绿色与代表该额定值工作电压的颜色结合着使用。

[b] 使用第Ⅱ系列电流额定值的国家将橙色作为代表125/250 V a.c.电器附件的专用色，而将灰色用作代表277 V a.c.电器附件的专用色。

7.8 带无螺纹端子的电器附件应标出导体插入端子前应剥去的绝缘长度。

7.9 6.1.7的端子应标出如下标志：

——只用于实心导体的端子，标出字母“s”或“sol”；

——只用于硬导体(实心的和绞合的)的端子，标出字母“r”；

——只用于软导体的端子，标出字母“f”。

——用于硬(实心的和绞合的)导体和软导体的端子可不标出标志。

此标志应标在电器附件上，也可以标在随附的说明书上、最小成套装置上或制造商文件上(若有)。

7.10 对于端子，连接和断开的步骤，若有必要，应在产品上、最小成套装置上或制造商文件上作说明。

## 8 尺寸

8.1 如有标准活页，电器附件应符合适用的标准活页的要求。当没有标准活页时，电器附件应符合制造商给出的规格。

注：GB/T 11918.2给出了一些标准活页。

8.2 应不能使插头或连接器与不同额定值的或不同触头组合的插座或器具输入插座插合。

此外，设计应保证不出现下列不正确连接：

——接地插销和/或辅助插销与带电插套，或带电插销与接地插套和/或辅助插套之间；

——如有中性插套，相插销与中性插套之间；

——中性插销与相插套之间。

当以上条件都符合时，允许单相或三相插头插入三相＋中性插座的连接。

是否合格，通过观察检查。

8.3 应不能在插头与插座或连接器之间或在器具输入插座与连接器或插座之间进行单极连接。

插头和器具输入插座不得与符合 IEC 60083 的插座或与符合 GB 17465 的连接器进行不正确连接。

插座和连接器不得与符合 IEC 60083 的插头或与符合 GB 17465 的器具输入插座进行不正确连接。

不正确连接包括单极连接和不符合对防触电保护的要求的其他连接。

是否合格，通过观察检查。

## 9 防触电保护

9.1 电器附件的设计应能保证当插座和连接器按正常使用要求接线时，其带电部件是不易触及的，此外还应保证当插头和器具输入插座与配套电器附件部分或完全插合时，其带电部件是不易触及的。

此外，应不可能在任何触头处于易触及状态时，使插头或器具输入插座的插销与插座或连接器的插套之间进行接触。

是否合格，通过观察，必要时，还要在按正常使用要求接线的试样上进行试验检查。

将图 2 所示标准试验指施加到各个可能的位置，用电压不低于 40 V 的电指示器显示试验指与有关部分接触的情况。

注：插座和连接器的中性插套和辅助插套视作带电部件。

9.2 带接地触头的电器附件应设计成：

——插入插头或连接器时，如有中线，应在相线及中线接通之前先接通地线；

——拔出插头或连接器时，如有中线，应在接地线断开之前先断开相线及中线。

9.3 应不可能将带有插销的部件意外地装配到插座或连接器的外壳里。

是否合格，进行手动试验检查。

## 10 接地措施

10.1 有接地触头的电器附件应装配接地端子。此外，有一内部接地端子的金属壳固定式电器附件可以装配一个外部接地端子，除非是暗装式插座，否则，此外部接地端子应是从外侧可看见的。

接地触头应直接地可靠地连接到接地端子，但安装在隔离变压器输出电路里的插座的接地端子不得与接地端子连接。

是否合格，通过观察检查。

10.2 带接地触头的电器附件的易触及金属部件，凡绝缘失效时会变为带电的，在结构上应可靠地连接到内部接地端子。

注：根据本要求，用以固定底座、盖的螺钉及类似零件不视作绝缘失效时会变成带电的易触及部件。

如果易触及金属部件通过金属部件连接到接地端子或接地触头而不受带电部件的影响，或用双重绝缘或加强绝缘与带电部件隔开，这些易触及金属部件在本要求中不视作绝缘失效时会变成带电的易触及金属部件。

是否合格，通过观察并进行如下试验检查：

在接地端子与每个易触及金属部件之间通以 25 A a.c.，此 a.c.电源的空载电压不超过 12 V。

测出接地端子与易触及金属部件之间的电压降，并根据电流与这一电压降算出电阻。

无论如何，电阻不得超过 0.05 Ω。

注：务必注意，切勿让测量探头端部与被试金属部件之间的接触电阻影响试验结果。

10.3 接地触头应能承载等于为相触头而规定的电流而不会过热。

是否合格，进行第22章的试验检查。

10.4 接地触头应有能防止机械损伤的保护层。

是否合格，通过观察检查。

注：此项要求等于规定了不准使用侧式接地触头。

## 11 端子和端头

### 11.1 端子和端头的一般要求

11.1.1 可拆线电器附件应装配端子。

可拆线插头和连接器应装配能连接软导体的端子。

是否合格，通过观察检查。

11.1.2 不可拆线电器附件应通过锡焊、熔焊、压接或等效方法进行永久性连接(终端)。

不允许压接预先锡焊的软导体，除非焊接区在压接区外侧。

是否合格，通过观察检查。

11.1.3 端子应可以连接未经特别处理的导体。

注1：“特别处理”一词，包括导体线丝的锡焊、端子末端的使用等，但不包括导体插入端子前的整形和对软导体的绞扭。

注2：本要求不适用于接片端子。

是否合格，通过观察检查。

11.1.4 端子的部件应为金属制成，并在设备内部的条件下，在使用时应有足够的机械强度、导电性和耐腐蚀性。

在允许的温度范围和正常的化学污染条件下，适当的金属如下：

——铜；

——铜含量至少为58%的合金，适于作冷轧制成的部件；铜含量至少为50%的合金，适于作其他部件；

——铬含量至少为13%且碳含量不超过0.09%的不锈钢；

——带有GB/T 9799中规定的锌电镀层的钢，其镀层厚度至少为：

- IP≤X4的电器附件，8 μm(ISO使用条件2)；
- IP≥X5的电器附件，12 μm(ISO使用条件3)；

——带有GB/T 9797中规定的镍铬电镀层的钢，其镀层厚度至少为：

- IP≤X4的电器附件，20 μm(ISO使用条件2)；
- IP≥X5的电器附件，30 μm(ISO使用条件3)；

——带有GB/T 12599中规定的锡电镀层的钢，其镀层厚度至少等于：

- IP≤X4的电器附件，20 μm(ISO使用条件2)；
- IP≥X5的电器附件，30 μm(ISO使用条件3)；

可能承受机械磨损的载流部件不得为带有电镀层的钢制成。

是否合格，通过观察并进行化学分析检查。

11.1.5 若接地端子的本体不是电器附件金属框架或外壳的一部分，此本体应为11.1.4中描述的用于端子中部件的材料制成。若本体是金属框架或外壳的一部分，那么夹紧件应为此材料制成。

若接地端子的本体是铝或铝合金制成的框架或外壳的一部分，则要采取措施，避免铜与铝或铝合金之间接触而引起腐蚀的危险。

注：带有适当金属镀层的螺钉或螺母的使用视作能满足避免腐蚀危险的要求。

是否合格，通过观察并进行化学分析检查。

11.1.6　端子应在电器附件里固定得当连接或断开导体时，不会引起端子本身松脱。

夹紧件不得用于固定其他任何元件。

注1：端子用夹紧件可用于阻止插头插销或插座插套旋转或位移。

是否合格，通过观察检查，如有必要，进行25.1的试验检查。

注2：这些要求不排除浮动不固定的端子，或端子设计成能通过夹紧螺钉或螺母防止端子旋转或位移，使其移动适当限制且不损害电器附件的正确操作。

可用两个螺钉、一个凹槽中的螺钉(使之无明显间隙)，或其他适当方式将端子固定，以防止端子松脱。

只涂覆密封胶来锁定，不使用其他方法，视作锁定不充分。但是，自硬化松脂可用于锁定正常使用中不受扭力的端子。

11.1.7　接地端子应置于其他端子附近，若有内部接地端子，则内部接地端子也要置于其他端子附近，除非有充分的技术理由不这样做。

是否合格，通过观察检查。

11.1.8　端子应正确定位或屏蔽，使：

——从端子里脱落的螺钉不会在带电部件和连接到接地端子的金属部件之间形成任何电气连接；

——从带电端子脱落的导体不会触及连接到接地端子的金属部件；

——从接地端子脱落的导体不会触及带电部件。

本要求也适用于控制导体用端子。

是否合格，通过观察和手动试验检查。

11.1.9　在导体正确连接后，在不同极的部件之间或不同极部件与易触及金属部件之间，不得有意外接触的危险，而且，一旦有绞合导体的线丝从端子中脱出，亦不会有让此线丝冒出外壳的危险。

“带电部件与易触及金属部件之间不得有意外接触危险”的要求不适用于额定电压不超过50 V的电器附件。

是否合格，通过观察检查，并且，相关带电部件和其他金属部件有意外接触危险时，还要进行如下试验检查：

将具有表3中规定范围内横截面积中间值的软导体的端部剥去8 mm长的绝缘，使绞合导体的一根线丝保持自由状态，而将其余线丝完全插入并夹紧在端子里。然后将自由线丝朝各个可能的方向折弯曲，但不撕裂绝缘层，也不会在隔板附近产生尖锐折点。

**表3　可连接的导体尺寸**

| 电器附件的额定值 | | | | 内部连接[a,e] | | | | 如有外部接地连接 | |
|---|---|---|---|---|---|---|---|---|---|
| 电压<br>V | 电流<br>A | | | 插头和连接器用的软电缆器具输入插座用的实心或绞合电缆[b] | | 插座用的实心或绞合电缆[b,f] | | | |
| | 系列Ⅰ | 系列Ⅱ | 其他额定值 | 系列Ⅰ<br>$mm^2$ | 系列Ⅱ<br>AWG/MCM[c] | 系列Ⅰ<br>$mm^2$ | 系列Ⅱ<br>AWG/MCM[c] | 系列Ⅰ<br>$mm^2$ | 系列Ⅱ<br>AWG/MCM[c] |
| ≤50 | 16 | 20 | | 4～10 | 12～8 | 4～10 | 12～8 | | |
| | 32 | 30 | | 4～10 | 12～8 | 4～10 | 12～8 | | |
| >50 | | | 6 | 0.75～1 | 18～— | 0.75～1.5 | 18～16 | 2.5 | 14 |
| | | | 10 | 1～1.5 | —～16 | 1～1.5 | —～16 | 2.5 | 14 |
| | 16 | 20 | | 1～2.5 | 16～12 | 1.5～4 | 16～12 | 6 | 10 |

表 3(续)

| 电器附件的额定值 | | | | 内部连接[a,e] | | | | | |
|---|---|---|---|---|---|---|---|---|---|
| 电压 V | 电流 A | | | 插头和连接器用的软电缆 器具输入插座用的 实心或绞合电缆[b] | | 插座用的实心或 绞合电缆[b,f] | | 如有外部接地连接 | |
| | 系列Ⅰ | 系列Ⅱ | 其他额定值 | 系列Ⅰ mm² | 系列Ⅱ AWG/MCM[c] | 系列Ⅰ mm² | 系列Ⅱ AWG/MCM[c] | 系列Ⅰ mm² | 系列Ⅱ AWG/MCM[c] |
| | | | 25 | 1.5～4 | 16～12 | 2.5～6 | 14～10 | 6 | 10 |
| | | 30 | | 2.5～6 | 14～10 | 2.5～10 | 14～8 | 10 | 8 |
| | 32 | | 40 | 4～10 | 12～8 | 4～16 | 12～6 | 10 | 8 |
| | | | 50 | 4～10 | 12～8 | 4～16 | 12～6 | 16 | 6 |
| | | 60 | | 6～16 | 10～6 | 6～25 | 10～4 | 25 | 4 |
| | 63 | | 80 | 10～25 | 8～4 | 16～35 | 6～2 | 25 | 4 |
| | | | 90 | 10～25 | 8～4 | 16～35 | 6～2 | 25 | 4 |
| | | 100 | 150 | 16～50 | 6～0 | 25～70 | 4～00 | 25 | 4 |
| ＞50 | 125 | | 160 | 25～70 | 4～00 | 35～95 | 2～000 | 25 | 4 |
| | | | | 25～70 | 4～00 | 35～95 | 2～000 | 25 | 4 |
| | 250 | 200 | | 70～150 | 00～0 000 | 70～185[d] | 00～250 | 25 | 4 |
| | 315 | 300 | | 95～150 | 000～300 | 120～185 | 250～350 | 35 | 4 |
| | | 350 | | 120～185 | 250～350 | 150～240 | 300～500 | 35 | 3 |
| | 400 | | | 150～240 | 300～500 | 185～300 | 350～600 | 35 | 3 |
| | | 500 | | 185～300 | 350～600 | 240～400 | 500～800 | 35 | 2 |
| | 630 | 600 | | 240～400 | 500～800 | 300～500 | 600～1 000 | 50 | 1 |
| | 800 | | | 300～500 | 600～1 000 | 400～630 | 800～1 250 | 50 | 0 |

[a] 如有控制导体用端子，此端子应能连接横截面积为 1 mm² 的导体。

[b] 导体的分类按 GB/T 3956。

[c] 导体的标称横截面积以 mm² 给出。在本部分中，AWG/MCM 值视为与 mm² 值等效。

AWG：美国线规，是识别导体的系统，导体按直径以几何级数定在 36 号与 0000 号之间。

MCM：千圆密尔，是圆表面单位。1 MCM＝0.506 7 mm²。

[d] 系列Ⅱ的 200 A 电器附件的导体尺寸为 150 mm²。

[e] 对于额定值在以上值之外的导体，其横截面积可由制造厂规定。

[f] 对于声明只能用软导体的插座，这些值适用。

连接到带电端子的导体的自由线丝不得触及任何不是带电部件的金属部件，不得冒出外壳，而且连接到接地端子的导体中的自由线丝不得触及任何带电部件。

注：必要时，使自由线丝处于另一位置，重复此项试验。

## 11.2 螺纹型端子

11.2.1 螺纹型端子应能连接表 3 所示标称横截面积的铜或铜合金导体。

除接片端子外的其他端子是否合格，进行如下试验并进行 11.5 的试验检查。

量规如图 13 所示，其测量截面应可用于测试表 3 规定的最大横截面积的导体的插入能力，并此量规应能靠自身重量穿入端子孔而到达端子的规定深度。

不能用图 13 规定的量规检查的螺纹型端子用适当加工成形的量规进行试验，量规的横截面积应与图 13 给出的适用量规的横截面积一样。

若为看不见导体端部的柱型端子，其接纳导体的孔的深度应能保证该孔的底部与最后的螺钉之间的距离至少等于螺钉直径的 1/2，且在任何情况下不小于 1.5 mm。

是否合格，通过观察检查。

若为符合图 14 f)要求的端子，接线片应能接纳表 3 规定的使用范围内的标称横截面积的导体。

是否合格，通过观察检查。

11.2.2　螺纹型端子应有适当的机械强度

作夹紧用途的螺钉和螺母应具有 ISO 螺纹或在螺距和机械强度上均可与 ISO 螺纹相比的螺纹。

注：SI(国际单位制)螺纹、BA(英国协会)螺纹和 UN(统一标准)螺纹均暂视作在螺距和机械强度上均可与 ISO 螺纹相比的螺纹。

是否合格，通过观察、测量并进行 25.1 的试验检查。试验之后，端子除应符合 25.1 的要求之外，还不得出现不利于继续使用的变化。

11.2.3　螺纹型端子应设计成能以足够的接触压力将导体夹紧于金属表面之间但不会损伤导体。

是否合格，通过观察并进行 11.5 的型式试验检查。

11.2.4　接片端子仅可用于额定电流至少为 60 A 的电器附件；如果装配接片端子，这些端子必须装配弹簧垫圈或等效的紧固件。

是否合格，通过观察检查。

11.2.5　接地端子的夹紧螺钉或螺母应充分锁定，以防意外松脱，而且，应是必须用工具才能拧松的。

是否合格，通过观察并进行手动试验和第 11 章相关试验检查。

## 11.3　无螺纹端子

11.3.1　无螺纹端子应能连接表 3 所示标称横截面积的铜或铜合金导体。

具有用于试验表 3 规定的最大横截面积导体插入能力的测量截面的量规如图 13 所示，此规应能进入端子孔而到达端子的规定深度。

不能用图 13 规定的量规检查的无螺纹端子用适当加工成形的量规进行试验，量规的横截面积应与图 13 给出的适用量规的横截面积一样。

是否合格，通过观察检查。

11.3.2　无螺纹端子应设计成能以足够的接触压力将导体夹紧于金属表面之间但不会损伤导体。

是否合格，通过观察并进行 11.5 和 11.6 的型式试验检查。

11.3.3　无螺纹端子应有适当的机械强度。

是否合格，通过观察和进行如下试验检查。

凡是要用到的端子，将每一种类型的导体与其连接和断开 5 次，并且用表 3 和表 13 中规定的最大横截面积导体。

导体的连接和断开应按照制造商的说明操作。

每次均要用新导体，但第 5 次除外，第 5 次要将用作第 4 次连接的导体夹紧在同一位置。每次连接时，或将导体尽量推入端子里，或插入到可明显看出已经适当连接。每次连接后，将导体扭转 90°并随后断开。

这些试验之后，带最小和最大导体的端子不得有会影响今后使用的损坏。

11.3.4　导体的连接和断开应通过以下完成：

——用一个通用的工具或端子中的一个便利的集成设备，来打开它并辅助导体的插入或拆除。

——或通过简单插入。

断开导体应需要一定操作，而不是仅仅在导体上施加一个拉力，在正常使用时，在有或没有工具的帮助下，该操作都能手动完成导体断开。

是否合格，通过观察检查。

11.3.5 为使导体连接或断开的工具而开的孔（若必须），与为导体而开的孔之间应有明显区别。

是否合格通过观察检查。

11.3.6 端子在设计和结构上应能做到：

——每根导体应夹紧在单独的夹紧件里（但不一定非要插入分开的孔里）；

——在连接和断开导体的过程中，导体可以同时连接或断开，也可以分别连接或断开。

无螺纹端子应能牢牢夹紧任何根数的导体，直到最多根导体。

是否合格，通过观察和进行11.5的试验检查。

11.3.7 端子的设计和结构应能避免导体的不正确连接。

是否合格，通过观察检查。

11.3.8 无螺纹端子的设计应使连接的导体即使在正常安装时发生弯曲也能保持夹紧。

注1：本试验将用于模拟安装过程中导体转移到端子上的弯曲力。

是否合格，通过如下试验检查：

用三个新试样来进行弯曲试验。

试验装置的原理图见图19，该装置在结构上应能做到：

——能正确插入到端子里的规定的导体得以朝12个方向、每个方向相差30°±5°的任何一个方向弯曲；

——开始点与原始点可以相差10°～20°。

注2：不必规定基准方向。

要使导体由直的位置弯曲到试验位置，可以通过一合适的装置，在与连接设备的夹紧件有一定距离之处向导体施加表4规定的力来实现。

弯曲装置的设计应保证：

——施力的方向为垂直于未弯曲的导体方向；

——在夹紧件内实现弯曲但不伴随有导体的旋转和窜位；

——在进行规定的电压降测量时，能保持施力状态。

弯曲导体的力如表4规定。距离“*D*”应由连接设备的末端起，包括导体的导槽，量到导体的施力点为止。

**表4 弯曲试验的力**

| 试验导体的横截面积 | | 弯曲试验的力[a]<br>N | 距离 *D*<br>mm |
|---|---|---|---|
| $mm^2$ | AWG | | |
| 1.0 | — | 0.25[b] | 100 |
| 1.5 | 16 | 0.5[b] | 100 |
| 2.5 | 14 | 1.0[b] | 100 |
| 4 | 12 | 2.0[b] | 100 |
| 6 | 10 | 3.5[c] | 100 |
| 10 | 8 | 7.0[c] | 100 |

[a] 选择的力使之能将导体紧密压住以限制弹性。

[b] 这些值基于GB 13140.3。

[c] 这些值基于IEC 60352-7。

应采取措施，当导体按图 19 b)所示的方法接好后，能测出夹紧件两端的电压降。

将试样安装在试验装置的固定部件上，使插入被试夹紧件里的规定的导体能够自由弯曲。

试验导体的表面应能避免有害的污染和腐蚀。

将夹紧件按正常使用要求，接上表 3 中规定的最小横截面积的硬实心铜导体后，使之经受第一顺序的试验；如果第一顺序试验通过，要在同一夹紧件上接上最大横街面积的硬实心铜导体，进行第二顺序的试验。

试验要用连续电流(即试验过程中，不能使电流关断再接通)进行。要用合适的电源及电路中接入合适的电阻，使试验期间，电流的变化维持在±5%的范围内。

连接装置中应通以表 7 中规定的分配到连接的导体上的第十次的试验电流。朝图 19 a)所示的 12 个方向中的任一方向，向插在夹紧件中的导体施加一个拉力，并测出此夹紧件两端的电压降。

以同样的试验程序，连续逐个地朝图 19 a)所示的其他 11 个方向中的每一个方向施加这样的力。

如果在这 12 个试验方向中，有一个方向的电压降大于 2.5 mV，则要继续朝这个方向施力，直至电压降降到 25 mV 以下，但施力时间不得超过 1 min。在电压降降低于 2.5 mV 时，再朝同一方向施力 30 s，在这 30 s 期间，电压降不得增大。

试样组里的其他两个试样，要按同一试验程序来试验，但施力的方向要变动，使每个试样的施力方向相差约 10°。

若有一个试样在施力任一方向上不合格，则要在另一组试样上重复进行试验，复试时，所有的试样均应合格。

## 11.4 绝缘穿刺端子(IPT)

**11.4.1** 绝缘穿刺端子应能正确连接表 3 所示的标称横截面积的铜或铜合金导体。

是否合格，通过观察和引入表 3 和表 13 中的最大绝缘导体检查。

**11.4.2** 绝缘穿刺端子的设计应能使之通过接触压力将导体夹紧在金属表面之间而不损伤导体。

是否合格，通过观察和进行 11.5 和 11.6 的试验检查。

绝缘穿刺端子能否将导体夹紧在金属部件之间，与绝缘穿刺端子的绝缘部件是否符合 11.7 的试验，两种验证方法选其一。

是否合格，通过观察和进行 11.5 和 11.7 试验检查。

**11.4.3** 绝缘穿刺端子应有足够的机械强度。

是否合格，通过如下试验检查：

凡是要用到的端子，将每一种类型的导体与其连接和断开 5 次，并且用表 3 和表 13 中规定的最大横截面积导体。

导体的连接和断开应按照制造商的说明操作。

如果绝缘穿刺端子使用螺钉进行线丝连接，则应使用表 18 中的扭矩值。在制造商的技术文件中若说明使用较大的扭矩值，则可用该较大的扭矩值。

每次均要用新导体，但第五次除外，第五次要将用作第四次连接的导体夹紧在同一位置。每次连接时，或将导体尽量推入端子里，或插入到可明显看出已经适当连接。每次连接后，将导体扭转 90°并随后断开。

这些试验之后，带最小和最大导体的端子不得有会影响今后使用的损坏。

**11.4.4** 导体的连接或断开应通过用一个通用的工具或端子中的一个便利的集成设备辅助导体的插入或拆除。

断开导体应需要一定操作，而不是仅仅在导体上施加一个拉力。有必要采取一个谨慎的措施通过手或一个适当的工具完成断开。

是否合格，通过观察检查。

11.4.5 若有用于工具辅助导体插入和断开的孔，其应与用于导体插入的入孔明确区分开。

是否合格，通过观察检查。

11.4.6 端子的设计和结构应能做到：

——每根导体应夹紧在单独的夹紧件里(但不一定非要插入分开的孔里)；

——在连接和断开导体的过程中，导体可以同时连接或断开，也可以分别连接或断开。

端子应能牢牢夹紧任何根数的导体，直到最多根导体。

是否合格，通过观察和进行 11.5 的试验检查。

## 11.5 端子的机械试验

11.5.1 新端子装上最小和最大横截面积的导体在如图 15 所示的装置上进行试验。

试验应在 6 个试样上进行：三个装有最小横截面积的导体，三个装有最大横截面积的导体。

试验导体的长度应为 75 mm 加上表 5 中规定的 $H$ 值。

若有夹紧螺钉，应按表 18 规定的扭矩拧紧。其他方面按制造商说明连接端子。

每根导体要经受如下试验：

将导体端部插进平板中的相应尺寸的套管里，平板定位于试验设备下面的距离 $H$ 处，$H$ 值由表 5 给出。套管位于水平面内，使其中心线能作一个直径为 75 mm 的并与处于水平面里的夹紧装置的中心同心。然后，使平板以(10±2)r/min 的转速旋转。

夹紧装置的口与套管上表面之间的距离为表 5 的 $H$ 值±15 mm。为防止导体缠绕、绞拧或旋转，套管可加润滑剂。将表 5 规定的重物挂在导体的端部。试验应持续约 15 min。

试验期间，导体不得脱出夹紧件，或在夹紧件附近断开。

试验期间，端子不得损伤导体到无法继续使用。

**表 5 铜导体在机械负载试验下的弯曲值**

| 标称横截面积<br>$mm^2$ | 套管直径<br>mm | 高度 $H^a$<br>mm | 与导体对应的重物<br>kg |
|---|---|---|---|
| 1.0 | 6.5 | 260 | 0.4 |
| 1.5 | 6.5 | 260 | 0.4 |
| 2.5 | 9.5 | 280 | 0.7 |
| 4.0 | 9.5 | 280 | 0.9 |
| 6.0 | 9.5 | 280 | 1.4 |
| 10.0 | 9.5 | 280 | 2.0 |
| 16.0 | 13.0 | 300 | 2.9 |
| 25.0 | 13.0 | 300 | 4.5 |
| 35.0 | 14.5 | 300 | 6.8 |
| 50.0 | 15.9 | 343 | 9.5 |
| 70.0 | 19.1 | 368 | 10.4 |
| 95.0 | 19.1 | 368 | 14.0 |
| 120.0 | 22.2 | 406 | 14.0 |
| 150.0 | 22.2 | 406 | 15.0 |
| 185.0 | 25.4 | 432 | 16.8 |
| 240.0 | 28.6 | 464 | 20.0 |
| 300.0 | 28.6 | 464 | 22.7 |

**表 5（续）**

| 标称横截面积<br>$mm^2$ | 套管直径<br>mm | 高度 $H$[a]<br>mm | 与导体对应的重物<br>kg |
|---|---|---|---|
| 400.0 | 31.8 | 495 | 50.0 |
| 500.0 | 38.1 | 572 | 50.0 |
| 630.0 | 44.5 | 660 | 70.3 |
| **注：**如果规定的套管孔直径不够大，须将导体捆绑才能插入套管孔，可改用大一个号码的套管。 | | | |
| [a] 高度 $H$ 的偏差为±15 mm。 | | | |

11.5.2　用表 3 规定的最大和最小横截面积的导体逐一进行检定，插座或器具插座用端子用第 1 种或第 2 种导体，插头或连接器用端子用第 5 种导体。

凡是带无螺纹端子或绝缘穿刺端子的插座或器具插座，只能连接 6.7 规定的软导体，并用第 5 种导体进行检定。

导体应连接到夹紧件中，且用表 18 所示的力矩的 2/3 将夹紧螺钉或螺母拧紧，制造商在产品或说明书中有规定力矩值的除外。

每根导体经受表 6 规定的拉力达 1 min，拉力施力方向为导体的轴向，但不得使用爆发力。试验导体的最大长度应为 1 m。

试验期间，导体不得脱出端子，也不得在夹紧件里或附近断开。

**表 6　拉力试验值**

| 标称横截面积<br>$mm^2$ | 拉力<br>N |
|---|---|
| 1 | 35 |
| 1.5 | 40 |
| 2.5 | 50 |
| 4 | 60 |
| 6 | 80 |
| 10 | 90 |
| 16 | 100 |
| 25 | 135 |
| 35 | 190 |
| 50 | 236 |
| 70 | 285 |
| 95 | 351 |
| 120 | 427 |
| 150 | 427 |
| 185 | 503 |
| 240 | 578 |
| 300 | 578 |
| 400 | 690 |
| 500 | 778 |
| 630 | 965 |

### 11.6 无螺纹端子和绝缘穿刺端子的电压降试验

以不再用于其他任何试验的新试样进行以下试验。

用表3和表13中规定的最小和最大横截面积的新铜导体进行试验。

依据导体的类型要用到的导体根数为：

——只能连接实心导体的端子:6个试样；

——只能连接硬导体的端子:6个试样；

——只能连接软导体的端子:6个试样；

——能连接所有类型导体的端子:12个试样。

将最小横截面积的导体按正常使用要求连接到三个端子的每一个。将最大横截面积的导体按正常使用要求连接到其他三个端子的每一个。每一组三个端子串联。

对于能连接所有类型的端子,本试验应操作两次,一次用硬导体,一次用软导体(总共12个端子)。

如有夹紧螺钉或螺母,用表18规定的力矩拧紧,制造商在产品或说明书上规定了力矩值的除外。

优选交流,但直流也可以。

本试验过后,不需额外放大,用裸眼、正常或矫正视力观察,不得有明显影响继续使用的变化,如裂缝、变形或类似损坏。

整个试验安排包括将导体放在环境温度最初保持在(20±2)℃的保温箱中。

除去冷却时间,串联电路通以表7规定的试验电流。该试验电流应在每个周期最初的30 min提供。

然后,端子经受192个温度周期,每个周期持续时间约1 h,如下：

烘箱内的气温在约20 min内升高到40 ℃。

将温度保持在(40±5)℃约10 min。然后将端子冷却约20 min,使之温度约为30 ℃,允许强行冷却。将其保持在该温度下约10 min,且如有必要,测出电压降,然后将其冷却至(20±2)℃。

老化试验期间,在环境冷却的条件下测量电压降以保证其稳定。

在第24次周期和192次周期完成后,测出并记录端子的电压降。

通以表7规定的电流,测出的每个夹紧件上的最大允许电压降不得超出以下两个值中的较小值：

——22.5 mV;或

——第24次周期后测出值的1.5倍。

应在距离样品至少50 mm处测量烘箱内的温度。

**表7 电压降试验的试验电流值**

| 标称横截面积<br>$mm^2$ | 试验电流[a]<br>A |
|---|---|
| 1.0 | 13.5 |
| 1.5 | 17.5 |
| 2.5 | 24.0 |
| 4.0 | 32.0 |
| 6.0 | 41.0 |
| 10.0 | 57.0 |

[a] 此试验电流只有当电器附件的试验电流小于或等于表11的试验电流时才适用。

### 11.7 绝缘穿刺端子通过绝缘部件传递接触压力的试验

#### 11.7.1 温度循环试验

试验步骤与 11.6 所述相同,除以下部分:

——周期次数从 192 次增加至 384 次;

——每个绝缘端子上电压降的测量在第 48 次和第 384 次周期之后,每次均在绝缘穿刺端子温度为 (20±2)℃时。测量出的电压降不得超过以下两个值中的较小值:

——22.5 mV,或

——第 48 次周期后测出值的 1.5 倍。

#### 11.7.2 短时耐受电流试验

将三个新试样安装上最大横截面积的新的硬(实心或绞合)导体或软导体。若端子既可用硬(实心或绞合)导体,也可用软导体,则应使用软导体。

若有螺钉,用表 18 规定的力矩的 2/3 将其拧紧。

端子应能耐受连接导体横截面积的 120 A/mm$^2$ 大小的电流达 1 s。试验进行一次。

在端子恢复正常使用环境温度后,测出电压降。电压降不得大于之前试验测得值的 1.5 倍。

为限制补偿加热,用于测量试验前后电压降的电流应为表 7 所示值的十分之一。

本试验过后,不需额外放大,用裸眼、正常或矫正视力观察,不得有明显影响继续使用的变化,如裂缝、变形或类似损坏。

## 12 联锁装置和保持装置

12.1 额定电流大于 250 A 或不打算带负载通断的电器附件,应装有 GB/T 11918.4 规定的联锁机构或符合 GB/T 11918.4 规定的有联锁功能的装置。

GB/T 11918.4 给出了联锁的要求。

是否合格,通过观察和进行 GB/T 11918.4 的试验检查。

12.2 空白

12.3 空白

## 13 橡胶和热塑性材料的耐老化

带橡胶或热塑性材料外壳及弹性材料部件诸如密封环和密封垫的电器附件应具有良好的耐老化性能。

是否合格,在具有环境空气成分和压力的大气里进行加速老化试验检查。

试样自由悬挂于自然循环通风的加热箱里,加热箱里温度和老化试验的持续时间为:

(70±2)℃ 10 d(240 h),适用于橡胶;

(80±2)℃ 7 d(168 h),适用于热塑性材料。

试样接近室温后,检查试样,试样不得出现肉眼可看见的裂痕,其材料不得发粘变腻。

试验之后,试样不得出现会导致不符合本部分要求的损坏。

如怀疑材料发粘,可将试样置于天平的一个托盘上,而在另一个托盘上放上等于试样重量加上 500 g 的砝码。然后,将用粗布包着的食指按着试样,使天平恢复平衡。

试样上不应留有布痕,试样材料不得粘住布片。

注：建议使用电热加热箱。

可通过箱壁孔来实现自然通风。

## 14 一般结构

14.1 电器附件的易触及表面应无毛刺、飞边及类似尖锐边缘。

是否合格，通过观察检查。

14.2 用以将带有插套的部件或带有插销的部件固定到安装表面、固定到盒里或固定到外壳里的螺钉或其他零件应是易于触及的。

这些紧固件和固定外壳的紧固件只可用于能用这种紧固件自动可靠地形成内部接地连接的场合，绝不可挪作任何其他用途。

是否合格，通过观察检查。

14.3 使用者应无法变更接地触头或中性触头（如有）相对于插座或连接器不可互换性器件的、或相对于插头或器具输入插座不可互换性器件的位置。

是否合格，进行手动试验检查，以确保只可能一个安装位置。

14.4 按正常使用要求安装且无插头插入时的插座和连接器应能保证具有其标志规定的防护等级。

此外，插头或器具输入插座与插座或连接器完全插合时，应保证具有这两种电器附件中应具有的较低的防护等级。

是否合格，通过观察检查。

## 15 插座的结构

15.1 插套应设计成与对应插头完全插合时具有足够的接触压力。

是否合格，进行第 22 章的温升试验检查。

15.2 插座的插套与插头的插销之间形成的压力不得太大，以免造成插头插拔困难。正常使用时，插头应不会脱出插座。

是否合格，通过观察检查。

15.3 插座的结构应能保证：

——导体易于插入并牢牢固定于端子里；

——导体正确定位，导体绝缘不会和与导体不同极性的带电部件接触；

——导体连接后，盖或外壳易于固定。

是否合格，通过观察和应用表 3 规定的最大横截面积的导体进行安装试验检查。

15.4 用以提供防触电保护的外壳和插座的部件应有足够的机械强度，并应牢固地固定，做到正常使用时不会松脱。不用工具应无法将这些部件卸下。

是否合格，通过观察检查。

15.5 电缆入口应能让电缆导管或电缆保护层进入，从而给电缆提供完善的机械保护。

是否合格，通过观察并用表 3 规定的最大横截面积的导体进行安装试验检查。

15.6 绝缘衬垫、隔板及类似零件应有足够的机械强度，并应固定于金属壳罩或本体，做到若不将其严重损坏便不能将其卸下，或应设计成：不能将其置于不正确位置。

是否合格，通过观察并进行 18.2 和第 24 章的试验检查。

注：允许用自固漆来固定绝缘衬垫。

15.7 插座在装有螺纹导管或护套电缆时，即使不与插头插合，亦应是完全封闭的。不禁止使用 PVC 护套电缆。用以保证完全封闭效果的零件，以及如标志标出了防护等级，用以保证此防护等级的器件均应牢牢固定于插座。此外，当插头完全插合时，插座应装有能保证标志规定的防护等级的器件。

如有盖弹簧，此弹簧应由耐腐蚀材料，例如青铜、不锈钢或防腐蚀性能良好的其他合适的材料制成。

设计只有一个安装位置的防护等级不高于 IPX4 的插座可以有一装置，用以打开一个排水孔，孔直径至少为 5 mm，或宽至少 3 mm 而面积为 20 $mm^2$，应能在插座处于该安装位置时起作用。

是否合格，通过观察、测量并进行第 18、19 和 21 章的试验检查。

**注：** 完全密封效果及标志标出的防护等级均可通过盖来取得。

只有外壳在设计上能保证其与隔壁有至少 5 mm 的间隙，或能提供一个至少具有规定尺寸的排水槽的前提下，防护等级不高于 IPX3 的插座，或预定安装于垂直墙壁上的 IPX4 插座的外壳背部的排水孔才视为有效。

15.8 额定工作电压高于 50 V a.c.或 120 V d.c.的插座应装配接地触头。

是否合格，通过观察检查。

## 16 插头和连接器的结构

16.1 插头和连接器的外壳应将端子和软电缆端部完全封闭。

可拆线插头和连接器的结构应能保证导体的正确连接，将线芯保持于正常位置，从而做到线芯从分离点到端子之间不会有接触的危险。

电器附件的设计应能保证：将电器附件重新装配后其元件之间的关系只会与原始装配时的一样正确。

是否合格，通过观察，必要时，还要进行手动试验检查。

16.2 插头的或连接器的不同零部件彼此间应可靠固定，保证正常使用时不会松脱。不用工具应无法将插头或连接器拆开。

是否合格，进行手动试验及 24.3 的试验检查。

16.3 如装有绝缘衬垫，此衬垫应有足够的机械强度，并应固定到外壳上，做到若不严重损坏便无法将其拆下，或应设计成不能将其置于不正确位置。

是否合格，通过观察并进行 18.2 和 24.3 的试验检查。

**注：** 允许用自固漆来固定绝缘衬垫。

16.4 插头的插销应锁定，不会转动，而且，不拆开插头就不能将其卸下。

是否合格，通过观察并进行手动试验检查。

**注：** 插头的插销可以是浮动的，亦可以是固定的。

16.5 连接器的插套应能自我调整，从而能保证有足够的接触压力。

除接地插套之外的其他插套应是浮动的。

只要接地插套在所有方向均具有必要的弹性，接地插套不必是浮动的。

是否合格，通过观察并进行试验检查。

16.6 连接器的插套加在插头的插销上的压力不得太大，以免导致插头插拔困难。正常使用时，插头应不会脱出连接器。

是否合格，通过观察检查。

16.7 插头应装有用以确保其与配套的电器附件完全插合时具有标志所示的防潮保护等级的器件。

若有不用工具便不能拆卸的连着的帽盖，插头在此帽盖正确安装后亦应符合上述要求。

若不用工具应不能将上述器件拆开。

是否合格，通过观察并进行第 18 和 19 章的试验检查。

16.8 连接器在按正常使用要求装了软电缆及不与配套电器附件插合时，应是完全封闭的。此外，连接器应装有用以确保与其配套电器附件完全插合时，符合标志所示防护等级的器件。

**注：** 配套电器附件不在位时标志所示的防潮保护等级可用盖来保证。

用以保证标志所示防护等级的器件应牢牢固定到连接器。

盖弹簧应为耐腐蚀材料,例如青铜、不锈钢或防腐蚀性能良好的其他合适的材料制品。

是否合格,通过观察,并进行第18、19和21章的试验检查。

16.9 额定工作电压超过50 V a.c.或120 V d.c.的插头和连接器应装有接地触头。

是否合格,通过观察检查。

16.10 插头和连接器不得有允许多于一个电缆组件连接的专用器件。插头不得有允许将插头与多于一个连接器或插座连接的专用器件。连接器不得有允许连接多于一个插头或器具输入插座的专用器件。

是否合格,通过观察检查。

注:本标准不适用于转换器。

## 17 器具输入插座的结构

17.1 插销应锁定不会转动,而且,应是不用工具便不能拆卸的。

是否合格,通过观察并进行手动试验检查。

注:插销可以是浮动的或固定的。

17.2 器具输入插座应装有用以确保与相关连接器完全插合时具有的标志所示防潮防护等级的器件。

若有不用工具便不能拆卸的连接的帽盖,器具输入插座在此帽盖正确安装后亦应符合上述要求。

若不用工具应不能将上述器件拆开。

是否合格,通过观察并进行第18和19章的试验检查。

17.3 额定工作电压高于50 V a.c.或120 V d.c.的器具输入插座应装配接地插销。

是否合格,通过观察检查。

17.4 器具输入插座不得有允许连接多于一个连接器的专用器件(同见16.10)。

是否合格,通过观察检查。

## 18 防护等级

18.1 电器附件应具有产品标志上所示的防护等级。

是否合格,进行如下规定的适用试验检查。

试验在装了设计要安装的电缆或导管的电器附件上进行,螺纹压盖和外壳的或盖的固定螺钉以24.5或25.1中适用的试验时所施力矩的2/3拧紧。

如有螺纹帽盖或盖,应按正常使用要求将其拧紧。

插座安装在垂直表面,做到:如有打开的排水孔,此孔处于最低位置并保持打开状态。

连接器置于最不利位置,如有排水孔,排水孔应保持打开状态。

插座和连接器在与配套电器附件插合状态下进行试验,还要在不与配套电器附件插合的状态下进行试验,用以确保所要求的防潮保护等级的器件按正常使用要求定位。

插头和器具输入插座按16.7或17.2的规定进行试验。

18.2 电器附件应按18.1和按GB 4208—2008的规定进行试验。当第1位特征数字为5时,应采用第2种类型的试验。

当第一特征数字为3或4,且防护等级小于等于IPX4时,在提供排水孔的地方,若探针的外径不能穿过除排水孔之外的所有开口,则防护等级满足要求,要注意探针不得触及外壳内的带电部件。

如果为IPX4,则应使用GB 4208—2008中14.2.4 a)规定的摆管。

试验之后,试样应立即经受19.3规定的电气强度试验。观察结果应表明:试样无明显进水,而且,水未到达带电部件。

18.3 空白

18.4 空白

18.5 所有电器附件均应能耐受正常使用时可能出现的潮湿条件。

是否合格,进行本条的潮湿处理检查。然后,立即进行第19章规定的绝缘电阻测量和电气强度试验。如有电缆入口,应保持打开状态;如有敲落孔,应将其中之一打开。

将不用工具即可拆卸的盖拆掉,然后将盖与主要部件一起进行潮湿处理;处理期间,弹簧盖要打开。

潮湿处理在含有空气相对湿度保持在91%~95%之间的潮湿箱里进行。所有能放置试样之处的空气温度应维持在20 ℃~30 ℃之间的任何方便值 $T \pm 1$ ℃。

将试样放进潮湿箱之前,使试样达到 $T$ 与 $T+4$ ℃之间的温度。

试样在潮湿箱里存放7 d(168 h)。

注:在大多数情况下,在潮湿处理前将试样保持在这个温度至少1 h,即可使试样达到规定的温度。

要获得91%~95%之间的相对湿度,可在潮湿箱里放置硫酸钠($Na_2SO_4$)或硝酸钾($KNO_3$)的饱和水溶液,并与空气有足够大的接触面。

为要达到潮湿箱里规定的条件,必须保证箱内空气不断循环,而且,通常要用隔热箱。

此项处理之后,试样不得出现不符合本部分规定的损坏。

## 19 绝缘电阻和电气强度

19.1 电器附件应有足够的绝缘电阻和电气强度。

是否合格,进行19.2和19.3的试验检查。这些试验,是紧接着18.5的试验之后,把可能已被拆卸的盖重新装配之后,在潮湿箱或在使试样达到规定温度的房间里进行的。

带热塑性材料外壳的电器附件应进行19.4的附加试验。

注:进行这些试验时,中性触头和控制触头各视为一极。

19.2 绝缘电阻用约500 V d.c.电压来测量,而测量应在电压施加1 min后进行。

绝缘电阻不得小于5 MΩ。

19.2.1 若为插座和连接器,绝缘电阻应依次在如下部位测量:

a) 在连接在一起的所有极与本体之间,测量在与插头插合状态下,还要在不与插头插合状态下进行;

b) 依次在每一极与所有其他极之间,这些所有其他极在与插头插合状态下连接到本体;

c) 如有绝缘衬垫,在任何金属外壳与绝缘衬垫的内表面接触的金属箔之间,金属箔与衬垫边缘之间要有约4 mm间隙。

注:“本体”一词包括所有易触及金属部件,与绝缘材料外部部件外表面(插头和连接器插合表面除外)接触的金属箔、底座、外壳和盖等的固定螺钉,外部装配螺钉,如有接地端子,还包括接地端子。

19.2.2 若为插头和器具输入插座,绝缘电阻应依次在如下部位测量:

a) 在连接在一起的所有极与本体之间;

b) 依次在每一极与所有其他极之间,这些所有其他极要连接到本体;

c) 如有绝缘衬垫,在任何金属外壳与绝缘衬垫的内表面接触的金属箔之间,金属箔与衬垫边缘之间要有约4 mm间隙。

19.3 在19.2.1与19.2.2规定的部位之间施加基本正弦波形的频率为50/60 Hz的表8规定值的电压1 min。

表 8 试验电压

| 电器附件的绝缘电压[a] V | 试验电压 V |
|---|---|
| 小于或等于 50 | 500 |
| 50 以上至 415 | 2 000[b] |
| 415 以上至 500 | 2 500 |
| 大于 500 | 3 000 |

[a] 绝缘电压应至少等于最高额定工作电压。

[b] 若为垫有绝缘材料的金属外壳，此值要增至 2 500 V。

开始时，施加的电压不大于规定值的一半，然后，迅速提高到规定值。

试验期间不得出现闪络或击穿现象。

注 1：不会引起电压降的辉光忽略不计。

注 2：试验所用的高压变压器在设计上必须做到：当把输出电压调到相应的试验电压后使输出端子短路时，输出电流至少为 200 mA。

注 3：在输出电流小于 100 mA 时，过电流继电器不得动作。

注 4：应注意，所施加的试验电压的方均根值应在±3%的范围内。

19.4 19.3 的试验之后，应立即验证带热塑性材料外壳的电器附件所提供的不可互换性的器件没有受损。

## 20 分断能力

无联锁装置的电器附件应有足够的分断能力。

是否合格，用一符合有关的标准要求的新的配套电器附件，对任何电器附件进行试验检查。

试验位置应为水平位置，若不可行，应为正常使用位置。

装有由插头或器具输入插座操作的整体式开关电器的任何电器附件应按正常使用要求安装。

插头或连接器插入并从插座或器具输入插座拔出的速率为每分钟 7.5 个行程。

插头或连接器插入拔出速度为(0.8±0.1)m/s 。

速度测量的办法：记录主插销插入或拔出与接地插销插入或拔出之间的时间间隔相对于距离之比。

电气接触应维持不多于 4 s 但不少于 2 s。

两个电器附件应分开至少 50 mm。

周期数见表 9 规定。

一个行程是插头或器具输入插座的一次插入或一次拔出。

一个周期由两个行程，即由一个插入行程和一个拔出行程组成。

试样以 1.1 倍额定工作电压和 1.25 倍额定电流进行试验。

仅作 a.c.用途的电器附件用 a.c.在表 9 规定的 $\cos\phi$ 的电路里进行试验。

仅作 d.c.用途的电器附件以无感负载进行试验。

a.c.额定工作电压或额定电流大于 d.c.的电器附件以 d.c.在无感电路进行试验，并以 a.c.在 $\cos\phi$ 为表 9 规定的电路里进行试验。进行第 2 次试验时，要用一组新的电器附件。

试验用图 5 所示连接进行。若为两极电器附件，要在一半的行程数之后，操作选择开关 C——选择开关 C 将金属支架与易触及金属部件连接到电源的其中一个极；若为 3 极电器附件，则应在 1/3 的行程数之后操作选择开关，并应在 2/3 的行程数之后，再次操作选择开关，从而做到依次连接每个极。

电阻器与电感器不并联，但用空心电感器时，要将一个能消耗掉流经电感器电流的 1% 的电阻器与空心电感器并联起来。如果电流波形为基本正弦波形，也可以用铁芯电感器。在三相电器附件上进行试验时，要使用三芯电感器。

试验期间，不得出现持续闪弧。

试验之后，试样不得出现会不利于继续使用的损坏，而且，插销的插孔不得出现任何严重的损坏。

**表 9 分断能力**

| 额定电流<br>A | | | 周 期 数 | | |
|---|---|---|---|---|---|
| 优选额定值 | | 其他额定值 | a.c. | | d.c. |
| 系列Ⅰ | 系列Ⅱ | 范围 | $\cos\phi \pm 0.05$ | 加载 | 加载 |
| 16 | 20 | ≤29 | 0.6 | 50 | 50 |
| 32 | 30 | 30～59 | 0.6 | 50 | 50 |
| 63 | 60 | 60～99 | 0.6 | 20 | 20 |
| 125 | 100 | 100～199 | 0.7 | 20 | 20 |
| 250 | 200 | 200～250 | 0.8 | 10 | 10 |
| 315 | 300 | | | | |
| | 350 | | | | |
| 400 | | 251～800 | NA | NA | NA |
| | 500 | | | | |
| 630 | 600 | | | | |
| 800 | | | | | |

## 21 正常操作

电器附件应能经受正常使用时出现的机械应力、电应力和热应力而不会出现过度磨损或其他有害影响。

是否合格，用符合有关标准的新的配套电器附件对任何电器附件进行试验检查。

试验以第 20 章所用同一设备并以第 20 章规定的方法进行。

试验位置为第 20 章规定的位置。

试验用第 20 章所用连接进行，选择开关 C 按第 20 章的规定进行操作。

插头或连接器以每分钟 7.5 个行程的速率插入或拔出插座或器具输入插座。

电器附件要依次经受通电的周期数和不通电的周期数，但额定值为 16/20 A 的电器附件仅在加载状态下进行试验。

试样以额定工作电压和额定电流进行试验。

每 500 个行程后，插头的插销要以一块干布擦拭，或按制造商说明进行同等的擦干清洁保养操作。

试验期间，电器附件的插销或插套不得有校正、加润滑剂或其他调整。

无联锁装置且进行过第 20 章的试验的电器附件以表 10 规定的周期数进行试验。

仅作 a.c.用途的电器附件在表 10 规定的 $\cos\phi$ 的电路里以 a.c.进行试验。

仅作 d.c.用途的电器附件以无感负载进行试验。

a.c.额定工作电压或额定电流大于 d.c.的电器附件以 d.c 在无感电路里进行试验，还要以 a.c.在 cos$\phi$ 为表 10 规定的电路里进行试验。用一组新的电器附件进行第 2 次试验。

带联锁装置的电器附件在不通电状态下进行试验。联锁装置在插头每次完全插入后要锁上并解锁。

周期数为表 10 规定的加载周期数和空载周期数的总和。

试验期间，不得出现持续闪弧。

试验之后，试样应：

——无不利于电器附件或联锁装置（如有）继续使用的损坏；

——无外壳或隔板的劣化；

——无不利于插销插入孔正常工作的损坏；

——无电气连接或机械连接松脱；

——无密封胶渗漏。

然后，试样应经受 19.3 规定的电气强度试验，但若为绝缘电压超过 50 V 的电器附件，试验电压应降低 500 V。

注 1：在进行本章的电气强度试验前，不重复潮湿处理。

如有弹簧盖，弹簧盖应在盖完全打开和完全闭合状态下分别进行试验，打开盖的次数与表 10 规定的插入次数相同。

注 2：盖的试验可与电器附件的试验结合。

**表 10 正常操作**

| 额定电流<br>A | | | 周　期　数 | | | | |
|---|---|---|---|---|---|---|---|
| 优选额定值 | | 其他额定值 | a.c. | | | d.c. | |
| 系列Ⅰ | 系列Ⅱ | | cos$\phi$±0.05 | 加载 | 空载 | 加载 | 空载 |
| 16 | 20 | ≤29 | 0.6 | 5 000 | — | 5 000 | — |
| 32 | 30 | 30～59 | 0.6 | 1 000 | 1 000 | 1 000 | 1 000 |
| 63 | 60 | 60～99 | 0.6 | 1 000 | 1 000 | 500 | 500 |
| 125 | 100 | 100～199 | 0.7 | 250 | 250 | 250 | 250 |
| 250 | 200 | 200～250 | 0.8 | 125 | 125 | 125 | 125 |
| 315 | 300 | | | | | | |
| — | 350 | | | | | | |
| 400 | — | 251～800 | NA | NA | 125 | NA | 125 |
| — | 500 | | | | | | |
| 630 | 600 | | | | | | |
| 800 | | | | | | | |

## 22 温升

电器附件的结构应能保证其在正常使用时温升不会超过规定值。

是否合格，用符合有关标准的新的配套电器附件对任何电器附件进行试验检查。

试验电流是交流电，电流值由表 11 示出。

可拆线电器附件接上表 11 规定的横截面积的导体，端子螺钉或螺母以标在导体上的或制造商在说明书活页上规定的力矩,或表 18 规定值的 2/3 的力矩拧紧。

端子要接上长度至少为 2 m 的电缆来进行本试验。

不可拆线电器附件按交货状态进行试验。

若为 3 极或多于 3 极的电器附件,试验期间,试验电流应流经相触头,如有中性触头,则要单独试验:试验电流流经中性触头及最靠近的相触头。

应让电流流经接地触头和最靠近的相触头来进行另一次试验。

如有控制触头,在进行上述的任何试验的同时,控制触头应通以 2 A 的电流。

**表 11 温升试验的试验电流和导体的横截面积**

| 标称电流 A | | | 试验电流 A | 导体的横截面积[c] | |
|---|---|---|---|---|---|
| 优选额定值 | | 其他额定值 | | 插头、器具输入插座、连接器 mm² | 插座 mm² |
| 系列Ⅰ | 系列Ⅱ | | | | |
| | | 6 | 8.5 | 1 | 1 |
| | | 10 | 14 | 1.5 | 1.5 |
| 16 | 20 | | 22 | 2.5[a] | 4[a] |
| | | 25 | 32 | 4[a] | 6[a] |
| 32 | 30 | | 42 | 6[a] | 10 |
| | | 40 | 42 | 10 | 16 |
| | | 50 | 额定电流 | 10 | 16 |
| 63 | 60 | | 额定电流 | 16 | 25 |
| | | 80 | 额定电流 | 25 | 35 |
| | | 90 | 额定电流 | 25 | 35 |
| 125 | 100 | | 额定电流 | 50 | 70 |
| | | 150 | 额定电流 | 70 | 95 |
| | | 160 | 额定电流 | 70 | 95 |
| 250 | 200 | | 额定电流 | 150 | 185[b] |
| 315 | 300 | | 额定电流 | 150 | 185 |
| | 350 | | 额定电流 | 185 | 240 |
| 400 | | | 额定电流 | 240 | 300 |
| | 500 | | 额定电流 | 300 | 400 |
| 630 | 600 | | 额定电流 | 400 | 500 |
| 800 | | | 额定电流 | 500 | 630 |

[a] 若为额定工作电压不超过 50 V 的电器附件,这些值要增大至 10。

[b] 系列Ⅱ的 200 A 的电器附件的适用值为 150 mm²

[c] 若额定值在这些之外,导体的横截面积可由制造厂规定。

试验持续时间为：

1 h,适用于额定电流不超过 32 A 的电器附件；

2 h,适用于额定电流超过 32 A 但不超过 125 A 的电器附件；

3 h,适用于额定电流超过 125 A 但不超过 250 A 的电器附件。

对于额定电流超过 250 A 的电器附件,试验应持续至获得热稳定。若三次连续读数显示温度上升不超过 1 K,则认为温度稳定,测量温度时间间隔大于等于 10 min。

温度用熔化颗粒、变色指示器或热电偶测量,这些测量器具应选择并放置得对被测定的温度的影响可忽略不计。

端子的温升不得超过 50 K。

## 23 软电缆及其连接

23.1 插头和连接器应装配电缆固定部件,使导体在其连接到端子或端头之处不受包括绞拧在内的应力,并使导体的护层受到保护而不被磨损。

电缆固定部件的设计应能保证电缆不会触及易触及金属部件,或电气上与易触及金属部件连接的内部金属部件,例如,电缆固定部件螺钉,但若易触及金属部件连接到内部接地端子者除外。

是否合格,通过观察检查。

23.2 对插头和连接器的要求

23.2.1 不可拆线插头和连接器

电器附件应装配符合 IEC 60245-4:2011 或适合要求的表 12 规定的其中一种软电缆,且这些电缆的标称横截面积不得小于表 12 的规定值。

如果负载为已知负载,可以选用非表 12 规定的标称横截面积的软电缆。

连接到接地端子的线芯应以绿/黄组合色为识别标记。接地导体和中性导体(如有)的标称横截面积应至少等于相导体的标称横截面积。

如有控制导体,控制导体的标称横截面积至少为 1.5 $mm^2$。

是否合格,通过观察并进行 23.3 的试验检查。

**表 12 软电缆的型号和标称横截面积**

| 标称电流<br>A | | | 电缆型号<br>60245 IEC | 标称横截面积[c]<br>$mm^2$ |
|---|---|---|---|---|
| 优选额定值 | | 其他额定值 | | |
| 系列Ⅰ | 系列Ⅱ | | | |
| | | 6 | 53[b],57[b],66 | 1 |
| | | 10 | 53[b],57[b],66 | 1.5 |
| 16 | 20 | | 53[b],57[b],66 | 2.5[a] |
| | | 25 | 53[b],57,66 | 4 |
| 32 | 30 | | 66 | 6 |
| | | 40 | 66 | 10 |
| | | 50 | 66 | 10 |
| 63 | 60 | | 66 | 16 |
| | | 80 | 66 | 25 |

**表 12（续）**

| 标称电流 A | | | 电缆型号 60245 IEC | 标称横截面积[e] $mm^2$ |
|---|---|---|---|---|
| 优选额定值 | | 其他额定值 | | |
| 系列Ⅰ | 系列Ⅱ | | | |
| | | 90 | 66 | 25 |
| 125 | 100 | | 66[c] | 50 |
| | | 150 | 66[c] | 70 |
| | | 160 | 66[c] | 70 |
| 250 | 200 | | 66[d] | 150 |
| 315 | 300 | | 考虑中 | 150 |
| | 350 | | 考虑中 | 185 |
| 400 | | | 考虑中 | 240 |
| | 500 | | 考虑中 | 300 |
| 630 | 600 | | 考虑中 | 400 |
| 800 | | | 考虑中 | 500 |

**注**：对标称横截面积 150 $mm^2$、185 $mm^2$、240 $mm^2$、300 $mm^2$ 的电缆可参考 HD 22.16 S2 标准中的 H07RN8-F 4×150 $mm^2$、4×185 $mm^2$、4×240 $mm^2$、4×300 $mm^2$。

[a] 若为额定工作电压不超过 50 V 的电器附件，此值应增至 4。

[b] 不适用于额定工作电压超过 415 V 的电器附件。

[c] 仅适用于 3P+⏚或 2P+N+⏚和 2P+⏚或 1P+N+⏚。

[d] 仅适用于 3P+⏚或 2P+N+⏚。

[e] 若额定值在这些之外，导体的横截面积可由制造厂规定。

23.2.2 可拆线插头和连接器

——应明确给出解除应力和防止扭绞的方法。如任一元件不在电器附件里规定的正常位置，应有说明书给出识别该必需部件的方法和装配该元件的方法；

——电缆固定部件的设计应保证装配时，将电缆固定部件或元件正确定位于电器附件里；

——电缆固定部件应不会成为与电缆接触的表面上的锐利边缘，并应设计成当打开电器附件的外壳但不打开电缆固定部件时，不会丢失电缆固定部件或其元件；

——不得采用权宜措施，诸如将电缆打结或用绳子捆绑其端部等；

——软缆固定部件和电缆入口应适于连接可能要连接的不同类型的软电缆。

如果电缆入口装有护套以防止损伤电缆，此护套应为绝缘材料制品，并应光滑平整，没有毛刺。

如果装有钟口形孔，此孔端部处的直径应至少为待连接的最大横截面积的电缆直径的 1.5 倍。

螺旋形金属弹簧，不论是裸露的，或是覆盖了绝缘材料的均不得用作电缆护套。

是否合格，通过观察并进行 23.3 的试验检查。

23.3 装有软电缆的插头和连接器在类似于图 6 所示装置里经受拉力试验，然后进行力矩试验。

不可拆线电器附件按交货状态进行试验。

可拆线电器附件先以一种，然后，以另一种电缆进行试验，这些电缆均应符合 IEC 60245-4:2011 的要求，具体规定见表 13。

**表 13　电缆外径近似值**

| 电压<br>V | 标称电流<br>A | | | 电缆类型<br>60245<br>IEC | 标称横截面积<br>$mm^2$ | 电缆外径近似值[a]<br>mm | | | | |
|---|---|---|---|---|---|---|---|---|---|---|
| | 优选额定电流 | | 其他额定值 | | | 电器附件类型 | | | | |
| | 系列Ⅰ | 系列Ⅱ | | | | 2P | 3P | 1P+N+⏚<br>2P+⏚ | 2P+N+⏚<br>3P+⏚ | 3P+N+⏚ |
| ≤50 | 16 | | | 66 | 4 | 13.5 | 14.5 | — | — | — |
| | | | | 66 | 10 | 21.3 | 22.8 | — | — | — |
| | 32 | | | 66 | 4 | 13.5 | 14.5 | — | — | — |
| | | | | 66 | 10 | 21.3 | 22.8 | — | — | — |
| >50 | | | 6 | 53,57 | 0.75 | — | — | 7.2 | 7.8 | 8.8 |
| | | | | 66 | 1 | — | — | 9.5 | 10.6 | 11.7 |
| | | | 10 | 53,57 | 1 | — | — | 7.5 | 8.2 | 9.2 |
| | | | | 66 | 1.5 | — | — | 10.6 | 11.7 | 12.8 |
| | 16 | 20 | | 53,57 | 1 | — | — | 7.5 | 8.2 | 9.2 |
| | | | | 66 | 2.5 | — | — | 12.6 | 13.8 | 15.2 |
| | | | 25 | 53,57 | 1.5 | — | — | 9.2 | 10.3 | 11.3 |
| | | | | 66 | 4.0 | — | — | 14.5 | 16.0 | 17.8 |
| | 32 | 30 | | 53,57 | 2.5 | — | — | 11.0 | 12.3 | 13.6 |
| | | | | 66 | 6.0 | — | — | 16.1 | 17.9 | 19.9 |
| | | | 40 | 53,57 | 4 | — | — | 12.9 | 14.5 | 16.0 |
| | | | | 66 | 4 | — | — | 14.5 | 16.3 | 17.8 |
| | | | | 66 | 10 | — | — | 22.8 | 24.8 | 27.3 |
| | | | 50 | 66 | 4 | — | — | 14.5 | 16.3 | 17.8 |
| | | | | 66 | 10 | — | — | 22.8 | 24.8 | 27.3 |
| | 63 | 60 | | 66 | 6.0 | — | — | 16.1 | 17.9 | 19.9 |
| | | | | 66 | 16 | — | — | 24.7 | 27.0 | 29.9 |
| | | | 80 | 66 | 10 | — | — | 22.8 | 24.8 | 27.3 |
| | | | | 66 | 25 | — | — | 30.3 | 33.5 | 37.0 |
| | | | 90 | 66 | 10 | — | — | 22.8 | 24.8 | 27.3 |
| | | | | 66 | 25 | — | — | 30.3 | 33.5 | 37.0 |
| | 125 | 100 | | 66 | 16 | — | — | 24.7 | 27.0 | 29.9 |
| | | | | 66 | 50 | — | — | 38.5 | 42.6 | —[b] |
| | | | 150 | 66 | 25 | — | — | 30.3 | 33.5 | 37.0 |
| | | | | 66 | 70 | — | — | 43.4 | 48.4 | —[b] |
| >50 | | | 160 | 66 | 25 | — | — | 30.3 | 33.5 | 37.0 |
| | | | | 66 | 70 | — | — | 43.4 | 48.4 | —[b] |
| | 250 | 200 | | 66 | 70 | — | — | 43.4 | 48.4 | —[b] |
| | | | | 66 | 150 | — | — | —[b] | 65.5 | —[b] |
| | 315 | 300 | | 66 | 150 | — | — | —[b] | 65.5 | —[b] |
| | | 350 | | | 185 | — | — | —[b] | —[b] | —[b] |

表 13（续）

| 电压<br>V | 标称电流<br>A<br>优选额定电流<br>系列Ⅰ | 系列Ⅱ | 其他额定值 | 电缆类型<br>60245<br>IEC | 标称横截面积<br>mm² | 电缆外径近似值[a]<br>mm<br>电器附件类型<br>2P | 3P | 1P+N+⏚<br>2P+⏚ | 2P+N+⏚<br>3P+⏚ | 3P+N+⏚ |
|---|---|---|---|---|---|---|---|---|---|---|
| >50 | 400 | | | | 240 | — | — | —[b] | —[b] | —[b] |
| | | 500 | | | 300 | — | — | —[b] | —[b] | —[b] |
| | 630 | 600 | | | 400 | — | — | —[b] | —[b] | —[b] |
| | 800 | | | | 500 | — | — | —[b] | —[b] | —[b] |

[a] 所示的每项外径近似值均为 IEC 60245-4:2011 电缆最大直径而规定的上限和下限的平均值。

[b] 这些值在考虑中。

可拆线电器附件电缆的导体插进端子里，端子螺钉拧紧至刚好能防止导体轻易移位即可。

电缆固定部件按正常方式使用，夹紧螺钉以 25.1 规定的力矩的 2/3 拧紧。将试样重新装配之后，电缆压盖(如有)，处于正常位置的情况下，各组成部分均应配合得恰到好处，而且，应不可能将电缆明显地推入试样里。

将试样固定于试验装置里，使进入试样处的电缆的轴线保持铅垂。

然后，使电缆经受表 14 所列的拉力 100 次，拉力每次施加 1 s，施力时，不得用爆发力。

随即，使电缆经受表 14 所列力矩 1 min。

表 14 电缆经受的拉力和力矩值

| 标称电流 A<br>优选额定电流<br>系列Ⅰ | 系列Ⅱ | 其他额定值 | 拉力<br>N | 力矩<br>N·m |
|---|---|---|---|---|
| | | 6 | 80 | 0.35 |
| | | 10 | 80 | 0.35 |
| 16 | 20 | | 80 | 0.35 |
| | | 25 | 100 | 0.425 |
| 32 | 30 | | 100 | 0.425 |
| | | 40 | 100 | 0.425 |
| | | 50 | 110 | 0.610 |
| 63 | 60 | | 120 | 0.8 |
| | | 80 | 160 | 1.2 |
| | | 90 | 160 | 1.2 |
| 125 | 100 | | 200 | 1.5 |
| | | 150 | 250 | 2.3 |

表 14（续）

| 标称电流<br>A | | | 拉力<br>N | 力矩<br>N·m |
|---|---|---|---|---|
| 优选额定电流 | | 其他额定值 | | |
| 系列Ⅰ | 系列Ⅱ | | | |
| | | 160 | 250 | 2.3 |
| 250 | 200 | | 300 | 3 |
| 315 | 300 | | 400 | 4.0 |
| | 350 | | 400 | 4.0 |
| 400 | | | 500 | 4.5 |
| | 500 | | 500 | 4.5 |
| 630 | 600 | | 600 | 5.0 |
| 800 | | | 600 | 5.0 |

试验期间，电缆不得损伤。

试验之后，电缆的位移不得大于 2 mm。若为可拆线电器附件，导体端不得在端子里明显移动，若为不可拆线电器附件，电气连接不得断开。

为测量纵向位移，试验开始前，在距试样端部或电缆固定部件约 2 cm 处的电缆上作一记号。如果是不可拆线电器附件，试样无明显端部，则在试样本体上作一附加标志。

试验之后，量出电缆上的记号相对于试样或电缆固定部件的位移。

## 24 机械强度

24.1 电器附件应有足够的机械强度。

是否合格，按如下规定，进行 24.2～24.5 中的适用试验检查。

——24.2，适用于插座和器具输入插座；

——24.3，适用于可拆线插头和连接器；

——24.3 和 24.4，适用于不可拆线插头和连接器；

——24.5，适用于防护等级为 IP23 或更高等级的电器附件。

开始 24.2 或 24.3 的试验之前，将外壳为弹性或热塑性材料的电器附件，连同其底座或软电缆一起放进温度为(−25±2)℃的冷冻室至少 16 h，然后，将它们从冷冻室取出并立即进行 24.2 或 24.3 中适用的试验。

24.2 用冲击试验装置对试样进行冲击。试验装置的导则和说明见附录 A。试验装置由图 7 示出。

24.2.1 电器附件应有足够的机械强度，在经受了正常使用过程中出现的冲击后，仍应能维持标志所示的防护等级。

必须注意：这些试验期间对试样进行冲击时，不冲击器具输入插座的安装凸缘或插销。试验装置应调整，使所进行的冲击与实际使用时可能受到的冲击一样，并能按 24.2.2 的规定进行冲击。

24.2.2 用图 7 所示冲击试验装置对每个试样进行 5 次冲击。

头 4 次冲击在试样按正常使用要求安装在垂直板上之后施加。摆锤应安装成其摆动与垂直板平行。摆锤的冲击面应安排好，使摆锤自由悬吊时，冲击面刚好触及电器附件的侧边。接触点应基本上处于电器附件侧面的几何中心，或该侧面的相应的突起部位。然后，将摆锤提起，释放，进行冲击。然后，将电器附件绕其垂直于安装表面的轴线转动90°。必要时,并校正电器附件与摆锤冲击面的位置。然后再进行第2次冲击。

重复该程序,连续地进行两次90°转动,使冲击共进行4次。

第5次冲击在摆锤的平面垂直于安装板的平面的状态下进行,使摆锤冲击试样中最突出于安装板的部位。

冲击能量应符合表15的规定。

**表15　冲击能量**

| 额定值<br>A | | | 能量<br>J |
|---|---|---|---|
| 优选额定电流 | | 其他额定值 | |
| 系列Ⅰ | 系列Ⅱ | | |
| | | 6 | 1 |
| | | 10 | 1 |
| 16 | 20 | | 1 |
| | | 25 | 1 |
| 32 | 30 | | 1 |
| | | 40 | 1 |
| | | 50 | 2 |
| 63 | 60 | | 2 |
| | | 80 | 2 |
| | | 90 | 2 |
| 125 | 100 | | 2 |
| | | 150 | 3 |
| | | 160 | 3 |
| 250 | 200 | | 4 |
| 315 | 300 | | 4 |
| | 350 | | 4 |
| 400 | | | 4 |
| | 500 | | 4 |
| 630 | 600 | | 4 |
| 800 | | | 4 |

24.2.3　插座和器具输入插座试样各自按正常使用要求固定于刚性安装板上,电缆入口保持打开状态,盖和外壳的固定螺钉以表18规定力矩的2/3拧紧。插座上的盖保持正常关闭状态。与器具输入插座一起供货的帽盖要装上。

试验之后,试样不得出现不符合本部分要求的损坏,尤其是不得有任何部件分离或松脱。

防护等级不低于IPX7的电器附件应经受第18章规定的有关试验。

外壳为热塑性材料的电器附件应经受19.4的试验。

注：不会危及防触电保护或防潮保护的小碎片、裂痕和凹陷均忽略不计。如有怀疑，进行第18和19章中的适用试验检查。

24.3 可拆线电器附件接上与表13规定的有关额定值对应的最小横截面积的最轻型软电缆。

不可拆线电器附件按交货状态进行试验。

电缆的长约2.25 m的自由端按图8所示固定于墙上高出地板75 cm之处。

将试样握持着，使电缆呈水平状，然后，让其跌落于混凝土地板上。如此进行8次，每次均在电缆固定点处使电缆转动45°。

试验之后，试样不得出现不符合本部分要求的损坏；尤其是不得有任何部件分离或松脱。

防护等级不低于IPX7的电器附件应经受第18章规定的有关试验。

外壳为热塑性材料的电器附件应经受19.4的试验。

注：不会危及防触电保护或防潮保护的小碎片和凹陷均忽略不计。

24.4 不可拆线电器附件在类似于图9所示的试验装置里进行弯曲试验。

试样固定到试验装置的摆动件，使摆动件处于其行程中点时，软电缆的轴线在软电缆进入试样之处呈铅垂状并通过摆动轴线。

应定位好摆动件，以使得当试验装置的摆动件运动通过全程时，软缆产生的横向运动最小。

软电缆挂上一重物，使重物所施力如表16的规定值。

**表16 重物施加的力**

| 额定电流<br>A | 力<br>N |
|---|---|
| 小于或等于20 | 20 |
| 从21到32(包括) | 25 |

给导体通以电器附件的额定电流，导体间的电压为额定电压。

摆动件向前向后转动90°(铅垂线两侧每侧各45°)，弯曲次数为20 000，弯曲速率为每分钟60次弯曲。

试验之后，试样不得出现不符合本部分要求的损坏。

注：一次弯曲是指向前或向后的一次运动。

额定电流超过32 A的电器附件的试验细节正在考虑中。

24.5 螺纹压盖装上一圆柱形金属棒，棒的直径小于密封内径，取最近的整数，棒的直径单位为mm。然后，用适当的扳手将压盖拧紧，加到扳手的力为表17的规定值，历时1 min。施力点距压盖轴线25 cm处。

**表17 施加到扳手的力**

| 试验棒的直径<br>mm | 力<br>N | |
|---|---|---|
| | 金属压盖 | 模铸材料压盖 |
| 小于或等于20 | 30 | 20 |
| 20以上至30 | 40 | 30 |
| 大于30 | 50[a] | 40[a] |

[a] 这些值均为暂定值。

试验之后，试样的压盖和外壳不得出现不符合本部分要求的损坏。

## 25 螺钉、载流部件和连接

25.1 不论是电气连接还是机械连接,均应能经受住正常使用时出现的机械应力。

传递接触压力的螺钉和连接电器附件时需要拧动的且标称直径小于3.5 mm的螺钉应旋进金属螺母或金属衬片里。

是否合格,通过观察检查,若为传递接触压力的或连接电器附件时要拧动的螺钉和螺母,还要进行如下试验检查。

螺钉或螺母拧紧和拧松:

——10次,适用于与绝缘材料螺纹旋合的螺钉;

——5次,适用于螺母和其他螺钉。

与绝缘材料螺纹旋合的螺钉每次均要完全卸下再重新拧合。

螺钉或螺母的卸下和拧合速率应能保证绝缘材料螺纹不会因摩擦而温升过高。

进行端子螺钉和螺母试验时,将表3规定的最大横截面积的铜导体插进端子里,插座和器具输入插座要插的是硬的(实心或绞合)导体,而插头和连接器则应插软导体。

试验用合适的螺钉旋具或扳手进行。拧紧时所用最大力矩为表18的规定值,但若为与冲压而成的孔里的螺纹旋合的螺钉而冲压成形的长度超过金属原厚度80%者,力矩要增大20%。

如制造商规定端子螺钉要用大于表18规定的力矩进行试验,应用此规定力矩进行试验。

**表18 检验用力矩值**

| 公制标准值<br>mm | 螺纹标称直径<br>mm | 力矩<br>N·m | | |
|---|---|---|---|---|
| | | Ⅰ | Ⅱ | Ⅲ |
| 2.5 | 小于或等于2.8 | 0.2 | 0.4 | 0.4 |
| 3.0 | 2.8以上至3.0 | 0.25 | 0.5 | 0.5 |
| — | 3.0以上至3.2 | 0.3 | 0.6 | 0.6 |
| 3.5 | 3.2以上至3.6 | 0.4 | 0.8 | 0.8 |
| 4.0 | 3.6以上至4.1 | 0.7 | 1.2 | 1.2 |
| 4.5 | 4.1以上至4.7 | 0.8 | 1.8 | 1.8 |
| 5.0 | 4.7以上至5.3 | 0.8 | 2.0 | 2.0 |
| 6.0 | 5.3以上至6.0 | 1.2 | 2.5 | 3.0 |
| 8.0 | 6.0以上至8.0 | 2.5 | 3.5 | 6.0 |
| 10.0 | 8.0以上至10.0 | | 4.0 | 10.0 |
| 12.0 | 10.0以上至12.0 | | | 14.0 |
| 14.0 | 12.0以上至15.0 | | | 19.0 |
| 16.0 | 15.0以上至20.0 | | | 25.0 |
| 20.0 | 20.0以上至24.0 | | | 36.0 |
| 24.0 | 大于24.0 | | | 50.0 |

第Ⅰ栏适用于拧紧后,不会从螺孔中冒出的无头螺钉,亦适用于不能用刀口比螺钉直径宽的螺钉旋具来拧紧的其他螺钉。

第Ⅱ栏适用于用螺钉旋具来拧紧的其他螺钉和螺母。

第Ⅲ栏适用于用除螺钉旋具以外的工具拧紧的螺钉和螺母。

每次拧松夹紧螺钉或螺母时，要用新的导体来进行新的连接。

若螺钉带有可供螺钉旋具拧紧用的器件的六角形螺钉头，且第Ⅱ栏和第Ⅲ栏的数值不同者，要进行两次试验；先要向六角形螺钉头施加第Ⅲ栏的力矩，然后，要在另一组试样上用螺钉旋具施加第Ⅱ栏规定的力矩。如果第Ⅱ栏和第Ⅲ栏的数值相等，则只进行用螺钉旋具进行的试验。

进行过夹紧螺钉或螺母的试验之后，夹紧件不得出现不利于继续使用的变化。

注1：罩式端子的规定的标称直径就是带槽的螺栓的标称直径。

螺母要用除螺钉旋具之外的工具来拧紧的罩式端子的力矩值和螺钉标称直径大于10 mm的罩式端子的力矩值正在考虑中。

连接电器附件时要拧动的螺钉或螺母包括端子螺钉或螺母、装配螺钉，用以固定盖的螺钉等，但不包括用以连接螺纹导管的连接件和用以将插座或器具输入插座固定到安装表面的螺钉。

试验螺钉旋具刀口的形状应与待试螺钉头相配。

不得用爆发力拧紧螺钉或螺母。

注2：盖的损坏忽略不计。

螺钉连接部分由第21和24章的试验来检查。

25.2 与绝缘材料螺纹旋合的螺钉以及连接电器附件时要拧动的螺钉的旋合长度，应为至少3 mm加上1/3标称螺纹直径，或为8 mm，这两种长度中，取短者。

要确保将螺钉正确导入螺纹孔里。

是否合格，通过观察、测量并进行手动试验检查。

注：如果能用待固定的皿形头、用螺纹孔里的凹槽或用去掉了引导螺纹的螺钉来引导螺钉，防止螺钉斜向导入，即可满足“正确导入”的要求。

25.3 电气连接的设计应能保证不通过绝缘材料（陶瓷、纯云母或性能合适的其他材料除外）来传递接触压力。除非金属部件有足够弹性，足以补偿绝缘材料的任何可能的收缩或变形。

是否合格，通过观察检查。

注：材料适用与否，应从其尺寸稳定程度考虑。

25.4 用作电气连接和机械连接的螺钉和铆钉应锁紧，以防松脱。

是否合格，通过观察并进行手动试验检查。

注：弹簧垫圈具有良好的锁紧作用。

铆钉只要有非圆形的铆钉体或合适的V形槽，即足以符合上述要求。

受热时会软化的密封胶，只有用于正常使用时不会受到扭力的螺钉连接时，才会起到良好的锁紧作用。

25.5 载流部件中，除端子外，其余的应为如下材料制品：

——铜；

——铜含量至少50%的合金；

——或耐腐蚀性能不亚于铜的且机械性能合适的其他金属。

是否合格，通过观察，必要时还要进行化学分析检查。

注：对端子的要求包括在第11章里。

25.6 正常使用时会有滑动动作的触头应为耐腐蚀金属制品。

用以确保插套弹性的弹簧应为耐腐蚀金属制品，或应受到良好的防腐蚀保护。

是否合格，通过观察，必要时，并应进行化学分析检查。

注：用以确定耐腐蚀性能或防腐蚀保护程度的试验正在考虑中。

## 26 爬电距离、电气间隙和穿通密封胶距离

26.1 爬电距离、电气间隙和穿通密封胶距离不得小于表19中以mm为单位示出的规定值。

表 19　爬电距离、电气间隙和穿通密封胶距离

单位为毫米

| | 电器附件的绝缘电压/V | | | | |
|---|---|---|---|---|---|
| | ≤50 | 50 以上至 415 | 415 以上至 500 | 500 以上至 690 | 690 以上至 1 000[a] |
| 爬电距离： | | | | | |
| 1. 不同极性的带电部件之间 | 3 | 4 | 6 | 10 | 16 |
| 2. 带电部件与下列之间：<br>——易触及金属部件；<br>——接地触头、固定螺钉及类似器件；<br>——外部装配螺钉，但插头插合面上的螺钉以及与接地触头隔离的螺钉除外 | 3 | 4 | 6 | 10 | 10 |
| 电气间隙： | | | | | |
| 3. 不同极性的带电部件之间 | 2.5 | 4 | 6 | 8 | 8 |
| 4. 带电部件与下列之间：<br>——第 5 项没有列出的易触及金属部件；<br>——接地触头、固定螺钉和类似器件；<br>——外部装配螺钉，但插头插合面上的且与接地触头隔离的螺钉除外。 | 2.5 | 4 | 6 | 8 | 8 |
| 5. 带电部件与下列之间：<br>——没有绝缘材料衬垫的金属外壳；<br>——安装插座底座的表面。 | 4 | 6 | 10 | 10 | 10 |
| 6. 带电部件与插座底座里的导体槽底部 | 4 | 5 | 10 | 10 | 10 |
| 穿通密封胶距离： | | | | | |
| 7. 被至少 2.5 mm 密封胶覆盖的带电部件与安装插座底座的表面之间。 | 2.5 | 4 | 6 | 6 | 6 |
| 8. 被至少 2 mm 密封胶覆盖的带电部件与插座底座里的导体槽底部之间 | 2.5 | 4 | 5 | 5 | 5 |

[a] 爬电距离也可依据 GB/T 16935.1，二者选其一。

是否合格，进行测量检查。

若为可拆线电器附件，测量不但要在接上了表 3 规定的最大横截面积的导体的试样上进行，还要在不接导体的试样上进行。若为不可拆线电器附件，测量应在交货状态的试样上进行。

插座和连接器不但要在与插头插合状态下，还要在不与插头插合的状态下检查。

**注**：宽度不足 1 mm 的槽的爬电距离值即为槽的宽度。

计算总的电气间隙值时，不足 1 mm 宽的气隙均忽略不计。

安装插座底座的表面包括安装插座时与底座接触的任何表面。如果底座的背面装有金属板，此板不视作安装表面。

26.2　密封胶不得突出于盛放该密封胶的腔穴的边缘。

是否合格，通过观察检查。

## 27 耐热、耐燃和耐电痕化

27.1 电器附件应有良好的耐热性能。

是否合格，进行 27.2 和 27.3 的试验检查。

27.2 试样存放于温度为(100±5)℃的加热箱里 1 h。

试样不得出现不利于继续使用的变化，密封胶不得流动到露出带电部件。

标志应仍清晰可辨。

注：密封胶轻度移位忽略不计。

27.3 绝缘材料部件按 GB/T 5169.21 进行球压试验。

试验在如下温度的加热箱内进行：

(125±5)℃适用于可拆线电器附件的支承带电部件的零部件；

(80±3)℃适用于其他部件。

若为会变形的材料，此压痕直径不超过 2 mm。

注：适用于弹性材料的试验正在考虑中。

陶瓷材料部件不进行本试验。

27.4 绝缘材料外部部件和支承电器附件的带电部件的绝缘部件应能耐受非正常热和耐燃。

导体不能当做载流部件。

如对绝缘部件对保持载流部件或接地电路部件在正常位置是否必要有怀疑，可将问题绝缘材料拆除后不带导体检查装置。

是否合格，按如下规定进行 GB/T 5169.11—2006 的灼热丝试验检查。

灼热丝端部的温度为：

(650±10)℃，适用于虽与带电部件和接地电路部件接触，但不需将它们保持于正常位置的绝缘材料部件。

压盖和密封胶不进行试验。

(850±15)℃，适用于需将载流部件和接地电路部件保持于正常位置的绝缘材料部件。

灼热丝的端部灼烧到：

——每种材料的一个外部部件的中间，压盖和密封胶除外；

——每种绝缘材料的触头承载部件的中间。

灼热丝端部灼烧到平表面，但不灼烧沟槽、敲落孔、窄小的凹陷或锐利边缘，且如可能，应灼烧距电器附件边缘不小于 9 mm 之处。

试验在一个试样上进行。如对试验结果有怀疑，应在另外两个试样上进行复试。

如属于下列情况，电器附件视作已经受住灼热丝试验；

——无可见火焰又无持续辉光；或

——移开灼热丝后 30 s 内，试样的或周围的火焰熄灭、辉光消失。而且，周围部位没有完全烧掉。绢纸不得长时间起火。

27.5 支承带电部件的绝缘部件应由具有耐电痕化的材料制成。

非陶瓷材料是否合格，按如下参数依据 GB/T 4207—2012 进行试验检查：

——PTI 试验；

——溶液 A；

——施加 175 V 电压。

滴完 50 滴之前，电极之间不得出现闪络或击穿现象。

## 28 耐腐蚀与防锈

铁质部件，包括外壳，均应妥为防护，以防生锈。

注1：如腐蚀会使电气部件出问题，建议使用IP67电器附件。

如涉及并规定有特定条件时，制造商应特别注意其产品的耐腐蚀性能。

是否合格，进行如下试验检查。

将待试部件浸入四氯化碳、三氯乙烷或等效脱脂剂中10 min，以去除所有油脂。然后，将部件浸入(20±5)℃的氯化铵含量为10%的水溶液中10 min。

将试样上的液滴甩掉，但不擦干，然后，将试样放进装有温度为(20±5)℃的饱和水汽的空气的盒子里10 min。

试样在温度为(100±5)℃的加热箱里烘10 min后，试样表面不得出现锈迹。

注2：锐利边缘上的锈迹和可擦掉的淡黄锈膜均忽略不计。

若为螺旋形小弹簧，会受到磨损的不易触及部件等，只要有一层油脂，即足以防锈。只有在对这类部件的油脂层的功效有怀疑时，才进行试验，而且试验前不去除油脂。

## 29 限制短路电流耐受试验

29.1 插座和配套的插头应能耐受至少10 kA的或制造商规定的更大值的预期短路电流。

是否合格，用一符合本部分要求的新的配套插座和配套插头对每个插座和配套插头进行试验检查。

29.2 额定值和试验条件

用按正常使用要求安装并按29.3的规定连接的一个新的插座和配套插头进行试验。

额定电流和结构相同而极数不同的，视为代表该类型的(产品)。

短路保护器件应为作一般用途的符合GB 13539.1—2008和GB 13539.2—2008要求的额定值与插座和配套插头额定值一样的“gG”型熔断器。

如果找不到额定电流与受试插座和配套插头的额定电流一样的熔断器，则应改用高一级额定值的熔断器。

试验报告应注明熔断器的技术数据和熔断电流值。

熔断器(F1)安装在电源与受试插座和配套插头之间。

试验电压应与受试插座及其配套插头的额定工作电压相同。

不规定本试验所用的功率因数值或时间常数。

试验期间所用的偏差如下：

电流：95%～105%；

电压：100%～105%；

频率：95%～105%。

29.3 试验电路

——试验用电路图见图16、图17和图18：

- 单相a.c.或d.c.两极电器附件(图16)；
- 三相a.c.的三极电器附件(图17)；
- 三相四线a.c.的四极电器附件(图18)。

——电源 S 供电给包括电阻器 $R_1$、电抗器 X 和受试电器附件 D 在内的电路。

在任何情况下，电源均应有足够的电力供验证制造商规定的特性之用。

——图 16、图 17 和图 18 的每个试验电路里，均要将电阻器和电抗器接于电源 S 与受试设备 D 之间。接通装置 A 与电流传感器件($I_1$、$I_2$、$I_3$)的位置可以不同。

试验电路里应该有一个并只可有一个接地的点；这个接地点可以位于电源中性点的试验电路的短路连接线或任何其他合适点。

——电器附件中使用时通常接地的所有部件，包括接地触头和控制触头，外壳或屏蔽等，均应与地绝缘，并应连接到图 16、图 17 和图 18 的指定点。

为了检定故障电流，此连接应包括一个熔断元件 F2。此元件由一根直径 0.8 mm、长至少 50 mm 的铜线组成，或由一个 30/35 A 熔断元件组成。

受试电器附件应以铜导体连接，铜导体的横截面积见表 3 的规定，而长度则应尽量短，每侧不超过 1 m。

29.4 校验

将阻抗可忽略不计的临时连接件 B 置于尽量靠近用以连接受试电器附件的端子，对试验电路进行校验。

29.5 试验程序

用受试电器附件取代临时连接 B，在预期电流值至少等于受试电器附件的耐条件短路电流时，将电路闭合。

29.6 受试设备的特性

电极间不得出现电弧、不得出现闪络，而且，外露导电部件故障探测电路熔断器(F2)不得熔断。

29.7 合格条件：

——电器附件应仍能进行正常的机械操作；

——不允许触头熔焊，例如，在正常操作方式使用中阻碍了断开操作；

——试验之后，立即按 19.2.1 b)或 19.2.2 b)中适用的规定，将电压加在部件之间，进行 19.3 的介电试验，电器附件应能符合该试验的要求。

## 30 电磁兼容

### 30.1 抗扰性

本部分范围内的电器附件在正常使用时的操作不会受电磁干扰的影响。

### 30.2 发射

本部分范围内的电器附件预定是连续使用的，正常使用时，不会产生电磁干扰。

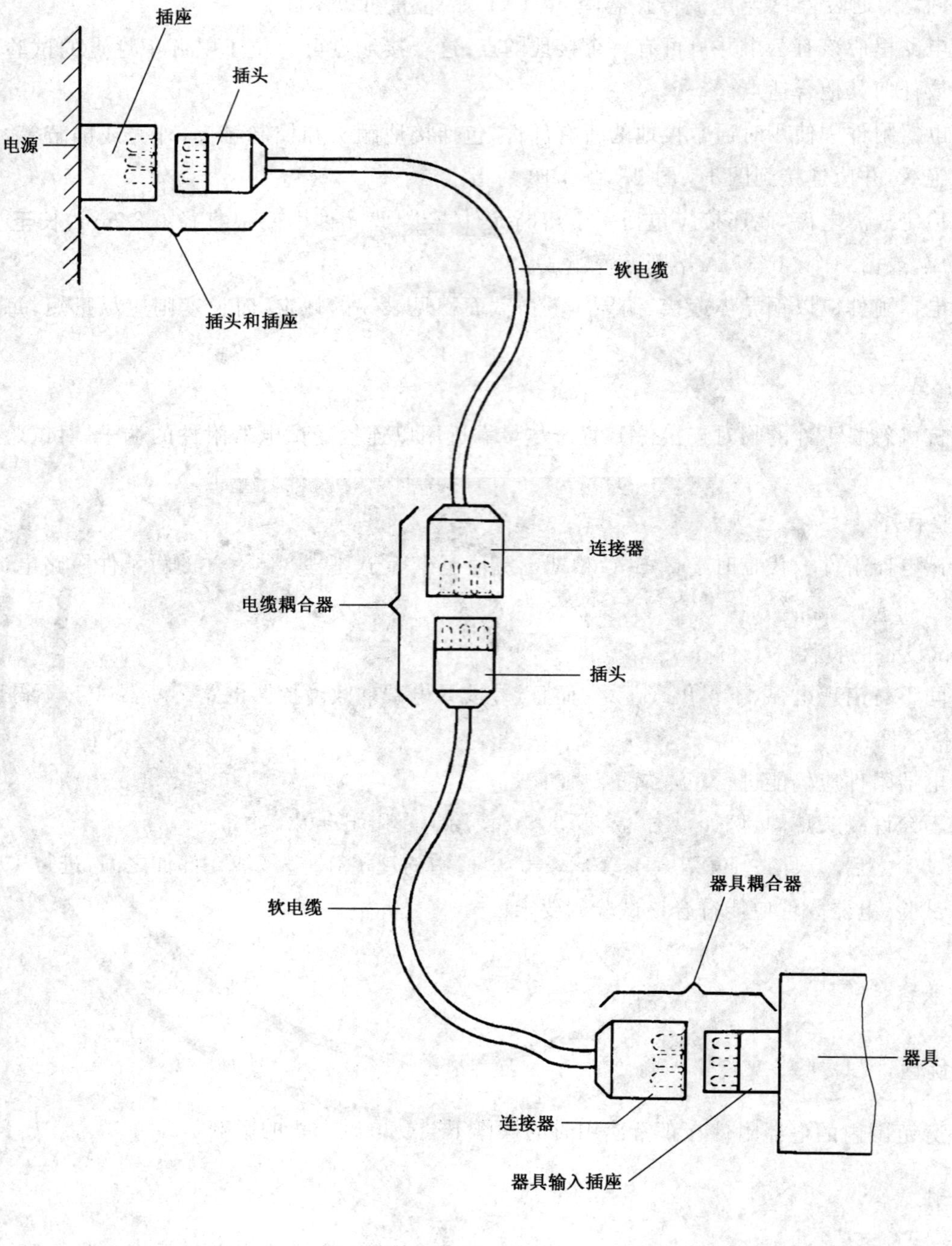


图 1 电器附件用途示意图

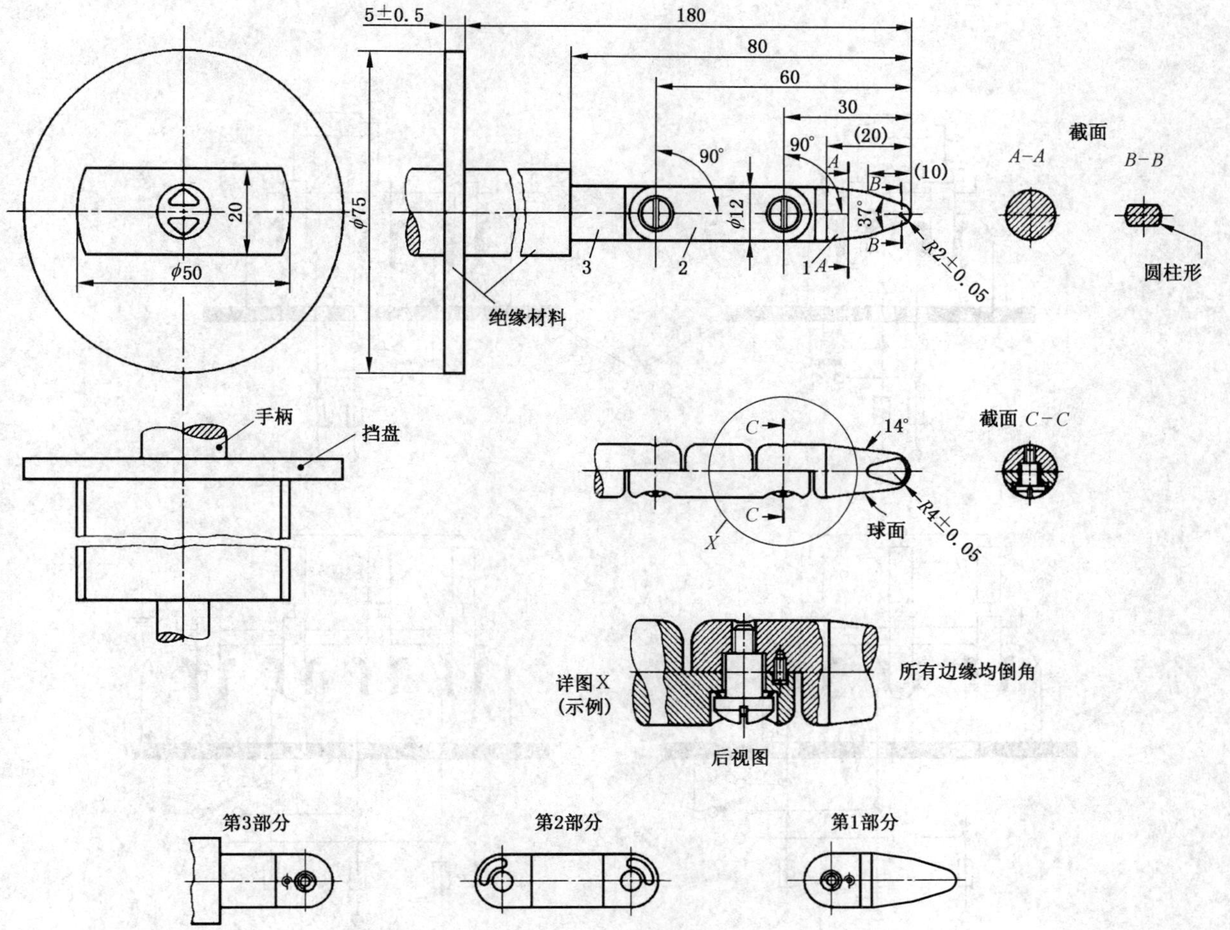


线性尺寸单位：mm。

无专门规定公差部分的尺寸公差：

角度：$^{0^\circ}_{-10'}$

直线尺寸：≤25 mm 时，$^{\ 0}_{-0.05}$ mm；

>25 mm 时，±0.2 mm。

试验指材料，例如，经热处理的钢。

本试验指的两个联结点均可弯曲 $90^{+10^\circ}_{\ 0}$，但只能朝一个方向弯曲。

采用销和凹槽的做法，仅仅是将弯曲角度限制在 90°的可能的解决办法之一而已，因此，图中并无规定尺寸偏差，但在实际设计时，必须保证弯曲角度为 $90^{+10^\circ}_{\ 0}$。

图 2　标准试验指

图 3　空白

图 4　空白

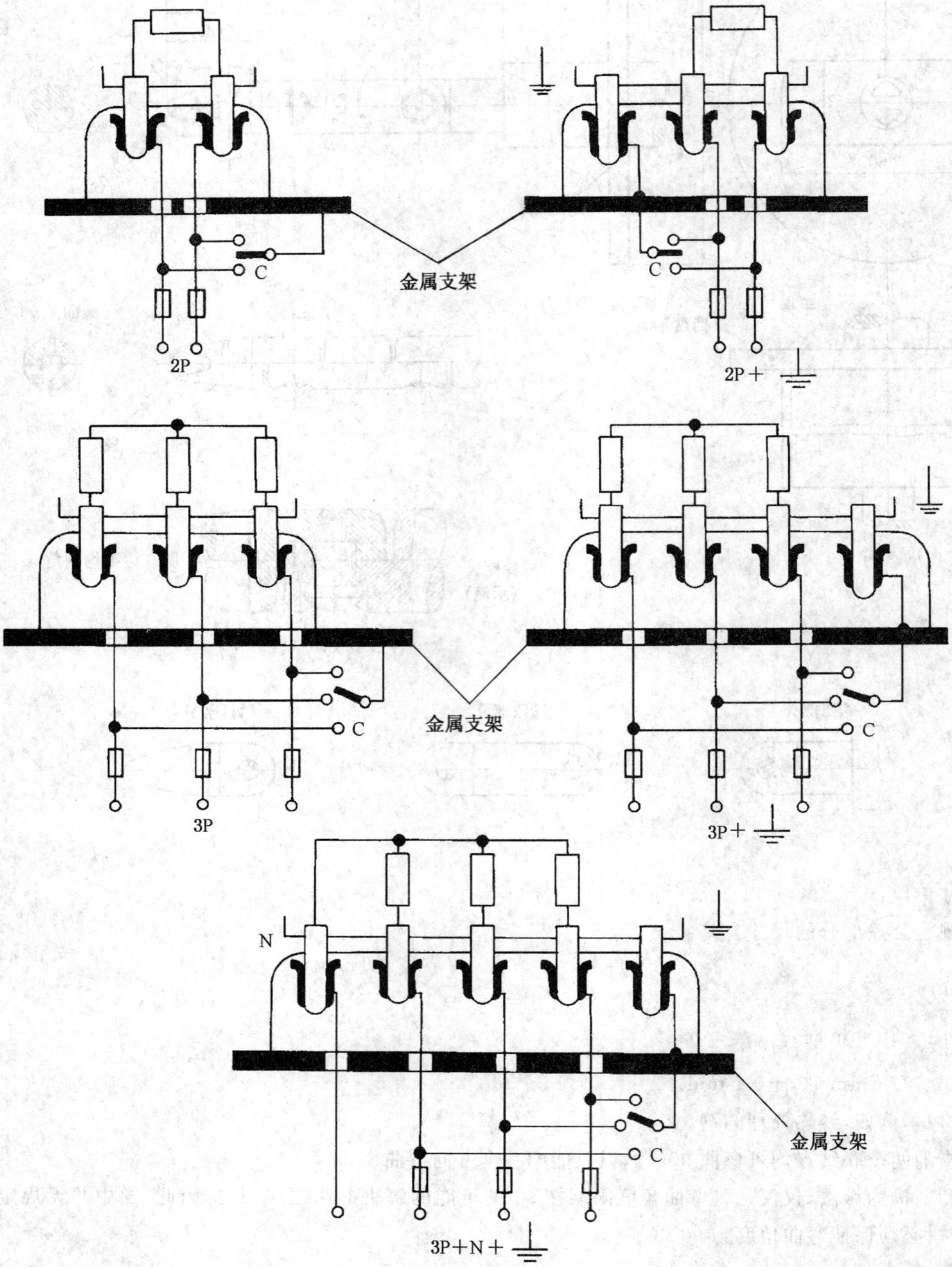


图 5 分断能力和正常操作试验电路图

单位为毫米

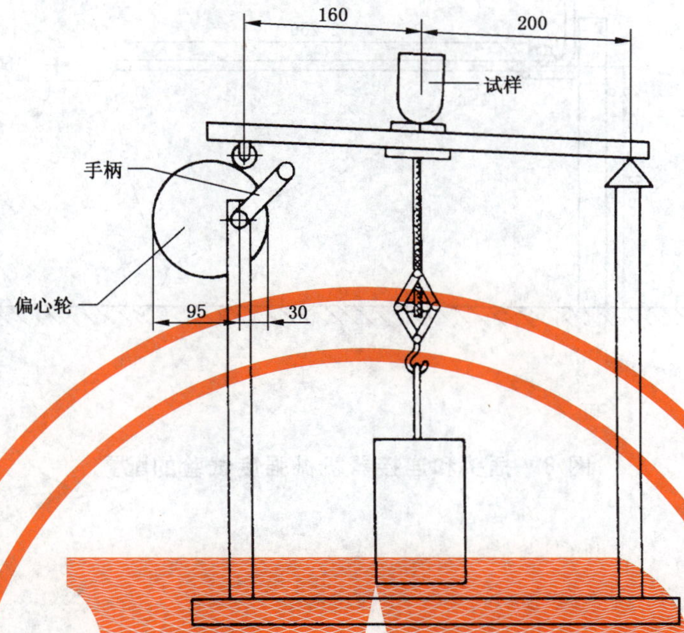


图 6　电缆固定部件试验装置

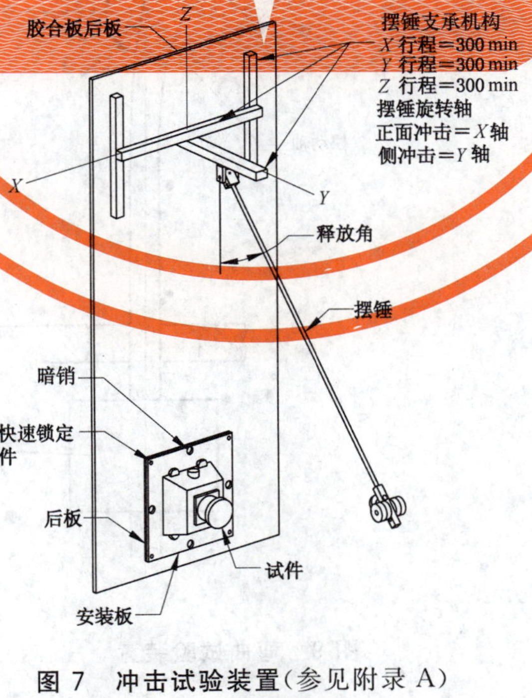


图 7　冲击试验装置(参见附录 A)

单位为毫米

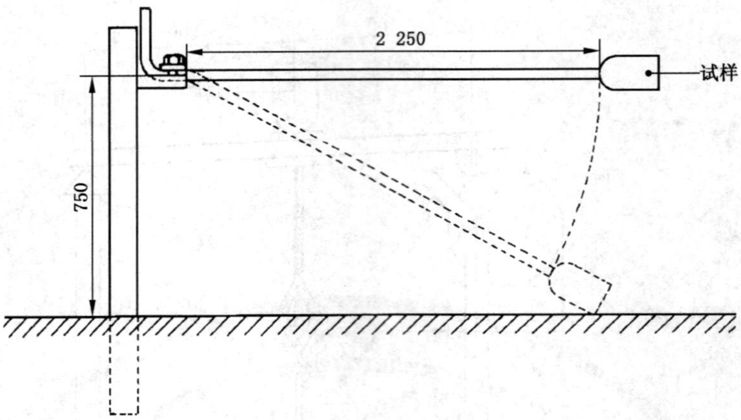


图 8　插头和连接器机械强度试验的配置

单位为毫米

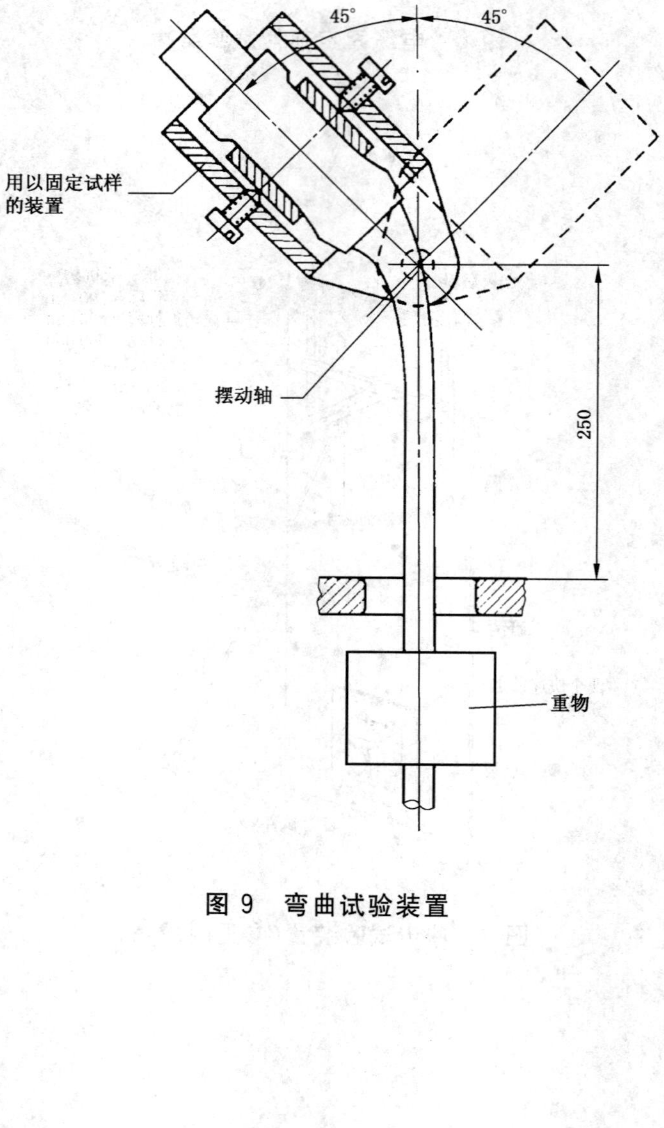


图 9　弯曲试验装置

图 10 空白

图 11 空白

图 12 空白

单位为毫米

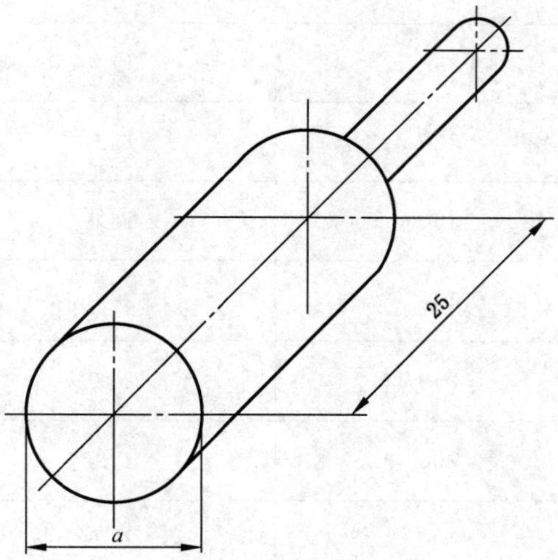


导体的最大横截面积与对应的量规

| 导体横截面积 | | 量规 | |
|---|---|---|---|
| 软<br>mm² | 硬<br>单心或绞股<br>mm² | 直径 *a*<br>mm | *a* 的偏差<br>mm |
| 1 | 1 | 1.6 | 0<br>−0.05 |
| 1.5 | 1.5 | 1.9 | 0<br>−0.05 |
| 2.5 | 4 | 2.8 | 0<br>−0.05 |
| 4 | 6 | 3.4 | 0<br>−0.06 |
| 6 | 10 | 4.3 | 0<br>−0.06 |
| 10 | 16 | 5.4 | 0<br>−0.06 |
| 16 | 25 | 6.7 | 0<br>−0.07 |
| 25 | 35 | 8.0 | 0<br>−0.07 |

图 13 用以检查最大规定横截面积的未经处理的圆导体的可插入性的量规

（续）

| 导体横截面积 | | 量规 | |
|---|---|---|---|
| 软<br>$mm^2$ | 硬<br>单心或绞股<br>$mm^2$ | 直径 *a*<br>mm | *a* 的偏差<br>mm |
| 35 | 50 | 10.0 | $^{0}_{-0.07}$ |
| 50 | 70 | 12.0 | $^{0}_{-0.08}$ |
| 70 | 95 | 14.0 | $^{0}_{-0.08}$ |
| 95 | 120 | 16.0 | $^{0}_{-0.08}$ |
| 120 | 150 | 18.0 | $^{0}_{-0.08}$ |
| 150 | 185 | 20.0 | $^{0}_{-0.08}$ |
| 185 | 240 | 25.0 | $^{0}_{-0.08}$ |
| 240 | 300 | 28.0 | $^{0}_{-0.08}$ |
| 300 | 400 | 28.5 | $^{0}_{-0.08}$ |
| 400 | 500 | 33.0 | $^{0}_{-0.08}$ |
| 500 | 630 | 37.0 | $^{0}_{-0.08}$ |
| 630 | 800 | 41.0 | $^{0}_{-0.08}$ |

材料:钢

图 13（续）

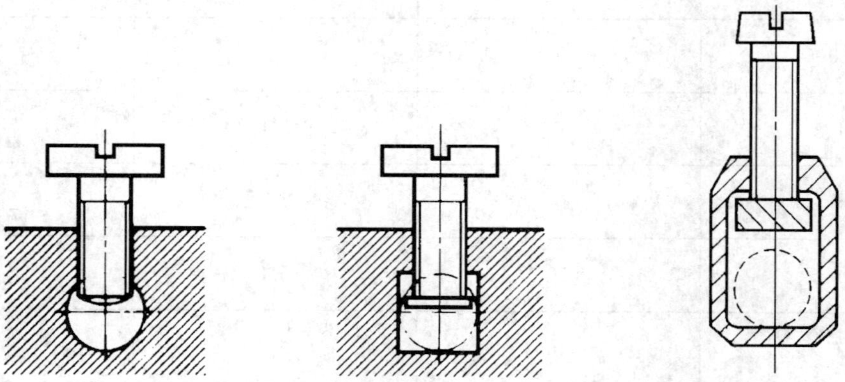

a） 柱型端子

图 14 端子示例

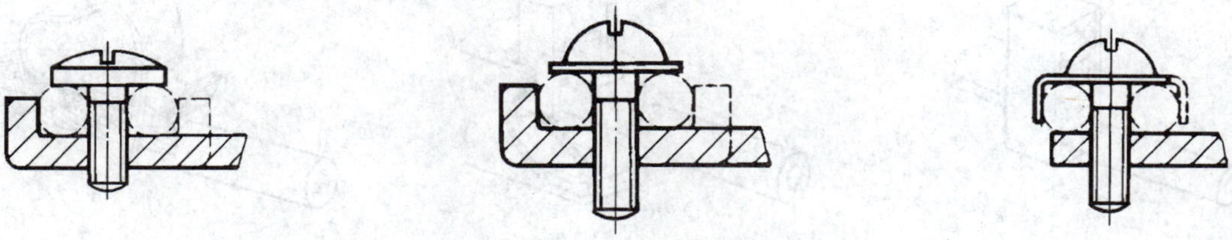

b)和 c) 螺钉端子

d) 螺栓端子

e) 鞍型端子

f) 接片端子

g)罩式端子

图 14（续）

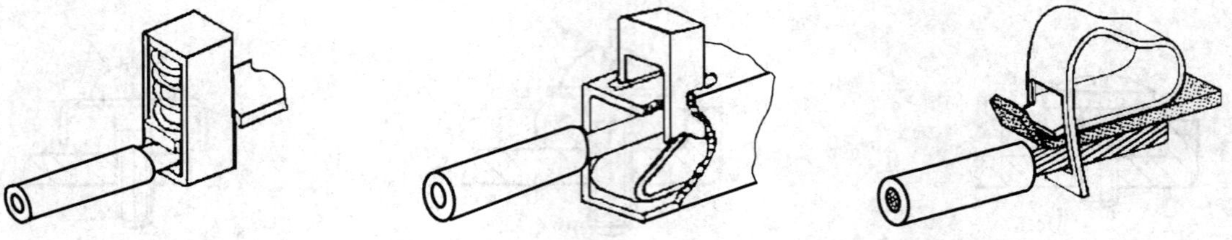

h） 无螺纹端子

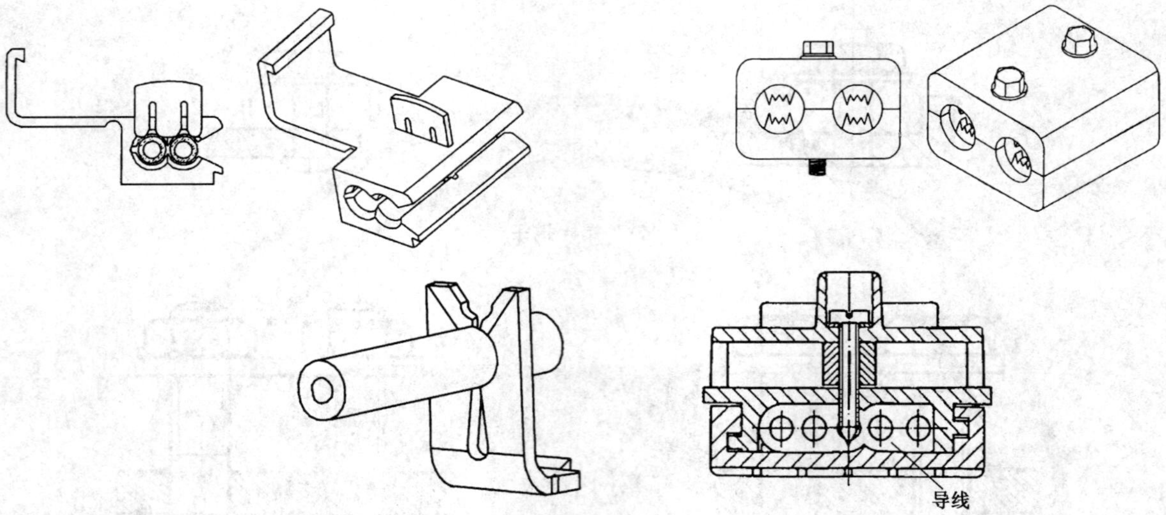


i） 绝缘穿刺端子

图 14（续）

单位为毫米

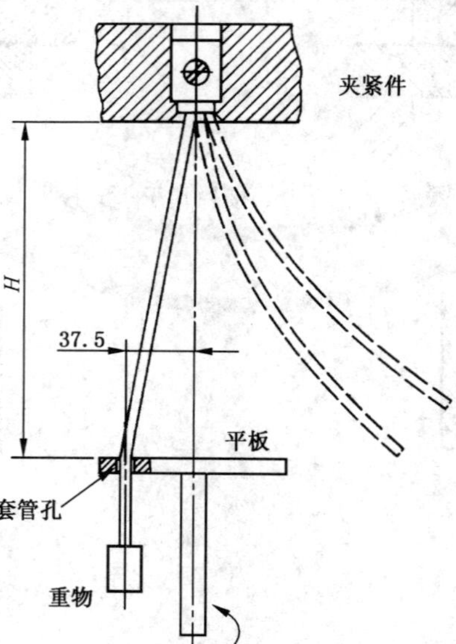


图 15 设备试验配置

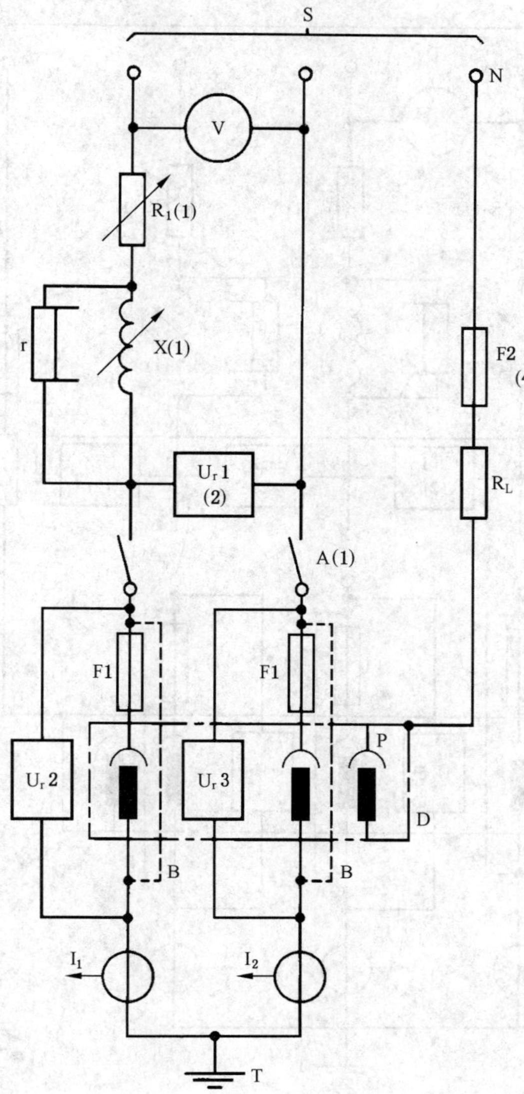


说明：

S——电源；

$U_r1$,$U_r2$,$U_r3$——电压传感器；

V——电压测量装置；

A——闭合装置；

$R_1$——可调电阻器；

N——电源中线(或人为中线)；

F2——可熔断元件；

X——可调电抗器；

$R_L$——故障电流限制电阻器；

D——受试设备(包括连接电缆)；

F1——熔断器；

B——供校验用的临时连接件；

$I_1$,$I_2$——电流传感器；

T——地——只有一个接地点(负载侧或电源侧)；

r——分流电阻器；

P——控制触头。

**注 1**：闭合装置 A 位于低压侧时，可调负载 X 和 $R_1$ 可定位于电源电路的高压侧或低压侧。

**注 2**：$U_r1$、$U_r2$ 和 $U_r3$ 亦可连接于相与中线之间。

**图 16 用以验证两极设备的单相 a.c.或 d.c.时的短路电流耐受能力的试验电路图**

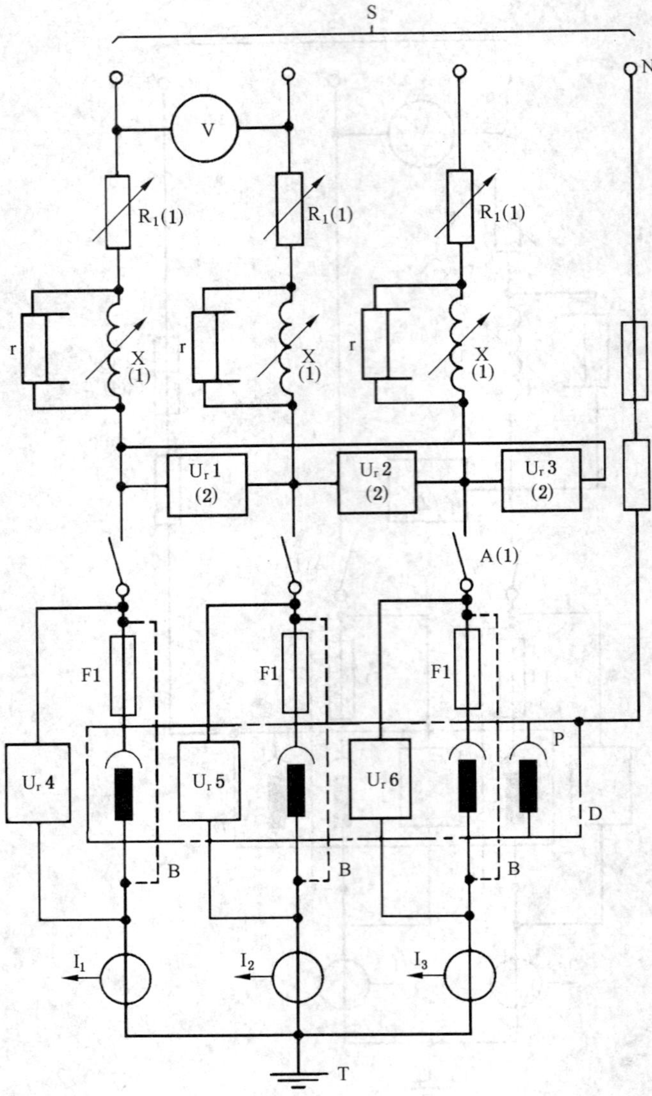


说明：

S——电源；

V——电压测量装置；

A——闭合装置；

$R_1$——可调电阻器；

N——电源中线(或人为中线)；

F2——可熔断元件；

X——可调电抗器；

$R_L$——故障电流限制电阻器；

$U_r1$，$U_r2$，$U_r3$，$U_r4$，$U_r5$，$U_r6$——电压传感器；

D——受试设备(包括连接电缆)；

F1——熔断器；

B——供校验用的临时连接件；

$I_1$，$I_2$，$I_3$——电流传感器；

T——地——只有一个接地点(负载侧或电源侧)；

r——分流电阻器；

P——控制触头。

**注 1**：闭合装置 A 位于低压侧时，可调负载 X 和 $R_1$ 可定位于电源电路的高压侧或低压侧。

**注 2**：$U_r1$、$U_r2$ 和 $U_r3$ 亦可连接于相与中线之间。

**图 17　用以验证三极设备的短路电流耐受能力的试验电路**

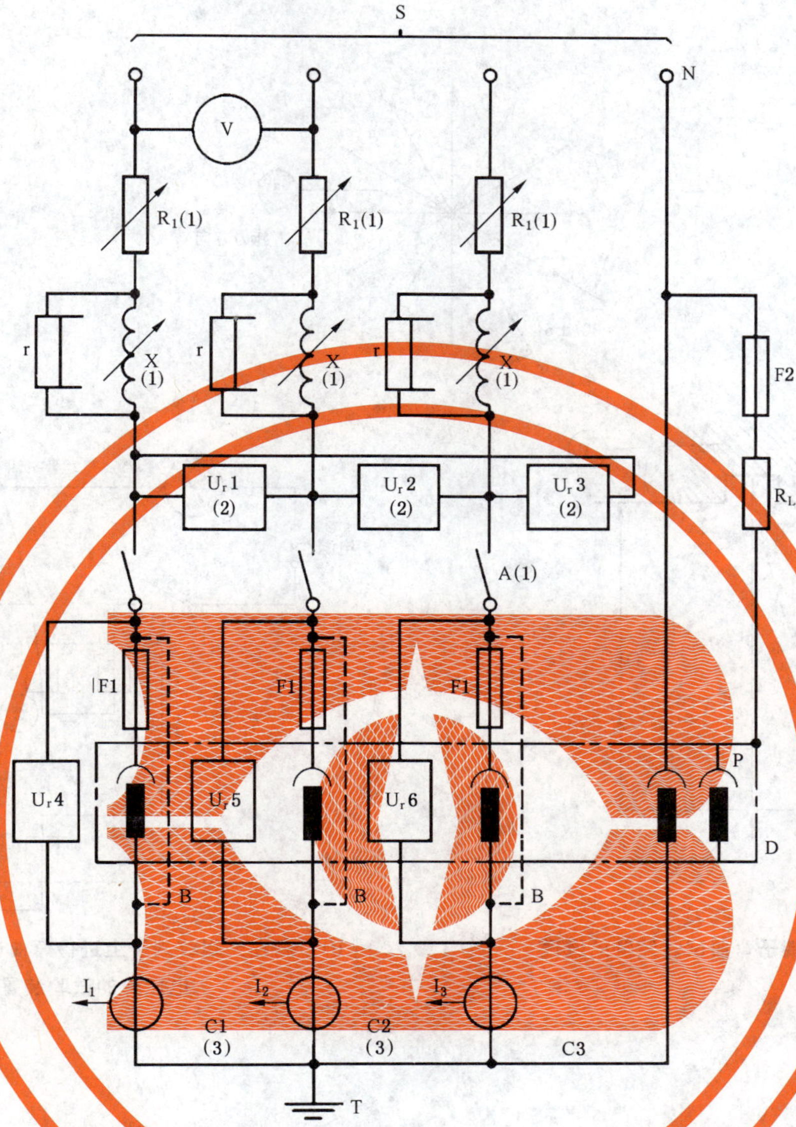


说明：

S——电源；

V——电压测量装置；

A——闭合装置；

$R_1$——可调电阻器；

N——电源中线(或人为中线)；

F2——可熔断元件；

X——可调电抗器；

$R_L$——故障电流限制电阻器；

$U_r1$，$U_r2$，$U_r3$，$U_r4$，$U_r5$，$U_r6$——电压传感器；

D——受试设备(包括连接电缆)；

F1——熔断器；

B——供校验用的临时连接件；

$I_1$，$I_2$，$I_3$——电流传感器；

T——地——只有一个接地点(负载侧或电源侧)；

r——分流电阻器；

P——控制触头；

$C_1$，$C_2$，$C_3$——连接线。

**注 1**：闭合装置 A 位于低压侧时，可调负载 X 和 $R_1$ 可定位于电源电路的高压侧或低压侧。

**注 2**：$U_r1$、$U_r2$ 和 $U_r3$ 亦可连接于相与中线之间。

**图 18　用以验证四极设备的短路电流耐受能力的试验电路**

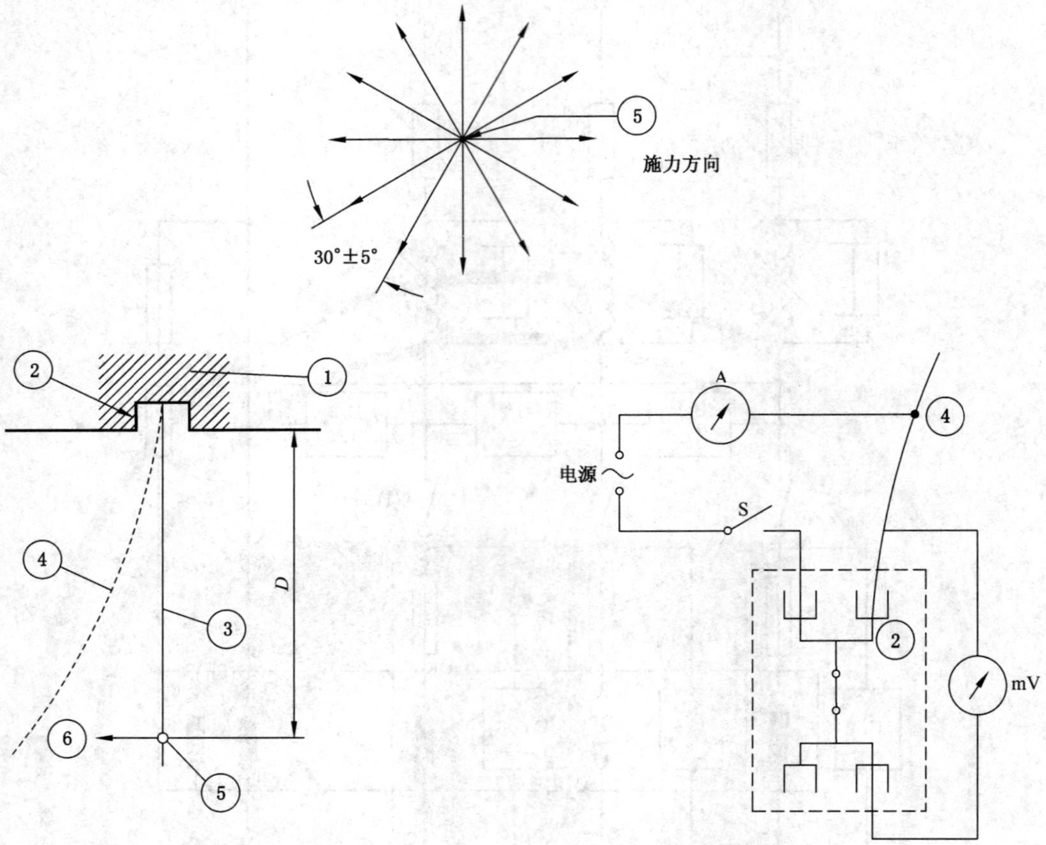


a） 无螺纹端子弯曲试验装置的原理

b） 测在无螺纹端子上进行弯曲试验期间的电压降的试验装置的示例

说明：

A——安培表；

mV——毫伏表；

S——开关；

①——试样；

②——端子；

③——试验导体；

④——被弯曲的试验导体；

⑤——使导体弯曲的力的施加点；

⑥——弯曲力(垂直于直的导体)。

**图 19 弯曲试验示意图**

# 附 录 A
（规范性附录）
试验装置的导则和说明

## A.1 摆锤和承载件

冲击试验的可重复性和可再现性取决于试验装置的细节。影响所取得的结果的因素是:摆锤冲击中心的位置、摆锤的总质量、锤头半径、锤材料和安装板刚度等。从合适的试验装置的示例中可以看出,摆锤设计能保证冲击点与冲击中心是重合的。摆锤结构的任何改动绝不会改动冲击中心的位置。此外,摆锤质量或惯性矩的任何改动应绝不会改动冲击特性或释放角度。

冲击中心是可以用等于 $mv_g$ 的矢量代表物体总动量的点。其中,$m$ 为物体的质量;$v_g$ 为重心速度。冲击中心可以从下式标出：

$$l=\frac{1}{md}$$

式中,$l$ 为围绕枢轴轴心的惯性矩;$m$ 为质量;$d$ 为从枢轴到重心的距离。

锤头的半径和材料二者的变化会改变冲击的接触面积和持续时间,因此,亦会影响冲击特性。

安装板应有足够的质量和刚度才能不会影响试验结果。必须有大的质量,安装板的运动,即动量传递,才可以忽略不计。承载件的刚度可以确保承载件不会在试验期间成为储能或耗能装置。

## A.2 冲击能量和释放角度

本试验的冲击能量定义为摆锤在释放前的势能,而且：

$$势能=mgh_{c.g.}$$

式中,$m$ 为质量;$g$ 为重力加速度;$h_{c.g.}$ 为摆锤重心的垂直位移。释放角度是从铅垂线起测量的,单位为度。已将释放角度计算好,能避免与释放高度测量点混淆。释放角度可以从 $h_{c.g.}$ 与 $d_1$ 的三角关系求出($d_1$ 为枢轴与重心之间的距离)。

冲击试验释放角度见表 A.1。

## A.3 试验装置的说明

图 A.1～图 A.7 所述摆锤已经设计成本部分要求的乃至正在考虑中的理想冲击能级。尤其是,试验装置是一个物理摆锤,由一个枢轴、一个圆形钢轴、一个轴端、一个锤或砧和两个 0.25 kg 的重物组成,枢轴与锤头之间相距 1 m。锤头对应于摆锤的冲击中心。重物的放置对维持冲击中心的位置至为重要。

若用 0.5 kg 的重物进行试验,应将重物安装在摆锤轴端最低的安装孔里。

若用 1 kg 的重物进行试验,应将重物安装在摆锤轴端最上方的安装孔里。

下面为对摆锤性能至为重要的数据：

——用 0.5 kg 的重物：

- 摆锤质量＝1.44 kg；
- 惯性矩＝1.17 kg・$m^2$；
- 到重心的距离＝0.776 m。

——用 1 kg 的重物：

- 摆锤质量＝1.93 kg；
- 惯性矩＝1.61 kg·$m^2$；
- 到重心的距离＝0.833 m。

单位为毫米

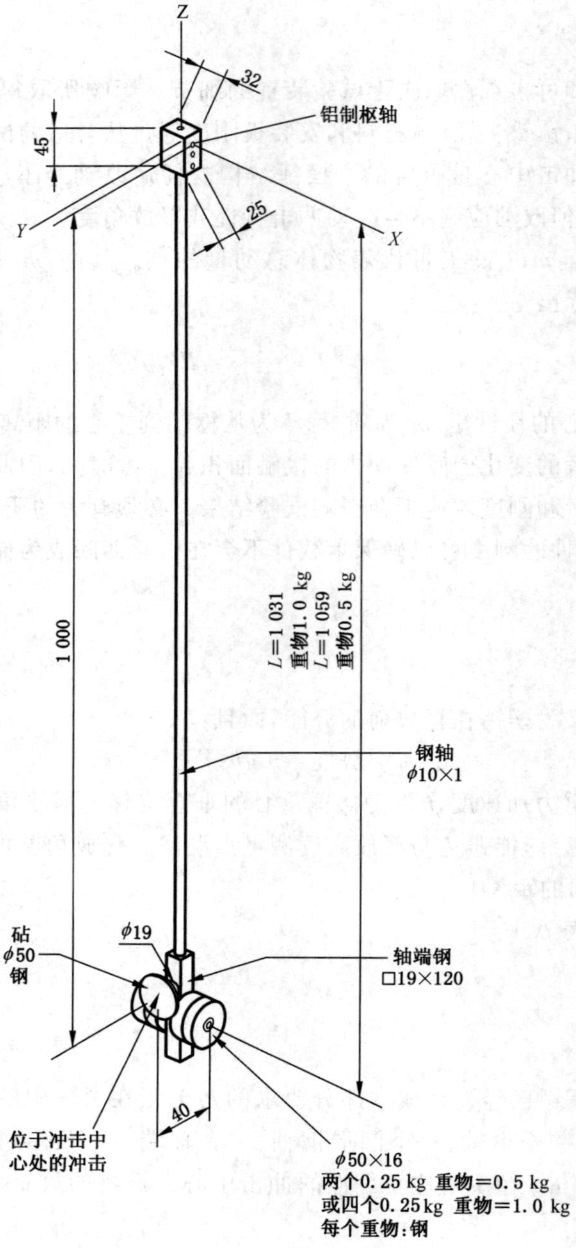


图 A.1 冲击试验装置——摆锤组件

**表 A.1 冲击试验释放角度**

| 冲击试验释放角度 | | |
|---|---|---|
| 冲击能级<br>J | 所用重物<br>kg | 释放角度<br>（与铅垂线所成角度） |
| 1 | 0.5 | 25° |
| 2 | 0.5 | 35° |
| 3 | 1 | 36° |
| 4 | 1 | 42° |
| 5 | 1 | 47° |
| 6 | 1 | 52° |

单位为毫米

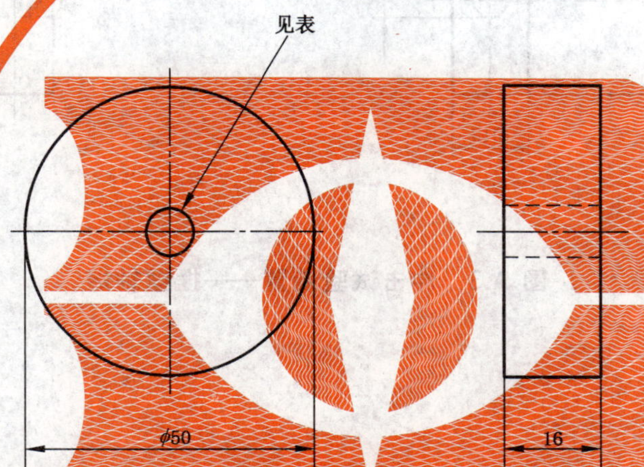


| 孔的形状 | 用于 | |
|---|---|---|
| | 0.5 kg | 1 kg |
| ϕ8.4 | — | 2 |
| M8×1.25 | 1 | 1 |

| 螺栓尺寸 | | |
|---|---|---|
| ϕ8.4|__|14.25↓8 | 1 | 1 |
| M8×1.25 SHCS×43 | 1 | — |
| M8×1.25 SHCS×75 | — | 1 |

材料：钢。

SHCS：内六角螺钉。

**图 A.2 冲击试验装置——摆锤质量（数量：4）**

单位为毫米

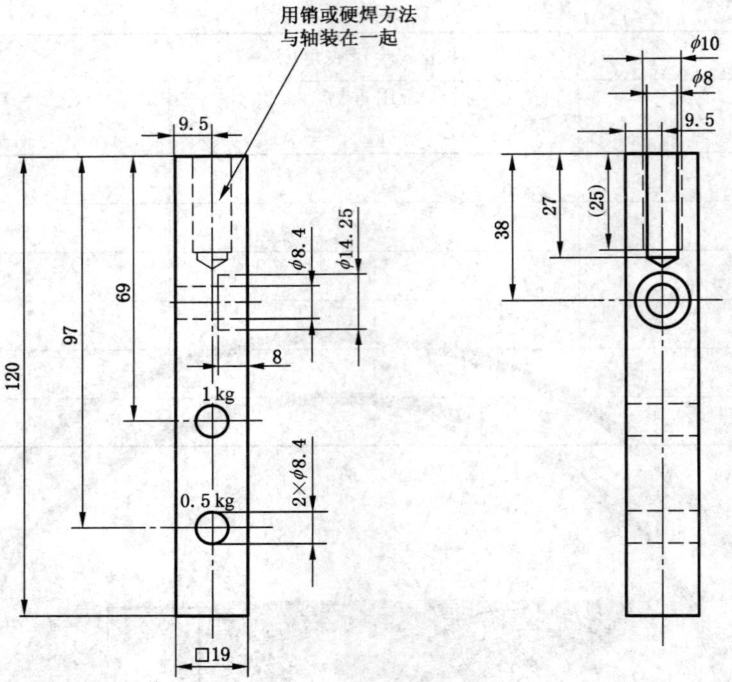


材料：钢。

图 A.3　冲击试验装置——摆锤轴端

单位为毫米

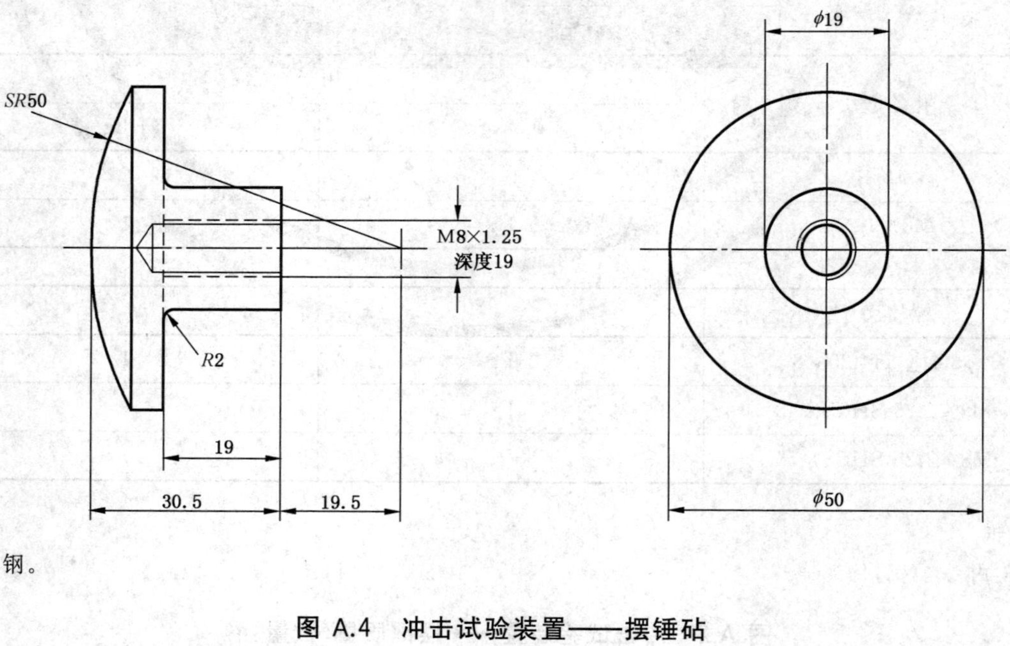


材料：钢。

图 A.4　冲击试验装置——摆锤砧

单位为毫米

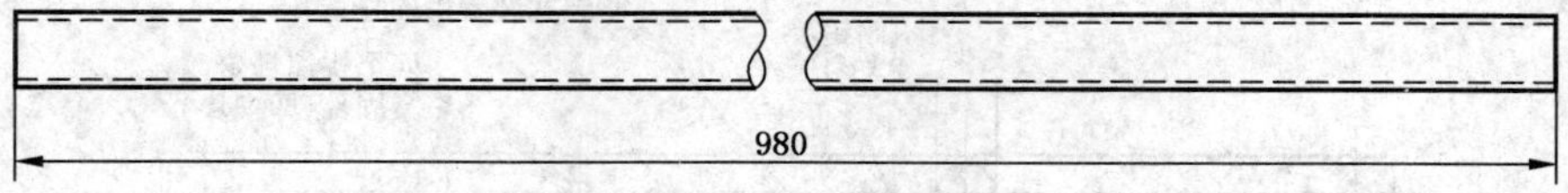


材料:钢管 $\phi10\times1.0$。

图 A.5 冲击试验装置——摆锤轴

单位为毫米

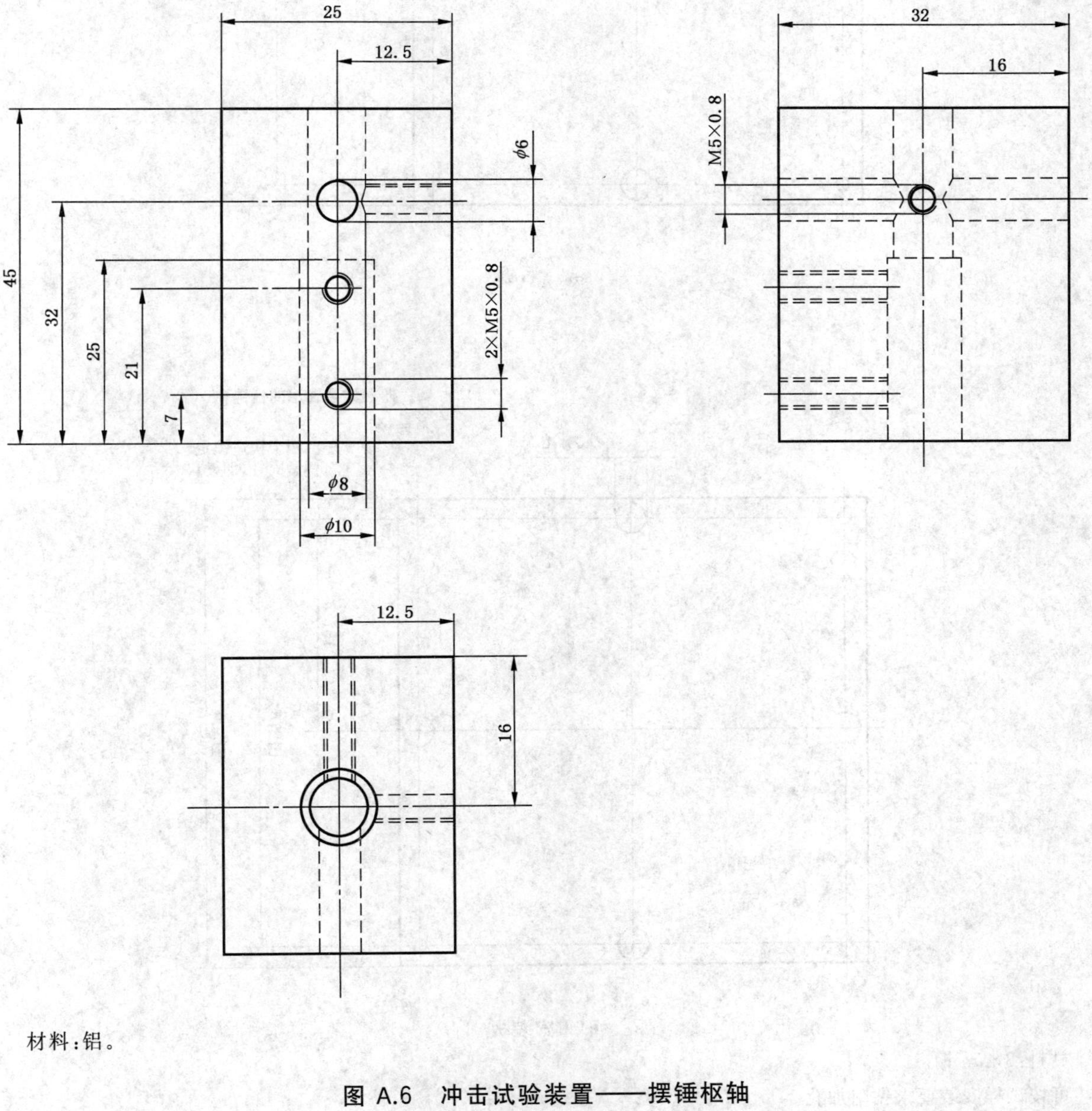


材料:铝。

图 A.6 冲击试验装置——摆锤枢轴

单位为毫米

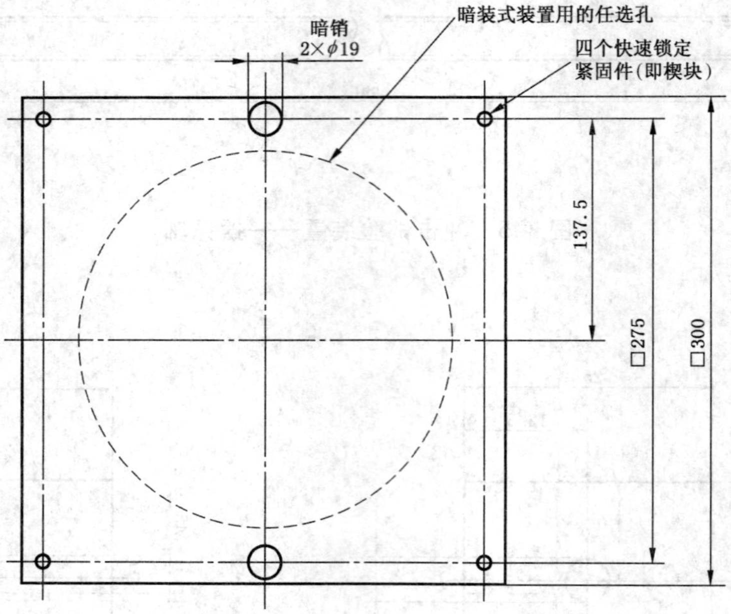


a) 后板

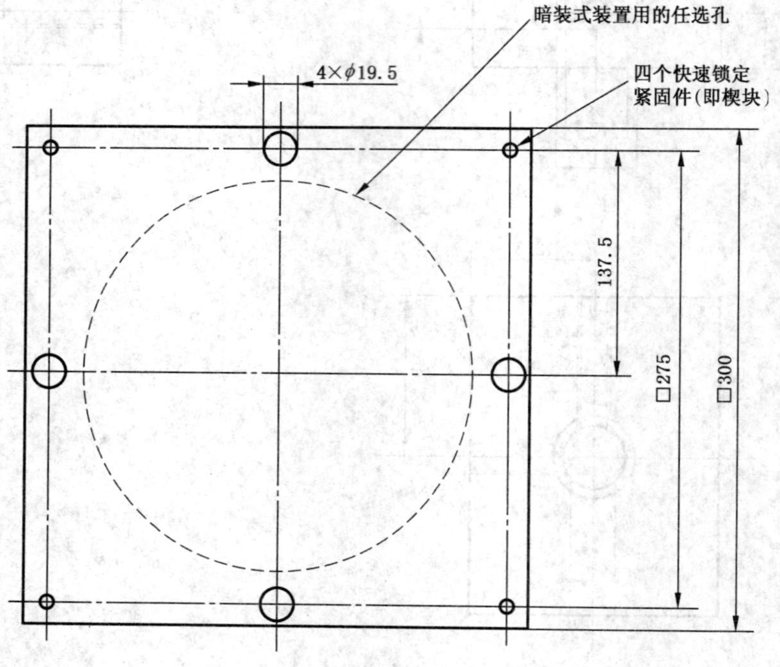


b) 安装板

材料:8 mm 钢。

可按试样安装要求钻附加孔。

图 A.7 冲击试验装置后板和安装板

# 附　录　B
## （资料性附录）
## 要求重复试验的章目列表

为遵守本部分的要求，先前按照 GB/T 11918—2001 检查或试验的电器附件可要求按 GB/T 11918.1—2014 的以下章节进行重复检查或试验：

| |
|---|
| 6.1.2 |
| 7.2 |
| 7.9 |
| 7.10 |
| 11.5.2 |
| 12 |
| 15.8 |
| 16.9 |
| 17.3 |
| 18.2 |
| 24.2 |
| 11.2.1 |

## 参 考 文 献

[1] GB/T 2900.18—2008 电工术语 低压电器

[2] GB/T 2900.73—2008 电工术语 接地与电击防护

[3] GB/T 13140.3—2008 家用和类似用途低压电路用的连接器件 第2部分:作为独立单元的带无螺纹型夹紧件的连接器件的特殊要求

[4] IEC 60352-7 Solderless connections—Part 7:Spring clamp connections—General requirements,test methods and practical guidance

[5] HD 22.16 S2-2007 Cables of rated voltages up to and including 450/750 V and having cross-linked insulation—Part 16:Water resistant polychloroprene or equivalent synthetic elastomer sheathed cables

ICS 29.120.30
K 30

# 中华人民共和国国家标准

GB/T 11918.2—2014
代替 GB/T 11919—2001

# 工业用插头插座和耦合器 第 2 部分：带插销和插套的电器附件的尺寸兼容性和互换性要求

**Plug, socket-outlets and couplers for industrial purposes—Part 2: Dimensional compatibility and interchangeability requirements for pin and contact-tube accessories**

（IEC 60309-2:2012，MOD）

2014-06-24 发布　　　　2015-01-22 实施

中华人民共和国国家质量监督检验检疫总局
中国国家标准化管理委员会　发布

# 前　言

GB/T 11918《工业用插头插座和耦合器》计划分为4部分：

——第1部分：通用要求；

——第2部分：带插销和插套的电器附件的尺寸兼容性和互换性要求；

——第3部分：(名称待定)；

——第4部分：有或无联锁带开关的插座和连接器。

本部分为GB/T 11918的第2部分。

本部分按照GB/T 1.1—2009给出的规则起草。

本部分代替GB/T 11919—2001《工业用插头插座和耦合器　第2部分：带插销和插套的电器附件的尺寸互换性要求》。

本部分与GB/T 11919—2001相比，主要变化如下：

——按照IEC 60309-2:2012，将标准名称由《工业用插头插座和耦合器　第2部分：带插销和插套的电器附件的尺寸互换性要求》修改为《工业用插头插座和耦合器　第2部分：带插销和插套的电器附件的尺寸兼容性和互换性要求》；

——第1章中额定工作电压由690 V改为1 000 V；

——第1章中明确了这些附件只打算由受过培训的[电气]人员或熟练[电气]技术人员安装使用；

——第1章中增加了适用于带无螺纹端子或绝缘穿刺端子的电器附件的范围；

——第2章中增加了GB 16895.21、GB 14048.3；

——增加了4.1的相关说明；

——增加了5.101的按GB 4208规定的标准IP代码的分类；

——删除了GB/T 11919—2001中6.1.2；

——修改了7.2；

——7.5增加了操作电压不超过50 V的、便携式电恒温箱用8 h时钟位置的电器附件的标示要求；

——8.1增加了额定工作电压不超过50 V的特殊电器附件的小键或键槽的位置；

——第11章重新进行了编写；

——按防护等级，修改了表109；

——第14章修改了额定电流为63/60 A的电器附件和额定电流为125/100 A的电器附件防护等级；

——修改了表104；

——16.101增加了相关标准活页的要求；

——标准活页2-Ⅰ增加了接合平面的图示；

——标准活页2-Ⅲ增加了接合平面的图示；

——修改了标准活页2-Ⅲa的图示；

——修改了标准活页2-Ⅳa的图示；

——增加了标准活页2-Ⅷa的图示；

——增加了标准活页2-Ⅸa的图示；

——增加了附录A需重复试验的章目列表。

本部分使用重新起草法修改采用IEC 60309-2:2012《工业用插头插座和耦合器　第2部分：带插销和插套的电器附件的尺寸兼容性和互换性要求》。

本部分与IEC 60309-2:2012的技术性差异及其原因如下:

——关于规范性引用文件,本部分做了具有技术性差异的调整,以适应我国的技术条件,调整的情况集中反映在第2章"规范性引用文件"中,具体调整如下:
- 用GB/T 4728.2—2005 电气简图用图形符号　第2部分:符号要素、限定符号和其他常用符号(IEC 60617, IDT)代替IEC 60617-2:1996;
- 用GB 16895.21　低压电气装置　第4-41部分:安全防护　电击防护(GB 16895.21—2011,IEC 60364-4-41:2005, IDT)代替IEC 60364-4-41。

本部分做了下列编辑性修改:

——在第1章中补充了"GB/T 11918的本部分规定了带插销和插套的工业用插头插座和耦合器的尺寸互换性要求等技术要求。";

——将IEC 60309-2:2012的第3章与第2章调换次序,即将"规范性引用文件"为第2章,"术语和定义"为第3章;

——将IEC 60309-2引言中关于标准结构的说明,移至本部分的前言中,并删除引言;

——对附录B"要求重复试验的章目列表",根据我国标准GB/T 11919—2001对应的IEC 60309-2版本的情况,进行了调整。

本部分由中国电器工业协会提出。

本部分由全国电器附件标准化技术委员会(SAC/TC 67)归口。

本部分起草单位:中国电器科学研究院有限公司、汕头市东亚电器厂、杭州鸿雁电器有限公司、跃华控股集团有限公司、广东明家科技股份有限公司、北京突破电气有限公司、公牛集团有限公司、中山市威浦电器有限公司、成都瑞联电气股份有限公司、宁波唯尔电器有限公司、浙江恒泰电工有限公司、南京曼奈柯斯电器有限公司、飞雕电器集团有限公司、上海电动工具研究所、威凯检测技术有限公司、奇胜工业(惠州)有限公司深圳分公司、广州市番禺天虹工业开发有限公司、耐思电气(嘉兴)有限公司、南京康尼科技实业有限公司。

本部分主要起草人:丁汉辉、蔡军、金峰、王朝圣、黄俊、朱松涛、阮立平、陈赞辉、王化毅、李红文、骆德元、鞠明华、郑伟、张玮昌、袁曲、龚志雷、黎达坚、张礼荣、丁丽、李立新、罗时明、蔡映峰。

本部分所代替标准的历次版本发布情况为:

——GB/T 11919—1989、GB/T 11919—2001。

# 工业用插头插座和耦合器 第2部分:带插销和插套的电器附件的尺寸兼容性和互换性要求

## 1 范围

GB/T 11918.1—2014 的本章替换为如下:

GB/T 11918 的本部分规定了带插销和插套的工业用插头插座和耦合器的尺寸互换性要求等技术要求。

本部分适用于主要作工业用途的,户内或户外使用的额定工作电压不超过 1 000 V,额定频率 500 Hz,额定电流不超过 125 A 的插头和插座、电缆耦合器和器具耦合器。

注:GB/T 11918 中额定电流超过 125 A 电器附件的所有内容不适用于本部分。

这些附件只打算由受过培训的[电气]人员(GB/T 2900.73—2008,定义 195-04-02)或熟练[电气]技术人员(GB/T 2900.73—2008,定义 195-04-01)安装使用。

本部分适用于装有标准结构的插销和插套的插头、插座、电缆耦合器和器具耦合器。

本部分适用于在环境温度 −25 ℃~40 ℃时使用的插头、插座、电缆耦合器和器具耦合器(以下统称为“电器附件”)。

不排除将这些电器附件用于建筑工地、农业、商业和家用的可能性。

本部分适用于带无螺纹端子或绝缘穿刺端子的、系列Ⅰ中额定电流不大于 32 A、系列Ⅱ中额定电流不大于 30 A 的电器附件。

装在电气设备里或固定到电气设备上的插座或器具输入插座属于本部分范围内。本部分亦适用于特低电压装置里的电器附件。

注:本部分不适用于家用和类似一般用途的电器附件。

在特殊场所,例如在船上或易发生爆炸的场所,可能要有附加要求。

## 2 规范性引用文件

下列文件对于本文件的应用是必不可少的。凡是注日期的引用文件,仅注日期的版本适用于本文件。凡是不注日期的引用文件,其最新版本(包括所有的修改单)适用于本文件。

GB/T 11918.1—2014 工业用插头插座和耦合器 第1部分:通用要求(IEC 60309-1:2012,MOD)的本章经如下修改后适用:

增加:

GB/T 4728.2—2005 电气简图用图形符号 第2部分:符号要素、限定符号和其他常用符号(IEC 60617,IDT)

GB 14048.3 低压开关设备和控制设备 第3部分:开关、隔离器、隔离开关以及熔断器组合电器(GB 14048.3—2008,IEC 60947-3:2005,IDT)

GB 16895.21 低压电气装置 第4-41部分:安全防护 电击防护(GB 16895.21—2011,IEC 60364-4-41:2005,IDT)

## 3 术语和定义

GB/T 11918.1—2014 界定的以及下列术语和定义适用于本文件。

增加：

3.101

**倒相器 phase inverter**

带有操作机构以实现无需将两个相插销与导体断接即可互换这两相插销位置的插头或器具输入插座。

## 4 总则

GB/T 11918.1—2014 的本章经如下修改后适用：

4.1 GB/T 11918.1—2014 中的本条款的最后一段不适用。

增加：

4.101 如果使用量规，量规应由淬火钢制成，所有棱边应略倒圆，倒圆的最大半径为 0.1 mm。除非另有规定，所有的测量面的表面粗糙度最低应为$\stackrel{3.2}{\nabla}$。

本部分中：

2P+⏚包括：2P+⏚和 1P+N+⏚

3P+⏚包括：3P+⏚和 2P+N+⏚

另有规定除外(见表 104)。

## 5 标准额定值

GB/T 11918.1—2014 的本章经如下修改后适用：

5.2 改为如下：

标准额定电流由表 101 给出。

**表 101**

| 系列Ⅰ<br>A | 系列Ⅱ<br>A |
|---|---|
| 16 | 20 |
| 32 | 30 |
| 63 | 60 |
| 125 | 100 |

5.101 GB 4208—2008 规定的标准 IP 代码为：

——IP44；

——IP67；

——IP66/IP67。

## 6 分类

GB/T 11918.1—2014 的本章适用。

## 7 标志

GB/T 11918.1—2014 的本章经如下修改后适用。

7.1 修改：

将注删掉。

增加如下内容：

表示接地触头、小键或键槽等位置的符号应置于表示额定工作电压的数字之前或之上，并用线段隔开。

表示接地触头、小键或键槽等位置的符号与表示额定工作电压的数字是以斜线隔开的，上述标志应置于额定电流的标志之后，并用破折号隔开。

如果用符号表示电源性质，该符号应置于额定工作电压标志的旁边或下面。

三相电器附件如果有相线对中线电压，不必标出此电压。

额定电流、接地触头、小键或键槽的位置、额定工作电压和电源性质可按如下方法标示：

系列Ⅰ：

16 A-9 h/400 V ～，或 16-9 h/400～，或 16-$\frac{9\ \mathrm{h}}{400\sim}$，或

16 A-9 h/380-415 V～，或 16-9 h/380-415～，或 16-$\frac{9\ \mathrm{h}}{380\text{-}415\sim}$

32 A-6 h/230/400 V～，或 32-6 h/230/400～，或 32-$\frac{9\ \mathrm{h}}{230/400\sim}$，或

32 A-$\frac{6\ \mathrm{h}/220/380\ \mathrm{V}\sim}{240/415\ \mathrm{V}\sim}$，或 32-$\frac{6\ \mathrm{h}/220/380\sim}{240/415\sim}$，或 32-$\cfrac{6\ \mathrm{h}}{\cfrac{220/380\sim}{240/415\sim}}$

系列Ⅱ：

20A-7 h/480 V a.c.，或 20A-7 h/480～ ，或 20 A-$\frac{7\ \mathrm{h}}{480\sim}$

30 A-7 h/480 V，3 相，或 30 A-7 h/480，3Φ，或 30 A-$\frac{7\ \mathrm{h}}{480\ \mathrm{V},3\Phi}$

60 A-7 h/277/480 V，3 相 Y，或 60 A-7 h/277/480，3ΦY，或 60 A-$\frac{7\ \mathrm{h}}{277/480\ \mathrm{V},3\Phi\mathrm{Y}}$

允许将 a.c.的符号(～)和 d.c.的符号(═══或——)置于数值的后面(GB/T 4728.2—2005)。

标准活页 2-Ⅰ、2-Ⅱ、2-Ⅲ和 2-Ⅳ示出带有符号 6 h 的电器附件，2-Ⅷ和 2-Ⅸ示出带有符号 12 h 的电器附件。

表示额定工作电压超过 50 V 的电器附件，接地触头位置的符号应为一数字，后面为字母 h。

由接地插套位置导出的数字与时钟面比较时，从插座或连接器的正面看，键槽在 6 点钟的位置。

表示额定工作电压不超过 50 V 的电器附件，小键位置的符号应为一数字，后面为字母 h。

由小键的位置导出的数字与时钟面比较时，从插座或连接器的正面看，主键在 6 点钟的位置。

插头和器具输入插座中，表示接地触头或小键槽的符号应与相应的插座或连接器所用的符号相同。

插座和连接器的插套位置，从正面看，应如标准活页所示(见 7.5)按顺时针顺序排列。

插头和器具输入插座的插销位置，应与从正面看的顺序相反。

7.2　GB/T 11918.1—2014 的本条适用。

7.4　改为如下：

对插头和连接器，7.1 规定的标志，在电器附件接线后随时可供使用的状态下，应是清晰可辨的。

绝缘电压的标志应标在主要部件上；当电器附件完成安装和接线后，正常使用时是看不见的。

注 1："随时可供使用"一词是指插头或连接器没有与其配套的电器附件插合的状态。

注 2：插头或连接器的"主要部件"一词是指带有触头的部件。

是否合格，通过观察检查。

7.5　改为如下：

可拆线电器附件的触头应以如下符号标示：

——带 3 个触头(相＋中＋地或相＋相＋地)的电器附件：

L/＋，不标符号，(⏚)或⏚

但系列Ⅰ的 4 h 和 5 h 时钟位置应以如下符号标示：

N，不标符号，(⏚)或⏚

——带 4 个触头(三相＋地)的电器附件：

L1，L2，L3，(⏚)或⏚；或 1，2，3，(⏚)或⏚

但系列Ⅱ的 12 h 时钟位置(相＋中心抽头＋相＋地)应以如下符号标示：

L1，N，L2，(⏚)或⏚

——带 5 个触头(三相＋中＋地)的电器附件：

L1，L2，L3，N，(⏚)或⏚；或 1，2，3，N，(⏚)或⏚

——在一段时间内，可用标志 R1，S2，T3 代替 L1，L2，L3。

——操作电压不超过 50 V 的、便携式电恒温箱用 8 h 时钟位置的电器附件：＋12，＋24。

这些标志应位于靠近有关的端子处，但不得标在螺钉、可拆卸垫圈或可拆卸部件上。

对倒相器，这些标志应是在一个位置上符合 7.1 要求；在倒相机构的另一位置上，相标志不必符合要求。

注：控制导体用的端子不要求标示。

与字母配套使用的数字可写为指数。建议尽量使用(⏚)符号。

是否合格，通过观察检查。

7.7　修改如下：

GB/T 11918.1—2014 的本章经如下修改后适用：

增加：

2P＋N＋地，12 h，系列Ⅱ的电器附件应以橙色标示。

## 8　尺寸

GB/T 11918.1—2014 的本章经如下修改后适用：

8.1　改为如下：

电器附件应符合如下有关标准活页的要求：

——额定工作电压超过 50 V 的电器附件：

- 16/20 A 和 32/30 A ………………………………………… 活页 2-Ⅰ和 2-Ⅱ；
- 63/60 A 和 125/100 A，无辅助触头………………………… 活页 2-Ⅲ和 2-Ⅳ；
- 63/60 A 和 125/100 A，有辅助触头 ……………………… 活页 2-Ⅲa 和 2-Ⅳa；

● 16 A～125 A 的电器附件的机械连锁 ………………………………………… 活页 2-Ⅴ。

—— 额定工作电压不超过 50 V 的电器附件：

● 16/20 A 和 32/30 A ……………………………………………………… 活页 2-Ⅷ和 2-Ⅸ。

尺寸可与标准活页规定的不同，但这些不同的尺寸必须具有技术上的优越性，对符合标准活页要求的电器附件的用途和安全，尤其是对可互换性与不可互换性要求不得有任何不利影响。

是否合格，用量规检查，量规不能到达之处的尺寸则通过测量检查。

——额定工作电压超过 50 V 的电器附件：

● 插座和连接器，用图 101 和图 102 的量规检查；

● 插头和器具输入插座，用图 107 和图 108 的量规检查。

—— 额定工作电压不超过 50 V 的电器附件：

● 16/20 A 和 32/30 A 电器附件，用图 110 和图 112 的量规检查。

用表 102 规定的力将量规沿轴线方向移至电器附件的中心线，施力时间为 1 min。

表 102

| 额定工作电压<br>V | 额定电流<br>A | | 作用在通规上的力(max.)<br>N | 作用在止规上的力(max.)<br>$N(_{-1}^{\ 0})$ |
|---|---|---|---|---|
| | 系列Ⅰ | 系列Ⅱ | | |
| ≤50 | 16<br>32 | 20<br>30 | 150<br>150 | 30<br>30 |
| >50 | 16<br>32<br>63<br>125 | 20<br>30<br>60<br>100 | 60<br>90<br>165<br>240 | 20<br>30<br>55<br>80 |

试验前，绝缘材料试样应放置于(20±5)℃的温度和 45%～75%相对湿度的环境中 4 周。

额定工作电压不超过 50 V 的电器附件的小键或键槽的位置应如表 103-1 或表 103-2 所示。

额定工作电压超过 50 V 的电器附件的接地触头的位置应如表 104 所示。

是否合格，通过观察检查。

**表 103-1 额定电压不超过 50 V 的一般用途电器附件**

| 额定工作电压<br>V | 频率<br>Hz | 小键或键槽位置[a] |
|---|---|---|
| 20～25 | 50 和 60 | 无小键或键槽 |
| 40～50 | 50 和 60 | 12 |
| 20～25 和 40～50 | >100，且≤200 | 4 |
| | 300 | 2 |
| | 400 | 3 |
| | >400，且≤500 | 11 |
| | 直流电 | 10 |

[a] 小键或键槽位置由有关数字示出(见 7.1)。

**表 103-2 额定电压不超过 50 V 的特殊电器附件**

| 额定工作电压 | 额定电流 | 极的数目 | 其他特性和应用 | 小键或键槽位置[a] |
|---|---|---|---|---|
| 25 V | 32 A | 3 | 便携式电恒温箱:以 12 V d.c.或 24 V d.c.用于救护车或直升机中 | 8 |
| [a] 小键或键槽位置由有关数字示出。 | | | | |

位置 1 和 9 留待以后标准化之用。由于结构的原因,位置 5、6、7 是不可使用的。

**表 104**

| 触头个数 | 类型 | 频率<br>Hz | 额定工作电压<br>V | 电器附件接地触头位置[a] | |
|---|---|---|---|---|---|
| | | | | 16/20 A<br>32/30 A | 63/60 A<br>125/100 A |
| 3 | 1P+N+⏚<br>系列Ⅱ | 50 和 60 | 100～130 | 4 | 4 |
| | | 60 | 277 | 5 | 5 |
| | 2P+⏚<br>系列Ⅰ和Ⅱ | 50 和 60 | 100～130 | 4 | 4 |
| | | | 200～250 | 6 | 6 |
| | | 50 和 60 | 380～415 | 9 | 9 |
| | | | 480～500 | 7 | 7 |
| | | | 来自隔离变压器的电源 | 12 | 12 |
| | | 100～300 | ＞50 | 10 | 10 |
| | | ＞300～500 | ＞50 | 2 | 2 |
| | | 直流电 | ＞50～250[d] | 3 | 3 |
| | | | ＞250 | 8 | 8 |
| 4 | 2P+N+⏚<br>系列Ⅱ | 50 和 60 | 125/250<br>单相 | 12 | 12 |
| | 系列Ⅰ | 50 和 60 | 来自隔离变压器的电源 | 12 | 12 |
| | 3P+⏚<br>系列Ⅰ和Ⅱ | 50 和 60 | 100～130 | 4 | 4 |
| | | | 200～250 | 9 | 9 |
| | | | 380～415 | 6 | 6 |
| | | 60 | 440～460[b] | 11 | 11 |
| | | 50 和 60 | 480～500 | 7 | 7 |
| | | | 600～690 | 5 | 5 |
| | | 50<br>60 | 380<br>440[c] | 3 | 3 |
| | | 50 和 60 | 1 000 | — | 8 |
| | | 100～300 | ＞50 | 10 | 10 |
| | | ＞300～500 | ＞50 | 2 | 2 |

表 104（续）

| 触头个数 | 类型 | 频率<br>Hz | 额定工作电压<br>V | 电器附件接地触头位置[a] | |
|---|---|---|---|---|---|
| | | | | 16/20 A<br>32/30 A | 63/60 A<br>125/100 A |
| 5 | 3P+N+⏚<br>系列Ⅰ和Ⅱ | 50 和 60 | 57/100～75/130 | 4 | 4 |
| | | | 120/208～144/250 | 9 | 9 |
| | | | 200/346～240/415 | 6 | 6 |
| | | | 277/480～288/500 | 7 | 7 |
| | | | 347/600～400/690 | 5 | 5 |
| | | 60 | 250/440～265/460[b] | 11 | 11 |
| | | 50<br>60 | 220/380<br>250/440[c] | 3 | 3 |
| | | 50 和 60 | 来自隔离变压器的电源 | 12 | 12 |
| | | 100～300 | >50 | 10 | 10 |
| | | >300～500 | >50 | 2 | 2 |
| 所有类型 | | 其他结构不用的所有额定工作电压和/或频率。此外，此时钟计数器位置还可用于需要区分标准化位置的特殊器具中。 | | 1 | 1 |

注：由破折号(——)示出的位置是非标的。

[a] 接地触头位置由有关数字示出(见 7.1)。

[b] 主要用于船用电气装置。

[c] 仅用于(标准化的 ISO)冷藏容器。

[d] 此结构要求有一个接地触头，因为其覆盖的电流在 GB 16895.21 规定的 ELV(d.c.)的上限以上。

8.2 改为如下：

对额定工作电压超过 50 V 的电器附件，应不可能使插头或连接器与不同额定值或不同触头组合的插座或器具输入插座插合。

所有电器附件应设计成不可能与下列部件有不正确的连接：

——接地插销和/或辅助插销与带电插套，或带电插销与接地插套和/或辅助插套之间；

——相插销与中性插套(如有)之间；

——中性插销与相插套之间。

是否合格，通过观察检查，但下列情况除外：

在系列Ⅰ和系列Ⅱ的 4 h 且有 3 个触头的电器附件之间不要求符合上述的最后两项要求，因为该类电器附件有着相反的触头位置。

注：这些互相冲突的电器附件产品已使用多年，因此要解决这个问题实际上是不可能的。

应不可能使插头与不同接地触头位置或小键位置不同的插座或连接器插合。

是否合格，通过观察，并用如下方法检查：试验是在绝缘材料试样放置于(20±5)℃的温度和45%～75%相对湿度的环境下经 4 周后进行。

热塑性材料外壳电器附件的试验应在(35±2)℃的温度下进行，电器附件和量规都应处于这一温度。

a) 检查插头和器具输入插座

额定工作电压超过50 V的插头和器具输入插座用图109的量规检查。

额定工作电压不超过50 V的插头和器具输入插座用图113的量规检查。

第1项试验(检查键的试验)

将图109的量规置于插头面前，使得试验期间，键能够碰触到量规外壳的下半部大约中间位置。

将力 $F$ 缓慢增大，15 s后达到表105规定的最大值，并保持1 min。

所施的力由表105给出。

表105

| 额定电流<br>系列Ⅰ/Ⅱ<br>A | 16/20 | 32/30 | 63/60 | 125/100 |
|---|---|---|---|---|
| 力 $F$<br>N | 175 | 210 | 385 | 560 |

施力时，量规与插头或器具输入插座的外壳之间的相对位移不得大于4 mm。

试验后，插头和器具输入插座不得有影响电器附件继续使用的损坏。

这些力等于相应的拔出力的1.4倍。

第2项试验(检查接地插销的试验)

将力 $F$ 加到接地插销上，施力方法和时间与第1项试验相同。

试验后，插头和器具输入插座应符合有关标准活页的要求。

b) 检查插座和连接器

额定工作电压超过50 V的插座和连接器用图104的量规检查。

额定工作电压不超过50 V的插座和连接器用图111的量规检查。

第1项试验(检查外壳的试验)

试验在所有不同的时钟位置上进行，相应于待用插座或连接器的那个位置除外。

将试样固定并支承好，使插座或连接器的刚度不受影响。

试验布置应如图103所示。

图104所示的量规应同时碰触电器附件的两个相反的点。量规和电器附件的轴线应大致平行，斜角应在两侧分成两等份。

将力 $F$ 缓慢增大，15 s后达到表105规定的最大值，并保持1 min。

施力时，量规与插座或连接器的外壳之间的相对位移不得大于4 mm。

试验后，插座或连接器不得损坏到会影响电器附件的继续使用。

第2项试验(检查孔的试验)

将图105的量规插进每个相孔中进行试验。

从内部部件的正面测量，量规进入相孔的距离不得大于表106的规定值(见图106)。

所施力的大小、时间和方法与前项试验相同。

表 106

| 额定电流<br>系列Ⅰ/Ⅱ<br>A | 16/20 | 32/30 | 63/60 | 125/100 |
|---|---|---|---|---|
| 距离 $X$<br>mm | 11 | 12.5 | 15 | 20 |

8.3 增加：

是否合格，进行手动试验检查，弹性材料或热塑性材料外壳的电器附件，要用图 114 的量规检查。

施加 200 N 的力在量规上达 1 min。热塑性材料外壳的电器附件的试验要在(35±2)℃的温度下进行，电器附件与量规都应处于这一温度。

注：若电器附件是用硬质材料如由金属、热固树脂、陶瓷等材料制成，只要能符合有关标准活页的要求，即必能符合本项要求。

## 9 防触电保护

GB/T 11918.1—2014 的本章经如下修改后适用：

9.1 增加：

插头或连接器插入配套的电器附件时，触头应是不易触及的，只要符合有关标准活页的要求，即必能符合本部分。

9.2 增加：

凡符合有关标准活页的要求，即必能符合上述要求。

## 10 接地措施

GB/T 11918.1—2014 的本章适用。

## 11 端子和端头

GB/T 11918.1—2014 的本章经如下修改后适用：

11.2.1 增加：

螺纹端子可由表 107 给出的端子尺寸定义。

注：凡用表 107 给出的端子尺寸不能定义的螺纹端子，GB/T 11918.1 适用。

由端子尺寸定义的螺纹端子应符合本部分中 11.101 规定的标准活页，且不用经受 GB/T 11918.1—2014 中 11.5 的试验。

增加如下新条款：

### 11.101 由端子尺寸定义的螺纹端子

11.101.1 端子应符合下述规定的标准活页的要求。在这些标准活页中，如果端子有足够的机械强度，在夹紧最不利横截面积的导体时，且每颗夹紧螺钉应至少有两整圈螺纹处于啮合状态，标准活页 2-Ⅹ、2-Ⅺ和 2-Ⅻ规定的被固定部件或螺母的螺纹长度以及螺钉或螺栓的螺纹长度可以缩短。

标准活页 2-Ⅹ适用于柱型端子。

标准活页 2-Ⅺ适用于螺纹端子和螺栓端子。

标准活页 2-Ⅻ适用于鞍型端子。

标准活页 2-ⅩⅢ适用于接片端子。

罩式端子应符合标准活页 2-Ⅹ中的尺寸 $D$ 和 $e$ 的要求。端子中，凡基本上属于柱型端子但部件里有线槽孔，能使导体横向移动进入正常位置的，应符合标准活页 2-Ⅹ的要求。但线槽所在的侧面上，导体约束部件之间的最大间隙应符合标准活页 2-Ⅺ的要求。

如果端子螺孔中所要求的螺纹长度靠冲制而成，冲出的边缘应平滑，螺纹长度应超过规定的最小值至少 0.5 mm。

是否合格，通过观察和测量检查。缩短了螺纹长度的端子要进行 11.101.2 的试验检查。

导体约束部件之间的最大间隙用钢制探针检查，探针直径等于 $e\pm0.05$ mm。

无压力板或类似零件但符合标准活页 2-Ⅹ要求的端子，应在无导体时处于正常位置的状态下，将夹紧螺钉拧到底时，应无法将探针插进螺钉的螺纹部位与导体所占空间的壁之间的间隙。

符合标准活页 2-Ⅺ要求的端子和有压力板或类似零件且符合标准活页 2-Ⅹ要求的端子，凡不适合将探针插进所有位置的，应将一根导体夹紧在端子里。

符合标准活页 2-Ⅹ要求的端子，这根导体应是杆状的，导体的直径应等于为该端子而规定的横截面积范围的中等值，而且导体要有一个垂直于轴线的扁平端部。

符合标准活页 2-Ⅺ要求的端子，这根导体应是单芯的，导体的直径应等于为该端子而规定的直径 $D$。

在这根导体处于正常位置的状态下，朝平行于导体轴线方向施加探针时，探针应不能插进可能会脱出绞合导体线丝的任何间隙里。

导体完全插入时，其端部与夹紧螺钉之间的最小距离（见标准活页 2-Ⅹ的规定）由上述规定的杆状导体检查。这根导体应穿过导体所占空间并伸出螺纹孔外，伸出的距离至少等于规定的最小距离。

有压力板且符合标准活页 2-Ⅹ要求的端子，应将探针施加到压力板与导体所占空间的壁之间的间隙。

螺钉的最小标称螺纹直径允许与规定值有如下的负偏差：

——0.15 mm，适用于标称直径不超过 5 mm 的螺钉；

——0.22 mm，适用于标称直径超过 5 mm 但不超过 10 mm 的螺钉；

——0.27 mm，适用于标称直径超过 10 mm 的螺钉。

不排除标准活页没有示出的其他类型的端子，但这些端子必须符合本条中其他的适用要求，可能还须制定一些附加要求。

如果被固定部件或螺母中的螺纹是内螺纹，有头螺钉体的总长度要相应地加大。

如果这些尺寸中有一个或多个尺寸大于标准活页规定的最小值，其他的尺寸不必相应地增大，但这种偏差不得影响端子的功能。

**11.101.2** 符合标准活页 2-Ⅹ要求但缩短了螺纹长度的端子应接上表 107 规定的最小横截面积的导体并牢牢夹紧，或接上该表规定的最大横截面积的导体再轻轻夹紧。这两种导体中，选最不利者。

**表 107　连接的导体的尺寸**

| 电器附件的额定值 | | | 内部连接[a] | | | | | | 外部连接（如有） | | |
|---|---|---|---|---|---|---|---|---|---|---|---|
| 电压 V | 电流 A | | 插头和连接器用的软电缆[b]<br>器具输入插座用的单芯或绞合电缆[b] | | | 插座用的单芯或绞合电缆[b,f] | | | | | |
| | 系列Ⅰ | 系列Ⅱ | 系列Ⅰ mm² | 系列Ⅱ AWG/MCM[c] | 端子尺码 | 系列Ⅰ mm² | 系列Ⅱ AWG/MCM[c] | 端子尺码 | 系列Ⅰ mm² | 系列Ⅱ AWG/MCM[c] | 端子尺码 |
| ≤50 | 16 | 20 | 4～10 | 12～8 | 6 | 4～10 | 12～8 | 5 | | | |
| | 32 | 30 | 4～10 | 12～8 | 6 | 4～10 | 12～8 | 5 | | | |
| >50 | 16 | 20 | 1～2.5 | 16～12 | 2 | 1.5～4 | 16～12 | 3[d] | 6 | 10 | 4 |
| | 32 | 30 | 2.5～6 | 14～10 | 5 | 2.5～10 | 14～8 | 5 | 10 | 8 | 5 |
| | 63 | 60 | 6～16 | 10～6 | 7 | 6～25 | 10～4 | 7 | 25 | 4 | 7 |
| | 125 | 100 | 16～50 | 6～2 | 9[e] | 25～70 | 4～0 | 9[e] | 25 | 4 | 7 |

[a] 如有控制导体用的端子，此端子所能连接的导体标称横截面积与额定电压超过 50 V 的 16 A 电器附件的端子连接的导体相同。

[b] 导体的分类：按 GB/T 3956—2008 第 3 章，单芯（第 1 种）；绞合（第 2 种）；软线（第 5 种）。

[c] 导体的标称横截面积单位为 mm²。AWG/MCM 值在本标准中视作等效于 mm² 值。
AWG：美国线规，是识别线丝的一种系统，其线丝直径以尺码 36 和尺码 0000 之间的等比级数给出。
MCM：圆周表面积单位，1 MCM＝0.506 7 mm²。

[d] 对柱型端子，为尺码 2。

[e] 暂时不要求符合对端子尺码 9 的要求。

[f] 凡表明只用软导体的插座，这些值适用。

符合标准活页 2-Ⅺ或 2-Ⅻ要求但缩短了螺纹长度的端子，应接上表 107 规定的最大横截面积的导体并轻轻地夹紧。

要有至少两圈的螺纹完全啮合。

然后，端子接上表 107 规定的最小和最大横截面积的导体。插座和器具输入插座接硬的（单芯或绞合）导体，插头和连接器接软导体。端子螺钉要拧紧，所施的最大力矩等于 GB/T 11918.1—2014 表 18 规定力矩的 2/3。每根导体要经受表 108 所示的拉力，拉力朝导体所占空间的轴线方向施加 1 min，施力时，不得使用爆发力。

**表 108**

| 端子尺码 | 拉力 N |
|---|---|
| 2 | 50 |
| 3 | 50 |
| 4 | 60 |
| 5 | 80 |
| 6 | 90 |
| 7 | 100 |
| 8 | 120 |
| 9 | 150 |
| 10 | 200 |

注：尺码 8～10 端子所用的拉力的值为暂定值。

试验期间，导线在端子里不得有明显移动。

## 12 联锁装置和保持装置

GB/T 11918.1—2014 的本章经如下修改后适用：

12.1 增加：

额定工作电压超过 50 V 的电器附件如装有联锁装置，联锁装置应符合标准活页 2-Ⅴ的要求。

只有在插入适当的插头之后，才能使装有机械联锁装置的带开关的插座或带开关的连接器所带的机械开关装置动作。

注：工具不视作适当的插头。

进行电路试验时，可用工具来使联锁装置失效。

12.3 增加：

电器附件应装有表 109 所示的保持装置。

表 109

| 电器附件的额定电流 A | 按防潮防护等级分类 | 插座和连接器 | | | 插头和器具输入插座 | | |
|---|---|---|---|---|---|---|---|
| | | 保持机构 | 标准活页 | | 保持机构 | 标准活页 | |
| | | | 额定电压 ＞50 V | 额定电压 ≤50 V | | 额定电压 ＞50 V | 额定电压 ≤50 V |
| 16/20 和 32/30 | IP44 | 盖 | 2-Ⅰ (续 1) | 2-Ⅷ (续 1) | 凸耳或槽穴 | 2-Ⅱ (续 1) | 2-Ⅸ (续 1) |
| | IP66/IP67 和 IP67 | 两段斜棱系统 | 2-Ⅰ (续 2) | 2-Ⅷ (续 2) | 凸耳或槽穴和卡口环 | 2-Ⅱ (续 2) | 2-Ⅸ (续 2) |
| 63/60 | IP44 | 盖和两段斜棱系统 | 2-Ⅲ (续 1) | — | 凸耳或槽穴 | 2-Ⅳ (续 1) | — |
| | IP66/IP67 和 IP67 | 两段斜棱系统 | 2-Ⅲ (续 2) | — | 卡口环 | 2-Ⅳ (续 2) | — |
| 125/100 | IP66/IP67 和 IP67[a] | 两段斜棱系统 | 2-Ⅲ (续 2) | — | 卡口环 | 2-Ⅳ (续 2) | — |
| [a] 125/100 A 插座安装在外壳上或与外壳形成一个整体时，整个单元的分类可以是 IP44 结构。 | | | | | | | |

## 13 橡胶和热塑性材料的老化

GB/T 11918.1—2014 的本章适用。

## 14 一般结构

GB/T 11918.1—2014 的本章经如下修改后适用。

增加如下内容：

额定电流为 63/60 A 的电器附件防护等级应为 IP44 或 IP66/IP67 和 IP67。

额定电流为 125/100 A 的电器附件防护等级应为 IP66/IP67 和 IP67。

125/100 A 插座装在外壳上或与外壳形成一个整体时，整个单元可以是 IP44 结构。

14.101 增加本条：

倒相机构应不可能意外地动作。当倒相器插入配套的电器附件时，应不可能使倒相机构动作。

倒相机构应装有锁定机构将其保持在规定的位置上。

是否合格，通过观察并进行手动试验检查。

倒相机构的动作不得损伤电缆或布线。

是否合格，通过观察并进行第 21 章的试验检查。

## 15 插座的结构

GB/T 11918.1—2014 的本章经如下修改后适用：

15.1 增加：

插套应能自动调节，其设计应能确保在相应的工作寿命的操作次数之前和之后，均有足够的接触连续性。

非接地插套应是浮动的。

接地插套不必是浮动的，但必须在所有方向都具必要的弹性。

是否合格，通过观察并进行如下试验检查：

将试样安装好，使插套的轴线铅垂而插套口朝下。

将量规插进每个插套，然后测量拔出该量规所需的力。量规应为淬火钢制品，其表面保护层厚 0.002 mm，尺寸应符合表 110 的规定。插入前量规和插套都应去除油脂。

拔出力与量规重量之和应大于表 110 所示的最小合力。

表 110

| 插销标称直径<br>mm | 量规 | |
|---|---|---|
| | 规的直径<br>mm ($^{0}_{-0.01}$) | 最小合力<br>N |
| 5 | 4.80 | 2.5 |
| 6 | 5.80 | 5 |
| 7 | 6.80 | 5 |
| 8 | 7.80 | 10 |
| 10 | 9.80 | 15 |
| 12 | 11.80 | 20 |

试验应在 15.2 的试验后进行。

15.2 改为如下：

插套加在插头插销上的压力不得太大，以免造成插头插拔困难。

将试样按图 115 所示安装好，使插套轴线铅垂，插套孔朝下。然后测出拔出试验插头所需的力，并检查是否合格。

将试验插头插入试样里。试验插头的插销尺寸见表 111。

表 111

| 插销标称直径<br>mm | 试验插头的插销直径<br>mm ($^{+0.01}_{0}$) |
|---|---|
| 5 | 5.00 |
| 6 | 6.00 |
| 7 | 7.00 |
| 8 | 8.00 |
| 10 | 10.00 |
| 12 | 12.00 |

主砝码、附加砝码(其所施的力应是主砝码所施的力的 1/10)和试验插头一起施加的合力应等于表 112 所示的最大拔出力。

将主砝码轻轻挂在试验插头上,让附加砝码从 50 mm 的高度跌落到主砝码上。

插头不得留在试样上。

表 112

| 额定电流<br>A | | 最大拔出力<br>N |
|---|---|---|
| 系列Ⅰ | 系列Ⅱ | |
| 16 | 20 | 150 |
| 32 | 30 | 150 |
| 63 | 60 | 270 |
| 125 | 100 | 400 |
| 注:试验插头的细节正在考虑中。 | | |

15.7 修改如下:

第 3 段改为:

设计只有一个安装位置的防溅型或不超过 IP44 的插座应有措施,能打开一个直径至少为 5 mm 或长至少为 3 mm 而面积为 20 mm$^2$ 的排水孔,该排水孔应能在插座处于安装位置时起作用。

## 16 插头和连接器的结构

GB/T 11918.1—2014 的本章经如下修改后适用:

16.1 第 3 段改为如下:

为了确保键、键槽、接地插销和接地插套之间的正确角度关系,电器附件应设计成只能按原来装配的办法进行重新装配。

是否合格,通过观察,必要时还要进行手动试验检查。

待进行的试验是 15.1 和 15.2 所述的试验。

16.101 增加本条:

插销应是实心的,即是同一种材料制成,不应有任何孔、槽、缝隙等。

——标准活页 2-Ⅱ中 $h_2$ 和 $h_3$;

——标准活页 2-Ⅳ中 $h_2$；

——标准活页 2-Ⅳa 中 $h_2$ 和 $h_5$；

——标准活页 2-Ⅸ和 2-Ⅸa 中尺寸为 $20.5_{-0.1}^{0}$ 的插销。

是否合格，通过观察检查。

16.102 增加本条：

额定电流不超过 32 A 的插头可安装一个倒相机构。这些插头应符合插头的通用要求，还要符合第 21 章中对倒相器的要求。在交货时应附有说明书，说明书应提供如下信息：

仅可使用第 5 种或第 6 种软导体，还应确保导体可以移动，以便倒相机构操作。

当倒相机构装有第 23 章中规定的第 5 种电缆时，应进行 1 000 次位置转换操作以进行预处理。

## 17 器具输入插座的结构

GB/T 11918.1—2014 的本章经如下修改后适用：

增加如下内容：

17.101 插销应是实心的。

是否合格，通过观察检查。

17.102 额定电流不超过 32 A 的器具输入插座可安装一个倒相机构。这些器具输入插座应符合器具输入插座的通用要求，还要符合第 21 章中对倒相器的要求。在交货时应附有说明书，说明书应提供如下信息：

仅可使用第 5 种或第 6 种软导体，还应确保导体可以移动，以便倒相机构操作。

对器具输入插座，可将开关用作倒相机构。

开关应符合 GB 14048.3 使用范围为至少 AC 22 A 的要求。

倒相机构装有第 23 章规定的第 5 种电缆时，应进行 1 000 次位置转换操作以进行预处理。

## 18 防护等级

GB/T 11918.1—2014 的本章适用。

## 19 绝缘电阻和电气强度

GB/T 11918.1—2014 的本章经如下修改后适用：

19.1 在注前增加如下内容：

对倒相器，试验应在倒相机构处于每一个终极位置的情况下进行。

19.4 改为如下：

紧接着 19.3 的试验之后，应不能立即将接地插套位置或小键或键槽位置与试样不同的量规插入热塑性材料外壳的电器附件。

额定工作电压超过 50 V 的插座和连接器用图 104 的量规检查。额定工作电压超过 50 V 的插头和器具输入插座用图 109 的量规检查。

额定工作电压不超过 50 V 的 16/20 A 和 32/30 A 插座和连接器用图 111 的量规检查。额定工作电压不超过 50 V 的插头和器具输入插座用图 113 的量规检查。

量规应以 200 N 的力施加 1 min。

## 20 分断能力

GB/T 11918.1—2014 的本章经如下修改后适用：
增加如下内容：
符合本要求的插头和器具输入插座不进行试验。

## 21 正常操作

GB/T 11918.1—2014 的本章经如下修改后适用：
增加如下内容：
符合本部分要求的插头和器具输入插座不进行试验。
倒相器在不加负载的状态下进行试验。倒相器应每个位置上进行半个周期的试验。
电缆的线丝不得绞拧或受损，不得出现电缆绝缘破损或线股折断等现象。倒相器应仍能正常操作。
是否合格，通过观察检查。

## 22 温升

GB/T 11918.1—2014 的本章经如下修改后适用：
增加如下内容：
倒相器应在处于每个端位置进行试验。

## 23 软电缆及其连接

GB/T 11918.1—2014 的本章经如下修改后适用：
23.1 增加如下内容：
电缆固定部件应为绝缘材料制品，或应装有固定到金属部件的绝缘衬垫。

## 24 机械强度

GB/T 11918.1—2014 的本章适用。

## 25 螺钉、载流部件和连接

GB/T 11918.1—2014 的本章适用。

## 26 爬电距离、电气间隙和穿通密封胶距离

GB/T 11918.1—2014 的本章适用。

## 27 耐热、耐燃和耐电痕化

GB/T 11918.1—2014 的本章适用。

## 28 耐腐蚀与防锈

GB/T 11918.1—2014 的本章适用。

## 29 限制短路电流耐受试验

改为如下：

符合本章要求的电器附件视作限制短路电流耐受能力最小为 10 kA。如要求更大的耐受能力，则 GB/T 11918.1—2014 的本章适用。

## 30 电磁兼容

GB/T 11918.1—2014 的本章适用。

标准活页 2-Ⅰ

额定工作电压超过 50 V 的 16/20 A 和 32/30 A 插座和连接器

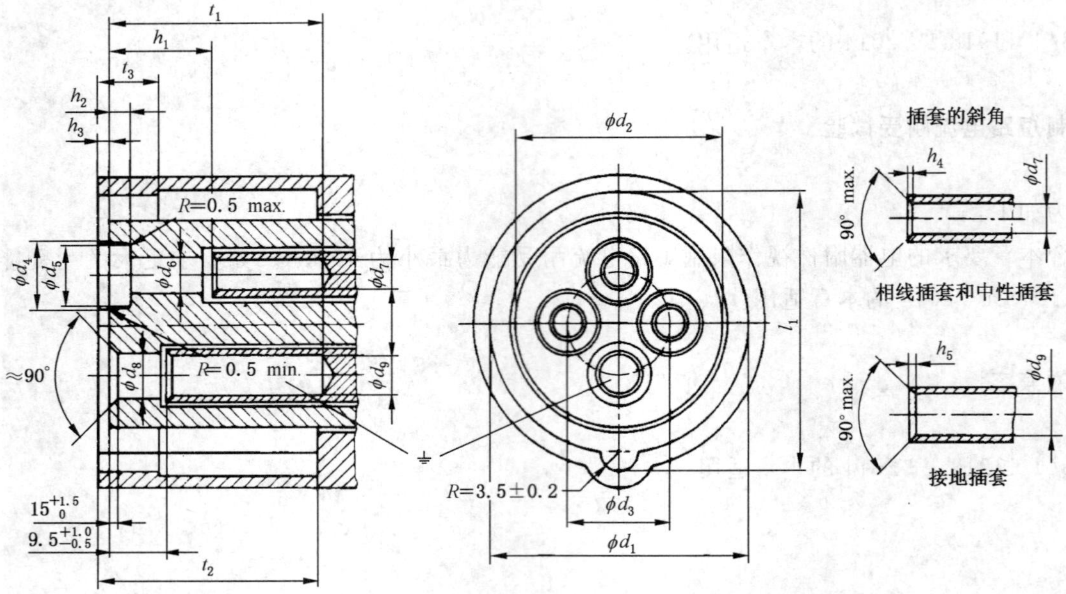


正面里，如有非插套所用的孔或槽，该孔或槽的深度不得超过 10 mm。

例外情况见脚注 b。

机械联锁插座在设计上应能防止完全插入的插头过度斜向移动，从而能防止机械联锁失效。

插套的排列

插座或连接器的插套的正面图

见 7.5

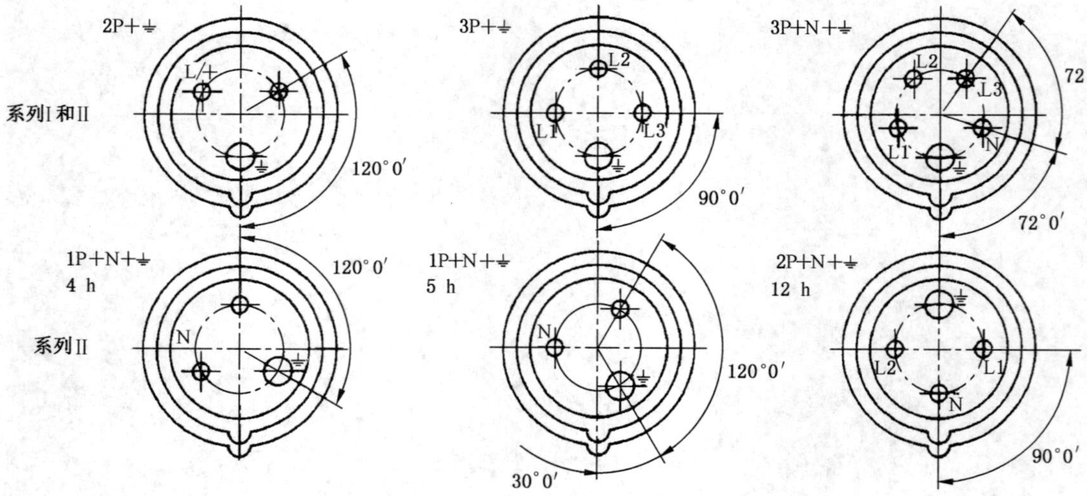

## 标准活页 2-Ⅰ所用的尺寸

单位为毫米

| 额定电流 A | | 16/20 | | | 32/30 | | |
|---|---|---|---|---|---|---|---|
| 类型 | | 2P+⏚ | 3P+⏚ | 3P+N+⏚ | 2P+⏚ | 3P+⏚ | 3P+N+⏚ |
| $d_1$[a] | | 44.3 | 50.4 | 57.3 | 58.6 | 58.6 | 64.7 |
| | 偏差 | $^{+0.4}_{0}$ | $^{+0.5}_{0}$ | $^{+0.6}_{0}$ | $^{+0.6}_{0}$ | $^{+0.6}_{0}$ | $^{+0.6}_{0}$ |
| $d_2$[b] | $^{0}_{-1.5}$ | 36.0 | 40.8 | 46.4 | 47.0 | 47.0 | 52.9 |
| $d_3$ | ±0.5 | 17.5 | 21.5 | 26.5 | 25.0 | 25.0 | 30.3 |
| $d_4$ | $^{+1.0}_{0}$ | 11.6 | 11.6 | 11.6 | 13.6 | 13.6 | 13.6 |
| $d_5$ | min. | 11.0 | 11.0 | 11.0 | 13.0 | 13.0 | 13.0 |
| $d_6$ | $^{+0.6}_{0}$ | 6.0 | 6.0 | 6.0 | 7.0 | 7.0 | 7.0 |
| $d_7$[c] | | 5 | 5 | 5 | 6 | 6 | 6 |
| $d_8$ | $^{+0.6}_{0}$ | 8.0 | 8.0 | 8.0 | 9.1 | 9.1 | 9.1 |
| $d_9$[c] | | 7 | 7 | 7 | 8 | 8 | 8 |
| $h_1$[d] | $^{+1.0}_{-0.5}$ | 19.5 | 19.5 | 19.5 | 21.5 | 21.5 | 21.5 |
| $h_2$ | $^{+3.0}_{-0.5}$ | 3.8 | 3.8 | 3.8 | 5.3 | 5.3 | 5.3 |
| $h_3$ | $^{0}_{-1}$ | 2 | 2 | 2 | 3 | 3 | 3 |
| $h_4$[e] | max. | 0.8 | 0.8 | 0.8 | 1.0 | 1.0 | 1.0 |
| | min. | 0.3 | 0.3 | 0.3 | 0.3 | 0.3 | 0.3 |
| $h_5$[e] | max. | 1.2 | 1.2 | 1.2 | 1.5 | 1.5 | 1.5 |
| | min. | 0.4 | 0.4 | 0.4 | 0.5 | 0.5 | 0.5 |
| $l_1$[a] | $^{+0.6}_{0}$ | 47.5 | 54.0 | 61.3 | 64.6 | 64.6 | 71.2 |
| $t_1$ | min. | 37 | 37 | 37 | 45 | 45 | 45 |
| $t_2$ | min. | 38 | 38 | 38 | 48 | 48 | 48 |
| $t_3$ | min. | 10 | 10 | 10 | 15 | 15 | 15 |

[a] 在 $t_3$ 的距离内，尺寸 $d_1$ 和 $l_1$ 应在规定的极限值之内。超出 $t_3$ 时，这两个尺寸可以大于但不得小于极限值。

[b] 在整个深度的任一点上，尺寸 $d_2$ 不得超过规定的极限值，而且在 3 mm 的最小深度内，尺寸 $d_2$ 应在规定的极限值内，但下列的最大值除外：

——2P+⏚ 电器附件的 3 个缺口；

——3P+⏚ 电器附件的 4 个缺口；和

——3P+N+⏚ 电器附件的 5 个缺口。

这些缺口是沿着圆周分布的，而且在相邻的两个插套孔之间不得有多于一个缺口，每个缺口的宽度，包括半径在内不得超过 10 mm。在缺口面积内，允许深度超过 10 mm 的孔。

[c] 尺寸 $d_7$ 和 $d_9$ 是指插销的尺寸，插套不必为圆形。

[d] 在 3P+N+⏚和系列Ⅱ 2P+N+⏚，12 h 电器附件中，对中性插套，尺寸 $h_1$ 的值是 16.0。

[e] 在 $1\frac{1}{2}$ 倍 $h_4$ 或 $h_5$ 最大值的距离之内，插套的斜角可以朝圆柱形内表面倒圆。

标准活页 2-Ⅰ(续 1)
IP44 插座和连接器的保持机构
处于锁定位置的盖或杆

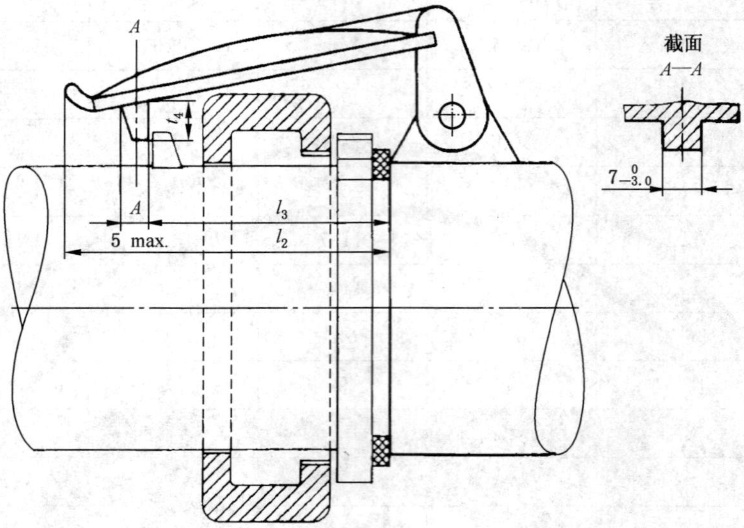


单位为毫米

| 额定电流<br>A | 类型 | $l_2$<br>max. | $l_3$ | | $t_4$<br>min. |
|---|---|---|---|---|---|
| | | | | 偏差 | |
| 16/20 | 2P+⏚ | 70 | 41.5 | +1.5<br>0 | 5 |
| | 3P+⏚ | 75 | 47.5 | +1.5<br>0 | 5 |
| | 3P+N+⏚ | 85 | 53.5 | +1.5<br>0 | 6 |
| 32/30 | 2P+⏚ | 85 | 54.5 | +1.5<br>0 | 6 |
| | 3P+⏚ | 85 | 54.5 | +1.5<br>0 | 6 |
| | 3P+N+⏚ | 100 | 60.5 | +2.0<br>0 | 7 |

锁定位置的尺寸 $t_4$ 是从接合平面算起(见下图)

参考尺寸"5 max."是从接合平面算起(见下图)

对于 IP44 电器附件,保持机构的形状应为上图所示的盖,能将符合标准活页 2-Ⅱ要求,并装有最大尺寸的卡口环的 IP67 插头或器具输入插座正确插入并保持在正常位置。

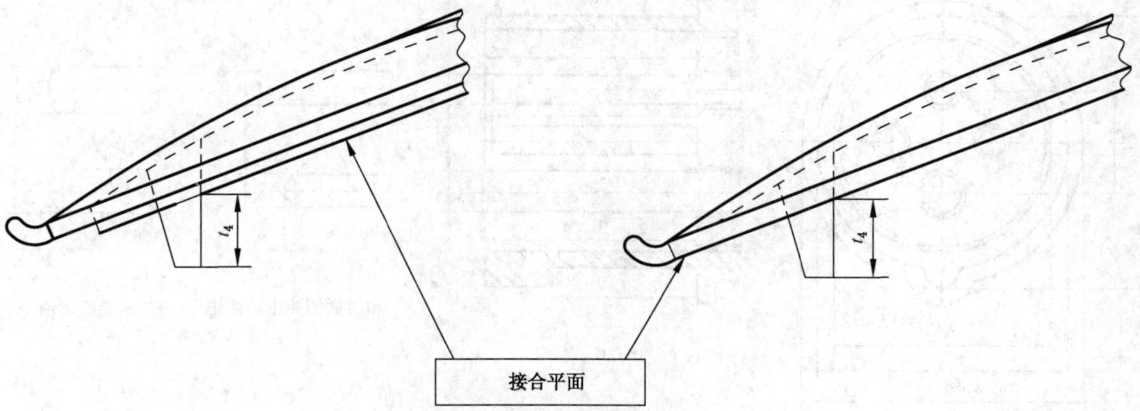


标准活页 2-Ⅰ(续 2)

IP66/IP67 和 IP67 插座和连接器的保持机构

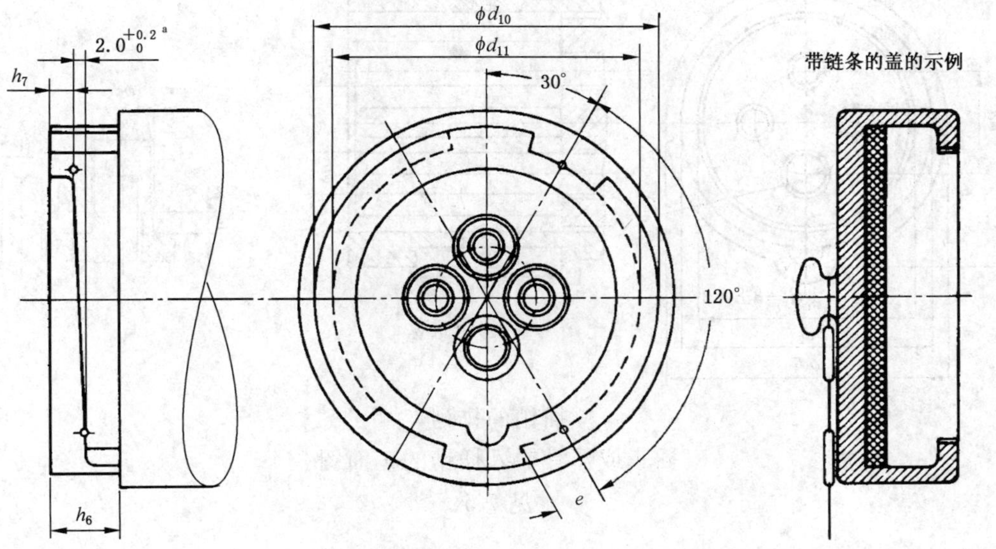


单位为毫米

| 额定电流 A | 类型 | $d_{10}$ $^{0}_{-0.5}$ | $d_{11}$ $^{0}_{-0.5}$ | $e$ min. | $h_6$ min. | $h_7$ $^{0}_{-0.2}$ |
|---|---|---|---|---|---|---|
| 16/20 | 2P+⏚ | 60 | 53 | 8 | 12 | 4.2 |
| | 3P+⏚ | 68 | 60 | 10 | 12 | 4.2 |
| | 3P+N+⏚ | 76 | 68 | 12 | 12 | 4.2 |
| 32/30 | 2P+⏚ | 82 | 72 | 12 | 14 | 6.2 |
| | 3P+⏚ | 82 | 72 | 12 | 14 | 6.2 |
| | 3P+N+⏚ | 89 | 79 | 15 | 14 | 6.2 |

[a] 斜棱应倾斜得如上图所示处于 120°时,便是这一尺寸。

保持机构的形状应为卡口斜棱,能将符合标准活页 2-Ⅱ要求的并装有最大尺寸的卡口环的 IP66/IP67 和 IP67 的插头或器具输入插座以(30±3)°的角度正确插入并旋转达 120°。

设计时,可不受上述各图的限制,但必须符合图示尺寸的规定。

## 标准活页 2-Ⅱ
## 额定工作电压超过 50 V 的 16/20 A 和 32/30 A 插头和器具输入插座

单位为毫米

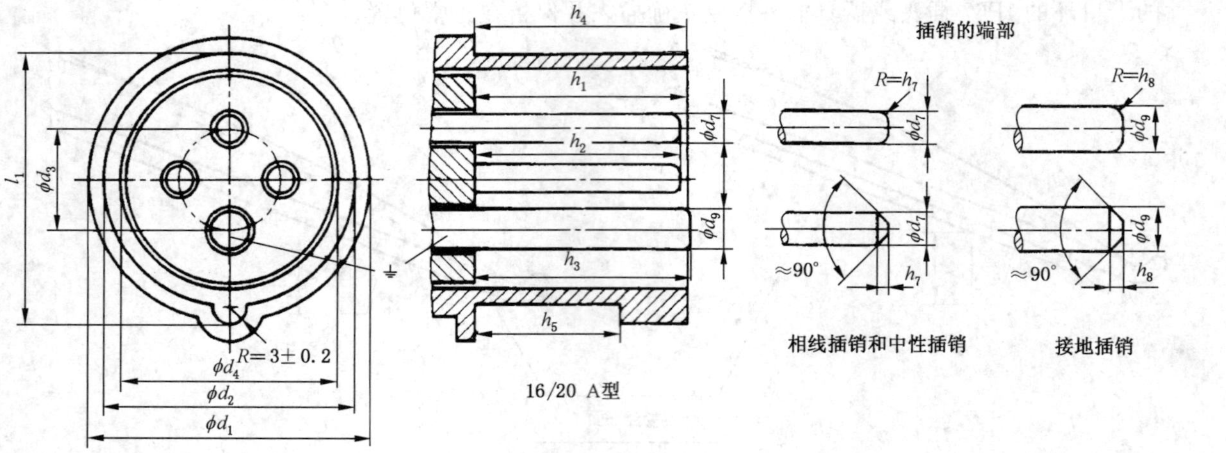


16/20 A型

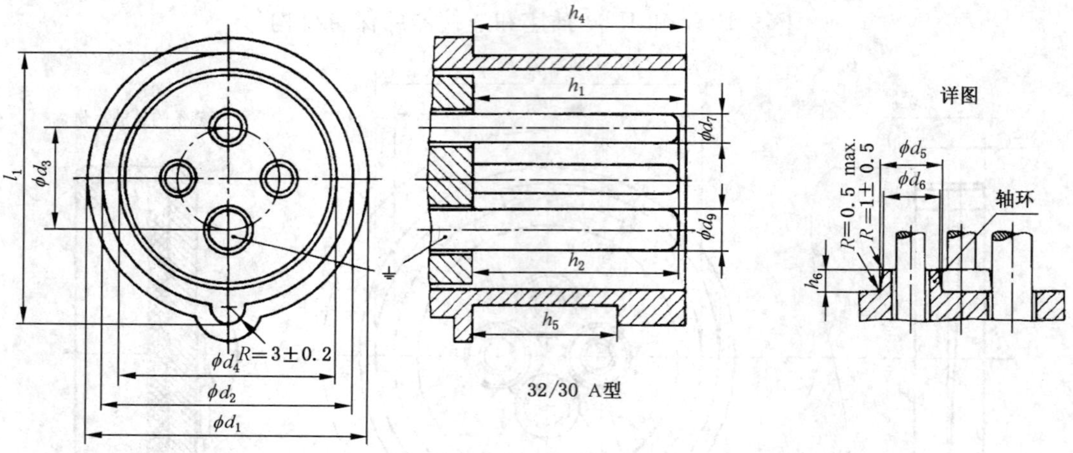


32/30 A型

## 插销的排列
## 插头或器具输入插销的正面图
见 7.5

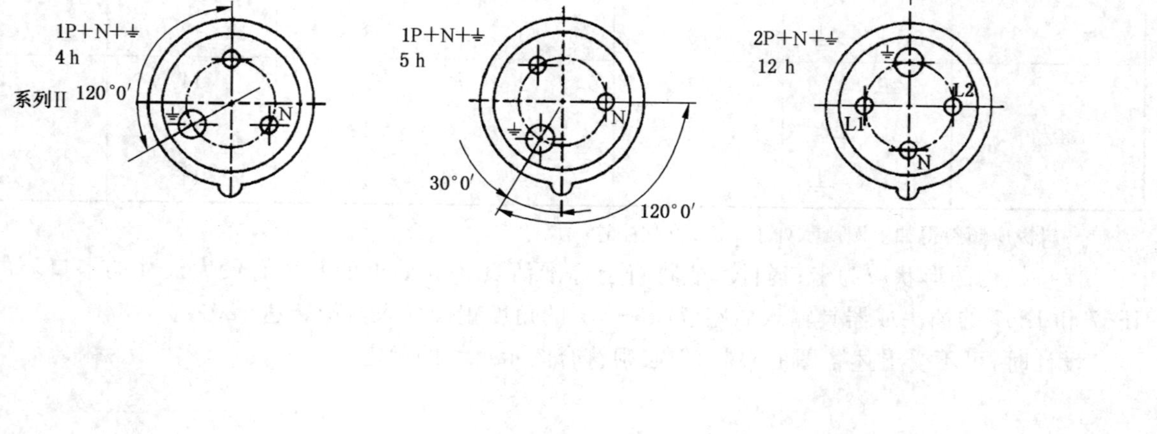

### 标准活页 2-Ⅱ所用的尺寸

单位为毫米

| 额定电流 A | | 16/20 | | | 32/30 | | |
|---|---|---|---|---|---|---|---|
| 类型 | | 2P+⏚ | 3P+⏚ | 3P+N+⏚ | 2P+⏚ | 3P+⏚ | 3P+N+⏚ |
| $d_1$ min. | | 47.5 | 53.5 | 60.5 | 61.5 | 61.5 | 67.5 |
| $d_2$ | | 43.5 | 49.5 | 56.1 | 57.3 | 57.3 | 63.4 |
| $d_2$ | 偏差 | $^{0}_{-0.6}$ | $^{0}_{-0.6}$ | $^{0}_{-0.6}$ | $^{0}_{-0.8}$ | $^{0}_{-0.8}$ | $^{0}_{-0.8}$ |
| $d_2$ | | 36.0 | 40.8 | 46.4 | 47.0 | 47.0 | 52.9 |
| $d_3$ | ±0.5 | 17.5 | 21.5 | 26.5 | 25.0 | 25.0 | 30.3 |
| $d_4$ | | 37.9 | 42.8 | 48.8 | 49.7 | 49.7 | 55.6 |
| $d_4$ | 偏差 d | $^{+1.9}_{0}$ | $^{+1.9}_{0}$ | $^{+1.9}_{0}$ | $^{+1.9}_{0}$ | $^{+1.9}_{0}$ | $^{+1.9}_{0}$ |
| $d_4$ | 偏差 e | $^{+1.5}_{0}$ | $^{+1.5}_{0}$ | $^{+1.5}_{0}$ | $^{+1.6}_{0}$ | $^{+1.6}_{0}$ | $^{+1.6}_{0}$ |
| $d_5$ [a] | max. | 11 | 11 | 11 | 13 | 13 | 13 |
| $d_6$ [a] | max. | 10 | 10 | 10 | 12 | 12 | 12 |
| $d_7$ | $^{0}_{-0.075}$ | 5 | 5 | 5 | 6 | 6 | 6 |
| $d_9$ | $^{0}_{-0.09}$ | 7 | 7 | 7 | 8 | 8 | 8 |
| $h_1$ | $^{0}_{-1}$ | 37 | 37 | 37 | 46 | 46 | 46 |
| $h_2$ | $^{0}_{-1}$ | 36 | 36 | 36 | 45 | 45 | 45 |
| $h_3$ | $^{0}_{-1}$ | 38 | 38 | 38 | — | — | — |
| $h_4$ | $^{0}_{-1}$ | 37 | 37 | 37 | 46 | 46 | 46 |
| $h_5$ $^{+1.0}_{0}$ | b | 24.0 | 24.0 | 24.0 | 32.0 | 32.0 | 32.0 |
| $h_5$ $^{+1.0}_{0}$ | c | 27.5 | 27.5 | 27.5 | 35.5 | 35.5 | 35.5 |
| $h_6$ [a] | max. | 3.5 | 3.5 | 3.5 | 5.0 | 5.0 | 5.0 |
| $h_7$ [f] | max. | 1.7 | 1.7 | 1.7 | 2.0 | 2.0 | 2.0 |
| $h_7$ [f] | min. | 0.8 | 0.8 | 0.8 | 1.0 | 1.0 | 1.0 |
| $h_8$ [f] | max. | 1.5 | 1.5 | 1.5 | 2.5 | 2.5 | 2.5 |
| $h_8$ [f] | min. | 0.75 | 0.75 | 0.75 | 1.2 | 1.2 | 1.2 |
| $l_1$ | d | 46.5 | 52.9 | 60.1 | 63.2 | 63.2 | 69.9 |
| $l_1$ | e | 47.0 | 53.6 | 61.0 | 63.2 | 63.2 | 69.9 |
| $l_1$ | 偏差 | $^{0}_{-0.4}$ | $^{0}_{-0.5}$ | $^{0}_{-0.6}$ | $^{0}_{-0.6}$ | $^{0}_{-0.6}$ | $^{0}_{-0.7}$ |

[a] 额定工作电压超过 500 V 的电器附件要有详图所示的轴环，但对其他电器附件，此轴环是任选的。

[b] 适用于 IP44 电器附件。

[c] 适用于 IP66/IP67 和 IP67 电器附件。

[d] 适用于带金属外壳的电器附件。

[e] 适用于带绝缘材料外壳的电器附件。

[f] 在 $1\frac{1}{2}$ 倍 $h_7$ 或 $h_8$ 最大值的距离之内，插销端部可以朝圆柱形内表面倒圆。

## 标准活页 2-Ⅱ(续 1)
## IP44 插头和器具输入插座的保持机构

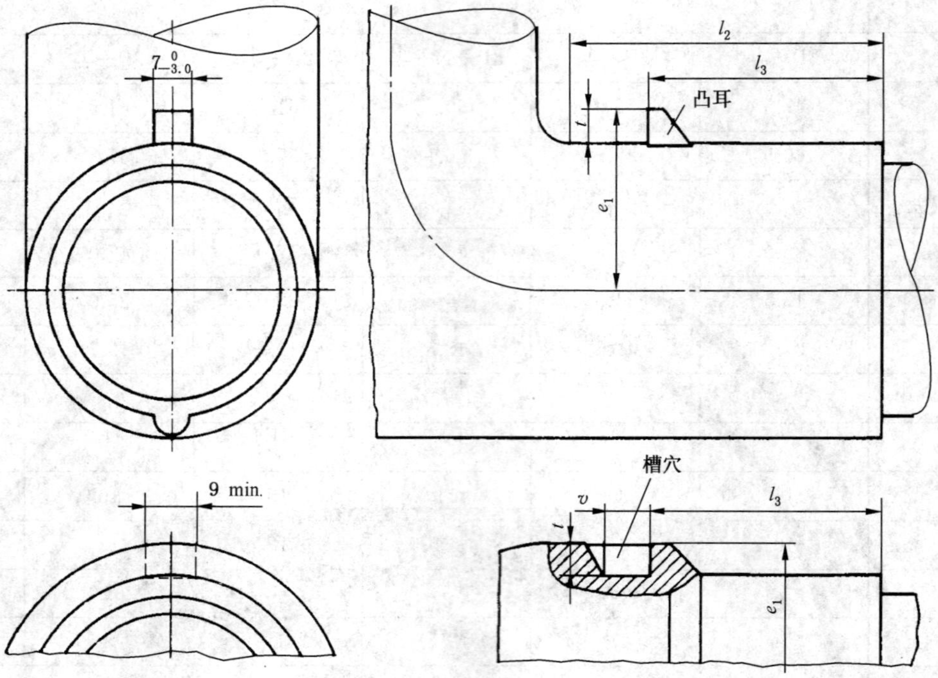


单位为毫米

| 额定电流 A | 类型 | $e_1$ $^{\ 0}_{-2}$ | $l_2$[a] min. | $l_3$ | | $t$ min. | $v$ min. |
|---|---|---|---|---|---|---|---|
| | | | | | 偏差 | | |
| 16/20 | 2P+⏚ | 31 | 75 | 41 | $^{\ 0}_{-1.0}$ | 4 | 8 |
| | 3P+⏚ | 35 | 80 | 47 | $^{\ 0}_{-1.0}$ | 5 | 8 |
| | 3P+N+⏚ | 39 | 90 | 53 | $^{\ 0}_{-1.0}$ | 7 | 8 |
| 32/30 | 2P+⏚ | 41 | 90 | 54 | $^{\ 0}_{-1.0}$ | 7 | 8 |
| | 3P+⏚ | 41 | 90 | 54 | $^{\ 0}_{-1.0}$ | 7 | 8 |
| | 3P+N+⏚ | 46 | 105 | 60 | $^{\ 0}_{-1.5}$ | 8 | 9 |

[a] 使铰链盖转动所需的最小间隙。

保持机构处于 12 h 的位置时的形状应为凸耳或槽穴。

标准活页 2-Ⅱ(续 2)

IP66/IP67 和 IP67 插头和器具输入插座的保持机构

单位为毫米

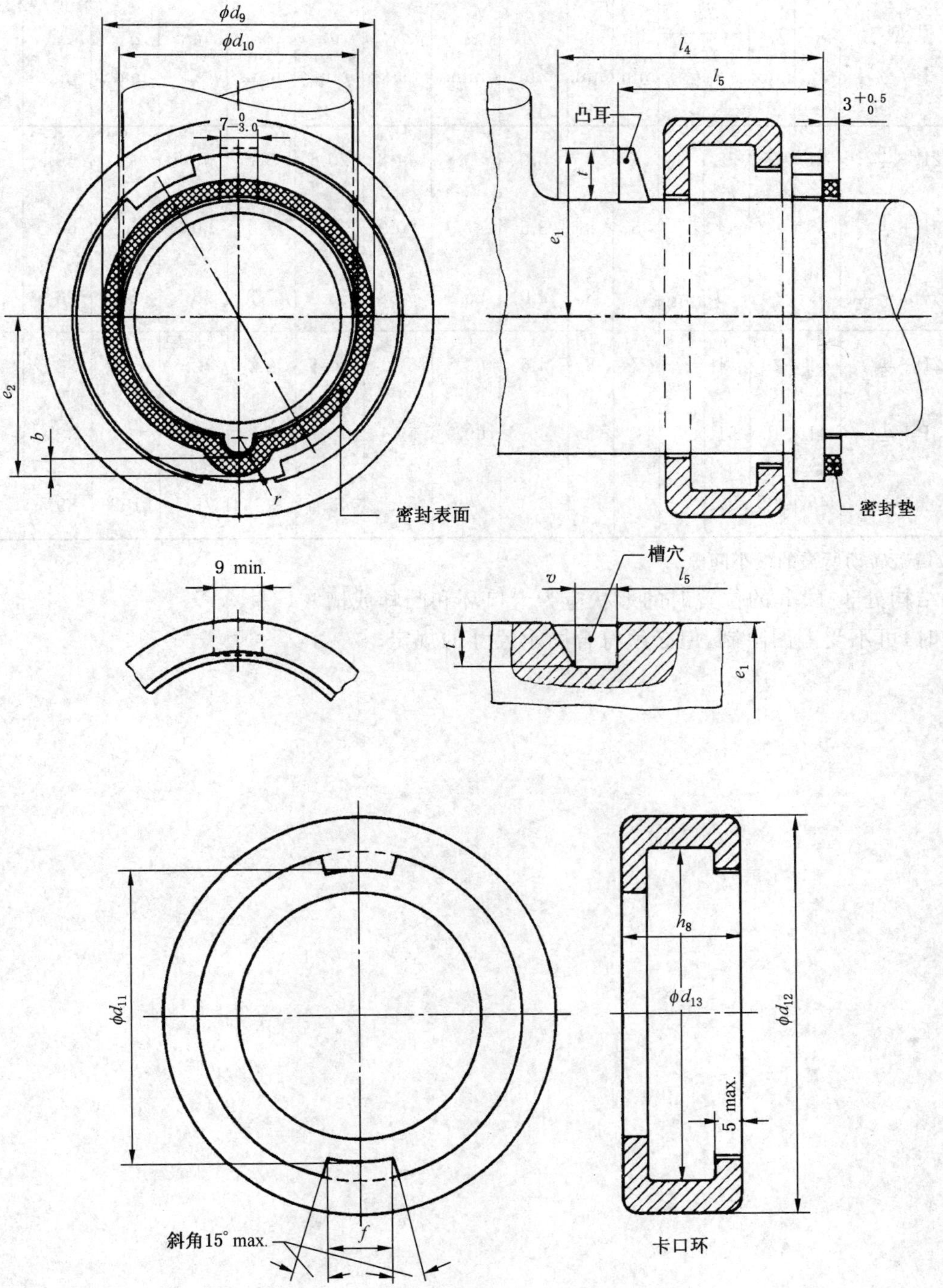

标准活页 2-Ⅱ(续 2)所用尺寸

单位为毫米

| 额定电流 A | 类型 | 头部和槽穴 | | | | | | 密封表面 | | | | | 卡口环 | | | | |
|---|---|---|---|---|---|---|---|---|---|---|---|---|---|---|---|---|---|
| | | $e_1$ $^{0}_{-2}$ | $l_4$[a] min. | $l_5$ | $l_5$ 偏差 | $t$ min. | $v$ min. | $b$ min. | $d_9$ min. | $d_{10}$ max. | $e_2$ min. | $r$ min. | $d_{11}$ $^{+0.5}_{0}$ | $d_{12}$ max. | $d_{13}$ min. | $f$ $^{0}_{-0.5}$ | $h_8$ max. |
| 16/20 | 2P+⏚ | 31 | 75 | 38 | $^{0}_{-1.0}$ | 4 | 8 | 3.0 | 50.8 | 44.8 | 28.6 | 6.7 | 53.5 | 73 | 60.5 | 12 | 22 |
| | 3P+⏚ | 35 | 80 | 44 | $^{0}_{-1.0}$ | 5 | 8 | 3.5 | 57.9 | 50.9 | 32.6 | 7.2 | 60.5 | 81 | 68.5 | 16 | 24 |
| | 3P+N+⏚ | 39 | 90 | 50 | $^{0}_{-1.0}$ | 7 | 8 | 4.0 | 65.8 | 57.8 | 36.9 | 7.7 | 68.5 | 89 | 76.5 | 19 | 26 |
| 32/30 | 2P+⏚ | 41 | 90 | 51 | $^{0}_{-1.0}$ | 7 | 8 | 4.6 | 69.5 | 59.1 | 40.1 | 8.2 | 72.5 | 95 | 82.5 | 19 | 30 |
| | 3P+⏚ | 41 | 90 | 51 | $^{0}_{-1.0}$ | 7 | 8 | 4.6 | 69.5 | 59.1 | 40.1 | 8.2 | 72.5 | 95 | 82.5 | 19 | 30 |
| | 3P+N+⏚ | 46 | 105 | 57 | $^{0}_{-1.5}$ | 8 | 9 | 5.3 | 76.6 | 65.2 | 43.4 | 9.0 | 79.5 | 102 | 89.5 | 22 | 32 |

[a] 使铰链盖转动所需的最小间隙。

保持结构处于 12 h 的位置时的形状应为卡口环和凸耳或槽穴。

设计时,可不受上图限制,但必须符合图示尺寸的规定。

## 标准活页 2-Ⅲ
## 额定工作电压超过 50 V 的 63/60 A 和 125/100 A 插座和连接器
## 无辅助插套

单位为毫米

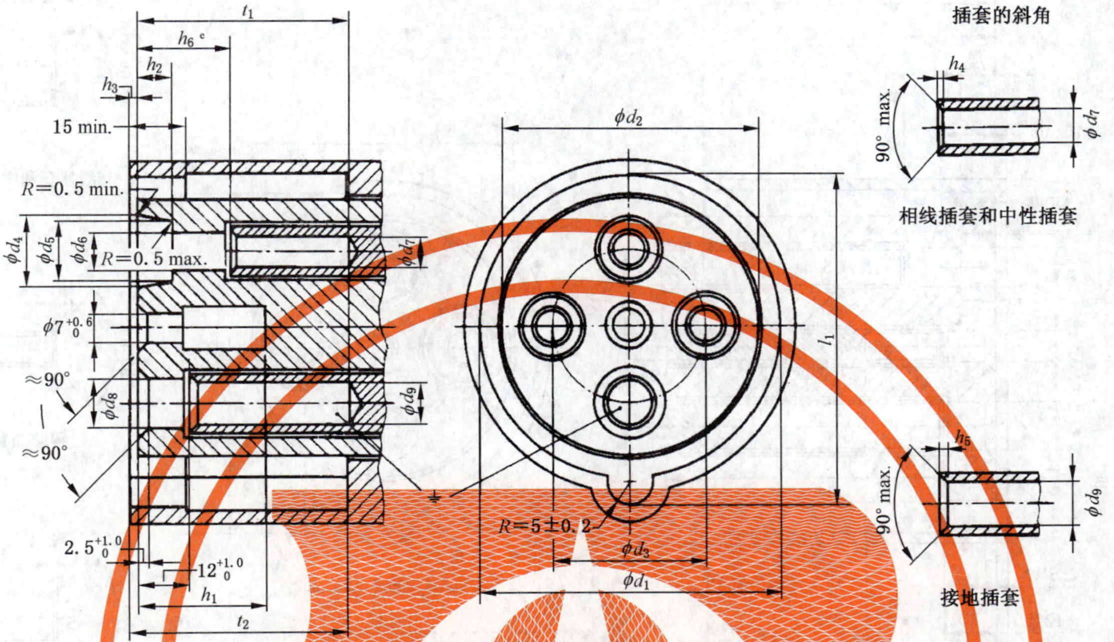


为接纳插头或器具输入插座的辅助插销，正面里的孔是强制性的。

正面里如有不是插套用的孔或凹槽，这些孔或凹槽的深度不得超过 10 mm。但辅助插销用的孔除外(例外情况见脚注 b)。

机械联锁插座在设计上应能防止完全插入的插头过度斜向移动，从而能防止机械联锁失效。

插套的排列

插座或连接器的插套的正面图

见 7.5

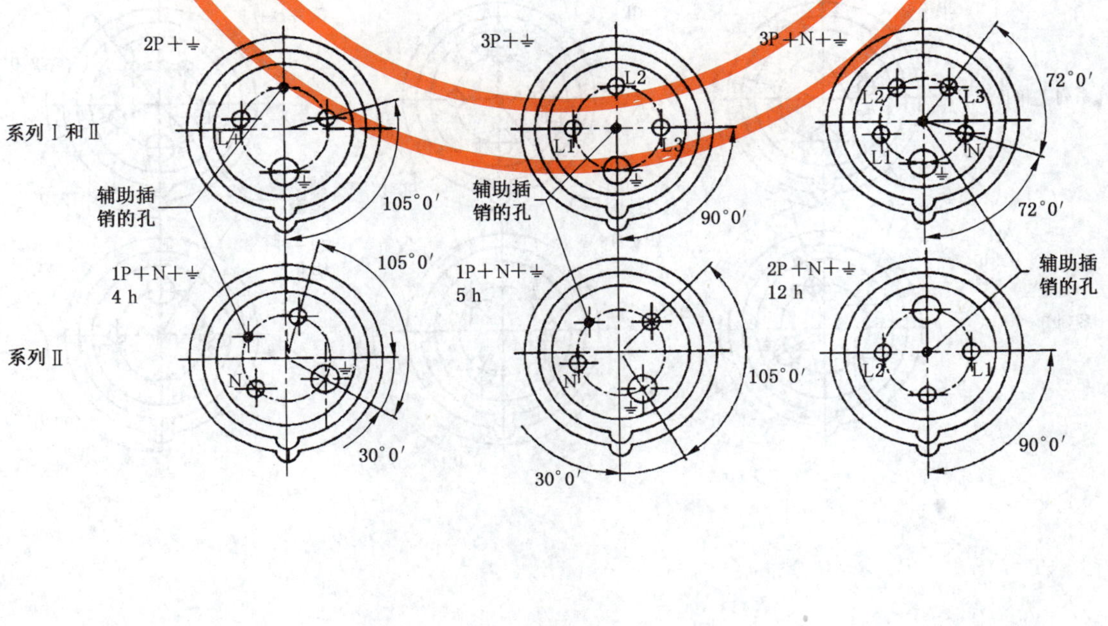

标准活页 2-Ⅲa

额定工作电压超过 50 V 的 63/60 A 和 125/100 A 插座和连接器

有辅助插套

单位为毫米

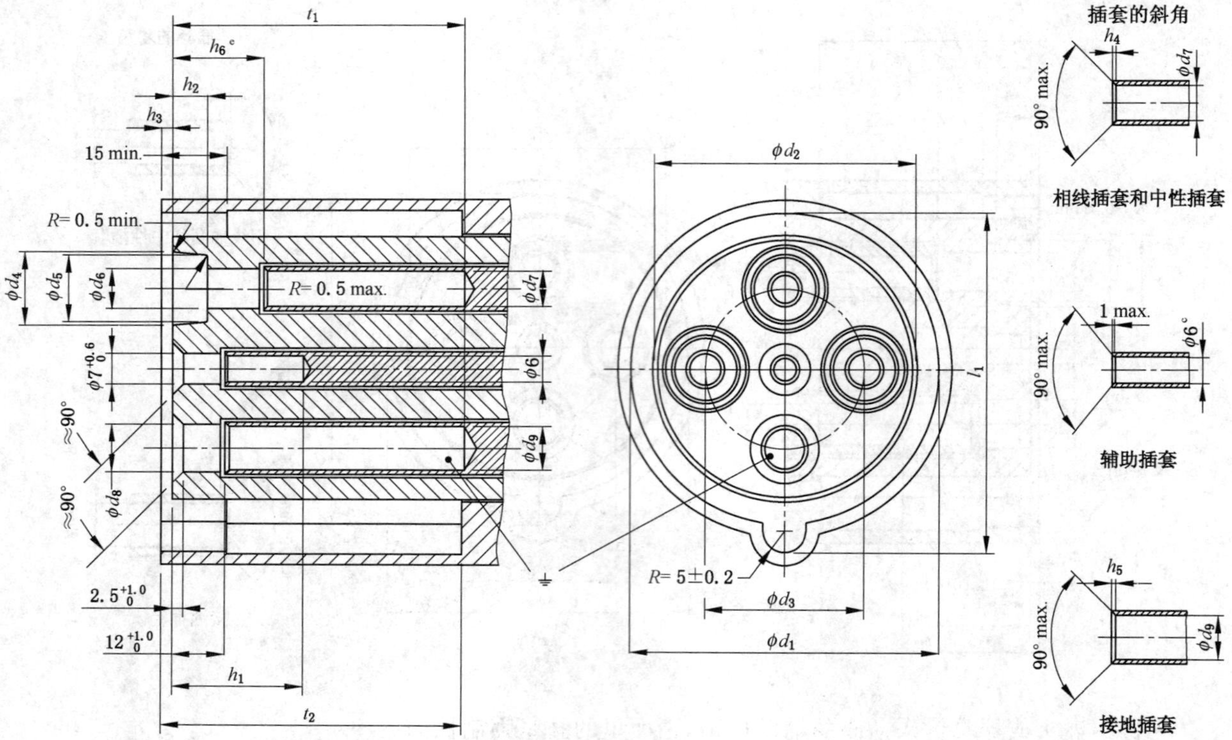


正面里如有不是插套用的孔或凹槽，这些孔或凹槽的深度不得超过 10 mm(例外情况见注 b)。

机械联锁插座在设计上应能防止完全插入的插头过度斜向移动，从而能防止机械联锁失效。

插套的排列

插座或连接器的插套的正面图

见 7.5

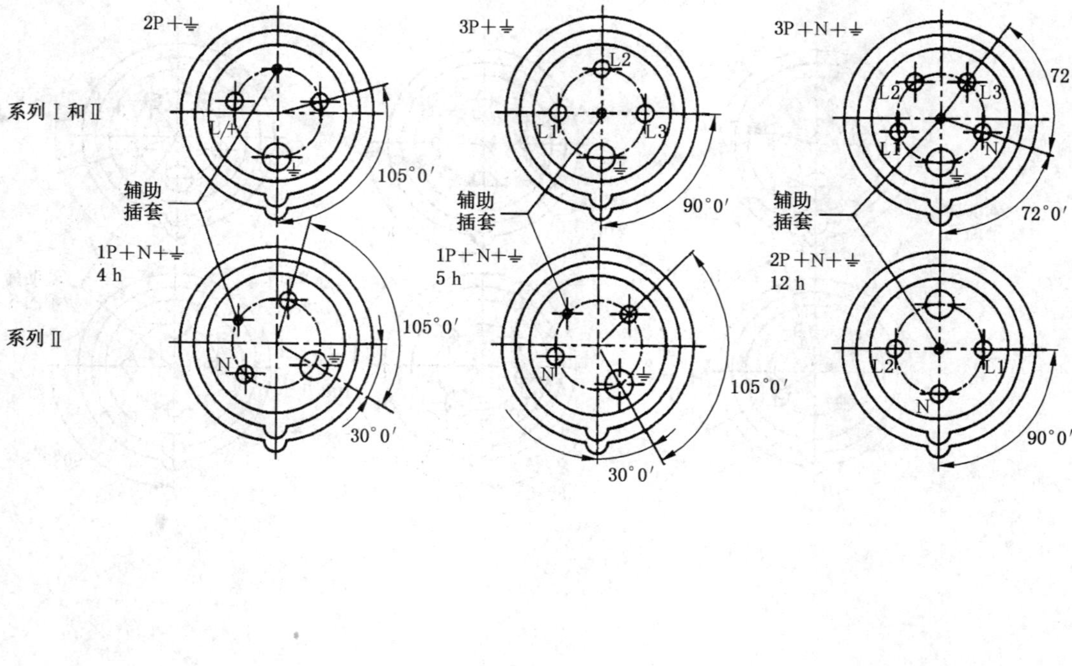

标准活页 2-Ⅲ和 2-Ⅲa 所用的尺寸

单位为毫米

| 类型 | 额定电压 A | $d_1$[a] ${}^{+0.8}_{0}$ | $d_2$[b] ${}^{0}_{-1.5}$ | $d_3$ ±0.5 | $d_4$ ${}^{+1.0}_{0}$ | $d_5$ min. | $d_6$ ${}^{+0.6}_{0}$ | $d_7$[c] | $d_8$ ${}^{+0.6}_{0}$ | $d_9$[c] | $h_1$ min. | $h_2$ ${}^{+3.0}_{0}$ | $h_3$ ${}^{0}_{-1}$ | $h_4$[d] max. | $h_4$[d] min. | $h_5$[d] max. | $h_5$[d] min. | $l_1$[a] ${}^{+0.8}_{0}$ | $t_1$ min. | $t_2$ min. |
|---|---|---|---|---|---|---|---|---|---|---|---|---|---|---|---|---|---|---|---|---|
| 2P+⏚<br>3P+⏚ | 63/60 | 71.0 | 60.0 | 36.5 | 16.6 | 15.1 | 9.0 | 8 | 11.0 | 10 | 30.0 | 8.0 | 2.5 | 1.5 | 0.5 | 2.0 | 0.6 | 77.5 | 67 | 69 |
| 3P+N+⏚ | 125/100 | 83.0 | 71.0 | 42.5 | 21.0 | 19.0 | 11.0 | 10 | 14.0 | 12 | 32.0 | 10.0 | 4 | 2.0 | 0.6 | 2.5 | 0.8 | 89.5 | 71 | 76 |

[a] 在 15 mm 的距离内，尺寸 $d_1$ 和 $l_1$ 应在规定的限值之内。超出 15 mm 时，这两个尺寸可以大于但不得小于规定的限值。

[b] 在整个深度的任一点上，尺寸 $d_2$ 不得超过规定的极限值，而且在 6 mm 的最小深度内，尺寸 $d_2$ 应在规定的极限值内，但下列的最大值除外：

——2P+⏚ 电器附件 3 个缺口；

——3P+⏚ 电器附件 4 个缺口；

——3P+N+⏚ 电器附件 5 个缺口；

这些缺口是沿着圆周分布的，在相邻的每个插孔之间不得多于一个缺口，每个缺口的宽度，包括半径在内不得超过 15 mm。在缺口面积内，允许深度超过 10 mm 的孔。

[c] 尺寸 $d_7$ 和 $d_9$ 是指插销尺寸；插套不必为圆形。

[d] 在 $1\frac{1}{2}$ 倍 $h_4$ 或 $h_5$ 最大值的距离之内，插套的斜角可朝圆柱形内表面倒圆。

[e] 尺寸应符合下表的规定。

标准活页 2-Ⅲ和 2-Ⅲa 所用的 $h_6$ 值

| 插套孔的深度 $h_6{}^{+1}_{0}$ mm | | |
|---|---|---|
| 类型 | 63/60 A | 125/100 A |
| 电气联锁组件 | 21 | 21 |
| 机械联锁组件 | 21 或 40 | 21 或 40 |
| 无联锁 | 21 或 40 | 40 |

对 3P+N+⏚和系列Ⅱ，对 2P+N+⏚，12 h 电器附件中心插套的深度应小于相线插套的深度，但应大于接地插套的深度。

标准活页 2-Ⅲ(续 1)

63/60 A IP44 插座和连接器的保持机构

所有类型

处于锁定位置的盖

单位为毫米

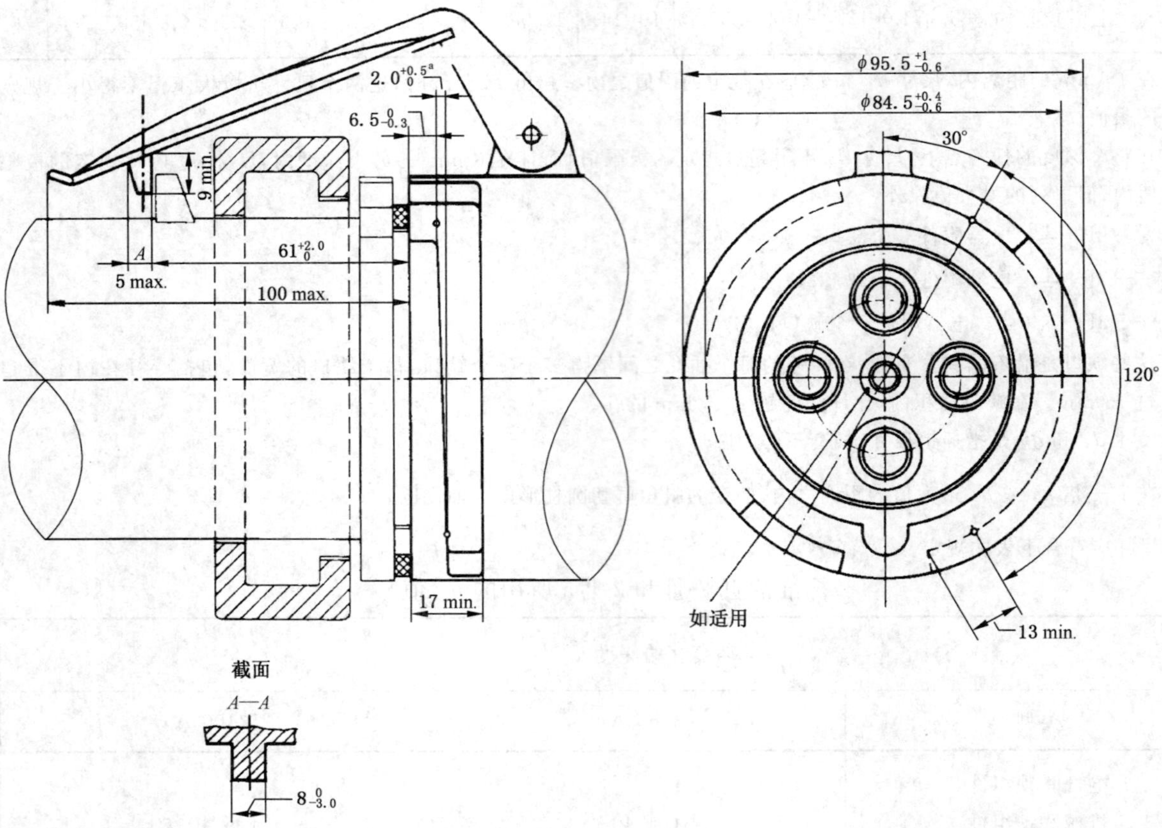


[a] 斜棱应倾斜得如图示处于 120°时，便是这一尺寸。

保持机构的形状应为卡口斜棱，能符合标准活页 2-Ⅳ和 2-Ⅳa 要求并装有最大尺寸的卡口环的 IP66/67 和 IP67 插头或器具输入插座以(30±3)°的角度正确插入并旋转 120°。

锁定位置的尺寸 $t_4$ 是从接合平面算起(见下图)

参考尺寸“5 max.”是从接合平面算起(见下图)

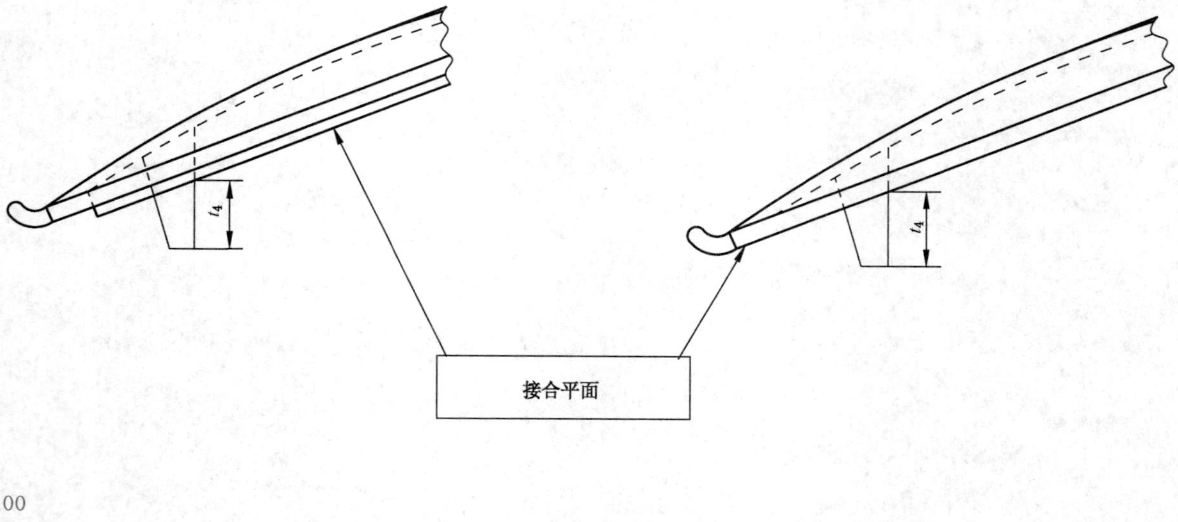

标准活页 2-Ⅲ(续 2)

63/60 A 和 125/100 A IP67 插座和连接器的保持机构

所有类型

单位为毫米

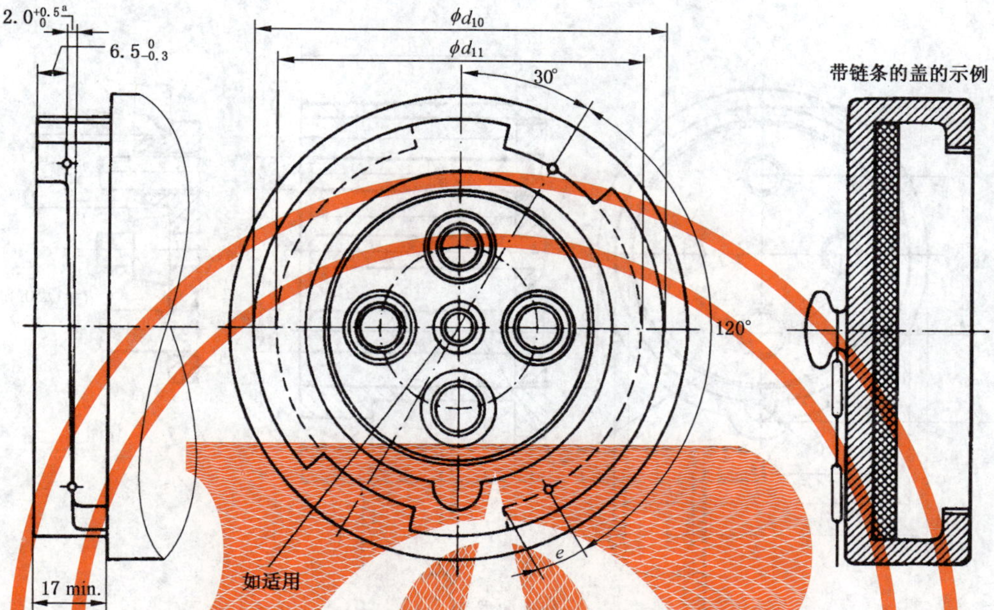


| 类型 | 额定电流<br>A | $d_{10}$<br>$^{+1}_{-0.6}$ | $d_{11}$<br>$^{+0.4}_{-0.6}$ | e<br>min. |
|---|---|---|---|---|
| 2P+⏚<br>3P+⏚<br>3P+N+⏚ | 63/60 | 95.5 | 84.5 | 13 |
| | 125/100 | 108.5 | 97.5 | 16 |

[a] 斜棱应倾斜得如图示处于 120°时,便是这一尺寸。

保持机构的形状应为卡口斜棱,能将符合标准活页 2-Ⅳ 和 2-Ⅳa 要求并装有最大尺寸的卡口环的 IP66/67 和 IP67 插头或器具输入插座以(30±3)°的角度正确插入并旋转 120°。

设计时,可不受上述各图限制,但必须符合图示尺寸的规定。

## 标准活页 2-Ⅳ
## 额定工作电压超过 50 V 的 63/60 A 和 125/100 A 插头和器具输入插座
## 无辅助插销

单位为毫米

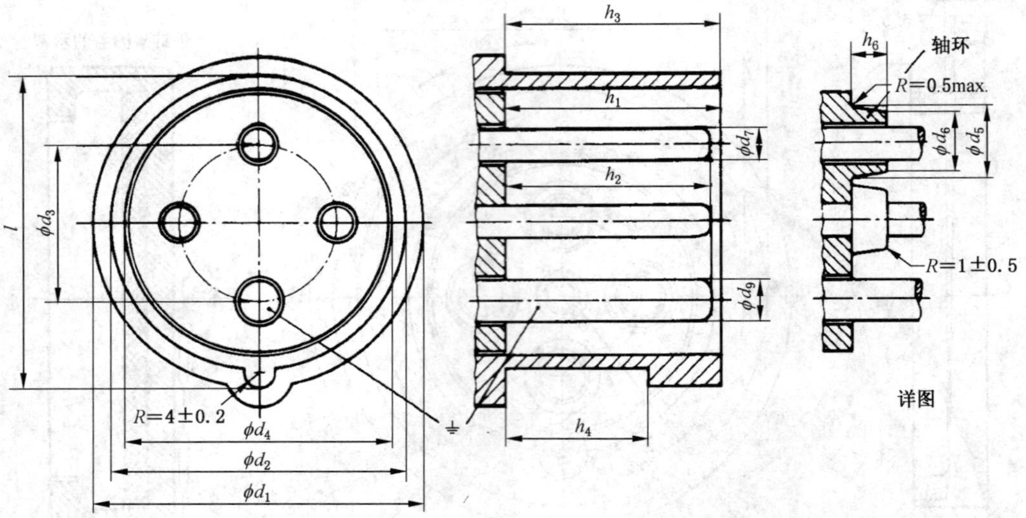


插销的端部

相线插销和中性插销　　接地插销

## 插销的排列
## 插头或器具输入插座的正面图
## 见 7.5

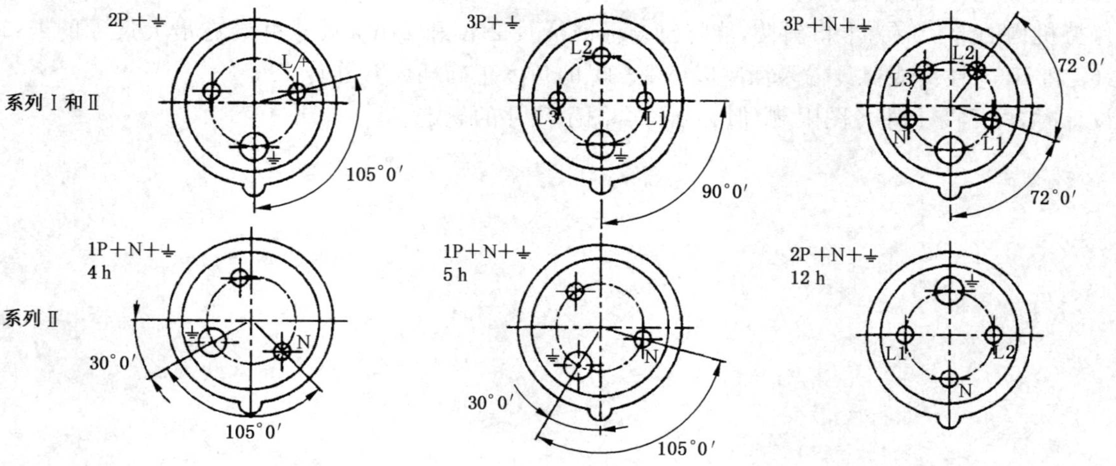

标准活页 2-Ⅳa

额定工作电压超过 50 V 的 63/60 A 和 125/100 A 插头和器具输入插座

有辅助插销

单位为毫米

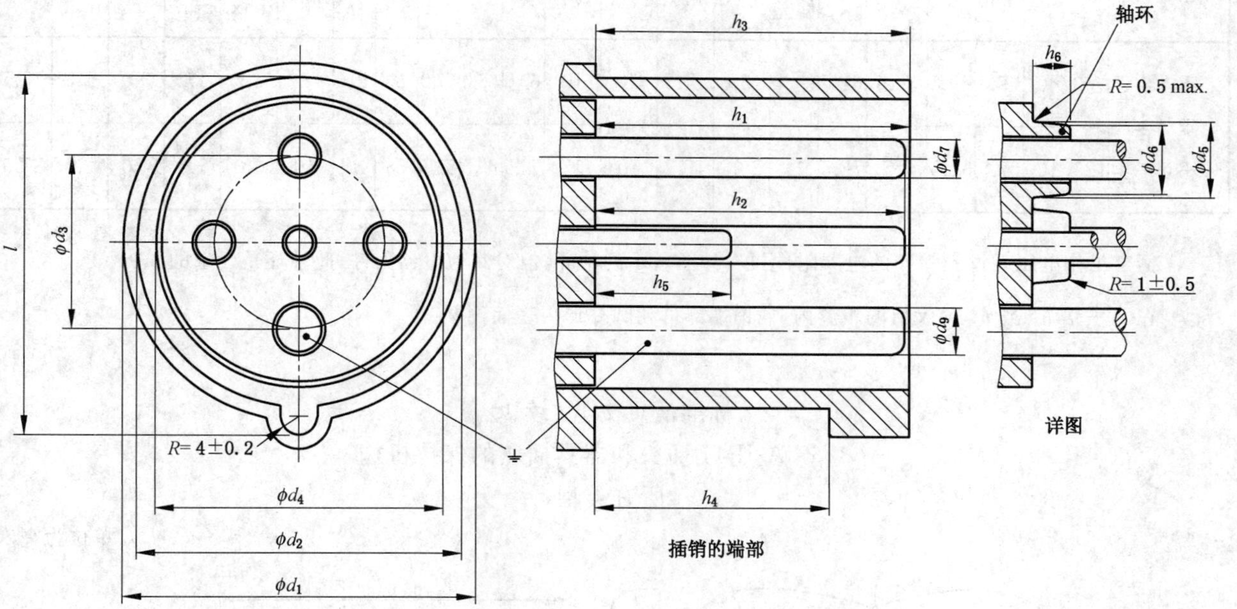


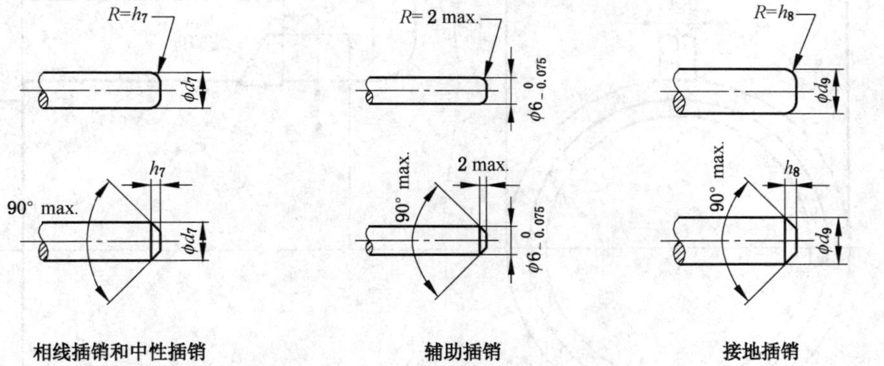


插销的排列

插头或器具输入插座的插销正面图

见 7.5

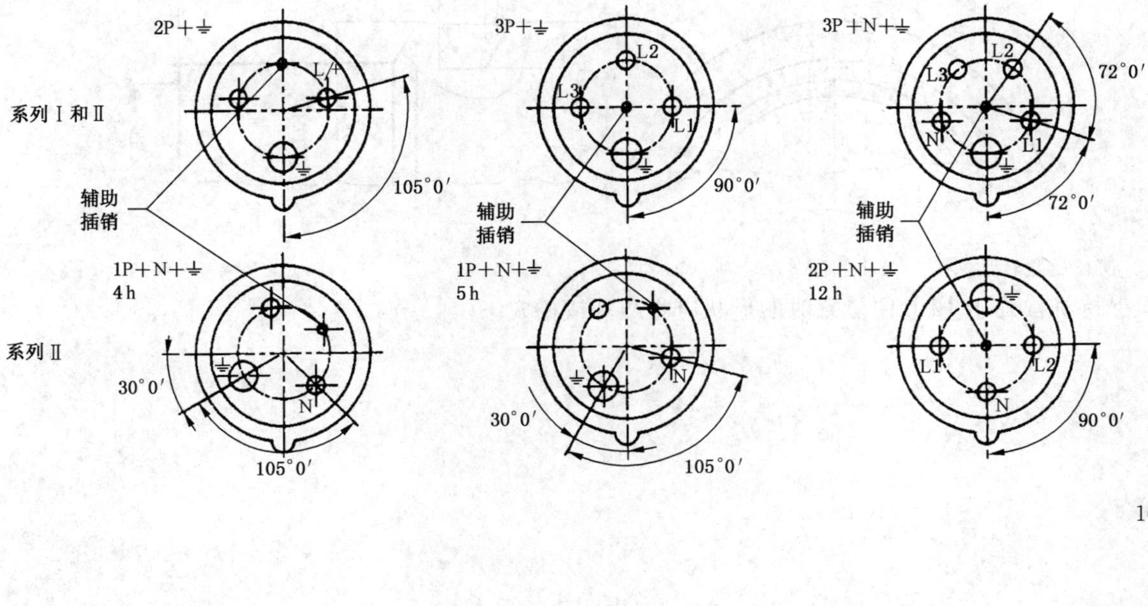

标准活页 2-Ⅳ和 2-Ⅳa 所用的尺寸

单位为毫米

<table>
<tr><th rowspan="2">类型</th><th rowspan="2">额定<br>电压<br>A</th><th>$d_1$</th><th>$d_2$</th><th>$d_3$</th><th colspan="2">$d_4$</th><th>$d_5$[a]</th><th>$d_6$[a]</th><th>$d_7$</th><th>$d_9$</th><th>$h_1$</th><th>$h_2$</th><th>$h_3$</th><th>$h_4$</th><th>$h_5$</th><th>$h_6$[a]</th><th colspan="2">$h_7$[b]</th><th colspan="2">$h_8$[b]</th><th>$l$</th></tr>
<tr><th>min.</th><th>$^{0}_{-0.8}$</th><th>±0.5</th><th></th><th>偏差</th><th>max.</th><th>max.</th><th>$^{0}_{-0.09}$</th><th>$^{0}_{-0.11}$</th><th>$^{0}_{-1.0}$</th><th>$^{0}_{-1.0}$</th><th>$^{0}_{-1.0}$</th><th>$^{+2}_{0}$</th><th>$^{0}_{-1.0}$</th><th>max.</th><th>max.</th><th>min.</th><th>max.</th><th>min.</th><th>$^{0}_{-0.6}$</th></tr>
<tr><td rowspan="2">2P+⏚<br>3P+⏚<br>3P+N+⏚</td><td>63/60</td><td>75.5</td><td>69.5</td><td>36.5</td><td>61.5</td><td>$^{+2}_{0}$</td><td>15.8</td><td>14.3</td><td>8</td><td>10</td><td>67.0</td><td>66.0</td><td>67.0</td><td>50</td><td>29.0</td><td>8</td><td>2.5</td><td>1.2</td><td>3.0</td><td>1.5</td><td>75.5</td></tr>
<tr><td>125/100</td><td>87.5</td><td>81.5</td><td>42.5</td><td>72.5</td><td>$^{+2.5}_{0}$</td><td>20.2</td><td>18.2</td><td>10</td><td>12</td><td>74.5</td><td>69.5</td><td>75.5</td><td>58</td><td>31.5</td><td>10</td><td>3.0</td><td>1.5</td><td>4.0</td><td>2.0</td><td>87.5</td></tr>
</table>

[a] 额定工作电压超过 500 V 的电器附件要有详图所示的轴环，但对其他电器附件，此轴环是任选的。

[b] 在 $1\frac{1}{2}$ 倍 $h_7$ 或 $h_8$ 最大值的距离内，插销端部可朝圆柱形内表面倒圆。

标准活页 2-Ⅳ(续 1)

63/60 A IP44 插头和器具插座的保持机构

所有类型

单位为毫米

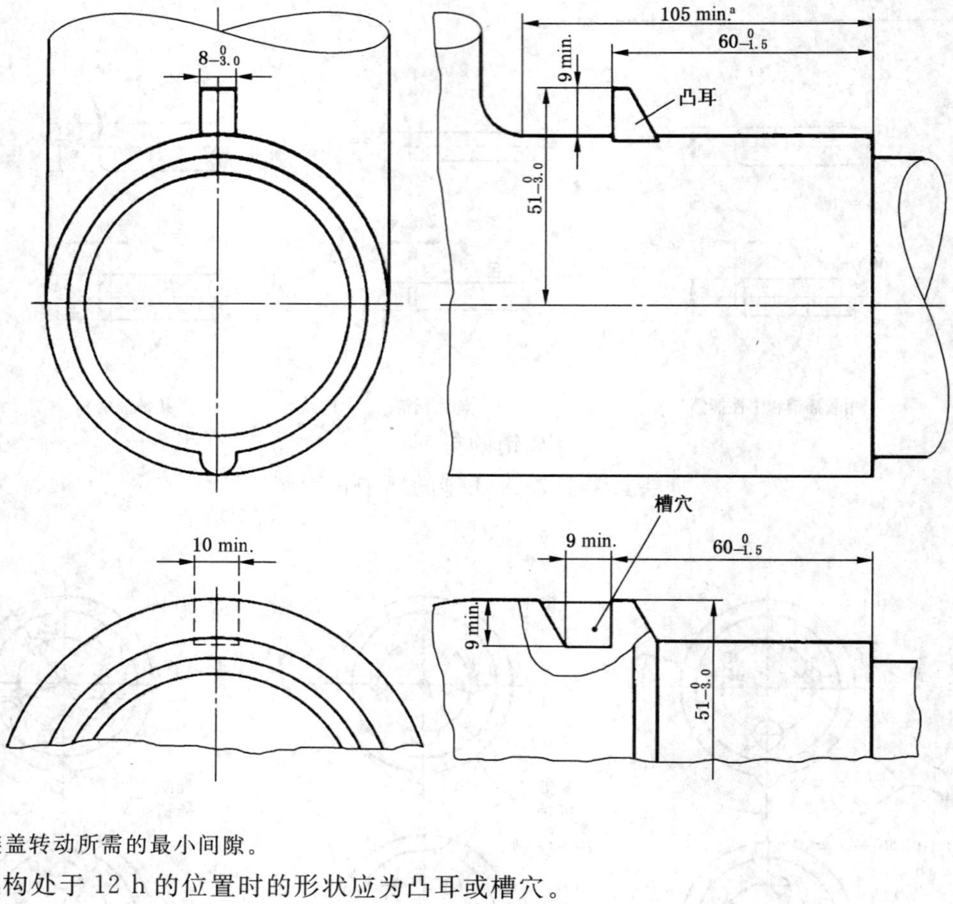


[a] 使铰链盖转动所需的最小间隙。

保持机构处于 12 h 的位置时的形状应为凸耳或槽穴。

## 标准活页 2-Ⅳ(续 2)
## 63/60 A 和 125/100 A IP66/IP67 和 IP67 插头和器具输入插座的保持机构
## 所有类型

单位为毫米

标准活页 2-Ⅳ(续 2)所用的尺寸

单位为毫米

| 类型 | 额定电流 A | 密封表面 | | | 卡口环 | | | | |
|---|---|---|---|---|---|---|---|---|---|
| | | $d_9$ min. | $d_{10}$ max. | $e$ min. | $d_{11}$ $^{+0.6}_{-0.4}$ | $d_{12}$ max. | $d_{13}$ min. | $f$ $^{0}_{-0.5}$ | $h_9$ max. |
| 2P+⏚<br>3P+⏚<br>3P+N+⏚ | 63/60 | 81.5 | 71.5 | 46.8 | 86.0 | 114 | 98 | 22 | 32 |
| | 125/100 | 93.5 | 83.5 | 53.3 | 99.0 | 131 | 111 | 27 | 35 |

[a] 使铰链盖转动所需的最小间隙;仅使用于 63/60 A 电器附件。

保持机构的形状应为卡口环。

设计时,可不受上图限制,但必须符合图示尺寸的规定。

标准活页 2-Ⅴ

额定工作电压超过 50 V 的 16/20 A、32/30 A、63/60 A 和 125/100 A 电器附件的机械联锁

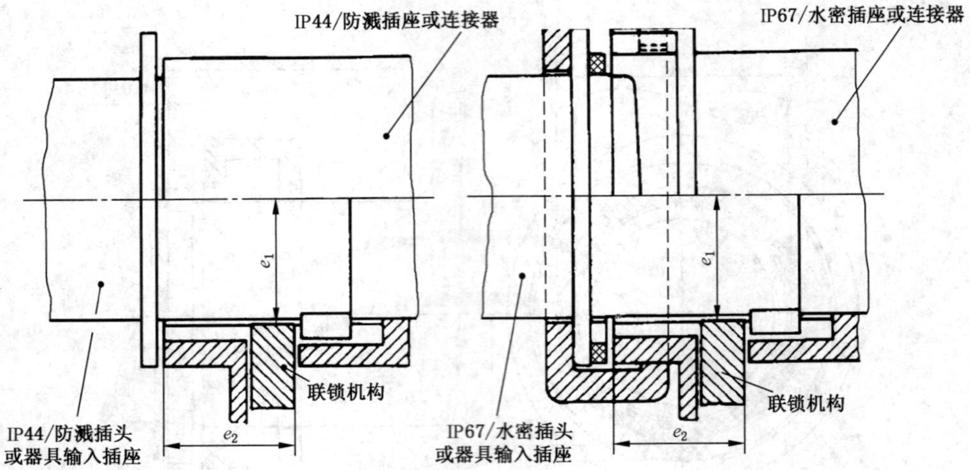


标准活页 2-Ⅴ所用的尺寸

单位为毫米

| 额定电流<br>A | 类型 | $e_1$ | | $e_2$ | |
|---|---|---|---|---|---|
| | | | 偏差 | | 偏差 |
| 16/20 | 2P+⏚ | 22.0 | +0.5<br>0 | 23.5 | 0<br>−0.3 |
| | 3P+⏚ | 25.0 | +0.5<br>0 | 23.5 | 0<br>−0.3 |
| | 3P+N+⏚ | 28.3 | +0.5<br>0 | 23.5 | 0<br>−0.3 |
| 32/30 | 2P+⏚ | 29.0 | +0.7<br>0 | 31.5 | 0<br>−0.5 |
| | 3P+⏚ | 29.0 | +0.7<br>0 | 31.5 | 0<br>−0.5 |
| | 3P+N+⏚ | 32.1 | +0.7<br>0 | 31.5 | 0<br>−0.5 |
| 63/60 | 所有类型 | 35 | +1<br>0 | 45 | 0<br>−1 |
| 125/100 | 所有类型 | 41 | +1<br>0 | 53 | 0<br>−1 |

设计时，可不受上图限制，但必须符合图示尺寸的规定。

标准活页 2-Ⅷ

额定工作电压不超过 50 V 的 16/20 A 和 32/30 A 插座和连接器

单位为毫米

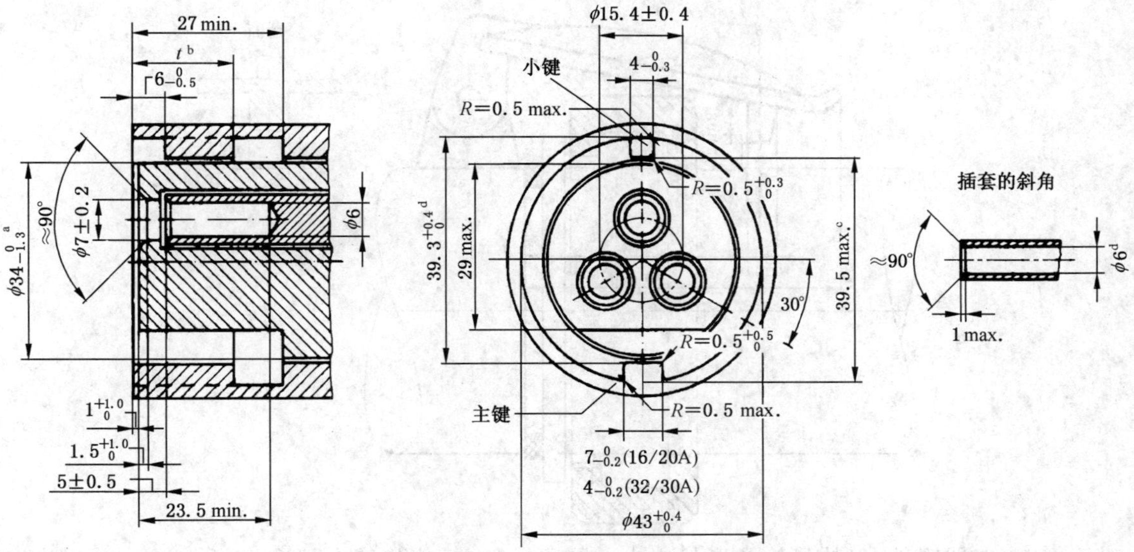


插套的排列

插座或连接器的插套的正面图

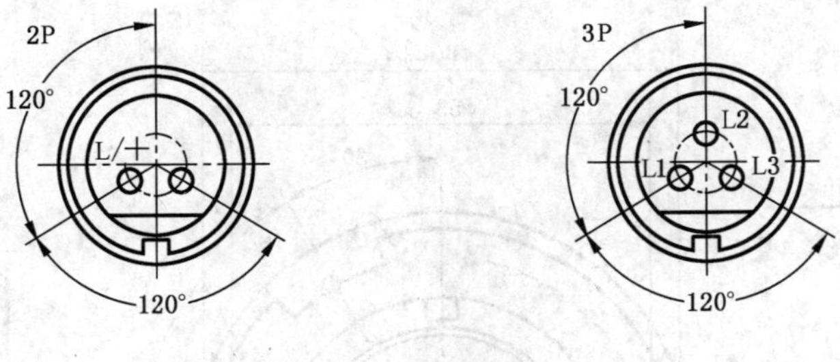


a 在 27 mm 的距离内，这些尺寸必须在规定的极限值之内。

b 尺寸 $t$ 对金属小键为 10 mm；对绝缘材料小键为 18 mm。

c 在 $t$ 的距离内，这些尺寸必须在规定的极限值之内，超出 $t$ 的距离时，这些尺寸可以大于但不得小于规定的极限值。

d 本尺寸是指插销的尺寸；插套不必为圆形。

标准活页 2-Ⅷ(续 1)

IP44 插座和连接器的保持机构

处于锁定位置的盖或杆

单位为毫米

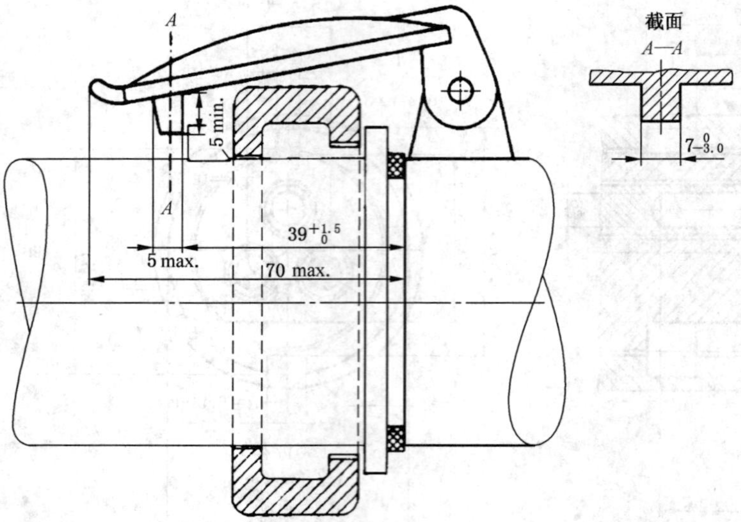


对于 IP44 电器附件，保持机构的形状应为上图所示的盖，能将符合标准活页 2-Ⅸ 要求并装有最大尺寸的卡口环的 IP66/IP67 和 IP67 插头或器具输入插座正确插入并保持在正常位置。

标准活页 2-Ⅷ(续 2)

IP66/IP67 和 IP67 插座和连接器的保持机构

单位为毫米

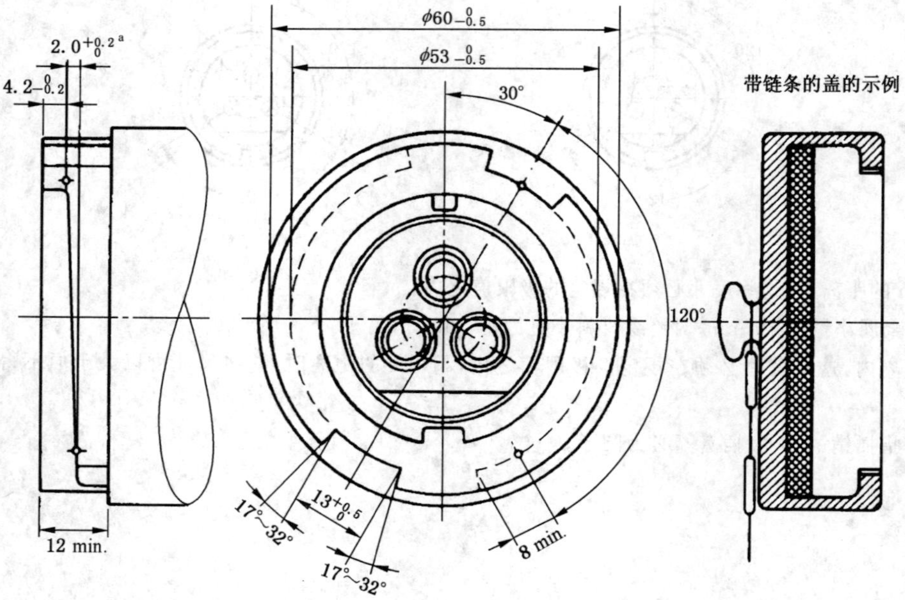


[a] 斜棱应倾斜得如按上图所示处于 120°时，便是这一尺寸。

保持机构的形状应为卡口斜棱。

设计时，可不受上图限制，但必须符合图示尺寸的规定。

标准活页 2-Ⅷa

额定工作电压不超过 50 V 的特殊应用插座和连接器

单位为毫米

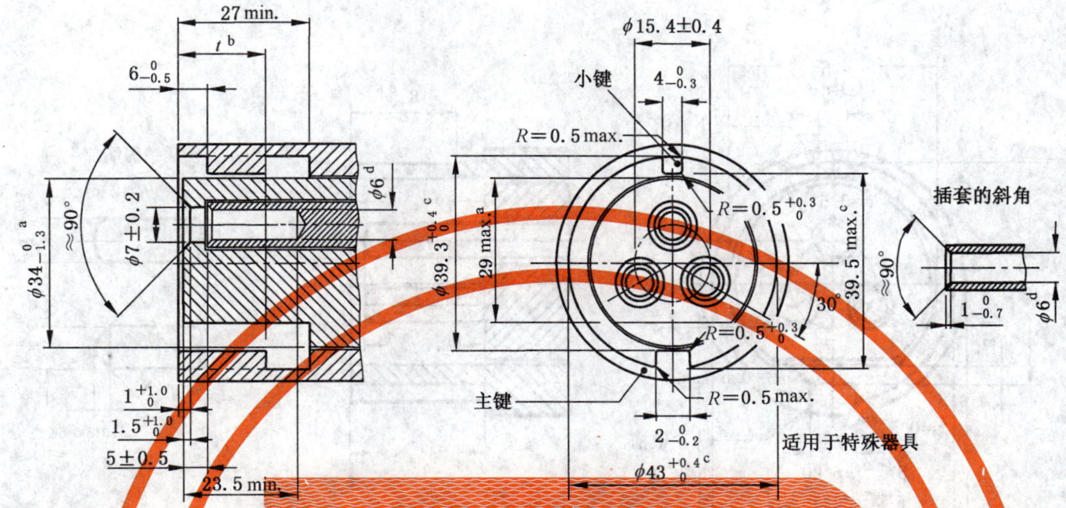


插套的排列

插座或连接器的插套的正面图

单位为毫米

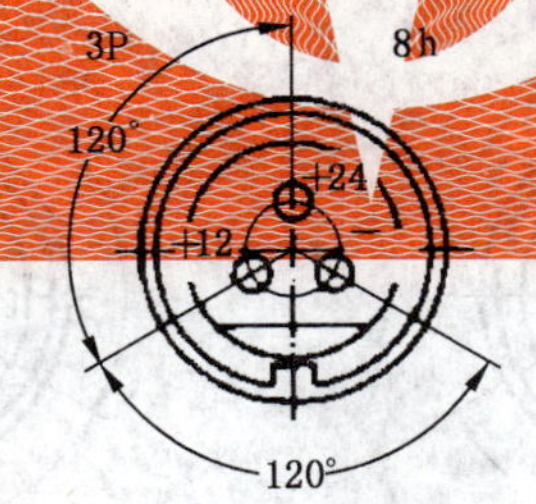


a 在 27 mm 距离内，这些尺寸必须在规定的极限值之内。

b 尺寸 $t$ 对金属小键为 10 mm；对绝缘材料小键为 18 mm。

c 在 $t$ 距离内，这些尺寸必须在规定的极限值之内，超出 $t$ 的距离时，这些尺寸可以大于但不得小于规定的极限值。

d 本尺寸是指插销的尺寸；插套不必为圆形。

## 标准活页 2-Ⅸ

## 额定工作电压不超过 50 V 的 16/20 A 和 32/30 A 插头和器具输入插座

单位为毫米

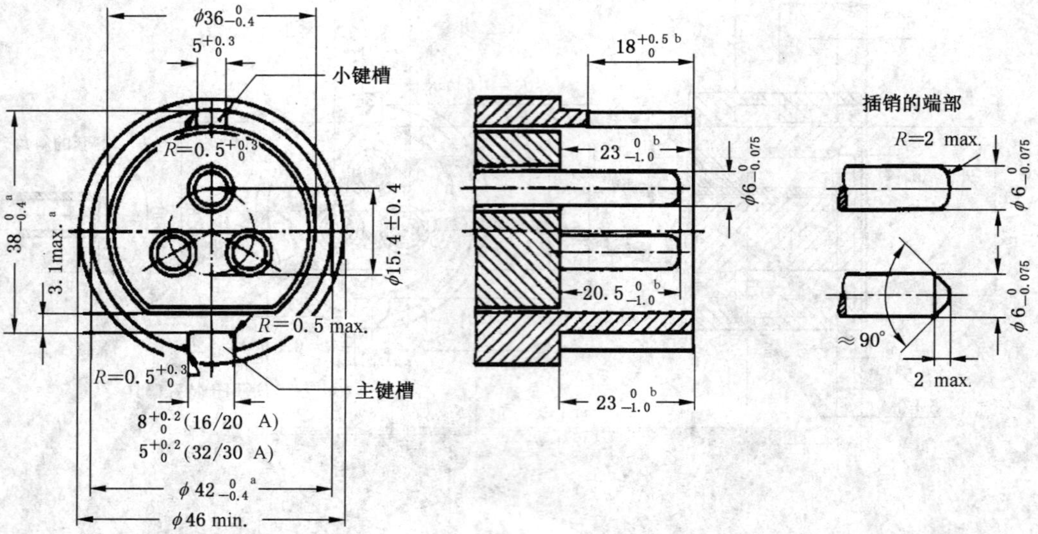


插销的排列

插头或器具输入插座的插销的正面图

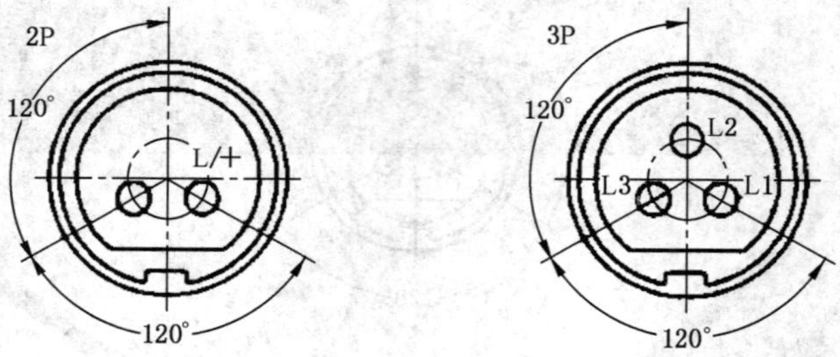


[a] 在如下距离内，这些尺寸必须在规定的极限值之内：

26 mm，适用于 IP66/IP67 和 IP67 的电器附件；

23 mm，适用于其他电器附件。

[b] 对 IP66/IP67 和 IP67 的电器附件，这些尺寸要增大 3.0 mm。

标准活页 2-Ⅸ(续 1)

IP44 插头和器具输入插座的保持机构

单位为毫米

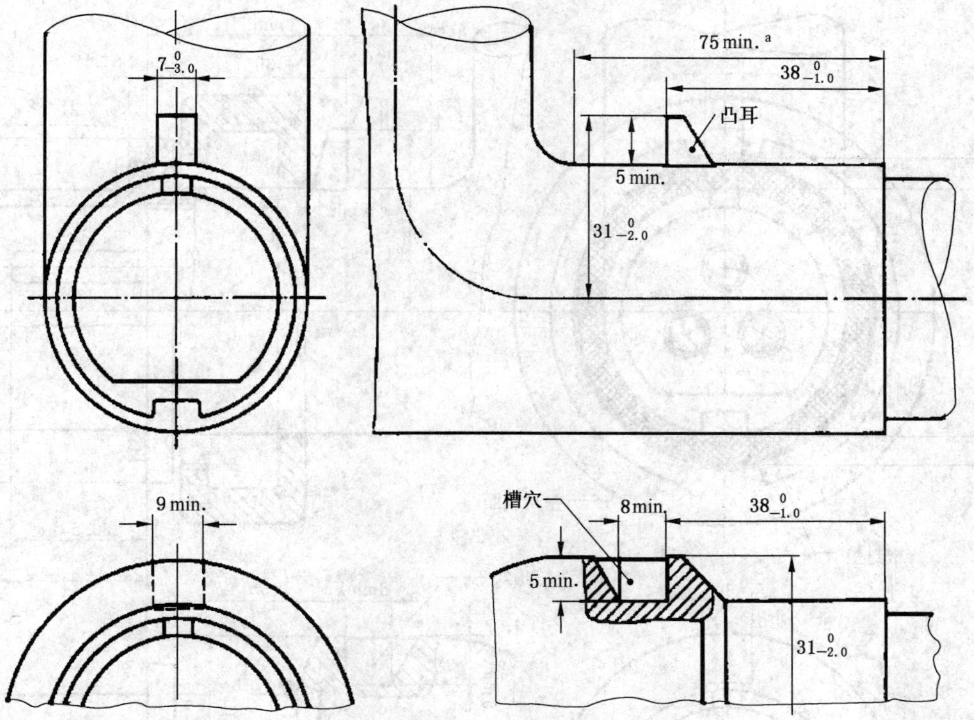


[a] 使铰链盖转动所需的最小间隙。

保持机构处于 12 h 的位置时的形状应为凸耳或槽穴。

标准活页 2-Ⅸ(续 2)

IP66/IP67 和 IP67 插头和器具输入插座的保持机构

单位为毫米

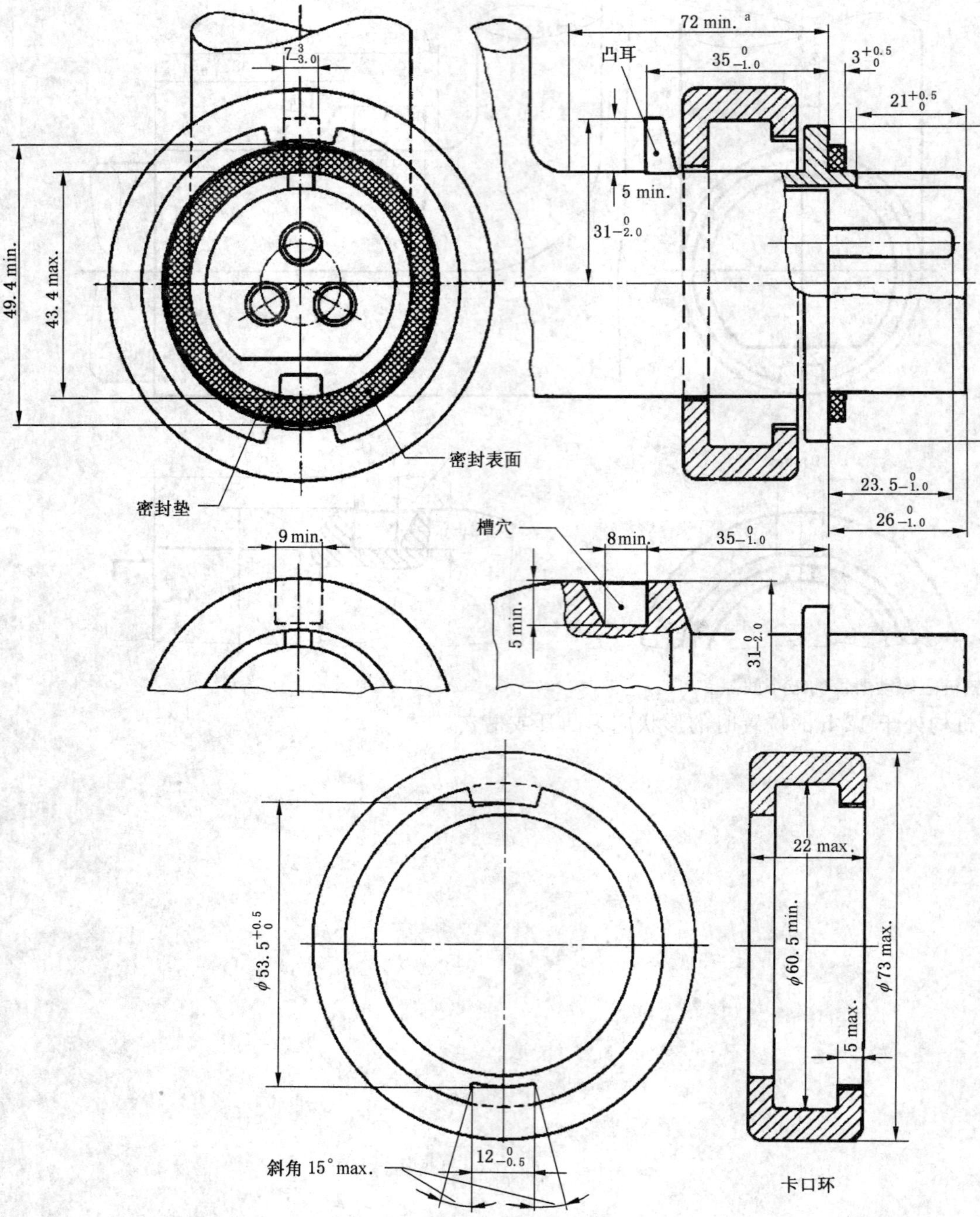


卡口环

a 使铰链盖转动所需的最小间隙。

保持机构处于 12 h 位置时的形状应为卡口环和凸耳或槽穴。

设计时,可不受上图限制,但必须符合图示尺寸的规定。

标准活页 2-Ⅸa

额定工作电压不超过 50 V 的插头和器具输入插座

单位为毫米

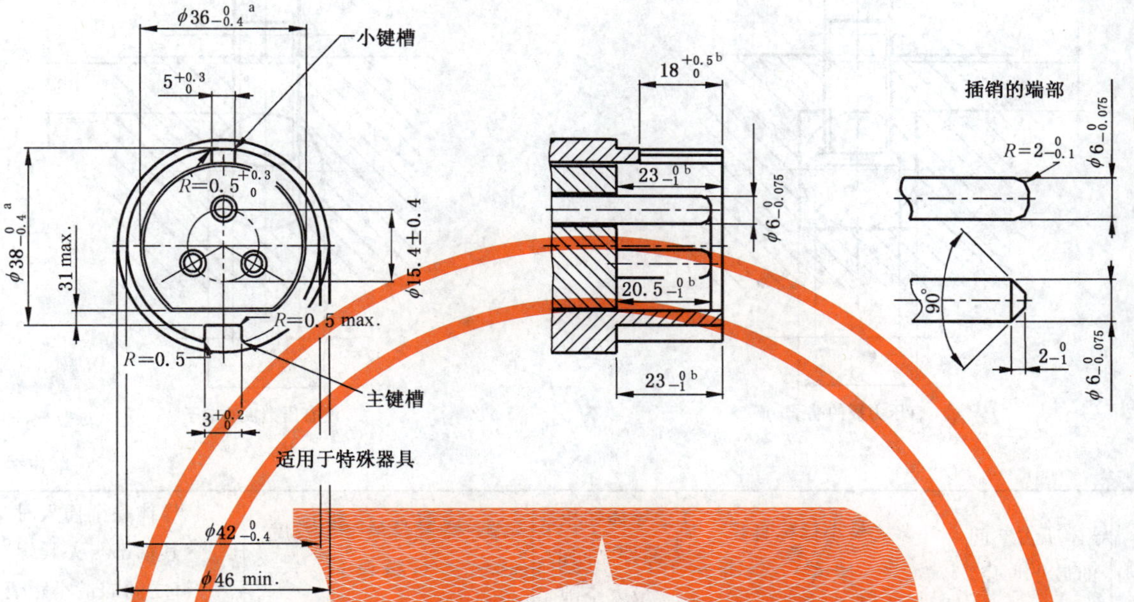


插销的排列

插头或器具输入插座的正面图

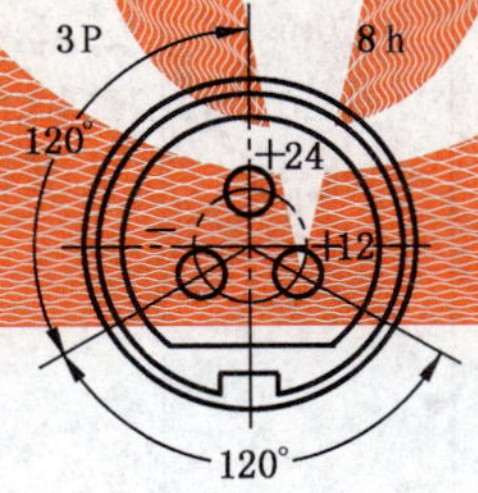


[a] 在如下距离内，这些尺寸必须在规定的极限值之内：

26 mm，适用于 IP66/IP67 和 IP67 的电器附件；

23 mm，适用于其他电器附件。

[b] 对 IP66/IP67 和 IP67 的电器附件，这些尺寸要增大 3.0 mm。

标准活页 2-Ⅹ

柱型端子

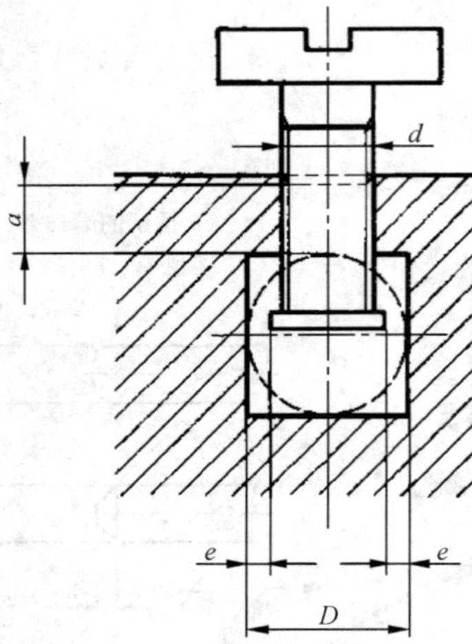


有压力板的端子

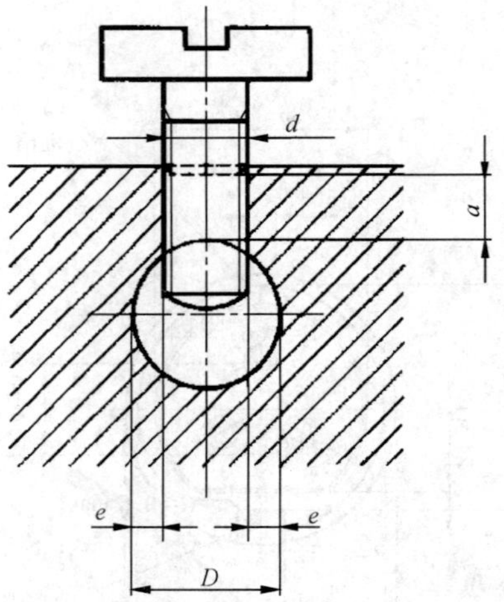


没有压力板的端子

单位为毫米

| 端子尺寸 | 导体所占空间的最小直径 D | 螺纹最小标称直径 d | | 导体约束部件之间的最大空隙 e | 端子中螺纹的最小长度 a | | 导体完全插入时其端部与夹紧螺钉之间的最小距离 | |
|---|---|---|---|---|---|---|---|---|
| | | 一颗螺钉 | 两个螺钉 | | 一颗螺钉 | 两个螺钉 | 一颗螺钉 | 两个螺钉 |
| 2 | 3.0 | 3.0[a] | 2.5 | 0.5 | 2.0 | 1.8 | 1.5 | 1.5 |
| 3 | 3.6 | 3.5 | 2.5[b] | 0.5 | 2.5 | 1.8 | 1.8 | 1.5 |
| 4 | 4.0 | 3.5 | 3.0[a] | 0.6 | 2.5 | 2.0 | 1.8 | 1.5 |
| 5 | 4.5 | 4.0 | 3.0[a] | 1.0 | 3.0 | 2.0 | 2.0 | 1.5 |
| 6 | 5.5 | 5.0 | 4.0 | 1.3 | 4.0 | 3.0 | 2.5 | 2.0 |
| 7 | 7.0 | 6.0 | 4.0 | 1.5 | 4.0 | 3.0 | 3.0 | 2.0 |
| 8 | 10.0 | — | 6.0 | — | — | 4.0 | — | 3.0 |
| 9 | 13.0 | — | 10.0 | — | — | 7.5 | — | [c] |
| 10 | 16.0 | — | [c] | — | — | [c] | — | [c] |

[a] 对 BA 螺纹，此值应减少至 2.8。

[b] 如果螺钉的标称螺纹直径为 2.5 mm，必须用一块压力板来确保导体约束部件之间的间隙不会超过规定值。

[c] 这些值在考虑中。

有头螺钉上的螺纹长度不得小于导体所占空间的直径与端子里的螺纹实际长度之和。其他螺钉的螺纹长度不得小于导体所占空间的直径与端子里规定的螺纹最小长度之和。

端子中含有螺纹孔的部件和与螺钉一起将导体夹紧的部件可以是两个独立部件，装有 U 形卡的端子就是这样。

导体所占空间形状可与图示的不同，但必须能容纳直径等于 $D$ 的最小规定值的圆。

端子里的螺纹长度从螺纹最先被导体孔所切断的那一点起测量。

夹紧螺钉与完全插入时的导体端部之间的最小距离仅适用于导体不能直接穿过的端子。

设计时，可不受上图限制，但必须符合图示尺寸的规定。

# 标准活页 2-Ⅺ
## 螺钉端子和螺栓端子

不要求有垫圈或夹紧板的螺钉　　　　要求有垫圈或夹紧板的螺钉

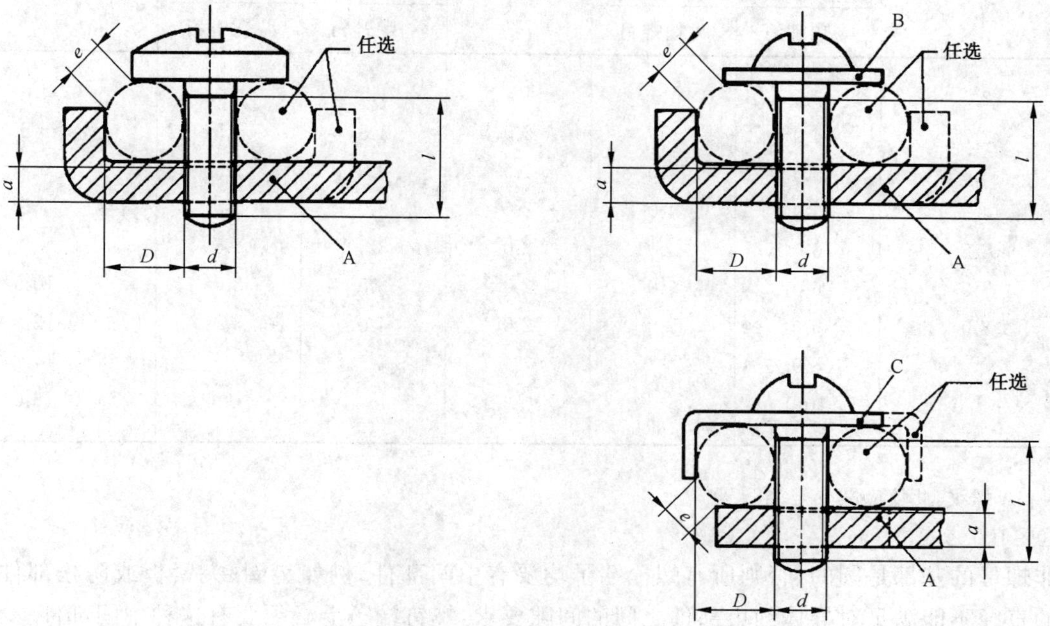


螺钉端子

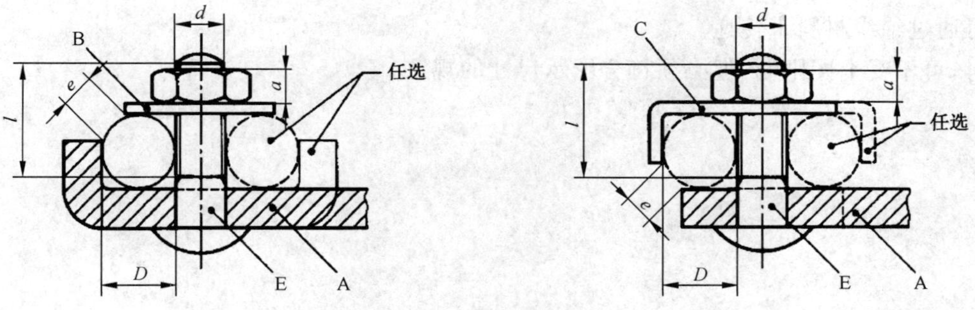


螺栓端子

说明：

A——被固定部件；B——垫圈或夹紧板；C——防松部件；E——螺栓。

单位为毫米

| 端子尺码 | 导体所占空间的最小直径 $D$ | 螺纹最小标称直径 $d$ | | 导体约束部件之间的最大间隙 $e$ | 被固定部件或螺母里螺纹的最小长度 $a$ | | 螺钉或螺栓上螺纹的最小长度 $l$ |
|---|---|---|---|---|---|---|---|
| | | 一颗螺钉 | 两颗螺钉 | | 一颗螺钉 | 两颗螺钉 | |
| 2 | 2.0 | 3.5 | — | 1.5 | 1.5 | — | 4.0 |
| 3 | 2.7 | 4.0 | 3.0[a] | 2.5 | 1.5 | 1.5 | 5.5 |
| 4 | 3.6 | 5.0 | 4.0 | 1.5 | 3.0 | 2.5 | 6.5 |
| 5 | 4.3 | 5.0 | 4.0 | 2.0 | 3.0 | 2.5 | 7.5 |
| 6 | 5.5 | 5.0 | 4.0 | 2.0 | 3.5 | 2.5 | 9.0 |
| 7 | 7.0 | 6.0 | 5.0 | 2.0 | 3.5 | 3.0 | 10.5 |
| 8 | 8.0 | 6.0 | 5.0 | 2.0 | 4.0 | 3.0 | 12.0 |
| 9 | [b] | 8.0 | [b] | [b] | 5.5 | [b] | 14.0 |
| 10 | [b] | 10.0 | [b] | [b] | 7.0 | [b] | 16.0 |

[a] 对 BA 螺纹，此值应减少至 2.8。

[b] 这些值在考虑中。

除非螺母的基部是圆的，否则所有螺栓端子均要有中间部件，例如垫圈、夹紧板或防松部件等。如果螺钉的直径不能满足对导体约束部件之间的间隙要求，螺钉端子上必须要有这种中间部件。

如果螺钉头或螺母与导体之间使用中间部件，螺钉或螺母上的螺纹长度最小值要增加到等于中间部件的厚度。

将导体保持在正常位置的部件(测量尺寸 $e$ 从该部件开始)，可以是绝缘材料制品，但夹紧导体所需的压力不得通过绝缘材料来传递。

设计时，可不受上图限制，但必须符合图示尺寸的规定。

标准活页 2-Ⅻ

鞍型端子

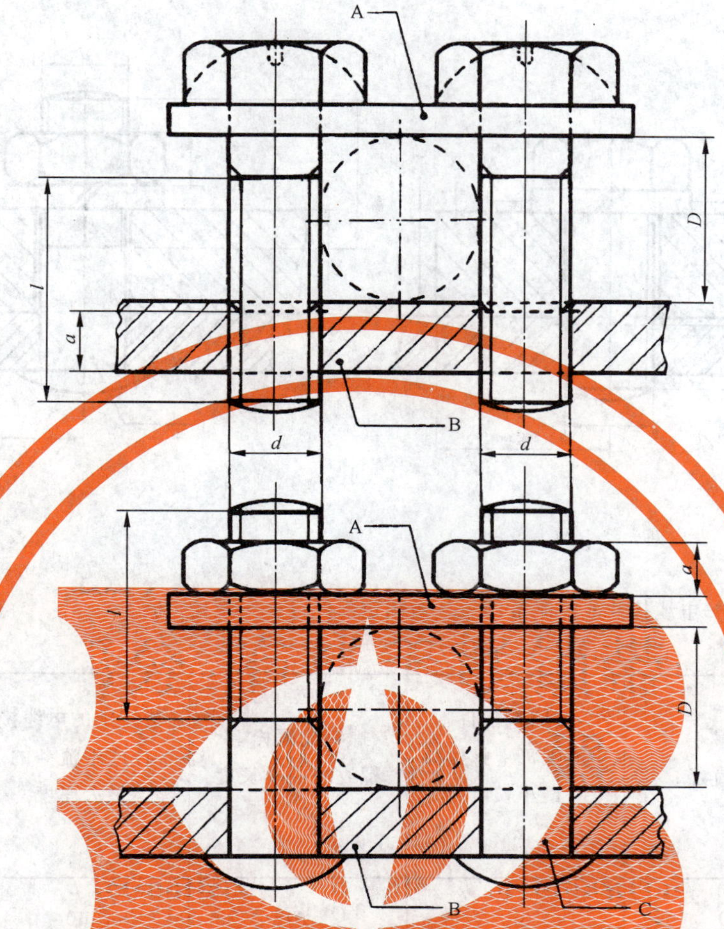


说明：

A——鞍架；B——被固定部件；C——螺栓。

单位为毫米

| 端子尺码 | 导体所占空间的最小直径 D | 螺纹的最小标称直径 d | 被固定部件或螺母上的螺纹最小长度 a | 螺钉或螺栓上的螺纹最小长度 l |
|---|---|---|---|---|
| 3 | 3.0 | 3.0[a] | 1.5 | 5.0 |
| 4 | 4.0 | 3.5 | 1.5 | 6.0 |
| 5 | 4.5 | 4.0 | 2.5 | 7.0 |
| 6 | 5.5 | 4.0 | 2.5 | 8.0 |
| 7 | 7.0 | 5.0 | 3.0 | 10.0 |

[a] 对 BA 螺纹，此值应减少至 2.8。

导体所占空间的形状可与图示不同，但必须能容纳直径等于 *D* 的最小规定值的圆。

为了能通过翻转鞍架的方法来接纳大小两种横截面积的导体，鞍架上、下表面的形状可以不同。

端子可以有多余两个夹紧螺钉或螺栓。

如果螺钉体或螺栓体的无螺纹部分比鞍架的厚度短，则为螺钉或螺栓上的螺纹长度而规定的最小值要取自鞍架，这时，鞍架要与带螺钉的端子的螺钉头相接触，并要与带螺栓的端子的被固定部件相接触。

设计时，可不受上图限制，但必须符合图示尺寸的规定。

标准活页 2-XIII

接片端子

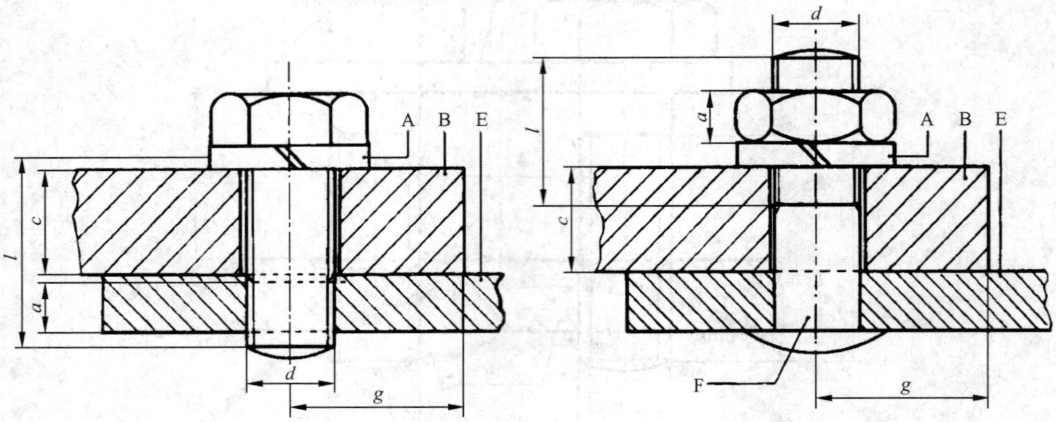


说明：

A——锁定部件；B——电缆接片或汇流条；E——被固定部件；F——螺栓。

单位为毫米

| 端子尺码 | 螺纹最小标称直径 *d* | 被固定部件或螺母上螺纹最小长度 *a* | 螺钉或螺栓上螺纹的最小长度 *l* | 待接纳的电缆接片或汇流条的最大厚度 *c* | 螺钉或螺孔中心至矩形夹紧面积的边的最小距离 *g* |
|---|---|---|---|---|---|
| 6 | 5.0 | 3.0 | 10 | 6.0 | 10 |
| 7 | 6.0 | 3.5 | 12 | 8.0 | 12 |

此类端子应装有弹簧或等效的锁定部件。

在螺钉或螺孔四周，应有平整接触表面的夹紧区域，用来将电缆接片或汇流条夹紧，这一区域应能接纳 11.7 规定的矩形规片。

如果螺钉体或螺栓体的无螺纹部分比锁定部件的厚度短，则为螺钉或螺栓上的螺纹长度规定的最小值应相应增大。

设计时，可不受上图限制，但必须符合图示尺寸的规定。

单位为毫米

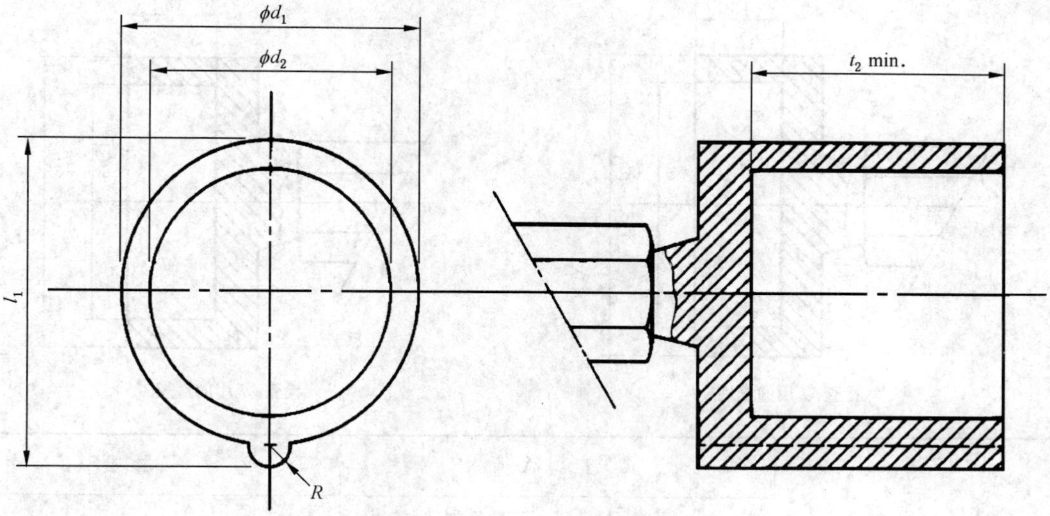


$d_1$ 和 $d_2$ 的中心点之间的偏心距不得超过 0.05 mm。

| 类型 | $d_1$ $^{0}_{-0.05}$ | $d_2$ $^{+0.05}_{0}$ | $l_1$ $^{0}_{-0.05}$ | $R$ $^{0}_{-0.025}$ | $t_2$ min |
|---|---|---|---|---|---|
| 16/20 A-2P+⏚ | 44.3 | 36.0 | 47.5 | 3.3 | 38 |
| 16/20 A-3P+⏚ | 50.4 | 40.8 | 54.0 | 3.3 | 38 |
| 16/20 A-3P+N+⏚ | 57.3 | 46.4 | 61.3 | 3.3 | 38 |
| 32/30 A-2P+⏚，3P + ⏚ | 58.6 | 47.0 | 64.6 | 3.3 | 48 |
| 32/30 A-3P+N+⏚ | 64.7 | 52.9 | 71.2 | 3.3 | 48 |
| 63/60 A | 71.0 | 60.0 | 77.5 | 4.8 | 69 |
| 125/100 A | 83.0 | 71.0 | 89.5 | 4.8 | 76 |

(见 4.101)

应能将相应的量规插进插座或连接器。

**图 101　检查额定工作电压超过 50 V 的 16/20 A、32/30 A、63/60 A 和 125/100 A 插座和连接器尺寸 $d_1$、$d_2$、$l_1$ 的通规**

单位为毫米

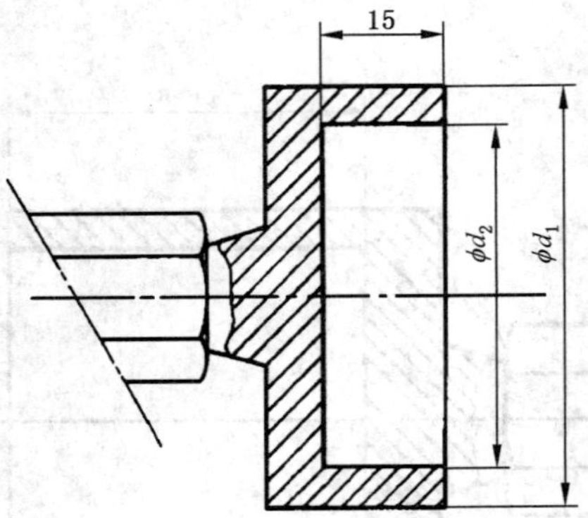


检查$\phi d_1$用的量规A

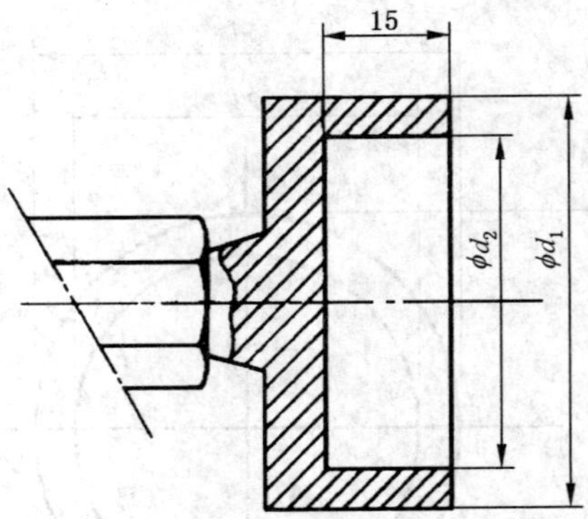


检查$\phi d_2$用的量规B

| 类型 | 量规 A | | 量规 B | |
|---|---|---|---|---|
| | $d_1$ ${}^{+0.05}_{0}$ | $d_2$ ${}^{+0.5}_{0}$ | $d_1$ ${}^{0}_{-0.5}$ | $d_2$ ${}^{0}_{-0.05}$ |
| 16/20 A-2P+⏚ | 44.73 | 37.0 | 43.3 | 34.47 |
| 16/20 A-3P+⏚ | 50.93 | 41.8 | 49.4 | 39.27 |
| 16/20 A-3P+N+⏚ | 57.93 | 47.4 | 56.3 | 44.87 |
| 32/30 A-2P+⏚，3P + ⏚ | 59.23 | 48.0 | 57.6 | 45.47 |
| 32/30 A-3P+N+⏚ | 65.33 | 53.9 | 63.7 | 51.37 |
| 63/60 A | 71.83 | 61.0 | 70.0 | 58.47 |
| 125/100 A | 83.83 | 72.0 | 82.0 | 69.47 |

（见 4.101）

应不能将量规 A 和量规 B 插进插座或连接器。

**图 102　检查额定工作电压超过 50 V 的 16/20 A、32/30 A、63/60 A 和 125/100 A 插座和连接器尺寸 $d_1$ 和 $d_2$ 的止规**

单位为毫米

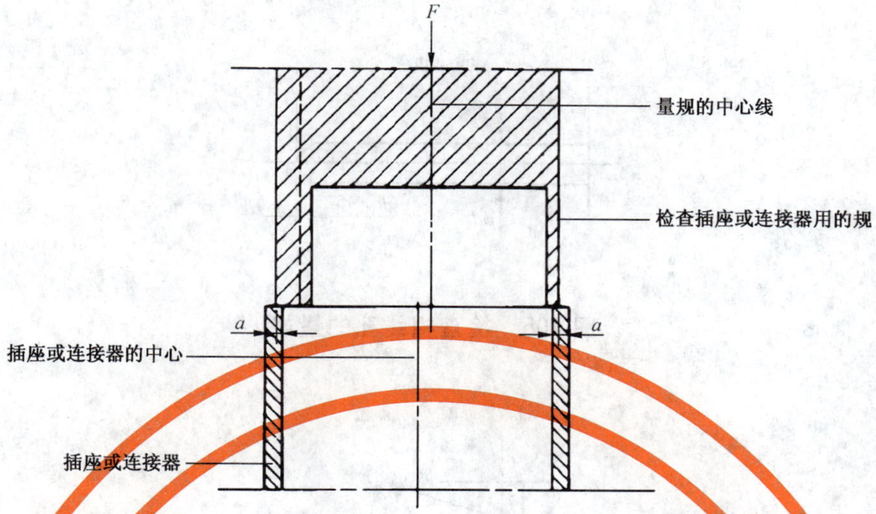


（见 4.101）

图 103　用止规检查额定工作电压超过 50 V 的 16/20 A、32/30 A、63/60 A 和 125/100 A 插座和连接器的试验布置

单位为毫米

（见 4.101）

$d_2$ 和 $d_4$ 中心点之间的偏心距不得超过 0.05 mm。

图 104　检查额定工作电压超过 50 V 的 16/20 A、32/30 A、63/60 A 和 125/100 A 插座或连接器的量规

单位为毫米

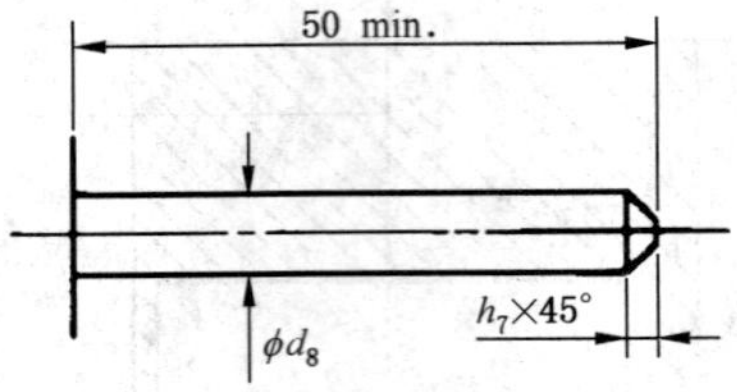


图 105 检查相线孔的量规

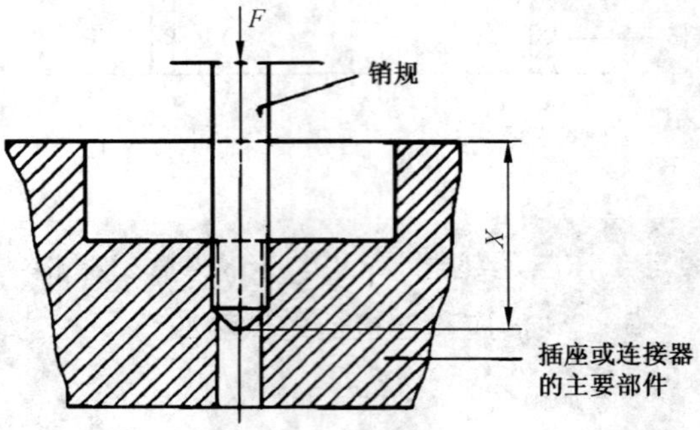


图 106 相线孔的试验

图 104 和图 105 所用的尺寸

单位为毫米

| 类型 | 量规 | | | | | | |
|---|---|---|---|---|---|---|---|
| | $d_2$ $^{0}_{-0.05}$ | $d_4$ $^{+0.1}_{0}$ | $d_8$ $^{0}_{-0.03}$ | $h_7$ $^{+0.1}_{0}$ | $l_1$ $^{0}_{-0.05}$ | $b$ ±0.1 | $R$ $^{0}_{-0.1}$ |
| 16/20 A-2P+⏚ | 42.9 | 39.4 | 6.91 | 2.2 | 46.1 | 1.4 | 2.8 |
| 16/20 A-3P+⏚ | 48.9 | 44.3 | 6.91 | 2.2 | 52.4 | 1.5 | 2.8 |
| 16/20 A-3P+N+⏚ | 55.5 | 50.3 | 6.91 | 2.2 | 59.5 | 1.6 | 2.8 |
| 32/30 A-2P+⏚，3P+⏚ | 56.5 | 51.3 | 7.91 | 2.5 | 62.6 | 2.5 | 2.8 |
| 32/30 A-3P+N+⏚ | 62.6 | 57.2 | 7.91 | 2.5 | 69.2 | 2.7 | 2.8 |
| 63/60 A | 68.7 | 63.5 | 9.89 | 3 | 74.9 | 2.45 | 3.8 |
| 125/100 A | 80.7 | 75.0 | 11.89 | 4 | 86.9 | 2.45 | 3.8 |

单位为毫米

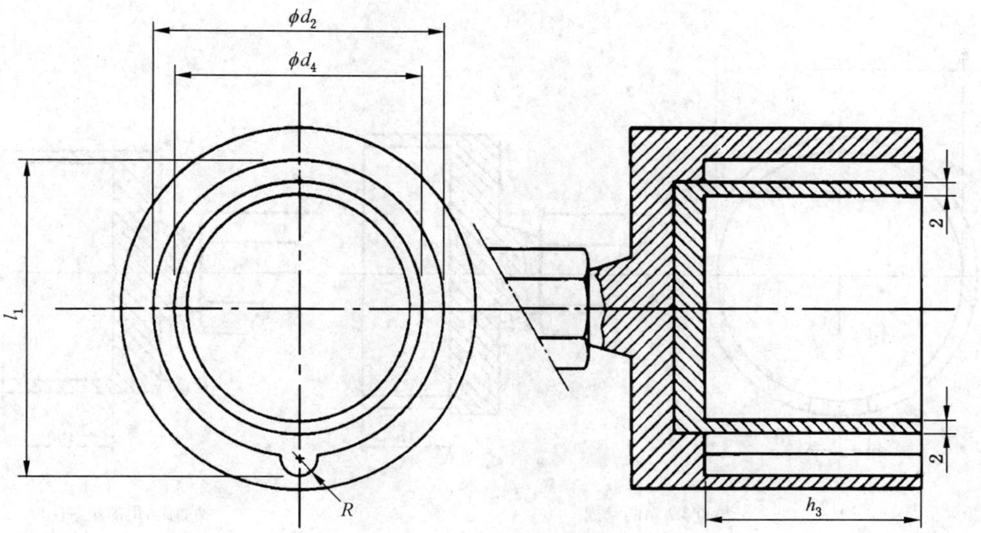


$d_2$ 和 $d_4$ 的中心点之间偏心距不得超过 0.05 mm。

| 类型 | 量规 | | | | | |
|---|---|---|---|---|---|---|
| | $d_2$ $^{+0.05}_{0}$ | $d_4$ $^{0}_{-0.05}$ | $h_3$ | $l_1$ $^{+0.05}_{0}$ | | $R$ $^{+0.25}_{0}$ |
| | | | | a | b | |
| 16/20 A-2P+⏚ | 43.5 | 37.9 | 37.05 | 46.5 | 47.0 | 3.2 |
| 16/20 A-3P+⏚ | 49.5 | 42.8 | 37.05 | 52.9 | 53.6 | 3.2 |
| 16/20 A-3P+N+⏚ | 56.1 | 48.8 | 37.05 | 60.1 | 61.0 | 3.2 |
| 32/30 A-2P+⏚，3P+⏚ | 57.3 | 49.7 | 46.05 | 63.2 | 63.2 | 3.2 |
| 32/30 A-3P+N+⏚ | 63.4 | 55.6 | 46.05 | 69.9 | 69.9 | 3.2 |
| 63/60 A | 69.5 | 61.5 | 67.05 | 75.5 | | 4.2 |
| 125/100 A | 81.5 | 72.5 | 75.55 | 87.5 | | 4.2 |

(见 4.101)

[a] 适用于带金属外壳的电器附件。

[b] 适用于带绝缘材料外壳的电器附件。

应能将相应的量规插进插头或器具输入插座。

**图 107 检查额定工作电压超过 50 V 的 16/20 A、32/30 A、63/60 A 和 125/100 A 插头和器具输入插座尺寸 $d_2$、$d_4$ 和 $l_1$ 的通规**

单位为毫米

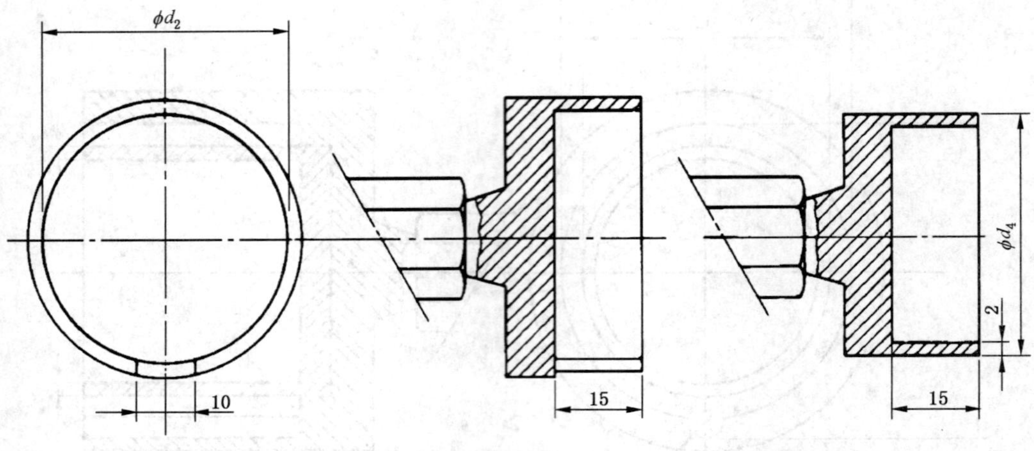


检查 $\phi d_2$ 用的量规A　　　　检查 $\phi d_4$ 用的量规B

| 类型 | 量规 A | 量规 B | |
|---|---|---|---|
| | $d_2$ $^{0}_{-0.05}$ | $d_4$ $^{+0.05}_{0}$ | |
| | | a | b |
| 16/20 A-2P+⏚ | 42.87 | 39.83 | 39.43 |
| 16/20 A-3P+⏚ | 48.87 | 44.73 | 44.33 |
| 16/20 A-3P+N+⏚ | 55.47 | 50.73 | 50.33 |
| 32/30 A-2P+⏚，3P+⏚ | 56.47 | 51.63 | 51.33 |
| 32/30 A-3P+N+⏚ | 62.57 | 57.53 | 57.23 |
| 63/60 A | 68.67 | 63.53 | |
| 125/100 A | 80.67 | 75.03 | |

（见 4.101）

[a] 适用于带金属外壳的电器附件。

[b] 适用于带绝缘材料外壳的电器附件。

应不能将量规 A 和量规 B 插进插头或器具输入插座。

**图 108　检查额定工作电压超过 50 V 的 16/20 A、32/30 A、63/60 A 和 125/100 A 插头和器具输入插座尺寸 $d_2$、$d_4$ 和 $l_1$ 的止规**

单位为毫米

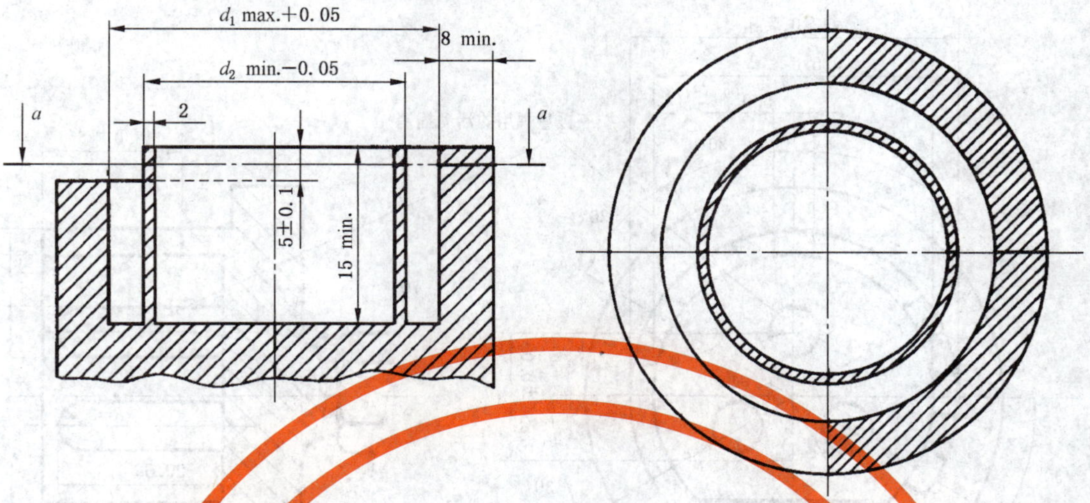


尺寸 $d_1$ 和 $d_2$ 是相应插座或连接器的尺寸。

图 109 检查额定工作电压超过 50 V 的 16/20 A、32/30 A、63/60 A 和 125/100 A 插头和器具输入插座的止规

单位为毫米

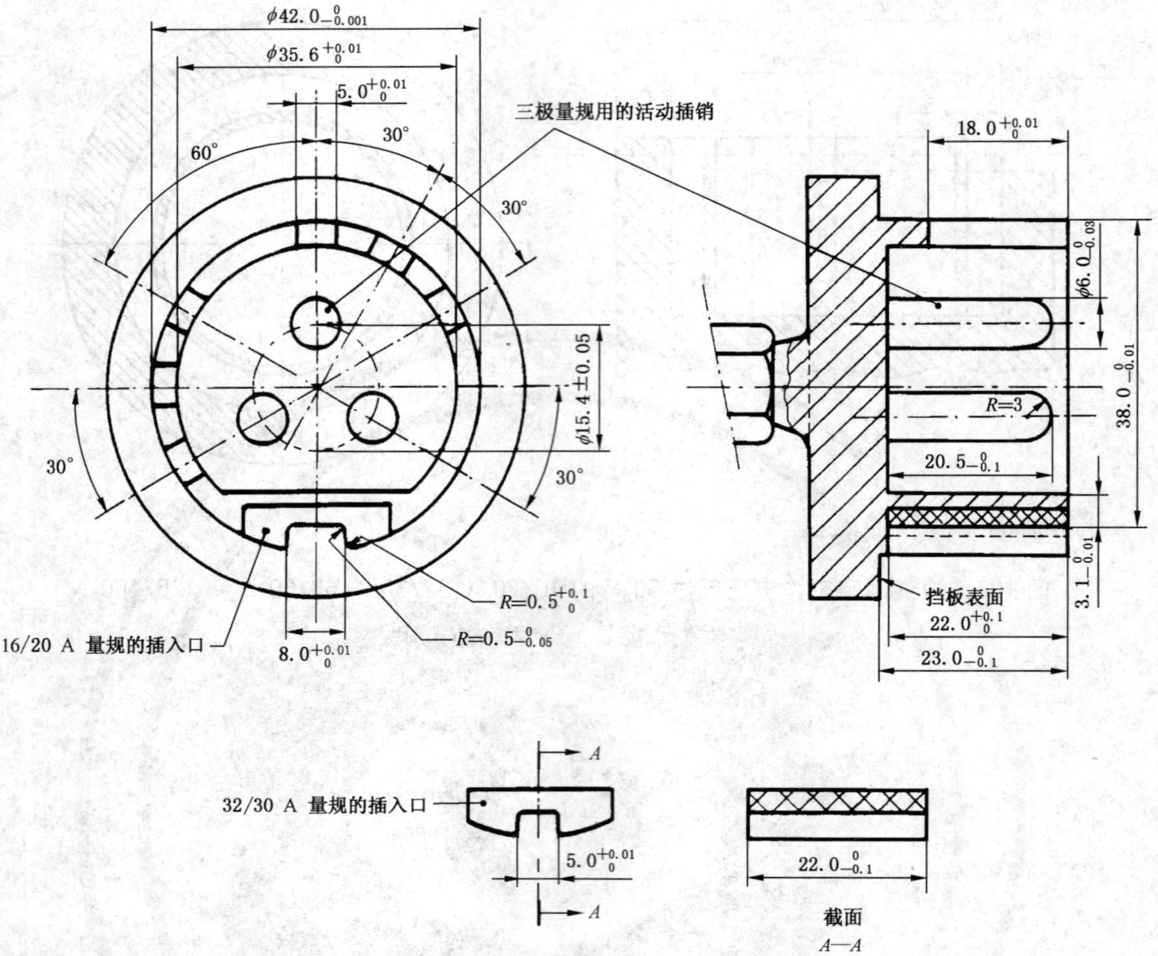


应能将相应的量规插进插座或连接器并使量规的挡板表面与插座或连接器的外壳的正表面接触。

图 110 检查额定工作电压不超过 50 V 的 16/20 A、32/30 A 插座和连接器的可互换性的量规

单位为毫米

量规 A

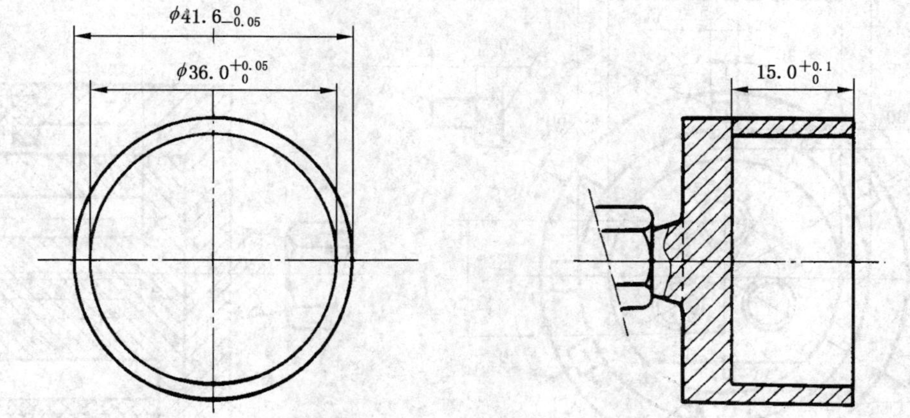


量规 B

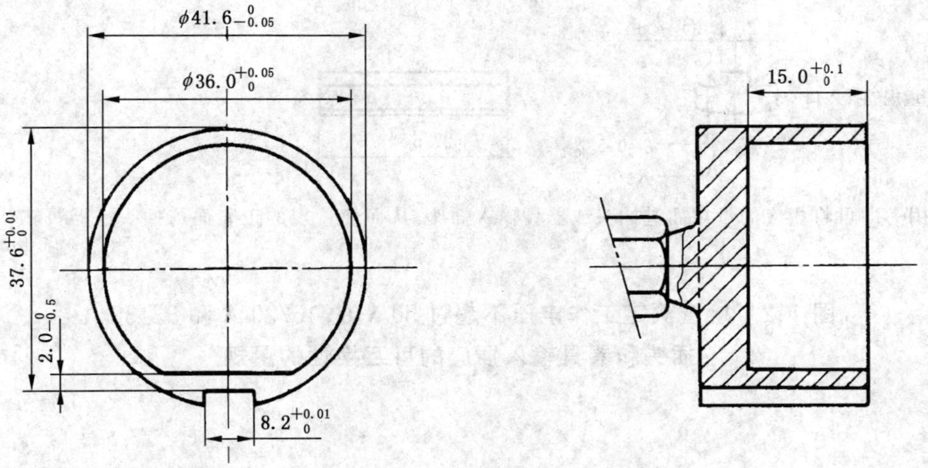


应不能将量规 A 插进插座或连接器。

应不能将处于正确位置的量规 B 插进插座或连接器的外壳。

**图 111　检查额定工作电压不超过 50 V 的 16/20 A 和 32/30 A 插座和连接器热塑性材料外壳在潮湿温暖条件下的刚度的量规**

单位为毫米

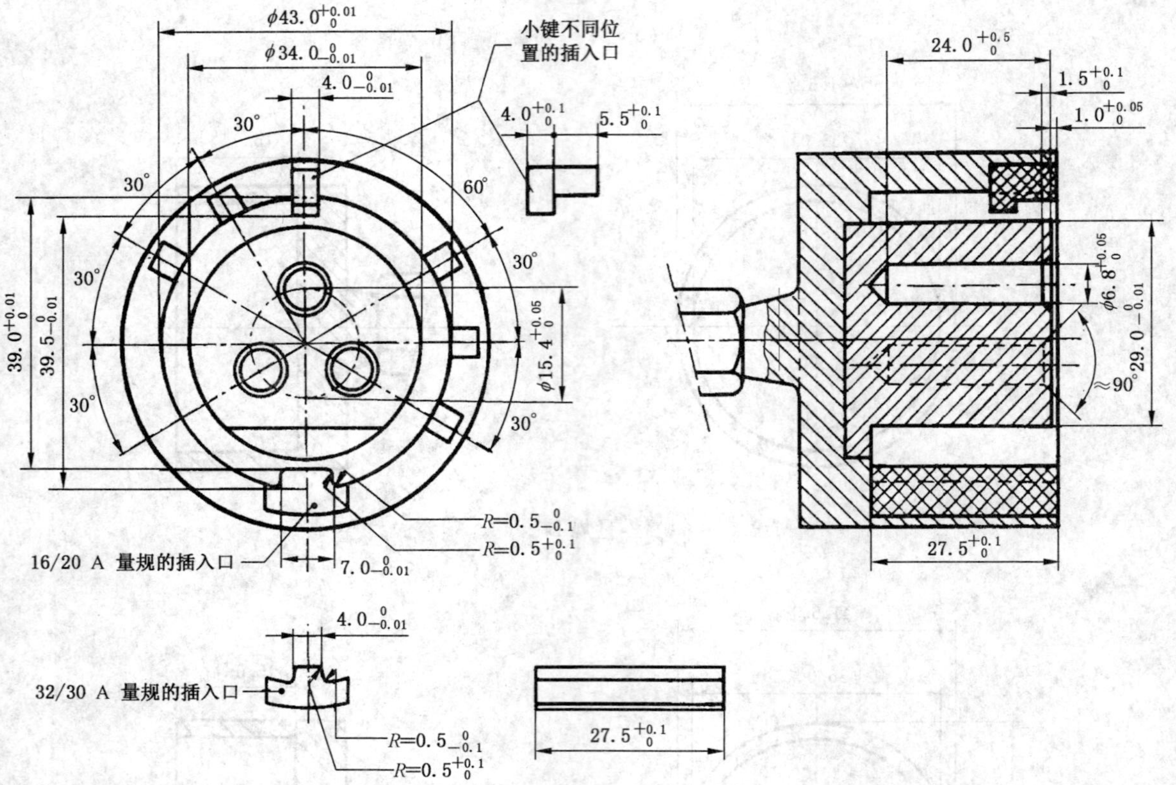


不须过度用力即可将相应的量规插进插头或器具输入插座，从而使量规的正表面与插头或器具输入插座的挡板表面接触。

图 112　检查额定工作电压不超过 50 V 的 16/20 A 和 32/30 A 插头和器具输入插座的可互换性的量规

单位为毫米

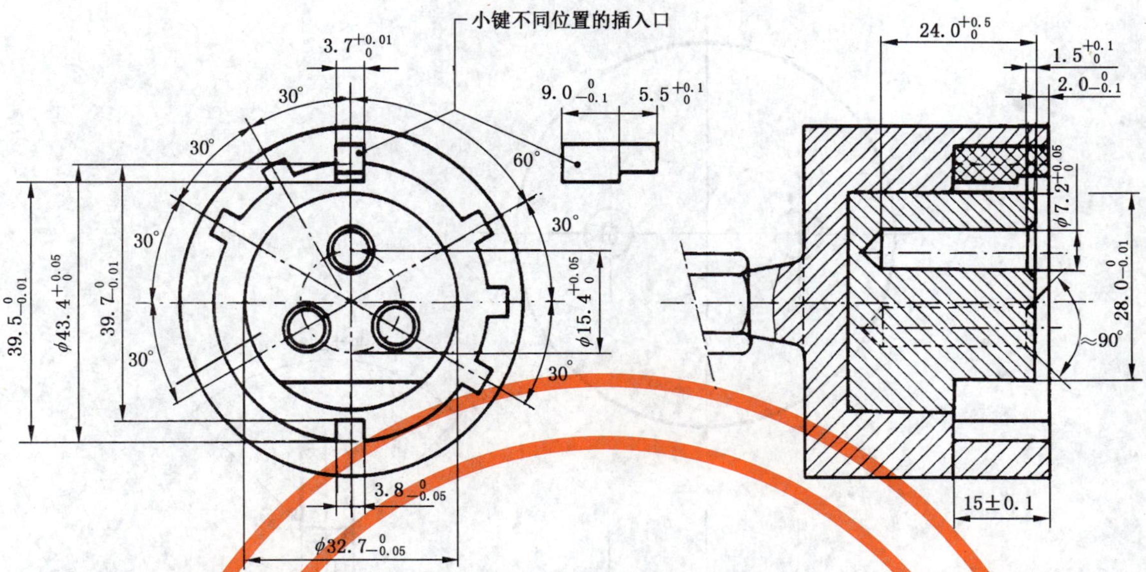


应不可能在插入口的任何位置将处于正确位置的量规穿过插头或器具输入插座的外壳。

图 113 检查额定工作电压不超过 50 V 的 16/20 A 和 32/30 A 插头和器具输入插座热塑性材料外壳在潮湿温暖条件下的刚度的量规

单位为毫米

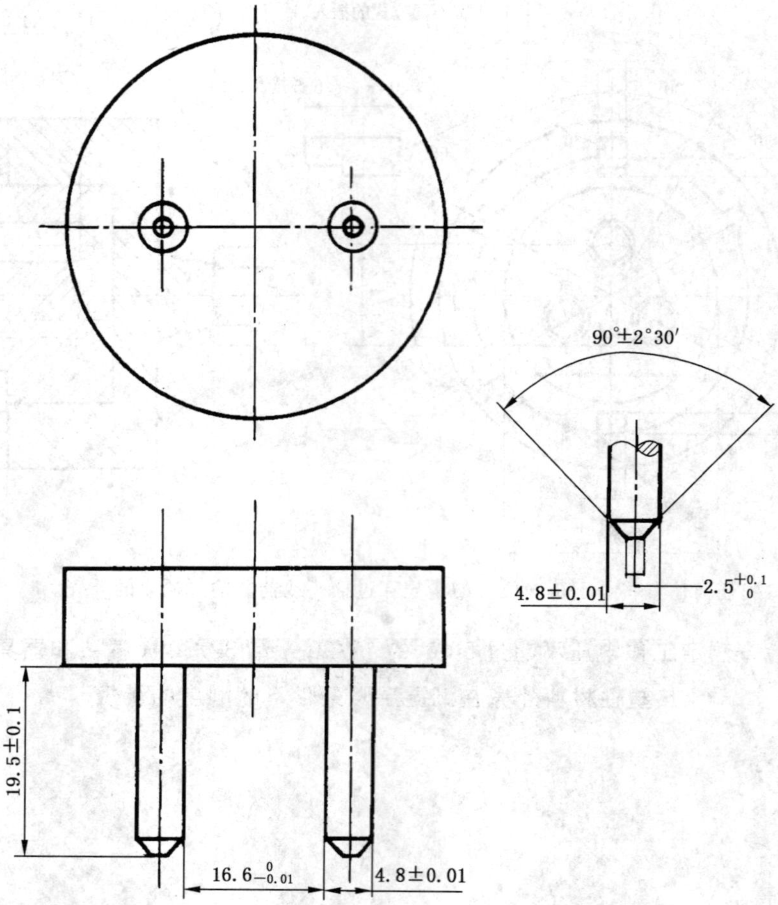


应不可能只用一个规销来触及插座或连接器的一个相线插套。

**图 114 检查不可能将 10/16 A 250 V 两极插头单极插入弹性材料或热塑性材料外壳的插座和连接器的量规**

单位为毫米

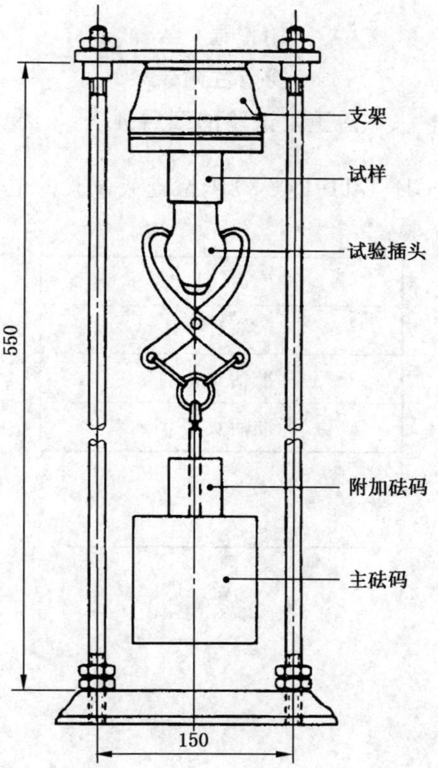


图 115　检查拔出力的装置

# 附　录　A
（规范性附录）
需重复试验的章目列表

为遵守本部分的要求，先前按 GB/T 11919—2001 检查或试验的电器附件可要求按 GB/T 11918.2—2014 的以下章节进行重复检查或试验：

| |
|---|
| 5.101 |
| 6.1.2 |
| 标准活页 2-Ⅲa |
| 标准活页 2-Ⅳa |

ICS 29.120.30
K 30

# 中华人民共和国国家标准

GB/T 11918.4—2014

# 工业用插头插座和耦合器 第4部分：有或无联锁带开关的插座和连接器

Plugs, socket-outlets and couplers for industrial purposes—Part 4: Switched socket-outlets and connectors with or without interlock

(IEC 60309-4:2012, MOD)

2014-06-24 发布　　　　2015-01-22 实施

中华人民共和国国家质量监督检验检疫总局
中国国家标准化管理委员会　发布

# 前　言

GB/T 11918《工业用插头插座和耦合器》计划分为4部分：

——第1部分：通用要求；

——第2部分：带插销和插套的电器附件的尺寸兼容性和互换性要求；

——第3部分：(名称待定)；

——第4部分：有或无联锁带开关的插座和连接器。

本部分是GB/T 11918的第4部分。

本部分按照GB/T 1.1—2009给出的规则起草。

本部分使用重新起草法修改采用IEC 60309-4:2012《工业用插头插座和耦合器　第4部分：有或无联锁带开关的插座和连接器》。

本部分与IEC 60309-4:2012的技术性差异及其原因如下：

——关于规范性引用文件，本部分做了具有技术性差异的调整，以适应我国的技术条件，调整的情况集中反映在第2章"规范性引用文件"中，具体调整如下：

- 用GB/T 4728(所有部分)　电气简图用图形符号[IEC 60617 DB(所有部分)]代替IEC 60617-DB:2001；
- 用GB/T 5465(所有部分)　电气设备用图形符号[IEC 60417 DB(所有部分)]代替IEC 60417-DB:2002；
- 用GB 14048.1　低压开关设备和控制设备　第1部分：总则(GB/T 14048.1—2012，IEC 60947-1:2011，MOD)代替IEC 60947-1:2004；
- 用GB 14048.5　低压开关设备和控制设备　第5-1部分：控制电路电器和开关元件　机电式控制电路电器(GB 14048.5—2008，IEC 60947-5-1:2003，MOD)代替IEC 60947-5-1:2003；
- 补充了GB 14048.3　低压开关设备和控制设备　第3部分：开关、隔离器、隔离开关以及熔断器组合电器(GB 14048.3—2008，IEC 60947-3:2005，IDT)。

——在7.2中增加了断开/闭合位置的中文标识；

——7.2"开关"一栏中删除了IEC 60947-3及其符号。

本部分做了下列编辑性修改：

——在第1章中补充了"GB/T 11918的本部分规定了工业用的有或无联锁带开关的插座和连接器的防触电保护、联锁、开关及其元件、结构、机械强度、电气性能等技术要求。"；

——将IEC 60309-4:2012的第3章与第2章调换次序，即将"规范性引用文件"为第2章，"术语和定义"为第3章；

——为了便于查阅，对定义3.103、3.103.1、3.103.1.1、3.103.1.1.1、3.103.1.2、3.104、3.105、3.107给出注释，补充了对应GB 14048中的定义序号；

——本部分正文中采用了操动器和位置指示器术语，为了便于查阅，本部分引用GB 14048给出的定义，增加了3.103.1.1.2"操动器"和3.103.1.1.3"位置指示器"；

——去除12.7和12.8的标题；

——增加了表11的标题"温升试验的试验电流和导体的横截面积"；

——因为GB/T 11918.1调整了IEC 60309-1表的编号，本部分中引用的GB/T 11918.1的表号做出了相应修改：第22章表11、24.102表8。

本部分由中国电器工业协会提出。

本部分由全国电器附件标准化技术委员会(SAC/TC 67)归口。

本部分起草单位:中国电器科学研究院有限公司、杭州鸿雁电器有限公司、公牛集团有限公司、曼奈柯斯工业电气(南京)有限公司 、汕头市东亚电器厂、跃华控股集团有限公司、广东明家科技股份有限公司、广东美的照明电气制造有限公司、北京中科可来博电子科技股份有限公司、威凯检测技术有限公司、奇胜工业(惠州)有限公司深圳分公司、北京固融科技有限公司、广州市番禺天虹工业开发有限公司、南京康尼科技实业有限公司。

本部分主要起草人:蔡军、鞠明华、丁汉辉、金峰、阮立平、王朝圣、黄俊、戴建国、邵京疆、袁曲、龚志雷、刘维民、黎达坚、丁丽、吴明、罗时明、黄顺亲、蔡映峰。

# 工业用插头插座和耦合器
# 第4部分:有或无联锁带开关的
# 插座和连接器

## 1 范围

GB/T 11918.1—2014 的本章经如下修改后适用:

第一段和第二段用以下内容替换:

GB/T 11918 的本部分规定了工业用的有或无联锁带开关的插座和连接器的防触电保护、联锁、开关及其元件、结构、机械强度、电气性能等技术要求。

本部分适用于主要作工业用途的、户内或户外使用的额定工作电压不超过 1 000 V d.c.或 a.c.和 500 Hz,额定电流不超过 800 A,由一个符合 GB/T 11918.1 的插座或连接器和一个开关电器组合在同一个外壳内的独立产品。

第二段后增加:

这些附件只打算由受过培训的[电气]人员(GB/T 2900.73—2008,定义 195-04-02)或熟练[电气]技术人员(GB/T 2900.73—2008,定义 195-04-01)安装使用。

该产品可包含一个联锁和/或保护装置。

## 2 规范性引用文件

下列文件对于本文件的应用是必不可少的。凡是注日期的引用文件,仅注日期的版本适用于本文件。凡是不注日期的引用文件,其最新版本(包括所有的修改单)适用于本文件。

GB/T 11918.1—2014 工业用插头插座和耦合器 第1部分:通用要求(IEC 60309-1:2012,MOD)的本章经如下修改后适用:

增加:

GB/T 4025 人机界面标志标识的基本和安全规则 指示器和操作器件的编码规则(GB/T 4025—2010,IEC 60073:2002,IDT)

GB/T 4728(所有部分) 电气简图用图形符号[IEC 60617 DB[1)](所有部分)]

GB/T 5465(所有部分) 电气设备用图形符号[IEC 60417 DB[1)](所有部分)]

GB/T 11918.2—2014 工业用插头插座和耦合器 第2部分:带插销和插套的电器附件的尺寸兼容性和互换性要求(IEC 60309-2:2012,MOD)

GB 14048.1 低压开关设备和控制设备 第1部分:总则(GB 14048.1—2012,IEC 60947-1:2011,MOD)

GB 14048.3 低压开关设备和控制设备 第3部分:开关、隔离器、隔离开关以及熔断器组合电器(GB 14048.3—2008,IEC 60947-3:2005,IDT)

GB 14048.4 低压开关设备和控制设备 第4-1部分:接触器和电动机起动器 机电式接触器和电动机起动器(含电动机保护器)(GB 14048.4—2010,IEC 60947-4-1:2009 Ed.3.0,MOD)

GB 14048.5 低压开关设备和控制设备 第5-1部分:控制电路电器和开关元件 机电式控制电

1) "DB"指 IEC 在线数据库。

路电器(GB 14048.5—2008,IEC 60947-5-1:2003, MOD)

GB 15092.1　器具开关　第1部分:通用要求(GB 15092.1—2010, IEC 61058-1:2008, IDT)

GB/T 16842　外壳对人和设备的防护　检验用试具(GB/T 16842—2008, IEC 61032:1997, IDT)

## 3　术语和定义

GB/T 11918.1—2014、GB/T 11918.2—2014 界定的以及下列术语和定义适用于本文件。

删去 GB/T 11918.1—2014 定义 3.6 至 3.9。

增加:

3.101

**带开关的插座或连接器　switched socket-outlet or connector**

一个开关电器和一个插座或连接器包含在一个外壳内,预定组合使用的电器附件。它可以是联锁的也可以是不联锁的。

3.102

**带联锁的插座或连接器　interlocked socket-outlet or connector**

与一个联锁装置相关联的插座或连接器。

3.103

**开关电器　switching device**

用于接通或分断一个或几个电路中电流的电器。

[IEV 441-14-01]

注:参见 GB 14048.1—2012 定义 2.2.1。

3.103.1

**机械开关电器　mechanical switching device**

借助可分开的触头的动作闭合和断开一个或多个电路的开关电器。

[IEV 441-14-02]

注:参见 GB 14048.1—2012 定义 2.2.2。

3.103.1.1

**(机械式)开关　switch(mechanical)**

在正常的电路条件(包括过载工作条件)下能接通、承载和分断电流,也能在规定的非正常条件(例如短路条件)下承载电流一定时间的一种机械开关电器。

[IEV 441-14-10]

注1:开关可以接通短路电流,但不能分断短路电流。

注2:参见 GB 14048.1—2012 定义 2.2.9。

3.103.1.1.1

**隔离开关　switch-disconnector**

在断开位置下能符合对隔离功能的规定要求的一种开关。

[IEV 441-14-12,修改]

注1:此定义不同于 IEV 441-14-05,主要是用对隔离功能代替了对隔离器的规定要求。

注2:修改 GB 14048.3—2008 定义 2.3。

3.103.1.1.2

**操动器　actuator**

将外部操动力施加到操作系统上的部件。

注1:操动器可以用手柄、手把、按钮、滚轮或挂等形式。

注2:参见 GB 14048.1—2012 定义 2.3.17。

3.103.1.1.3

**位置指示器　position indicating device**

机械开关电器中，表示其是否处于断开、闭合或接地(如有需要的话)位置的一种部件。

注：参见 GB 14048.1—2012 定义 2.3.18。

3.103.1.2

**接触器　contactor**

仅有一个休止位置，能接通、承载和分断正常电路条件(包括过载运行条件)下的电流的一种非手动操作的机械开关电器。

[IEV 441-14-33]

注：参见 GB 14048.4—2010 定义 3.3.1。

3.103.2

**关联开关电器　associated switching device**

可以独立替换的分开的开关电器。

3.103.3

**整体式开关电器　integral switching device**

结构上作为本部分范围内的插座或连接器的一部分的开关电器，且无论是开关电器还是插座或连接器均不能被独立替换。

3.104

**隔离(隔离功能)　isolation(isolation function)**

出于安全原因，通过把装置或其中一部分与电源分开的办法以达到切断装置一部分或整个装置电源的功能。(见 GB 14048.1 和 GB/T 17045[2])

注：参见 GB 14048.1—2012 定义 2.1.19。

3.105

**使用类别　utilization category**

(开关电器)与开关电器完成本身用途所处的工作条件有关的规定要求的组合。其要求是从表征实际使用的一个特性组选出的。

[IEV 441-17-19，修改]

注 1：规定的要求包括：接通能力(如适用)、分断能力和其他特性、连接的电路以及有关的使用条件和性能。

注 2：修改 GB 14048.1—2012 定义 2.1.18。

3.106

**联锁装置　interlock or interlocking device**

使产品的一个部件的操作取决于产品的一个或多个其他部件的状态、位置或操作的装置，该装置可以是电气的或电子的或机械的或三者中任意组合的。

3.107

**控制电路电器　control circuit device**

用于开关设备和控制设备中作控制、信号、联锁等用途的电器。(见 IEC 60947-1，2.1.1)

注：参见 GB 14048.1—2012 定义 2.2.16。

3.108

**控制触头　pilot contact**

用于控制或监控或联锁功能的辅助电气连接。

注：控制触头不能视作一个极。

---

2)　GB/T 17045 电击防护 装置和设备的通用部分。

3.109

**锁扣装置 latching device**

插座或连接器内提供的用于扣住插头或器具输入插头的联锁机械部件。

## 4 总则

GB/T 11918.1—2014 的本章经如下修改后适用：

增加：

4.101 鉴于元器件能合理地应用，产品内装的或整体式的元器件（如软电缆、断流器、热断路器、安全变压器、开关、熔断器、漏电保护器、灯座和连接装置）应符合相关标准。

4.102 带插销和插套的工业用插头插座和耦合器的尺寸兼容性和互换性应符合 GB/T 11918.2—2014。

## 5 标准额定值

GB/T 11918.2—2014 的本章经如下修改后适用：

5.101 修改如下：

5.101 标准 IP 代码为：

——IP44；

——IP67；

——IP66/IP67。

凡符合 6.1.101 的有或无联锁的带开关的插座，其整体的防护等级可以与 IP44 或 IP67 或 IP66/67 不同，但不能低于 IP44（同见 8.1）。

## 6 分类

GB/T 11918.1—2014 的本章经如下修改后适用：

6.1.1 改为：

6.1.1 按用途分类：插座、连接器

删除 6.1.5。

增加：

6.1.101 按开关电器和联锁机构分类：

——带开关电器且无联锁的产品；

——带开关电器且有联锁的产品。

6.1.102 按联锁/开关电器的操作方式分类：

——手动；

——自动（电力的和/或电子的）；

——以上的结合。

注：插头的插入不视作联锁/开关电器的手动操作方式。

6.1.103 按机械开关电器分类：

——开关；

——隔离开关；

——接触器；

——有适当开关额定值的其他电器。

6.1.104 按开关电器的隔离适用性分类：

——适用于隔离；

——不适用于隔离。

6.1.105 按联锁系统是否有锁扣装置分类：

——有锁扣装置(机械联锁)；

——无锁扣装置(电气联锁)。

6.1.106 按是否有保护装置分类：

——有保护装置；

——无保护装置。

## 7 标志

GB/T 11918.1—2014 的本章经如下修改后适用：

7.1 增加：

——用以指出带有符合 6.1.104 隔离功能产品的开关电器断开和闭合位置的标记；

——用以指出开关电器类型的符号。

7.2 增加：

| | |
|---|---|
| 断开位置 | ○ GB/T 5465 的 5008 和/或 OFF 和/或"断" |
| 闭合位置 | \| GB/T 5465 的 5007 和/或 ON 和/或"通" |
| 开关 |  GB/T 4728 的 S00227 |
| 隔离开关 | 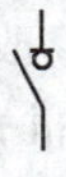 GB/T 4728 的 S00290 |
| 接触器 |  GB/T 4728 的 S00284 |
| 其他电器 | 依据 GB/T 4728 |

7.3 修改如下：

额定电流、型号、电源性质(必要时)、制造商或代理商的名称或商标等的标志应标在外壳外侧上或盖上(如有盖，且此盖必须用工具才能卸下)。

这些标志应在电器附件按正常使用要求安装和接线时，必要时，还应在将电器附件从外壳拆下之后，易于辨认。如有额定绝缘电压标志，此标志应是电器附件完成安装和接线后，正常使用时是看不见的。

额定工作电压、型号、防护等级的标志，以及用以指出接地触头位置或(如有互换性)指出互换性使用方式的符号应标在电器附件安装后可见的位置上，外壳外侧上或盖上（如有盖，且此盖必须用工具才能卸下）。

注：参见 7.102。

上述的标志，除型号标志之外，其余的均应在电器附件按正常使用要求安装和接线时易于辨认。

是否合格，通过观察检查。

7.4 GB/T 11918.1—2014 的本条不适用。

7.5 修改如下：

电源进线电缆用端子的标志：

中性端子（若有），应标以字母“N”。

接地端子（若有），应标以符号⊜（优选）或⏚。

电源进线电缆用端子和负载端子/负载触头之间的关系应表示清楚，如有必要，可用电气简图或说明书表示。

是否合格，通过观察检查。

7.6 第一句作如下修改：

外壳外侧上的标志应耐磨，且易于辨认。

增加：

7.101 开关电器的断开和闭合位置应标示清楚明确。

机械开关电器的操动器可用于指示触头的位置。

对于用两个按钮来操作的机械开关电器，只允许作断开操作的按钮采用红色或标有符号“○”。

其他按钮、指示灯式按钮（或带灯按钮）和指示灯的颜色应符合 GB/T 4025。

7.102 开关装置类型的标志应标在产品安装后可见的位置上，外壳外侧上或盖上（如有盖，且此盖必须用工具才能卸下）。

## 8 尺寸

GB/T 11918.2—2014 的本章经如下修改后适用：

8.1 头 2 段从“电器附件应”开始到“与不可互换性要求不得有任何不利影响”结束，修改如下：

电器附件应符合如下规定的相关标准活页：

——额定工作电压超过 50 V 的电器附件：

- 16/20 A …………………………………………………… 活页 2-Ⅷ和 2-Ⅷa；
- 16/20 A 和 32/30 A ………………………………………… 活页 2-Ⅰ，2-Ⅱ，2-Ⅸ和 2-Ⅸa；
- 63/60 A 和 125/100 A，无控制触头……………………………… 活页 2-Ⅲ和 2-Ⅳ；
- 63/60 A 和 125/100 A，有控制触头 ………………………… 活页 2-Ⅲa 和 2-Ⅳa；
- 16 A 至 125 A 电器附件用机械联锁 ………………………………… 活页 2-Ⅴ

——额定工作电压不超过 50 V 的电器附件：

- 16/20 A 和 32/30 A ………………………………………… 活页 2-Ⅷ和 2-Ⅸ；

符合 6.1.101 的防护等级高于 IP44 且不是 IP67 的带开关的插座，应使用标准活页 2-Ⅰ（续 2）或 2-Ⅱ（续 2）或 2-Ⅷ（续 2）中所示的符合 IP66/IP67 的插座（见 GB/T 11918.2—2014 的 6.1.2）。

与标准活页中规定的尺寸有偏离的带开关的插座和连接器可以制造，但是只有当该带开关的插座和连接器具有技术优势，且不会影响符合标准活页的电器附件的使用和安全，尤其是在互换性和不可互换性方面。

## 9 防触电保护

GB/T 11918.1—2014 的本章经如下修改后适用：

9.1 外壳的设计应确保在正常使用时，以及当不用工具能拆除的部件被拆除时，带电部件是不易触及的。

是否合格，通过观察检查，如有必要，进行 a)至 c)的试验检查。

a) 用(10±1)N 的力使 GB/T 11918.1—2014 的图 2 所示的标准试验指施加到各个可能的位置，用电压不低于 40 V 且不超过 50 V 的电指示器显示试验指与有关部分的接触情况。

b) 对于弹性或热塑性外壳，应在环境温度为(35±2)℃的条件下进行以下试验，产品也应处于此温度。

在本试验期间，产品的弹性或热塑性材料部件应经受 75 N 的力达 1 min，此力是通过与标准试验指尺寸相同的、直而无节的试验指的端部来施加的。将与上述规定的电指示器相连的试验指施加到绝缘变形会损害产品安全的所有位置上。

在本试验期间，产品不得因变形而导致带电部件变为易触及的。

c) GB/T 16842 的试具 D 施加一个 $1^{+0.1}_{0}$ N 的力。

适合产品的元器件不用进行本试验。

若金属丝不能进入外壳，或进入后不能触及外壳内的带电部件，则该保护是符合要求的。

试验金属丝与一个电压不低于 40 V 且不超过 50 V 的电指示器相连，以显示有关部分的接触情况。

9.2 提供防触电保护的部件应有足够的机械强度，且应通过螺钉或类似可靠方式的方法确保其在正常使用时不会松动。

是否合格，通过观察和进行第 24 章和第 25 章的试验检查。

9.3 带开关的插座或连接器内用作操作开关的把手、操纵杆、按钮、摇杆及类似部件应为绝缘材料制成，否则其易触及金属部件应采用双重绝缘或加强绝缘的方式与机械装置的金属部件隔离或可靠接地。

是否合格，通过观察和进行第 19 章和第 22 章的试验检查。

## 10 接地措施

GB/T 11918.1—2014 的本章经如下修改后适用：

10.1 第一段修改如下：

有接地触头的产品应装有接地端子。此外，有一内部接地端子的金属壳固定式产品需装有一个从外侧可见的外部接地端子，暗装式的产品除外。

倘若插座或连接器提供的接地端子是易触及的，则可使用插座或连接器的接地端子。

## 11 端子和端头

GB/T 11918.1—2014 的本章适用。

## 12 联锁、开关及其元件

GB/T 11918.1—2014 的本章改为：

12.1 当插座或连接器的触头处于带电状态时，有联锁的带开关的插座或连接器的结构应能使插头或器具输入插头不能完全拔出插座或连接器，且只有当插头或器具输入插座正确插合时，插座或连接器的触头才可带电。触头不得带负载断开或接通。

如果控制插套是与安全特低电压(SELV)电路相连或符合 GB/T 11918.1—2014 图 2 的标准试验指不能触及控制插套，那么当带开关的插座或连接器(有联锁或无联锁)的控制插套不与控制插销插合时该控制插套可以带电。

注：安全特低电压(SELV)的定义参见 GB 16895.21《低压电气装置　第 4-41 部分：安全防护　电击防护》。

插座和连接器的设计应能使其与匹配电器附件插合后，联锁装置能正确操作。

联锁装置的操作不得因插头中用作联锁的部位的正常磨损而受影响。

是否合格，在第 21 章的试验之后进行适用的 a)或 b)的试验检查。

a)　有联锁而无锁扣功能(电气联锁)的带开关插座或连接器的结构应满足如下：

——控制开关电器的触头断开和主要极的触头断开之间应有足够的时间间隔，以确保在插头的插销与插座的插套断开前机械开关电器断开电流；

——在闭合操作期间，控制开关电器的触头应在主要极的触头之后或同时闭合。

是否合格，进行如下试验检查：

对于装有操动器的产品，在没有插头插合时，应试图在操动器上施加一个符合 24.101 规定的力闭合开关电器。开关电器的触头不得闭合。

通过测量进线端子和插座的插套组件之间的连续性的试验进行检查。

在空载条件下，通过测量控制开关电器的触头断开瞬间和机械开关电器的触头断开瞬间之间的时间间隔来检查时间间隔。

装有依靠控制插销和控制插套而动作的控制开关电器的、符合 GB/T 11918.2—2014 的 60/63 A 和 100/125 A 的产品，其时间间隔不得超过 35 ms。

注：35 ms 的时间间隔值是标准活页中给出的最不利条件下的距离值与第 20 章和第 21 章中给出的分离速度之间的比值。

b)　带有锁住插入插座或连接器(机械联锁)内的插头或器具输入插头的锁扣装置的、有联锁的、带开关的插座或连接器应在结构上能做到：联锁装置与开关电器的操作相连，使得当插座或连接器的触头处于带电状态时，插头或器具输入插头既不能插入也不能拔出插座或连接器，且在插头几乎完全插合之后，插座或连接器的触头才可带电。

是否合格，通过观察、手动试验和进行如下试验检查：

带有联锁和将插入插座或连接器的插头保持住的锁扣装置的产品，要经受如下试验：

不插入插头，试图用 24.101 规定的力闭合开关电器。开关电器的触头不得闭合。

通过测量进线端子和插座的插套组件之间的连续性的试验进行检查。

将有联锁的带开关插座或连接器固定在图 102 所示装置的支架上，使拔出操作所在的轴线铅垂且有插头拔出的一侧朝下。带有将插入插座或连接器的插头保持在插合位置的锁扣装置的、有联锁的带开关的插座或连接器，应在插入插座或连接器的匹配的插头上施加一个轴向力。符合相关标准活页的试验插头应有由硬化钢制成的精密接地触头，该触头在其工作长度上的表面粗糙度不超过 0.8 $\mu$m，且间距按标称距离，其公差为±0.05 mm。

对于其他类型的插销，插销的尺寸或插销表面之间的距离应符合相关标准活页给出的最小尺寸，其公差为$^{+0.01}_{0}$ mm。

试验前擦去插销上的油污。

将试验插头插入和拔出插座或连接器 10 次。然后用适当的夹紧方式将插头缚上一个重物后再插入。插头、夹紧装置、承载装置、主重物和附加重物的总重量应施加出符合表 101 规定的拔出力。附加重物的重量应使其施加出的力等于拔出力的十分之一。若有保持装置，则应开启。

将主重物无晃动地挂在试验插头上，然后将附加重物从 5 cm 的高度处跌落到主重物上。

**表 101 对应额定值的拔出力**

| 额定电流<br>A | | | 拔出力<br>N |
|---|---|---|---|
| 系列Ⅰ | 系列Ⅱ | 其他额定值 | |
| 16 | 20 | 6<br>10 | 165 |
| 32 | 30 | 25<br>40 | 165 |
| 63 | 60 | 50<br>80 | 300 |
| 125 | 100 | 90<br>150 | 440 |
| 250 | 200 | 160 | 660 |
| 315 | 300 | | 800 |
| | 350 | | |
| 400 | | | 1 000 |
| | 500 | | |
| 630 | 600 | | 1 200 |
| 800 | | | |

试验期间插头不得从插座或连接器中脱出，且用来将插头保持在插座或连接器内的锁扣装置应保持在锁住位置。

试验期间应保持电连续性。

试验后，有联锁的带开关插座或连接器应不得出现有损害产品功能的损坏或变形。

是否合格，通过观察和试验检查。

12.2 开关电器应有与插座至少相同数目的极。

注：开关是否有中性极按国家有关规定。

对于此用途，接地触头不视作一个极，且不得被切断。

是否合格，通过观察检查。

12.3 开关电器应有如下特性：

a) 关联开关电器的特性：

1) 开关和隔离开关的特性：

带开关的插座或连接器上用的开关和隔离开关应符合 GB 14048.3；且：

——用于交流时，至少为 AC-22A 使用类别时的额定电流应不小于关联插座或连接器的额定电流；

——用于直流时，至少为 DC-21A 使用类别时的额定电流应不小于关联插座或连接器的额定电流。

是否合格，通过观察、测量和进行试验检查。

2) 接触器的特性：

带开关的插座或连接器上用的接触器应符合 GB 14048.4；且：

——用于交流时，至少为 AC-2 使用类别时的额定电流应不小于关联插座或连接器的额定电流；

——用于直流时，至少为 DC-3 使用类别时的额定电流应不小于关联插座或连接器的额定电流。

是否合格，通过观察、测量和进行试验检查。

3) 其他电器的特性：

正在考虑中。

b) 整体式开关电器的特性：

鉴于适用性，整体式开关电器应符合 GB 14048.3；且：

——用于交流时，其至少在使用类别为 AC-22A 时的额定电流应不小于关联插座或连接器的额定电流；

——用于直流时，其至少在使用类别为 DC-21A 时的额定电流应不小于关联插座或连接器的额定电流。

12.4 带电气联锁的插座或连接器的控制电路内用的控制电路电器和开关元件(若有)，应符合 GB 14048.5 或 GB 15092.1，且其额定值应与其控制的负载相适合。

符合 GB 15092.1 的控制开关电器应至少是分类为 6 000 个操作循环。

是否合格，通过观察、测量和进行试验检查。

12.5 满足 12.3 的开关电器，除非已按相关标准进行了至少 10 kA 的短路电流耐受试验，否则，应符合第 29 章的规定。

是否合格，通过观察、测量和进行试验检查。

12.6 适用于隔离的开关电器应在断开位置时具有一个必须满足隔离功能(见 3.104)的符合 GB 14048.1 要求的隔离距离。

适用于隔离的开关电器应提供下列任一种方式显示其主触头的位置：

——操动器的位置；或

——独立的机械式指示器。

当产品处于正常工作位置时，该指示应可见。

当使用机械开关电器的操作装置来指示分合位置时，操动机构应有足够的机械强度和在断开位置指示的可靠性。

是否合格，通过观察和进行 24.101 的试验检查。

12.7 对用于机械开关电器的锁定装置，由制造商提供的、确保机械开关电器在断开位置时能被锁定的方式，如用挂锁。

注：对特定用途，允许在闭合位置时锁定。

若提供了锁定装置，锁定装置应设计成在不使用工具的情况下不能与安装的相应挂锁一起拆去。

即使机械开关电器仅由一个挂锁锁住，它也不可能通过操作操动器使得断开触头之间的电气间隙减少到不再符合 GB/T 14048.1 电气间隙的要求的程度。

此外，也可设计一个可锁定的装置防止接近机械开关电器的操作装置。

是否合格，通过观察和进行 24.102 的试验检查。

12.8 控制触头和用于联锁的辅助电路应在中性线和相线接通后接通。

控制触头和用于联锁的辅助电路应在相线和中性线断开前断开。

是否合格，通过观察和进行 12.1a)的试验检查。

## 13 橡胶和热塑性材料的耐老化

GB/T 11918.1—2014 的本章适用。

## 14 一般结构

GB/T 11918.1—2014 的本章适用。

增加：

14.101 对于额定电流大于 250 A 的电器附件，要求必须装有联锁机构。

## 15 插座的结构

GB/T 11918.1—2014 的本章适用。

## 16 插头和连接器的结构

GB/T 11918.1—2014 的本章适用。

## 17 器具输入插座的结构

GB/T 11918.1—2014 的本章不适用。

## 18 防护等级

GB/T 11918.1—2014 的本章适用。

## 19 绝缘电阻和电气强度

GB/T 11918.1—2014 的本章经如下修改后适用：

19.2.1 在注之前增加如下内容：

带开关的插座或连接器，应在开关处于“ON”位置时进行试验。

## 20 分断能力

GB/T 11918.1—2014 的本章经如下修改后适用：

增加：

带有一个关联开关电器的无联锁的带开关插座或连接器应在开关电器处于“ON”位置时进行试验。

带有一个整体式开关电器的无联锁的带开关插座或连接器应进行两次试验，第一次试验开关电器处于“ON”位置(插座或连接器试验)，第二次试验插头保持在插座或连接器内操作开关电器(开关试验)。

## 21 正常操作

GB/T 11918.1—2014 的本章经如下修改后适用：

增加：

带有一个关联开关电器的无联锁的带开关插座或连接器应在开关电器处于"ON"位置时进行试验。

带有一个整体式开关电器的无联锁的带开关插座或连接器应进行两次试验，第一次试验开关电器处于"ON"位置(插座或连接器试验)，第二次试验插头保持在插座或连接器内操作开关电器(开关试验)。

## 22 温升

GB/T 11918.1—2014 的本章经如下修改后适用：

第二段后增加：

产品按正常使用进行试验。

表 11 修改为：

**表 11 温升试验的试验电流和导体的横截面积**

| 优选额定电流<br>A | | | 试验电流<br>A | 导体的横截面积 | |
|---|---|---|---|---|---|
| 系列Ⅰ | 系列Ⅱ | 其他额定值 | | 插头、器具输入插头、连接器<br>$mm^2$ | 插座<br>$mm^2$ |
| | | 6 | 额定电流 | 1 | 1.5 |
| | | 10 | 额定电流 | 1.5 | 1.5 |
| 16 | 20 | | 额定电流 | 2.5[a] | 4[a] |
| | | 25 | 额定电流 | 4[a] | 6[a] |
| 32 | 30 | | 额定电流 | 6[a] | 10 |
| | | 40 | 额定电流 | 10 | 16 |
| | | 50 | 额定电流 | 10 | 16 |
| 63 | 60 | | 额定电流 | 16 | 25 |
| | | 80 | 额定电流 | 25 | 35 |
| | | 90 | 额定电流 | 25 | 35 |
| 125 | 100 | | 额定电流 | 50 | 70 |
| | | 150 | 额定电流 | 70 | 95 |
| | | 160 | 额定电流 | 70 | 95 |
| 250 | 200 | | 额定电流 | 150 | 185[b] |
| 315 | 300 | | 额定电流 | 150 | 185 |
| | | 350 | 额定电流 | 185 | 240 |
| 400 | | | 额定电流 | 240 | 300 |
| | 500 | | 额定电流 | 300 | 400 |
| 630 | 600 | | 额定电流 | 400 | 500 |
| 800 | | | 额定电流 | 500 | 630 |

[a] 对于额定工作电压不超过 50 V 的电器附件，该值应上升至 10 $mm^2$。

[b] 200 A 系列Ⅱ用 150 $mm^2$。

最后两段修改如下：

温度用熔化颗粒、变色指示器或热电偶测量，这些测量器具应选择并放置得对被测定的温度的影响可忽略不计。外接导体端子的温升不得超过 50 K。在开关电器的端子用作外接导体端子的情况下，相关标准的温升范围适用。

若操作手柄是金属制成，其温升不得超过 15 K，若为绝缘材料制成，则不得超过 25 K。

**注 101**：只有在外壳打开后才易触及的操作手柄，如抽出式手柄等，由于不经常操作，故允许承受较此温升限值高 25 K 的温升。

易触及外表面若为金属制成，其温升不得超过 30 K；若为绝缘材料制成，则不得超过 40 K。

**注 102**：除非另有规定，那些可以接触，但在正常工作情况下不需触及的表面，允许其温升限值提高 10 K。

## 23 软电缆及其连接

GB/T 11918.1—2014 的本章适用。

## 24 机械强度

GB/T 11918.1—2014 的本章经如下修改后适用。

增加：

### 24.101 验证操动器装置和位置指示装置的强度(见 12.6)

本章节仅适用于装有适用于隔离的机械开关电器的电器附件。

应测量断开开关电器时所必要的力 $F$。测量时该力应施加在操动器末端。

处于闭合位置上的开关电器，应把被认为试验最严酷的一极的动静触头用适当方法保持闭合。操动器应按其类型承受表 102 规定的试验力。

试验力应无冲击地施加到操动器，试验力的方向是断开触头，施加的持续时间为 10 s。

试验力的方向在整个试验过程中必须保持不变，如图 101 所示。

若有将操动器锁定在断开位置的锁定装置，那么在施加试验力时，锁定装置应不可能将操动器锁定在此位置。

**表 102 操动器试验力 $F$**

| 操动器的类型 | 试验力 | 最小值/N | 最大值/N |
|---|---|---|---|
| 按钮[图 101a)] | 3 $F$ | 50 | 150 |
| 单指操作[图 101b)] | 3 $F$ | 50 | 150 |
| 两指操作[图 101c)] | 3 $F$ | 100 | 200 |
| 单手操作[图 101d)] | 3 $F$ | 100 | 400 N |
| $F$ 是新条件下的正常操作力。在规定了 $F$ 的最小值和最大值的情况下，试验力应为 3$F$，且应按图 101 所示施加试验力。 | | | |

试验后，以及试验力不再施加到操动器时，操动器处于自由状态，断开位置的指示应显示无误。

### 24.102 验证带锁扣措施的操动器是否符合要求

应使用制造商规定的锁定装置、或在有挂锁措施的情况下用一个相当的量规在给出的最不利条件下模拟锁定来验证是否合格。将表 102 规定的试验力施加到操动器的末端,试图将机械开关电器从断开位置向闭合位置运动。

施加试验力时,在机械开关电器的断开触头间施加试验电压。机械开关电器应能耐受 GB/T 11918.1—2014 表 8 所示的试验电压值。试验电压应是频率为 50 Hz 或 60 Hz 的基本正弦波形。

开始时,施加的电压不大于规定值的一半,然后,迅速提高到规定值。

试验期间不得出现闪络或击穿。

注:不会引起电压降的辉光忽略不计。

## 25 螺钉、载流部件和连接

GB/T 11918.1—2014 的本章适用。

## 26 爬电距离、电气间隙和穿通密封胶距离

GB/T 11918.1—2014 的本章适用。

## 27 耐热、耐燃和耐电痕化

GB/T 11918.1—2014 的本章适用。

## 28 耐腐蚀与防锈

GB/T 11918.1—2014 的本章适用。

## 29 限制短路电流耐受试验

GB/T 11918.1—2014 的本章适用。

**图**

增加:

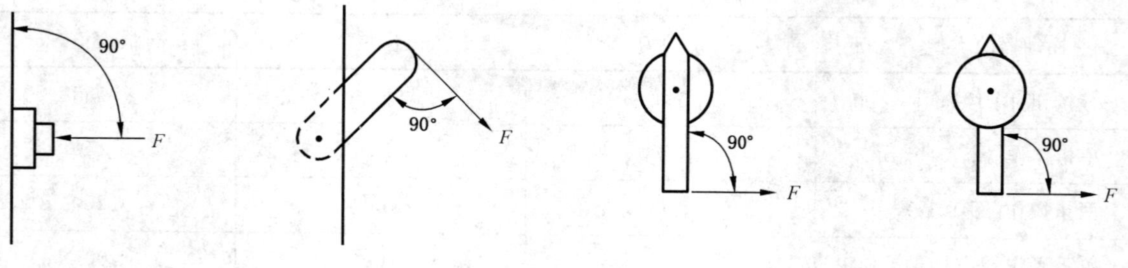


a) 按钮　b) 单指操作　c) 两指操作　d) 单手操作

图 101 施加到操动器上的力 *F*

单位为毫米

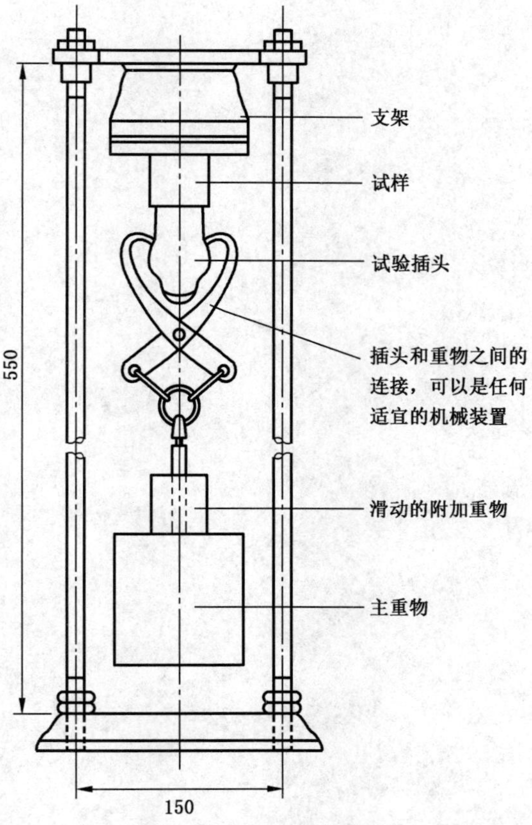


图 102　检查拔出力的试验装置的示样

ICS 71.100.20
G 86

# 中华人民共和国国家标准

GB/T 12022—2014
代替 GB/T 12022—2006

# 工业六氟化硫

Industrial sulfur hexafluoride

2014-07-08 发布 2014-12-01 实施

中华人民共和国国家质量监督检验检疫总局
中国国家标准化管理委员会 发布

# 前言

本标准按照 GB/T 1.1—2009 给出的规则起草。

本标准代替 GB/T 12022—2006《工业六氟化硫》，与 GB/T 12022—2006 相比，主要变化如下：

——修改了标准的英文名称(见封面，2006 年版的封面)；

——修改了范围(见第 1 章，2006 年版的第 1 章)；

——修改了规范性引用文件(见第 2 章，2006 年版的第 2 章)；

——修改了技术要求(见表 1，2006 年版的表 1)；

——增加了六氟乙烷和八氟丙烷的技术要求(见表 1)；

——修改了检验规则(见第 4 章，2006 年版的第 5 章)；

——修改了六氟化硫的纯度计算公式(见 5.1，2006 年版的 4.3)；

——修改了空气、四氟化碳含量测定方法(见 5.2，2006 年版的 4.4)；

——增加了六氟乙烷和八氟丙烷的测定方法(见 5.3)；

——增加了其他测定空气、四氟化碳、六氟乙烷、八氟丙烷含量的方法(见 5.4 和附录 A)；

——删去了重量法(2006 年版的 4.5.1)；

——删去了露点法(2006 年版的 4.5.3)；

——修改了酸度测定试样体积的计算公式(见 5.6.5，2006 年版的 4.6.5)；

——修改了可水解氟化物样品分析的步骤(见 5.7.4.3，2006 年版的 4.7.4.3)；

——修改了毒性试验操作(见 5.9.4.2.1，2006 年版的 4.9.4.2.1)；

——修改了包装、标志、贮运(见 6.1，2006 年版的第 6 章、第 7 章)；

——增加了安全警示(见 6.2)；

——删去了与国际电工委员会标准 IEC 376 技术性差异及其原因(2006 年版的附录 A)；

——删去了与国际电工委员会标准 IEC 376 章条编号对照(2006 年版的附录 B)。

本标准由中国石油和化学工业联合会提出。

本标准由全国气体标准化技术委员会(SAC/TC 206)、全国化学标准化技术委员会无机化工分会(SAC/TC 63/SC 1)归口。

本标准起草单位：黎明化工研究设计院有限责任公司、成都科美特氟业塑胶有限公司、青海信禾高精化工有限公司、佛山市华特气体有限公司、四川众力氟业有限责任公司、上海华爱色谱分析技术有限公司、大连大特气体有限公司、中海油天津化工研究设计院、上海仪盟电子科技有限公司、江西德尔化工有限公司、广东电网公司电力科学研究院、四川中测标物科技有限公司、光明化工研究设计院、上海基量标准气体有限公司、西安鼎岩科技有限公司、西南化工研究设计院有限公司、核工业理化工程研究院华核新技术开发公司。

本标准主要起草人：黄晓磊、牛学坤、赖明贵、傅涛、刘长庆、任清贵、杜汉盛、史淑慧、李晓明、曲庆、王琪、杨任、张奎、王宇、方正、常侠、杨遂平、石兆奇、邓建平、方华、周鹏云。

本标准所代替标准的历次版本发布情况为：

——GB/T 12022—1989、GB/T 12022—2006。

# 工业六氟化硫

## 1 范围

本标准规定了工业六氟化硫的要求、检验规则、试验方法、包装、标志、贮运及安全警示等。

本标准适用于氟与硫直接反应并经过精制的工业六氟化硫。该产品主要用作电力工业、冶金行业和气象部门等。

分子式：$SF_6$。

相对分子质量：146.050 419 2(按 2009 年国际相对原子质量)。

## 2 规范性引用文件

下列文件对于本文件的应用是必不可少的。凡是注日期的引用文件，仅注日期的版本适用于本文件。凡是不注日期的引用文件，其最新版本(包括所有的修改单)适用于本文件。

GB 190 危险货物包装标志

GB/T 3723 工业用化学产品采样安全通则

GB 5099 钢质无缝气瓶

GB/T 5832.1 气体湿度的测定 第 1 部分：电解法

GB/T 6681 气体化工产品采样通则

GB/T 6682 分析实验室用水规格和试验方法

GB 7144 气瓶颜色标志

GB/T 8170 数值修约规则与极限数值的表示和判定

GB/T 8905 六氟化硫电气设备中气体管理和检测导则

GB 14193 液化气体气瓶充装规定

GB 15258 化学品安全标签编写规定

GB 16804 气瓶警示标签

GB/T 28726 气体分析 氦离子化气相色谱法

HG/T 3696.1 无机化工产品 化学分析用标准溶液、制剂及制品的制备 第 1 部分：标准滴定溶液的制备

HG/T 3696.2 无机化工产品 化学分析用标准溶液、制剂及制品的制备 第 2 部分：杂质标准溶液的制备

HG/T 3696.3 无机化工产品 化学分析用标准溶液、制剂及制品的制备 第 3 部分：制剂及制品的制备

气瓶安全监察规程

危险化学品安全管理条例

## 3 要求

工业六氟化硫的技术要求应符合表 1 的规定。

表 1 技术要求

| 项 目 名 称 | | 指 标 |
|---|---|---|
| 六氟化硫($SF_6$)纯度(质量分数)/$10^{-2}$ | ≥ | 99.9 |
| 空气含量(质量分数)/$10^{-6}$ | ≤ | 300 |
| 四氟化碳($CF_4$)含量(质量分数)/$10^{-6}$ | ≤ | 100 |
| 六氟乙烷($C_2F_6$)含量(质量分数)/$10^{-6}$ | ≤ | 200 |
| 八氟丙烷($C_3F_8$)含量(质量分数)/$10^{-6}$ | ≤ | 50 |
| 水($H_2O$)含量(质量分数)/$10^{-6}$ | ≤ | 5 |
| 酸度(以 HF 计)(质量分数)/$10^{-6}$ | ≤ | 0.2 |
| 可水解氟化物(以 HF 计)含量(质量分数)/$10^{-6}$ | ≤ | 1 |
| 矿物油含量(质量分数)/$10^{-6}$ | ≤ | 4 |
| 毒性 | | 生物试验无毒 |

## 4 检验规则

### 4.1 抽样、判定和复验

4.1.1 同一生产线连续稳定生产的工业六氟化硫构成一批,每批产品的质量不超过 5 kg。

4.1.2 瓶装工业六氟化硫按表 2 规定随机抽样检验,成批验收。当有任何一项指标的检验结果不符合本标准技术要求时,应重新加倍随机抽样检验,如果仍有任何一项指标不符合本标准技术要求时,则判该批产品不合格。

表 2 瓶装六氟化硫抽样检查表

| 产品批量/瓶 | 1 | 2~40 | 41~70 | ≥71 |
|---|---|---|---|---|
| 抽样瓶数/瓶 | 1 | 2 | 3 | 4 |

### 4.2 采样

4.2.1 工业六氟化硫采样按 GB/T 6681 规定执行。

4.2.2 工业六氟化硫的采样安全应符合 GB/T 3723 的有关规定。

4.2.3 采样管线应采用不锈钢管或聚四氟乙烯管。

4.2.4 检验样品应液相取样。

### 4.3 安全提示

**本试验方法中使用的部分试剂具有毒性或腐蚀性,操作者须小心谨慎!如溅到皮肤上应立即用水冲洗,严重者应立即治疗。使用易燃品时,严禁使用明火加热。**

### 4.4 其他要求

4.4.1 本标准所用试剂和水,在没有注明其他要求时,均指分析纯试剂和 GB/T 6682 中规定的三级水。

4.4.2 试验中所需标准滴定溶液、杂质标准溶液、制剂及制品,在没有注明其他要求时,均按 HG/T 3696.1、HG/T 3696.2、HG/T 3696.3 规定制备。

4.4.3 数值修约规则与极限数值的表示和判定按 GB/T 8170 的规定执行。

## 5 试验方法

### 5.1 六氟化硫纯度的计算

六氟化硫的纯度按式(1)计算:

$$w = 100 - (w_1 + w_2 + w_3 + w_4 + w_5 + w_6) \times 10^{-4} \quad \cdots\cdots (1)$$

式中:

$w$ ——六氟化硫纯度(质量分数),$10^{-2}$;

$w_1$——空气含量(质量分数),$10^{-6}$;

$w_2$——四氟化碳含量(质量分数),$10^{-6}$;

$w_3$——六氟乙烷含量(质量分数),$10^{-6}$;

$w_4$——八氟丙烷含量(质量分数),$10^{-6}$;

$w_5$——水含量(质量分数),$10^{-6}$;

$w_6$——矿物油含量(质量分数),$10^{-6}$。

### 5.2 空气、四氟化碳含量的测定

#### 5.2.1 方法

采用带有热导检测器的气相色谱仪测定六氟化硫中空气和四氟化碳含量。

#### 5.2.2 仪器

热导气相色谱仪。要求所采用的气相色谱仪对六氟化硫中空气、四氟化碳的检测限不大于 $10\times10^{-6}$(体积分数)。

#### 5.2.3 测定条件

载气:纯度不低于 $99.99\times10^{-2}$(体积分数)的氢气或氦气,流速约 20 mL/min 或参照相应的仪器说明书。

桥电流:150 mA 以上或参照相应的仪器说明书。

色谱柱:长约 2 m、内径 3 mm 的不锈钢柱,内装 0.30 mm~0.60 mm 的涂有癸二酸二异辛酯的硅胶。或其他等效色谱柱。

气体标准样品:组分含量与被测组分含量接近,平衡气与热导气相色谱仪载气一致。

其他条件:色谱柱温度、检测器温度、样气流量等其他条件参考仪器说明书。

#### 5.2.4 测定

仪器稳定后按仪器说明书进行测定操作。平行测定气体标准样品和样品气至少两次,直至相邻两次测定结果之差不大于测定结果平均值的 20%,取其平均值。

#### 5.2.5 结果处理

空气、四氟化碳的质量分数含量按式(2)计算:

$$w_i = \frac{A_i}{A_s} \times w_s \qquad \cdots\cdots (2)$$

式中：

$w_i$ ——样品气中被测组分的含量(质量分数)，$10^{-6}$；

$A_i$ ——样品气中被测组分的峰面积；

$A_s$ ——气体标准样品中相应已知组分的峰面积；

$w_s$ ——气体标准样品中相应已知组分的含量(质量分数)，$10^{-6}$。

空气、四氟化碳的体积分数含量按式(3)计算：

$$\varphi_i = \frac{A_i}{A_s} \times \varphi_s \qquad \cdots\cdots (3)$$

式中：

$\varphi_i$ ——样品气中被测组分的含量(体积分数)，$10^{-6}$；

$A_i$ ——样品气中被测组分的峰面积；

$A_s$ ——气体标准样品中相应已知组分的峰面积；

$\varphi_s$ ——气体标准样品中相应已知组分的含量(体积分数)，$10^{-6}$。

质量分数与体积分数的换算按式(4)计算：

$$w_i = \varphi_i \times \frac{M_i}{M_1} \qquad \cdots\cdots (4)$$

式中：

$w_i$ ——样品气中被测组分的含量(质量分数)，$10^{-6}$；

$\varphi_i$ ——样品气中被测组分的含量(体积分数)，$10^{-6}$；

$M_i$ ——被测组分的摩尔质量，单位为克每摩尔(g/mol)；

$M_1$ ——六氟化硫的摩尔质量，单位为克每摩尔(g/mol)。

### 5.3 六氟乙烷、八氟丙烷含量的测定

#### 5.3.1 方法

采用带有火焰离子化检测器的气相色谱仪测定六氟化硫中六氟乙烷和八氟丙烷含量。

#### 5.3.2 仪器

火焰离子化气相色谱仪。要求所采用的气相色谱仪对六氟化硫中六氟乙烷、八氟丙烷的检测限不大于 $5\times10^{-6}$(体积分数)。

#### 5.3.3 测定条件

载气：纯度不低于 $99.99\times10^{-2}$(体积分数)的氮气、氩气或氦气，流速约 35 mL/min 或参照相应的仪器说明书。

燃气：纯度不低于 $99.99\times10^{-2}$(体积分数)的氢气，流速约 35 mL/min 或参照相应的仪器说明书。

助燃气：空气，流速约 400 mL/min 或参照相应的仪器说明书。

色谱柱：长约 3 m、内径 3 mm 的不锈钢柱，内装粒径 0.25 mm～0.425 mm 的 Porapak Q。或其他等效色谱柱。

气体标准样品：组分含量与被测组分含量接近，平衡气与带有火焰离子化检测器的气相色谱仪载气一致。

其他条件:色谱柱温度、检测器温度、样气流量等其他条件参考仪器说明书。

#### 5.3.4 测定

仪器稳定后按仪器说明书进行测定操作。平行测定气体标准样品和样品气至少两次,直至相邻两次测定结果之差不大于测定结果平均值的20%,取其平均值。

#### 5.3.5 结果处理

六氟乙烷、八氟丙烷含量按5.2.5规定计算。

### 5.4 其他的测定方法

允许按GB/T 28726规定的切割方法测定六氟化硫中的空气、四氟化碳、六氟乙烷、八氟丙烷含量。具体的测定方法参见附录A。

当测定结果有异议时,以5.2、5.3规定的方法为仲裁方法。

### 5.5 水含量的测定

按GB/T 5832.1规定的方法测定水含量(体积分数)。取样时应防止出现冷凝。

仪器检测限:$0.5\times10^{-6}$(体积分数)。

体积分数按5.2.5中公式(4)转变为质量分数。

允许采用其他等效方法测定,当测定结果有异议时,以GB/T 5832.1规定的方法为仲裁方法。

### 5.6 酸度的测定

#### 5.6.1 方法提要

试样中的酸和酸性物质与过量的氢氧化钠标准溶液发生中和反应,以甲基红-溴甲酚绿为指示剂,用硫酸标准滴定溶液滴定过量的碱,从而测定出试样的酸度。

#### 5.6.2 试剂、溶液

5.6.2.1 氢氧化钠标准溶液:$c(NaOH)\approx0.01$ mol/L。由0.1 mol/L标准溶液稀释制取。

5.6.2.2 硫酸标准滴定溶液:$c(1/2\ H_2SO_4)\approx0.01$ mol/L。由0.1 mol/L标准溶液稀释制取。

5.6.2.3 混合指示剂:甲基红乙醇溶液与溴甲酚绿乙醇溶液按1∶3体积比混合。

#### 5.6.3 仪器、设备

5.6.3.1 微量滴定管:5 mL,分度值为0.02 mL或0.01 mL。

5.6.3.2 多孔气体分布管:孔度为2号。

5.6.3.3 湿式气体流量计。

#### 5.6.4 测定步骤

酸度测定的吸收装置如图1所示。缓冲瓶、吸收瓶均为300 mL锥形瓶,吸收瓶内各装入100 mL新煮沸过的水和4.00 mL氢氧化钠标准溶液。气体分布管口距瓶底8 mm,试样气体流速500 mL/min,通气量30 L,由湿式气体流量计计量。通气完毕,从系统中取下吸收瓶,加入4～5滴混合指示剂,用硫酸标准滴定溶液滴定,溶液由蓝绿色变为红色为终点。

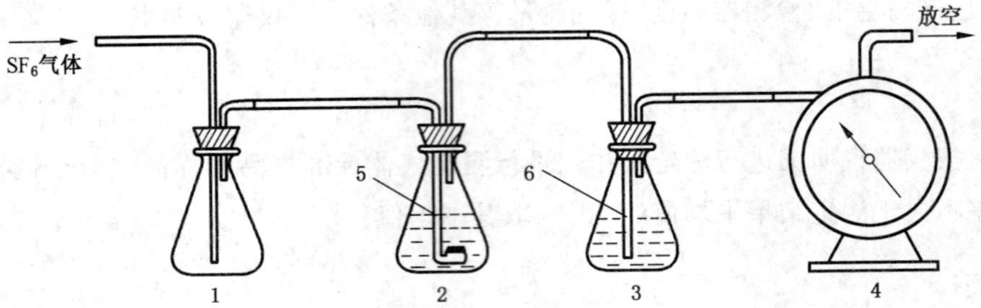


说明：
1 ——缓冲瓶；
2、3——吸收瓶；
4 ——湿式气体流量计；
5 ——多孔气体分布管；
6 ——开口气体分布管。

**图 1　酸度吸收装置**

### 5.6.5　试样体积的计算

试样体积按式(5)计算：

$$V=\frac{\frac{1}{2}(p_1+p_2)\times 293.1}{101.3\left[273.1+\frac{1}{2}(t_1+t_2)\right]}\times(V_2-V_1) \quad\cdots\cdots\cdots(5)$$

式中：

$V$ ——20 ℃,101.3 kPa 的试样体积的数值,单位为升(L)；

$p_1$、$p_2$——流量计始态与终态的大气压力的数值,单位为千帕(kPa)；

$t_1$、$t_2$ ——流量计始态与终态的温度的数值,单位为摄氏度(℃)；

$V_1$、$V_2$——流量计始态与终态的读数值,单位为升(L)。

### 5.6.6　结果计算

酸度(以 HF 计)的质量分数 $w_7$,数值以 $10^{-6}$ 表示,按式(6)计算：

$$w_7=\frac{[(V_0-V_1)+(V_0-V_2)]M\times c\times 10^{-3}}{6.08V}\times 10^6 \quad\cdots\cdots\cdots(6)$$

式中：

$V_0$ ——空白试验消耗硫酸标准滴定溶液的体积,单位为毫升(mL)；

$V_1$、$V_2$——分别为滴定两个吸收瓶溶液消耗的硫酸标准滴定溶液的体积,单位为毫升(mL)；

$M$ ——氢氟酸(HF)的摩尔质量($M=20.0$),单位为克每摩尔(g/mol)；

$c$ ——硫酸($1/2H_2SO_4$)标准滴定溶液的浓度,单位为摩尔每升(mol/L)；

$V$ ——20 ℃,101.3 kPa 时试样体积,单位为升(L)；

6.08 ——20 ℃,101.3 kPa 时六氟化硫的密度,单位为克每升(g/L)。

取平行测定结果的算术平均值为测定结果。两次平行测定结果的绝对差值应不大于 $0.05\times10^{-6}$。

## 5.7　可水解氟化物含量的测定

### 5.7.1　方法提要

六氟化硫样品在密封容器中与碱液共同振荡水解。水解生成的氟化物离子,用镧-茜素络合剂显色，比色法测定。

5.7.2 试剂、溶液

5.7.2.1 氨水。
5.7.2.2 无水乙酸钠。
5.7.2.3 丙酮。
5.7.2.4 氧化镧。
5.7.2.5 氟化钠：优级纯。
5.7.2.6 氢氧化钠溶液：4 g/L。
5.7.2.7 盐酸溶液：1+5。
5.7.2.8 盐酸溶液：1+119。
5.7.2.9 乙酸铵溶液：200 g/L。
5.7.2.10 冰乙酸溶液：6+94。
5.7.2.11 氟离子标准溶液：0.01 mg/mL。移取 10 mL 氟离子标准溶液(0.1 mg/mL)于 100 mL 容量瓶中，稀释至刻度，使用前临时配制，贮存于塑料瓶中。
5.7.2.12 茜素络合指示剂。

5.7.3 仪器

分光光度计：带 2 cm 比色皿。

5.7.4 分析步骤

5.7.4.1 显色剂的配制

于 100 mL 烧杯中加入 5 mL 水、0.13 mL 氨水、1 mL 乙酸铵溶液，再加入准确称量的 0.048 g 茜素络合指示剂。于 250 mL 棕色容量瓶中加入 8.2 g 无水乙酸钠，用 100 mL 冰乙酸溶液溶解。将烧杯中的溶液滤入此容量瓶中，用少量水洗涤滤纸，再加入 100 mL 丙酮。

于另一烧杯中加入准确称量的 0.041 g 氧化镧和 2.5 mL 盐酸溶液(5.7.2.8)，微热溶解。冷却后并入容量瓶中，用水稀释至刻度。此显色剂保存于低温暗处，使用期为一个月。

5.7.4.2 工作曲线的绘制

于 5 个 100 mL 烧杯中各加入 10 mL 氢氧化钠溶液，用移液管分别加入 0 mL、0.5 mL、1.0 mL、1.5 mL、2.0 mL 氟离子标准溶液。借助酸度计，用盐酸溶液(5.7.2.7)和氢氧化钠溶液调节各溶液的 pH 值约为 5.0，再分别转移到 100 mL 容量瓶中，加入 10 mL 显色剂，用水稀释至刻度，于暗处显色30 min。在分光光度计上，使用 2 cm 比色皿，于波长 600 nm 处，用水调节零点，测定各溶液的吸光度。将 0 mL 氟离子标准溶液作空白参比，扣除空白后以氟离子标准溶液中氟离子质量为横坐标，吸光度为纵坐标绘制工作曲线。

5.7.4.3 样品分析

取样装置如图 2 所示。将 1 000 mL 取样瓶抽空，使样品经玻璃三通阀缓缓进入取样瓶中，待 U 形管压力计平衡后，再重复抽空 3 次。当取样瓶最后一次抽空时，用注射器注入 10 mL 氢氧化钠溶液，然后使样品经玻璃三通阀缓慢进入取样瓶中，待 U 形管压力计平衡后，关闭取样瓶活塞。取样瓶与针形阀及真空系统断开，握在手中振荡。每隔 5 min 振荡 1 min，操作 1 h。倾出瓶中溶液，按 5.7.4.2 调节溶液酸度、显色和测定吸光度。

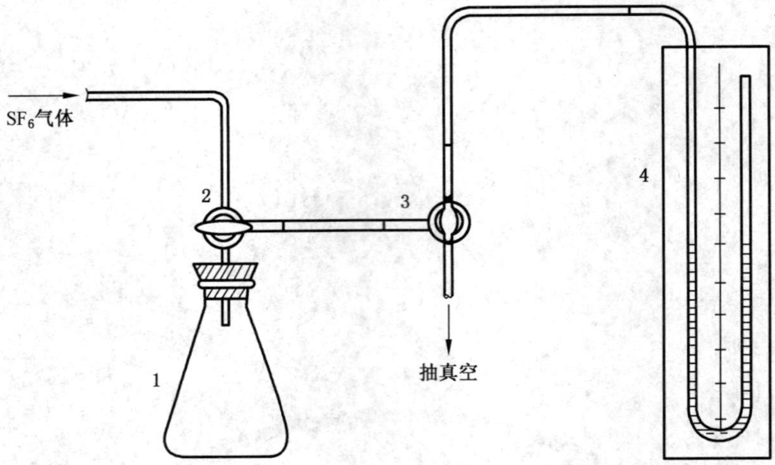


说明：

1　——取样瓶；

2、3——真空三通活塞；

4　——U形管压力计。

图 2　可水解氟化物测定取样装置

#### 5.7.4.4　结果计算

可水解氟化物的质量分数 $w_8$，数值以 $10^{-6}$ 表示，按式(7)计算：

$$w_8=\frac{mM_1}{6.08VM_2\dfrac{p}{101.3}\times\dfrac{293.1}{273.1+t}}\times 10^6 \qquad (7)$$

式中：

$m$　——在氟离子质量-吸光度曲线上查得的氟离子质量的数值，单位为毫克(mg)；

$M_1$　——氢氟酸(HF)的摩尔质量($M=20.0$)，单位为克每摩尔(g/mol)；

$M_2$　——氟离子(F)的摩尔质量($M_2=19.0$)，单位为克每摩尔(g/mol)；

$V$　——取样瓶容积的数值，单位为毫升(mL)；

$p$　——大气压力的数值，单位为千帕(kPa)；

$t$　——环境温度的数值，单位为摄氏度(℃)；

6.08——20 ℃，101.3 kPa 时六氟化硫的密度的数值，单位为克每升(g/L)。

取平行测定结果的算术平均值为测定结果，两次平行测定结果的绝对差值应不大于 $0.3\times10^{-6}$。

## 5.8　矿物油的测定

### 5.8.1　方法提要

六氟化硫试样气体通过含有四氯化碳的吸收瓶，其中的矿物油被四氯化碳吸收，用红外光谱法测定该溶液在约 2 930 $cm^{-1}$ 特征波长下甲基、次甲基吸收峰的吸光度，利用工作曲线计算矿物油含量。

### 5.8.2　试剂、材料

5.8.2.1　四氯化碳。

5.8.2.2　压缩机油：工业品，32 号或其他牌号。

#### 5.8.3 仪器、设备

5.8.3.1 红外光谱仪：带 3 mm 或 20 mm 厚氯化钠池窗液体吸收池或石英池。

5.8.3.2 吸收瓶：如图 3 所示。

单位为毫米

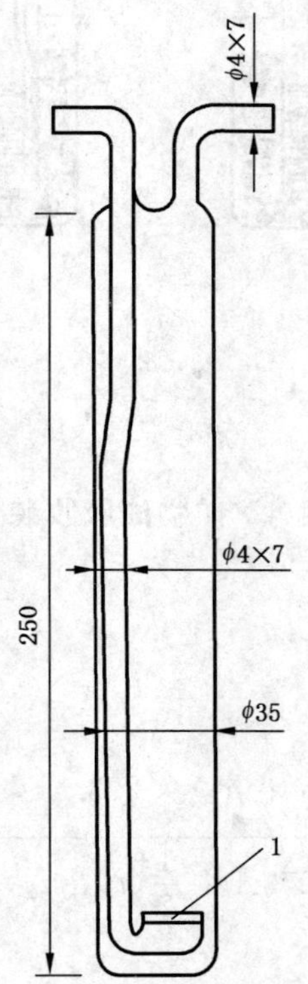


说明：

1——2 号孔度多孔气体分布管。

图 3 吸收瓶

#### 5.8.4 分析步骤(试验条件以 20 mm 厚吸收池为例)

#### 5.8.4.1 工作曲线的绘制

用四氯化碳和压缩机油配制下述质量浓度的矿物油标准溶液：10 mg/L、20 mg/L、50 mg/L、100 mg/L、200 mg/L，压缩机油的称量准确至 0.000 2 g。

将矿物油标准溶液分别注入吸收池中，将四氯化碳放入另一同样规格的吸收池中作空白参比，在 2 930 $cm^{-1}$ 处测定吸光度，以扣除空白后的吸光度对矿物油的质量浓度绘制工作曲线。

#### 5.8.4.2 矿物油吸收和测定

按如下测定步骤操作：

a) 矿物油吸收装置如图 4 所示。吸收瓶内分别装有 70 mL 四氯化碳，用冰水浴冷却。试样气体流速 170 mL/min，通气量 30 L，由湿式气体流量计计量。通气完毕，将吸收瓶中的溶液合并于烧杯中，用 40 mL 四氯化碳多次洗涤吸收瓶，洗涤液并入烧杯中。

b) 在通风柜内将烧杯中的溶液小心蒸发至 15 mL 左右，转移至 25 mL 容量瓶中，在恒温 20 ℃ 下，用四氯化碳稀释至刻度。

c) 用 180 mL 四氯化碳按上述步骤 b)做空白试验。

d) 按5.8.4.1操作步骤测定样品及空白试验溶液的吸收度，在工作曲线上查出相应的矿物油质量浓度。

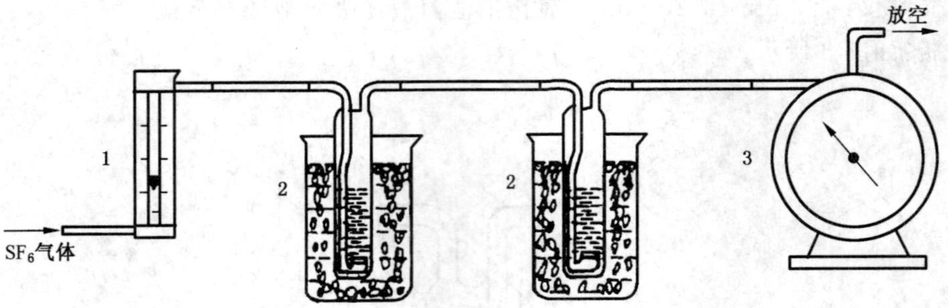


说明：
1——转子流量计；
2——吸收瓶；
3——湿式气体流量计。

**图4 矿物油吸收装置**

### 5.8.5 试样体积的计算

试样体积按式(8)计算：

$$V=\frac{\frac{1}{2}(p_1+p_2)\times 293.1}{101.3\times\left[273.1+\frac{1}{2}(t_1+t_2)\right]}\times(V_2-V_1) \qquad \cdots\cdots(8)$$

式中：

$V$ ——20 ℃，101.3 kPa的试样体积的数值，单位为升(L)；
$p_1$，$p_2$——流量计始态与终态的大气压力的数值，单位为千帕(kPa)；
$t_1$，$t_2$——流量计始态与终态的温度的数值，单位为摄氏度(℃)；
$V_1$，$V_2$——流量计始态与终态的读数值，单位为升(L)。

### 5.8.6 结果计算

矿物油的质量分数 $w_6$，数值以 $10^{-6}$ 表示，按式(9)计算：

$$w_6=\frac{(\rho_1-\rho_2)V_f/1\,000}{6.08V\times 1\,000}\times 10^6 \qquad \cdots\cdots(9)$$

式中：

$\rho_1$ ——试样溶液的矿物油质量浓度的数值，单位为毫克每升(mg/L)；
$\rho_2$ ——空白试验溶液的矿物油质量浓度的数值，单位为毫克每升(mg/L)；
$V_f$ ——容量瓶容积的数值，单位为毫升(mL)；
6.08——20 ℃，101.3 kPa时六氟化硫的密度的数值，单位为克每升(g/L)。

取平行测定结果的算术平均值为测定结果，两次平行测定结果的绝对差值应不大于 $1.0\times10^{-6}$。

## 5.9 毒性试验

### 5.9.1 方法提要

模拟空气中氧气和氮气含量，配制体积分数为79%六氟化硫和体积分数为21%氧气的试验气体。使小白鼠连续染毒24 h，观察72 h，检验小白鼠有无中毒症状。

5.9.2 试剂

氧气:体积分数99%以上。

5.9.3 设备

毒性试验装置:按图5组装试验装置。

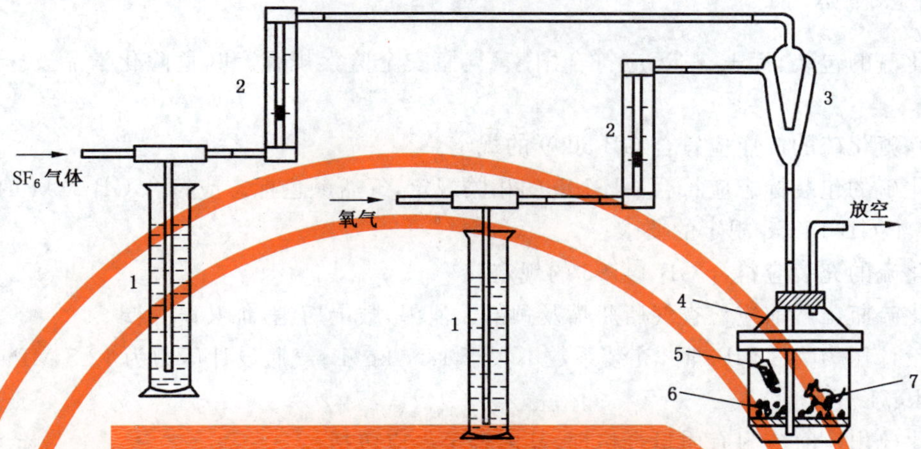


说明:
1——稳压管;
2——流量计;
3——气体混合器;
4——染毒缸;
5——饮水瓶;
6——食物;
7——小白鼠。

图5 毒性试验装置

5.9.4 试验步骤

5.9.4.1 准备工作

试验在通风柜内进行。

选购15只~20只体重约20 g的雌性小白鼠,饲养在笼子中。试验前,一般应进行3 d~5 d的观察,确认小白鼠健康。

5.9.4.2 试验操作

5.9.4.2.1 缓慢打开六氟化硫样品气瓶和氧气钢瓶,调节到所要求的比例为79∶21(体积比),每分钟气体流量不得小于染毒缸容积的1/8。[如染毒缸容积为2 L,六氟化硫流量为(200±2)mL/min,氧气流量为(55±1)mL/min]。流量稳定8 min~16 min之后,将5只小白鼠放入染毒缸内,供应饮水和食物,观察24 h。每小时记录一次,内容为小白鼠的饮食活动、异常表现及室温等。

5.9.4.2.2 试验完毕后,将小白鼠放回笼子中继续观察72 h。按5.9.4.2.1要求记录。

5.9.5 结果判断与处理

5.9.5.1 小白鼠无异常表现,则确认该批产品无毒。

5.9.5.2 小白鼠有异常表现,如低头不吃食、狂跳、死亡等,则另取10只小白鼠分两组重新试验。试验结果无异常表现,则产品合格。试验结果仍有异常表现,则视产品不合格。应对有异常表现的小白鼠进行细致的尸体解剖,以进一步证实其异常表现的原因。

## 6 包装、标志、贮运及安全警示

### 6.1 包装、标志、贮运

6.1.1 六氟化硫的包装、标志、贮运应符合国家《气瓶安全监察规程》和《危险化学品安全管理条例》的规定。

6.1.2 包装六氟化硫的气瓶应符合GB 5099的规定。

6.1.3 六氟化硫的包装标志应符合GB 190的相关规定,气瓶颜色标志应符合GB 7144的规定,标签应符合GB 16804、GB 15258规定的要求。

6.1.4 六氟化硫的充装应符合GB 14193的规定。

6.1.5 六氟化硫瓶出厂前应检查气瓶瓶嘴及颈部无泄漏,戴上瓶帽,加装防振圈。

6.1.6 气瓶设计压力为8 MPa时,充装系数不大于1.17 kg/L;气瓶设计压力为12.5 MPa时,充装系数不大于1.33 kg/L。

6.1.7 六氟化硫出厂时应附有质量合格证,其内容至少应包括:

——产品名称、生产厂名称;

——生产日期或批号、充装量、产品技术指标;

——执行的标准编号、检验员号等。

### 6.2 安全警示

6.2.1 六氟化硫在常温常压下为无色、无臭、无毒的非易燃气体。在火焰中释放出刺激性或有毒烟雾(或气体)。周围环境着火时,允许使用各种灭火剂。

6.2.2 六氟化硫的化学性质不活泼,热稳定性能好,在204 ℃下,对大多数材料仍能完全保持稳定。加热到500 ℃以上时,该物质分解生成硫氧化物和氟化物等有毒腐蚀性烟雾。

6.2.3 着火时,应喷雾状水保持钢瓶冷却。

6.2.4 人体吸入六氟化硫时,会窒息。此时应保证空气新鲜、人体处于休息状态,必要时应进行人工呼吸,应及时治疗。

6.2.5 人体皮肤与六氟化硫液体接触,会发生冻伤,应佩戴保温手套。冻伤时应用大量水冲洗,不应脱去衣物,应及时治疗。

6.2.6 应佩戴安全护目镜、面罩。眼睛若溅入六氟化硫,先用大量水冲洗几分钟(应摘除隐形眼镜),然后及时治疗。

6.2.7 发生泄漏时,应撤离危险区域!保持通风。转动泄漏钢瓶,使漏口朝上,防止液态气体溢出。不应直接将水喷洒在液体上。

6.2.8 个人防护用具:推荐使用带有隔绝式呼吸器的气密式化学防护服。

6.2.9 工业六氟化硫中可能含有杂质,可能改变其毒性。空气中高浓度可引起缺氧,有致人神志不清和死亡危险。进入污染的工作区域前,检验氧含量。中毒浓度存在时,无气味报警。

6.2.10 六氟化硫使用过程中的安全应符合GB/T 8905的相关要求。

# 附 录 A
（资料性附录）
# 六氟化硫中的空气、四氟化碳、六氟乙烷、八氟丙烷含量的测定

## A.1 仪器

采用配备氦放电离子化检测器的气相色谱仪测定六氟化硫中的空气、四氟化碳、六氟乙烷、八氟丙烷含量。

检测限：$0.5\times10^{-6}$（体积分数）。

## A.2 原理

以纯化后高纯氦作载气，采用配备切割装置的氦离子化检测器的气相色谱仪，对样品主组分（六氟化硫）切割处理后，采用气相色谱法定性、定量分析样品中的目标组分。

## A.3 测定条件

**A.3.1** 载气：高纯氦，经纯化器纯化。其流速参照相应的仪器说明书。

**A.3.2** 辅助气：需要采用辅助气的仪器按仪器说明书使用辅助气。

**A.3.3** 预分离柱：长约 2 m、内径约 3 mm 的不锈钢柱，内装粒径为 0.18 mm～0.25 mm 的 Porapak R（一种高分子聚合物），或其他等效色谱柱。

**A.3.4** 分析柱：色谱柱Ⅰ：长约 3 m、内径 3 mm 的不锈钢柱，内装粒径为 0.30 mm～0.60 mm 的涂有癸二酸二异辛酯的硅胶，或其他等效色谱柱。该柱用于分析空气含量。

色谱柱Ⅱ：长约 2 m、内径约 3 mm 的不锈钢柱，内装粒径为 0.18 mm～0.25 mm 的 Porapak R（一种高分子聚合物），或其他等效色谱柱。该柱用于分析四氟化碳、六氟乙烷、八氟丙烷含量。

**A.3.5** 标准样品：组分含量与样品气中相应组分含量相近，平衡气为氦。

**A.3.6** 其他条件：载气净化器温度、色谱柱温度、检测器温度、样气流量等其他条件参考仪器说明书。

**A.3.7** 参考的切割气路流程示意图见图 A.1。

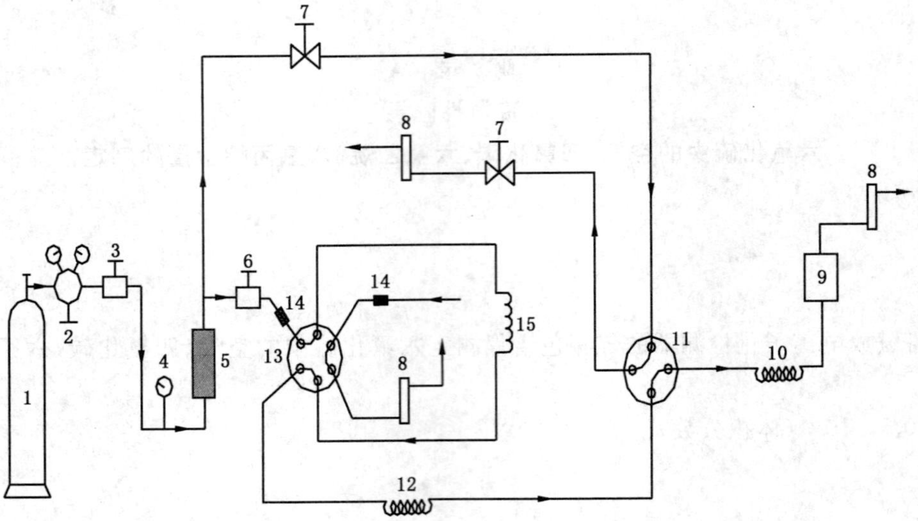


说明：

1 ——高纯氦载气钢瓶；

2 ——钢瓶减压器；

3 ——稳压阀；

4 ——压力表；

5 ——净化管；

6 ——稳流阀；

7 ——流量调节阀；

8 ——流量计；

9 ——检测器；

10——分析柱；

11——切割阀；

12——预分离柱；

13——六通阀；

14——过滤器；

15——定体积量管。

**图 A.1 参考的切割气路流程示意图**

## A.4 分析步骤

开启仪器至稳定后按仪器说明书的操作步骤完成样品分析。

平行测定气体标准样品和样品气至少两次，直至相邻两次测定结果之差不大于测定结果平均值的20%，取其平均值。

## A.5 结果处理

空气、四氟化碳、六氟乙烷、八氟丙烷含量按5.2.5计算。

典型色谱图见图A.2。

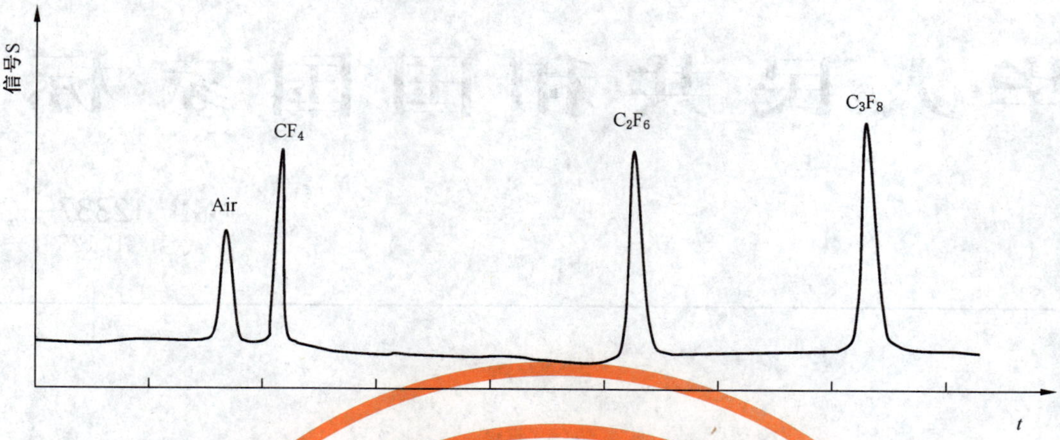


图 A.2　典型色谱图

ICS 23.020.10
J 74

# 中华人民共和国国家标准

GB 12337—2014
代替 GB 12337—1998

# 钢制球形储罐

**Steel spherical tanks**

2014-09-03 发布　　2015-02-01 实施

中华人民共和国国家质量监督检验检疫总局
中国国家标准化管理委员会　发布

# 前　言

**本标准的附录F为推荐性的，其余技术内容为强制性。**

本标准按照GB/T 1.1—2009给出的规则起草。

本标准代替GB 12337—1998《钢制球形储罐》，与GB 12337—1998标准相比，主要技术变化如下：

——根据TSG R0004《固定式压力容器安全技术监察规程》、GB 150.1～150.4《压力容器》修改相关内容。

——设计压力的适用范围由4.0 MPa提高到6.4 MPa。

——增加了球壳用钢板厚度不宜大于50 mm的规定，相应的修订了钢板的厚度适用范围。

——球壳材料增加到14种，新增材料：Q370R、15MnNiDR、15MnNiNbDR、09MnNiDR、07MnMoVR、07MnNiVDR、07MnNiMoDR、S30408、S30403、S31608、S31603。

——支柱与球壳连接型式取消了U型柱结构和翻边结构，增加了长圆形结构。

——增加了盛装毒性程度为极度或高度危害介质的球罐，进出口应在上极开孔的要求。

——取消了球罐人孔、接管法兰密封面应采用凹凸面的要求。

——根据GB 50011《建筑抗震设计规范》修订地震载荷的计算。

——根据GB 50009《建筑结构荷载规范》修订风载荷的计算。

——增加了外压球壳的计算内容。

——产品焊接试件由3块改为2块，分别是立焊、平焊加仰焊。

——增加了衍射时差法超声检测方法及对碳素钢和低合金钢优先采用衍射时差法超声检测的要求。

——增加了球罐内侧宜采用荧光磁粉检测的要求。

——增加了不宜采用γ射线全景曝光射线检测的要求。

——增加了附录A标准的符合性声明及修订。

——增加了附录B安全附件及附属设施。

——增加了附录C风险评估报告。

——增加了附录D应力分析设计球罐。

本标准由全国锅炉压力容器标准化技术委员会(SAC/TC 262)提出并归口。

本标准起草单位：甘肃蓝科石化高新装备股份有限公司、中国特种设备检验研究院、合肥通用机械研究院、中国石化工程建设有限公司、中国天辰工程有限公司、中石化宁波工程有限公司、上海市安装工程有限公司、鞍山钢制压力容器有限公司、沈阳工业安装工程股份有限公司、中国石油天然气第一建设公司、大连市锅炉压力容器检验研究院、中国石化集团福建石化公司。

本标准主要起草人：刘福录、杨国义、朱保国、芦玲、段瑞、李景诚、陆欢军、肖秀荣、章小浒、赵雷江、冯振友、张连友、武铜柱、张志刚。

本标准所代替标准的历次版本发布情况为：

——GB 12337—1990、GB 12337—1998。

# 引 言

本标准是全国锅炉压力容器标准化技术委员会(以下简称“委员会”)负责制定和归口的球形储罐(以下简称球罐)标准,用以规范在中国境内建造或使用的球罐设计、制造、组焊、检验和验收。本标准是一部包括球壳、支柱、拉杆等的设计计算、材料的选用要求、结构要素的规定,以及球罐的制造、组焊、检验与验收的综合性国家标准。

本标准的技术条款包括了球罐建造过程(即指设计、制造、组焊、检验和验收)中应遵循的强制性要求、特殊禁用规定以及推荐性条款,其中推荐性条款不是必须执行的部分。近十年来,随着冶金、机械加工、焊接和无损检测等技术的不断进步,特别是以计算机技术为代表的信息技术的飞速发展,球形储罐技术领域也取得了相应的进展。经济全球化和激烈的竞争使得世界各国必须考虑球形储罐的安全性和经济性的协调统一。欧盟和美国为代表的发达国家先后推出了新的压力容器标准,极大增强了国际竞争力。相比较而言,我国现行的 GB 12337—1998《钢制球形储罐》在经历了十几年的技术进步,无论从设计理念上还是从技术指标上都有待于提高。为此,在对国际同类标准和我国钢制球形储罐标准综合对比的基础上,充分利用我国近年来的科技成果,经过调查分析和实验验证,结合成功的使用经验,对钢制球形储罐标准加以充实、完善和提高。球罐的设计、制造、组焊、检验与验收除符合本标准规定外,还应符合 GB 150.1～150.4、JB 4732 的有关规定。由于本标准没有必要、也不可能囊括适用范围内球罐建造中的所有技术细节,因此,在满足法规所规定的基本安全要求的前提下,不应禁止本标准中没有特别提及的技术内容。本标准不能作为具体球罐建造的技术手册,亦不能替代培训、工程经验和工程评价。工程评价是指由知识渊博、娴于规范应用的技术人员所做出针对具体产品的技术评价。但工程评价应符合本标准的相关技术要求,不得违反本标准中的强制性要求和禁用规定。

本标准不限制实际工程设计和建造中采用先进的技术方法,但工程技术人员采用先进的技术方法时应能做出可靠的判断,确保其满足本标准规定,特别是关于强制性的设计规定(如强度或稳定性设计公式等)。

本标准既包含了规则设计方法,又包含了分析设计方法。当采用计算机程序进行设计时,除应满足本标准要求外,还应确认:

1) 所采用程序中技术假定的合理性;

2) 所采用程序对设计内容的适应性;

3) 所采用程序输入参数及输出结果用于工程设计的正确性。

# 钢制球形储罐

## 1 范围

1.1 本标准规定了钢制球形储罐(以下简称“球罐”)的设计(包括规则设计和分析设计,下同)、制造、组焊、检验与验收的要求。

1.2 本标准适用于设计压力不大于6.4 MPa、设计温度范围按钢材允许使用温度的桔瓣式或混合式以支柱支撑的球罐。

1.3 本标准不适用于下列球罐:

a) 核能装置中的球罐;

b) 经受相对运动(如车载或船载)的球罐;

c) 公称容积小于50 $m^3$ 的球罐;

d) 双层结构的球罐。

## 2 规范性引用文件

下列文件对于本文件的应用是必不可少的。凡是注日期的引用文件,仅注日期的版本适用于本文件。凡是不注日期的引用文件,其最新版本(包括所有的修改单)适用于本文件。

GB 150.1～150.4—2011 压力容器

GB/T 228.1 金属材料 拉伸试验 第1部分:室温试验方法

GB/T 229 金属材料 夏比摆锤冲击试验方法

GB/T 232 金属材料 弯曲试验方法

GB/T 699 优质碳素结构钢

GB/T 700 碳素结构钢

GB 713 锅炉和压力容器用钢板

GB/T 985.1 气焊、焊条电弧焊、气体保护焊和高能束焊的推荐坡口

GB/T 985.2 埋弧焊的推荐坡口

GB/T 1220 不锈钢棒

GB/T 3077 合金结构钢

GB/T 3274 普通碳素结构钢和低合金结构钢 热轧厚钢板和钢带

GB 3531 低温压力容器用低合金钢钢板

GB/T 3965 熔敷金属中扩散氢测定方法

GB/T 4842 氩

GB/T 6052 工业液体二氧化碳

GB 6479—2000 高压化肥设备用无缝钢管

GB/T 6803 铁素体钢的无塑性转变温度落锤试验方法

GB/T 8162 结构用无缝钢管

GB/T 8163 输送流体用无缝钢管

GB 9948 石油裂化用无缝钢管

GB/T 12771 流体输送用不锈钢焊接钢管

GB 13296 锅炉、热交换器用不锈钢无缝钢管

GB/T 14976 流体输送用不锈钢无缝钢管

GB/T 17261 钢制球形储罐型式与基本参数

GB/T 18591 焊接预热温度、道间温度及预热维持温度的测量指南

GB 19189 压力容器用调质高强度钢板

GB/T 20878 不锈钢和耐热钢 牌号及化学成分

GB/T 21433 不锈钢压力容器晶间腐蚀敏感性检验

GB 24511 承压设备用不锈钢钢板及钢带

GB/T 26929—2011 压力容器术语

GB 50009 建筑结构荷载规范

GB 50011 建筑抗震设计规范

GB 50017 钢结构设计规范

JB /T 4711 压力容器涂敷与运输包装

JB/T 4730.1 承压设备无损检测 第1部分:通用要求

JB/T 4730.2 承压设备无损检测 第2部分:射线检测

JB/T 4730.3 承压设备无损检测 第3部分:超声检测

JB/T 4730.4 承压设备无损检测 第4部分:磁粉检测

JB/T 4730.5 承压设备无损检测 第5部分:渗透检测

JB/T 4730.6 承压设备无损检测 第6部分:涡流检测

JB 4732—1995 钢制压力容器 分析设计标准(2005年确认)

NB/T 47008 承压设备用碳素钢和合金钢锻件

NB/T 47009 低温承压设备用低合金钢锻件

NB/T 47010 承压设备用不锈钢和耐热钢锻件

NB/T 47013.10(JB/T 4730.10) 承压设备无损检测 第10部分:衍射时差法超声检测

NB/T 47014(JB/T 4708) 承压设备焊接工艺评定

NB/T 47015(JB/T 4709) 压力容器焊接规程

NB/T 47016(JB/T 4744) 承压设备产品焊接试件的力学性能检验

NB/T 47018.1(JB/T 4747.1) 承压设备用焊接材料订货技术条件 第1部分:采购通则

NB/T 47018.2(JB/T 4747.2) 承压设备用焊接材料订货技术条件 第2部分:钢焊条

NB/T 47018.3(JB/T 4747.3) 承压设备用焊接材料订货技术条件 第3部分:气体保护电弧焊钢焊丝和填充丝

NB/T 47018.4(JB/T 4747.4) 承压设备用焊接材料订货技术条件 第4部分:埋弧焊钢焊丝和焊剂

TSG R0004—2009 固定式压力容器安全技术监察规程

## 3 总则

### 3.1 一般要求

球罐的设计、制造、组焊、检验与验收除必须符合本标准的规定外,还应符合GB 150.1～150.4或JB 4732的有关规定。

### 3.2 管理体系

球罐的设计、制造、组焊单位应建立健全的质量管理体系并有效运行。

### 3.3 符合性声明

TSG R0004 管辖范围内的球罐设计、制造、组焊应接受特种设备安全监察机构的监察，本标准遵循了国家颁布的压力容器安全法规所规定的基本安全要求，标准的符合性声明按附录 A 要求。

### 3.4 球罐界定范围

3.4.1 球罐与外部管道连接：

a) 焊接连接的第一道环向接头坡口端面；

b) 法兰连接的第一个法兰密封面。

3.4.2 球罐接管、人孔等的承压封头、平盖及其紧固件。

3.4.3 非受压元件与球壳的连接焊缝。

3.4.4 直接连接在球罐上的非受压元件如支柱、拉杆和底板等。

3.4.5 安全附件：

a) 球罐的超压泄放装置应符合 GB 150.1—2011 附录 B 或 JB 4732—1995 附录 E 的规定。

b) 球罐的阀门、仪表等应符合附录 B 的规定。

### 3.5 资格与职责

#### 3.5.1 资格

资格包括：

a) TSG R0004 管辖范围内的球罐设计单位应持有特种设备设计许可证(压力容器，球形储罐)，若进行球罐的分析设计，还应持有特种设备设计许可证(压力容器，压力容器分析设计)；

b) TSG R0004 管辖范围内的球罐制造单位应持有特种设备制造许可证(压力容器，球壳板制造)；

c) TSG R0004 管辖范围内的球罐组焊单位应持有特种设备制造许可证(压力容器，球形储罐现场组焊)。

#### 3.5.2 职责

##### 3.5.2.1 用户或设计委托方的职责

球罐的用户或设计委托方应当以正式书面形式向设计单位提出球罐设计条件(UDS，User's Design Specification)，其中至少包含以下内容：

a) 球罐设计所依据的主要标准和规范；

b) 操作参数(包括工作压力、工作温度范围、装量系数、接管载荷等)；

c) 球罐使用地及其自然条件(包括环境温度、抗震设防烈度、设计基本地震加速度、设计地震分组、风载荷、雪载荷、场地类别、地面粗糙类别等)；

d) 介质组分与特性；

e) 预期使用年限；

f) 几何参数和管口方位；

g) 设计需要的其他必要条件。

##### 3.5.2.2 设计单位的职责

设计单位的职责包括：

a) 设计单位应对设计文件的正确性和完整性负责；

b) 球罐的设计文件至少应包括强度计算书或应力分析报告、设计图样、制造及组焊技术条件、风险评估报告(相关法规或设计委托方要求时),必要时还应当包括安装与使用维修说明;
c) 设计图样的技术文件中,应写明所盛装介质的名称、成分组成、适用的国家标准(行业标准)、介质毒性和爆炸危害程度、腐蚀裕量、焊接接头系数、对储存液化气体的球罐应当注明装量系数、对有应力腐蚀倾向的球罐应当注明腐蚀介质的限定含量、主要工艺参数、特殊要求等;
d) TSG R0004 管辖范围内的球罐设计总图应盖有特种设备设计许可印章(压力容器,球形储罐,分析设计时还应有压力容器分析设计资质);
e) 设计单位向球罐用户出具的风险评估报告应符合附录 C 的要求;
f) 设计单位应在球罐设计使用年限内保存全部球罐设计文件。

**3.5.2.3 制造、组焊单位的职责**

制造、组焊单位的职责包括:

a) 制造、组焊单位应按照设计文件要求进行制造、组焊,如需要对原设计进行修改,应当取得原设计单位同意修改的书面文件,并且对改动部位作出详细记载。
b) 制造、组焊单位在球罐制造、组焊前应制定完善的质量计划,其内容至少应包括球罐或元件的制造(组焊)工艺控制点、检验项目和合格指标。
c) 制造、组焊单位的检查部门在球罐制造、组焊过程中和完工后,应按本标准、图样规定和质量计划的规定对球罐进行各项检验和试验,出具相应报告,并对报告的正确性和完整性负责。
d) 制造、组焊单位在检验合格后,出具产品质量合格证。
e) 制造、组焊单位对其制造、组焊的每台球罐产品应在球罐设计使用年限内至少保存下列技术文件备查:
    1) 质量计划;
    2) 制造、组焊工艺图或制造、组焊工艺卡;
    3) 产品质量证明文件;
    4) 球罐的焊接工艺和热处理工艺文件;
    5) 标准中允许制造、组焊单位选择的检验、试验项目记录;
    6) 球罐制造、组焊过程中及完工后的检查、检验、试验记录;
    7) 球罐的原设计图和竣工图。
f) 球罐出厂时,制造单位对每台球罐至少应向使用单位提供下列制造质量证明文件:
    1) 竣工图样,TSG R0004 管辖范围内的球罐,竣工图样的总图上应当有特种设备设计许可印章(压力容器,球形储罐,分析设计时还应有压力容器分析设计资质)(复印章无效),并且加盖竣工图章。若制造中发生了材料代用、无损检测方法改变、加工尺寸变更等,制造单位应当按照设计单位书面批准文件的要求在竣工图样上清晰标注,标注处应当有制造单位修改人和审核人的签字及修改日期。
    2) 压力容器产品合格证(含产品数据表)、产品质量证明文件和产品铭牌的拓印件或者复印件。产品质量证明文件至少包括:
    ——球壳板及其组焊件的出厂合格证;
    ——材料质量证明书;
    ——球壳板与人孔、接管的组焊记录;
    ——无损检测报告(至少包括:钢板、球壳板周边、焊缝的检测报告);
    ——球壳板测厚报告;
    ——质量计划或检验计划;
    需要时,还应提供下列技术文件:

——材料代用审批文件；

——与球壳板焊接的组焊件热处理报告；

——球壳板材料的复验报告；

——极板产品焊接试件焊接接头的力学和弯曲性能试验报告；

——球壳板与支柱的组焊记录；

——球壳排版图；

——与风险预防和控制相关的制造文件。

3） 特种设备制造监督检验证书。

4） 设计文件（含强度计算书或应力分析报告、按相关规定要求的风险评估报告，以及其他必要的设计文件）。

g） 球罐交工时，组焊单位对每台球罐至少应向使用单位提供下列组焊质量证明文件：

1） 竣工图样，TSG R0004 管辖范围内的球罐，竣工图样总图上应当有特种设备设计许可印章（压力容器，球形储罐，分析设计时还应有压力容器分析设计资质）（复印章无效），并且加盖竣工图章。若组焊中发生了材料代用、无损检测方法改变、加工尺寸变更等，组焊单位应当按照设计单位书面批准文件的要求在竣工图样上清晰标注，标注处应当有组焊单位修改人和审核人的签字及修改日期。

2） 压力容器产品合格证（含产品数据表）、产品质量证明文件和产品铭牌的拓印件或者复印件。产品质量证明文件至少包括：

——球壳板及其组焊件的质量证明文件；

——球罐基础检验记录；

——球罐零部件复验记录；

——球罐施焊记录（附焊缝布置图）；

——焊接材料质量证明书或复验报告；

——产品焊接试件试验报告；

——无损检测报告；

——球罐几何尺寸检查记录；

——球罐支柱检查记录；

——球罐耐压试验报告；

——基础沉降观测记录；

——质量计划或检验计划；

需要时，还应提供下列技术文件：

——球壳板与支柱的组焊记录；

——焊接接头修补记录；

——球罐焊后整体热处理报告；

——球罐泄漏试验报告；

——与风险预防和控制相关的组焊文件。

3） 特种设备制造监督检验证书。

4） 设计文件（含强度计算书或应力分析报告、按相关规定要求的风险评估报告，以及其他必要的设计文件）。

## 3.6 球罐各部分名称

球罐及支柱各部分的名称如图 1、图 2 所示。

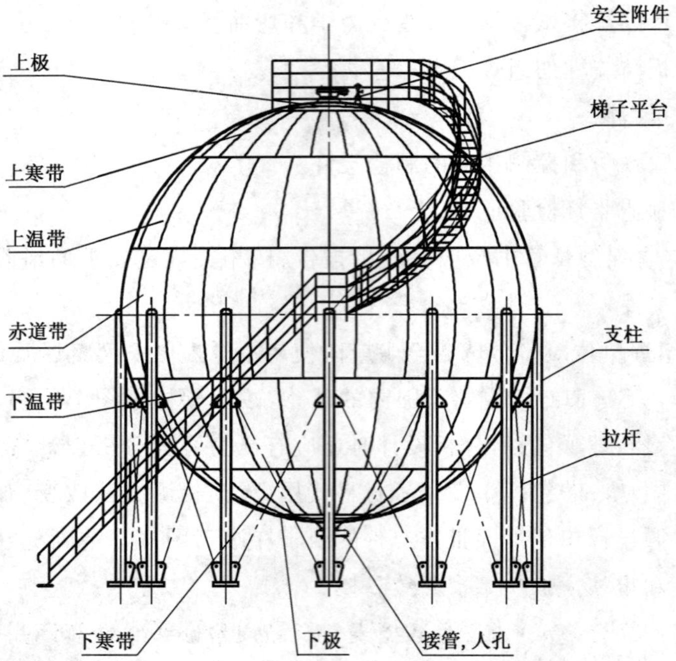


图 1

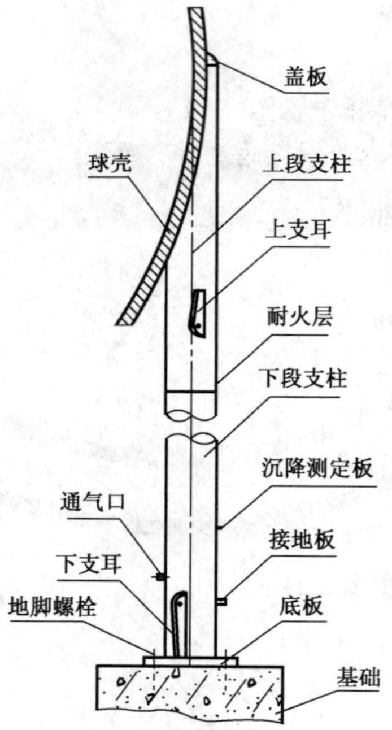


图 2

## 3.7 术语和定义

GB/T 26929—2011 中界定的以及下列术语和定义适用于本文件。

3.7.1

**压力 pressure**

垂直作用在球罐单位表面积上的力。在本标准中，除注明者外，压力均指表压力。

3.7.2

**工作压力 operating pressure**

在正常工作情况下，球罐顶部可能达到的最高压力。

3.7.3

**设计压力 design pressure**

设定的球罐顶部的最高压力，与相应的设计温度一起作为球罐的基本设计载荷条件，其值不低于工作压力。

球罐上装有超压泄放装置时，应按 GB 150.1—2011 附录 B 或 JB 4732—1995 附录 E 的规定确定设计压力。

对于盛装液化气体的球罐，如果具有可靠的保冷设施，在规定的装量系数范围内，设计压力应根据工作条件下球罐内介质可能达到的最高温度确定；否则按相关法规确定。

3.7.4

**计算压力 calculation pressure**

在相应设计温度下，用以确定球壳板厚度或受压元件厚度的压力，包括液柱静压力等附加载荷。

3.7.5

**试验压力 test pressure**

进行耐压试验或泄漏试验时，球罐顶部的压力。

3.7.6

**最高允许工作压力 maximum allowable working pressure; MAWP**

在指定的相应温度下，球罐顶部所允许承受的最大压力。该压力是根据球罐各受压元件的有效厚度，考虑了该元件承受的所有载荷而计算得到的，且取最小值。

注：当球罐的设计文件没有给出最高允许工作压力时，则可以认为该球罐的设计压力即是最高允许工作压力。

3.7.7

**设计温度 design temperature**

球罐在正常工作情况下，设定的元件的金属温度(沿元件金属截面的温度平均值)。设计温度与设计压力一起作为设计载荷条件。

设计温度不得低于元件金属在工作状态下可能达到的最高温度。对于 0 ℃以下的金属温度，设计温度不得高于元件金属可能达到的最低温度。

标志在铭牌上的设计温度应是球壳设计温度的最高值或最低值。

元件的金属温度可用传热计算求得，或在已使用的同类球罐上测定，或按内部介质温度并结合外部条件确定。

3.7.8

**试验温度 test temperature**

进行耐压试验或泄漏试验时，球壳的金属温度。

3.7.9

**最低设计金属温度 minimum design metal temperature**

设计时，球罐在运行过程中预期的各种可能条件下各元件金属温度的最低值。

在确定最低设计金属温度时，应当充分考虑在运行过程中，大气环境低温条件对球壳金属温度的影响。大气环境低温条件系指历年来月平均最低气温(指当月各天的最低气温值之和除以当月天数)的最低值。

3.7.10

**计算厚度　required thickness**

按本标准相应公式计算得到的厚度。需要时,尚应计入其他载荷(见3.8.2)所需厚度。

3.7.11

**设计厚度　design thickness**

计算厚度与腐蚀裕量之和。

3.7.12

**名义厚度　nominal thickness**

设计厚度加上钢材厚度负偏差后向上圆整至钢材标准规格的厚度。即标注在图样上的厚度。

3.7.13

**有效厚度　effective thickness**

名义厚度减去腐蚀裕量和钢材厚度负偏差。

## 3.8 设计的一般规定

3.8.1 球罐设计单位(设计人员)应严格依据用户或设计委托方所提供的球罐设计条件进行球罐设计,应考虑球罐在使用中可能出现的所有失效模式,提出防止失效的措施。

3.8.2 设计时应考虑以下载荷:

a) 压力;

b) 液柱静压力;

c) 球罐自重(包括内件)以及正常工作条件下或耐压试验状态下内装介质的重力载荷;

d) 附属设备及隔热材料、管道、支柱、拉杆、梯子、平台等的重力载荷;

e) 风载荷、地震载荷、雪载荷;

f) 支柱的反作用力;

需要时,还应考虑下列载荷:

g) 连接管道和其他部件的作用力;

h) 温度梯度或热膨胀量不同引起的作用力;

i) 冲击载荷,包括压力急剧波动引起的冲击载荷、流体冲击引起的反力等。

3.8.3 厚度附加量按式(1)确定:

$$C = C_1 + C_2 \qquad \cdots\cdots(1)$$

式中:

$C$ ——厚度附加量,mm;

$C_1$——钢材厚度负偏差,按3.8.3.1,mm;

$C_2$——腐蚀裕量,按3.8.3.2,mm。

3.8.3.1 钢材厚度负偏差

钢板或钢管的厚度负偏差按钢材标准的规定。当钢材的厚度负偏差不大于0.3 mm,且不超过名义厚度的6%时,负偏差可忽略不计。

3.8.3.2 腐蚀裕量

为防止球罐元件由于腐蚀、机械磨损而导致厚度削弱减薄,应考虑腐蚀裕量,具体规定如下:

a) 对有均匀腐蚀或磨损的元件,应根据预期的球罐设计使用年限和介质对钢材的腐蚀速率(及磨

蚀速率)确定腐蚀裕量;

b) 球罐各元件受到的腐蚀程度不同时,可采用不同的腐蚀裕量;

c) 碳素钢或低合金钢制球罐,腐蚀裕量不小于 1 mm。

## 3.9 许用应力

3.9.1 本标准所用材料的许用应力按第 4 章选取。确定许用应力的依据为:钢材(除螺栓材料外)按表 1,螺栓材料按表 2。

**表 1 钢材许用应力**

| 材 料 | 许用应力取下列各值中的最小值/MPa |
|---|---|
| 碳素钢、低合金钢 | $R_m/2.7, R_{eL}/1.5, R_{eL}^t/1.5$ |
| 奥氏体型不锈钢[a,b] | $R_m/2.7, R_{eL}(R_{p0.2})/1.5, R_{eL}^t(R_{p0.2}^t)/1.5$ |

$R_m$ ——材料标准抗拉强度下限值,MPa;

$R_{eL}(R_{p0.2}、R_{p1.0})$ ——材料标准室温屈服强度(或 0.2%、1.0%非比例延伸强度),MPa;

$R_{eL}^t(R_{p0.2}^t、R_{p1.0}^t)$ ——材料在设计温度下的屈服强度(或 0.2%、1.0%非比例延伸强度),MPa。

[a] 对奥氏体型不锈钢制受压元件,当设计温度低于蠕变范围,且允许有微量的永久变形时,可适当提高许用应力至 $0.9R_{p0.2}^t$,但不超过 $R_{p0.2}/1.5$。此规定不适用于法兰或其他有微量永久变形就产生泄漏或故障的场合。

[b] 如果引用标准规定了 $R_{p1.0}$ 或 $R_{p1.0}^t$,则可以选用该值计算其许用应力。

**表 2 螺栓许用应力**

| 材 料 | 螺栓直径/mm | 热处理状态 | 许用应力/MPa |
|---|---|---|---|
| 碳素钢 | ≤M22 | 热轧,正火 | $R_{eL}^t/2.7$ |
| | M24~M48 | | $R_{eL}^t/2.5$ |
| 低合金钢 | ≤M22 | 调质 | $R_{eL}^t/3.5$ |
| | M24~M48 | | $R_{eL}^t/3.0$ |
| | ≥M52 | | $R_{eL}^t/2.7$ |
| 奥氏体型钢 | ≤M22 | 固溶 | $R_{eL}^t(R_{p0.2}^t)/1.6$ |
| | M24~M48 | | $R_{eL}^t(R_{p0.2}^t)/1.5$ |

3.9.2 设计温度低于 20 ℃时,取 20 ℃时的许用应力。

## 3.10 焊接接头系数

双面焊全焊透对接接头的焊接接头系数 $\phi$ 按下列规定选取:

全部无损检测 $\phi=1.0$

局部无损检测 $\phi=0.85$

## 3.11 耐压试验

### 3.11.1 通用要求

球罐制成后应经耐压试验。耐压试验的种类、要求和试验压力值应在图样上注明。

耐压试验可采用液压试验、气压试验或气液组合压力试验，一般采用液压试验，试验液体按 8.10.4.6.1 和 8.10.4.6.2 的要求，做气压试验的球罐必须满足 8.10.4.7 的要求，采用气液组合压力试验时，液体和气体应分别满足 8.10.4.6.1、8.10.4.6.2 和 8.10.4.7.1 的要求，试验压力按 3.11.2 的规定。

### 3.11.2 耐压试验压力

耐压试验压力的最低值按下述规定，工作条件下内装介质的液柱静压力大于液压试验时的液柱静压力时，应适当考虑相应增加试验压力。

液压试验

$$p_T = 1.25p\frac{[\sigma]}{[\sigma]^t} \qquad (2)$$

气压试验和气液组合压力试验

$$p_T = 1.1p\frac{[\sigma]}{[\sigma]^t} \qquad (3)$$

式中：

$p_T$——试验压力，MPa；

$p$——设计压力，MPa；

$[\sigma]$——球壳材料在试验温度下的许用应力，MPa；

$[\sigma]^t$——球壳材料在设计温度下的许用应力，MPa。

注：球罐铭牌上规定有最高允许工作压力时，公式中应以最高允许工作压力代替设计压力 $p$。

### 3.11.3 耐压试验应力校核

如果采用大于 3.11.2 所规定的试验压力，在耐压试验前，应校核各受压元件在试验条件下的应力水平，例如对球壳元件应校核最大总体薄膜应力 $\sigma_T$。$\sigma_T$ 按式(4)计算：

$$\sigma_T = \frac{(p_T + p_{Ti})(D_i + \delta_e)}{4\delta_e} \qquad (4)$$

式中：

$\sigma_T$——试验压力下球壳的最大总体薄膜应力，MPa；

$p_T$——试验压力，MPa；

$p_{Ti}$——液柱静压力，MPa；

$D_i$——球壳内直径，mm；

$\delta_e$——球壳的有效厚度，mm。

$\sigma_T$ 满足下列条件：

液压试验时，$\sigma_T \leqslant 0.9R_{eL}(R_{p0.2})\phi$

气压试验和气液组合压力试验时，$\sigma_T \leqslant 0.8R_{eL}(R_{p0.2})\phi$

式中：

$R_{eL}(R_{p0.2})$——球壳材料在试验温度下的屈服强度(或 0.2%非比例延伸强度)，MPa；

$\phi$ ——球壳的焊接接头系数。

## 3.12 泄漏试验

3.12.1 泄漏试验包括气密性试验以及氨检漏试验、卤素检漏试验和氦检漏试验等。

3.12.2 介质毒性程度为极度或高度危害、易爆的压缩气体或易爆的液化气体、不允许有微量泄漏的球罐，应在耐压试验合格后进行泄漏试验。

注：毒性程度分级和易爆介质的划分按 TSG R0004 的规定(下同)。

3.12.3 设计单位应当提出球罐泄漏试验的方法和技术要求。

3.12.4 需进行泄漏试验时，试验压力、试验介质和相应的检验要求应在图样上和设计文件中注明。

3.12.5 气密性试验压力等于设计压力。

### 3.13 分析设计

分析设计的球罐应符合附录D的规定。

## 4 材料

### 4.1 基本要求

4.1.1 球罐受压元件所采用的钢板、钢管、锻件和螺柱(含螺母)用钢材应符合本章规定。与受压元件相焊接的非受压元件用钢应是焊接性良好的钢材。

4.1.2 采用本章未列入钢号的钢材时，除奥氏体型钢材外均应符合GB 150.2—2011附录A的有关规定。允许采用已列入国家标准中的奥氏体型钢材，其技术要求(如磷、硫含量、强度指标)不应低于本章所列入相应钢材标准中化学成分相近钢号的规定。

4.1.3 球罐受压元件用钢应当是氧气转炉或者电炉冶炼的镇静钢。对标准抗拉强度下限值大于或等于540 MPa的低合金钢钢板，还应当采用炉外精炼工艺。

4.1.4 球罐受压元件用钢应附有钢材制造单位的钢材质量证明书原件，球罐制造单位应按质量证明书对钢材进行验收。如无钢材制造单位的钢材质量证明书原件时，则应按TSG R0004—2009中2.1的规定。对符合TSG R0004—2009中2.11所规定的情况，球罐制造单位应对钢材进行复验。

4.1.5 选择球罐受压元件用钢时应考虑球罐的使用条件(如设计温度、设计压力、物料特性等)、材料的性能(力学性能、工艺性能、化学性能和物理性能)、球罐的制造工艺和组焊要求以及经济合理性。

4.1.6 设计对钢材有特殊要求(如特殊冶炼方法、严格的化学成分规定、较高的冲击功指标、提高无损检测合格等级、增加力学性能检验率、规定腐蚀试验要求等)时，应在设计文件中规定。

4.1.7 对已列入本章的标准抗拉强度下限值大于或等于540 MPa的钢板和用于球罐设计温度低于-40 ℃的低合金钢钢板，如钢板制造单位无该钢板在压力容器中使用业绩，则钢板制造单位仍应按TSG R0004的规定通过技术评审。

4.1.8 碳素钢和低合金钢钢材的使用温度下限按本章相应条款的规定。钢材及其焊接接头的冲击试验温度不得低于相应钢材的使用温度下限。

4.1.9 碳素钢和低合金钢钢材的冲击试验要求：

4.1.9.1 碳素钢和低合金钢钢材(钢板、钢管、钢锻件及其焊接接头)的冲击功最低值按表3的规定。

**表3 碳素钢和低合金钢钢材的冲击功最低值**

| 钢材标准抗拉强度下限值 $R_m$/MPa | 3个标准试样冲击功平均值 $KV_2$/J |
|---|---|
| ≤450 | ≥20 |
| >450～510 | ≥24 |
| >510～570 | ≥31 |
| >570～630 | ≥34 |
| >630～690 | ≥38 |
| **注**：对 $R_m$ 随厚度增大而降低的钢材，按该钢材最小厚度范围的 $R_m$ 确定冲击功指标。 | |

4.1.9.2 夏比V型缺口冲击试样的取样部位和试样方向应符合相应钢材标准的规定。冲击试验每组取3个标准试样,允许1个试样的冲击功数值低于表3的规定值,但不得低于表3规定值的70%。当钢材尺寸无法制备标准试样时,则应依次制备宽度为7.5 mm或5 mm的小尺寸冲击试样,其冲击功指标分别为标准试样冲击功指标的75%或50%。

4.1.9.3 钢板的冲击试验要求分别按GB 713、GB 3531和GB 19189的规定。如需提高冲击功指标,应在设计文件中注明。对Q245R、Q345R钢板,如需规定进行−20 ℃冲击试验时,应在设计文件中注明。

4.1.9.4 钢管的冲击试验要求按4.3的规定。

4.1.9.5 钢锻件的冲击试验要求分别按NB/T 47008和NB/T 47009的规定。如需提高冲击功指标,应在设计文件中注明。对20、16Mn和20MnMo钢锻件,如需规定进行−20 ℃冲击试验时,应在设计文件中注明。

4.1.9.6 低合金钢螺柱的冲击试验要求按4.5.3和4.5.4的规定。

4.1.10 奥氏体型钢材的使用温度高于或等于−196 ℃时,可免做冲击试验。

4.1.11 球罐的设计温度低于−20 ℃时,受压元件用钢材还应符合附录E的规定。

4.1.12 当球罐的设计温度高于200 ℃时,其受压元件用钢材的许用应力按GB 150.2的规定。

4.1.13 各钢材许用应力表和设计应力强度表中中间温度的许用应力和设计应力强度可用内插法求得。

## 4.2 钢板

4.2.1 钢板的标准、使用状态及许用应力按表4的规定。

**表4 钢板许用应力**

| 碳素钢和低合金钢钢板 | | | | | | | | | | |
|---|---|---|---|---|---|---|---|---|---|---|
| 钢号 | 钢板标准 | 使用状态 | 厚度/mm | 室温强度指标 | | 在下列温度(℃)下的许用应力/MPa | | | | 注 |
| | | | | $R_m$/MPa | $R_{eL}$/MPa | ≤20 | 100 | 150 | 200 | |
| Q245R | GB 713 | 热轧,控轧,正火 | 6~16 | 400 | 245 | 148 | 147 | 140 | 131 | |
| | | | >16~36 | 400 | 235 | 148 | 140 | 133 | 124 | |
| | | | >36~60 | 400 | 225 | 148 | 133 | 127 | 119 | |
| Q345R | GB 713 | 热轧,控轧,正火 | 6~16 | 510 | 345 | 189 | 189 | 189 | 183 | |
| | | | >16~36 | 500 | 325 | 185 | 185 | 183 | 170 | |
| | | | >36~60 | 490 | 315 | 181 | 181 | 173 | 160 | |
| Q370R | GB 713 | 正火 | 10~16 | 530 | 370 | 196 | 196 | 196 | 196 | |
| | | | >16~36 | 530 | 360 | 196 | 196 | 196 | 193 | |
| | | | >36~60 | 520 | 340 | 193 | 193 | 193 | 180 | |
| 16MnDR | GB 3531 | 正火,正火加回火 | 6~16 | 490 | 315 | 181 | 181 | 180 | 167 | |
| | | | >16~36 | 470 | 295 | 174 | 174 | 167 | 157 | |
| | | | >36~50 | 460 | 285 | 170 | 170 | 160 | 150 | |
| 15MnNiDR | GB 3531 | 正火,正火加回火 | 6~16 | 490 | 325 | 181 | 181 | 181 | 173 | |
| | | | >16~36 | 480 | 315 | 178 | 178 | 178 | 167 | |
| | | | >36~50 | 470 | 305 | 174 | 174 | 173 | 160 | |

**表 4（续）**

| 碳素钢和低合金钢钢板 | | | | | | | | | | |
|---|---|---|---|---|---|---|---|---|---|---|
| 钢号 | 钢板标准 | 使用状态 | 厚度/mm | 室温强度指标 | | 在下列温度(℃)下的许用应力/MPa | | | | 注 |
| | | | | $R_m$/MPa | $R_{eL}$/MPa | ≤20 | 100 | 150 | 200 | |
| 15MnNiNbDR | GB 3531 | 正火，正火加回火 | 10～16 | 530 | 370 | 196 | 196 | 196 | 196 | |
| | | | ＞16～36 | 530 | 360 | 196 | 196 | 196 | 193 | |
| | | | ＞36～50 | 520 | 350 | 193 | 193 | 193 | 187 | |
| 09MnNiDR | GB 3531 | 正火，正火加回火 | 6～16 | 440 | 300 | 163 | 163 | 163 | 160 | |
| | | | ＞16～36 | 430 | 280 | 159 | 159 | 157 | 150 | |
| | | | ＞36～50 | 430 | 270 | 159 | 159 | 150 | 143 | |
| 07MnMoVR | GB 19189 | 调质 | 10～50 | 610 | 490 | 226 | 226 | 226 | 226 | |
| 07MnNiVDR | GB 19189 | 调质 | 10～50 | 610 | 490 | 226 | 226 | 226 | 226 | |
| 07MnNiMoDR | GB 19189 | 调质 | 10～50 | 610 | 490 | 226 | 226 | 226 | 226 | |

| 高合金钢钢板 | | | | | | | | |
|---|---|---|---|---|---|---|---|---|
| 钢号 | 钢板标准 | 使用状态 | 厚度/mm | 在下列温度(℃)下的许用应力/MPa | | | | 注 |
| | | | | ≤20 | 100 | 150 | 200 | |
| S30408 | GB 24511 | 固溶 | 6～50 | 137 | 137 | 137 | 130 | 1 |
| | | | | 137 | 114 | 103 | 96 | |
| S30403 | GB 24511 | 固溶 | 6～50 | 120 | 120 | 118 | 110 | 1 |
| | | | | 120 | 98 | 87 | 81 | |
| S31608 | GB 24511 | 固溶 | 6～50 | 137 | 137 | 137 | 134 | 1 |
| | | | | 137 | 117 | 107 | 99 | |
| S31603 | GB 24511 | 固溶 | 6～50 | 120 | 120 | 117 | 108 | 1 |
| | | | | 120 | 98 | 87 | 80 | |

**注 1**：该行许用应力仅适用于允许产生微量永久变形之元件，对于法兰或其他有微量永久变形就产生泄漏或故障的场合不能采用。

**4.2.2** 球壳用钢板厚度不宜大于 50 mm。

**4.2.3** 凡符合下列条件的碳素钢和低合金钢钢板，应在正火状态下使用：

a) 用于球壳的厚度大于 36 mm 的 Q245R 和 Q345R；

b) 用于其他受压元件(法兰、平盖等)的厚度大于 50 mm 的 Q245R 和 Q345R。

**4.2.4** 符合下列条件的球壳用碳素钢和低合金钢钢板，每张热处理钢板(热处理后钢板被切割成数张时仍按 1 张考虑)应进行拉伸和夏比 V 型缺口冲击试验：

a) 调质热处理钢板；

b) 厚度大于 60 mm 的钢板。

**4.2.5** 根据设计要求，对厚度大于 36 mm 的调质状态使用的钢板和厚度大于 50 mm 的正火或正火加回火状态使用的钢板，可增加一组在钢板厚度 1/2 处取样的冲击试验，其冲击功指标在设计文件中规定。

4.2.6 根据设计要求，对厚度大于 36 mm 的标准抗拉强度下限值大于或等于 540 MPa 的低合金钢钢板和用于球罐设计温度低于−40 ℃的低合金钢钢板，可附加进行落锤试验。试验按 GB/T 6803 进行，采用 P-2 型试样，无塑性转变(NDT)温度的合格指标应在设计文件中规定。

4.2.7 球罐受压元件用钢板，其使用温度下限分别按表 5 的规定。

**表 5 碳素钢和低合金钢钢板的使用温度下限**

| 钢号 | 钢板厚度/mm | 使用状态 | 冲击试验要求 | 使用温度下限/℃ |
|---|---|---|---|---|
| 中常温用钢板 | | | | |
| Q245R | 6～12 | 热轧，控轧，正火 | 0 ℃冲击 | −20 |
| | ＞12～16 | | | −10 |
| | ＞16～60 | | | 0 |
| | ＞12～20 | 热轧，控轧 | −20 ℃冲击(协议) | −20 |
| | ＞12～60 | 正火 | | −20 |
| Q345R | 6～20 | 热轧，控轧，正火 | 0 ℃冲击 | −20 |
| | ＞20～25 | | | −10 |
| | ＞25～60 | | | 0 |
| | ＞20～30 | 热轧，控轧 | −20 ℃冲击(协议) | −20 |
| | ＞20～60 | 正火 | | −20 |
| Q370R | 10～60 | 正火 | −20 ℃冲击 | −20 |
| 07MnMoVR | 10～50 | 调质 | −20 ℃冲击 | −20 |
| 低温用钢板 | | | | |
| 16MnDR | 6～50 | 正火，正火加回火 | −40 ℃冲击 | −40 |
| 15MnNiDR | 6～50 | 正火，正火加回火 | −45 ℃冲击 | −45 |
| 15MnNiNbDR | 10～50 | 正火，正火加回火 | −50 ℃冲击 | −50 |
| 09MnNiDR | 6～50 | 正火，正火加回火 | −70 ℃冲击 | −70 |
| 07MnNiVDR | 10～50 | 调质 | −40 ℃冲击 | −40 |
| 07MnNiMoDR | 10～50 | 调质 | −50 ℃冲击 | −50 |

4.2.8 球壳用碳素钢及低合金钢钢板应由钢板制造单位或球罐制造单位按表 6 的规定逐张进行超声检测，钢板超声检测方法和质量等级按 JB/T 4730.3 的规定。

**表 6 球壳用碳素钢和低合金钢钢板的超声检测要求**

| 钢号 | 钢板厚度/mm | 球罐使用条件 | 质量等级 |
|---|---|---|---|
| Q245R<br>Q345R | ＞30～36 | — | 不低于Ⅲ级 |
| | ＞36 | — | 不低于Ⅱ级 |
| Q370R | ＞25 | — | 不低于Ⅱ级 |

表 6（续）

| 钢号 | 钢板厚度/mm | 球罐使用条件 | 质量等级 |
|---|---|---|---|
| 16MnDR<br>Ni 系低温钢（调质状态钢除外） | ＞20 | — | 不低于Ⅱ级 |
| 调质状态使用的钢号 | ＞16 | — | Ⅰ级 |
| — | ≥12 | 介质毒性程度为极度或高度危害；在湿 $H_2S$ 环境中使用 | 不低于Ⅱ级 |
| **注**：与人孔、接管相焊接的球壳板和与支柱焊接的赤道板的碳素钢和低合金钢钢板应逐张进行超声检测，其质量等级应与本表规定的相应钢号等级相同。 | | | |

4.2.9 奥氏体型钢板应按 GB 24511 的规定，以固溶热处理状态交货；球壳用钢板的表面加工类型和热轧钢板的厚度允许偏差精度应按下列规定：

a) 设计文件中应明确规定钢板的表面加工类型，热轧产品一般采用 1E 级，冷轧产品一般采用 2D 级；

b) 热轧厚钢板、热轧钢板及钢带的厚度允许偏差分为普通精度和较高精度两个等级，球罐一般采用普通精度级。

## 4.3 钢管

4.3.1 钢管的标准、使用状态及许用应力按表 7 的规定。表中 GB 13296 和 GB/T 14976 钢号中的统一数字代号系按 GB/T 20878 的规定。对壁厚大于 30 mm 的钢管和使用温度低于－20 ℃的钢管，表 7 中的正火不允许用终轧温度符合正火温度的热轧来代替。

表 7 钢管许用应力

| 碳素钢和低合金钢钢管 | | | | | | | | | | |
|---|---|---|---|---|---|---|---|---|---|---|
| 钢号 | 钢管标准 | 使用状态 | 壁厚/mm | 室温强度指标 | | 在下列温度(℃)下的许用应力/MPa | | | | 注 |
| | | | | $R_m$/MPa | $R_{eL}$/MPa | ≤20 | 100 | 150 | 200 | |
| 10 | GB/T 8163 | 热轧 | ≤10 | 335 | 205 | 124 | 121 | 115 | 108 | |
| 20 | GB/T 8163 | 热轧 | ≤10 | 410 | 245 | 152 | 147 | 140 | 131 | |
| Q345D | GB/T 8163 | 正火 | ≤10 | 470 | 345 | 174 | 174 | 174 | 174 | |
| 10 | GB 9948 | 正火 | ≤16 | 335 | 205 | 124 | 121 | 115 | 108 | |
| | | | ＞16～30 | 335 | 195 | 124 | 117 | 111 | 105 | |
| 20 | GB 9948 | 正火 | ≤16 | 410 | 245 | 152 | 147 | 140 | 131 | |
| | | | ＞16～30 | 410 | 235 | 152 | 140 | 133 | 124 | |
| 20 | GB 6479 | 正火 | ≤16 | 410 | 245 | 152 | 147 | 140 | 131 | |
| | | | ＞16～40 | 410 | 235 | 152 | 140 | 133 | 124 | |
| 16Mn | GB 6479 | 正火 | ≤16 | 490 | 320 | 181 | 181 | 180 | 167 | |
| | | | ＞16～40 | 490 | 310 | 181 | 181 | 173 | 160 | |
| 09MnD | — | 正火 | ≤8 | 420 | 270 | 156 | 156 | 150 | 143 | 1 |
| 09MnNiD | — | 正火 | ≤8 | 440 | 280 | 163 | 163 | 157 | 150 | 1 |

表 7（续）

| 高合金钢钢管 | | | | | | | |
|---|---|---|---|---|---|---|---|
| 钢号 | 钢管标准 | 壁厚/mm | 在下列温度(℃)下的许用应力/MPa | | | | 注 |
| | | | ≤20 | 100 | 150 | 200 | |
| 0Cr18Ni9 (S30408) | GB 13296 | ≤14 | 137 | 137 | 137 | 130 | 2 |
| | | | 137 | 114 | 103 | 96 | |
| 0Cr18Ni9 (S30408) | GB/T 14976 | ≤28 | 137 | 137 | 137 | 130 | 2 |
| | | | 137 | 114 | 103 | 96 | |
| 00Cr19Ni10 (S30403) | GB 13296 | ≤14 | 117 | 117 | 117 | 110 | 2 |
| | | | 117 | 97 | 87 | 81 | |
| 00Cr19Ni10 (S30403) | GB/T 14976 | ≤28 | 117 | 117 | 117 | 110 | 2 |
| | | | 117 | 97 | 87 | 81 | |
| 0Cr17Ni12Mo2 (S31608) | GB 13296 | ≤14 | 137 | 137 | 137 | 134 | 2 |
| | | | 137 | 117 | 107 | 99 | |
| 0Cr17Ni12Mo2 (S31608) | GB/T 14976 | ≤28 | 137 | 137 | 137 | 134 | 2 |
| | | | 137 | 117 | 107 | 99 | |
| 00Cr17Ni14Mo2 (S31603) | GB 13296 | ≤14 | 117 | 117 | 117 | 108 | 2 |
| | | | 117 | 97 | 87 | 80 | |
| 00Cr17Ni14Mo2 (S31603) | GB/T 14976 | ≤28 | 117 | 117 | 117 | 108 | 2 |
| | | | 117 | 97 | 87 | 80 | |
| S30408 | GB/T 12771 | ≤28 | 116 | 116 | 116 | 111 | 2,3 |
| | | | 116 | 97 | 88 | 82 | 3 |
| S30403 | GB/T 12771 | ≤28 | 99 | 99 | 99 | 94 | 2,3 |
| | | | 99 | 82 | 74 | 69 | 3 |
| S31608 | GB/T 12771 | ≤28 | 116 | 116 | 116 | 114 | 2,3 |
| | | | 116 | 99 | 91 | 84 | 3 |
| S31603 | GB/T 12771 | ≤28 | 99 | 99 | 99 | 92 | 2,3 |
| | | | 99 | 82 | 74 | 68 | 3 |

注 1：该钢管的技术要求见 GB 150.2—2011 附录 A。

注 2：该行许用应力仅适用于允许产生微量永久变形之元件，对于法兰或其他有微量永久变形就引起泄漏或故障的场合不能采用。

注 3：该行许用应力已乘焊接接头系数 0.85。

4.3.2 表 7 中用于球罐设计温度低于－40 ℃的钢管用钢，均应经炉外精炼。

4.3.3 GB/T 8163 中 10、20 钢和 Q345D 钢管的使用范围如下：

a) 设计压力不大于 4.0 MPa；

b) 钢管壁厚不大于 10 mm；

c) 不得用于毒性程度为极度或高度危害的介质。

4.3.4 碳素钢及低合金钢钢管的使用规定如下：

a) 碳素钢及低合金钢钢管的冲击试验，每组取3个标准试样，允许1个试样的冲击功数值低于规定的标准试样冲击功指标，但不得低于标准试样冲击功指标的70%。因尺寸限制无法制备标准试样的钢管，则应依次制备宽度为7.5 mm或5 mm的小尺寸试样，其冲击功指标分别为标准试样冲击功指标的75%或50%。

b) GB/T 8163中10、20和Q345D钢管的使用温度下限相应为−10 ℃、0 ℃和−20 ℃。

c) GB 9948中外径不小于70 mm，且壁厚不小于6.5 mm的10和20钢管，应分别进行−20 ℃和0 ℃的冲击试验，3个纵向标准试样的冲击功平均值应不小于31 J。10和20钢管的使用温度下限分别为−20 ℃和0 ℃。

d) GB 6479—2000中20和16Mn钢的化学成分应符合S≤0.020%的规定，外径不小于70 mm，且壁厚不小于6.5 mm的20和16Mn钢管，应分别进行0 ℃和−20 ℃的冲击试验，3个纵向标准试样的冲击功平均值应分别不小于31 J和34 J。20和16Mn钢管的使用温度下限分别为0 ℃和−20 ℃。

e) 使用温度低于−20 ℃的钢管，其钢号、使用状态和冲击试验温度(即钢管的使用温度下限)按表8的规定。表中16Mn钢的化学成分应符合P≤0.025%、S≤0.012%的规定，外径不小于70 mm，且壁厚不小于6.5 mm的钢管进行−40 ℃的冲击试验，3个纵向标准试样的冲击功平均值应不小于34 J。09MnD和09MnNiD钢管的技术要求应符合GB 150.2—2011附录A的相关规定。

**表8 碳素钢及低合金钢钢管的使用温度下限**

| 钢号 | 钢管标准 | 使用状态 | 壁厚/mm | 冲击试验温度/℃ |
|---|---|---|---|---|
| 16Mn | GB 6479 | 正火 | ≤40 | −40 |
| 09MnD | GB 150.2 附录 A | 正火 | ≤8 | −50 |
| 09MnNiD | GB 150.2 附录 A | 正火 | ≤8 | −70 |

4.3.5 奥氏体型钢管使用规定如下：

a) GB/T 12771中的Ⅰ类～Ⅳ类钢管允许使用，但应在设计图样上注明所选用的钢管类别；

b) GB/T 12771中Ⅰ类钢管的许用应力可选用GB/T 14976中相应钢号无缝钢管的许用应力，Ⅲ类和Ⅳ类钢管不得用于毒性程度为极度或高度危害的介质；

c) GB 13296、GB/T 14976和GB/T 12771各钢号钢管的使用温度下限应按4.1.10的规定。

4.3.6 允许选用钢棒制造接管，其使用规定如下：

a) 允许选用GB/T 699中直径不大于50 mm的10钢和20钢钢棒制造接管，接管壁厚不大于8 mm且应经正火热处理后使用，各钢号许用应力可选用表7中GB 9948相应钢号和壁厚的许用应力，10钢和20钢接管的使用温度下限相应为−10 ℃和0 ℃；当10钢接管的P≤0.030%、S≤0.020%时，其使用温度下限为−20 ℃。接管免做冲击试验。硬度(或拉伸)试验和无损检测要求在设计文件中规定。

b) 允许选用GB/T 1220中直径不大于50 mm的S30408、S30403、S31608和S31603钢棒制造接管，接管壁厚不大于8 mm，且应在固溶(或稳定化)处理状态下使用，各钢号钢管许用应力可选用表7中GB/T 14976相应钢号的许用应力。各钢号接管的使用温度下限按4.1.10的规定。接管的硬度(或拉伸)试验和无损检测要求应在设计文件中规定。

### 4.4 锻件

4.4.1 锻件的标准、使用状态及许用应力按表9的规定。

**表9 锻件许用应力**

| 钢号 | 锻件标准 | 使用状态 | 公称厚度/mm | 室温强度指标 $R_m$/MPa | 室温强度指标 $R_{eL}$/MPa | 在下列温度(℃)下的许用应力/MPa ≤20 | 100 | 150 | 200 | 注 |
|---|---|---|---|---|---|---|---|---|---|---|
| 碳素钢和低合金钢锻件 | | | | | | | | | | |
| 20 | NB/T 47008 | 正火,正火加回火 | ≤100 | 410 | 235 | 152 | 140 | 133 | 124 | |
| | | | >100～200 | 400 | 225 | 148 | 133 | 127 | 119 | |
| | | | >200～300 | 380 | 205 | 137 | 123 | 117 | 109 | |
| 16Mn | NB/T 47008 | 正火,正火加回火,调质 | ≤100 | 480 | 305 | 178 | 178 | 167 | 150 | |
| | | | >100～200 | 470 | 295 | 174 | 174 | 163 | 147 | |
| | | | >200～300 | 450 | 275 | 167 | 167 | 157 | 143 | |
| 20MnMo | NB/T 47008 | 调质 | ≤300 | 530 | 370 | 196 | 196 | 196 | 196 | |
| 16MnD | NB/T 47009 | 调质 | ≤100 | 480 | 305 | 178 | 178 | 167 | 150 | |
| | | | >100～200 | 470 | 295 | 174 | 174 | 163 | 147 | |
| | | | >200～300 | 450 | 275 | 167 | 167 | 157 | 143 | |
| 20MnMoD | NB/T 47009 | 调质 | ≤300 | 530 | 370 | 196 | 196 | 196 | 196 | |
| 08MnNiMoVD | NB/T 47009 | 调质 | ≤300 | 600 | 480 | 222 | 222 | 222 | 222 | |
| 10Ni3MoVD | NB/T 47009 | 调质 | ≤300 | 600 | 480 | 222 | 222 | 222 | 222 | |
| 09MnNiD | NB/T 47009 | 调质 | ≤200 | 440 | 280 | 163 | 163 | 157 | 150 | |
| | | | >200～300 | 430 | 270 | 159 | 159 | 150 | 143 | |

| 钢号 | 锻件标准 | 使用状态 | 公称厚度/mm | 在下列温度(℃)下的许用应力/MPa ≤20 | 100 | 150 | 200 | 注 |
|---|---|---|---|---|---|---|---|---|
| 高合金钢锻件 | | | | | | | | |
| S30408 | NB/T 47010 | 固溶 | ≤300 | 137 | 137 | 137 | 130 | 1 |
| | | | | 137 | 114 | 103 | 96 | |
| S30403 | NB/T 47010 | 固溶 | ≤300 | 117 | 117 | 117 | 110 | 1 |
| | | | | 117 | 98 | 87 | 81 | |
| S31608 | NB/T 47010 | 固溶 | ≤300 | 137 | 137 | 137 | 134 | 1 |
| | | | | 137 | 117 | 107 | 99 | |
| S31603 | NB/T 47010 | 固溶 | ≤300 | 117 | 117 | 117 | 108 | 1 |
| | | | | 117 | 98 | 87 | 80 | |

注1:该行许用应力仅适用于允许产生微量永久变形之元件,对于法兰或其他有微量永久变形就引起泄漏或故障的场合不能采用。

4.4.2 NB/T 47009 中所有低温用锻件及 NB/T 47010 中奥氏体型钢锻件均应由炉外精炼钢锻制而成。

4.4.3 锻件的级别由设计文件规定，并应在图样上注明（在钢号后附上级别符号，如 16MnⅡ、09MnNiDⅢ）。下列锻件级别应选用Ⅲ级或Ⅳ级：

a） 用于人孔的锻件；

b） 标准抗拉强度下限值等于或大于 540 MPa 且公称厚度大于 200 mm 的低合金钢锻件；

c） 设计温度低于－20 ℃且公称厚度大于 200 mm 的低温用低合金钢锻件。

4.4.4 碳素钢及低合金钢锻件的使用温度下限按表 10 的规定，奥氏体型钢锻件的使用温度下限按 4.1.10的规定。

**表 10 锻件的使用温度下限**

| 钢号 | 公称厚度/mm | 冲击试验要求 | 使用温度下限/℃ |
|---|---|---|---|
| 中常温用锻件 | | | |
| 20 | ≤300 | 0 ℃冲击 | 0 |
| | | －20 ℃冲击 | －20 |
| 16Mn | ≤300 | 0 ℃冲击 | 0 |
| | | －20 ℃冲击 | －20 |
| 20MnMo | ≤300 | 0 ℃冲击 | 0 |
| | | －20 ℃冲击 | －20 |
| 低温用锻件 | | | |
| 16MnD | ≤100 | －45 ℃冲击 | －45 |
| | ＞100～300 | －40 ℃冲击 | －40 |
| 20MnMoD | ≤300 | －40 ℃冲击 | －40 |
| 08MnNiMoVD | ≤300 | －40 ℃冲击 | －40 |
| 10Ni3MoVD | ≤300 | －50 ℃冲击 | －50 |
| 09MnNiD | ≤300 | －70 ℃冲击 | －70 |
| 注：20、16Mn 和 20MnMo 锻件如进行－20 ℃冲击试验，应在设计文件中注明。 | | | |

## 4.5 螺柱和螺母

4.5.1 钢棒的标准、螺柱的使用状态及许用应力按表 11 的规定。

表 11 螺柱许用应力

| 碳素钢和低合金钢螺柱 | | | | | | | | | |
|---|---|---|---|---|---|---|---|---|---|
| 钢号 | 钢棒标准 | 使用状态 | 螺柱规格/mm | 室温强度指标 | | 在下列温度(℃)下的许用应力/MPa | | | |
| | | | | $R_m$/MPa | $R_{eL}$/MPa | ≤20 | 100 | 150 | 200 |
| 20 | GB/T 699 | 正火 | ≤M22 | 410 | 245 | 91 | 81 | 78 | 73 |
| | | | M24～M27 | 400 | 235 | 94 | 84 | 80 | 74 |
| 35 | GB/T 699 | 正火 | ≤M22 | 530 | 315 | 117 | 105 | 98 | 91 |
| | | | M24～M27 | 510 | 295 | 118 | 106 | 100 | 92 |
| 30CrMoA | GB/T 3077 | 调质 | ≤M22 | 700 | 550 | 157 | 141 | 137 | 134 |
| | | | M24～M48 | 660 | 500 | 167 | 150 | 145 | 142 |
| 35CrMoA | GB/T 3077 | 调质 | ≤M22 | 835 | 735 | 210 | 190 | 185 | 179 |
| | | | M24～M48 | 805 | 685 | 228 | 206 | 199 | 196 |
| 高合金钢螺柱 | | | | | | | | | |
| 钢号 | 钢棒标准 | 使用状态 | 螺柱规格/mm | 室温强度指标 | | 在下列温度(℃)下的许用应力/MPa | | | |
| | | | | $R_m$/MPa | $R_{p0.2}$/MPa | ≤20 | 100 | 150 | 200 |
| S30408 | GB/T 1220 | 固溶 | ≤M22 | 520 | 205 | 128 | 107 | 97 | 90 |
| | | | M24～M48 | 520 | 205 | 137 | 114 | 103 | 96 |
| S31608 | GB/T 1220 | 固溶 | ≤M22 | 520 | 205 | 128 | 109 | 101 | 93 |
| | | | M24～M48 | 520 | 205 | 137 | 117 | 107 | 99 |
| S32168 | GB/T 1220 | 固溶 | ≤M22 | 520 | 205 | 128 | 107 | 97 | 90 |
| | | | M24～M48 | 520 | 205 | 137 | 114 | 103 | 96 |

4.5.2 碳素钢螺柱用毛坯应进行正火热处理,低合金钢螺柱用毛坯按表 12 的规定进行调质热处理。

表 12 低合金钢螺柱的力学性能

| 钢号 | 调质回火温度/℃ | 规格/mm | $R_m$/MPa | $R_{eL}$($R_{p0.2}$)/MPa | $A$/% | 0 ℃$KV_2$/J |
|---|---|---|---|---|---|---|
| 30CrMoA | ≥600 | ≤M22 | ≥700 | ≥550 | ≥16 | ≥60 |
| | | M24～M48 | ≥660 | ≥500 | | |
| 35CrMoA | ≥560 | ≤M22 | ≥835 | ≥735 | ≥14 | ≥54 |
| | | M24～M48 | ≥805 | ≥685 | | |

4.5.3 碳素钢和低合金钢螺柱用毛坯经热处理后进行力学性能试验,具体要求如下:

a) 同一钢号、同一冶炼炉号、同一断面尺寸、同一热处理制度、同期制造的螺柱毛坯组成一批,每批抽取一件毛坯进行试验。

b) 试样取样方向为纵向。直径不大于 40 mm 的毛坯,试样的纵轴应位于毛坯中心;直径大于 40 mm 的毛坯,试样的纵轴应位于毛坯半径的 1/2 处。试样距毛坯端部的距离不应小于毛坯的半径,但拉伸试样的头部(或夹持部分)不受此限制。

c) 碳素钢螺柱毛坯每件取一个拉伸试样。低合金钢螺柱毛坯每件取 1 个拉伸试样、3 个冲击试样。拉伸试验方法按 GB/T 228.1 的规定,拉伸试样采用 R4 号($d$=10 mm,$L_0$=50 mm)试样。冲击试验方法按 GB/T 229 的规定,冲击试样采用标准尺寸 V 型缺口试样。

d) 碳素钢螺柱毛坯拉伸试验结果中，抗拉强度和屈服强度应符合表 11 的规定，断后伸长率指标为：20 钢 A≥25%，35 钢 A≥20%。低合金钢螺柱毛坯的拉伸和冲击试验结果应符合表 12 的规定，表中冲击功的规定值系 3 个试样试验结果的平均值，允许有 1 个试样的试验结果小于规定值，但不得小于规定值的 70%。

e) 拉伸试验结果不合格时，应从同一毛坯上再取 2 个拉伸试样进行复验，测定全部 3 项性能。试验结果中只要有 1 个数据不合格，则该批毛坯判为不合格。

f) 冲击试验结果不合格时，应从同一毛坯上再取 3 个冲击试样进行复验。前后两组 6 个试样的冲击功平均值不得小于表 12 的规定，允许有 2 个试样的冲击功小于规定值，但其中小于规定值 70%的只允许有 1 个。否则，该批毛坯判为不合格。

g) 被判为不合格的整批毛坯可按 4.5.2 的规定重新热处理，然后按上述程序重新取样进行试验。

4.5.4 碳素钢和低合金钢螺柱的使用温度下限及相关技术要求应按下列规定：

a) 20 钢螺柱为 −20 ℃，35 钢螺柱为 0 ℃，其他钢号螺柱为 −20 ℃；

b) 30CrMoA 和 35CrMoA 钢螺柱，当使用温度低于 −20 ℃时，应进行使用温度下的低温冲击试验，此时表 12 中的冲击试验温度由 0 ℃改为使用温度，低温冲击功指标按表 13 的规定；

c) 使用温度低于 −40 ℃ ～ −70 ℃的 30CrMoA 和 35CrMoA 螺柱用钢，其化学成分（熔炼分析）中磷、硫含量应为 P≤0.020%、S≤0.010%；使用温度低于 −70 ℃ ～ −100 ℃的 30CrMoA 螺柱用钢，其化学成分（熔炼分析）中磷、硫含量应为 P≤0.015%、S≤0.008%。

**表 13 低温用低合金钢螺柱的冲击功**

| 钢 号 | 螺柱规格/mm | 最低冲击试验温度/℃ | $KV_2$/J |
|---|---|---|---|
| 30CrMoA | ≤M48 | −100 | ≥41 |
| 35CrMoA | ≤M48 | −70 | ≥41 |

4.5.5 各奥氏体型钢号螺柱用毛坯应进行拉伸试验，试验要求和结果应符合 GB/T 1220 的规定。

4.5.6 奥氏体型钢螺柱的使用温度下限按 4.1.10 的规定。

4.5.7 与螺柱用钢组合使用的螺母用钢可按表 14 选用，也可选用有使用经验的其他螺母用钢。调质状态使用的螺母用钢，其回火温度应高于组合使用的螺柱用钢的回火温度。

**表 14 螺母用钢**

| 螺柱钢号 | 螺母用钢 | | | |
|---|---|---|---|---|
| | 钢 号 | 钢材标准 | 使用状态 | 使用温度范围/℃ |
| 20 | 10,15 | GB/T 699 | 正 火 | −20～200 |
| 35 | 20,25 | GB/T 699 | 正 火 | 0～200 |
| 30CrMoA | 40Mn,45 | GB/T 699 | 正 火 | −10～200 |
| | 30CrMoA | GB/T 3077 | 调 质 | −100～200 |
| 35CrMoA | 40Mn,45 | GB/T 699 | 正 火 | −10～200 |
| | 30CrMoA,35CrMoA | GB/T 3077 | 调 质 | −70～200 |
| S30408 | S30408 | GB/T 1220 | 固 溶 | −253～200 |
| S31608 | S31608 | GB/T 1220 | 固 溶 | −253～200 |
| S32168 | S32168 | GB/T 1220 | 固 溶 | −253～200 |

### 4.6 焊接材料

4.6.1 用于制造球罐受压元件的焊接材料应符合 NB/T 47018.1 的规定，并且附有质量证明书和清晰、牢靠的标志。

4.6.2 球罐制造和现场组焊单位应当建立并且严格执行焊接材料验收、复验、保管、烘干、发放和回收制度。

4.6.3 焊条：

4.6.3.1 用于制造球罐受压元件的焊条应符合 NB/T 47018.2 的有关规定。

4.6.3.2 用于球壳主体焊缝的焊条熔敷金属的冲击功指标应不低于相应母材标准规定的下限值。

4.6.3.3 球壳的焊缝以及直接与球壳焊接的焊缝应选用低氢型药皮焊条，并按批号进行熔敷金属扩散氢含量复验。焊条熔敷金属扩散氢含量应符合表 15 的规定，试验方法按 GB/T 3965 的规定进行。

**表 15 低氢型药皮焊条熔敷金属扩散氢含量的技术要求**

| 焊条型号 | 熔敷金属扩散氢含量/(mL/100 g) | |
|---|---|---|
| | 甘油法 | 水银法或气相色谱法 |
| E43××<br>E50×× | ≤4.0 | — |
| E50××-× | ≤4.0 | — |
| E55××-× | ≤3.0 | — |
| E60××-× | ≤2.5 | ≤5.0 |

4.6.4 焊丝和焊剂：

4.6.4.1 气体保护电弧焊钢焊丝、埋弧焊钢焊丝和焊剂应与所施的钢种匹配，气体保护电弧焊钢焊丝和填充丝应符合 NB/T 47018.3，埋弧焊钢焊丝和焊剂应符合 NB/T 47018.4。

4.6.4.2 用于球壳受压焊缝的气体保护电弧焊钢焊丝和填充丝、埋弧焊焊材熔敷金属的冲击功指标应不低于相应母材标准规定的下限值。

4.6.4.3 保护用二氧化碳和氩气应分别符合 GB/T 6052 和 GB/T 4842 的有关规定。气瓶使用前，应按规定洁净后使用。

## 5 结构

### 5.1 总体要求

球罐的结构参照 GB/T 17261 确定。

### 5.2 球壳

5.2.1 球壳由各带及上、下极组成，其结构如图 3 所示。

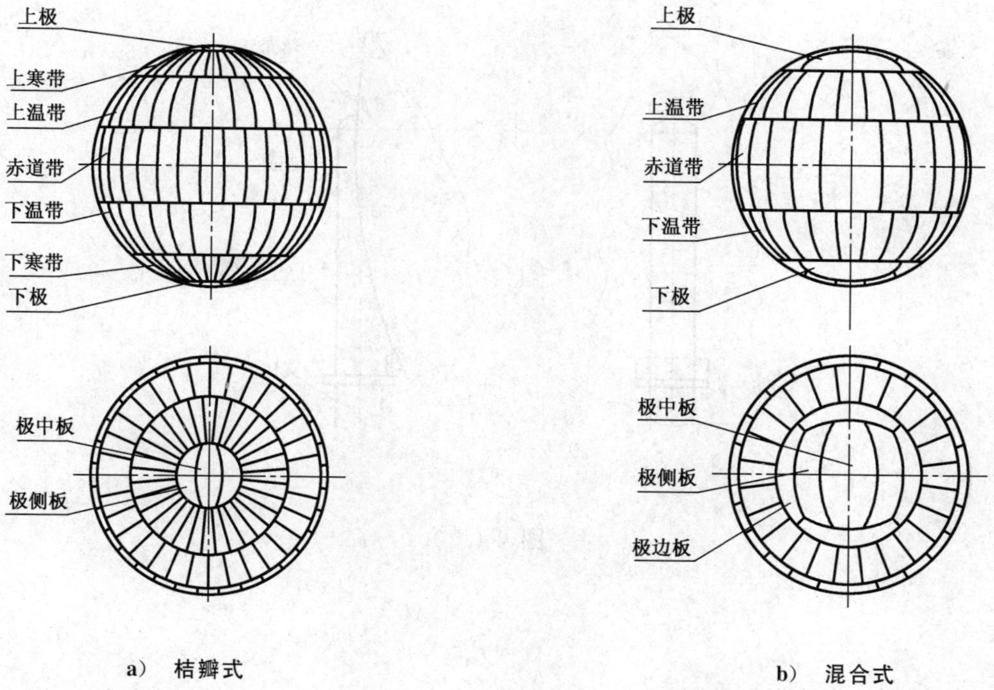


图 3

5.2.2 球壳板最小宽度应不小于 500 mm。

5.2.3 球壳板坡口形式可按 GB/T 985.1、GB/T 985.2 选用，或参照附录 F 确定。

## 5.3 支柱与球壳的连接

5.3.1 本标准采用的支柱与球壳的连接为赤道正切或相割型式。

5.3.2 支柱与球壳连接处可采用直接连接结构型式[见图 4a)]、加 U 形托板结构型式[(见图 4b)]、长圆形结构型式[见图 4c)]。

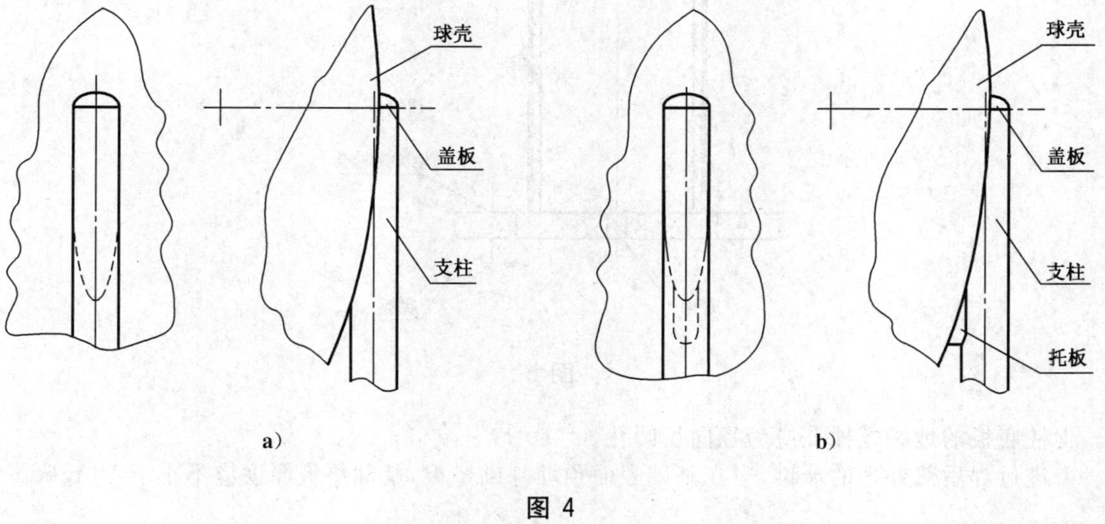


图 4

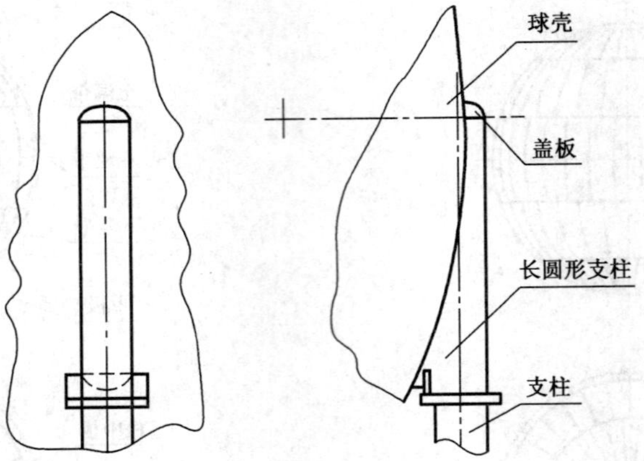


c)

图 4（续）

## 5.4 支柱

5.4.1 支柱应采用钢管或钢板卷制。

5.4.2 下段支柱应整根交货。支柱拼接接头应全焊透。可采用沿焊缝根部全长有紧贴基本金属垫板的对接接头。

5.4.3 支柱顶部应设有球形或椭圆形的防雨盖板。

5.4.4 支柱应设置通气口，对储存易爆介质及液化石油气的球罐，还应设置耐火层，如图 5 所示。

5.4.5 支柱底板中心应设置通孔，如图 5 所示。

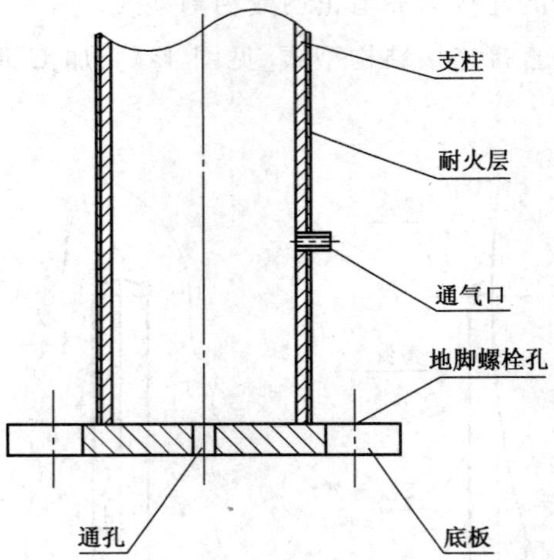


图 5

5.4.6 支柱底板的地脚螺栓孔应为径向长圆孔。

5.4.7 需进行焊后热处理的球罐，应在基础表面预埋基础垫板，基础垫板厚度应不小于 10 mm。

## 5.5 拉杆

5.5.1 拉杆结构有可调式和固定式两种。

可调式拉杆的立体交叉处不得相焊，见图 6a)。固定式拉杆的交叉处采用十字相焊或与固定板相焊，见图 6b)。

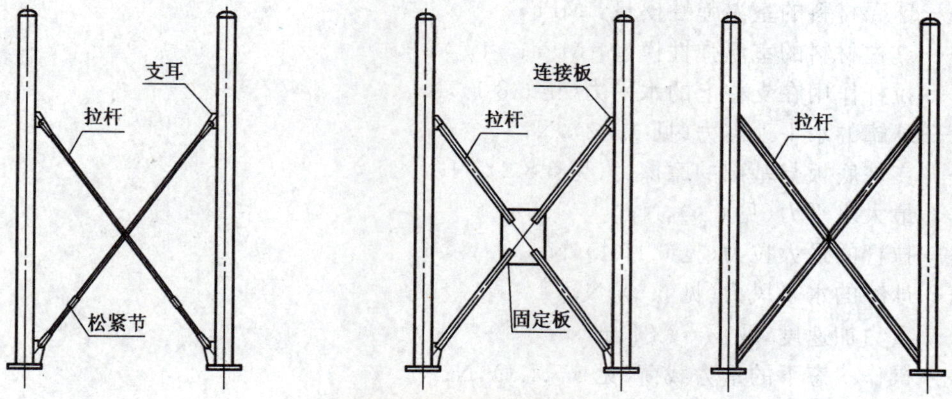


a） 可调式　　　　b） 固定式

图 6

本标准仅提供可调式拉杆的计算方法。

5.5.2 拉杆与支柱的上、下连接点应分别在同一标高上。

### 5.6 开孔及开孔补强

5.6.1 开孔及开孔补强应按 GB 150.3—2011 中第 6 章(分析设计时按 JB 4732—1995)的规定。

5.6.2 球壳与接管的焊缝应采用全焊透接头。

5.6.3 球壳上、下极中板应各设置一个公称直径不小于 500 mm 的人孔。

5.6.4 球罐人孔、接管法兰应采用带颈对焊法兰。

5.6.5 盛装毒性程度为极度或高度危害介质的球罐，进出口应在上极开孔。

### 5.7 相邻对接焊缝的最小间距

球壳上任何相邻对接焊缝中心线间外圆弧长应大于 $3\delta_s$（$\delta_s$ 为球壳板钢材厚度），且不小于 100 mm。

### 5.8 低温球罐的结构要求

球罐的设计温度低于 −20 ℃时，其结构还应满足附录 E 的要求。

### 5.9 其他

对支撑结构及支柱与球壳连接型式超出本标准规定的球罐，应符合 TSG R0004—2009 中 1.9 的规定。对具有压力容器分析设计资质的单位不受本条限制。

## 6 计算

### 6.1 符号

下列符号适用于本文件：

$A$ ——单个支柱的横截面积，$mm^2$；

$d_i$ ——支柱内直径，mm；

$d_o$ ——支柱外直径，mm；

$D_{cp}$ ——球壳平均直径，mm；

$D_i$ ——球壳内直径，mm；

$D_o$ ——球壳外直径（当有保温层时，为保温层外直径），mm；

$E$ ——球壳材料的室温弹性模量，MPa；
$E_s$ ——支柱材料的室温弹性模量，MPa；
$F_c$ ——拉杆作用在支柱上的水平力(见 6.8.1)，N；
$F_e$ ——球罐的水平地震力(见 6.4.2)，N；
$F_s$ ——支柱底板与基础的摩擦力(见 6.8.2)，N；
$F_{max}$ ——最大水平力(见 6.6)，N；
$F_T$ ——拉杆的最大拉力(见 6.10.1)，N；
$F_W$ ——球罐的水平风力(见 6.5)，N；
$g$ ——重力加速度，取 $g=9.81\ m/s^2$；
$G_o$ ——操作状态下的重力载荷(见 6.7.1.1)，N；
$G_T$ ——液压试验状态下的重力载荷(见 6.7.1.1)，N；
$H_o$ ——支柱底板底面至球壳赤道平面的距离(见图 7)，mm；
$I$ ——支柱横截面的惯性矩(见 6.4.1)，$mm^4$；
$l$ ——支柱底板底面至上支耳销子中心的距离(见图 7)，mm；
$L_W$ ——支柱与球壳连接焊缝单边的弧长(见图 15)，mm；
$m_{min}$ ——球罐最小质量(见 6.3)，kg；
$m_o$ ——操作状态下的球罐质量(见 6.3)，kg；
$m_T$ ——液压试验状态下的球罐质量(见 6.3)，kg；
$M_{max}$ ——水平地震力和水平风力引起的最大弯矩(见 6.6)，N·mm；
$M_o$ ——操作状态下支柱的总弯矩(见 6.7.2.3)，N·mm；
$M_{o1}$ ——操作状态下支柱的偏心弯矩(见 6.7.2.1)，N·mm；
$M_{o2}$ ——操作状态下支柱的附加弯矩(见 6.7.2.2)，N·mm；
$M_T$ ——液压试验状态下支柱的总弯矩(见 6.7.2.3)，N·mm；
$M_{T1}$ ——液压试验状态下支柱的偏心弯矩(见 6.7.2.1)，N·mm；
$M_{T2}$ ——液压试验状态下支柱的附加弯矩(见 6.7.2.2)，N·mm；
$n$ ——支柱数目；
$p$ ——设计压力(见 3.7.3)，MPa；
$p_{ci}$ ——计算压力(见 3.7.4)，MPa；
$p_T$ ——试验压力(见 3.11.2)，MPa；
$R$ ——支柱中心圆半径，取 $R \leqslant R_i$，mm；
$R_i$ ——球壳内半径，mm；
$T$ ——基本自振周期，s；
$W_o$ ——操作状态下支柱的最大垂直载荷(见 6.7.1.4)，N；
$W_T$ ——液压试验状态下支柱的最大垂直载荷(见 6.7.1.4)，N；
$W_{max}$ ——最大垂直载荷，取 $W_o$ 和 $W_T$ 的较大值，N；
$\beta$ ——拉杆和支柱间的夹角(见图 7)，(°)；
$\delta$ ——球壳计算厚度，mm；
$\delta_e$ ——球壳有效厚度，mm；
$\delta_{ea}$ ——球壳 a 点处的有效厚度，mm；
$\delta_n$ ——球壳名义厚度，mm；
$\mu$ ——球壳材料的泊松比，取 $\mu=0.3$；
$\rho_2$ ——介质密度，$kg/m^3$；
$\rho_3$ ——液压试验时液体的密度，$kg/m^3$；
$\sigma_{o1}$ ——操作状态下 a 点的纬向应力(见 6.11.2)，MPa；

$\sigma_{oa}$ ——操作状态下 a 点的组合应力(见 6.11.3.1)，MPa；

$R_{eL}$ ——钢材室温下的屈服强度(或 0.2%非比例延伸强度)，MPa；

$\sigma_{T1}$ ——液压试验状态下 a 点的纬向应力(见 6.11.2)，MPa；

$\sigma_{Ta}$ ——液压试验状态下 a 点的组合应力(见 6.11.3.1)，MPa；

$[\sigma]^t$ ——设计温度下球壳材料的许用应力（见第 4 章)，MPa；

$\tau_o$ ——操作状态下 a 点的剪切应力(见 6.11.1)，MPa；

$\tau_T$ ——液压试验状态下 a 点的剪切应力(见 6.11.1)，MPa；

$\phi$ ——焊接接头系数(见 3.10)；

$\phi_a$ ——角焊缝系数，取 $\phi_a=0.6$。

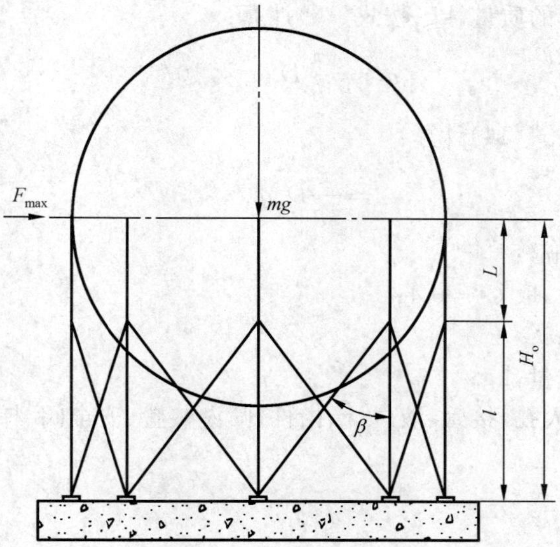


图 7

## 6.2 球壳计算

6.2.1 设计温度下球壳的计算厚度按式(5)计算：

$$\delta=\frac{p_{ci}D_i}{4[\sigma]^t\phi-p_{ci}} \quad \cdots\cdots(5)$$

6.2.2 设计温度下球壳的计算应力按式(6)校核：

$$\sigma^t=\frac{p_{ci}(D_i+\delta_e)}{4\delta_e}\leqslant[\sigma]^t\phi \quad \cdots\cdots(6)$$

式中：

$\sigma^t$——设计温度下球壳的计算应力，MPa。

6.2.3 设计温度下球壳的最大允许工作压力按式(7)计算：

$$p_W=\frac{4\delta_e[\sigma]^t\phi}{D_i+\delta_e} \quad \cdots\cdots(7)$$

式中：

$p_W$——设计温度下球壳的最大允许工作压力，MPa。

## 6.3 球罐质量计算

a) 操作状态下的球罐质量按式(8)计算：

$$m_o=m_1+m_2+m_4+m_5+m_6+m_7 \quad \cdots\cdots(8)$$

b) 液压试验状态下的球罐质量按式(9)计算：

$$m_T=m_1+m_3+m_6+m_7 \quad \cdots\cdots(9)$$

c) 球罐最小质量按式(10)计算：

$$m_{min}=m_1+m_6+m_7 \quad \cdots\cdots(10)$$

式中：

$m_1$——球壳质量，kg；按式(11)计算：

$$m_1=\pi D_{cp}^2\delta_n\rho_1\times10^{-9} \quad \cdots\cdots(11)$$

$\rho_1$——球壳材料密度，kg/m³；

$m_2$——介质质量，kg；按式(12)计算：

$$m_2=\frac{\pi}{6}D_i^3\rho_2 k\times10^{-9} \quad \cdots\cdots(12)$$

$k$——装量系数；

$m_3$——液压试验时液体的质量，kg；按式(13)计算：

$$m_3=\frac{\pi}{6}D_i^3\rho_3\times10^{-9} \quad \cdots\cdots(13)$$

$m_4$——积雪质量，kg；按式(14)计算：

$$m_4=\frac{\pi}{4g}D_o^2 qC_s\times10^{-6} \quad \cdots\cdots(14)$$

$q$——基本雪压值，N/m²；

$C_s$——球面的积雪系数，取 $C_s=0.4$；

$m_5$——保温层质量，kg；

$m_6$——支柱和拉杆的质量，kg；

$m_7$——附件质量，包括人孔、接管、液位计、内件、喷淋装置、安全阀、梯子平台等，kg。

## 6.4 地震载荷计算

### 6.4.1 自振周期

球罐可视为一个单质点体系，其基本自振周期按式(15)计算：

$$T=\pi\sqrt{\frac{m_o H_o^3\xi\times10^{-3}}{3nE_s I}} \quad \cdots\cdots(15)$$

式中：

$\xi$——拉杆影响系数，按式(16)计算：

$$\xi=1-\left(\frac{1}{H_o}\right)^2\left(3-\frac{2l}{H_o}\right) \quad \cdots\cdots(16)$$

$\xi$ 也可由表 16 查取。

**表 16 拉杆影响系数 $\xi$**

| $l/H_o$ | 0.90 | 0.80 | 0.75 | 0.70 | 0.65 | 0.60 | 0.50 |
|---|---|---|---|---|---|---|---|
| $\xi$ | 0.028 | 0.104 | 0.156 | 0.216 | 0.282 | 0.352 | 0.50 |
| **注**：中间值用内插法计算。 | | | | | | | |

$I$——支柱横截面的惯性矩，mm⁴，按式(17)计算：

$$I=\frac{\pi}{64}(d_o^4-d_i^4) \quad \cdots\cdots(17)$$

### 6.4.2 地震载荷

抗震设防烈度和设计基本地震加速度的对应关系应符合表 17 的规定。

表 17　抗震设防烈度和设计基本地震加速度的对应关系

| 抗震设防烈度 | 7 | 8 | 9 |
|---|---|---|---|
| 设计基本地震加速度 | 0.10$g$(0.15$g$) | 0.20$g$(0.30$g$) | 0.40$g$ |

球罐水平地震力按式(18)计算：

$$F_e = \alpha m_o g \quad \cdots\cdots(18)$$

式中：

$\alpha$——对应于球罐自振周期 $T$ 的地震影响系数，按图 8 选取。

图 8

图中：$\alpha_{max}$——水平地震影响系数最大值，按表 18 选取；

表 18　水平地震影响系数最大值 $\alpha_{max}$

| 抗震设防烈度 | 7 | 8 | 9 |
|---|---|---|---|
| 地震影响系数最大值 $\alpha_{max}$ | 0.08(0.12) | 0.16(0.24) | 0.32 |
| 注：括号中数值分别用于设计基本地震加速度为 0.15$g$ 和 0.30$g$ 的地区。 | | | |

$T_g$——各类场地的特征周期，按表 19 选取，s，场地类别的划分按附录 G 的规定；

表 19　场地的特征周期 $T_g$　　s

| 设计地震分组 | 场地类别 | | | | |
|---|---|---|---|---|---|
| | $\mathrm{I}_0$ | $\mathrm{I}_1$ | Ⅱ | Ⅲ | Ⅳ |
| 第一组 | 0.20 | 0.25 | 0.35 | 0.45 | 0.65 |
| 第二组 | 0.25 | 0.30 | 0.40 | 0.55 | 0.75 |
| 第三组 | 0.30 | 0.35 | 0.45 | 0.65 | 0.90 |

$\gamma$——曲线下降段的衰减指数，按式(19)确定：

$$\gamma = 0.9 + \frac{0.05 - \zeta}{0.3 + 6\zeta} \quad \cdots\cdots (19)$$

式中：

$\zeta$——阻尼比，阻尼比应根据实测值确定，无实测数据时，可取 $\zeta = 0.035$。

$\eta_1$——直线下降段下降斜率的调整系数，按式(20)计算，小于 0 时取 0：

$$\eta_1 = 0.02 + \frac{0.05 - \zeta}{4 + 32\zeta} \quad \cdots\cdots (20)$$

$\eta_2$——阻尼调整系数，按式(21)计算：

$$\eta_2 = 1 + \frac{0.05 - \zeta}{0.08 + 1.6\zeta} \quad \cdots\cdots (21)$$

当阻尼调整系数 $\eta_2$ 小于 0.55 时，应取 0.55。

### 6.5 风载荷计算

球罐的水平风力按式(22)计算：

$$F_W = \frac{\pi}{4} D_o^2 k_1 k_2 q_0 f_1 f_2 \times 10^{-6} \quad \cdots\cdots (22)$$

式中：

$k_1$——风载荷体型系数，取 $k_1 = 0.4$；

$k_2$——球罐的风振系数，按式(23)计算；

$$k_2 = 1 + 0.35\xi_1 \quad \cdots\cdots (23)$$

式中：

$\xi_1$——系数，根据球罐的基本自振周期按表 20 选取。

**表 20 系数 $\xi_1$**

| $T$/s | <0.25 | 0.5 | 1.0 | 1.5 | 2.0 | 2.5 | 3.0 | 4.0 | ≥5.0 |
|---|---|---|---|---|---|---|---|---|---|
| $\xi_1$ | 1.0 | 1.4 | 1.7 | 2.0 | 2.3 | 2.5 | 2.7 | 3.0 | 3.2 |
| 注：中间值用内插法计算。 | | | | | | | | | |

$q_0$——基本风压值，按 GB 50009 的规定或当地气象部门资料选取，但均不应小于 300 N/m²，N/m²；

$f_1$——风压高度变化系数，按表 21 选取；

$f_2$——球罐附件增大系数，取 $f_2 = 1.1$。

**表 21 风压高度变化系数 $f_1$**

| 距地面高度 $H_o$/m | 地面粗糙类别 | | | |
|---|---|---|---|---|
| | A | B | C | D |
| 5 | 1.09 | 1.00 | 0.65 | 0.51 |
| 10 | 1.28 | 1.00 | 0.65 | 0.51 |
| 15 | 1.42 | 1.13 | 0.65 | 0.51 |
| 20 | 1.52 | 1.23 | 0.74 | 0.51 |

表 21（续）

| 距地面高度 $H_o$/m | 地面粗糙类别 | | | |
| --- | --- | --- | --- | --- |
| | A | B | C | D |
| 30 | 1.67 | 1.39 | 0.88 | 0.51 |
| 40 | 1.79 | 1.52 | 1.00 | 0.60 |
| 注 1：A 类指近海海面和海岛、海岸、湖岸及沙漠地区；<br>B 类指田野、乡村、丛林、丘陵以及房屋比较稀疏的乡镇；<br>C 类指有密集建筑群的城市市区；<br>D 类指有密集建筑群且房屋较高的城市市区。<br>注 2：中间值可采用线性内插法求取。 | | | | |

## 6.6 弯矩计算

视地震载荷和风载荷为一作用于球壳中心的集中水平载荷，则由水平地震力和水平风力引起的最大弯矩按式(24)计算：

$$M_{max}=F_{max}L \qquad (24)$$

式中：

$F_{max}$——最大水平力，取($F_e+0.25F_W$)与 $F_W$ 的较大值，N；

$L$——力臂，mm，$L=H_o-l$（见图 7）。

## 6.7 支柱计算

下列计算适用于可调式拉杆的支柱计算。

### 6.7.1 单个支柱的垂直载荷

6.7.1.1 重力载荷：

操作状态下的重力载荷按式(25)计算：

$$G_o=\frac{m_o g}{n} \qquad (25)$$

液压试验状态下的重力载荷按式(26)计算：

$$G_T=\frac{m_T g}{n} \qquad (26)$$

6.7.1.2 最大弯矩对支柱产生的垂直载荷按式(27)计算：

$$F_i=-\frac{2M_{max}\cos\theta_i}{nR} \qquad (27)$$

式中：

$F_i$——最大弯矩对 $i$ 支柱产生的垂直载荷，N；

$\theta_i$——支柱的方位角，(°)，见图 9、图 11，按式(28)、式(29)计算。

$A$ 向受力时支柱方位角按式(28)计算：

$$\theta_i=i\,\frac{360°}{n} \qquad (28)$$

$B$ 向受力时支柱方位角按式(29)计算：

$$\theta_i=\left(i-\frac{1}{2}\right)\frac{360°}{n} \qquad (29)$$

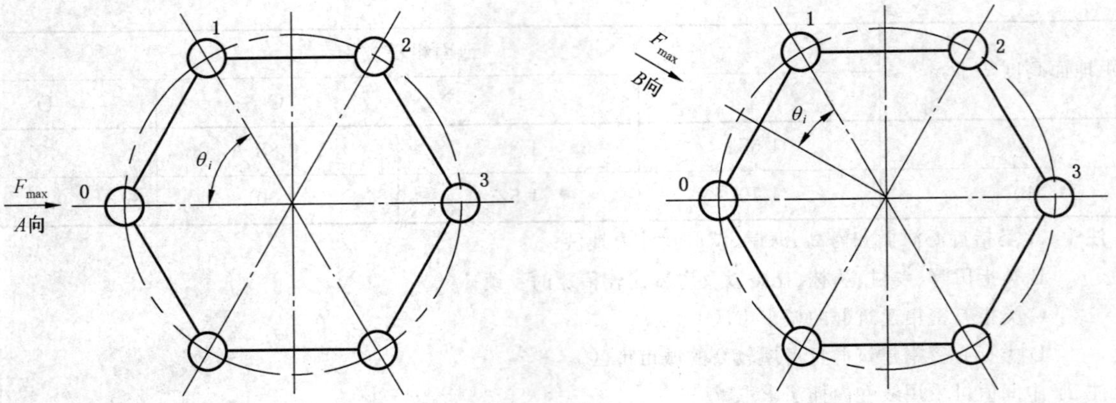


图 9

**注**：$i$ 表示支柱在 0°～180°范围内的顺序号(见图 9、图 11)。

6.7.1.3 拉杆作用在支柱上的垂直载荷：

a) 所有相邻两支柱间用拉杆连接时,拉杆作用在支柱上的垂直载荷按式(30)计算：

$$P_{i-j}=\frac{lF_{max}\sin\theta_j}{nR\sin\frac{180^\circ}{n}} \qquad (30)$$

b) 每隔一支柱用拉杆连接时,拉杆作用在支柱上的垂直载荷按式(31)计算：

$$P_{i-j}=\frac{lF_{max}\sin\theta_j}{nR\sin\frac{360^\circ}{n}} \qquad (31)$$

式中：

$P_{i-j}$——$j$ 拉杆作用在 $i$ 支柱上的垂直载荷,N;$i=j+1$,$j=0$、1、2、3……;

$\theta_j$——拉杆 $j$ 的方位角,(°),按式(32)～式(34)计算。

当所有相邻两支柱用拉杆连接时(见图 10)：

$A$ 向受力时拉杆方位角按式(32)计算：

$$\theta_j=\left(j+\frac{1}{2}\right)\frac{360^\circ}{n} \qquad (32)$$

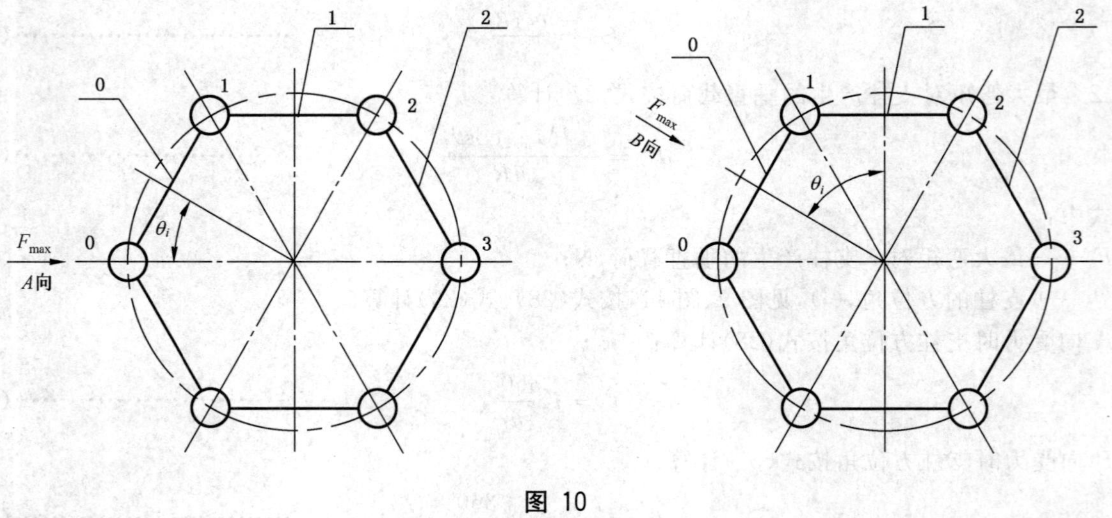


图 10

$B$ 向受力时拉杆方位角按式(33)计算：

$$\theta_j = j\,\frac{360^\circ}{n} \qquad \cdots\cdots(33)$$

当每隔一支柱用拉杆连接时(见图 11)：

$A$ 向受力时拉杆方位角按式(33)计算。

$B$ 向受力时拉杆方位角按式(34)计算：

$$\theta_j = \left(j - \frac{1}{2}\right)\frac{360^\circ}{n} \qquad \cdots\cdots(34)$$

**注**：$j$ 表示拉杆在 0°～180°范围内的顺序号(见图 10、图 11)。

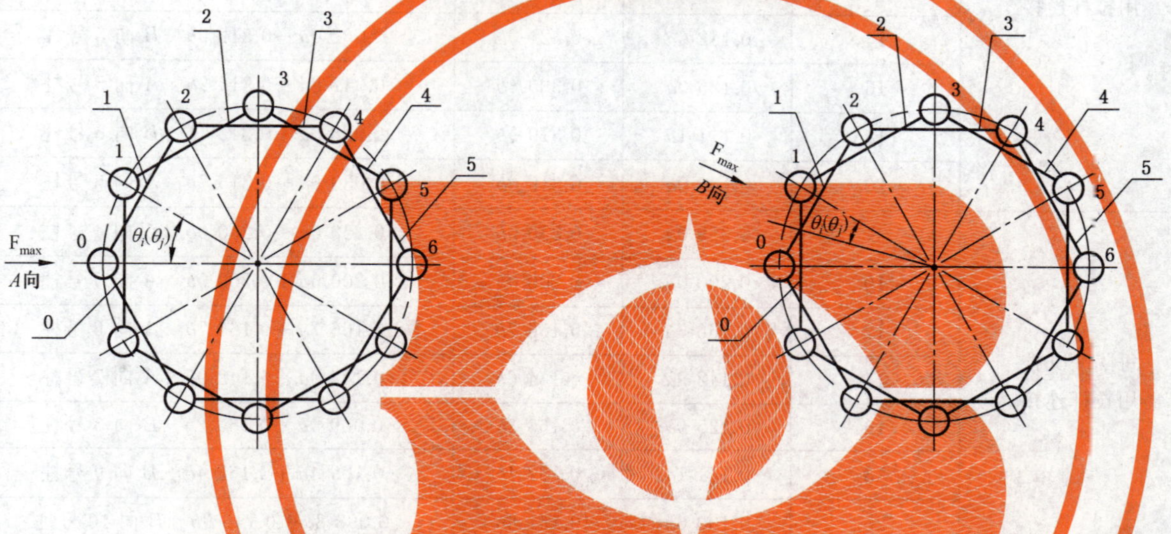


图 11

6.7.1.4　支柱的最大垂直载荷：

操作状态下支柱的最大垂直载荷按式(35)计算：

$$W_o = G_o + (F_i + P_{i-j})_{max} \qquad \cdots\cdots(35)$$

液压试验状态下支柱的最大垂直载荷按式(36)计算：

$$W_T = G_T + 0.3(F_i + P_{i-j})_{max}\,\frac{F_W}{F_{max}} \qquad \cdots\cdots(36)$$

式中：

$(F_i + P_{i-j})_{max}$——各支柱$(F_i + P_{i-j})$中的最大值，N。

在 $A$ 向或 $B$ 向受力状态下，最大弯矩对支柱产生的垂直载荷的最大值$(F_i)_{max}$、拉杆作用在支柱上的垂直载荷的最大值$(P_{i-j})_{max}$及两者之和的最大值$(F_i + P_{i-j})_{max}$按表 22 的公式计算，最大值$(F_i + P_{i-j})_{max}$的支柱位置见表 22。

当设计未采用表 22 中所列的支柱数目时，则$(F_i)_{max}$、$(P_{i-j})_{max}$和$(F_i + P_{i-j})_{max}$应按 6.7.1.2 和 6.7.1.3的公式计算 $F_i$ 和 $P_{i-j}$，取 $F_i$ 的最大值，$P_{i-j}$的最大值和$(F_i + P_{i-j})$的最大值。

表 22 载荷$(F_i)_{max}$、$(P_{i-j})_{max}$、$(F_i+P_{i-j})_{max}$

| 拉杆连接方式 | 支柱数目 | $(F_i)_{max}$/N | $(P_{i-j})_{max}$/N | $(F_i+P_{i-j})_{max}$/N | |
|---|---|---|---|---|---|
| 所有相邻两支柱间用拉杆连接 | 4 | 0.500 0$a$ | 0.500 0$b$ | 0.500 0$a$+0.500 0$b$ | $A$ 向 2 号柱 |
| | 5 | 0.323 6$a$ | 0.323 6$b$ | 0.323 6$a$+0.323 6$b$ | $A$ 向 2 号柱 |
| | 6 | 0.333 3$a$ | 0.333 3$b$ | 0.333 3$a$+0.333 3$b$ | $A$ 向 3 号柱 |
| | 8 | 0.250 0$a$ | 0.326 6$b$ | 0.176 8$a$+0.301 8$b$ | $A$ 向 3 号柱 |
| | 10 | 0.200 0$a$ | 0.323 6$b$ | 0.117 6$a$+0.307 8$b$ | $B$ 向 4 号柱 |
| | 12 | 0.166 7$a$ | 0.322 0$b$ | 0.083 3$a$+0.311 0$b$ | $A$ 向 4 号柱 |
| | 14 | 0.142 9$a$ | 0.321 0$b$ | 0.062 0$a$+0.312 9$b$ | $B$ 向 5 号柱 |
| | 16 | 0.125 0$a$ | 0.320 4$b$ | 0.047 8$a$+0.314 2$b$ | $A$ 向 5 号柱 |
| | 18 | 0.111 1$a$ | 0.319 9$b$ | 0.038 0$a$+0.315 1$b$ | $B$ 向 6 号柱 |
| | 20 | 0.100 0$a$ | 0.319 6$b$ | 0.030 9$a$+0.315 7$b$ | $A$ 向 6 号柱 |
| 每隔一支柱用拉杆连接 | 8 | 0.250 0$a$ | 0.250 0$b$ | 0.250 0$a$+0.250 0$b$ | $A$ 向 4 号柱 |
| | 10 | 0.200 0$a$ | 0.200 0$b$ | 0.200 0$a$+0.200 0$b$ | $A$ 向 5 号柱 |
| | 12 | 0.166 7$a$ | 0.166 7$b$ | 0.166 7$a$+0.166 7$b$ | $A$ 向 6 号柱 |
| | 14 | 0.142 9$a$ | 0.164 6$b$ | 0.142 9$a$+0.142 9$b$ | $A$ 向 7 号柱 |
| | 16 | 0.125 0$a$ | 0.163 3$b$ | 0.069 4$a$+0.160 2$b$ | $B$ 向 6 号柱 |
| | 18 | 0.111 1$a$ | 0.162 4$b$ | 0.109 4$a$+0.162 4$b$ | $B$ 向 9 号柱 |
| | 20 | 0.100 0$a$ | 0.161 8$b$ | 0.098 8$a$+0.146 9$b$ | $B$ 向 10 号柱 |
| $a=M_{max}/R$；$b=lF_{max}/R$。 | | | | | |

### 6.7.2 单个支柱弯矩

支柱在操作或液压试验时，在内压力作用下，球壳直径增大，使支柱承受偏心弯矩和附加弯矩，见图 12。

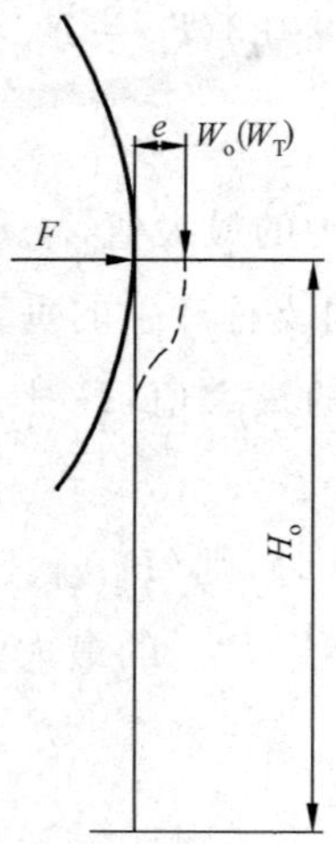


图 12

### 6.7.2.1 偏心弯矩

操作状态下支柱的偏心弯矩按式(37)计算：

$$M_{o1}=\frac{\sigma_{oe}R_iW_o}{E}(1-\mu) \quad \cdots\cdots(37)$$

式中：

$\sigma_{oe}$——操作状态下球壳赤道线的薄膜应力，MPa，按式(38)计算：

$$\sigma_{oe}=\frac{(p+p_{oe})(D_i+\delta_e)}{4\delta_e} \quad \cdots\cdots(38)$$

$p_{oe}$——操作状态下介质在赤道线的液柱静压力，MPa。

液压试验状态下支柱的偏心弯矩按式(39)计算：

$$M_{T1}=\frac{\sigma_{Te}R_iW_T}{E}(1-\mu) \quad \cdots\cdots(39)$$

式中：

$\sigma_{Te}$——液压试验状态下球壳赤道线的薄膜应力，MPa，按式(40)计算：

$$\sigma_{Te}=\frac{(p_T+p_{Te})(D_i+\delta_e)}{4\delta_e} \quad \cdots\cdots(40)$$

$p_{Te}$——液压试验状态下液体在赤道线的液柱静压力，MPa。

### 6.7.2.2 附加弯矩

操作状态下支柱的附加弯矩按式(41)计算：

$$M_{o2}=\frac{6E_sI\sigma_{oe}R_i}{H_o^2E}(1-\mu) \quad \cdots\cdots(41)$$

液压试验状态下支柱的附加弯矩按式(42)计算：

$$M_{T2}=\frac{6E_sI\sigma_{Te}R_i}{H_o^2E}(1-\mu) \quad \cdots\cdots(42)$$

式中：

$\sigma_{oe}$、$\sigma_{Te}$——见6.7.2.1。

### 6.7.2.3 总弯矩

操作状态下支柱的总弯矩按式(43)计算：

$$M_o=M_{o1}+M_{o2} \quad \cdots\cdots(43)$$

液压试验状态下支柱的总弯矩按式(44)计算：

$$M_T=M_{T1}+M_{T2} \quad \cdots\cdots(44)$$

### 6.7.3 支柱稳定性校核

操作状态下支柱的稳定性按式(45)校核：

$$\frac{W_o}{\phi_pA}+\frac{\beta_mM_o}{\gamma Z\left(1-0.8\dfrac{W_o}{W_{EX}}\right)}\leqslant[\sigma]_c \quad \cdots\cdots(45)$$

液压试验状态下支柱的稳定性按式(46)校核：

$$\frac{W_T}{\phi_pA}+\frac{\beta_mM_T}{\gamma Z\left(1-0.8\dfrac{W_T}{W_{EX}}\right)}\leqslant[\sigma]_c \quad \cdots\cdots(46)$$

式中：

$\phi_p$——弯矩作用平面内的轴心受压支柱稳定系数，根据支柱长细比、支柱类型和支柱材料，按表23、表24、表25、表26选取；

$\lambda$ ——支柱长细比,按式(47)计算:

$$\lambda=\frac{k_3 H_o}{r_i} \qquad \cdots\cdots (47)$$

$k_3$ ——计算长度系数,取 $k_3=1$;

$r_i$ ——支柱的惯性半径,mm,按式(48)计算:

$$r_i=\sqrt{\frac{I}{A}} \qquad \cdots\cdots (48)$$

表23、表24、表25、表26未列材料的 $\phi_p$ 按式(49)~式(51)计算。

当 $\bar{\lambda}\leqslant 0.215$ 时,$\phi_p$ 按式(49)计算:

$$\phi_p=1-\alpha_1\bar{\lambda}^2 \qquad \cdots\cdots (49)$$

当 $\bar{\lambda}>0.215$ 时,$\phi_p$ 按式(50)计算:

$$\phi_p=\frac{1}{2\bar{\lambda}^2}\left[(\alpha_2+\alpha_3\bar{\lambda}+\bar{\lambda}^2)-\sqrt{(\alpha_2+\alpha_3\bar{\lambda}+\bar{\lambda}^2)^2-4\bar{\lambda}^2}\right] \qquad \cdots\cdots (50)$$

$\bar{\lambda}$——换算长细比,按式(51)计算:

$$\bar{\lambda}=\frac{\lambda}{\pi}\sqrt{\frac{R_{eL}}{E_s}} \qquad \cdots\cdots (51)$$

$R_{eL}$ ——支柱材料室温下的屈服强度(或0.2%非比例延伸强度),MPa;

$\alpha_1$、$\alpha_2$、$\alpha_3$——系数,对轧制钢管截面:$\alpha_1=0.41$,$\alpha_2=0.986$,$\alpha_3=0.152$;对焊接钢管截面:$\alpha_1=0.65$,$\alpha_2=0.965$,$\alpha_3=0.300$;

$\beta_m$ ——等效弯矩系数,取 $\beta_m=1$;

$\gamma$ ——截面塑性发展系数,取 $\gamma=1.15$;

$Z$ ——单个支柱的截面系数,$mm^3$,按式(52)计算:

$$Z=\frac{\pi(d_o^4-d_i^4)}{32d_o} \qquad \cdots\cdots (52)$$

**表23 Q235A轧制钢管截面轴心受压支柱的稳定系数 $\phi_p$**

| $\lambda$ | 0 | 1 | 2 | 3 | 4 | 5 | 6 | 7 | 8 | 9 |
|---|---|---|---|---|---|---|---|---|---|---|
| 0 | 1.000 | 1.000 | 1.000 | 1.000 | 0.999 | 0.999 | 0.998 | 0.998 | 0.997 | 0.996 |
| 10 | 0.995 | 0.994 | 0.993 | 0.992 | 0.991 | 0.989 | 0.988 | 0.986 | 0.985 | 0.983 |
| 20 | 0.981 | 0.979 | 0.977 | 0.976 | 0.974 | 0.972 | 0.970 | 0.968 | 0.966 | 0.964 |
| 30 | 0.963 | 0.961 | 0.959 | 0.957 | 0.955 | 0.952 | 0.950 | 0.948 | 0.946 | 0.944 |
| 40 | 0.941 | 0.939 | 0.937 | 0.934 | 0.932 | 0.929 | 0.927 | 0.924 | 0.921 | 0.919 |
| 50 | 0.916 | 0.913 | 0.910 | 0.907 | 0.904 | 0.900 | 0.897 | 0.894 | 0.890 | 0.886 |
| 60 | 0.883 | 0.879 | 0.875 | 0.871 | 0.867 | 0.863 | 0.858 | 0.854 | 0.849 | 0.844 |
| 70 | 0.839 | 0.834 | 0.829 | 0.824 | 0.818 | 0.813 | 0.807 | 0.801 | 0.795 | 0.789 |
| 80 | 0.783 | 0.776 | 0.770 | 0.763 | 0.757 | 0.750 | 0.743 | 0.736 | 0.728 | 0.721 |
| 90 | 0.714 | 0.706 | 0.699 | 0.691 | 0.684 | 0.676 | 0.668 | 0.661 | 0.653 | 0.645 |
| 100 | 0.638 | 0.630 | 0.622 | 0.615 | 0.607 | 0.600 | 0.592 | 0.585 | 0.577 | 0.570 |
| 注:中间值用内插法计算。 | | | | | | | | | | |

表 24　Q235A 焊接钢管截面轴心受压支柱的稳定系数 $\phi_p$

| λ | 0 | 1 | 2 | 3 | 4 | 5 | 6 | 7 | 8 | 9 |
|---|---|---|---|---|---|---|---|---|---|---|
| 0 | 1.000 | 1.000 | 1.000 | 0.999 | 0.999 | 0.998 | 0.997 | 0.996 | 0.995 | 0.994 |
| 10 | 0.992 | 0.991 | 0.989 | 0.987 | 0.985 | 0.983 | 0.981 | 0.978 | 0.976 | 0.973 |
| 20 | 0.970 | 0.967 | 0.963 | 0.960 | 0.957 | 0.953 | 0.950 | 0.946 | 0.943 | 0.939 |
| 30 | 0.936 | 0.932 | 0.929 | 0.925 | 0.922 | 0.918 | 0.914 | 0.910 | 0.906 | 0.903 |
| 40 | 0.899 | 0.895 | 0.891 | 0.887 | 0.882 | 0.878 | 0.874 | 0.870 | 0.865 | 0.861 |
| 50 | 0.856 | 0.852 | 0.847 | 0.842 | 0.838 | 0.833 | 0.828 | 0.823 | 0.818 | 0.813 |
| 60 | 0.807 | 0.802 | 0.797 | 0.791 | 0.786 | 0.780 | 0.774 | 0.769 | 0.763 | 0.757 |
| 70 | 0.751 | 0.745 | 0.739 | 0.732 | 0.726 | 0.720 | 0.714 | 0.707 | 0.701 | 0.694 |
| 80 | 0.688 | 0.681 | 0.675 | 0.668 | 0.661 | 0.655 | 0.648 | 0.641 | 0.635 | 0.628 |
| 90 | 0.621 | 0.614 | 0.608 | 0.601 | 0.594 | 0.588 | 0.581 | 0.575 | 0.568 | 0.561 |
| 100 | 0.555 | 0.549 | 0.542 | 0.536 | 0.529 | 0.523 | 0.517 | 0.511 | 0.505 | 0.499 |
| 注：中间值用内插法计算。 | | | | | | | | | | |

表 25　Q345 钢轧制钢管截面轴心受压支柱的稳定系数 $\phi_p$

| λ | 0 | 1 | 2 | 3 | 4 | 5 | 6 | 7 | 8 | 9 |
|---|---|---|---|---|---|---|---|---|---|---|
| 0 | 1.000 | 1.000 | 1.000 | 0.999 | 0.999 | 0.998 | 0.997 | 0.997 | 0.996 | 0.994 |
| 10 | 0.993 | 0.992 | 0.990 | 0.988 | 0.986 | 0.984 | 0.982 | 0.980 | 0.978 | 0.975 |
| 20 | 0.973 | 0.971 | 0.969 | 0.967 | 0.964 | 0.962 | 0.960 | 0.957 | 0.955 | 0.952 |
| 30 | 0.950 | 0.947 | 0.944 | 0.941 | 0.939 | 0.936 | 0.933 | 0.930 | 0.927 | 0.923 |
| 40 | 0.920 | 0.917 | 0.913 | 0.909 | 0.906 | 0.902 | 0.898 | 0.894 | 0.889 | 0.885 |
| 50 | 0.881 | 0.876 | 0.871 | 0.866 | 0.861 | 0.855 | 0.850 | 0.844 | 0.838 | 0.832 |
| 60 | 0.825 | 0.819 | 0.812 | 0.805 | 0.798 | 0.791 | 0.783 | 0.775 | 0.767 | 0.759 |
| 70 | 0.751 | 0.742 | 0.734 | 0.725 | 0.716 | 0.707 | 0.698 | 0.689 | 0.680 | 0.671 |
| 80 | 0.661 | 0.652 | 0.643 | 0.633 | 0.624 | 0.615 | 0.606 | 0.596 | 0.587 | 0.578 |
| 90 | 0.570 | 0.561 | 0.552 | 0.543 | 0.535 | 0.527 | 0.518 | 0.510 | 0.502 | 0.494 |
| 100 | 0.487 | 0.479 | 0.471 | 0.464 | 0.457 | 0.450 | 0.443 | 0.436 | 0.429 | 0.423 |
| 注：中间值用内插法计算。 | | | | | | | | | | |

表 26　Q345 钢焊接钢管截面轴心受压支柱的稳定系数 $\phi_p$

| λ | 0 | 1 | 2 | 3 | 4 | 5 | 6 | 7 | 8 | 9 |
|---|---|---|---|---|---|---|---|---|---|---|
| 0 | 1.000 | 1.000 | 1.000 | 0.999 | 0.998 | 0.997 | 0.996 | 0.995 | 0.993 | 0.991 |
| 10 | 0.989 | 0.987 | 0.984 | 0.981 | 0.978 | 0.975 | 0.972 | 0.968 | 0.964 | 0.960 |
| 20 | 0.956 | 0.952 | 0.948 | 0.943 | 0.939 | 0.935 | 0.931 | 0.926 | 0.922 | 0.917 |
| 30 | 0.913 | 0.908 | 0.903 | 0.899 | 0.894 | 0.889 | 0.884 | 0.879 | 0.874 | 0.869 |
| 40 | 0.863 | 0.858 | 0.852 | 0.847 | 0.841 | 0.835 | 0.829 | 0.823 | 0.817 | 0.811 |
| 50 | 0.804 | 0.798 | 0.791 | 0.784 | 0.778 | 0.771 | 0.764 | 0.756 | 0.749 | 0.742 |
| 60 | 0.734 | 0.727 | 0.719 | 0.711 | 0.704 | 0.696 | 0.688 | 0.680 | 0.672 | 0.664 |
| 70 | 0.656 | 0.648 | 0.640 | 0.632 | 0.623 | 0.615 | 0.607 | 0.599 | 0.591 | 0.583 |
| 80 | 0.575 | 0.567 | 0.559 | 0.551 | 0.544 | 0.536 | 0.528 | 0.521 | 0.513 | 0.506 |
| 90 | 0.499 | 0.491 | 0.484 | 0.477 | 0.470 | 0.463 | 0.457 | 0.450 | 0.443 | 0.437 |
| 100 | 0.431 | 0.424 | 0.418 | 0.412 | 0.406 | 0.400 | 0.395 | 0.389 | 0.384 | 0.378 |
| 注：中间值用内插法计算。 | | | | | | | | | | |

$W_{EX}$——欧拉临界力，N，按式(53)计算：

$$W_{EX}=\pi^2 E_s A/\lambda^2 \qquad (53)$$

$[\sigma]_c$——支柱材料的许用应力，$[\sigma]_c=R_{eL}/1.5$，MPa。

## 6.8 地脚螺栓计算

6.8.1 拉杆作用在支柱上的水平力按式(54)计算：

$$F_c=(P_{i-j})_{\max}\tan\beta \qquad (54)$$

式中：

$(P_{i-j})_{\max}$——见 6.7.1.4，N。

6.8.2 支柱底板与基础的摩擦力按式(55)计算：

$$F_s=f_s\frac{m_{\min}g}{n} \qquad (55)$$

式中：

$f_s$——支柱底板与基础的摩擦系数。钢-混凝土：$f_s=0.4$；钢-钢：$f_s=0.3$。

6.8.3 地脚螺栓：

当 $F_s \geqslant F_c$ 时，则球罐不需设置地脚螺栓，但为了固定球罐位置，应设置一定数量的定位地脚螺栓。

当 $F_s < F_c$ 时，球罐必须设置地脚螺栓，地脚螺栓的螺纹小径按式(56)计算：

$$d_B=1.13\sqrt{\frac{F_c-F_s}{n_d[\tau]_B}}+C_B \qquad (56)$$

式中：

$d_B$ ——地脚螺栓的螺纹小径，mm；

$n_d$ ——每个支柱上的地脚螺栓个数；

$[\tau]_B$——地脚螺栓材料的许用剪应力，$[\tau]_B=0.4R_{eL}$，MPa；

$C_B$ ——地脚螺栓的腐蚀裕量，一般取 $C_B=3$ mm。

## 6.9 支柱底板

6.9.1 支柱底板直径 $D_b$ 按式(57)和式(58)计算，取两式中的较大值：

$$D_{b1}=1.13\sqrt{\frac{W_{max}}{[\sigma]_{bc}}} \quad \cdots\cdots(57)$$

$$D_{b2}=(8\sim10)d+d_o \quad \cdots\cdots(58)$$

式中：

$D_{b1}$、$D_{b2}$——支柱底板直径，mm；

$[\sigma]_{bc}$ ——基础材料的许用应力，MPa；

$d$ ——地脚螺栓直径，mm。

6.9.2 底板厚度按式(59)计算：

$$\delta_b=\sqrt{\frac{3\sigma_{bc}l_b^2}{[\sigma]_b}}+C_b \quad \cdots\cdots(59)$$

式中：

$\delta_b$ ——底板厚度，mm；

$\sigma_{bc}$ ——底板的压应力，MPa，按式(60)计算：

$$\sigma_{bc}=\frac{4W_{max}}{\pi D_b^2} \quad \cdots\cdots(60)$$

$D_b$——见 6.9.1，mm；

$l_b$ ——底板外边缘至支柱外表面的距离(见图 13)，mm；

$[\sigma]_b$ ——底板材料的许用弯曲应力，$[\sigma]_b=R_{eL}/1.5$，MPa；

$C_b$ ——底板的腐蚀裕量，一般取 $C_b=3$ mm。

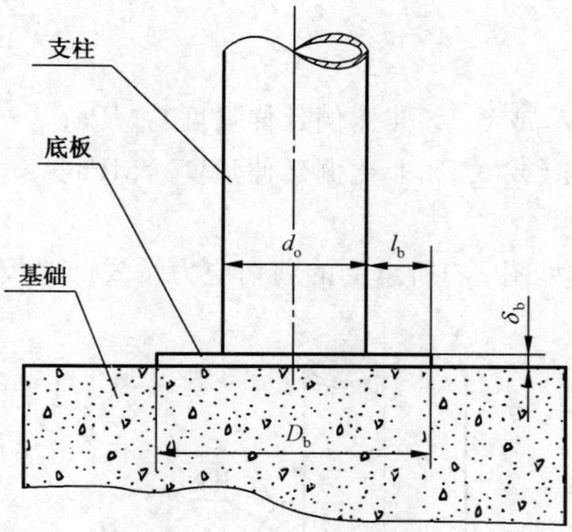


图 13

## 6.10 拉杆计算

6.10.1 拉杆螺纹小径按式(61)计算：

$$d_T=1.13\sqrt{\frac{F_T}{[\sigma]_T}}+C_T \quad \cdots\cdots(61)$$

式中：

$d_T$ ——拉杆螺纹小径，mm；

$F_T$ ——拉杆的最大拉力，N；按式(62)计算：

$$F_T=\frac{(P_{i-j})_{max}}{\cos\beta} \quad \cdots\cdots(62)$$

$(P_{i-j})_{max}$——见 6.7.1.4，N；

$[\sigma]_T$ ——拉杆材料的许用应力，$[\sigma]_T = R_{eL}/1.5$，MPa；

$C_T$ ——拉杆的腐蚀裕量，mm，一般取 $C_T = 2$ mm。

6.10.2 当拉杆采用图 14 所示结构时，拉杆连接部位按下述方法计算。

6.10.2.1 销子直径按式(63)计算：

$$d_p = 0.8\sqrt{\frac{F_T}{[\tau]_p}} \qquad (63)$$

式中：

$d_p$——销子直径，mm；

$[\tau]_p$——销子材料的许用剪切力，$[\tau]_p = 0.4R_{eL}$，MPa。

6.10.2.2 耳板厚度按式(64)计算：

$$\delta_c = \frac{F_T}{d_p[\sigma]_c} \qquad (64)$$

式中：

$\delta_c$——耳板厚度，mm；

$d_p$——销子直径，mm；

$[\sigma]_c$——耳板材料的许用压应力，$[\sigma]_c = R_{eL}/1.1$，MPa。

6.10.2.3 翼板厚度按式(65)计算：

$$\delta_a = \frac{\delta_c}{2} \cdot \frac{R_{eL}}{R'_{eL}} \qquad (65)$$

式中：

$\delta_a$——翼板厚度，mm；

$\delta_c$——见式(64)，mm；

$R_{eL}$——耳板材料的屈服强度(或 0.2%非比例延伸强度)，MPa；

$R'_{eL}$——翼板材料的屈服强度(或 0.2%非比例延伸强度)，MPa。

6.10.2.4 焊缝强度验算

a) 耳板与支柱的焊缝 A(见图 14)所承受的剪切应力按式(66)校核：

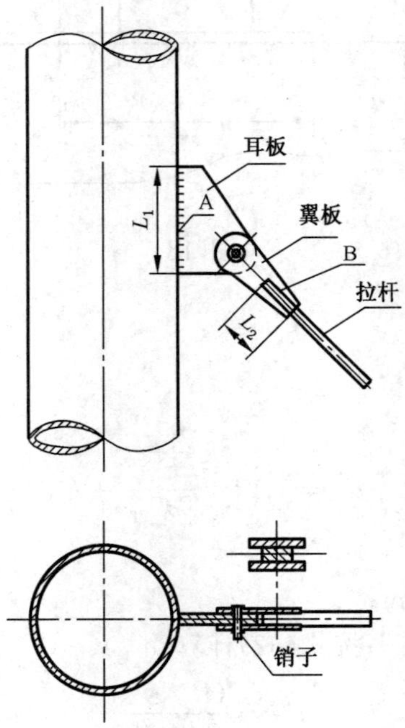


图 14

$$\frac{F_T}{1.41L_1S_1} \leqslant [\tau]_W \tag{66}$$

式中：

$L_1$——A 焊缝单边长度，mm；

$S_1$——A 焊缝焊脚尺寸，mm；

$[\tau]_W$——焊缝的许用剪切应力，MPa，按式(67)计算：

$$[\tau]_W = 0.4R_{eL}\phi_a \tag{67}$$

$R_{eL}$——支柱或耳板材料的屈服强度(或 0.2%非比例延伸强度)，取较小值，MPa。

b) 拉杆与翼板的焊缝 B(见图 14)所承受的剪切应力按式(68)校核：

$$\frac{F_T}{2.82L_2S_2} \leqslant [\tau]_W \tag{68}$$

式中：

$L_2$——B 焊缝单边长度，mm；

$S_2$——B 焊缝焊脚尺寸，mm；

$[\tau]_W$——焊缝的许用剪切应力，MPa，按式(69)计算：

$$[\tau]_W = 0.4R_{eL}\phi_a \tag{69}$$

$R_{eL}$——拉杆或翼板材料的屈服强度(或 0.2%非比例延伸强度)，取较小值，MPa。

### 6.11 支柱与球壳连接最低点 *a* 的应力校核(见图 15)

#### 6.11.1 *a* 点的剪切应力

操作状态下 $a$ 点的剪切应力按式(70)计算：

$$\tau_o = \frac{G_o + (F_i)_{max}}{2L_W\delta_{ea}} \tag{70}$$

液压试验状态下 $a$ 点的剪切应力按式(71)计算：

$$\tau_T = \frac{G_T + 0.3(F_i)_{max}\frac{F_W}{F_{max}}}{2L_W\delta_{ea}} \tag{71}$$

式中：

$(F_i)_{max}$——见 6.7.1.4，N。

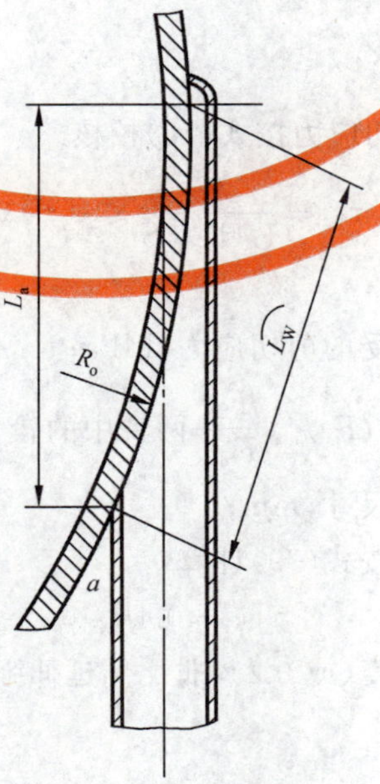


图 15

6.11.2 *a* 点的纬向应力

操作状态下 $a$ 点的纬向应力按式(72)计算：

$$\sigma_{o1}=\frac{(p+p_{oa})(D_i+\delta_{ea})}{4\delta_{ea}} \qquad \cdots\cdots(72)$$

液压试验状态下 $a$ 点的纬向应力按式(73)计算：

$$\sigma_{T1}=\frac{(p_T+p_{Ta})(D_i+\delta_{ea})}{4\delta_{ea}} \qquad \cdots\cdots(73)$$

式中：

$p_{oa}$——操作状态下介质在 $a$ 点的液柱静压力，MPa；

$p_{Ta}$——液压试验状态下液体在 $a$ 点的液柱静压力，MPa。

6.11.3 *a* 点的应力校核

6.11.3.1 *a* 点的组合应力计算

操作状态下 $a$ 点的组合应力按式(74)计算：

$$\sigma_{oa}=\sigma_{o1}+\tau_o \qquad \cdots\cdots(74)$$

液压试验状态下 $a$ 点的组合应力按式(75)计算：

$$\sigma_{Ta}=\sigma_{T1}+\tau_T \qquad \cdots\cdots(75)$$

6.11.3.2 应力校核

$a$ 点的组合应力应满足式(76)和式(77)的要求：

$$\sigma_{oa}\leqslant[\sigma]^t\phi \qquad \cdots\cdots(76)$$

$$\sigma_{Ta}\leqslant 0.9R_{eL}\phi\ (\text{液压试验})\ \text{或}\ 0.8R_{eL}\phi(\text{气压试验和气液组合压力试验}) \qquad \cdots\cdots(77)$$

式中：

$R_{eL}$——试验温度下球壳材料的屈服强度(或 0.2%非比例延伸强度)，MPa。

6.12 支柱与球壳连接焊缝的强度校核

支柱与球壳连接焊缝所承受的剪切应力按式(78)校核。

$$\tau_W=\frac{W}{1.41L_WS}\leqslant[\tau]_W \qquad \cdots\cdots(78)$$

式中：

$\tau_W$——支柱与球壳连接焊缝所承受的剪切应力，MPa；

$W$——取 $G_o+(F_i)_{max}$ 和 $G_T+0.3(F_i)_{max}\dfrac{F_W}{F_{max}}$ 两者中的较大值，N；

$S$——支柱与球壳连接焊缝焊脚尺寸，mm；

$[\tau]_W$——焊缝许用剪切应力，MPa，按式(79)计算：

$$[\tau]_W=0.4R_{eL}\phi_a \qquad \cdots\cdots(79)$$

$R_{eL}$——支柱或球壳材料的屈服强度(或 0.2%非比例延伸强度)，取较小值，MPa。

6.13 外压球壳

外压球壳按 GB 150.3 或 JB 4732 计算。

## 7 制造

### 7.1 球壳板

7.1.1 球壳板的型式与尺寸应符合图样要求。

7.1.2 球壳板不得拼接且表面不允许存在裂纹、气泡、结疤、折叠和夹杂等缺陷。球壳板不得有分层。

7.1.3 球壳板实际厚度不得小于设计厚度。

7.1.4 曲率允许偏差：

当球壳板弦长大于或等于 2 000 mm 时，样板的弦长不得小于 2 000 mm；当球壳板弦长小于2 000 mm 时，样板的弦长不得小于球壳板的弦长。样板与球壳板的间隙 $e$ 不得大于 3 mm。如图 16 所示。

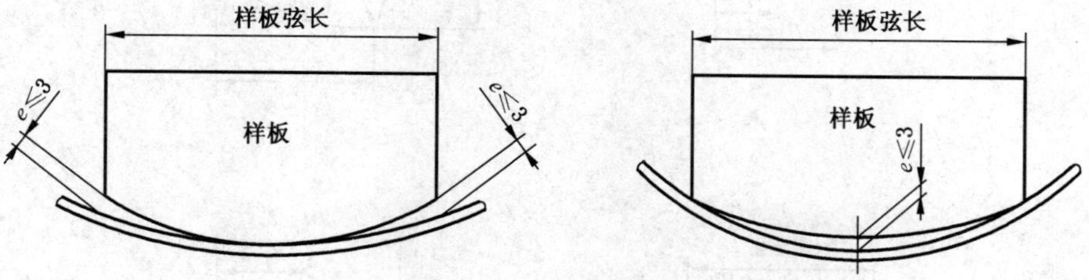


图 16

7.1.5 几何尺寸允许偏差(见图 17)如下，对刚性差的球壳板几何尺寸宜在托架上测量。

a) 长度方向弦长允差不大于±2.5 mm。

b) 宽度方向弦长允差不大于±2 mm。

c) 对角线弦长允差不大于±3 mm。

d) 两条对角线应在同一平面上。用两直线对角测量时，两直线的垂直距离偏差不得大于 5 mm。

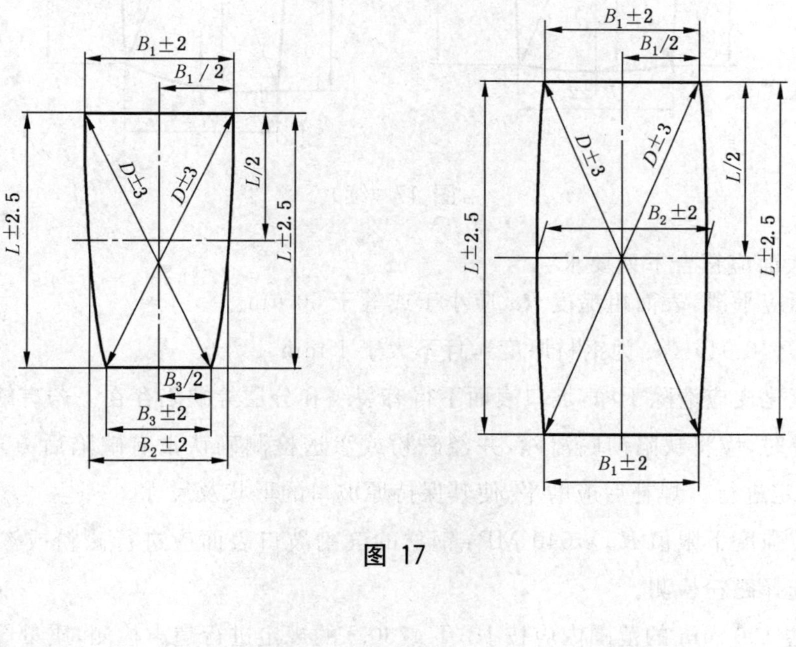


图 17

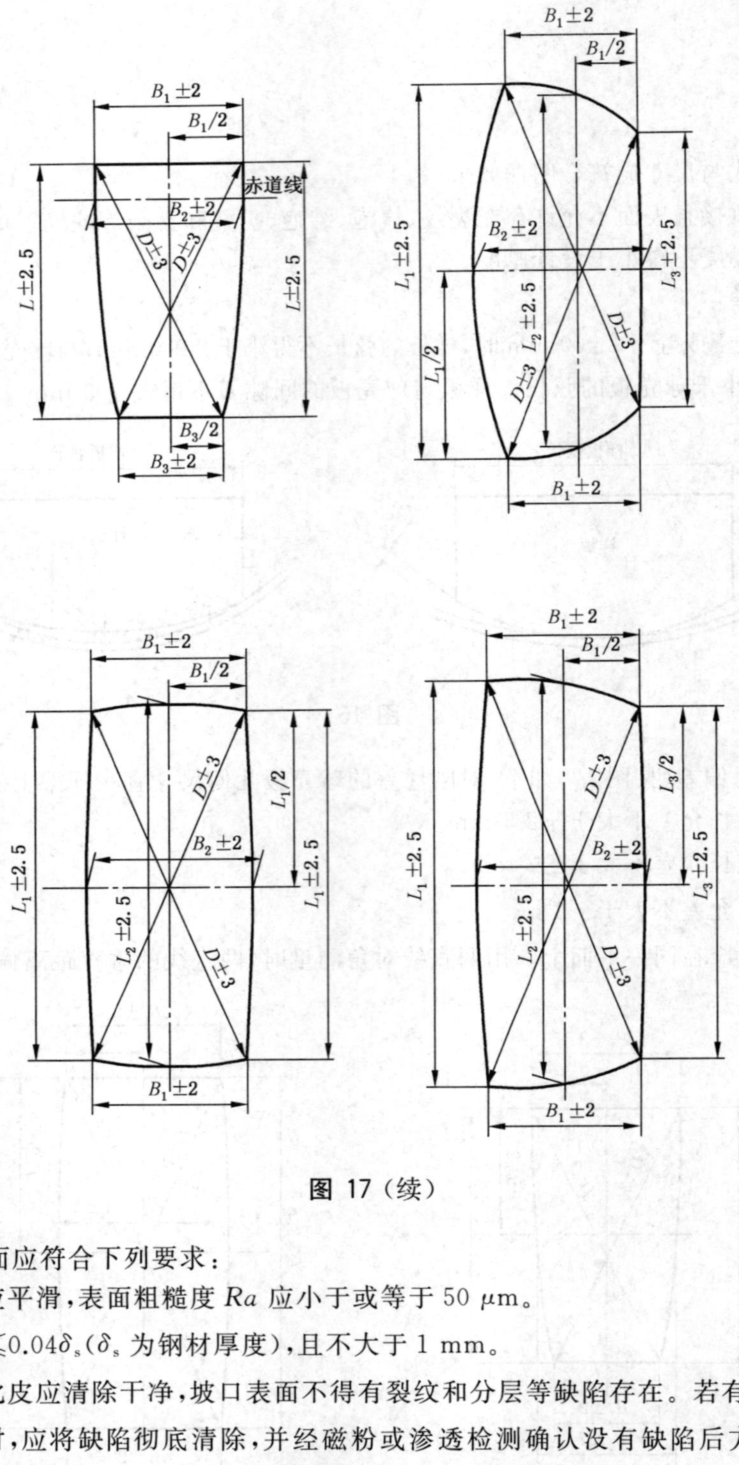


图 17（续）

7.1.6　气割坡口表面应符合下列要求：

a)　坡口表面应平滑，表面粗糙度 $Ra$ 应小于或等于 50 μm。

b)　平面度 $B\leqslant0.04\delta_s$（$\delta_s$ 为钢材厚度），且不大于 1 mm。

c)　熔渣与氧化皮应清除干净，坡口表面不得有裂纹和分层等缺陷存在。若有缺陷时，应修磨或焊补。焊补时，应将缺陷彻底清除，并经磁粉或渗透检测确认没有缺陷后方可焊补。焊补应按 8.7 的规定进行。焊补后应磨平，使其保持原坡口的形状及尺寸。

d)　标准抗拉强度下限值 $R_m\geqslant540$ MPa 钢材的气割坡口表面应进行磁粉或渗透检测，铁磁性材料优先选择磁粉检测。

7.1.7　球壳板周边 100 mm 的范围内应按 JB/T 4730.3 的规定进行超声检测，质量等级按 4.2.8 的有关规定。

7.1.8　相邻两板的厚度差大于薄板厚度的 25%，或大于等于 3 mm 时，厚板边缘应按图 18 削成斜边，削边后的端部厚度应等于薄板厚度。

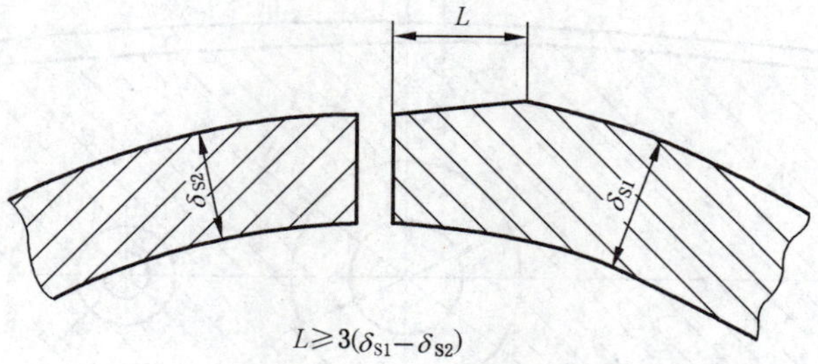


图 18

7.1.9　球壳板应采用冷压成形。

7.1.10　满足 GB 150.4 的 9.1 时，制造单位应按 8.9 制作人孔与球壳板的产品焊接试件 1 块。

7.1.11　相同规格的球壳板应具有互换性。

7.1.12　球壳板应避免表面的机械损伤，对严重的尖锐伤痕应按 8.7 的规定进行修补。

7.1.13　人孔及接管与球壳板的焊接、焊后尺寸检查、焊缝表面的形状尺寸及外观要求、无损检测、修磨和焊补等应符合第 8 章的有关规定。

## 7.2　零部件组焊

7.2.1　分段支柱上段与赤道板组焊应在制造单位进行。组焊后，用弦长不小于 1 000 mm 的样板检查焊缝部位向外 300 mm 以内(如图 19 所示)的赤道板的曲率，最大间隙不得大于 3 mm，其余范围用弦长不小于 2 000 mm 的样板检查最大间隙不得大于 3 mm。

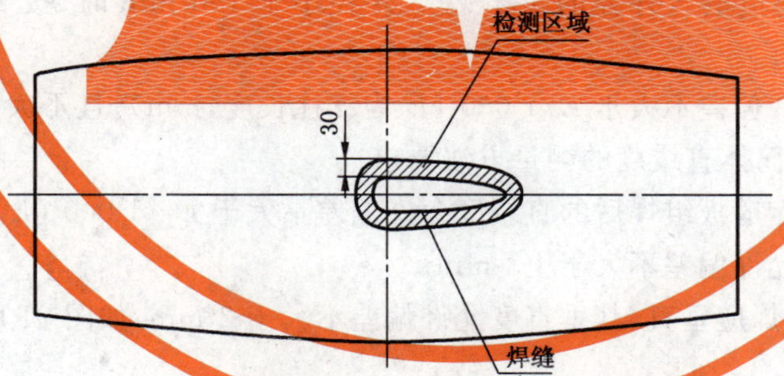


图 19

7.2.2　人孔、接管与极板的组焊应在制造单位进行，焊后应符合下列要求：

a)　人孔、接管开孔位置及外伸高度的允许偏差不大于 5 mm；

b)　开孔球壳板周边 100 mm 向内至开孔中心一倍开孔直径向外之间的范围内(如图 20 所示)用弦长不小于 1 000 mm 的样板检查极板曲率，最大间隙不得大于 3 mm。

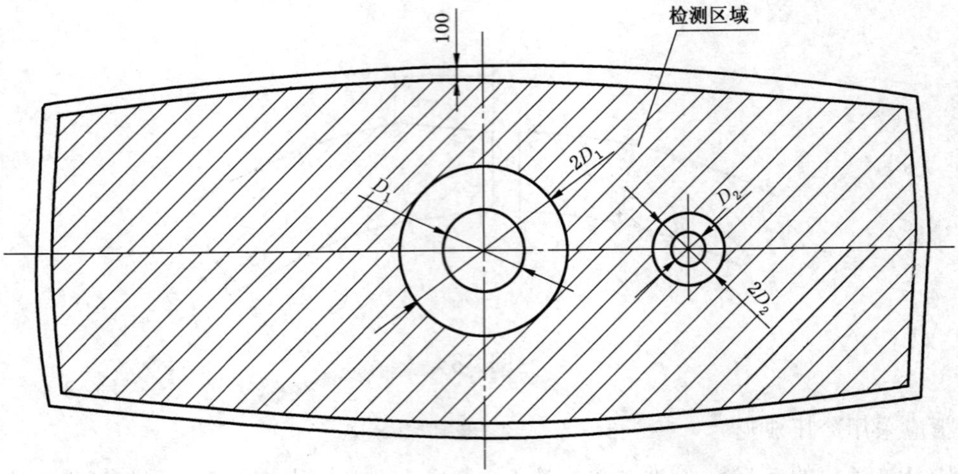


图 20

7.2.3 若球罐不进行焊后整体热处理,制造单位应对下列组焊件按 GB 150.4 的规定进行焊后热处理:

a) 与人孔、接管焊接的球壳板;

b) 当赤道板厚度大于 20 mm,且支柱与赤道板连接焊缝的焊脚尺寸大于 12 mm 时,与支柱焊接的赤道板。

7.2.4 若球罐进行焊后整体热处理,由设计者确定是否对组焊件进行焊后热处理,若制造单位对组焊件进行热处理,则产品焊接试件除了与组焊件一起热处理外,还应增加一次模拟热处理。焊接工艺评定也应模拟二次热处理。

7.2.5 焊缝的焊后消氢处理,按 8.3.4.7 的规定进行。

7.2.6 法兰面应垂直于接管中心线。安装接管法兰应保证法兰面的水平或垂直(有特殊要求时,应按图样要求),其偏差不得超过法兰外径的 1%(法兰外径小于 100 mm 时,按 100 mm 计算),且不大于 3 mm。

7.2.7 支柱的直线度允许偏差不大于 $L/1\ 000$ ($L$ 为支柱长度,mm),且不大于 10 mm(支柱直线度的测量方法按 GB 150.4 中筒体直线度的测量方法要求)。

7.2.8 分段支柱上段与赤道板组焊后的直线度允许偏差不大于 $L_1/1\ 000$ ($L_1$ 为支柱上段长度,mm)。

7.2.9 支柱全长的长度允许偏差不大于±3 mm。

7.2.10 支柱与底板的组焊应垂直,其垂直度允许偏差不大于 2 mm,如图 21 所示。

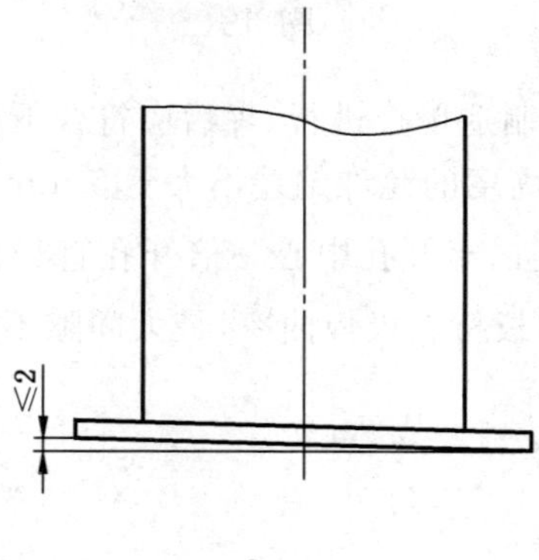


图 21

## 7.3 试板

制造单位应每台球罐提供6块产品焊接试板的母材(须开坡口),试板的材料应符合8.9的要求。每块试板的尺寸宜为600 mm×180 mm,试板的各项检测按NB/T 47016的规定进行。

## 7.4 产品零部件的油漆、包装、运输

7.4.1 球壳板外侧表面应除锈,并涂防锈漆两遍,坡口表面及其内、外侧边缘50 mm的范围内涂可焊性防锈涂料。每块球壳板上的钢号、炉批号、球罐号标记,应醒目地框出。

7.4.2 球壳板宜采用钢结构托架包装,球壳板的凸面朝上,各板间垫以柔性材料。每个包装架的总重不宜超过30 t。

7.4.3 试板、螺栓、螺母、垫片等宜装箱运输,拉杆等杆件宜集束包扎。

7.4.4 所有加工件表面应涂防锈油脂,拉杆螺纹应妥善保护。

7.4.5 球壳板、支柱、拉杆等零部件的油漆、包装和运输的其他要求按JB/T 4711的有关规定。

## 7.5 铭牌

制造单位应提供一块标明下列内容的铭牌:

a) 设计单位名称及设计许可证编号;
b) 制造单位名称及制造许可证编号;
c) 组焊单位名称及制造许可证编号;
d) 球罐名称;
e) 球罐产品编号;
f) 球罐图号或位号;
g) 储存介质名称;
h) 设计压力;
i) 试验压力;
j) 设计温度;
k) 容器类别;
l) 公称容积;
m) 装量系数;
n) 球壳材料;
o) 球壳厚度;
p) 最高允许工作压力(需要时);
q) 球罐净重;
r) 执行标准;
s) 监检标记;
t) 制造日期;
u) 设备编号;
v) 注册编号。

# 8 组焊、检验与验收

## 8.1 一般规定

8.1.1 球罐组焊前应对基础尺寸进行检查(见图22),其允许偏差应符合表27的规定。

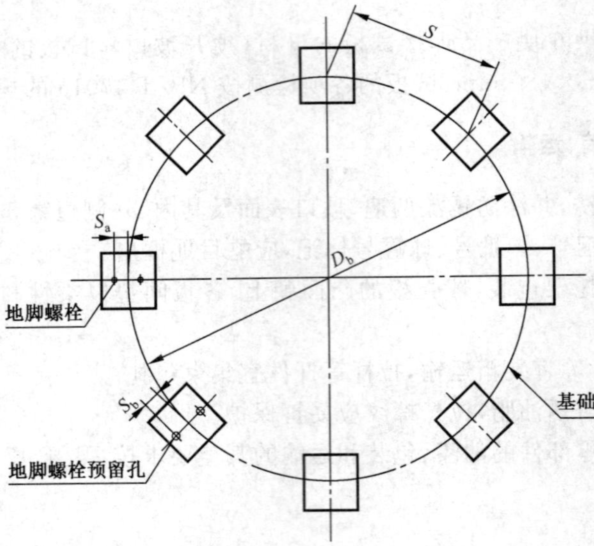


图 22

表 27 基础尺寸允许偏差

| 序 号 | 项 目 | | 允许偏差 |
|---|---|---|---|
| 1 | 基础中心圆直径 $D_b$ | 球罐公称容积<1 000 m³ | ±5 mm |
| | | 球罐公称容积≥1 000 m³ | $\pm D_i/2\ 000$ mm |
| 2 | 基础方位 | | 1° |
| 3 | 相邻支柱基础中心距 $S$ | | ±2 mm |
| 4 | 地脚螺栓中心与基础中心圆的间距 $S_a$ | | ±2 mm |
| 5 | 地脚螺栓预留孔中心与基础中心圆的间距 $S_b$ | | ±8 mm |
| 6 | 基础标高 | 支柱基础上表面的标高 | $-\frac{D_b}{1\ 000}$且不低于−15 mm |
| | | 相邻支柱基础的标高差 | ≤4 mm |
| 7 | 单个支柱基础上表面的平面度 | 地脚螺栓固定的基础 | 5 mm |
| | | 预埋基础垫板固定的基础 | 2 mm |
| 注：$D_i$ 为球壳设计内直径，mm。 | | | |

8.1.2 球罐组焊前，应对球罐零部件进行下列复验：

a) 零部件的数量。

b) 球壳板的曲率、几何尺寸、球壳板和坡口表面质量应符合 7.1 的要求。

c) 对球壳板周边 100 mm 范围内应进行超声检测抽查，抽查数量不得少于球壳板总数的 20%，且每带不少于 2 块，上、下极各不少于 1 块。其结果应符合 4.2.8 的规定。若发现超标缺陷，应加倍抽查，若仍有超标缺陷，则应 100%检验。

d) 球壳板应进行超声测厚抽查，抽查数量不得少于球壳板总数的 20%，且每带不少于 2 块，上、下极各不少于 1 块。每张球壳板检测不少于 5 点，其中 4 个点分布在距离边缘 100 mm 左右的位置并包括各顶角附近，1 个点位于球壳板的中心附近。实测厚度应不小于设计厚度。若有不合格，应加倍抽查，若仍有不合格应对球壳板进行100%超声测厚检查。

e) 对球壳板材质有怀疑的应进行复验。

f) 标准抗拉强度下限值 $R_m \geqslant 540$ MPa 的低合金钢制造的球壳板，坡口表面应按 JB/T 4730.4 进行磁粉检测，Ⅰ级合格，抽查数量为不少于球壳板总数的 20%。若发现有不允许缺陷应对球壳板坡口表面进行 100%检测。

8.1.3 底板与基础、拉杆与支柱的固定连接应在耐压试验合格后进行。

## 8.2 组装

8.2.1 球壳组装要求：

8.2.1.1 球壳不得采用机械方法强力组装。

8.2.1.2 对口间隙应按图样要求，间隙宜为 2 mm±2 mm，采用其他焊接方法时，对口间隙应由焊接工艺确定。

8.2.1.3 对口错边量 $b$ 不大于 $1/4\delta_s$，且不得大于 3 mm（当两板厚度不等时，不应计入两板厚度的差值），见图 23、图 24。

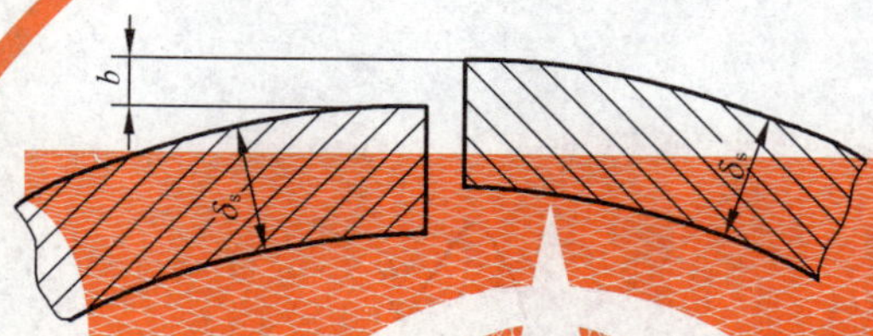


图 23

图 24

8.2.1.4 组装后，用弦长 $L$ 不小于 1 000 mm 的样板，沿对接接头每 500 mm 测量一点，棱角 $E$（包括错边量）不应大于 7 mm，见图 25。

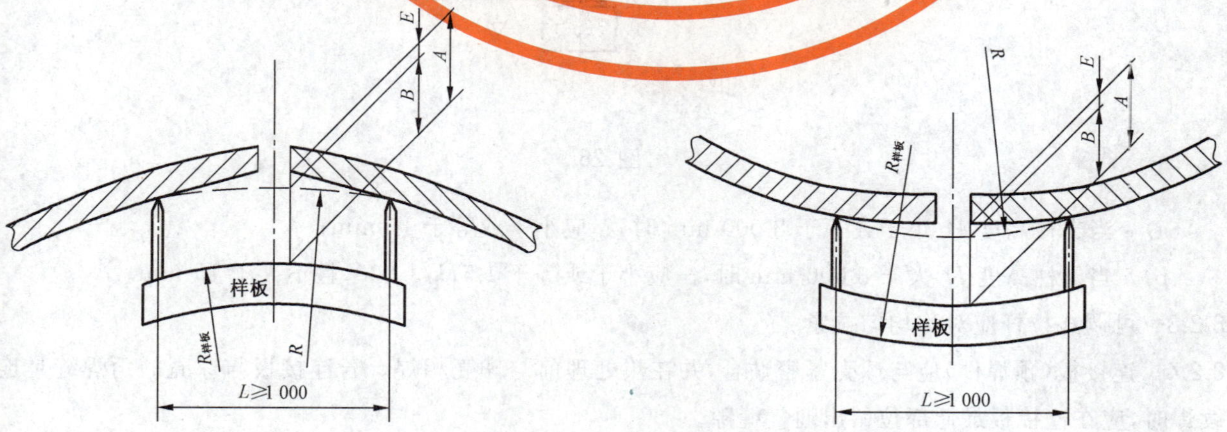


图 25

$E$ 值按式(80)计算：

$$E = A - B \tag{80}$$

式中：

$E$——棱角，mm；

$A$——球壳与样板的最大径向距离，mm；

$B$——球壳设计内半径或外半径与样板曲率半径的径向距离，mm。

$$B = |R - R_{样板}| \tag{81}$$

式中：

$R$——球壳的设计内半径或外半径，mm；

$R_{样板}$——样板的曲率半径，mm。

8.2.2 支柱安装找正后，在球罐径向和周向两个方向的垂直度允许偏差 $\Delta(\Delta = |a_1 - a_2|)$ 应符合下列规定，见图 26。

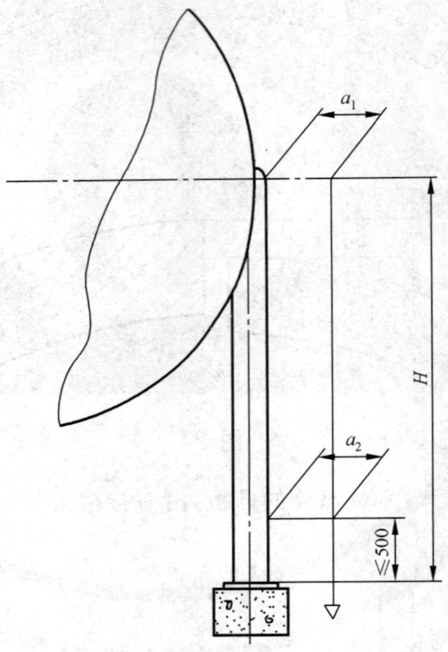


图 26

a) 当支柱高度 $H$ 小于或等于 8 000 mm 时，$\Delta$ 应小于或等于 10 mm；

b) 当支柱高度 $H$ 大于 8 000 mm 时，$\Delta$ 应小于或等于 $1.5H/1\ 000$，且不大于 15 mm。

8.2.3 可调式拉杆应对称均匀拉紧。

8.2.4 连接板(预焊件)应与球壳紧密贴合，并在热处理前与球壳相焊。若连接板与球壳的角焊缝是连续焊时，应在连接板最低部位留出通气缝隙。

## 8.3 焊接

### 8.3.1 施焊环境

8.3.1.1 当施焊环境出现下列任一情况，且无有效防护措施时，禁止施焊：

a) 焊条电弧焊时风速大于 10 m/s；

b) 气体保护焊时风速大于 2 m/s；

c) 相对湿度大于 90%；

d) 雨、雪环境；

e) 焊件温度低于−20 ℃。

注：相对湿度应在距球罐表面 500 mm～1 000 mm 处测得。

8.3.1.2 当焊件温度低于 0 ℃但不低于−20 ℃时，应在施焊处 100 mm 范围内预热到 15 ℃以上。

### 8.3.2 焊接工艺

8.3.2.1 球罐施焊前，受压元件焊缝、与受压元件相焊的焊缝、熔入永久焊缝内的定位焊缝、受压元件母材表面堆焊与补焊，以及上述焊缝的返修焊缝都应按 NB/T 47014 进行焊接工艺评定或者具有经过评定合格的焊接工艺支持。

8.3.2.2 焊接工艺评定技术档案应保存至该工艺评定失效为止，焊接工艺评定试样保存期不少于 5 年。

### 8.3.3 焊接要求

8.3.3.1 焊接材料的干燥：

a) 焊接材料应设专人负责保管、烘干和发放。

b) 焊接材料的贮存库应保持干燥，相对湿度不得大于 60%。焊接材料使用前，应按有关规定进行烘干。

c) 烘干后的焊条应保存在 100 ℃～150 ℃的恒温箱中，药皮应无脱落和明显裂纹。

d) 焊条在保温筒内不宜超过 4 h。超过后，应按原烘干制度重新干燥。重复烘干次数不宜超过 2 次。

8.3.3.2 焊丝在使用前应清除铁锈和油渍等污物。

8.3.3.3 定位焊及工卡具焊接：

a) 对焊工的要求应与球壳焊接相同。定位焊和工卡具焊接按评定合格的焊条电弧焊焊接工艺进行。

b) 要求预热后焊接的球壳，在定位焊及工卡具焊接处，至少应在 150 mm 范围内进行预热。

c) 定位焊缝的长度应不小于 50 mm，引弧点和熄弧点应在坡口内。

d) 工卡具的焊接，引弧点和熄弧点应在工卡具焊道上。严禁在非焊接位置任意引弧和熄弧。

e) 工卡具拆除时，不得损伤球壳板。切除后应打磨平滑。

### 8.3.4 施焊

8.3.4.1 施焊前应将坡口表面和两侧至少 20 mm 范围内的油污、水分及其他有害杂质清除干净。

8.3.4.2 焊件的预热应符合下列规定：

a) 预热温度可参照表 28，并经焊接工艺评定进行验证。

表 28 常用钢的预热温度

| 板厚/mm | 钢号 | | | | |
|---|---|---|---|---|---|
| | Q245R | Q345R<br>16MnDR<br>15MnNiDR | Q370R<br>15MnNiNbDR | 07MnMoVR<br>07MnNiVDR<br>07MnNiMoDR | 09MnNiDR |
| | 预热温度/℃ | | | | |
| 20 | — | — | — | — | — |
| 25 | — | — | 75～125 | 50～75 | 50～75 |
| 32 | — | 75～125 | 100～150 | | |
| 38 | 75～125 | 100～150 | 125～175 | 75～100 | 75～100 |
| 50 | 100～150 | 125～175 | 150～200 | 100～125 | 100～125 |

注 1：拘束度高的部位(如接管、人孔)或环境气温低于 5 ℃时，应采用较高的预热温度，扩大预热范围。

注 2：不同强度的钢相互焊接时，应采用强度较高的钢所适用的预热温度。

注 3："—"表示不需预热。

b) 预热必须均匀，预热宽度应为焊缝中心线两侧各取 3 倍板厚，且不少于 100 mm。预热温度应距焊缝中心线 50 mm 处对称测量，每条焊缝测点不少于 3 对。

c) 预热的焊道，层间温度不应低于预热温度的下限。

8.3.4.3 焊接线能量应不超过经焊接工艺评定合格的线能量上限。

8.3.4.4 焊道始端应采用后退起弧法，终端应将弧坑填满。多层焊的层间接头应错开。

8.3.4.5 双面焊对接焊缝，单侧焊接后应进行背面清根。焊缝清根时应将定位焊的焊缝金属清除掉，并用砂轮修整刨槽，修整后的坡口形状、宽窄应一致，标准抗拉强度下限值 $R_m$≥540 MPa 的低合金钢在清根后须按 JB/T 4730.4 进行 100%磁粉检测或按 JB/T 4730.5 进行 100%渗透检测，合格级别不低于Ⅰ级。

8.3.4.6 因故中断焊接时，应根据工艺要求采取措施，以防产生裂纹。再行施焊前，确认无裂纹后，方可按原工艺要求继续焊接。

8.3.4.7 符合下列条件之一的焊缝，焊后须立即进行后热消氢处理，后热温度宜为 200 ℃～250 ℃，后热时间应为 0.5 h～1 h。

a) 焊接接头厚度大于 32 mm，且材料标准抗拉强度下限值 $R_m$≥540 MPa 的球壳对接焊缝；

b) 焊接接头厚度大于 38 mm 的低合金钢球壳对接焊缝；

c) 嵌入式接管与球壳的对接焊缝；

d) 焊接工艺规程或焊接作业指导书确定需消氢处理的焊缝；

e) 对冷裂纹敏感性较大的低合金钢和拘束度较大的焊缝。

8.3.4.8 不锈钢球罐不得采用钢印标记。

## 8.4 焊后尺寸检查

8.4.1 对接焊缝形成的棱角 $E$ 应按 8.2.1.4 的方法进行检查。$E$ 值不得大于 10 mm。

8.4.2 焊后球壳两极间的净距与球壳设计内直径之差和赤道截面的最大内直径与最小内直径之差均应小于球壳设计内直径的 0.7%，且不大于 80 mm。

## 8.5 焊缝表面的形状尺寸及外观要求

8.5.1 焊缝表面不得有表面裂纹、未焊透、未熔合、表面气孔、弧坑、未填满、夹渣和飞溅物；焊缝与母材应圆滑过渡；角焊缝的外形应凹形圆滑过渡。

8.5.2 对接焊缝的余高 $e_1$、$e_2$应符合表 29 和图 27 的规定。

表 29 对接焊缝余高 $e_1$，$e_2$ mm

| 标准抗拉强度下限值 $R_m \geqslant 540$ MPa 的低合金钢钢材 | | | | 其他钢材 | | | |
|---|---|---|---|---|---|---|---|
| 单面坡口 | | 双面坡口 | | 单面坡口 | | 双面坡口 | |
| $e_1$ | $e_2$ | $e_1$ | $e_2$ | $e_1$ | $e_2$ | $e_1$ | $e_2$ |
| 0%～10%$\delta_s$ 且≤3 | 0～1.5 | 0%～10%$\delta_1$ 且≤3 | 0%～10%$\delta_2$ 且≤3 | 0%～15%$\delta_s$ 且≤3 | 0～1.5 | 0%～15%$\delta_1$ 且≤3 | 0%～15%$\delta_2$ 且≤3 |

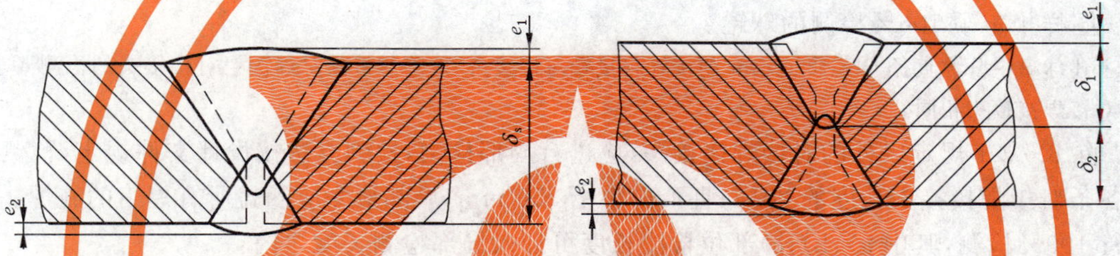


a） 单面坡口　　b） 双面坡口

图 27

8.5.3 角焊缝的焊脚尺寸，在图样无规定时，取焊件中较薄者之厚度。补强圈的焊脚尺寸，当补强圈的厚度不小于 8 mm 时，其焊脚尺寸等于补强圈厚度的 70%，且不小于 8 mm。

## 8.6 无损检测

### 8.6.1 无损检测方法的选择

8.6.1.1 检测方法包括射线检测(X 射线定向曝光、γ 射线周向曝光、γ 射线全景曝光)、超声检测[包括衍射时差法超声检测(TOFD)、可记录的脉冲反射法超声检测、不可记录的脉冲反射法超声检测]、磁粉检测、渗透检测。

8.6.1.2 当采用不可记录的脉冲反射法超声检测时，应采用射线检测或者衍射时差法超声检测作为附加局部检测。

8.6.1.3 对于奥氏体型钢制球罐的对接焊接接头应优先采用射线检测，其他材料制球罐应优先采用衍射时差法超声检测。

8.6.1.4 不宜采用 γ 射线全景曝光射线检测。

8.6.1.5 铁磁性材料进行表面检测时，应优先采用磁粉检测，球罐内侧宜采用荧光磁粉检测。

### 8.6.2 无损检测的实施时机

8.6.2.1 焊接接头应在形状尺寸检查和外观目视检查合格后，再进行无损检测。

8.6.2.2 有延迟裂纹倾向的材料制造的球罐，应在焊接结束至少 36 h 后，方可进行焊接接头的无损检测。

8.6.2.3 有再热裂纹倾向的材料制造的球罐的焊接接头，应在热处理后或耐压试验后增加一次100%表面检测。

8.6.2.4 标准抗拉强度下限值$R_m$≥540 MPa的球罐的焊接接头，应在耐压试验后增加一次100%表面检测。

### 8.6.3 射线和超声检测

8.6.3.1 符合下列条件之一的球壳对接焊接接头，应按图样规定的检测方法，进行全部(100%)的射线或超声：

a) 设计压力大于或等于1.6 MPa的第Ⅲ类球罐；

b) 进行气压或气液组合压力试验的球罐；

c) 焊接接头系数取1.0的球罐；

d) 盛装易爆和毒性为极度或高度危害介质的球罐；

e) 焊接接头厚度大于30 mm的奥氏体型钢、Q245R、Q345R、Q370R钢制球罐；

f) 标准抗拉强度下限值$R_m$≥540 MPa的钢制球罐；

g) 图样规定须100%检测的球罐。

注：上述球罐中公称直径DN≥250 mm的接管与接管对接接头、接管与带颈对焊法兰对接接头的检测要求与球壳对接焊接接头相同。

8.6.3.2 除8.6.3.1规定以外的对接焊接接头，应进行局部检测，检测方法按设计文件规定，检测长度不得少于各条对接焊接接头长度的20%，且不得小于250 mm，局部检测应涵盖所有焊工的施焊。以下部位应进行100%检测，其中a)、b)、c)部位检测长度可计入局部检测长度之内：

a) 焊接接头的交叉部位；

b) 对于满足GB 150.3—2011中6.1.3不另行补强的接管，自开孔中心沿球壳表面的最短长度等于开孔直径的范围内的焊接接头；

c) 凡被补强圈、支柱、垫板、内件等所覆盖的焊接接头；

d) 嵌入式接管与球壳对接连接的焊接接头；

e) 承受外载荷的公称直径DN≥250 mm的接管与接管对接接头和接管与带颈对焊法兰的对接接头。

注：按本条规定检测后，制造、组焊单位对未检查的焊接接头质量仍需负责。但是，若作进一步检测可能会发现少量气孔等不危及球罐安全的超标缺陷，如果这也不允许时，就应选择100%检测。

8.6.3.3 公称直径DN<250 mm的接管与接管对接接头、接管与带颈对焊法兰对接接头的检测要求按设计文件规定。

### 8.6.4 表面检测

8.6.4.1 球罐的下列部位在耐压试验前(如球罐需焊后整体热处理时应在热处理前)应进行全部(100%)的表面检测：

a) 凡符合8.6.3.1规定进行全部射线或超声检测的球罐的所有焊接接头表面，非受压件与球壳的连接焊缝；

b) 标准抗拉强度下限值$R_m$≥540 MPa低合金钢制球罐经火焰切割的坡口表面；

c) 用有延迟裂纹倾向或者再热裂纹倾向的钢材制造的球罐的所有焊接接头表面；

d) 钢材厚度大于20 mm的奥氏体型钢球罐的对接和角接接头；

e) 图样注明有应力腐蚀的球罐；

f) 嵌入式接管与球壳连接的对接接头表面；

g) 焊补处的表面；

h) 工卡具拆除处的焊迹表面和缺陷修磨处的表面；

i) 支柱与球壳连接处的角焊缝表面；

j) 要求全部射线或超声检测的球罐上公称直径 DN<250 mm 的接管与接管对接接头、接管与带颈对焊法兰对接接头；

k) 设计文件要求进行检测的接管角焊缝。

**8.6.5 组合检测**

8.6.5.1 标准抗拉强度下限值 $R_m \geqslant 540$ MPa 的低合金钢制球罐的焊接接头，若其焊接接头厚度大于 20 mm，还应采用 8.6.1 中所列的与原无损检测方法不同的检测方法另行进行局部检测，该检测应包括所有的焊缝交叉部位。

8.6.5.2 经射线或超声检测的焊接接头，如有不允许的缺陷，应在缺陷清除干净后进行补焊，并对该部分采用原检测方法重新检查，直至合格。

8.6.5.3 进行局部检测的焊接接头，发现有不允许的缺陷时，应在该缺陷两端的延伸部位增加检查长度，增加的长度为该焊接接头长度的 10%，且两侧均不小于 250 mm。若仍有不允许的缺陷，则对该焊接接头做全部(100%)检测。

8.6.5.4 磁粉与渗透检测发现的不允许缺陷，应按 8.7 的规定进行修磨及必要的补焊后，对该部位采用原检测方法重新检测，直至合格。

8.6.5.5 当设计文件规定时，还应按规定进行组合检测。

**8.6.6 无损检测的技术要求**

**8.6.6.1 射线检测的技术要求**

按 JB/T 4730.2 对焊接接头进行射线检测，其合格指标如下：

a) 若球罐及受压元件符合 8.6.3.1 的规定，检测技术等级不低于 AB 级，合格级别不低于Ⅱ级；

b) 若球罐及受压元件符合 8.6.3.2 的规定，检测技术等级不低于 AB 级，合格级别不低于Ⅲ级；

c) 角接接头、T 形接头，检测技术等级不低于 AB 级，合格级别不低于Ⅱ级。

**8.6.6.2 超声检测的技术要求**

按 JB/T 4730.3 及 NB/T 47013.10 (JB/T 4730.10)对焊接接头进行超声检测，其合格指标如下：

a) 若球罐及受压元件符合 8.6.3.1 的规定，脉冲反射法超声检测技术等级不低于 B 级，合格级别不低于Ⅰ级；

b) 若球罐符合 8.6.3.2 的规定，脉冲反射法超声检测技术等级不低于 B 级，合格级别不低于Ⅱ级；

c) 角接接头、T 形接头，脉冲反射法超声检测技术等级不低于 B 级，合格级别不低于Ⅰ级；

d) 采用衍射时差法超声检测(TOFD)的焊接接头，合格级别不低于Ⅱ级。

**8.6.6.3 表面检测的技术要求**

按 JB/T 4730.4～4730.5 对焊接接头进行磁粉、渗透检测，合格级别不低于Ⅰ级。

**8.6.6.4 组合检测技术要求**

当组合采用射线和超声检测时，质量要求和合格级别按照各自执行的标准确定，并且均应当合格。

**8.6.7 无损检测档案**

球罐无损检测档案应完整，保存时间不得少于球罐设计使用年限。

## 8.7 修磨和焊补

球罐在制造、运输和施工过程中产生的各种有害缺陷应进行修磨或焊补。

### 8.7.1 修磨

球壳板局部表面和焊缝表面的缺陷及工卡具焊迹必须用砂轮修磨。修磨范围内的斜度至少为1：3。修磨后的球壳实际厚度不得小于设计厚度，同时磨除深度应小于球壳名义厚度的5%，且不大于2 mm。超过时，应进行焊补。

### 8.7.2 焊补

a) 对球壳表面缺陷进行焊补时，每处的焊补面积应在5 000 $mm^2$ 以内。如有两处以上焊补时，任何两处的净距应大于50 mm。每块球壳板上焊补面积总和必须小于该块球壳板面积的5%。补焊后的表面应修磨平滑，修磨范围内的斜度至少为1：3，且高度不大于1.5 mm。当球壳板表面焊补深度超过3 mm时，还应进行超声检测。坡口表面缺陷按7.1.6修磨和焊补。

b) 焊缝表面缺陷进行焊补时，焊补长度应大于50 mm。材料标准抗拉强度下限值 $R_m \geqslant 540$ MPa的低合金钢材焊缝焊补后，应在焊补焊道上加焊一道凸起的回火焊道。回火焊道焊完后，应磨去回火焊道多余的焊缝金属，使其与主体焊缝平缓过渡。

c) 焊缝的内部缺陷焊补时，清除的缺陷深度不得超过球壳板厚度的2/3。若清除到球壳板厚度的2/3处还残留缺陷时，应在该状态下焊补，然后在其背面再次清除缺陷，进行焊补。焊补长度应大于50 mm。当采用碳弧气刨清除缺陷时，应符合8.3.4.5的规定。

d) 焊接接头同一部位的焊补次数不宜超过2次。如超过2次，焊补前应经制造（组焊）单位技术总负责人批准。焊补次数、部位和焊补情况应记入球罐质量证明书。

## 8.8 焊后整体热处理（PWHT）

8.8.1 球罐及其受压元件按材料、焊接接头厚度（即焊后热处理厚度 $\delta_{PWHT}$）或设计要求确定是否进行焊后热处理。

8.8.2 焊接接头厚度应按下列规定确定：

a) 对等厚全焊透对接接头为钢材厚度；

b) 对于对接焊缝和角焊缝为焊缝厚度；

c) 对于组合焊缝为对接焊缝与角焊缝厚度中较大者；

d) 当不同厚度元件焊接时：

——不等厚对接接头取较薄元件的钢材厚度；

——接管与壳体焊接时，取接管颈厚度、壳体厚度、补强圈厚度和连接角焊缝厚度中较大者；

——接管与法兰焊接时，取接头处接管颈厚度；对于GB 150.3—2011中图7-1g）所示结构取法兰厚度；

——非受压元件与受压元件焊接时，取焊缝厚度。

8.8.3 符合下列情况之一的球罐，应在耐压试验前进行焊后热处理（当制定热处理技术要求时，除满足以下规定外，还应采取必要的措施，避免由于焊后热处理导致的再热裂纹）：

a) 设计图样要求进行焊后热处理的球罐；

b) 焊接接头厚度大于32 mm（若焊前预热100 ℃以上时，焊接接头厚度大于38 mm）的Q245R、Q345R、Q370R和07MnMoVR钢制球罐；

c) 有应力腐蚀倾向的球罐，如盛装液化石油气、液氨等的球罐；

d) 盛装毒性为极度或高度危害介质的碳素钢、低合金钢球罐。

8.8.4 除设计图样另有规定，奥氏体型不锈钢球罐可不进行焊后热处理。

8.8.5 热处理工艺：

8.8.5.1 热处理温度应按图样要求，也可参照表30，但均应经焊接工艺评定进行验证。

表30 焊后热处理温度

| 钢号 | 焊后热处理温度/℃ |
|---|---|
| Q245R | 600±20 |
| Q345R | 600±20 |
| Q370R | 580±20 |
| 16MnDR | 590±20 |
| 15MnNiDR | 570±20 |
| 15MnNiNbDR | 580±20 |
| 09MnNiDR | 570±20 |
| 07MnMoVR、07MnNiVDR、07MnNiMoDR | 570±20 |

8.8.5.2 热处理恒温时间，按焊接接头厚度每25 mm恒温1 h计算，且不少于1 h。

8.8.5.3 升温至400 ℃以上时，升温速度宜控制在50 ℃/h～80 ℃/h。

8.8.5.4 400 ℃以上降温时，降温速度宜控制在30 ℃/h～50 ℃/h，400 ℃以下自然冷却。

8.8.5.5 400 ℃以上升温和降温时，球壳表面上任意两测温点的温差不得大于130 ℃。

8.8.5.6 施工单位应针对每台球罐制定热处理作业指导书。

8.8.6 保温要求：

8.8.6.1 球罐的人孔、接管、连接板及从支柱与球壳连接焊缝的下端算起向下至少1 000 mm长度的支柱应进行保温。

8.8.6.2 热处理时，保温层外表温度应不高于60 ℃。

8.8.7 测温系统：

8.8.7.1 测温点应均匀布置在球壳表面，相邻测温点的间距宜为4 500 mm。距人孔与球壳环焊缝边缘200 mm以内及每块产品焊接试件上，必须设测温点。

8.8.7.2 温度应进行连续自动记录。仪表精度应达到1%的要求。

8.8.8 柱脚移动：

8.8.8.1 热处理前应在支柱下部设置移动装置。

8.8.8.2 热处理过程中，应监测柱脚位移，并按计算位移值及时调整柱脚位移。一般温度每变化100 ℃应调整一次。

8.8.8.3 热处理后，应测量并调整支柱垂直度，其允许偏差应符合8.2.2的要求。

8.8.9 不锈钢球罐的表面应做酸洗、钝化处理。该类材料球罐表面及零部件按设计图样要求进行热处理时，在热处理前应清除不锈钢表面污物及有害介质，热处理后再做酸洗、钝化处理。

## 8.9 试件与试样

### 8.9.1 产品焊接试件

#### 8.9.1.1 制备产品焊接试件与试样的要求

8.9.1.1.1 试件的原材料必须合格，并且与球罐用材具有相同标准、相同牌号、相同厚度和相同热处理状态。

8.9.1.1.2　试件应由施焊该球罐的焊工，采用与施焊球罐相同的条件、过程与焊接工艺(包括施焊及其之后的热处理条件)施焊，有热处理要求的球罐，应将产品焊接试件布置在球壳热处理高温区外侧，并与球壳紧贴，与球罐一起进行热处理。

8.9.1.1.3　每台球罐应做立焊和平焊加仰焊 2 块产品焊接试件。

8.9.1.1.4　试件的尺寸和试样的截取按 NB/T 47016 的规定。若有冲击试验要求，应在试件上同时截取冲击试样，进行冲击试验。

#### 8.9.1.2　试样检验与评定

8.9.1.2.1　试样的检验与评定按 NB/T 47016 和设计文件要求进行。

8.9.1.2.2　当需要进行耐腐蚀性能检验时，应按相关标准和设计文件规定制备试样进行试验，并满足要求。其中，不锈钢的晶间腐蚀敏感性检验应按 GB/T 21433 规定进行。

8.9.1.2.3　除另有规定，奥氏体型钢材的焊缝金属冲击试验合格指标为冲击吸收功不小于 31 J。

8.9.1.2.4　当试样评定结果不能满足要求时，允许按 NB/T 47016 的要求取样进行复验。如复验结果仍达不到要求时，则该试件所代表的球罐被判为不合格。当球罐被判为不合格时，允许将产品焊接试件及其所代表的球罐重新进行热处理，然后按上述要求重新进行试验。

### 8.9.2　其他试件和试样

8.9.2.1　要求做耐腐蚀性能检验的球罐或者受压元件，应按设计文件规定制备耐腐蚀性能试验试件并进行检验与评定。

8.9.2.2　根据设计文件要求，螺柱经热处理后需做力学性能试验者，应按批制备热处理试样并进行检验与评定。每批系指同时投料的具有相同钢号、相同炉罐号、相同断面尺寸、相同制造工艺的同类螺柱。

## 8.10　耐压试验和泄漏试验

8.10.1　球罐安装完工后，应按设计文件规定进行耐压试验和泄漏试验。

8.10.2　耐压试验和泄漏试验时，必须在球罐的顶部和底部各设置一个量程相同并经检定合格的压力表。压力表的量程为 1.5 倍～3 倍的试验压力，宜为试验压力的 2 倍。压力表的精度不得低于 1.6 级，压力表的表盘直径不得小于 100 mm。试验压力以球罐顶部压力表读数为准。

8.10.3　球罐的开孔补强圈应在耐压试验前通入 0.4 MPa～0.5 MPa 的压缩空气检查焊接接头质量。

8.10.4　耐压试验：

8.10.4.1　耐压试验分为液压试验、气压试验以及气液组合压力试验，组焊单位应按设计文件规定的方法进行耐压试验。

8.10.4.2　耐压试验的试验压力和必要时的强度校核按 3.11 的规定。

8.10.4.3　耐压试验前，球罐各连接部位的紧固件应装配齐全，并紧固妥当；为进行耐压试验而装配的临时受压元件，应采取适当的措施，保证其安全性。

8.10.4.4　耐压试验保压期间不得采用连续加压以维持试验压力不变，试验过程中不得带压拧紧紧固件或对受压元件施加外力。

8.10.4.5　耐压试验后所进行的返修，对返修深度大于壁厚一半的球罐，应重新进行耐压试验。

8.10.4.6　液压试验：

8.10.4.6.1　试验液体一般采用水，试验合格后应立即将水排净吹干。当无法完全排净吹干时，对奥氏体不锈钢制球罐，应控制水的氯离子含量不超过 25 mg/L。

8.10.4.6.2　需要时，也可采用不会导致发生危险的其他液体，但试验时液体的温度应低于其闪点或沸点，并有可靠的安全措施。

8.10.4.6.3　试验温度：

Q345R、Q370R、07MnMoVR 制球罐进行液压试验时，液体温度不得低于 5 ℃；Q245R 和其他低合金钢制球罐进行液压试验时，液体温度不得低于 15 ℃。如果由于板厚等因素造成材料无塑性转变温度升高，则需相应提高试验温度。

当有试验数据支持时，可使用较低温度液体进行试验，但试验时应保证试验温度（球罐罐壁金属温度）比球罐罐壁金属无塑性转变温度至少高 30 ℃。

8.10.4.6.4　试验程序和步骤：

a）试验球罐内的气体应当排净并充满液体，试验过程中，应保持球罐外表面的干燥。

b）当试验球罐罐壁金属温度与液体温度接近时，方可缓慢升压。

c）试验时，压力应缓慢上升，升至试验压力的 50%时，保压 10 min，然后对球罐的所有焊接接头和连接部位进行渗漏检查，确认无渗漏后继续升压。

d）压力升至设计压力时，保压 10 min，然后再次进行渗漏检查，确认无渗漏后再升压。

e）压力升至试验压力时，保压时间不少于 30 min，然后将压力降至设计压力进行检查，检查期间压力应保持不变，以无渗漏为合格。

f）液压试验完毕后，应将液体排尽，用压缩空气将球罐内部吹干。排液时，严禁就地排放。

8.10.4.6.5　液压试验的合格标准：试验过程中，球罐无渗漏，无可见的变形和异常声响。

8.10.4.6.6　基础沉降要求：

a）球罐在充、放液过程中，应在下列过程对基础的沉降进行观察；

——充液前；

——充液高度到 1/3 球壳内直径时；

——充液高度到 2/3 球壳内直径时；

——充满液 24 h 后；

——放液后。

b）每个支柱基础都应测定沉降量，各支柱基础应均匀沉降。放液后，基础沉降差不得大于 $D_b$/1 000（$D_b$ 为基础中心圆直径，mm），相邻支柱基础沉降差不大于 2 mm。超过时，应采取措施处理。

8.10.4.7　气压试验和气液组合压力试验：

8.10.4.7.1　试验所用气体应为干燥洁净的空气、氮气或其他惰性气体；试验液体与液压试验的规定相同。

8.10.4.7.2　气压试验和气液组合压力试验应有安全措施，试验单位的安全管理部门应当派人进行现场监督。

8.10.4.7.3　试验温度按 8.10.4.6.3 的规定。

8.10.4.7.4　试验时应先缓慢升压至规定试验压力的 10%，保压 5 min，然后对所有焊接接头和连接部位进行初次检查；确认无泄漏后，再继续升压至规定试验压力的 50%；如无异常现象，其后按规定试验压力的 10%逐级升压，直到试验压力，保压 10 min；然后降至设计压力进行检查，检查期间压力应保持不变。试验后应缓慢卸压。

8.10.4.7.5　气压试验和气液组合压力试验的合格标准

气压试验过程中，球罐无异常声响，经肥皂液或其他检漏液检查无漏气，无可见的变形；气液组合压力试验过程中，应保持球罐外表面干燥，无液体渗漏，经肥皂液或其他检漏液检查无漏气，无异常声响，无可见的变形。

8.10.4.7.6　气液组合压力试验充、放液过程应对基础的沉降进行观测，具体参见 8.10.4.6.6 要求。

8.10.5　泄漏试验：

8.10.5.1　球罐需经耐压试验合格后方可进行泄漏试验。

8.10.5.2 泄漏试验包括气密性试验、氨检漏试验、卤素检漏试验和氦检漏试验,组焊单位应按设计文件规定的方法和要求进行泄漏试验。

8.10.5.3 气密性试验:

8.10.5.3.1 气密性试验所用气体应符合 8.10.4.7.1 的规定。

8.10.5.3.2 气密性试验压力为球罐的设计压力。

8.10.5.3.3 试验时,压力应缓慢上升,升至规定试验压力的 50%时,保压 5 min,然后对球罐的所有焊缝和连接部位进行泄漏检查,确认无泄漏后继续升压。压力升至试验压力时,保压 10 min,然后进行泄漏检查,以无泄漏为合格。试验后应缓慢卸压。

8.10.5.3.4 试验过程中,无泄漏合格;如有泄漏,应在修补后重新进行试验。

8.10.5.4 其他泄漏试验方法和要求还应符合相关标准规定。

## 8.11 球罐涂敷

应按 JB/T 4711 及设计文件的规定进行。

## 8.12 竣工验收

球罐竣工后,组焊单位应将 3.5.2.3 规定的技术文件交付使用单位。使用单位需会同特种设备安全监督管理部门或授权的检验机构按本标准及设计图样进行验收。

# 附　录　A
## （规范性附录）
## 标准的符合性声明及修订

**A.1**　本标准的制定遵循了国家颁布的压力容器安全法规所规定的基本安全要求，其设计准则、材料要求、制造、组焊、检验技术要求和验收标准均符合 TSG R0004 和 GB 150.1～150.4 的相应规定。本标准为协调标准，即按本标准要求建造的球罐可以满足 TSG R0004 的基本安全要求。

**A.2**　标准的修订采用提案审查制度，任何单位和个人均有权利对本标准的修订提出建议，修订建议应采用表 A.1 的方式提交全国锅炉压力容器标准化技术委员会（以下简称“委员会”）。委员会对收到的标准修订提案进行审查，根据审查结果，将采纳的技术内容纳入下一版标准。

**表 A.1　标准提案/问询表**

| □标准提案　　□标准问询 | | 标准名称 | |
|---|---|---|---|
| 单　　位 | | 姓　　名 | |
| 联系地址 | | 邮政编码 | |
| 电话/传真 | | 电子信箱 | |
| 标准条款 | | | |
| 提案/问询内容(可另附页) | | | |
| | | | |
| 技术依据与相关资料(可另附页) | | | |
| | | | |
| 附加说明： | | | |
| 单位图章或提案(问询)人签字： | | 提交日期：<br>年　月　日 | |

全国锅炉压力容器标准化技术委员会

地址：北京市朝阳区和平街西苑 2 号楼 D 座三层　邮政编码：100029

电子信箱：GB12337@cscbpv.org

# 附录B
## （规范性附录）
## 安全附件及附属设施

### B.1 通则

**B.1.1** 本附录规定了球罐安全附件及其附属设施的选用及安装的基本要求。

**B.1.2** 球罐的安全附件,包括直接连接在球罐上的超压泄放装置(包括安全阀、爆破片安全装置、安全阀与爆破片安全装置的组合装置)、紧急切断装置、压力表、液位计、测温仪表及其他安全设施。

**B.1.3** 球罐的附属设施,包括梯子平台、耐火隔热设施(包括支柱耐火层、消防喷淋装置)、接地装置、沉降测量板等。

**B.1.4** 球罐的开口接管应尽量布置在上、下极中板。满足工艺要求的情况下,应尽可能地减少球罐底部的开口数量。

**B.1.5** 凡属本标准适用范围内的球罐,均应按本附录的要求配备超压泄放装置。

### B.2 超压泄放装置

**B.2.1** 超压泄放装置的计算与安装应按 GB 150.1—2011 附录 B 的要求。

**B.2.2** 盛装易爆液化气体的球罐,至少应设置 2 个安全阀,任意一个安全阀的泄放量应满足事故状态下球罐最大泄放量的要求。

**B.2.3** 两个或两个以上的安全阀装设在球罐的一个连接口时,该连接口的截面积,应不小于安全阀的进口截面积之和。

**B.2.4** 对液态烃或者毒性程度为极度、高度或者中度危害介质的球罐,必须在泄放装置的排出口装设导管,导管将泄放介质引至安全地点,并且进行妥善处理。

### B.3 紧急切断装置

**B.3.1** 紧急切断装置是指紧急切断阀及其操作机构。

**B.3.2** 盛装毒性为极度、高度危害或液态烃球罐的进出口应安装紧急切断装置。

**B.3.3** 紧急切断装置的安装位置宜尽量靠近球罐第一道密封面。

**B.3.4** 盛装液态烃的球罐,其液相进口管线上,应安装止回阀。

### B.4 压力表

#### B.4.1 压力表的选用

**B.4.1.1** 选用的压力表,应与球罐储存的介质与压力相适应。

**B.4.1.2** 当球罐内有可能产生负压时,压力表应选用复合型压力表。

**B.4.1.3** 压力表的精度不得低于 1.6 级。

**B.4.1.4** 压力表盘刻度极限值应为设计压力的 1.5 倍～3.0 倍,表盘直径不得小于 100 mm。

### B.4.2 压力表的安装

B.4.2.1 压力表的装设位置应便于操作人员观察和清洗，并且应避免受到辐射热、冻结或震动等不利影响。

B.4.2.2 压力表与球罐之间，应装设三通旋塞或者针形阀(三通旋塞或者针形阀应有开启标记和锁紧装置)，并且不得连接其他用途的任何配件或者接管。

B.4.2.3 用于具有腐蚀性或者高黏度介质的压力表，在压力表与球罐之间应装设隔离介质的缓冲装置。

## B.5 液位计

B.5.1 液位计应根据球罐的储存介质、压力、温度和液位高度选用。

B.5.2 液位计应进行 1.5 倍液位计公称压力的液压试验。

B.5.3 储存 0 ℃以下介质的球罐，宜选用防霜液位计。

B.5.4 寒冷地区使用的液位计，宜选用夹套型或保温型结构的液位计。

B.5.5 用于易爆、毒性程度为极度、高度危害介质的液化气体球罐上的液位计，应有防止泄漏的保护装置。

B.5.6 用于盛装易爆、毒性程度为极度、高度危害介质的液化气体球罐，应设就地和远传的液位计，并应设高液位报警和高高液位连锁。

B.5.7 液位计应安装在便于观察的位置，否则应增加其他辅助设施。液位计上最高和最低安全液位，应作出明显的标志。

## B.6 温度计

B.6.1 温度计宜选用万向型温度计，并可以测量比最低使用温度低 10 ℃的温度。

B.6.2 温度计应安装在便于观察的位置，盛装液化气体的球罐用温度计，应测量液相介质的温度。

B.6.3 温度计保护管的强度，应能承受设计压力 1.5 倍以上的外压，并能承受使用过程中的最大载荷(流体阻力或外部冲击)。

B.6.4 温度计保护管的外径不宜过大，其插入长度应满足温度计敏感元件的需要。

B.6.5 低温球罐或寒冷地区的球罐，应有防止雨水、湿气等流入测温保护管内结冰的措施。

## B.7 梯子平台

B.7.1 球罐应设置梯子平台。梯子平台应设置在便于操作的部位。

B.7.2 梯子平台有联合梯子平台和独立梯子平台等型式。联合梯子平台宜为楼梯内置式联合梯子平台。独立梯子平台有盘梯、斜梯、直梯等型式。

B.7.3 梯子平台踏步的宽度不宜小于 700 mm，斜梯的倾斜角度不宜大于 45°，踏步的间距宜为 200 mm。

B.7.4 公称容积大于 5 000 $m^3$ 的球罐可在球罐内部设置可旋转的内部梯子平台。

B.7.5 梯子平台护栏高度宜为 1 200 mm。

## B.8 耐火隔热设施

B.8.1 盛装液态烃的球罐，支柱应设置耐火层，其耐火极限应不低于 2 h。

**B.8.2** 盛装液态烃的球罐，应设置消防喷淋装置。消防喷淋装置的供水强度应不小于 0.15 L/(s·$m^2$)。

**B.8.3** 着火球罐的保护面积，按其表面积计算。距着火球罐直径 1.5 倍范围内的邻近罐的保护面积，按其表面积的一半计算。

**B.8.4** 消防喷淋装置的连续供水时间应为 6 h。

## B.9 接地装置

**B.9.1** 接地装置数量宜不少于球罐支柱数量的一半，且不少于 2 个，并沿球罐周向均匀或对称布置。

**B.9.2** 接地装置的接地电阻应不大于 30 Ω。

## B.10 沉降测量板

球罐的每个支柱上均应焊接一个沉降测量板，且应在同一高度。

## B.11 其他安全设施

**B.11.1** 盛装液态烃的球罐，应在超压泄放装置和放散口的泄放管上安装阻火器。

**B.11.2** 氢气球罐的泄放管，其阻火器后的管材，应选用不锈钢钢管。

**B.11.3** 氧气球罐用阀门、管件、仪表、垫片及其他附件应进行脱脂处理。

**B.11.4** 氧气球罐用阀门应选用不锈钢或铜基合金阀门。

**B.11.5** 盛装无毒、无危险性介质的球罐，其气相排放口应高于以排放口为中心的 7.5 m 半径范围内的操作平台、设备 2.5 m 以上。

**B.11.6** 盛装易爆气体的球罐，其对空排放的气相排放口应高于以排放口为中心的 10 m 半径范围内的操作平台、设备 3 m 以上。

# 附 录 C
## （规范性附录）
## 风险评估报告

### C.1 总则

**C.1.1** 本附录规定了风险评估报告的基本要求(风险评估报告也可参照本标准释义编写)。

**C.1.2** 球罐设计者应根据相关法规或设计委托方要求编制针对球罐预期使用状况的风险评估报告。

**C.1.3** 设计者应充分考虑球罐在各种工况条件下可能产生的失效模式,在材料选择、结构设计、制造、组焊、检验要求等方面提出安全措施,防止可能发生的失效。

**C.1.4** 设计者应向球罐用户提供制定球罐事故应急预案所需要的信息。

### C.2 制定原则和程序

**C.2.1** 设计阶段风险评估主要针对危害识别和风险控制。

**C.2.2** 设计阶段风险评估按以下程序进行:

a) 根据用户设计条件和其他设计输入信息,确定球罐的各种使用工况;
b) 根据各使用工况的介质、操作条件、环境因素进行危害识别,确定可能发生的危害及其后果;
c) 针对所有危害和相应的失效模式,说明应采取的安全防护措施和依据;
d) 对于可能发生的失效模式,给出制定事故应急预案所需要的信息;
e) 形成完整的风险评估报告。

### C.3 风险评估报告内容

风险评估报告应至少包括:

a) 球罐的基本设计参数:压力、温度、材料、介质性质和外载荷等;
b) 操作工况条件的描述;
c) 所有操作、设计条件下可能发生的危害,如:爆炸、泄漏、破损、变形等;
d) 对于标准已经有规定的失效模式,说明采用标准的条款;
e) 对于标准没有规定的失效模式,说明设计中载荷、安全系数和相应计算方法的选取依据;
f) 对介质少量泄漏、大量涌出和爆炸状况下如何处置的措施;
g) 根据周围人员的可能伤及情况,规定合适的人员防护设备和措施;
h) 风险评估报告应具有与设计图纸一致的签署。

# 附 录 D
(规范性附录)
应力分析设计球罐

## D.1 总则

**D.1.1** 本附录在 JB 4732 的基础上提出了以分析设计为基础的钢制球形储罐(以下简称"球罐")的设计、制造、组焊、检验与验收的特殊要求。

**D.1.2** 本附录未作规定者,还应符合本标准各有关章节(用应力强度代替许用应力)及 JB 4732 的要求。

## D.2 通用要求

### D.2.1 设计应力强度

本附录所用材料的设计应力强度按 D.3 选取。确定设计应力强度的依据为:钢材(除螺栓材料外)按表 D.1,螺栓材料按表 2 的规定。

表 D.1

| 材 料 | 设计应力强度取下列各值中的最小值/MPa |
|---|---|
| 碳素钢,低合金钢 | $R_m/2.4, R_{eL}/1.5, R_{eL}^t/1.5$ |
| 奥氏体型不锈钢 | $R_m/2.4, R_{eL}(R_{p0.2})/1.5, R_{eL}^t(R_{p0.2}^t)/1.5$ |

$R_m$ ——材料标准抗拉强度下限值,MPa;

$R_{eL}(R_{p0.2}、R_{p1.0})$ ——材料标准室温屈服强度(或 0.2%、1.0%非比例延伸强度),MPa;

$R_{eL}^t(R_{p0.2}^t、R_{p1.0}^t)$ ——材料在设计温度下的屈服强度(或 0.2%、1.0%非比例延伸强度),MPa。

注 1:对奥氏体型不锈钢制受压元件,当设计温度低于蠕变范围,且允许有微量的永久变形时,可适当提高设计应力强度至 0.9 $R_{p0.2}^t$,但不超过 $R_{p0.2}/1.5$。此规定不适用于法兰或其他有微量永久变形就产生泄漏或故障的场合。

注 2:如果引用标准规定了 $R_{p1.0}$ 或 $R_{p1.0}^t$,则可以选用该值计算其设计应力强度。

### D.2.2 耐压试验压力

**D.2.2.1** 耐压试验压力的最低值按下述规定,工作条件下内装介质的液柱静压力大于液压试验时的液柱静压力时,应适当考虑相应增加试验压力。

液压试验:

$$p_T = 1.25p\frac{S_m}{S_m^t} \qquad \text{(D.1)}$$

气压试验和气液组合压力试验：

$$p_T = 1.1p\frac{S_m}{S_m^t} \qquad \text{( D.2 )}$$

式中：

$p_T$——试验压力，MPa；

$p$——设计压力，MPa；

$S_m$——球壳材料在试验温度下的设计应力强度，MPa；

$S_m^t$——球壳材料在设计温度下的设计应力强度，MPa。

注：球罐铭牌上规定有最高允许工作压力时，公式中应以最高允许工作压力代替设计压力 $p$。

**D.2.2.2** 耐压试验应力校核。

试验时，球罐任何点上的压力（包括静压头）超过试验压力 $p_T$ 的 6%时，一次总体薄膜应力强度 $S_{\text{I}}$，一次薄膜加一次弯曲应力强度 $S_{\text{II}}$ 应满足下列条件：

$S_{\text{I}} \leqslant 0.9R_{eL}(R_{p0.2})$（液压），$S_{\text{I}} \leqslant 0.8R_{eL}(R_{p0.2})$（气压、气液组合）

当 $S_{\text{I}} \leqslant 0.67R_{eL}(R_{p0.2})$ 时，$S_{\text{II}} \leqslant 1.35R_{eL}(R_{p0.2})$

当 $0.67R_{eL}(R_{p0.2}) < S_{\text{I}} \leqslant 0.9R_{eL}(R_{p0.2})$（气压、气液组合时 $0.8R_{eL}(R_{p0.2})$）时，$S_{\text{II}} \leqslant 2.15R_{eL}(R_{p0.2}) - 1.2\,S_{\text{I}}$

式中：$R_{eL}(R_{p0.2})$——球壳材料在试验温度下的屈服强度（或 0.2%的非比例延伸强度），MPa。

## D.3 材料

**D.3.1** 钢材的使用温度下限，除奥氏体型不锈钢外均为 0 ℃。钢材使用温度低于 0 ℃时，除 JB 4732 的 6.1.8 和 6.3.3 规定外，应对钢材进行夏比（V 型缺口）低温冲击试验。冲击试验温度为钢材的使用温度（即相应受压元件的最低设计温度）或按图样的规定。除螺柱材料外，钢材的低温冲击功指标，按钢材标准的最低抗拉强度值确定，具体数值按表 3 的规定。

**D.3.2** 当球罐的设计温度高于 200 ℃时，其受压元件用钢材的高温性能见 GB 150.2—2011 的附录 B，应力强度值按表 D.1 确定。

**D.3.3** 钢板：

**D.3.3.1** 钢板的标准、使用状态及设计应力强度按表 D.2 的规定，且应符合下列附加技术要求（设计单位应在图样上注明）：

当球罐设计温度低于 0 ℃时，任意厚度的球壳用 Q245R、Q345R 钢板应在正火状态下使用。

**D.3.3.2** 符合下列条件的球壳用碳素钢和低合金钢钢板，每张热处理后的钢板（热处理后钢板被切割成数张时仍按 1 张考虑）应进行拉伸和夏比 V 型缺口冲击试验：

a) 调质热处理钢板；

b) 厚度大于 50 mm 的钢板。

**D.3.3.3** 球壳用厚度＞20 mm 的 Q245R、Q345R 和 Q370R 钢板，应逐张进行超声检测，质量等级不低于Ⅱ级。其他材料钢板的超声检测要求应符合表 6 的规定。

**表 D.2　钢板的设计应力强度**

| 碳素钢和低合金钢钢板 | | | | | | | | | | |
|---|---|---|---|---|---|---|---|---|---|---|
| 钢号 | 钢板标准 | 使用状态 | 厚度/mm | 室温强度指标 | | 在下列温度(℃)下的应力强度/MPa | | | | 注 |
| | | | | $R_m$/MPa | $R_{eL}$/MPa | ≤20 | 100 | 150 | 200 | |
| Q245R | GB 713 | 热轧,控轧,正火 | 6～16 | 400 | 245 | 163 | 147 | 140 | 131 | |
| | | | ＞16～36 | 400 | 235 | 157 | 140 | 133 | 124 | |
| | | | ＞36～60 | 400 | 225 | 150 | 133 | 127 | 119 | |
| Q345R | GB 713 | 热轧,控轧,正火 | 6～16 | 510 | 345 | 213 | 210 | 197 | 183 | |
| | | | ＞16～36 | 500 | 325 | 208 | 197 | 183 | 170 | |
| | | | ＞36～60 | 490 | 315 | 204 | 190 | 173 | 160 | |
| Q370R | GB 713 | 正火 | 10～16 | 530 | 370 | 221 | 221 | 213 | 200 | |
| | | | ＞16～36 | 530 | 360 | 221 | 220 | 207 | 193 | |
| | | | ＞36～60 | 520 | 340 | 217 | 207 | 193 | 180 | |
| 16MnDR | GB 3531 | 正火,正火加回火 | 6～16 | 490 | 315 | 204 | 193 | 180 | 167 | |
| | | | ＞16～36 | 470 | 295 | 196 | 180 | 167 | 157 | |
| | | | ＞36～50 | 460 | 285 | 190 | 173 | 160 | 150 | |
| 15MnNiDR | GB 3531 | 正火,正火加回火 | 6～16 | 490 | 325 | 204 | 200 | 187 | 173 | |
| | | | ＞16～36 | 480 | 315 | 200 | 193 | 180 | 167 | |
| | | | ＞36～50 | 470 | 305 | 196 | 187 | 173 | 160 | |
| 15MnNiNbDR | GB 3531 | 正火,正火加回火 | 10～16 | 530 | 370 | 221 | 221 | 213 | 200 | |
| | | | ＞16～36 | 530 | 360 | 221 | 220 | 207 | 193 | |
| | | | ＞36～50 | 520 | 350 | 217 | 213 | 200 | 187 | |
| 09MnNiDR | GB 3531 | 正火,正火加回火 | 6～16 | 440 | 300 | 183 | 183 | 170 | 160 | |
| | | | ＞16～36 | 430 | 280 | 179 | 170 | 157 | 150 | |
| | | | ＞36～50 | 430 | 270 | 179 | 163 | 150 | 143 | |
| 07MnMoVR | GB 19189 | 调质 | 10～50 | 610 | 490 | 254 | 254 | 254 | 254 | |
| 07MnNiVDR | GB 19189 | 调质 | 10～50 | 610 | 490 | 254 | 254 | 254 | 254 | |
| 07MnNiMoDR | GB 19189 | 调质 | 10～50 | 610 | 490 | 254 | 254 | 254 | 254 | |

| 高合金钢钢板 | | | | | | | | |
|---|---|---|---|---|---|---|---|---|
| 钢号 | 钢板标准 | 使用状态 | 厚度/mm | 在下列温度(℃)下的应力强度/MPa | | | | 注 |
| | | | | ≤20 | 100 | 150 | 200 | |
| S30408 | GB 24511 | 固溶 | 6～50 | 137 | 137 | 137 | 130 | 1 |
| | | | | 137 | 114 | 103 | 96 | |
| S30403 | GB 24511 | 固溶 | 6～50 | 120 | 120 | 118 | 110 | 1 |
| | | | | 120 | 98 | 87 | 81 | |

表 D.2（续）

| 高合金钢钢板 | | | | | | | | |
|---|---|---|---|---|---|---|---|---|
| 钢号 | 钢板标准 | 使用状态 | 厚度/mm | 在下列温度(℃)下的应力强度/MPa | | | | 注 |
| | | | | ≤20 | 100 | 150 | 200 | |
| S31608 | GB 24511 | 固溶 | 6～50 | 137 | 137 | 137 | 134 | 1 |
| | | | | 137 | 117 | 107 | 99 | |
| S31603 | GB 24511 | 固溶 | 6～50 | 120 | 120 | 117 | 108 | 1 |
| | | | | 120 | 98 | 87 | 80 | |

注 1：该行应力强度仅适用于允许产生微量永久变形之元件，对于法兰或其他有微量永久变形就产生泄漏或故障的场合不能采用。

**D.3.4** 钢管的标准及设计应力强度按表 D.3 的规定。

**表 D.3 钢管的设计应力强度**

| 碳素钢和低合金钢钢管 | | | | | | | | | | |
|---|---|---|---|---|---|---|---|---|---|---|
| 钢号 | 钢管标准 | 使用状态 | 壁厚/mm | 室温强度指标 | | 在下列温度(℃)下的应力强度/MPa | | | | 注 |
| | | | | $R_m$/MPa | $R_{eL}$/MPa | ≤20 | 100 | 150 | 200 | |
| 10 | GB/T 8163 | 热轧 | ≤10 | 335 | 205 | 137 | 121 | 115 | 108 | |
| 20 | GB/T 8163 | 热轧 | ≤10 | 410 | 245 | 163 | 147 | 140 | 131 | |
| Q345D | GB/T 8163 | 正火 | ≤10 | 470 | 345 | 196 | 196 | 193 | 180 | |
| 10 | GB 9948 | 正火 | ≤16 | 335 | 205 | 137 | 121 | 115 | 108 | |
| | | | >16～30 | 335 | 195 | 130 | 117 | 111 | 105 | |
| 20 | GB 9948 | 正火 | ≤16 | 410 | 245 | 163 | 147 | 140 | 131 | |
| | | | >16～30 | 410 | 235 | 157 | 140 | 133 | 124 | |
| 20 | GB 6479 | 正火 | ≤16 | 410 | 245 | 163 | 147 | 140 | 131 | |
| | | | >16～40 | 410 | 235 | 157 | 140 | 133 | 124 | |
| 16Mn | GB 6479 | 正火 | ≤16 | 490 | 320 | 204 | 193 | 180 | 167 | |
| | | | >16～40 | 490 | 310 | 204 | 187 | 173 | 160 | |
| 09MnD | — | 正火 | ≤8 | 420 | 270 | 175 | 163 | 150 | 143 | 1 |
| 09MnNiD | — | 正火 | ≤8 | 440 | 280 | 183 | 170 | 157 | 150 | 1 |

| 高合金钢钢管 | | | | | | | |
|---|---|---|---|---|---|---|---|
| 钢号 | 钢管标准 | 壁厚/mm | 在下列温度(℃)下的应力强度/MPa | | | | 注 |
| | | | ≤20 | 100 | 150 | 200 | |
| 0Cr18Ni9<br>(S30408) | GB 13296 | ≤14 | 137 | 137 | 137 | 130 | 2 |
| | | | 137 | 114 | 103 | 96 | |
| 0Cr18Ni9<br>(S30408) | GB/T 14976 | ≤28 | 137 | 137 | 137 | 130 | 2 |
| | | | 137 | 114 | 103 | 96 | |

表 D.3（续）

| 高合金钢钢管 | | | | | | | |
|---|---|---|---|---|---|---|---|
| 钢号 | 钢管标准 | 壁厚/mm | 在下列温度(℃)下的应力强度/MPa | | | | 注 |
| | | | ≤20 | 100 | 150 | 200 | |
| 00Cr19Ni10<br>(S30403) | GB 13296 | ≤14 | 117 | 117 | 117 | 110 | 2 |
| | | | 117 | 97 | 87 | 81 | |
| 00Cr19Ni10<br>(S30403) | GB/T 14976 | ≤28 | 117 | 117 | 117 | 110 | 2 |
| | | | 117 | 97 | 87 | 81 | |
| 0Cr17Ni12Mo2<br>(S31608) | GB 13296 | ≤14 | 137 | 137 | 137 | 134 | 2 |
| | | | 137 | 117 | 107 | 99 | |
| 0Cr17Ni12Mo2<br>(S31608) | GB/T 14976 | ≤28 | 137 | 137 | 137 | 134 | 2 |
| | | | 137 | 117 | 107 | 99 | |
| 00Cr17Ni14Mo2<br>(S31603) | GB 13296 | ≤14 | 117 | 117 | 117 | 108 | 2 |
| | | | 117 | 97 | 87 | 80 | |
| 00Cr17Ni14Mo2<br>(S31603) | GB/T 14976 | ≤28 | 117 | 117 | 117 | 108 | 2 |
| | | | 117 | 97 | 87 | 80 | |
| S30408 | GB/T 12771 | ≤28 | 116 | 116 | 116 | 111 | 2 |
| | | | 116 | 97 | 88 | 82 | |
| S30403 | GB/T 12771 | ≤28 | 99 | 99 | 99 | 94 | 2 |
| | | | 99 | 82 | 74 | 69 | |
| S31608 | GB/T 12771 | ≤28 | 116 | 116 | 116 | 114 | 2 |
| | | | 116 | 99 | 91 | 84 | |
| S31603 | GB/T 12771 | ≤28 | 99 | 99 | 99 | 92 | 2 |
| | | | 99 | 82 | 74 | 68 | |

注 1：该钢管的技术要求见 GB 150.2—2011 附录 A。

注 2：该行应力强度仅适用于允许产生微量永久变形之元件，对于法兰或其他有微量永久变形就引起泄漏或故障的场合不能采用。

**D.3.5** 锻件的标准及设计应力强度按表 D.4 的规定。

**表 D.4 锻件的设计应力强度**

| 碳素钢和低合金钢锻件 | | | | | | | | | | |
|---|---|---|---|---|---|---|---|---|---|---|
| 钢号 | 锻件标准 | 使用状态 | 公称厚度/mm | 室温强度指标 | | 在下列温度(℃)下的应力强度/MPa | | | | 注 |
| | | | | $R_m$/MPa | $R_{eL}$/MPa | ≤20 | 100 | 150 | 200 | |
| 20 | NB/T 47008 | 正火,正火加回火 | ≤100 | 410 | 235 | 157 | 140 | 133 | 124 | |
| | | | >100～200 | 400 | 225 | 150 | 133 | 127 | 119 | |
| | | | >200～300 | 380 | 205 | 137 | 123 | 117 | 109 | |
| 16Mn | NB/T 47008 | 正火,正火加回火,调质 | ≤100 | 480 | 305 | 200 | 183 | 167 | 150 | |
| | | | >100～200 | 470 | 295 | 196 | 177 | 163 | 147 | |
| | | | >200～300 | 450 | 275 | 183 | 167 | 157 | 143 | |
| 20MnMo | NB/T 47008 | 调质 | ≤300 | 530 | 370 | 221 | 221 | 213 | 203 | |
| 16MnD | NB/T 47009 | 调质 | ≤100 | 480 | 305 | 200 | 183 | 167 | 150 | |
| | | | >100～200 | 470 | 295 | 196 | 177 | 163 | 147 | |
| | | | >200～300 | 450 | 275 | 183 | 167 | 157 | 143 | |
| 20MnMoD | NB/T 47009 | 调质 | ≤300 | 530 | 370 | 221 | 221 | 213 | 203 | |
| 08MnNiMoVD | NB/T 47009 | 调质 | ≤300 | 600 | 480 | 250 | 250 | 250 | 250 | |
| 10Ni3MoVD | NB/T 47009 | 调质 | ≤300 | 600 | 480 | 250 | 250 | 250 | 250 | |
| 09MnNiD | NB/T 47009 | 调质 | ≤200 | 440 | 280 | 183 | 170 | 157 | 150 | |
| | | | >200～300 | 430 | 270 | 179 | 163 | 150 | 143 | |

| 高合金钢锻件 | | | | | | | | |
|---|---|---|---|---|---|---|---|---|
| 钢号 | 锻件标准 | 使用状态 | 公称厚度/mm | 在下列温度(℃)下的应力强度/MPa | | | | 注 |
| | | | | ≤20 | 100 | 150 | 200 | |
| S30408 | NB/T 47010 | 固溶 | ≤300 | 137 | 137 | 137 | 130 | 1 |
| | | | | 137 | 114 | 103 | 96 | |
| S30403 | NB/T 47010 | 固溶 | ≤300 | 117 | 117 | 117 | 110 | 1 |
| | | | | 117 | 98 | 87 | 81 | |
| S31608 | NB/T 47010 | 固溶 | ≤300 | 137 | 137 | 137 | 134 | 1 |
| | | | | 137 | 117 | 107 | 99 | |
| S31603 | NB/T 47010 | 固溶 | ≤300 | 117 | 117 | 117 | 108 | 1 |
| | | | | 117 | 98 | 87 | 80 | |

注 1：该行应力强度仅适用于允许产生微量永久变形之元件,对于法兰或其他有微量永久变形就引起泄漏或故障的场合不能采用。

**D.3.6** 螺柱用钢的标准、使用状态及设计应力强度按表 D.5 的规定。

**表 D.5　螺柱的设计应力强度**

| 碳素钢和低合金钢螺柱 | | | | | | | | | |
|---|---|---|---|---|---|---|---|---|---|
| 钢号 | 钢棒标准 | 使用状态 | 螺柱规格/mm | 室温强度指标 | | 在下列温度(℃)下的应力强度/MPa | | | |
| | | | | $R_m$/MPa | $R_{eL}$/MPa | ≤20 | 100 | 150 | 200 |
| 20 | GB/T 699 | 正火 | ≤M22 | 410 | 245 | 91 | 81 | 78 | 73 |
| | | | M24～M27 | 400 | 235 | 94 | 84 | 80 | 74 |
| 35 | GB/T 699 | 正火 | ≤M22 | 530 | 315 | 117 | 105 | 98 | 91 |
| | | | M24～M27 | 510 | 295 | 118 | 106 | 100 | 92 |
| 30CrMoA | GB/T 3077 | 调质 | ≤M22 | 700 | 550 | 157 | 141 | 137 | 134 |
| | | | M24～M48 | 660 | 500 | 167 | 150 | 145 | 142 |
| 35CrMoA | GB/T 3077 | 调质 | ≤M22 | 835 | 735 | 210 | 190 | 185 | 179 |
| | | | M24～M48 | 805 | 685 | 228 | 206 | 199 | 196 |

| 高合金钢螺柱 | | | | | | | | | |
|---|---|---|---|---|---|---|---|---|---|
| 钢号 | 钢棒标准 | 使用状态 | 螺柱规格/mm | 室温强度指标 | | 在下列温度(℃)下的应力强度/MPa | | | |
| | | | | $R_m$/MPa | $R_{p0.2}$/MPa | ≤20 | 100 | 150 | 200 |
| S30408 | GB/T 1220 | 固溶 | ≤M22 | 520 | 205 | 128 | 107 | 97 | 90 |
| | | | M24～M48 | 520 | 205 | 137 | 114 | 103 | 96 |
| S31608 | GB/T 1220 | 固溶 | ≤M22 | 520 | 205 | 128 | 109 | 101 | 93 |
| | | | M24～M48 | 520 | 205 | 137 | 117 | 107 | 99 |
| S32168 | GB/T 1220 | 固溶 | ≤M22 | 520 | 205 | 128 | 107 | 97 | 90 |
| | | | M24～M48 | 520 | 205 | 137 | 114 | 103 | 96 |

## D.4　计算

### D.4.1　符号说明

$D_i$ ——球壳内直径，mm；

$p_{ci}$ ——计算压力，MPa；

$R_i$ ——球壳内半径，mm；

$\delta_e$ ——球壳有效厚度，mm；

$S_m^t$ ——设计温度下球壳材料的设计应力强度，MPa；

$K$ ——载荷组合系数，见 JB 4732—1995 中表 3-3；

$\delta$ ——开孔处球壳计算厚度，mm。

### D.4.2　球壳计算

**D.4.2.1**　设计温度下球壳的计算厚度按式(D.3)计算：

$$\delta=\frac{0.5P_{ci}R_i}{KS_m^t-0.25P_{ci}} \qquad \text{(D.3)}$$

D.4.2.2 设计温度下球壳的最大允许工作压力按式(D.4)计算：

$$p_W=\frac{K\delta_e S_m^t}{0.5R_i+0.25\delta_e} \qquad \text{(D.4)}$$

式中：

$p_W$——设计温度下球壳的最大允许工作压力，MPa。

### D.4.3 载荷组合工况

D.4.3.1 设计应考虑内压、自重、风载、地震载荷，分以下三种工况：

a) 内压＋自重；

b) 内压＋自重＋风载；

c) 内压＋自重＋25%风载＋地震载荷。

D.4.3.2 耐压状态应考虑内压、自重、风载。

### D.4.4 支柱与拉杆计算

支柱与拉杆的计算按第6章进行。

### D.4.5 开孔和开孔补强

开孔和开孔补强应按JB 4732第10章的规定。

## D.5 制造

### D.5.1 球壳板

D.5.1.1 曲率允许偏差：

当球壳板弦长大于或等于2 000 mm时，样板的弦长不得小于2 000 mm；当球壳板弦长小于2 000 mm时，样板的弦长不得小于球壳板的弦长。样板与球壳板的间隙$e$除球壳板周边150 mm范围内不得大于2.5 mm外，其余部位不得大于3 mm。如图D.1所示。

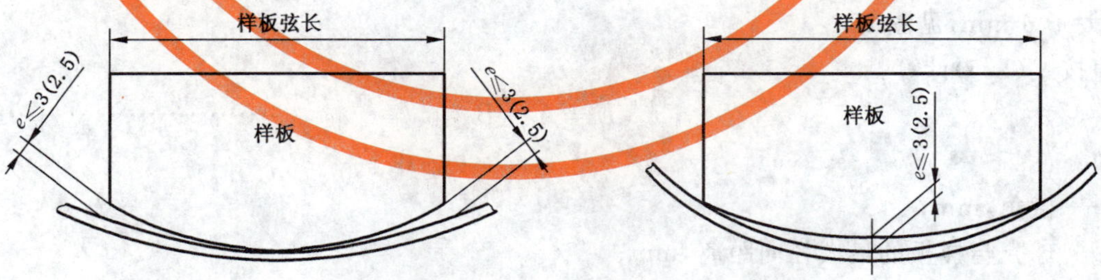


图 D.1

D.5.1.2 球壳板周边100 mm的范围内、与支柱相连的已成形赤道板在距支柱与赤道板预焊位置周边150 mm范围内应按JB/T 4730.3的规定进行超声检测，质量等级按4.2.8的规定。

D.5.1.3 不得采用钢印标记。

### D.5.2 零部件组焊

D.5.2.1 分段支柱上段与赤道板的组焊应在制造单位进行。组焊后，按7.2.1检查赤道板的曲率，最大间隙不得大于 3 mm。支柱中心线的偏移量不得大于±1 mm,支柱中心线与球壳中心线的不平行度不得大于±1 mm。

**D.5.2.2** 人孔、接管与极板的组焊应在制造单位进行(嵌入式接管与球壳板的对口错边量不得大于 2 mm),焊后应符合下列要求:

安放式接管、与球壳板对接连接的嵌入式接管以及插入端与球壳板内壁平齐的插入式接管,其内表面转角半径 $r$ 不小于球壳板名义厚度的 1/4,且不大于 20 mm,如图 D.2 中的 a)～c)所示;内伸的插入式接管,其内表面转角半径 $r$ 不小于接管名义厚度的 1/4,且不大于 10 mm,如图 D.2 中的 d)所示。

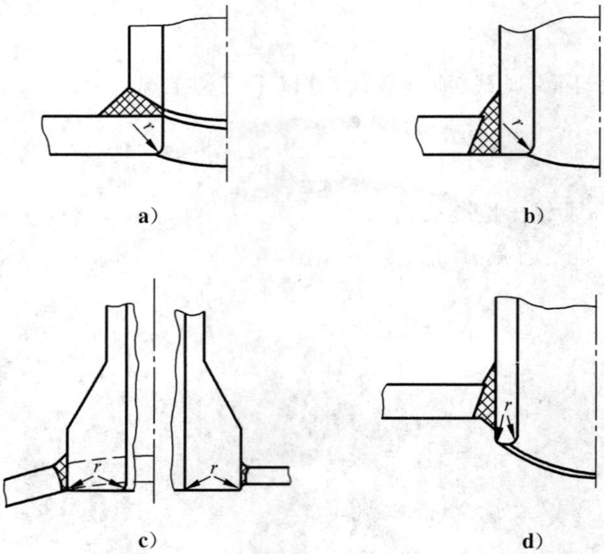


图 D.2

**D.5.2.3** 焊缝表面的形状尺寸及外观要求见 D.6.3 的规定。

## D.6 组焊、检验与验收

### D.6.1 球壳组装要求

组装后,用弦长 $L$ 不小于 1 000 mm 的样板,沿对接接头每 500 mm 测量一点,棱角 $E$ (包括错边量)不应大于 6 mm,见图 25。

$E$ 值按式(D.5)计算:

$$E = A - B \tag{D.5}$$

式中:

$E$ ——棱角,mm;

$A$ ——球壳与样板的最大径向距离,mm;

$B$ ——球壳设计内半径或外半径与样板曲率半径的径向距离,mm。

$$B = |R - R_{样板}| \tag{D.6}$$

式中:

$R$ ——球壳的设计内半径或外半径,mm;

$R_{样板}$——样板的曲率半径,mm。

### D.6.2 焊后尺寸检查

**D.6.2.1** 对接焊缝形成的棱角 $E$ 应按 D.6.1 的方法进行检查。$E$ 值不得大于 8 mm。

**D.6.2.2** 焊后球壳两极间的净距与球壳设计内直径之差和赤道截面的最大内直径与最小内直径之差均应小于球壳设计内直径的 0.5%，且不大于 80 mm。

**D.6.3 焊缝表面的形状尺寸及外观要求**

**D.6.3.1** 对接焊缝的余高 $e_1$、$e_2$ 应符合表 D.6 和图 27 的规定。

**表 D.6 对接焊缝余高 $e_1$、$e_2$**

mm

| 标准抗拉强度下限值 $R_m$>540 MPa 的低合金钢钢材 | | | | 其他钢材 | | | |
|---|---|---|---|---|---|---|---|
| 单面坡口 | | 双面坡口 | | 单面坡口 | | 双面坡口 | |
| $e_1$ | $e_2$ | $e_1$ | $e_2$ | $e_1$ | $e_2$ | $e_1$ | $e_2$ |
| 0%～10%$\delta_s$<br>且≤2.4 | 0～1.5 | 0%～10%$\delta_1$<br>且≤2.4 | 0%～10%$\delta_2$<br>且≤2.4 | 0%～15%$\delta_s$<br>且≤3 | 0～1.5 | 0%～15%$\delta_1$<br>且≤3 | 0%～15%$\delta_2$<br>且≤3 |

**D.6.3.2** 角焊缝的焊脚尺寸，在图样无规定时，取焊件中较薄者之厚度。补强圈的焊脚尺寸，当补强圈的厚度大于或等于 8 mm 时，其焊脚尺寸等于补强圈厚度的 70%，且不小于 8 mm。

**D.6.3.3** 凡进行疲劳分析的球罐，球壳对接焊缝表面应与母材表面齐平，公差要求为 $^{+1.5}_{\ 0}$ mm。

**D.6.4 球壳对接焊接接头**

应按图样规定的检测方法，进行全部(100%)的无损检测。

# 附 录 E
（规范性附录）
低温球形储罐

## E.1 总则

**E.1.1** 本附录适用于设计温度低于－20 ℃的碳素钢和低合金钢制低温球形储罐（以下简称“低温球罐”）的设计、制造、组焊、检验与验收。

**E.1.2** 本附录未作规定者，应符合本标准各相关章节的要求。

**E.1.3** 由于环境温度的影响，导致操作条件下球壳的金属温度低于－20 ℃时，也应遵循本附录的规定。

注：环境温度是指球罐使用地区历年来“月平均最低气温”的最低值。“月平均最低气温”是指当月各天的最低气温值相加后除以当月的天数。

**E.1.4** 当球壳或其受压元件使用在“低温低应力工况”下，若其设计温度加 50 ℃（对于不要求焊后热处理的球罐，加 40 ℃）后不低于－20 ℃，除另有规定外不必遵循本附录的规定。

低温低应力工况是指球壳或其受压元件的设计温度虽然低于－20 ℃，但其设计应力（在该设计条件下，球罐元件实际承受的最大一次总体薄膜应力）小于或等于钢材标准室温屈服强度的 1/6，且不大于 50 MPa 时的工况。

低温低应力工况不适用于钢材标准抗拉强度下限值 $R_m \geqslant 540$ MPa 的低温球罐。

低温低应力工况不适用于螺栓（螺柱）材料；螺栓（螺柱）材料的选用应计及螺栓（螺柱）和球壳设计温度间的差异。

## E.2 材料

### E.2.1 钢材

**E.2.1.1** 低温球罐受压元件用钢板和锻件必须是氧气转炉或者电炉冶炼的镇静钢，同时还应采用炉外精炼工艺。低温球罐用钢板应为正火或调质状态。钢材的使用温度下限应符合第 4 章的相关规定，当符合 E.1.4 所规定的低温低应力工况时，可以按设计温度加 50 ℃（对于不要求焊后热处理的球罐，加 40 ℃）后的温度值选择材料。

**E.2.1.2** 直接与受压元件焊接的非受压元件用钢，应符合下列要求：

a） 其材料的化学成分、力学性能应与球壳相同或相当；

b） 钢材的焊接性能良好。

### E.2.2 焊接材料

**E.2.2.1** 低温球罐用焊材应保证焊缝金属的力学性能高于或等于母材规定的限值。

当焊缝两侧母材具有不同冲击试验要求时，焊接材料的选用应符合 E.4.2.2 要求。

**E.2.2.2** 焊接材料的型号、牌号、技术要求、试验方法、检验规则以及质量管理等应符合相应标准的规定。

**E.2.2.3** 焊条应按批号进行熔敷金属扩散氢含量的复验。

## E.3 设计

**E.3.1** 低温球罐用材的许用应力，按第4章中各相应材料在20 ℃下的许用应力选取，或按3.9确定。

**E.3.2** 低温球罐的结构设计应充分考虑以下因素：

a) 结构应尽量简单，减少约束；

b) 避免产生过大的温度梯度；

c) 应尽量避免结构形状的突然变化，以减小局部应力；

d) 接管与壳体连接部位应圆滑过渡，接管端部内壁处倒圆。

**E.3.3** 低温球罐的对接接头应采用全熔透焊接接头型式。

## E.4 制造、组焊、检验与验收

### E.4.1 加工与成形

低温球罐不得采用钢印标记。

### E.4.2 焊接

**E.4.2.1** 低温球罐施焊前应按NB/T 47014进行焊接工艺评定试验。检验项目应包括焊缝和热影响区的低温夏比(V型缺口)冲击试验，冲击试验的取样方法，按NB/T 47014要求确定。

**E.4.2.2** 冲击试验温度应不高于图样要求的试验温度。当焊缝两侧母材具有不同冲击试验要求时，低温冲击功按两侧母材抗拉强度的较低值符合表3或图样的要求。焊接接头的拉伸和弯曲性能按两侧母材中的较低要求。

**E.4.2.3** 应严格控制焊接线能量。在焊接工艺评定所确认的范围内，选用较小的焊接线能量和多层多道施焊为宜，并应控制层间温度。

### E.4.3 焊后整体热处理(PWHT)

符合下列情况之一的球罐应在耐压试验前进行焊后整体热处理：

a) 焊接接头厚度大于32 mm(若焊前预热100 ℃以上时，焊接接头厚度大于38 mm)的07MnNiVDR、07MnNiMoDR球罐；

b) 焊接接头厚度大于25 mm的16MnDR球罐；

c) 焊接接头厚度大于20 mm(设计温度不低于－45 ℃)，任意厚度(设计温度低于－45 ℃)的15MnNiDR、15MnNiNbDR、09MnNiDR球罐。

### E.4.4 产品焊接试件

每台低温球罐都应制备产品焊接试件。相关要求应符合8.9的规定。

### E.4.5 焊接接头检验

**E.4.5.1** 低温球罐凡符合下列条件之一者，应按设计文件规定的检测方法，对所有对接接头进行全部(100%)射线或超声检测：

a) 设计温度低于－40 ℃；

b) 焊接接头厚度大于25 mm。

**E.4.5.2** 除E.4.5.1规定者外，允许进行局部无损检测。检查长度不得少于各条焊接接头长度的50%，且不得小于250 mm。

**E.4.5.3** 应对球罐的所有焊接接头表面、工卡具焊迹及缺陷修磨、焊补处进行磁粉或渗透检测。非受压件与球壳的连接焊缝亦按本条要求检测。

**E.4.6 液压试验**

低温球罐液压试验时的液体温度应不低于 5 ℃。

# 附 录 F
## （资料性附录）
## 球壳对接焊缝的坡口形式及尺寸

球壳对接焊缝的坡口形式及尺寸见表 F.1。

**表 F.1 球壳对接焊缝的坡口形式及尺寸**

| 坡 口 形 式 | 坡 口 尺 寸 | |
|---|---|---|
| | 埋 弧 焊 | 焊条电弧焊 |
| 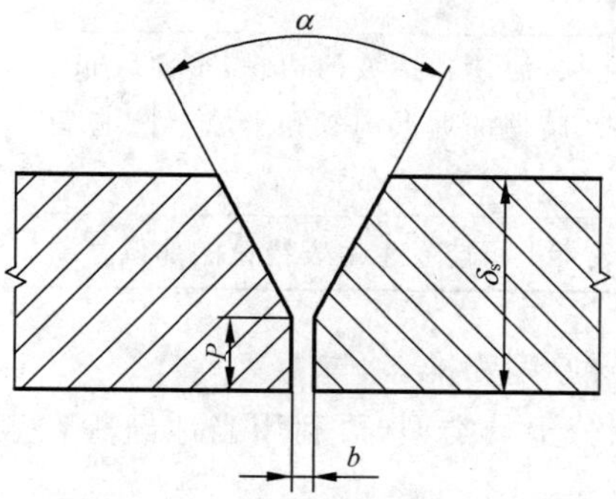 | $\delta_s$=10 mm～24 mm<br>$P$=6 mm±2 mm<br>$b$=2 mm±2 mm<br>$\alpha$=55°±5° | $\delta_s$=6 mm～24 mm<br>$P$=2 mm±1 mm<br>$b$=2 mm±2 mm<br>$\alpha$=55°±5° |
| 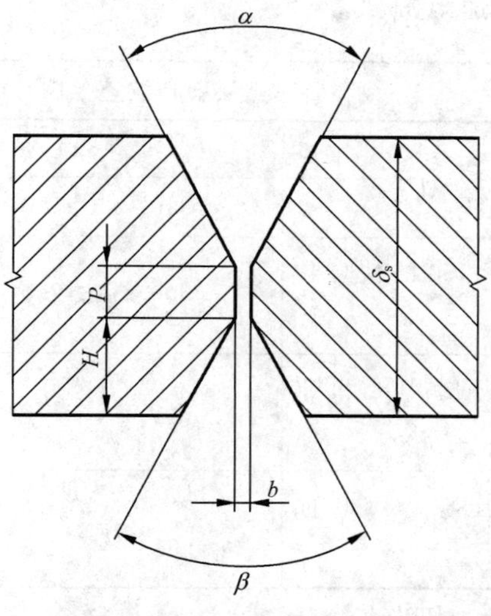 | $\delta_s$=20 mm～50 mm<br>$H$=10 mm±1 mm<br>$P$=6 mm±2 mm<br>$b$=2 mm±2 mm<br>$\alpha$=50°±5°<br>$\beta$=55°±5° | $\delta_s$=20 mm～50 mm<br>$H=\frac{1}{3}\delta_s\pm1.5$ mm<br>$P$=2 mm±1 mm<br>$b$=2 mm±2 mm<br>$\alpha$=50°±5°<br>$\beta$=55°±5° |

# 附 录 G
(规范性附录)
# 场地类别划分

**G.1** 选择建筑场地时，应按表G.1划分对建筑抗震有利、一般、不利和危险的地段。

**表G.1 有利、一般、不利和危险地段的划分**

| 地段类别 | 地质、地形、地貌 |
|---|---|
| 有利地段 | 稳定基岩，坚硬土，开阔、平坦、密实、均匀的中硬土等 |
| 一般地段 | 不属于有利、不利和危险的地段 |
| 不利地段 | 软弱土，液化土，条状突出的山嘴，高耸孤立的山丘，陡坡，陡坎，河岸和边坡的边缘，平面分布上成因、岩性、状态明显不均匀的土层(如故河道、疏松的断层破碎带、暗埋的塘浜沟谷和半填半挖地基)，高含水量的可塑黄土，地表存在结构性裂缝等 |
| 危险地段 | 地震时可能发生滑坡、崩塌、地陷、地裂、泥石流等及发震断裂带上可能发生地表错位的部位 |

**G.2** 建筑场地的类别划分，应以土层等效剪切波速和场地覆盖层厚度为准。

**G.3** 当无实测剪切波速时，可根据岩土名称和性状，按表G.2划分土的类型，再利用当地经验在表G.2的剪切波速范围内估算各土层的剪切波速。

**表G.2 土的类型划分和剪切波速范围**

| 土的类型 | 岩土名称和性状 | 土层剪切波速范围/(m/s) |
|---|---|---|
| 岩石 | 坚硬、较硬且完整的岩石 | $v_s>800$ |
| 坚硬土或软质岩石 | 破碎和较破碎的岩石或软和较软的岩石，密实的碎石土 | $800\geqslant v_s>500$ |
| 中硬土 | 中密、稍密的碎石土，密实、中密的砾、粗、中砂，$f_{ak}>150$ 的黏性土和粉土，坚硬黄土 | $500\geqslant v_s>250$ |
| 中软土 | 稍密的砾、粗、中砂，除松散外的细、粉砂，$f_{ak}\leqslant 150$ 的黏性土和粉土，$f_{ak}>130$ 的填土，可塑新黄土 | $250\geqslant v_s>150$ |
| 软弱土 | 淤泥和淤泥质土，松散的砂，新近沉积的黏性土和粉土，$f_{ak}\leqslant 130$ 的填土，流塑黄土 | $v_s\leqslant 150$ |

**注**：$f_{ak}$ 为由载荷试验等方法得到的地基承载力特征值，kPa；$v_s$ 为岩土剪切波速。

**G.4** 建筑场地覆盖层厚度的确定，应符合下列要求：

a) 一般情况下，应按地面至剪切波速大于500 m/s且其下卧各层岩土的剪切波速均不小于500 m/s的土层顶面的距离确定；

b) 当地面5 m以下存在剪切波速大于其上部各土层剪切波速2.5倍的土层，且该层及其下卧各层岩土的剪切波速均不小于400 m/s时，可按地面至该土层顶面的距离确定；

c) 剪切波速大于500 m/s的孤石、透镜体应视同周围土层；

d) 土层中的火山岩硬夹层，应视为刚体，其厚度应从覆盖土层中扣除。

**G.5** 土层的等效剪切波速，应按式(G.1)计算：

$$v_{se}=d_0/t \qquad \text{(G.1)}$$

$$t=\sum_{i=1}^{n}(d_i/v_{si}) \qquad \text{( G.2 )}$$

式中：

$v_{se}$——土层等效剪切波速，m/s；

$d_0$——计算深度，m，取覆盖层厚度和 20 m 二者的较小值；

$t$ ——剪切波在地面至计算深度之间的传播时间，s；

$d_i$——计算深度范围内第 $i$ 土层的厚度，m；

$v_{si}$——计算深度范围内第 $i$ 土层的剪切波速，m/s；

$n$ ——计算深度范围内土层的分层数。

**G.6** 建筑的场地类别，应根据土层等效剪切波速和场地覆盖层厚度按表 G.3 划分为四类，其中Ⅰ类分为Ⅰ$_0$和Ⅰ$_1$两个亚类。当有可靠的剪切波速和覆盖层厚度且其值处于表 G.3 所列场地类别的分界线附近时，应允许按插值方法确定地震作用计算所用的特征周期。

**表 G.3 场地覆盖层厚度**

m

| 岩石的剪切波速或土的等效剪切波速/(m/s) | 场地类别 | | | | |
|---|---|---|---|---|---|
| | Ⅰ$_0$ | Ⅰ$_1$ | Ⅱ | Ⅲ | Ⅳ |
| $v_s>800$ | 0 | | | | |
| $800\geqslant v_s>500$ | | 0 | | | |
| $500\geqslant v_{se}>250$ | | $<5$ | $\geqslant5$ | | |
| $250\geqslant v_{se}>150$ | | $<3$ | 3～50 | $>50$ | |
| $v_{se}\leqslant150$ | | $<3$ | 3～15 | $>$15～80 | $>80$ |
| 注：$v_s$为岩石的剪切波速。 | | | | | |

ICS 59.080.01
W 04

# 中华人民共和国国家标准

GB/T 12490—2014
代替 GB/T 12490—2007

# 纺织品 色牢度试验 耐家庭和商业洗涤色牢度

## Textiles—Tests for colour fastness—Colour fastness to domestic and commercial laundering

(ISO 105-C06:2010, Textiles—Tests for colour fastness—Part C06: Colour fastness to domestic and commercial laundering, MOD)

2014-09-03 发布 2015-03-01 实施

中华人民共和国国家质量监督检验检疫总局
中国国家标准化管理委员会 发布

# 前　言

本标准按照 GB/T 1.1—2009 给出的规则起草。

本标准代替 GB/T 12490—2007《纺织品　色牢度试验　耐家庭和商业洗涤色牢度》，本标准与 GB/T 12490—2007 相比主要变化如下：

——第 2 章中引用了 GB/T 7568.2、GB/T 7568.3 和 GB/T 7568.7，替代 GB/T 7565、GB 11403 和 GB 11404，增加了 GB/T 6682、FZ/T 01023、FZ/T 01024、ISO 105-F07；

——4.1 注调整为正文；

——4.4 中修改了 AATCC 标准洗涤剂 WOB 的成分及含量；

——6.6 增加了水温 40 ℃的规定，删除了“然后在流动水中冲洗至干净”；

——6.10 中增加了仪器评定试样的变色和贴衬织物沾色的可选方法；

——增加了 6.11；

——第 7 章中增加了 j）和 k）两项。

本标准采用重新起草法修改采用 ISO 105-C06：2010《纺织品　色牢度试验第 C06 部分：耐家庭和商业洗涤色牢度》，本标准与 ISO 105-C06：2010 的主要差异如下：

——规范性引用文件中的国际标准替换为相应的我国标准，增加了引用文件 GB/T 13765；

——表 1 中增加了注和脚注；

——取消了 4.4.2 和 4.4.3 中关于 AATCC 和 ECE 的注释；

——增加了 4.13；

——增加了 6.9 的注；

——第 7 章中增加了 k）项。

本标准由中国纺织工业联合会提出。

本标准由全国纺织品标准化技术委员会基础标准分技术委员会（SAC/TC 209/SC 1）归口。

本标准起草单位：中华人民共和国上海出入境检验检疫局、纺织工业标准化研究所、南通联发印染有限公司。

本标准主要起草人：陆维民、袁志磊、郑宇英、张其平、刘敏华、孙美蓉、黄长根、许小军。

本标准所代替标准的历次版本发布情况为：

——GB/T 12490—1990、GB/T 12490—2007。

# 纺织品 色牢度试验 耐家庭和商业洗涤色牢度

## 1 范围

本标准规定了测定各种类型的常规家庭用纺织品耐家庭和商业洗涤色牢度的方法。工业及医院用纺织品可能需要(在某些方面)洗涤条件更为剧烈的特定洗涤程序。

由于试验过程中解吸附作用和(或)摩擦作用,经一次单个(S)试验,试样所造成的褪色和沾色非常接近于一次家庭和商业洗涤,而经一次复合(M)试验,则接近五次以上温度不超过 70 ℃的家庭和商业洗涤的效果。M 试验比 S 试验的机械作用更为强烈。

本标准的方法并不反映在商业洗涤程序中的荧光增白剂的效应。

本标准的试验方法根据给定的洗涤剂和氯漂方法制定,使用其他的洗涤剂和氯漂方法可能需要不同的试验条件。

## 2 规范性引用文件

下列文件对于本文件的应用是必不可少的。凡是注日期的引用文件,仅注日期的版本适用于本文件。凡是不注日期的引用文件,其最新版本(包括所有的修改单)适用于本文件。

GB/T 250 纺织品 色牢度试验 评定变色用灰色样卡(GB/T 250—2008,ISO 105-A02:1993,IDT)

GB/T 251 纺织品 色牢度试验 评定沾色用灰色样卡(GB/T 251—2008,ISO 105-A03:1993,IDT)

GB/T 6151 纺织品 色牢度试验 试验通则(GB/T 6151—1997,eqv ISO 105-A01:1994)

GB/T 6682 分析实验室用水规格和试验方法(GB/T 6682—2008,ISO 3696:1987,MOD)

GB/T 7568.1 纺织品 色牢度试验 毛标准贴衬织物规格(GB/T 7568.1—2002,ISO 105-F01:2001,MOD)

GB/T 7568.2 纺织品 色牢度试验 标准贴衬织物 第2部分:棉和粘胶纤维

GB/T 7568.3 纺织品 色牢度试验 标准贴衬织物 第3部分:聚酰胺纤维(GB/T 7568.3—2008,ISO 105-F03:2001,MOD)

GB/T 7568.4 纺织品 色牢度试验 聚酯标准贴衬织物规格(GB/T 7568.4—2002,ISO 105-F04:2001,MOD)

GB/T 7568.5 纺织品 色牢度试验 聚丙烯腈标准贴衬织物规格(GB/T 7568.5—2002,ISO 105-F05:2001,MOD)

GB/T 7568.6 纺织品 色牢度试验 丝标准贴衬织物规格(GB/T 7568.6—2002,ISO 105-F06:2001,MOD)

GB/T 7568.7 纺织品 色牢度试验 标准贴衬织物 第7部分:多纤维(GB/T 7568.7—2008,ISO 105-F10:1989,MOD)

GB/T 13765 纺织品 色牢度试验 亚麻和苎麻标准贴衬织物规格

FZ/T 01023 贴衬织物沾色程度的仪器评定方法

FZ/T 01024 评定变色程度的仪器评级方法

ISO 105-F07 纺织品 色牢度试验 第F07部分：醋酸纤维贴衬织物规格(Textiles—Tests for colour fastness—Part F07: Specification for secondary acetate adjacent fabric)

## 3 原理

试样与规定的标准贴衬织物或其他织物缝合在一起形成的组合试样，在合适的温度、碱度、漂白和摩擦等条件下，通过低浴比和适当数量的不锈钢珠产生摩擦作用进行洗涤，使在较短时间内获得结果。用灰色样卡或仪器评定试样的变色和标准贴衬织物的沾色。

## 4 设备和试剂

4.1 合适的机械装置，由装有一根旋转轴的水浴锅构成，旋转轴呈放射形支撑着多只容量为(550±50)mL不锈钢容器[其直径为(75±5)mm，高为(125±10)mm]，从轴中心到容器底部的距离为(45±10)mm。轴及容器的转速为(40±2)r/min。水浴锅温度由恒温器控制，使试验溶液保持在规定温度±2 ℃内。

能获得同样结果的其他机械装置也可用于本试验。

4.2 耐腐蚀的不锈钢珠，直径为(6±0.5) mm。

4.3 标准贴衬织物(见GB/T 6151)，可根据4.3.1和4.3.2选用。

4.3.1 多纤维标准贴衬织物(见GB/T 7568.7)按试验温度选用：

——含有羊毛的多纤维标准贴衬织物(DW)，用于40 ℃、50 ℃的试验，在某些情况下也可用于60 ℃的试验，需在试验报告中注明；

——不含有羊毛的多纤维标准贴衬织物(TV)，用于某些60 ℃的试验和所有70 ℃、95 ℃的试验。

在使用含有羊毛的多纤维贴衬时，60 ℃的过硼酸钠溶液可能会对羊毛纤维有损伤。

4.3.2 两块单纤维标准贴衬织物(见GB/T 7568.1～7568.6、GB/T 13765、ISO 105-F07)。第一块用与试样同类纤维制成，第二块用由表1规定的纤维制成。如试样为混纺或交织品，则第一块用主要含量的纤维制成，第二块用次要含量的纤维制成，或另作规定。

**表1 单纤维标准贴衬织物**

| 第一块 | 第二块 | |
|---|---|---|
| | 试验A、B | 试验C、D和E |
| 棉 | 羊毛 | 粘纤 |
| 毛 | 棉 | — |
| 丝 | 棉 | — |
| 麻[a] | 羊毛 | 粘纤 |
| 粘纤 | 羊毛 | 棉 |
| 醋纤 | 粘纤 | 粘纤 |
| 聚酯纤维 | 羊毛或棉 | 棉 |
| 聚酰胺纤维 | 羊毛或棉 | 棉 |
| 聚丙烯腈纤维 | 羊毛或棉 | 棉 |

**注**：醋纤贴衬的供应由于其减产可能受到限制。

[a] 根据试样含麻纤维的种类，选用亚麻或苎麻标准贴衬。

4.3.3 一块染不上色的织物(例如聚丙烯),需要时用。

4.4 洗涤剂,不含荧光增白剂(WOB)。

4.4.1 洗涤剂溶液。

由于洗涤粉末可能不均匀,至少应制备 1 L 洗涤剂溶液。

4.4.2 和 4.4.3 中规定的两种洗涤剂可选用。

4.4.2 AATCC 1993 标准洗涤剂 WOB。

洗涤剂是低泡沫的,成分中的表面活性剂是阴离子型,另有少量非离子型,可生物降解,其组成如表 2所示。

**表 2 AATCC 1993 标准洗涤剂 WOB**

| 组　成 | 质量分数<br>% |
|---|---|
| 直链烷基苯磺酸钠[a] | 18 |
| 铝硅酸钠 | 25 |
| 碳酸钠 | 18 |
| 硅酸钠[b] | 0.50 |
| 硫酸钠 | 22.13 |
| 聚乙二醇[c] | 2.76 |
| 聚丙烯酸钠 | 3.50 |
| 硅树脂(泡沫抑制剂) | 0.04 |
| 水 | 10 |
| 杂项(与表面活性剂不反应) | 0.07 |
| 总计 | 100 |

[a] C11.8 LAS。

[b] $SiO_2/Na_2O=1.6$。

[c] 2%通过聚乙二醇固体颗粒加入,0.76%通过泡沫抑制剂混合物加入。

4.4.3 ECE 含磷洗涤剂。

在某些情况下,洗涤中会加入过硼酸盐,用于色牢度测试的 ECE 标准洗涤剂不应含荧光增白剂,ECE 含磷洗涤剂的组成如表 3 所示。

**表 3 ECE 含磷洗涤剂**

| 组　成 | 质量分数<br>% |
|---|---|
| 直链烷基苯磺酸钠(链烷碳链的平均链长 $C_{11.5}$) | 8.0±0.02 |
| 乙氧基牛脂醇(环氧基数 14) | 2.9±0.02 |
| 钠皂<br>(链长 $C_{12}$～$C_{16}$:13%～26%;$C_{18}$～$C_{22}$:74%～87%) | 3.5±0.02 |
| 三聚磷酸钠 | 43.7±0.02 |
| 硅酸钠($SiO_2/Na_2O=3.3/1$) | 7.5±0.02 |

表 3（续）

| 组成 | 质量分数<br>% |
|---|---|
| 硅酸镁 | 1.9±0.02 |
| 羧甲基纤维素(CMC) | 1.2±0.02 |
| 乙二胺四乙酸二钠(EDTA) | 0.2±0.02 |
| 硫酸钠 | 21.2±0.02 |
| 水 | 9.9±0.02 |
| 总计 | 100 |

4.5 无水碳酸钠($Na_2CO_3$)，需要时用。

4.6 次氯酸钠或次氯酸锂。

大部分次氯酸钠溶液 pH 为 9.8～12.8，有效氯含量为 40 g/L～160 g/L。实际的有效氯含量应在使用前确定，建议采用下列方法。

将 1.00 mL 次氯酸钠原液，移入三角烧瓶中，用水(4.8)稀释至 100 mL，加入 3 mol/L 的硫酸($H_2SO_4$)溶液 20 mL 和 120 g/L 碘化钾(KI)溶液 6 mL。然后用标准滴定液硫代硫酸钠[$c(Na_2S_2O_3 \cdot 5H_2O)=0.1$ mol/L]滴定。

有效氯($Cl_2$)含量 $w(Cl_2)$ 按式(1)计算，以质量分数(%)表示：

$$w(Cl_2)=\frac{V \times c \times 0.035\ 5}{V_0 \times \rho_0} \times 100 \qquad \cdots\cdots(1)$$

式中：

$V$ ——耗用的硫代硫酸钠体积，单位为毫升(mL)；

$c$ ——硫代硫酸钠溶液浓度，单位为摩尔每升(mol/L)；

$V_0$ ——次氯酸钠溶液的体积，单位为毫升(mL)；

$\rho_0$ ——次氯酸钠溶液的密度，单位为克每毫升(g/mL)。

4.7 过硼酸钠四水合物($NaBO_3 \cdot 4H_2O$)，需要时用。

4.8 三级水，符合 GB/T 6682。

4.9 评定变色用灰色样卡，符合 GB/T 250。

4.10 评定沾色用灰色样卡，符合 GB/T 251。

4.11 评定变色和沾色用分光光度计或色差计，符合 FZ/T 01023 和 FZ/T 01024。

4.12 如需酸洗处理，用 0.2 g/L 的乙酸溶液。

4.13 pH 计，读数精度 0.05。

## 5 试样

5.1 织物样品按下述方法之一制作试样：

a) 取(100±2)mm×(40±2)mm 试样一块，正面与一块(100±2)mm×(40±2)mm 多纤维标准贴衬织物(4.3.1)相接触，沿一短边缝合，形成一个组合试样；

b) 取(100±2)mm×(40±2)mm 试样一块，夹于两块(100±2)mm×(40±2)mm 单纤维标准贴衬织物(4.3.2)之间，沿一短边缝合，形成一个组合试样。

5.2 对纱线或散纤维样品，取纱线或散纤维约等于贴衬织物总质量之半，按下述方法之一制作试样：

a) 夹于一块(100±2)mm×(40±2)mm 多纤维标准贴衬织物(4.3.1)及一块(100±2)mm×(40±2)mm 染不上色的织物(4.3.3)之间,沿四边缝合(见 GB/T 6151),形成一个组合试样;
b) 夹于两块(100±2)mm×(40±2)mm 单纤维贴衬织物(4.3.2)之间,沿四边缝合,形成一个组合试样。

## 6 操作程序

6.1 每升水(4.8)中加入(4±0.1)g 洗涤剂制备成洗涤溶液,试验编号首字母为 C、D、E 试验时,每升溶液中加入约 1 g 碳酸钠调节 pH 至表 4 规定的值。溶液温度冷却到 20 ℃后,用已校正的 pH 计(4.13)测 pH,试验编号首字母为 A、B 试验时不需要调节 pH。

表 4 试验条件

| 试验编号 | 温度<br>℃ | 溶液体积<br>mL | 有效氯含量<br>% | 过硼酸钠<br>质量浓度<br>g/L | 时间<br>min | 钢珠数量 | 调节 pH |
|---|---|---|---|---|---|---|---|
| A1S | 40 | 150 | — | — | 30 | 10[a] | 不调 |
| A1M | 40 | 150 | — | — | 45 | 10 | 不调 |
| A2S | 40 | 150 | — | 1 | 30 | 10[a] | 不调 |
| B1S | 50 | 150 | — | — | 30 | 25[a] | 不调 |
| B1M | 50 | 150 | — | — | 45 | 50 | 不调 |
| B2S | 50 | 150 | — | 1 | 30 | 25[a] | 不调 |
| C1S | 60 | 50 | — | — | 30 | 25 | 10.5±0.1 |
| C1M | 60 | 50 | — | — | 45 | 50 | 10.5±0.1 |
| C2S | 60 | 50 | — | 1 | 30 | 25 | 10.5±0.1 |
| D1S | 70 | 50 | — | — | 30 | 25 | 10.5±0.1 |
| D1M | 70 | 50 | — | — | 45 | 100 | 10.5±0.1 |
| D2S | 70 | 50 | — | 1 | 30 | 25 | 10.5±0.1 |
| D3S | 70 | 50 | 0.015 | — | 30 | 25 | 10.5±0.1 |
| D3M | 70 | 50 | 0.015 | — | 45 | 100 | 10.5±0.1 |
| E1S | 95 | 50 | — | — | 30 | 25 | 10.5±0.1 |
| E2S | 95 | 50 | — | 1 | 30 | 25 | 10.5±0.1 |

[a] 毛、蚕丝及其混纺的高级织物,试验时不用钢珠,并在试验报告中说明。

6.2 在需要使用过硼酸钠(4.7)的试验中,需要现配过硼酸钠溶液,配置溶液的温度不超过 60 ℃,并且在 30min 内使用。

6.3 对于试验 D3S 和 D3M,应在洗涤溶液中加入次氯酸钠或次氯酸锂(4.6),有效氯含量按表 4 规定。

6.4 根据表 4 在每个容器(4.1)中加入规定量的洗涤溶液,除试验 D2S、E2S 外,将溶液调节至规定温度的±2 ℃,然后放入试样和钢珠(4.2),关闭容器,按表 4 的温度和时间运转仪器。

6.5 对于试验 D2S 和 E2S,将试样放入溶液温度近 60 ℃的容器中,关闭容器,在 10 min 内将溶液温度升到规定温度的±2 ℃,按表 4 规定的条件试验。

6.6 对所有试验,洗涤结束后取出组合试样,分别在 100 mL、40 ℃的三级水(4.8)中漂洗两次,每次

1 min。

6.7 某些情况下，洗涤后需经酸洗，可进行下列附加操作：

在 30 ℃、100 mL 的乙酸溶液(4.12)中处理 1 min，然后在 30 ℃、100 mL 水(4.8)中漂洗每个组合试样 1 min。

6.8 对所有方法，挤去组合试样上的多余水分。

6.9 对所有方法，将试样悬挂在不超过 60 ℃的空气中干燥，试样与贴衬仅在缝线处接触。

注：贴衬织物缝线处出现不匀渗色现象时，重新取样试验并拆开试样与贴衬缝线后分开晾干。

6.10 用灰色样卡(4.10)或仪器(4.11)评定试样的变色和贴衬织物的沾色。

6.11 如果试验不是在表 4 中列出的温度中进行的，试验首先应经有关各方同意，并在报告中详细指出。

## 7 试验报告

试验报告应包括以下内容：

a) 本标准编号；

b) 对试样的完整描述；

c) 试样变色级数；

d) 如用单纤维贴衬织物，每种所用贴衬织物的沾色级数；

e) 如用多纤维贴衬织物，其类型和每种纤维的沾色级数；

f) 所用试验方法的编号(如表 4 所列)；

g) 在 A、B 试验中是否使用钢珠；

h) 是否按 6.7 进行酸处理；

i) 是否使用 AATCC 1993 标准洗涤剂 WOB 或 ECE 含磷洗涤剂；

j) 任何偏离本标准的细节；

k) 采用的评级方法(灰色样卡或仪器)。

ICS 01.040.19;19.100
J 04

# 中华人民共和国国家标准

GB/T 12604.7—2014
代替 GB/T 12604.7—1995

# 无损检测 术语 泄漏检测

## Non-destructive testing—Terminology—Terms used in leak testing

2014-05-06 发布 2014-12-01 实施

中华人民共和国国家质量监督检验检疫总局
中国国家标准化管理委员会 发布

# 前言

本标准按照 GB/T 1.1—2009 给出的规则起草。

本标准代替 GB/T 12604.7—1995《无损检测术语　泄漏检测》。

本标准与 GB/T 12604.7—1995 相比主要变化如下：

——修改了部分术语和定义(见第 2 章;1995 年版的第 2 章～第 4 章)。

本标准由全国无损检测标准化技术委员会(SAC/TC 56)提出并归口。

本标准起草单位:中国特种设备检测研究院、上海航天动力科技工程有限公司、上海材料研究所、南京市锅炉压力容器检验研究院、河南省锅炉压力容器安全检测研究院、济南市锅炉压力容器检验研究所、大连市锅炉压力容器检验研究院、国核电站运行服务技术公司、上海空间推进研究所。

本标准主要起草人:沈功田、秦先勇、徐国珍、金宇飞、丁杰、业城、李文广、韩立柱、郑宁、汤国祥、李丰、陈亦维。

本标准所代替标准的历次版本发布情况为：

——GB/T 12604.7—1995。

# 无损检测 术语 泄漏检测

## 1 范围

本标准界定了泄漏检测的技术术语。

## 2 术语和定义

2.1

**绝对压力 absolute pressure**

绝对压强

与真空空间相对应的绝对零值以上的压力，即地区大气压力加上表压力。

2.2

**吸收 absorption**

气体渗入或浸入到固体(或液体)内部。

2.3

**漏隙 aperture leak**

几何形状为漏道的长度远小于其最小直径的一种漏孔，因此，可认为这种漏孔等效为无限薄壁上的一个通孔。

2.4

**大气压(标准) atmosphere(standard)**

0 ℃时，在标准重力加速度下，760 mm 高汞柱所产生的压力，相当于 101 325 Pa。

2.5

**大气压力 atmospheric pressure**

在特定地点和时间的大气的压力。

2.6

**原子质量单位 atomic mass unit;amu**

粒子(原子、分子、离子等)质量的度量单位，定义为碳原子 12 质量的 1/12。以原子质量单位表示的粒子质量的数值与过去采用的原子量相同。

2.7

**背景信号 background signal**

因存在残留的示踪气体或其他会引起检测元件响应的物质，而使检漏仪产生稳定的或波动的输出信号。

2.8

**前级空间 backing space**

前级泵(预真空泵)与连带的扩散泵(或要求预真空泵的其他类型泵)之间的空间。

2.9

**烘烤 bake-out**

在抽气过程中，用加热方法使真空系统脱气的过程。

2.10

**前级罐 ballast**

当预真空泵暂停时，能维持低的前级压力的足够大的前级空间。

2.11

**清除　clean-up**

清除时间　clean-up time

泄漏检测系统的信号输出减少到示踪气体停止进入泄漏系统时所指示信号的37%所需的时间。

2.12

**浓度比　concentration ratio**

一种(气体)混合物中某种成分的原子(分子)数与该混合物中的原子(分子)总数之比。对于理想气体来说,浓度比与该成分的体积分数或分压力相同。

2.13

**流导率　conductance**

气体流经导管或通气孔的流速(在稳态守恒条件下)与导管两端或通气孔两侧气体的分压差之比,以单位时间内的体积表示,如 $m^3/s$。

2.14

**露点温度　dew point temperature**

空气中水汽已达到饱和,水蒸气将变为露珠的温度。

2.15

**扩散　diffusion**

气体穿过一种物质的流动,实际上气体是通过该物质的晶格的迁移,而不是通过几何漏孔(孔径可与分子直径相比)的泄漏。

2.16

**离解　dissociation**

裂解　cracking

分解

一种物质分解成两种或更多种成分。

2.17

**漂移　drift**

不是示踪气体量的变化,而是由于电子学上的原因引起的检漏仪本底输出电平出现相对缓慢变化的现象。

2.18

**干泡温度　dry bulb temperature**

系统中气体的环境温度。

2.19

**检漏仪的动态灵敏度　dynamic sensitivity of leak detector**

在规定条件下,对被检密闭体持续进行有效地抽空时,检漏仪能够检出的最小漏率。

2.20

**等效氮压力　equivalent nitrogen pressure**

等效氮压

如果装置内的气体用相同分子密度的氮气代替时,由压力表或其他仪表所指示出的计算压力。

2.21

**淹没系统　flooded system**

在检测时已被示踪气体充满,以致不能进一步实施泄漏检测的系统。

2.22

**流速　flow rate**

流量　flow throughput

a)　气体通过系统给定截面的速率,用单位时间内通过的气体体积与该界面上的(分)压力的乘积来确定；

b) 在通气管两端或孔的两侧，气体分压力差与该通气管或孔的导气率的乘积，以单位时间内压力-体积表示，如 Pa·m$^3$/s。

2.23

**前级压力　fore pressure**

背压　back pressure

抽气压力　exhaust pressure

排气压力　discharge pressure

出口压力　outlet pressure

在靠近泵出口处测出的泵出口侧的总压力。在讨论喷汽的作用时，术语前级压力可用来表示喷汽冲击气体的总压力。

2.24

**表压力　gauge pressure**

表压

绝对压力与大气压力之差。

2.25

**气体　gas**

物质的一种形态。在此形态下，分子实际上不受分子间力的约束，因而分子能自由地占据密闭体内的整个空间。在真空技术中，气体这个词在不严格的情况下，也可应用于真空系统中的不凝结气体和蒸汽。

2.26

**氦漂移　helium drift**

用探头进行泄漏检测时，距探头端部一定距离处的漏孔或可渗透垫圈引起的漂移。这种漂移被探头测出，可能使操作者误认为探头附近区域有泄漏；或由于探测管中氦浓度的缓慢变化（因泄漏或释气）而引起检漏仪输出仪表指针的逐渐漂移，以时间单位内的移动刻度数表示。

2.27

**严格气密的密封　hermetically tight seal**

当将对压力侧气体敏感的商用检测仪置于相对一侧进行动态检测，或使用任何形式的液体检测，均未显示泄漏的密封。

2.28

**理想气体　ideal gas**

完美气体　perfect gas

一种遵循波义耳定律（Boyle's law）并具有自由膨胀无热效应[或者也遵循查理定律（Charle's law）]的气体。

2.29

**惰性气体　inert gas**

与其他物质很难化合的气体，例如氦气、氖气、氩气。

2.30

**泄入率　in-leakage rate**

在特定抽空的容器中所有漏孔产生的漏率之和，以单位时间内的压力-体积单位表示。

2.31

**仪器校准　instrument calibration**

将尺寸已知的标准漏孔连接到一个独立的检漏仪，以便在特定的压力和温度下测出特定气体的最小漏率，该泄漏仪能通过泄漏指示刻度将该压力和温度标识在特定区域。

2.32

**电离电位　ionization potential**

遮挡

从一个原子或分子中移去一个电子以形成一个正离子所需要的最小能量，以(电子)伏特表示。

2.33

**漏孔　leak**

密闭体壁上的孔洞，在壁两侧压力差或浓度差的作用下，液体或气体能从壁的一侧穿到另一侧，而与流体的流量无关。

2.34

**泄漏检测　leak testing**

检测泄漏或对泄漏定位或定量的方法，或三者兼备的方法。

2.35

**泄漏量　leakage**

流过泄漏处的流体(液体或气体)，以质量流量单位表示(即单位时间泄漏的压力和体积)。

2.36

**漏率　leakage rate**

在给定温度和漏孔两侧规定压力差的条件下，液体或气体通过漏孔的流速。对气体来说，标准条件是 25 ℃和 100 Pa。漏率可用不同的单位表示，如 Pa·$m^3$/s 或 Pa·L/s(见表 1)。

**表 1　泄漏检测用的单位换算系数**

| 被换算单位 | 换算后单位 | 换算系数 |
|---|---|---|
| 漏率： | | |
| atm·$cm^3$/s | Pa·$m^3$/s | $1.01\times10^{-1}$ |
| micron·litres/s | Pa·$m^3$/s | $1.33\times10^{-4}$ |
| micron·$ft^3$/h | Pa·$m^3$/s | $1.05\times10^{-5}$ |
| pascal·litres/s | Pa·$m^3$/s | $1.00\times10^{-3}$ |
| STD·$cm^3$/s | Pa·$m^3$/s | $1.01\times10^{-3}$ |
| torr·litres/s | Pa·$m^3$/s | $1.33\times10^{-1}$ |
| 压力： | | |
| atmosphere(std) | Pa | $1.01\times10^{3}$ |
| bar | Pa | $1.00\times10^{3}$ |
| micrometer of Hg | Pa | $1.33\times10^{-3}$ |
| micron | Pa | $1.33\times10^{-3}$ |
| millimeter of Hg | Pa | $1.33\times10^{2}$ |
| pounds-force/$m^2$ | Pa | $6.89\times10^{3}$ |
| torr | Pa | $1.33\times10^{2}$ |
| 黏度： | | |
| centipoise | Pa·s | $1.00\times10^{-3}$ |
| poise | Pa·s | $1.00\times10^{-3}$ |
| 体积： | | |
| $cm^3$ | $m^3$ | $1.00\times10^{-4}$ |
| $ft^3$ | $m^3$ | $2.83\times10^{-2}$ |
| litre | $m^3$ | $1.00\times10^{-3}$ |

2.37

**流西克　lusec**

流速的单位，等于 0.133 mPa · $m^3$/s。

2.38

**遮蔽　masking**

将被检件的一部分覆盖，以防止示踪气体从覆盖部分可能存在的漏孔中进入。

2.39

**质量数　mass number**

最接近原子质量的整数，可用原子质量单位或(化学的)原子量表示。

2.40

**质谱　mass spectrum**

在质谱仪内处理某一给定物质时，产生各种质量的离子，质谱是表示离子相对数量的纪录，曲线图或表格等。

2.41

**平均自由程　mean free path**

一个分子与其他分子连续碰撞中所经过的平均距离。

2.42

**微米　micrometer; micron**

μm

长度单位，等于 1 m 的百万分之一。

2.43

**微米汞柱　micron of mercury**

压力单位，等于标准重力加速度下 1 μm 高汞柱产生的压力。

2.44

**毫米汞柱　millimeter of mercury**

压力单位，等于标准重力加速度下 1 mm 高汞柱产生的压力，有时称为托(Torr)。

2.45

**最小可探测漏率　minimum detectable leakage rate**

在检测期间，当有漏孔存在时，某一给定检测仪能够明确检出的最小漏率值。

2.46

**分子流　molecular flow**

在气体分子平均自由程大于通道横截面最大尺寸的条件下，通过通道的气流。

2.47

**分子漏孔　molecular leak**

几何形状为气流通过时遵循分子流定律(Knudsen's law)的一种漏孔。流量与两端压力差成正比，与该气体分子量的平方根成反比。

2.48

**牛[顿]　newton**

N

国际单位制中力的单位(kg · m/$s^2$)。

2.49

**非冷凝气体　noncondensable gas**

一种温度高于其临界温度的气体，这种气体单靠增压不能液化。

2.50

**吸留 occlusion**

固化时,固体内捕获的不溶解的气体。

2.51

**除气 out gassing**

使材料在真空中逸出气体。

2.52

**分压力 partial pressure**

分压

有一种气体本身产生或是有其他气体存在时产生的压力。当不存在第二种气体时,分压力与总压力相同(见表2)。

**表2 大气成分与分压力**

| 成分 | 体积<br>% | 分压力<br>kPa |
|---|---|---|
| 在海平面(大气压力为101 kPa): | | |
| 氧气 | 21 | (0.21×101=)21 |
| 氮气 | 78 | (0.78×101=)79 |
| 其他气体 | 1 | (0.01×101=)1 |
| | 总计大气压力: | 101 |
| 在海拔3 700 m(大气压力为64 kPa): | | |
| 氧气 | 21 | (0.21×64=)13 |
| 氮气 | 78 | (0.78×64=)50 |
| 其他气体 | 1 | (0.01×64=)1 |
| | 总计大气压力: | 64 |

2.53

**帕[斯卡] Pascal**

Pa

1 Pa 约等于 $1\times10^{-5}$ atm,或更准确地说,1 Pa=$0.986\ 92\times10^{-5}$ atm。

2.54

**帕[斯卡]立方米每秒 pascal cubic metres per second**

$Pa\cdot m^3/s$

国际单位制中推荐的气体流量单位。1 $Pa\cdot m^3/s$ 约等于 10 $atm\cdot cm^3/s$,或更确切地说,1 $Pa\cdot m^3/s$=9.869 2 $atm\cdot cm^3/s$。

2.55

**渗透系数 permeability coefficient**

透气系数

在给定温度和每单位压差下,气体通过单位面积和单位固体屏障厚度的稳态流动速率。

2.56

**泊肃叶流 Poiseuille flow**

层状粘滞流通过圆形界面长管时的特殊情况。

2.57

**压力差　pressure difference**

压强差

漏孔入口侧的压力与漏孔出口侧的压力之差。

2.58

**抽气时间　pump-down time**

抽取空气的时间。

2.59

**升压率　rate of rise**

用阀门将真空系统与泵突然隔离后，在给定时间内真空系统的压力上升的时间速率。在测量升压率时，系统的体积和温度应保持不变。

2.60

**流导　resistance (to flow)**

流导率的倒数。

2.61

**响应系数　response factor**

卤素检漏仪对 0.3 MPa/s 或更小流量的 12 号致冷剂[二氯二氟甲烷($CCl_2F_2$)]的响应除以对等量的其他卤素检测气体的响应。因此，被检出漏孔的实际漏率将是检漏仪指示值乘以响应系数。示踪气体与非卤素气体混合物的响应是示踪气体的响应系数除以示踪气体在检测气体中所占的分数。

2.62

**响应时间　response time**

响应　response

检漏仪或泄漏检测系统产生的输出信号达到连续对被检系统施加示踪气体所获得最大信号的 63%时所需的时间。

2.63

**粗抽　roughing**

真空系统的初始抽空。

2.64

**散射　scattering**

由于分子或离子间的碰撞而引起的向各个方向的弥散或扩散。适用于质谱管中残留气体或通过该管的离子束的效应。

2.65

**灵敏度　sensitivity**

对于检测仪来说，系指检测仪对示踪气体泄漏的响应(即单位漏率显示的表盘刻度值)。

2.66

**泄漏检测灵敏度　sensitivity of leak test**

在规定条件下，仪器、方法或系统能够检出的最小漏率。

2.67

**保压时间　soak time**

预定的压差加载到系统上到检测出泄漏或测量出泄漏率所经过的时间。

2.68

**吸着　sorption**

通过吸收、吸附、化学吸着或这些过程的任意组合采集气体。

2.69

**标准漏率　standard leakage rate**

在入口压力为0.1 MPa(1±5%)、出口压力小于1 kPa,温度为25 ℃±5 ℃及露点低于−25 ℃的条件下大气的流动速率。

2.70

**系统校验　system calibration**

将一尺寸已知的标准漏孔连接到一带有检漏仪的检测系统,用来确定特定的气体在规定的压力和温度下的最小泄漏率。作为检测系统一部分的检漏仪能通过泄漏指示刻度将该压力和温度标识在特定区域。

2.71

**节流　throttling**

通过局部关闭阀门或安装一段低流导率管道来降低抽气系统的净抽气速度。

2.72

**密封　tight**

根据规定的技术条件进行检测而无泄漏。

2.73

**过渡流　transition flow**

克努森流　Knudsen flow

介于层状粘滞流与分子流之间的气流。

2.74

**真空　vacuum**

在真空技术中,指气体压力低于大气压力的给定空间。真空度按压力范围可区分为低真空、中真空、高真空、甚高真空和超高真空(见表3)。

**表3　真空度**

| 真空度 | 近似的压力范围 |
|---|---|
| 低真空 | 100 kPa～3 kPa |
| 中真空 | 3 kPa～0.1 Pa |
| 高真空 | 0.1 Pa～0.1 mPa |
| 甚高真空 | 0.1 mPa～0.1 μPa |
| 超高真空 | ≤0.1 μPa |

2.75

**蒸汽压力　vapor pressure**

当固体或液体与其蒸汽平衡时,该蒸汽所产生的压力。

2.76

**虚漏　virtual leak**

在真空系统中因捕获气体的缓慢释放而造成有漏孔的假象;或由于系统在抽空前,曾暴露在大气压下,在升压率检测时,系统中所有材料的表面上和细孔内都在缓慢地释放所吸附或吸留的气体,从而造成真空系统中有漏孔的假象。

2.77

**粘滞流　viscous flow**

在气体分子平均自由程远小于通道横截面最小尺寸的条件下,通过通道的气流。这种流可能是层流,也可能是湍流。

2.78

**粘滞漏孔　viscous leak**

几何形状为气流通过时呈“粘滞”性，即气流遵循泊肃叶定律(Poiseuille's law)的一种漏孔。流速与两端压力平方差成正比，与气体粘滞性成反比。

2.79

**水蒸气　water vapor**

渗入率

系统中气态的水。

2.80

**绝对压力计　absolute manometer**

一种可根据仪器测得物理常数计算出校正值的压力计，其校正值适用于所有的理想气体。

2.81

**碱离子二极管　alkali ion diode**

一种卤素气体传感器。

2.82

**音响泄漏指示器　audible leak indicator**

声响器　squealer

检漏仪的附件，能将输出信号转变为音响指示，音响的频率是漏率的函数。

2.83

**B-J 型质谱仪　Bainbridge-Jordan (M.S.)**

离子由径向静电场和使离子偏转 60°的磁场分离。这样安排能使在给定速度差时，电场中离子的发散正好为磁场中离子的发散所补偿。

2.84

**B-A 型电离真空计　Bayard-Alpert ionization gauge**

使用一根带电极结构的管子，该结构可使来自离子收集器上由 X 射线感生的电子发射减至最小。

2.85

**钟罩　bell jar**

一端(通常是底部)敞开的容器，用作真空室或检测容器。

2.86

**双金属片真空计　bimetallic strip gauge**

双金属片随温度变化而偏转，从而指示出压力的变化。

2.87

**波利克尼质谱仪　Bleakney (M.S.)**

交叉场质谱仪　cross fields (M.S.)

离子由交叉的电场和磁场分离。

2.88

**冷阴极电离真空计　cold-cathode ionization gauge**

由冷阴极放电产生离子，通常，在有磁场存在时，会延长阴极和阳极之间的电子路径。放电管是透明的，管中冷阴极放电(在无磁场存在时)的颜色和形式可指示出气体的压力和性质。

2.89

**迪姆普斯特质谱仪　Dempster (M.S.)**

离子首先由电场加速通过一条狭缝，然后由磁场使其偏转 180°，通过第二条狭缝。

2.90

**差动检漏仪　differential leak detector**

在带有捕集器的桥式电路中采用两根相似的测流速管，有选择地捕集该系统与任一测流速管之间的示踪气体。

2.91

**差动皮拉尼计 differential pirani gauge**

采用两根相似的皮拉尼管作为惠斯登电桥壁的泄漏监测装置。

2.92

**放电管泄漏指示器 discharge tube leak indicator**

一根与被检系统相连的玻璃管，玻璃管带有电极，与高频高压电源连接，如特斯拉线圈或电磁感应线圈，当有合适的示踪气体（甲烷、二氧化碳、乙醇）流过漏孔时，便能观察到放电颜色的变化。

2.93

**前级管道 fore-line**

预真空泵与其后接泵之间的管道。

2.94

**前级管道阀门 fore-line valve**

位于前级管道中的真空阀门，用以使扩散泵与其前级泵隔离。

2.95

**前级泵 fore pump**

预真空泵 backing pump

初级泵

对在大气压力下不能排气的泵产生必需的预真空用的泵。

2.96

**卤素 halogen**

氟、氯、溴和碘元素组中的任何一种元素。在卤素的严格定义中，化合物不属于卤素，但在本标准中，为了便于描述，卤素这个词也用于卤素化合物。在卤素检漏中，卤素化合物的重要意义在于它们有足够的蒸气压力可用作示踪气体。

2.97

**卤素检漏仪 halogen leak detector**

一种对卤素示踪气体有响应的检漏仪，亦称为卤素敏感检漏仪或卤化物检漏仪。

a） 卤化物喷灯/铜-火焰检测仪，由一个能将火焰喷射在铜板或屏上的本生灯和一根带有取样探头的可将示踪气体输送到本生灯进气口的软管组成。

b） 碱离子二极管卤素检漏仪，它依靠卤素分子进入敏感元件时加热铂阳极正离子发射的变化进行监测。

2.98

**氦检漏仪 helium leak detector**

用氦气作为示踪气体的检漏仪。

2.99

**保持泵 holding pump**

维持泵

当粗抽泵将系统压力降低到能使蒸汽泵与系统之间的阀门打开而不中断蒸汽从喷嘴流出的某一点时，用来保持蒸汽泵处于工作状态的预真空泵。

2.100

**热阴极电离真空计 hot-cathode ionization gauge**

热电丝电离真空计 hot-filament ionization gauge

离子计 ion gauge

由热灯丝（或阴极）发射并经电场加速的电子撞击产生离子的电离真空计。

2.101

**浸泡池 immersion bath**

将含有气体的密封工件浸入低表面张力的液体以探测一个或几个泄漏处形成的漏孔。

2.102

**液浸溶液 immersion solution**

见浸泡池。

2.103

**入口 inlet**

入口孔 inlet port

入口法兰 inlet flange

检漏仪或泄漏检测系统上的开口、法兰，接头或联接器，由于被检件上的漏孔，示踪气体可通过他们进入泄漏检测系统。

2.104

**离子泵 ion pump**

一种抽气用的电气装置，它由气体电离装置和一个具有适当电位的电极系统组成，有时还带有磁场，使形成的离子向一个吸收或淹没该离子的表面运动。

2.105

**离子源 ion source**

检测仪探测管的一部分，示踪气体被探测之前预先在其中电离。

2.106

**电离真空计 ionization vacuum gauge**

一种由气体分子电离装置、用于收集所形成的正离子的电极和指示所收集到的离子流量的装置组成的真空计。

2.107

**氪 85 krypton 85**

当采用放射性同位素检漏方法时，用来检测泄漏的一种示踪气体。

2.108

**人工漏孔 leak artifact**

一种用来将气体以控制速率(通常为 $10^{-7}$ mol/s 或更小)引入系统的器件。

2.109

**检漏仪 leak detector**

检测、定位、测量或兼而有之的检漏装置。

2.110

**质谱仪 mass spectrometer (M.S.)**

一种能够分离不同质荷比的电离分子并能分别测定离子流的仪器。质谱仪可用作真空计，其输出与特定气体的分压成正比，也可作为对特定示踪气体敏感的检漏仪，或者作为确定气体混合物成分百分率的分析仪器。

2.111

**质谱检漏仪 mass spectrometer leak detector**

一种调节到仅对示踪气体有响应的质谱仪。

2.112

**尼尔质谱仪 Nier (M.S.)**

迪姆普斯特质谱仪的一种改进型，用磁场偏转离子。

2.113

**回旋质谱仪　omegatron (M.S.)**

用回旋加速器的原理使离子加速。

2.114

**钯屏检漏仪　palladium barrier leak detector**

用氢气作为示踪气体并以氢气通过热钯屏扩散进入抽空真空计为原理的一种检漏仪。

2.115

**菲利浦电离真空计　Philips ionization gauge**

一种冷阴极电离真空计，其磁场与环形电极(通常是阳极)的轴线平行，环形电极位于两块垂直于该轴线的板极之间。

2.116

**皮拉尼真空计　Pirani gauge**

压力从零点上升时，引起具有大电阻温度系数的材料制成的加热灯丝的温度下降，从而使惠斯登桥式电路失去平衡(或调节电路，以保持灯丝温度恒定)。

2.117

**探头　probe**

压力探头　pressure probe

一种用于引导或收集示踪气流的一端有孔的管子。

2.118

**探头气体　probe gas**

从喷射探头孔喷出的示踪气体，它可喷射到某一限定的检测区域。

2.119

**比例探头　proportioning probe**

能使样品与纯空气的比例在 100% 样品和 100%纯空气之间改变，而从探头流过的总流量无明显改变的一种探头。

2.120

**抽空管道　pump-out tabulation**

抽气管道　exhaust tabulation

从抽空装置中引申出来的管道，气体通过它被抽出，在装置抽空后，通常就将该管永久密封。

2.121

**石英布尔顿管式压力计　quartz Bourdon tube gauge**

该高精度压力计是零位补偿压测量电子仪。压力传感元件是一块熔融过的石英布尔顿元件。

2.122

**射频质谱仪　radio-frequency (M.S.)**

离子经加速进入射频分析仪，在分析仪中，质荷比选定的离子加速通过交替连接到射频振荡器的一系列隔板上的孔进入静电场，而静电场只允许在分析以内被加速的离子抵达收集器。

2.123

**放射性同位素泄漏检测系统　radioisotope leak test system**

使用放射性示踪气体和一个测量示踪气体发射用的探测器的一种泄漏检测系统。

2.124

**放射性电离真空计　radioactive ionization gauge**

由放射源发出的辐射(通常是 α 粒子)产生离子。

2.125

**粗抽管道　roughing line**

从机械泵接到真空室的管道，通过该管使真空室预抽到低真空范围。

2.126

**粗抽泵　roughing pump**

低真空泵

用于真空系统初始抽空的真空泵。

2.127

**取样探头　sampling probe**

采样探头　sniffing probe

吸气探头

用来采集被检件上某一区域逸出的示踪气体和在规定的减压条件下将示踪气体馈送给检漏仪的一种器件。

2.128

**火花线圈检漏仪　spark coil leak detector**

特斯拉(Tesla)型高频放电线圈,通过线圈铁心与针孔之间的触发火花揭示玻璃真空系统中的针孔。

2.129

**质谱管　spectrometer tube**

质谱检漏仪的敏感元件。

2.130

**喷射探头　spray probe**

将一小束示踪气体喷向进行真空检测的工件用的器件。

2.131

**标准固定重量检测器　standard dead weight tester**

一种利用重量已知的高精度重块上的力与压力计上的读数相比对的基于液压平衡原理的装置,用来校验压力计。

2.132

**标准漏孔　standard leak**

能使示踪气体按已知速率进入检漏仪或泄漏检测系统,用以校准检漏仪的器件。

2.133

**热导检漏仪　thermal conductivity detector**

一种能对抽样气体与调零点气体(如背景空气)热传导率差异作出响应的泄漏检测仪。

2.134

**热导真空计　thermal conductivity vacuum gauge**

一种具有两个不同温度表面的真空计,在两表面之间,热可通过气体分子来传递,因此其中任一表面的温度变化(或为保持恒温所需加热功率的变化)均与气体压力相关。

2.135

**热敏电阻真空计　thermistor gauge**

一种以热敏电阻作为加热元件的皮拉尼真空计。

2.136

**热电偶真空计　thermocouple gauge**

压力上升时,加热灯丝的温度下降,通过与加热灯丝中心有热接触接点的热电偶电路中电动势降低指示出来。

2.137

**渡越时间质谱仪　time of flight (M.S.)**

气体由脉冲调制的电子束电离,每群离子被加速射向离子收集器,但不同质荷比的离子以不同的时间通过其行程。

2.138

**示踪气体　tracer gas**

探测气体　search gas

指示气体

通过漏孔后能被专用的检漏仪检出，从而揭示漏孔存在的一种气体。

2.139

**超声波检漏仪　ultrasonic leak detector**

能探测出由分子湍流产生的超声波能量并能将此能量转换成有用信号的仪器。分子湍流是在气体通过小孔时从层流转变为湍流而发生的。

2.140

**真空罩　vacuum box**

一种通过横跨在不能直接加压的部件上用来获得压力差的装置。

2.141

**累积检测　accumulation testing**

一种用来检测微小漏孔的泄漏检测方法。检测时，将被检件置于密闭的真空室内，如被检件有漏孔，则在一段规定的时间周期内被检件中所含的气体就会聚集在真空室内。在检测周期终了时，将真空室与对该气体敏感的检漏仪接通。

2.142

**前级空间技术　backing space technique**

将检漏仪接到前级空间，以利用由于扩散泵(或比前级泵速度高的其他类型的泵)的作用而在真空系统与前级泵之间产生的气体压缩进行泄漏检测的一种方法。

2.143

**钟罩检测　bell jar testing**

外泄检测　inside-out testing

将被检件全部或部分地充以示踪气体并置于真空室或钟罩内检测其泄漏的一种方法。

2.144

**浸渍起泡检测　bubble immersion testing**

对含气密闭体进行泄漏检测的一种方式，由漏孔处生成的气泡来指示密闭体上的漏孔。

2.145

**动态泄漏检测　dynamic leak testing**

为达到灵敏度要求而不断地去除一些经漏孔进入的示踪气体的一种泄漏检测方式。

2.146

**动态泄漏测量　dynamic leakage measurement**

当系统正在有效地抽空时，用测量示踪气体的平衡分压来测定泄漏。

2.147

**氦轰击检测　helium bombing**

氦密封弹检测

一种以氦气作为检测气体的压力-抽空检测。

2.148

**高频火花检漏　high frequency spark leak detection**

用高频放电线圈所产生的电火花，能集中于漏孔处的现象来确定漏孔位置。

2.149

**护罩检测　hood testing**

一种整体检测，将进行真空检测的工件用“护罩”罩住，罩内充以示踪气体，使工件的所有部分同时受检，这是动态检漏的一种方式，检测时，整个密闭体或其外表面的大部分都暴露在示踪气体中，而密闭体内部则与检漏仪相连接，以测定有无泄漏存在。

2.150

**静水压检测　hydrostatic testing**

水压检测　hydraulic pressure testing

一种压力检测，检测时，将被检件充满水或其他液体，如有需要，则在规定的时间内对液体加压并目视检查被检件外部有无泄漏。

2.151

**隔离检测　isolation testing**

当系统与泵隔离时，通过观察抽空系统内压力上升的速率来确定系统中是否存在漏孔或估算漏孔大小的一种方法。

2.152

**降压检漏　leak detection of drop pressure**

将容器用干燥氮气(或其他干燥气体)充到一定压力并隔断气源后，测定随时间的增加而下降的压力值，来确定漏气率。

2.153

**升压检漏　leak detection of rise pressure**

被抽空容器与真空泵隔离后，测定随时间的增加而升高的压力值，来确定漏气率。

2.154

**声发射检漏　leak detection by acoustic emission**

通过探测由分子湍流产生的声波能量来进行泄漏检测。

2.155

**氨检漏　leak detection by ammonia**

将氨压入被检容器，然后通过观察覆在可疑表面上试纸或试布颜色的改变来确定漏孔位置。

2.156

**气泡检漏　leak detection by bubbles**

将空气压入被检容器，然后将其浸入水中或者对其可疑表面涂上显示液体(如肥皂液)，观察气泡确定漏孔位置。

2.157

**光纤检漏　leak detection by fiber-optical**

通过探测泄漏导致光纤传输参数的变化来进行泄漏检测。

2.158

**气体取样检漏　leak detection by gas sampling**

利用物理或化学原理探测泄漏气体的浓度来进行泄漏检测。

2.159

**卤素检漏　leak detection by halogen**

利用卤族元素示踪气体存在时，使赤热铂电极发射正离子大幅增加的原理进行泄漏检测。

2.160

**氦质谱检漏　leak detection by helium mass spectrum**

利用磁偏转原理制成的对于示漏气体氦气反应灵敏进行检漏。

2.161

**红外检漏　leak detection by infrared**

利用热红外探测器对温度反应灵敏特性，探测泄漏点周围温度场的变化来检测泄漏。

2.162

**次声波检漏　leak detection by infrasound**

利用次声波传感器探测气体或液体通过漏孔产生的次声波能量来进行泄漏检测。

2.163

**离子泵检漏　leak detection by ion pump**

离子泵的离子流大小与系统压力有关,用离子泵的电流指示来确定漏气率。

2.164

**质量流量平衡检漏　leak detection by mass flow balance**

管道输送过程中满足质量守恒定律,正常输送时管道两端的输入和输出质量流量相等。根据对泄漏时管道两端产生的质量流量差的大小来进行泄漏检测。

2.165

**负压波检漏　leak detection by negative pressure wave**

管道上泄漏处因介质损失而引起瞬态压力突降,形成负压波向管道的上下游传播,通过安装在管道两端的压力变送器捕捉到的负压波形进行泄漏的识别,利用负压波形传输到两端的时间差和负压波速确定泄漏点位置。

2.166

**实时模型检漏　leak detection by real-time model**

利用水力模型、热力模型、沿程摩阻公式等建立管道内流体动态实时模型,将模型中所得的估计值与管道实际状态参量(压力、流量等)实时比较,来进行泄漏检测。

2.167

**声波检漏　leak detection by sound wave**

利用接触式声波传感器探测气体或液体通过漏孔产生的声波能量来进行泄漏检测。

2.168

**压力着色检测　pressure dye testing**

将被检件充以着色液或荧光液,然后对液体加压使其通过可能存在的泄漏通道,当从外表观察时,就能看到存在的漏孔;或将被检件浸没在着色液或荧光液中,然后对液体加压使其进入可能存在的泄漏通道,当从外表去除多余的液体后,便可看到存在的漏孔。

2.169

**压力-抽空检测　pressure-evacuation testing**

背压检测　back pressure testing

将一个或几个器件在气体压力下放置一段时间,使有可能泄露的器件中积累足够的气体,当将该器件放入与检漏仪相连的抽空系统中时,对该气体敏感的检漏仪会产生泄漏指示信号。

2.170

**压力检测　pressure testing**

将被检件充满气体或液体,然后加压,检查被检件外表以检出漏孔。

2.171

**探头检测　probe testing**

示踪探头泄漏定位　tracer probe leak location

检测时,用探头施加示踪气体,使示踪气体覆盖局部区域,以便确定各个漏孔的位置。

2.172

**热导检漏　thermal conductivity leak detection**

由于不同气体的热导率不同,气体或混合气体的热导率会随着气体或混合气体浓度的改变而改变来检测泄漏。

2.173

**真空检测　vacuum testing**

将被检件抽空并在其外表面上施加示踪气体；或将被检密闭体抽空，在其外表面上施加示踪气体，然后检测进入密闭体内的示踪气体。

# 参 考 文 献

［1］ ASTM E1316-07b 无损检测术语 第E篇:泄漏检测术语

# 索　引

## 汉语拼音索引

英文对应词索引

A



B



C



D

**E**



**F**



**G**



**H**

## I



## K



## L

**Q**



**R**



**S**



**T**

ICS 01.040.19;19.100
J 04

# 中华人民共和国国家标准

GB/T 12604.8—2014
代替 GB/T 12604.8—1995

# 无损检测　术语　中子检测

## Non-destructive testing—Terminology—Terms used in neutron testing

2014-05-06 发布　　2014-12-01 实施

中华人民共和国国家质量监督检验检疫总局
中国国家标准化管理委员会　发布

# 前　言

本标准按照 GB/T 1.1—2009 给出的规则起草。

本标准代替 GB/T 12604.8—1995《无损检测术语　中子检测》。

本标准与 GB/T 12604.8—1995 相比主要变化如下：

——修改了部分术语和定义(见第 2 章;1995 年版的第 2 章～第 4 章)。

本标准由全国无损检测标准化技术委员会(SAC/TC 56)提出并归口。

本标准起草单位:上海泰司检测科技有限公司、上海材料研究所、上海新美达探伤器材有限公司、上海航天动力科技工程有限公司、中国航天科技集团公司川南机械厂、上海市工程材料应用评价重点实验室、上海空间推进研究所。

本标准主要起草人:徐国珍、金宇飞、张政、李莉、王滨、赵成、章怡明、陈亦维。

本标准所代替标准的历次版本发布情况为：

——GB/T 12604.8—1995。

# 无损检测　术语　中子检测

## 1　范围

本标准界定了中子检测的技术术语。

## 2　术语和定义

2.1

**激活　activation**

**活化**

物质受到中子或其他粒子的轰击而成为人工放射性物质的过程。

2.2

**衰减系数　attenuation coefficient**

射线束穿过物质时,其强度的相对变化率。见线性衰减系数(2.15)和质量衰减系数(2.16)。

2.3

**衰减截面　attenuation cross section**

中子被原子核完全吸收的几率,用靶恩(barn)表示。

2.4

**靶恩　barn**

一种用以表示核截面面积的单位。

1 barn$=10^{-24}$ $cm^2$。

2.5

**镉比　cadmium ratio**

中子探测器的响应与同样条件下包覆了特定厚度镉层时的响应之比。

2.6

**暗盒　cassette**

在曝光过程中,用来放置胶片或使转换屏与胶片保持紧密接触的一种不透光器件。

2.7

**对比剂　contrast agent**

一种添加到组分中,通过对入射辐射有选择性的吸收以增强细节轮廓的材料。

2.8

**转换屏　conversion screen**

一种将成像的中子束转换为射线或光的器件,这种射线或光再使射线照相胶片曝光。

2.9

**截面　cross section**

根据与粒子碰撞反应发生的几率计算的核的视在截面积。它不一定与几何截面积 $\pi r^2$ 相等。截面用面积单位靶恩(barn)表示。

2.10

**直接曝光成像　direct exposure imaging**

在直接曝光成像法中,转换屏和图像记录器同时受中子束的照射。

2.11

**设备散射中子　facility scattered neutrons**

设备内部散射的有助于胶片曝光的中子。

2.12

**有效伽马含量　effective gamma content**

***γ***

由 2 mm 铅吸收的低能光子辐射引起的底片变黑的背景百分数。

2.13

**半衰期　half life**

一定数量的放射性原子一半发生衰变所需的时间。

2.14

**半价层　half-value layer**

将入射射线束的强度降低到原强度的一半所需的吸收料厚度。

2.15

**像质计　image quality indicator**

一种器件或器件的组合，其在中子射线底片上的图像可提供有关中子射线照相透照灵敏度的形象化或定量化的资料，或此两者兼而有之。

2.16

**间接曝光　indirect exposure**

中子束仅照射对伽马射线不敏感的转换屏的一种方法。照射后，将转换屏与图像记录器接触放置。

2.17

***L*/*D* 比　*L*/*D* ratio**

从入射孔径到图像平面之间的距离(*L*)与入射孔径的直径(*D*)之比。它是中子射线照相系统分辨能力的一个量度。

2.18

**线性衰减系数　linear attenuation coefficient**

射线束在材料中穿行单位距离时，其强度相对减弱的量度($cm^{-1}$)。

2.19

**低能光子辐射　low-energy photon radiation**

能量低于 200 keV(除可见光和紫外光外)的伽马和 X 射线光子辐射。

2.20

**质量衰减系数　mass attenuation coefficient**

射线束强度在单位表面密度中相对减弱的量度($cm^2 \cdot gm^{-1}$)。

2.21

**慢化剂　moderator**

一种用来降低快中子速度的材料，当中子与轻元素(如氢、氘、铍和碳)的原子碰撞时，中子的速度就会被减慢。

2.22

**有效热中子含量　effective thermal neutron content**

**中子射线照相对比度　neutron radiographic contrast**

***NC***

由不散热中子引起的胶片曝光的背景百分数。

2.23

**中子　neutron**

一种具有原子质量接近于1的中性基本粒子。处于核外游离状态的中子是不稳定的,其半衰期约为10 min。

2.24

**中子射线照相　neutron radiography**

通过物体对中子束有选择性的衰减,使物体内部细节成像的一种方法。

2.25

**物体散射中子　object scattered neutrons**

经被检物散射的有利于胶片曝光的中子。

2.26

**有效电子偶产生含量　effective pair production content**

***P***

由2 mm铅中电子偶产生而引起的曝光的背景百分数。

2.27

**电子偶产生　pair production**

能量高于1.02 MeV的X或伽马辐射与原子核或其他粒子相互作用的结果,同时产生一正电子和一负电子。正电子的随后湮没导致产生两个能量为0.511 MeV的伽马光子。

2.28

**过程控制射线照相底片　process control radiograph**

在与试件射线照片的曝光和处理程序都相同的条件下,成像光束纯度显示器和灵敏度指示器的一幅射线照片。工艺过程控制射线照片可用来确定几何形状大的或复杂的试件的图像质量参数。

2.29

**有效散射中子含量　effective scattered neutron content**

***S***

由散射中子引起的底片变黑的背景百分数。

2.30

**散射中子　scattered neutrons**

经受散射碰撞,但仍然有助于胶片曝光的中子。

2.31

**灵敏度指数　sensitivity value**

由射线照相图像观察得到的任何给定像质计上最小标准不连续所测定的值。该值可通过识别像质计的类型、缺陷尺寸,以及在其上可观察到不连续的吸收体厚度来确定。

2.32

**热中子　thermal neutron**

能量范围在0.01 eV和0.5 eV之间的中子。它们由快中子慢化到中子的平均能量等于慢化介质的温度时得到。

2.33

**总截面　total cross section**

吸收截面和散射截面之和。

2.34

**真空暗盒　vacuum cassette**

一种具有柔性入射窗口的不透光器件,在真空状态下运用时,该器件可使胶片与转换屏在曝光过程中保持紧密接触。

2.35

**同位素　isotope**

原子核内具有相同的质子数和不同的中子数，但在元素周期表中处于同一位置的一些核素。

2.36

**中子扩散　neutron diffusion**

在介质内，中子通过相继散射趋向由高密度区向低密度区迁移的现象。

2.37

**中子能谱　neutron diffusion**

单位能量间隔内的中子数目随中子能量变化的分布。

2.38

**中子源　neutron source**

能发射中子的装置或物质。

2.39

**同位素中子源　isotope neutron source**

利用放射性同位素衰变时放出的一定能量的射线去轰击某些靶物质，发生核反应而放出中子的装置。

2.40

**加速器中子源　accelerator neutron source**

利用粒子加速器加速某些带电粒子(如质子、氘核、α 粒子等)去轰击靶原子核以产生中子的装置。

2.41

**反应堆中子源　reactor neutron source**

利用重核裂变，在反应堆内形成链式反应来产生中子的一种体中子源。

2.42

**中子发生器　neutron generator**

利用直流高压、加速离子的能量在 1 MeV 以下，利用(α，n)反应获得中子的小型加速器。

2.43

**准直器　collimator**

一种用辐射吸收材料制成的用于限制射线束的方向和扩散角的器件。

2.44

**滤光板　filter**

置于射线源与胶片之间，用于优先吸收较软射线的均匀薄层材料，其原子序数通常比试件的高。

2.45

**中子注量率　neutron flux**

单位时间内通过成像平面上单位面积内的中子数量，单位：$(cm^2 \cdot s)^{-1}$。

2.46

**快中子　fast neutron**

能量大于 0.1 MeV 的中子。

2.47

**冷中子　cold neutron**

能量低于 0.01 eV 的中子。

## 参 考 文 献

[1] ASTM E1316-09a 无损检测术语 第H篇:中子射线检测术语

# 索　引

## 汉语拼音索引

英文对应词索引

---

ICS 43.040.40
T 24

# 中华人民共和国国家标准

GB 12676—2014
代替 GB 12676—1999

# 商用车辆和挂车制动系统技术要求及试验方法

## Technical requirements and testing methods for commercial vehicle and trailer braking systems

2014-10-10 发布　　2015-07-01 实施

中华人民共和国国家质量监督检验检疫总局
中国国家标准化管理委员会　发布

# 前　言

**本标准的全部技术内容为强制性。**

本标准按照GB/T 1.1—2009给出的规则起草。

本标准代替GB 12676—1999《汽车制动系统　结构、性能和试验方法》，本标准与GB 12676—1999相比，主要技术变化如下：

——删除了$M_1$类车辆的内容；

——增加了制动系统、控制装置、传输装置、制动器、不同类型的制动系统、制动系统的零部件、连续制动、半连续制动、自动制动、惯性(或超越)制动、渐进分级制动/可调节制动、相位制动、缓速制动系统、空载、满载、轴荷分配、轮/轴荷、最大静态轮/轴荷、电力再生式制动系统、前后车轮同时抱死、电控线路、数据通信、点到点、挂接力控制、标称值、自动控制制动、选择制动、基准制动力等术语和定义；

——删除了车型认证、同类型制动装置、弹簧制动系统、弹簧压缩腔、厂定压力、可控制制动等术语；

——在关于机动车辆与挂车气制动系统的连接中，增加了有关电控线路的要求(见4.1.3，1999年版的4.1.5)；

——增加了制动系统定期技术检查的规定(见4.1.4)；

——增加了复合电子控制系统的安全规定(见4.1.5)；

——增加了行车制动系统的制动力在同一车轴(桥)的车轮之间分配的要求(见4.2.1.8、4.2.2.5)；

——增加了强制安装防抱制动系统的车型范围(见4.2.1.22、4.2.2.13)；

——增加了装有电力再生式制动系统的$M_2$、$N_1$和小于5 t的$N_2$类车辆的特殊要求(见4.2.1.24)；

——增加了采用电控传输的驻车制动系统的特殊附加要求(见4.2.1.25)；

——增加了装备电控传输装置的行车制动系统的特殊附加要求(见4.2.1.26和4.2.2.15)；

——增加了挂接力控制系统的特殊要求(见4.2.1.27)；

——增加了正常行驶试验(见5.1.5.4)；

——增加了Ⅲ型试验(见5.1.7)；

——增加了满足ⅡA型试验的车型范围(见5.1.8.1)；

——增加了对允许挂接无制动挂车的机动车辆的最低制动性能要求(见5.2.1.2)；

——增加了对装有电力再生式制动系统车辆应急制动试验附加失效检查及性能要求(见5.2.2.6)；

——修改了$M_2$类车型满载制动距离和$N_1$类车型空载制动距离评价指标(见5.2.4.1，1999年版的5.2.2)；

——将第6章“制动系统试验方法”纳入到了第5章中，取消了变通试验(见第5章，1999年版的第6章)；

——增加了车型批准和扩展(见第6章)；

——增加了生产一致性(见第7章)；

——增加了动力电池荷电状态的检验规程(见附录A)；

——增加了气制动车辆响应时间的测量方法(见附录B)；

——增加了关于供能和储能装置(储能器)的规定(见附录C)；

——增加了有关弹簧制动系统特殊条件的规定(见附录D)；

——增加了评价装有电控线路的车辆功能协调的试验规程(见附录F)；

——增加了对复合电子车辆控制系统安全方面的特殊要求(见附录H);

——增加了装有电力制动系统的挂车的试验条件(见附录I);

——增加了不必进行Ⅰ型和或Ⅱ型(ⅡA型)或Ⅲ型试验的条件(见附录J);

——增加了装备惯性(超越)制动系统的车辆的试验条件(见附录L)。

本标准参考ECE R13(10系列,包括2007年8月及以前的修订条款)《M、N和O类车辆制动系统型式认证的统一规定》编制,与ECE R13的一致性程度为非等效。

本标准与ECE R13相比,主要技术差异和编辑性修改如下:

——删除标准正文的第3章(认证申请)、第4章(认证)、第9章(对不一致生产的惩罚)、第10章(正式停产)、第11章(认证试验技术部门和行政管理部门的名称和地址)、第12章(过渡期规定)等条款;

——修改了标准正文的第7章(制动系统的车型认证更改和认证扩展)、第8章(生产一致性);

——将附件4"制动试验和制动系统性能"纳入本标准正文;

——删除了附件2、附件3、附件5、附件9、附件13、附件19、附件20;

——删除了标准正文及附件中有关$M_1$类车型的内容;

——增加了"空载质量"的定义;

——用"最大设计总质量"代替ECE R13中的"最大质量";

——增加了4.1.4.7、5.1.1.2、5.1.1.3、5.1.2.5、5.1.2.6、5.4.4;

——将ECE R13附件4的附录1修改为本标准的附录A;

——将ECE R13附件6修改为本标准的附录B;

——将ECE R13附件7修改为本标准的附录C;

——将ECE R13附件8修改为本标准的附录D;

——将ECE R13附件10修改为本标准的附录E;

——将ECE R13附件11修改为本标准的附录J,将ECE R13附件11的附录2修改为本标准的附录K,删除附件11的附录1、附录3、附录4;

——将ECE R13附件12及其附录1修改为本标准的附录L,删除附件12的附录2、附录3、附录4;

——将ECE R13附件14修改为本标准的附录I;

——将ECE R13附件15修改为本标准的附录G;

——将ECE R13附件17修改为本标准的附录F;

——将ECE R13附件18修改为本标准的附录H。

在生产车自本标准实施之日起12个月后开始执行本标准;在此之前,在生产车可在本标准与GB 12676—1999间选择使用。

本标准由中华人民共和国工业和信息化部提出。

本标准由全国汽车标准化技术委员会(SAC/TC 114)归口。

本标准起草单位:中国汽车技术研究中心、中国第一汽车股份有限公司、东风汽车有限公司、北汽福田汽车股份有限公司、柳州五菱工业有限公司、隆中控股集团有限公司、郑州宇通客车股份有限公司、包头北奔重型汽车有限公司、陕西重型汽车有限公司、中集通华专用车有限公司、中国重型汽车集团有限公司、安徽江淮汽车股份有限公司、汉阳专用汽车研究所、山东明水汽车配件厂、江铃汽车股份有限公司、瑞立集团公司、海南汽车试验研究所、国家汽车质量监督检验中心(襄樊)、定远汽车试验场、威伯科汽车控制系统(中国)有限公司、瀚德汽车产品(苏州)有限公司、日产(中国)投资有限公司、福伊特驱动技术系统(上海)有限公司、丰田汽车技术中心(中国)有限公司。

本标准主要起草人:刘地、刘兆英、金约夫、王兆、李功清、谢晋中、许志光、谢浩、刘知汉、伍刚、李厚情、张喆、庞建中、党建国、邬世锋、李广庭、周福庚、孟升、李增民、杜满胜、王化平、陈振日、左涛、程志兵、于素杰、郝永明、刘翠、苏洪运、冯涛、冯峰。

本标准所代替标准的历次版本发布情况为：

——GB/T 12676—1990、GB 12676—1999。

# 商用车辆和挂车制动系统
# 技术要求及试验方法

## 1 范围

本标准规定了商用车辆和挂车制动系统的技术要求和试验方法。

本标准适用于 GB/T 15089 规定的 $M_2$、$M_3$ 及 N 类机动车辆和 O 类挂车。

本标准不适用于下列车辆：

——设计车速不超过 25 km/h 的车辆；

——不能与设计车速超过 25 km/h 的机动车辆挂接的挂车。

## 2 规范性引用文件

下列文件对于本文件的应用是必不可少的。凡是注日期的引用文件，仅注日期的版本适用于本文件。凡是不注日期的引用文件，其最新版本(包括所有的修改单)适用于本文件。

GB/T 3730.1 汽车和挂车类型的术语和定义

GB/T 3730.2 道路车辆 质量 词汇和代码

GB/T 5345 道路车辆 石油基和非石油基制动液容器的标识

GB/T 5620 道路车辆 汽车和挂车 制动名词术语及其定义

GB/T 5922 汽车和挂车 气压制动装置压力测试连接器技术要求

GB/T 13594—2003 机动车和挂车防抱制动性能和试验方法

GB/T 15089 机动车辆及挂车分类

GB/T 20716.1 道路车辆 牵引车和挂车之间的电连接器 第 1 部分：24 V 标称电压车辆的制动系统和行走系的连接

GB/T 20716.2 道路车辆 牵引车和挂车之间的电连接器 第 2 部分：12 V 标称电压车辆的制动系统和行走系的连接

ISO 11992-1 道路车辆 牵引车和挂车之间电气连接数字信息交换 第 1 部分：物理层和数据链层

ISO 11992-2：2003 道路车辆 牵引车和挂车之间电气连接数字信息交换 第 2 部分：制动器和传动装置应用层

## 3 术语和定义

GB/T 3730.1、GB/T 3730.2、GB/T 5620 和 GB/T 15089 中界定的以及下列术语和定义适用于本文件。

### 3.1 基本术语和定义

3.1.1

**车型 vehicle type**

3.1.1.1

**机动车辆 motor vehicle**

就制动系统而言，在以下主要方面不存在差异的车辆：

——车辆类别；
——最大设计总质量；
——轴荷分配；
——最高设计车速；
——制动系统的类型，特别是指有无挂车制动系统，或有无电力再生式制动系统；
——车轴数和布置；
——发动机型式；
——变速器挡数与传动比；
——主传动比；
——轮胎规格。

3.1.1.2

**挂车　trailer**

就制动系统而言，在以下主要方面不存在差异的车辆：

——车辆类别；
——最大设计总质量；
——轴荷分配；
——制动装备类型；
——车轴数和布置；
——轮胎规格。

3.1.2

**制动系统　braking system**

使行驶车辆逐步减速或停车，或使已经停驶的车辆保持静止状态的零部件组合；该系统由控制装置、传输装置和制动器等组成。

3.1.3

**促动　actuation**

控制装置的作用和释放。

3.1.4

**传输装置　transmission device**

处于控制装置和制动器之间并使两者实现功能连接的零部件组合。传输装置可为机械式、液压式、气压式、电力式或混合式。制动力由驾驶员体力以外的能源提供或助力时，应将储能器视为传输装置的一部分。

传输装置具有两种独立的功能：控制传输和能量传输。本标准单独使用"传输"一词时，同时具有"控制传输"和"能量传输"两种意义。牵引车和挂车间的控制管路和供能管路不应视为传输装置的一部分。

3.1.4.1

**控制传输装置　control transmission device**

传输装置中控制制动器工作的零部件组合，具有控制功能和必需的储能器。

3.1.4.2

**能量传输装置　energy transmission device**

向制动器提供其功能所需能量的零部件组合，包括制动器工作必需的储能器。

3.1.5

**制动器　brake**

产生与车辆运动趋势相反的力的部件。可以是摩擦式制动器（制动力由车辆中具有相对运动的两个部件摩擦产生)、电力制动器(制动力由车辆中具有相对运动但不互相接触的两个部件间的电磁作用产生)、液力制动器(制动力由位于车辆两个部件间具有相对运动的液体产生),也可以是发动机缓速器(人为增加发动机的制动作用,并将力传递到车轮上)。

3.1.6

**不同类型的制动系统　different types of braking system**

在以下主要方面存在区别的制动装备:

——零件的特性不同;

——零件构成材料的特性不同,或零件的形状或尺寸不同;

——零件的组合方式不同。

3.1.7

**制动系统的零部件　component of the braking system**

可组装构成制动系统的单个零部件。

3.1.8

**连续制动　continuous braking**

通过具有下列特征的装置实现的汽车列车制动:

——驾驶员可在其驾驶座椅上通过单一的动作渐进操纵的一个单独的控制装置;

——汽车列车各部分制动能量由同一能源供给(该能源可以是驾驶员的体力);

——制动装置应保证组成列车的各个车辆不论相对位置如何都能同步或以适当的相位进行制动。

3.1.9

**半连续制动　semi-continuous braking**

通过具有下列特征的装置实现的汽车列车制动:

——驾驶员可在其驾驶座椅上通过单一的动作渐进操纵的一个单独的控制装置;

——汽车列车各部分制动能量由两种不同能源供给(其中之一可以是驾驶员的体力);

——制动装置应保证组成列车的各个车辆不论相对位置如何都能同步或以适当的相位进行制动。

3.1.10

**自动制动　automatic braking**

发生脱挂(包括挂钩断裂造成的脱挂)时自动产生的挂车或挂车组的制动。

3.1.11

**惯性(或超越)制动　inertia (or overrun) braking**

利用挂车对牵引车辆的前推力进行的制动。

3.1.12

**渐进分级制动/可调节制动　progressive and graduated braking/modulatable braking**

制动作用期间,驾驶员可在正常操纵范围内随意操纵控制装置,以足够的精度调整制动力大小,使制动力随操纵幅度的大小而线性(单调函数)增加或减少。

3.1.13

**相位制动　phased braking**

两个或两个以上的制动源采用同一个控制装置,通过延后其他制动源来给予某个制动源以优先权,使其在其他制动源工作之前加强必要的控制动作。

3.1.14

**缓速制动系统　endurance braking system**

能够长时间提供并保持制动效能,而性能无明显降低的一种辅助制动系统。"缓速制动系统"是指包括控制装置在内的整个系统。本定义不包括装有电力再生式制动系统的车辆。

缓速制动系统可由单个装置组成,也可由几个装置组合而成。每个装置均可有自己的控制装置。

3.1.14.1

**独立式缓速制动系统　independent endurance braking system**

控制装置与行车制动系统和其他制动系统的控制装置相分开的缓速制动系统。

3.1.14.2

**整体式缓速制动系统　integrated endurance braking system**

控制装置与行车制动系统的控制装置整合一体的缓速制动系统;操纵该组合控制装置可使缓速制动系统和行车制动系统同步或以适当的相位进行制动。

3.1.14.3

**组合式缓速制动系统　combined endurance braking system**

加装“切断”装置从而允许组合控制装置单独操纵行车制动系统的整体式缓速制动系统。

3.1.15

**空载　unladen condition**

整车整备质量加 110 kg。

3.1.16

**满载　laden condition**

车辆装载至最大设计总质量,特殊说明除外。

3.1.17

**轴荷分配　the distribution of mass among the axles**

车辆和/或其装载质量的重力在车轴间的分配。

3.1.18

**轮/轴荷　wheel/axle load**

在接触区域内、路面对某车轴的一个/多个车轮的垂直静态反力。

3.1.19

**最大静态轮/轴荷　maximum stationary wheel/axle load**

车辆满载条件下的静态轮/轴荷。

3.1.20

**电力再生式制动系统　electric regenerative braking system;RBS**

在减速过程中将车辆动能转化为电能的制动系统。

3.1.20.1

**电力再生式制动系统控制装置　electric regenerative braking control device**

调节电力再生式制动系统制动作用的装置。

3.1.20.2

**A 型电力再生式制动系统　electric regenerative braking system of category A**

不属于行车制动系统的电力再生式制动系统。

3.1.20.3

**B 型电力再生式制动系统　electric regenerative braking system of category B**

属于行车制动系统的电力再生式制动系统。

3.1.20.4

**荷电状态　electric state of charge**

蓄电池中的可用容量与该电池的额定容量之比,测试方法见附录 A。

3.1.20.5

**动力电池　traction battery**

存贮车辆驱动电机用能量的电池组。

3.1.21

**储能式液压制动系统 hydraulic braking system with stored energy**

由存储在储能器中的压力液体供能的制动装备，压力液体由装有限压装置的液压泵供给，限压值由制造商规定。

3.1.22

**前后车轮同时抱死 simultaneous lockup of the front and rear wheels**

中、后轴(组)的最后一个(第二个)车轮首次抱死与前轴(组)的最后一个(第二个)车轮首次抱死的时间间隔小于0.1 s的情况。

3.1.23

**电控线路 electric control line**

处于机动车辆和挂车之间、向挂车提供制动控制功能的电气连接。它由电缆、连接器、数据通信部件以及挂车控制传输的供电部件组成。

3.1.24

**数据通信 data communication**

按协议规则进行的数字化信息传输。

3.1.25

**点到点 point to point**

只有两个单元的通信网络布局，每个单元均具有完整的通讯线路终端电阻。

3.1.26

**挂接力控制系统 coupling force control system**

自动平衡牵引车和挂车制动强度的系统。

3.1.27

**标称值 nominal value**

给单车或作为列车一部分的车辆的制动系统的输入-输出传递函数分别赋值所得到的基准制动性能，用来表征车辆自身所能产生的制动强度与制动输入变量水平之间的关系。

对机动车辆而言，“标称值”被定义为表示车辆自身制动强度与制动输入变量之间关系的特性参数。

对挂车而言，“标称值”被定义为表示制动强度与挂接头信号之间关系的特性参数。

挂接力控制的“额定指令值”被定义为表示挂接头信号与制动强度之间关系的特性参数。

3.1.28

**自动控制制动 automatically commanded braking**

复合电子车辆控制系统根据车载初始化信息自动评价的结果，自动操纵制动系统或某车轴的制动器进行制动，使车辆减速的功能。

3.1.29

**选择制动 selective braking**

复合电子控制系统以自动方式对每个制动器进行单独控制的制动，其功能为优先修正车辆的形态，其次为车辆的减速。

3.1.30

**基准制动力 reference braking forces**

一根车轴在滚筒式制动试验台上产生的轮胎周缘制动力。

## 3.2 复合电子车辆控制系统术语和定义

3.2.1

**安全概念 safety concept**

为确保在电路失效时仍能安全工作而在系统(如电单元)设计时针对系统完整性所采取的措施。

维持部分工作或为重要车辆功能提供备用系统都属于安全概念的范畴。

3.2.2

**电子控制系统 electronic control system**

通过电子数据处理,协作实现预定车辆控制功能的单元组合。

该系统通常由软件控制,由传感器、电子控制单元(ECU)和执行器等独立的功能部件构成并通过传输装置连接。该系统可包括机械、电子-气压、电子-液压元件。

此处所指的系统是指欲进行试验的电子控制系统。

3.2.3

**复合电子车辆控制系统 complex electronic vehicle control systems**

遵循上层电子控制系统/功能可控制下层电子控制系统/功能进行超驰控制的控制体系的电子控制系统。

受控制的功能成为复合系统的一部分。

3.2.4

**上层控制系统/功能 higher-level control systems/functions**

利用附加处理和/或感应装置命令车辆控制系统改变正常功能以调整车辆状态的系统/功能。

这允许复合系统根据感应情况决定优先顺序并自动改变其控制目标。

3.2.5

**单元 units**

系统部件的最小部分。这些部件的组合在识别、分析或更换时可作为的一个单独的实体。

3.2.6

**传输连接 transmission links**

为在分散的单元之间传送信号、工作数据或能量供应所采用的相互连接方式。

该装置通常为电动,但某些部分也可以是机械式、气压或液压或光学的。

3.2.7

**控制范围 range of control**

系统能实施控制的范围,是一个输出变量。

3.2.8

**有效工作范围 boundary of functional operation**

系统能够保持控制的外部物理界线的范围。

## 4 技术要求

### 4.1 总体要求

#### 4.1.1 制动系统

4.1.1.1 制动系统的设计、制造和安装应保证车辆在正常使用中,无论受到什么样的振动,都能满足本标准的要求。装备气压制动系统车辆的制动响应时间应满足附录B的规定。制动系统的供能和储能装置应满足附录C的规定。弹簧制动系统应满足附录D的规定。

4.1.1.2 制动系统的设计、制造和安装应使其具有抗腐蚀和抗老化能力。

4.1.1.3 制动衬片不应含有石棉。

4.1.1.4 制动系统(包括电控线路)的效能,不应受磁场或电场的不利影响。

4.1.1.5 在不降低制动性能的前提下，失效检测信号可暂时(小于 10 ms)中断控制传输的指令信号。

### 4.1.2 制动系统的功能

#### 4.1.2.1 行车制动系统

不论车速高低、载荷大小，车辆上坡还是下坡，行车制动系统应能控制车辆行驶，使其安全、迅速、有效的停住。制动作用应是渐进的。应保证驾驶员在其驾驶座椅上双手不离开转向盘就能进行制动操作。

#### 4.1.2.2 应急制动系统

当行车制动系统失效时，应急制动系统应能在适当的距离内将车辆停住。制动作用应是渐进可控的，应保证驾驶员在其驾驶座椅上至少有一只手握住转向盘时就能进行制动操作。本规定的前提是行车制动系统不同时发生一处以上失效。

#### 4.1.2.3 驻车制动系统

驻车制动系统工作部件应靠纯机械装置锁住，即使驾驶员不在的情况下，车辆也能在上/下坡道上停住。驾驶员应能够在其驾驶座椅上进行制动操作；对于挂车，则应满足 4.2.2.10 的规定。如驾驶员可随时检查驻车制动系统纯机械作用能使汽车列车达到足够的驻车制动性能，则挂车气制动器和牵引车驻车制动系统可同时工作。

### 4.1.3 机动车辆与挂车气制动系统的连接

4.1.3.1 机动车辆与挂车之间的气制动系统的连接应遵循下列规定之一：

a) 一条气压供能管路和一条气压控制管路；

b) 一条气压供能管路、一条气压控制管路和一条电控线路；

c) 一条气压供能管路和一条电控线路。在确保兼容性和安全性的统一技术标准达成之前，不允许按此条规定连接牵引车与挂车。

4.1.3.2 机动车辆的电控线路应提供在无气压控制管路辅助的情况下、电控线路能否满足 4.2.1.18b)要求的信息；同时还应提供信息表明机动车辆是依据 4.1.3.1b)规定安装了两条控制回路还是依据 4.1.3.1c)规定仅安装了电控线路。

4.1.3.3 按 4.1.3.1c)装备的机动车辆应能识别按 4.1.3.1a)装备的挂车与其不匹配。当这些车辆通过牵引车的电控线路实现电气连接时，应采用 4.2.1.28a)规定的红色光学信号向驾驶员报警，且牵引车的制动器在系统通电时自动作用，并至少提供 5.2.3.1 要求的驻车制动性能。

4.1.3.4 按 4.1.3.1b)规定装备两条控制回路的机动车辆，在与装有两条控制管路的挂车实现电气连接时，应满足下列规定：

a) 挂接接头处提供两种信号，挂车应采用电控信号，并在电控信号发生失效的情况下自动切换至气压控制信号；

b) 每辆车辆都应满足附录 E 对电控线路和气压控制管路的有关规定；

c) 当与超过 0.1 MPa 气压对应的等效电控信号持续时间大于 1 s 时，挂车应检查气压信号是否存在。如气压信号不存在，挂车应采用 4.2.1.28b)规定的单独的黄色报警信号向驾驶员报警。

4.1.3.5 如挂车只能与装有符合 4.2.1.18b)要求的电控线路的机动车辆一起运行，则挂车可按4.1.3.1c)规定进行装备。在其他情况下，若采用电控连接，挂车应能自动施加或保持制动，并采用 4.2.1.28a)规定的黄色报警信号向驾驶员报警。

4.1.3.6 电控线路应符合 ISO 11992-1 和 ISO 11992-2:2003 的规定，并通过 GB/T 20716.1 或GB/T 20716.2规

定的7芯连接器实现点对点连接。连接器的数据接点专门用于ISO 11992-2规定的制动系统(包括ABS)和行驶系(转向盘、轮胎和悬架)功能的信息传输。制动功能具有优先权,在正常及失效模式下都应该保持制动功能。行驶系信息的传输不应延误制动功能。通过GB/T 20716.1或GB/T 20716.2连接器进行的电能供应专门用于制动系统和行驶系功能,且挂车相关信息传输需要的电能供应不应通过电控线路进行。

4.1.3.7 应通过检查电控线路是否满足ISO 11992-1、ISO 11992-2:2003的相关规定,对装有上面定义的电控线路的牵引车和被牵引车在功能上的协调性进行评价,评价规范见附录F。

4.1.3.8 当装有电控线路的机动车辆与装有电控线路的挂车实现电气连接时,如电控线路发生持续失效(大于40 ms),机动车辆应能检测到失效并采用4.2.1.28a)规定的黄色报警信号向驾驶员报警。

4.1.3.9 若机动车辆驻车制动系统的作用会引起挂车制动系统的操作,则应满足下列附加要求:

a) 对按4.1.3.1a)规定装备的机动车辆,其驻车制动系统的促动应通过气压控制管路引起挂车制动系统的促动。

b) 对按4.1.3.1b)规定装备的机动车辆,其驻车制动系统的促动应引起4.1.3.9a)规定的挂车制动系统的促动。此外,驻车制动系统的促动也可通过电控线路引起挂车制动系统的促动。

c) 对按4.1.3.1c)或4.1.3.1b)装备的机动车辆或在没有气压控制管路辅助的情况下也能满足4.2.1.18b)要求的机动车辆,机动车辆驻车制动系统的促动应通过电控线路引起挂车制动系统的促动。机动车辆制动装备的电能被切断时,挂车制动系统应通过排空供能管路中的压缩空气进行制动(此外,气压控制管路可保持有压状态);供能管路将保持排空状态直至机动车辆制动装备的电能恢复,电控线路也同时恢复挂车制动。

4.1.3.10 对于气压制动系统,连接挂车的气动接头应是双管路或多管路的。无论何种情况,应在只使用两条管路的条件下就能满足本标准的规定,不允许采用非自动促动的断路装置。对铰接式汽车列车,软管和电缆属于机动车辆的一部分;而在其他情况下,软管和电缆都属于挂车的一部分。

#### 4.1.4 制动系统定期技术检查的规定

4.1.4.1 应能评价制动衬片和制动鼓/盘等行车制动器易磨损零部件的磨损情况(在定期技术检查时,不必对制动鼓/盘的磨损情况进行评价)。可按4.2.1.11b)和4.2.2.8b)规定的方法进行。可以选装满足附录G的其他制动衬片。

4.1.4.2 为测量气制动系统车辆每根车轴的实际制动力,需在下列位置安装符合GB/T 5922规定的压力测试连接器:

a) 在制动系统每个独立回路中最易于接近制动气室的位置,即对附录B规定的响应时间最不利的位置。

b) 对装有附录E中E.7.2规定的压力调节装置的制动系统,在该装置压力管路上游和下游最易于接近的位置。如该装置为气压控制,还需要一个试验连接器来模拟满载状态。如没有安装压力调节装置,则应提供一个与上述下游连接器相当的压力测试连接器。这些试验连接器应位于从地面或车内易于接近的位置。

c) 在最易于接近附录C中C.1.2.4规定的位置最不利的储能装置的位置。

d) 在制动系统的每个独立回路,以便能够检查整个传输管路的输入和输出压力。

4.1.4.3 附件或车身的变更和组装都不应妨碍接近必需的压力测试连接器。

4.1.4.4 静态条件下,应能够在平板式或滚筒式制动试验台上产生最大制动力。

4.1.4.5 制动系统数据应满足以下要求:

a) 功能和效能试验所需的气制动系统数据应以不易擦除的形式在车辆显著位置说明,或通过其他方法(如手册、电子数据记录等)自由获取。

b) 装备气制动系统的车辆至少应包含表1和表2所列数据。

表 1 气压表征数据

| 空压机/卸荷阀[a] | 最大截止压力＝ MPa | 最小开启压力＝ MPa |
|---|---|---|
| 多回路保护阀 | 静态关闭压力＝ MPa | |
| 如适用，挂车控制阀或紧急继动阀[b] | 控制压力为 0.15 MPa 时对应的传输压力＝ MPa | |
| 计算用的行车制动系统最小设计压力[a,c] | | |

[a] 不适用于挂车。

[b] 不适用于制动系统采用电控传输的车辆。

[c] 与最小开启压力不同时。

表 2 挂车气压表征数据

| 参数名称 | 车轴 | | |
|---|---|---|---|
| 制动气室规格 行车制动/驻车制动 | / | / | / |
| 最大行程 $S_{max}$/mm | | | |
| 动力臂长度/mm | | | |

4.1.4.6 基准制动力应满足以下要求：

a) 应采用滚筒式制动试验台确定气制动车辆的基准制动力。

b) 需测量各车轴(桥)制动气室压力从 0.1 MPa 至 O 型试验条件所产生的压力之间的基准制动力。试验申请者应推荐制动气室压力在 0.1 MPa 及以上范围的基准制动力。车辆制造商应按 4.1.4.5a)提供这些数据。

c) 应声明基准制动力可保证车辆能够产生与第 5 章规定的各相关车辆相当的制动强度($M_2$、$M_3$、$N_2$、$N_3$ 类车辆以及非半挂车的 $O_3$、$O_4$ 类车辆为 50%，半挂车为 45%)，不管各车轴(桥)的载荷状况如何，在滚筒式制动试验台上测得的制动力，不应小于在声明的工作压力范围内给定制动气室压力对应的基准制动力。

4.1.4.7 应能通过一种简单的方法来验证控制制动系统的复合电子系统运行状态的正确性。如果需要特别的信息，应免费提供。应清楚地列出为防范制造商采用简单的未经过授权修改的验证方法(如报警信号)。当存在验证系统正确运行状态的第二种方法时，这些防范措施也应执行。

### 4.1.5 复合电子控制系统

附录 H 的要求适用于所有复合电子控制系统的安全方面，该系统提供或构成了包括利用制动系统实现自动制动或选择制动在内的制动功能的部分控制传输。但对利用制动系统实现更上层目标的系统或功能，只有当其对制动系统产生直接影响时才须满足附录 H 的要求。装有该类系统的制动系统，在进行试验时不应关闭该系统。

## 4.2 制动系统特性

### 4.2.1 M 类和 N 类车辆

4.2.1.1 车辆装备的整个制动系统应满足车辆对行车制动系统、应急制动系统和驻车制动系统的要求。

4.2.1.2 在满足下列条件时，行车制动系统、应急制动系统和驻车制动系统的部件可以共用：

a) 至少具备两个相互独立且驾驶员在正常驾驶位置上易于接近的控制装置。该要求不适用于靠机械装置锁止在制动位置的驻车制动控制装置(或组合式控制装置的驻车制动部分)。

b) 行车制动系统的控制装置应与驻车制动系统的控制装置相互独立。

c) 当行车制动系统和应急制动系统采用同一个控制装置时,控制装置与传输系统不同部件间的连接效能,不应在经过一段时间的使用后降低。

d) 当行车制动系统和应急制动系统采用同一个控制装置时,驻车制动系统的设计应保证在车辆行驶时也能进行驻车制动。如车辆能通过一个辅助控制装置来启动全部或部分行车制动系统,则不必满足上述要求。

e) 在不违反 4.1.2.3 要求的情况下,如传输装置任何部分发生失效时仍能满足应急制动要求,则行车制动系统和驻车制动系统传输装置可采用共用部件。

f) 除制动器和 4.2.1.2h)所述零部件外的任何零部件发生断裂或行车制动系统发生其他任何失效(故障、储存的能量部分或全部泄漏),应急制动系统或未受失效影响的那部分行车制动系统应能以规定的应急制动效能使车辆停住。

g) 当应急制动系统和行车制动系统共用一个控制装置和一个传输装置时,应满足如下要求:

——当行车制动由驾驶员的体力在储能器助力下操纵时,即使助力失效,也应保证能由驾驶员的体力在未受失效影响的储能器(如有)助力下实现应急制动,但施加在行车制动控制装置上的力不应超出规定的最大值;

——当行车制动力及其传输仅由驾驶员控制的储能器提供时,至少应有两个完全独立且分别具有独立传输装置的储能器。每个储能器可只作用于两个或几个车轮制动器,其选择应确保在不危及车辆稳定性的前提下达到规定的应急制动效能。此外,各储能器都应安装 4.2.1.13 规定的报警装置。每个行车制动回路至少需要在适当且易于接近的储气筒上安装一个放水装置。

——当行车制动力及其传输仅由一个储能器提供时,如仅靠驾驶员体力操纵行车制动控制装置就能保证规定的应急制动且满足 4.2.1.6 的要求,则认为传输装置只需一个储能器即可。

h) 制动踏板及其轴承、制动主缸及其活塞(液压制动系统)、控制阀(液压或气制动系统)、制动踏板与制动主缸或控制阀之间的连接杆件、制动气室及其活塞(液压或气制动系统)、制动系统的制动调整臂及凸轮轴总成等零部件,如尺寸足够大且易于接近、便于维护,并至少与车辆其他重要零部件(如转向连接件)具有相同的安全特征,应视为不易失效的零部件。这些零部件失效将导致车辆无法达到规定的应急制动效能,应用金属材料或与金属材料性能相当的材料制造,且在制动系统正常工作中不应产生明显的变形。

**4.2.1.3** 对采用独立控制装置的行车制动系统和应急制动系统,当两套制动系统都处于正常工作状态或其中之一发生故障时,同时操纵两套控制装置不应导致行车制动系统和应急制动系统都不起作用。

**4.2.1.4** 不论是否与应急制动系统结合,行车制动系统应能在其传输装置发生部分失效的情况下,通过操纵行车制动控制装置使足够数量的车轮制动。制动车轮的选择应能使行车制动系统的剩余制动性能满足 5.2.4 的要求。

但是,当半挂车行车制动系统的传输装置与牵引车行车制动系统的传输装置彼此独立时,上述条款不适用于半挂牵引车。

液压传输装置发生部分失效时,应通过 4.2.1.28a)规定的红色报警信号装置指示给驾驶员;作为替代方案,也允许在储液罐液面低于制造商规定水平时点亮红色报警信号装置。

**4.2.1.5** 当利用除驾驶员体力之外的其他能源时,不必要求一个以上能源(液压泵、空气压缩机等)。但能源驱动装置的工作方式应在实际使用的范围内保证安全。

当制动系统传输装置任何部分失效时,应继续向未受失效影响的部分供能,确保以规定的剩余和/或应急制动效能使车辆停住。应以自动方式或利用在车辆静止时易于启动的装置来满足该条件。

而且,位于该装置下游的储能装置应确保在能量供应失效时,按附录C中C.1.1.2、C.2.1.2、C.3.1.2规定的条件,经行车制动控制装置4次全行程促动后,在进行第5次制动时仍能以规定的应急制动效能使车辆停住。

对储能式液压制动系统,如其满足附录C中的C.3.1.2.2的要求,则认为符合这些规定。

4.2.1.6 在不使用自动装置的情况下,应满足4.2.1.2、4.2.1.4和4.2.1.5的要求。该自动装置通常处于备用状态,只在制动系统失效时才起作用,因而其失效通常被忽略。

4.2.1.7 行车制动系统应作用于车辆的所有车轮并使制动力在车轴间合理分配,并满足以下条件:

a) 对两轴以上的车辆,为避免车轮抱死或制动衬片空磨,当某些车轴轴荷大幅减小时,只要车辆满足第5章的所有性能要求,这些车轴上的制动力可自动减小为零。

b) 对装有B型电力再生式制动系统的$N_1$类车辆,如满足下面两个条件,可适当延后其他制动能源的制动输入,使电力再生式制动系统单独起作用。

——如满足5.1.3.2或GB/T 13594—2003中的5.2.3(包括电机接合的情况)的要求,则电力再生式制动系统输出力矩的内在(如动力电池荷电状态变化所引起的)变化可通过适当的相位关系变化自动补偿。

——考虑到实际的轮胎/路面附着情况,应在必要时自动对车辆的所有车轮进行制动,确保达到驾驶员期望的制动强度。

4.2.1.8 行车制动系统的制动力应在同一车轴(桥)的车轮之间相对于车辆纵向中心面对称分配。对可能导致制动力分配不平衡的调整和功能(如ABS),应予以声明。

在所有载荷状态下,当电控传输装置对制动系统故障或性能劣化的补偿超过下面的界限时,应以4.2.1.28a)规定的黄色报警信号指示给驾驶员:

a) 车轴的横向制动压力差:

——车辆减速度≥2 $m/s^2$ 时,取较高值的25%;

——车辆减速度<2 $m/s^2$ 时,取2 $m/s^2$ 时对应的较高值的25%。

b) 单根车轴的补偿值:

——车辆减速度≥2 $m/s^2$ 时,取大于标称值的50%;

——车辆减速度<2 $m/s^2$ 时,取2 $m/s^2$ 时标称值的50%。

只有在车速大于10 km/h时进行首次制动的才允许进行上述补偿。

4.2.1.9 电控传输装置失效时不应产生与驾驶员意图相反的制动。

4.2.1.10 行车制动系统、应急制动系统和驻车制动系统应作用在通过具有足够强度的连接件与车轮相连接的制动表面上。

当某根/多根车轴的制动力由摩擦式制动系统和B型电力再生式制动系统共同提供时,如摩擦式制动系统能够持久保持并进行4.2.1.7b)的补偿,则允许断开电力再生式制动系统。

短暂断开时,不完全补偿也是可以接受的;但应在1 s内至少达到最终补偿值的75%。

但在所有情况下,永久连接的摩擦式制动源都应保证行车制动和应急制动系统以规定的效能继续工作。

如驻车制动系统制动表面的断开只能由驾驶员在其驾驶座椅上通过一个不因泄漏而起作用的系统进行控制,则允许断开。

4.2.1.11 制动器磨损应易于通过手动或自动调整装置来补偿。并且传输装置及制动器的部件和控制装置应具有一定的储备行程,如有必要还应具有适当的补偿方式,确保当制动器发热或制动衬片磨损到一定程度时仍然能够进行有效制动,而无须立即进行间隙调整。行车制动器磨损后的调整和检查应遵循以下要求:

a) 行车制动器的磨损应能自动调整。但是,对于$N_2G$和$N_3G$类车辆的制动器以及$N_1$类车辆的后轴制动器,可选装自动调整装置。安装磨损自动调整装置的制动器在加热、冷却以及按

第5章规定进行“Ⅰ型试验”后，应仍能按5.1.5.4规定正常行驶。

b) 行车制动器摩擦部件磨损情况的检查如下：

——行车制动器制动衬片的磨损应便于从车辆外部或车辆下部利用车辆正常配备的工具或设备进行检查，如适当的检查孔或一些其他措施。也可在衬片需要更换时采用声学或光学的报警装置向在驾驶座椅上的驾驶员报警。也可将4.2.1.28a)规定的黄色信号用作报警信号。

——制动盘或制动鼓摩擦表面磨损情况也许只能通过对实际部件的直接测量来评估，必要时允许拆除相关部件。因此，车辆制造商应通过车辆手册或电子数据记录等方式免费提供如下信息：

- 制动鼓和制动盘摩擦表面磨损情况的评估方法，包括必需进行的拆除以及拆除工具和程序。
- 进行更换的最大磨损限度。

4.2.1.12 对液压传输制动系统，储液罐的加注口应易于接近。而且，储液罐的设计和构造应保证在不必打开容器的条件下，即可很容易的检查液面；如不能满足此条件，则应在储液罐液面下降到可能导致制动系统失效时通过4.2.1.28a)规定的报警信号提醒驾驶员。应按GB/T 5345规定的符号来标明液压制动系统所用的制动液种类。符号标志应以不易擦除的方式固定在储液器加注口附近100 mm以内、便于观察的位置上。制造商还可提供其他信息。

4.2.1.13 报警装置应满足下面的要求：

a) 对依靠储能器进行行车制动的车辆，如不利用存储的能量就达不到规定的应急制动效能，除压力表外(如安装)，还应安装报警装置。当制动系统任一部分储存的能量下降到不论车辆载荷状态如何、在不给储能器补充能量的情况下，行车制动系统经过4次全行程制动后仍能进行第5次制动且达到规定的应急制动性能(制动系统的传输装置无故障且各制动器调节到最小间隙)所需的能量水平时，报警装置发出光学信号或声学信号。报警装置应与回路直接、永久相连。当发动机在正常条件下运转且制动系统无故障时(试验时通常如此)，除发动机起动后给储能装置补充能量期间外，报警装置不应发出信号。也可选用4.2.1.28a)规定的红色报警信号作为光学报警信号。

b) 对于只有满足附录C中的C.3.1.2.2的要求方可认为满足4.2.1.5规定的车辆，报警装置除光学信号外，还应安装一个声学信号。如这两个信号装置都满足上述要求，且声学信号不在光学信号之前起动，则不必要求这两个信号同时工作。应采用4.2.1.28a)规定的红色报警信号作为报警信号。

c) 在驻车制动期间和/或自动变速器换挡杆位于“驻车”位置时，声学信号装置是否起作用，由制造商决定。

4.2.1.14 在不违背4.1.2.3要求的前提下，如制动系统的工作应使用辅助能源，则储能装置应保证即使发动机停机或能源的驱动方式失效，制动性能仍足以使车辆在规定的条件下停住。此外，如驻车制动系统由驾驶员的体力控制且由伺服机构助力，则应确保即使伺服机构失效也能进行驻车制动；如有必要，可采用与伺服机构供能装置相独立的储能装置。该装置可以是行车制动系统的储能装置。

4.2.1.15 对于允许挂接挂车且挂车制动器由牵引车驾驶员控制的机动车辆，牵引车的行车制动系统应安装一个装置，确保在挂车制动系统失效或牵引车与挂车之间的供气管路(或其他可能采用的连接方式)断裂时能以规定的应急制动效能制动牵引车。该装置应安装在牵引车上。

4.2.1.16 气压或液压辅助设备的能量供应应确保其工作时达到规定的减速度，即使在能源损坏的情况下，辅助设备的工作也不会导致向制动系统供能的储能器(的能量水平)下降到4.2.1.13规定的能量水平以下。

4.2.1.17 对允许挂接$O_3$或$O_4$类挂车的牵引车，其行车制动系统应是连续或半连续制动系统。

4.2.1.18 对允许挂接 $O_3$ 或 $O_4$ 类挂车的牵引车，其制动系统应满足下列要求：

a) 当牵引车应急制动系统制动时，挂车也应产生渐进制动作用。

b) 当至少由两条独立回路构成的牵引车行车制动系统发生失效时，未受失效影响的部分应能部分或完全促动挂车的制动器。制动动作应是可调节的。如采用正常情况下不工作的阀来实施这种制动，则只有当驾驶员在驾驶室内或汽车外面不用任何工具就能很容易对阀是否正常工作进行检查时，才可采用这种阀。

c) 当其中一条气压连接管路失效（断裂或泄漏）或电控线路中断或发生故障时，驾驶员应能通过行车制动控制或应急制动控制或驻车制动控制装置部分或完全促动挂车的制动系统，除非失效导致挂车按 5.3.3 规定的性能自动制动。

d) 当满足下列条件时，可视为满足 4.2.1.18c）中所述的自动制动：

——当完全促动 4.2.1.18c）提及的指定的制动控制装置时，供能管路的压力应在此后 2 s 内下降到 0.15 MPa；此外，当松开制动控制装置时，供能管路应重新充压。

——当供气管路以不小于 0.1 MPa/s 的速率排气时，挂车的自动制动系统应在供气管路压力下降至 0.2 MPa 之前开始工作。

e) 当连接按 4.1.3.1b）装备的牵引车和挂车的控制回路之一失效时，未受失效影响的控制管路应自动保证 5.3.1 规定的挂车制动性能。

4.2.1.19 对牵引根据附录 I 中的 I.1.1 装备电力制动系统的挂车的机动车辆，应满足下列要求：

a) 机动车辆的供电系统（发电机和蓄电池）应有足够的容量向电力制动系统提供电流。发动机以制造商推荐的怠速运行且打开制造商作为车辆标准配置提供的所有电器，当电力制动系统耗电量最大（电流为 15 A）时，在接头处测得的电路电压不应低于 9.6 V。即使在过载时也不应发生电路短路。

b) 当至少由两个独立单元构成的牵引车行车制动系统发生失效时，未受失效影响的单元应能部分或全部促动挂车制动器。

c) 只有电力制动系统的启动电路与制动灯并联且制动灯开关和电路能够承受额外载荷时，才允许利用制动灯开关和电路作为电力制动系统的启动电路。

4.2.1.20 对由两个或两个以上独立部分构成的气压行车制动系统，控制装置或其下游各部分之间发生的气体泄漏，应持续排放到大气中。

4.2.1.21 对允许挂接 $O_3$ 或 $O_4$ 类挂车的机动车辆，挂车的行车制动系统允许与牵引车的行车制动系统、应急制动系统或驻车制动系统一起操纵。仅出于车辆稳定性的目的而由牵引车自动起动挂车制动系统、单独对挂车制动器进行作用是允许的。

4.2.1.22 $M_2$、$M_3$、$N_2$ 和不超过 4 轴的 $N_3$ 类机动车辆应安装符合 GB/T 13594—2003 规定的 1 类防抱系统。

4.2.1.23 允许挂接装有防抱系统的挂车的机动车辆，应为电控传输装置和/或挂车防抱系统安装符合 GB/T 20716.1 或 GB/T 20716.2 要求的专用电气连接器。

4.2.1.24 对装有电力再生式制动系统的 $M_2$、$N_1$ 和最大设计总质量小于 5 000 kg 的 $N_2$ 类车辆，应满足以下特殊要求：

a) 装有 A 型电力再生式制动系统的车辆：

——对 $N_1$ 类车辆，电力再生式制动系统只能通过加速踏板和/或在变速器挡位选择器的空挡位置启动。

——对 $M_2$ 和小于 5 000 kg 的 $N_2$ 类车辆，电力再生式制动系统的控制装置可以是单独的开关或操纵杆。

b) 装有 B 型电力再生式制动系统的车辆：

——行车制动系统无法通过除自动方式以外的其他方式部分或完全断开。这并不违背

4.2.1.10的要求。

——行车制动系统应只有一个控制装置。

——同时具有两类电力再生式制动系统的车辆应满足除 4.2.1.24a)之外的所有相关规定。在此情况下，$N_1$ 类车辆的电力再生式制动系统可通过加速踏板和/或变速器挡位选择器的空挡位置启动。此外，行车制动不应削弱加速踏板松开所产生的制动作用。

——行车制动系统不应受电机脱开或所用挡位的不利影响。

——制动系统电动部件的工作由来自行车制动控制装置的信息及由此产生的车轮制动力之间的关系保证，该关系失效将导致车轴间的制动力分配(不管采用附录 E 或 GB/T 13594—2003 中的哪一种)失调，最迟应在控制装置起动时用光学信号向驾驶员报警；只要该故障存在且"启动"开关处于"运行"位置，信号应一直点亮。

c) 电力再生式制动系统的工作不应受磁场或电场的不利影响。

d) 对装备防抱系统的车辆，由防抱系统控制电力再生式制动系统。

4.2.1.25 采用电控传输的驻车制动系统，应满足以下附加要求：

a) 在电能传输失效时，应防止无意识地促动驻车制动系统。

b) 当电控传输内部、除供电线路外的电控单元外部线路发生损坏或控制装置失效时，仍然能够从驾驶位置进行驻车制动并在 8%的上、下坡道使满载车辆保持静止。在此情况下，如能够达到上述性能且驻车制动一旦作用便不受点火(启动)开关影响，则允许在车辆静止状态下自动进行驻车制动；一旦驾驶员重新开动车辆，驻车制动应立即自动解除。对 $N_1$ 类车辆，可通过发动机/手动变速器或自动变速器(驻车挡)或在其辅助下达到上述性能。如有必要，可利用随车工具和/或辅助设备解除驻车制动。

c) 当电控传输电线损坏或驻车制动系统控制装置失效时，应以 4.2.1.28a)规定的黄色报警信号向驾驶员报警。对由驻车制动系统电控传输装置内部线路损坏引起的失效，应在电线损坏时立即向驾驶员发出黄色报警信号。此外，控制装置失效或除供电线路外的电控单元外部线路发生损坏时，只要点火(启动)开关处于"开"(运行)位置(及关闭后不少于 10 s 内)且控制装置处于"驻车" 状态，应通过 4.2.1.28a)规定的红色闪烁信号向驾驶员报警。如驻车制动通过满足 4.2.1.28a)的全部要求的、单独的红色报警信号指示，应利用该信号来满足上述红色信号的要求。

d) 如驻车制动系统电控传输的能量足以使车辆在无故障状态的电力负荷下启动驻车制动系统，可由其向辅助设备供能。此外，如行车制动系统也使用该储能器，则应满足 4.2.1.26g)的要求。

e) 关闭控制制动装备电能的点火/启动开关和/或拔掉钥匙后，仍能进行驻车制动，但无法解除制动。

4.2.1.26 装备电控传输装置的行车制动系统，应满足以下附加要求：

a) 解除驻车制动后，即使关掉点火/启动开关和/或拔掉钥匙，行车制动系统至少应能产生与规定的 O 型试验要求相当的总静态制动力。允许挂接 $O_3$ 或 $O_4$ 类挂车的机动车辆应为挂车的行车制动系统提供一个完整的控制信号。为满足这些要求，行车制动系统的能量传输装置应具有足够的能量。

b) 电控传输装置发生除能量供应外的单个暂时(小于 40 ms)失效(非传输信号或数据错误)时，不应对行车制动性能产生显著影响。

c) 影响到本标准规定的系统功能和性能的电控传输装置(不包括储能器)失效，应选用 4.2.1.28a)规定的红色或黄色信号通知驾驶员。当无法达到规定的行车制动性能(红色报警信号)时，因电能连续性受损而导致的失效应在失效发生时立即向驾驶员报警。按照 5.2.4 操纵行车制动控制装置时应满足规定的剩余制动效能。

d) 无论何时，通过电控线路与挂车实现电气连接的机动车辆，应在挂车提供的失效信息表明挂车行车制动系统任何部分存储的能量下降到 4.2.2.16 规定的报警水平以下时，向驾驶员发出明确的警告。当挂车电控传输装置（储能装置除外）发生持续失效（大于 40 ms）导致无法达到 4.2.2.15b）规定的挂车行车制动性能时也应发出类似警告。应采用 4.2.1.28b）规定的红色报警信号。

e) 在电控传输装置能源失效的情况下，从额定能量水平开始，对行车制动系统连续进行 20 次全行程促动后，行车制动系统的整个控制范围应得到保证。试验过程中，每次制动操作都是完全制动 20 s，然后释放 5 s。应理解为在上述试验过程中传输装置的能量足以保证行车制动系统的完全制动。这些要求不应违背附录 C 的规定。

f) 当动力电池电压下降到制造商规定值以下时，将不能保证规定的行车制动性能且/或使至少两个相互独立的行车制动回路无法达到规定的应急制动性能，应点亮 4.2.1.28a）规定的红色报警信号。报警信号点亮后，应能进行行车制动并达到 5.2.4 规定的剩余制动性能。

g) 如辅助设备和电控传输装置由同一个储能器供能，能量供应应能防止储能器在所有辅助设备都工作时放电或在电压超过 4.2.1.26f）规定的临界水平时自动切断辅助装置的预定部分以防止储能器进一步放电，确保在发动机以不超过 80%最大功率转速运行时达到规定的减速度；可通过计算或实际试验进行验证。对允许挂接 $O_3$ 或 $O_4$ 类挂车的车辆，挂车的能量消耗按 400 W 的负载计算。该条款不适用于不使用电能也能达到规定减速度的车辆。

h) 当辅助装置由电控传输装置供能时，应满足下列要求：

——如车辆行驶中发生能源失效，当操纵控制装置时，储能器的能量应足以促动制动器。

——如车辆静止且驻车制动时发生能源失效，储能器即使在制动时也应有足够的能量点亮照明灯。

i) 装有 4.1.3.1b）或 4.1.3.1c）规定的电控线路的牵引车，在行车制动系统的电控传输装置失效时应仍然能保证挂车制动系统的完全制动。

j) 仅通过 4.1.3.1 的电控线路实现电气连接的挂车，当电控传输装置失效时，应保证挂车制动符合 4.2.1.18d）规定。无论挂车通过电控线路的数据通信部分提供“供能管路制动指令”信号时或数据通信连续缺失时都是如此。该规定不适用于不能与 4.1.3.1c）规定的、仅通过电控线路连接的挂车一起运行的机动车辆。

4.2.1.27 对挂接力控制系统，应满足如下要求：

a) 挂接力控制系统只允许在牵引车内。

b) 挂接力控制系统的作用应减小牵引车与被牵引车动态制动强度的差别。试验时应检查挂接力控制系统的运行情况。检查所采用的方法应经制造商和技术服务机构协商一致，并将评价方法和结果附在试验报告中。挂接力控制系统应满足以下要求：

——挂接力控制系统可以控制制动强度 $T_M/P_M$ 和/或挂车制动指令值。对装有 4.1.3.1b）规定的两套控制管路的牵引车，其信号应采用相似的控制调节。

——挂接力控制系统不应阻碍施加最大制动压力。

c) 车辆应满足附录 E 中规定的满载协调性的要求。当挂接力控制系统运行时，为达到 4.2.1.27b）的目标，车辆可以违背这些要求。

d) 应能检测到挂接力控制失效并用 4.2.1.28a）规定的黄色报警信号指示给驾驶员。失效时也应满足附录 E 中的相关要求。

e) 如图 1、图 2 所示，当 $p_m$ 最大不超过 0.65 MPa（或对应的数字指令值）时，如挂接力控制装置进行的补偿超过 3.1.27 规定的额定指令值±0.15 MPa，应通过 4.2.1.28a）规定的黄色报警信号报警；当 $p_m$ 超过 0.65 MPa 时，如补偿导致工作点落在附录 E 规定的机动车辆满载协调带以外，应发出报警信号。

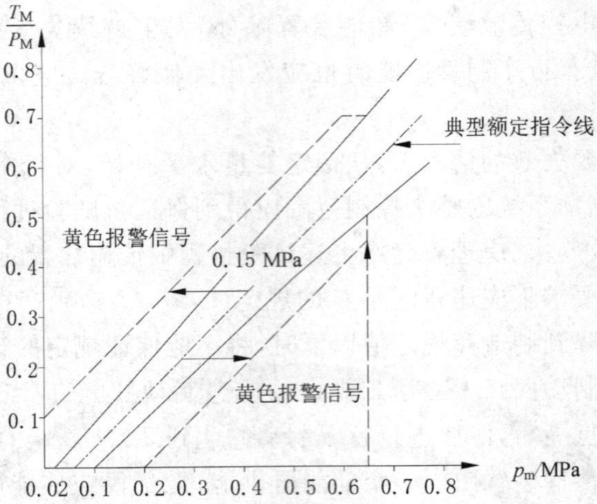


图 1 非半挂牵引车

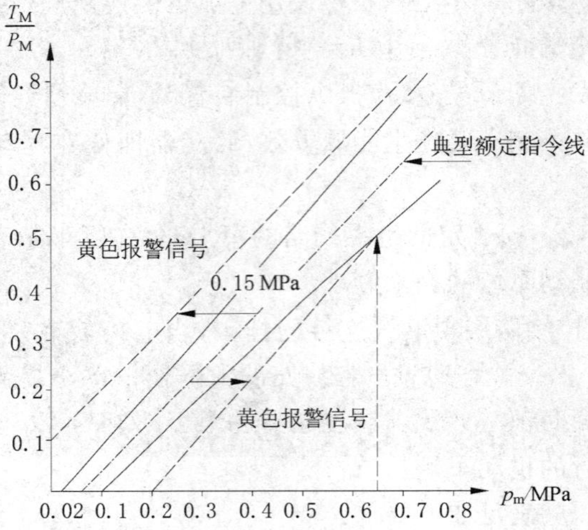


图 2 半挂牵引车

f) 挂接力控制系统应只控制机动车辆和挂车行车制动系统产生的挂接力。缓速制动性能产生的挂接力不应由机动车辆或挂车的行车制动系统补偿。

4.2.1.28 以下条款列出了在机动车辆或其挂车(如合适)的制动装备发生特定失效(或故障)时向驾驶员报警的光学报警信号的一般要求。除 4.2.1.28f)的规定外,这些信号仅用于本标准。

a) 机动车辆应能提供指示制动失效或故障的下列光学报警信号:

——红色报警信号,指示本标准定义的导致规定的行车制动性能无法达到和/或两个独立的行车制动回路中的至少一个无法工作的制动装备失效。

——如适用,黄色报警信号可指示在车辆制动装备中电子检测到的、但未用红色报警信号指示的故障。

b) 除 $N_1$ 类车辆外,装有电控线路和/或允许挂接装有电控传输装置和/或防抱制动系统的挂车的机动车辆,应提供单独的黄色报警信号来指示挂车防抱制动系统和/或制动系统电控传输装置的故障。该信号通过符合 GB/T 20716.1 或 GB/T 20716.2 规定的电气连接器第 5 针从挂车上点亮。在任何情况下,牵引车都不应明显延误或改变挂车传来信号的显示。当与无电控线路和/或电控传输装置和/或防抱制动系统的挂车挂接或没有挂接挂车时,该报警信号不得点亮。该功能应是自动的。当装有电控线路的机动车辆与装有电控线路的挂车实现电气连接时,也应采用4.2.1.28a)规定的红色报警信号表示挂车制动装备的特定失效,挂车将通过电控线路的数据通信部分提供相应的失效信息,同时还应采用黄色报警信号指示。牵引车也可采用单独的红色报警信号代替4.2.1.28a)规定的红色报警信号和同时点亮的黄色报警信号来指示挂车制动装备的该类失效。

c) 报警信号即使在白天也应清晰可见;驾驶员可很容易地在驾驶位置上检查信号的状态是否正常;报警装置部件发生失效时不应损害制动系统的性能。

d) 除特殊说明外,报警信号应满足下面的要求:
——规定的失效或故障发生时,最迟应在相应的制动控制装置起动时,通过上述报警信号指示给驾驶员。
——只要失效/故障仍然存在且点火(起动)开关处于“开”(运行)位置上,报警装置应一直指示。
——报警信号应一直点亮,而非闪烁。

e) 当车辆(和制动系统)的电动设备通电时,上述报警信号将点亮。车辆静止时,如制动系统确认没有任何规定的失效或故障发生,报警信号熄灭。对某些应点亮上述报警信号但在静态检测时没被发现的特定失效或故障,一旦检测到应予以存储,只要失效或故障仍然存在,当车辆起动及点火开关处于“开”(运行)位置将一直显示。

f) 如满足下面的条件,也可用4.2.1.28a)规定的黄色信号显示非特定失效(故障)或有关机动车辆制动和/或行驶系的其他信息。
——车辆静止;
——制动装备首次通电后,信号显示按4.2.1.28e)描述的程序未检测到特定失效(或故障);
——非特定失效或其他信息应通过闪烁报警信号来指示。但报警信号应在车速首次超过10 km/h时熄灭。

4.2.1.29 在下列情况下应点亮制动信号灯:

a) 驾驶员促动行车制动系统时;

b) 缓速制动系统工作,并且使整车产生1 m/s$^2$ 以上的减速度时;

c) “自动控制制动”起动行车制动系统时;

d) 装有电控线路的车辆,由机动车辆在通过电控线路接受到来自挂车的“制动灯点亮”信息时。

4.2.1.30 在下列情况下不应点亮制动信号灯:

a) 由“选择制动”起动行车制动系统时;

b) 松开加速踏板,电力再生式制动系统产生缓速制动力时。

#### 4.2.2 O类车辆

4.2.2.1 $O_1$ 类挂车不必安装行车制动系统。但该类挂车安装行车制动系统时,应满足与 $O_2$ 类挂车相同的要求。

4.2.2.2 $O_2$ 类挂车应安装连续、半连续或惯性(超越)行车制动系统。惯性行车制动系统只允许用于中置轴挂车。但允许采用符合附录I要求的电力制动系统。

4.2.2.3 $O_3$ 和 $O_4$ 类挂车应安装连续或半连续行车制动系统。

4.2.2.4 行车制动系统应满足以下要求:

a) 应作用于车辆的所有车轮;

b) 行车制动系统的制动力应在车轴间合理分配;

c) 在有充足空间且易于接近的至少一个储气筒上安装进、排气装置。

4.2.2.5 行车制动系统的制动力应在同一车轴(桥)的车轮之间相对于车轮纵向中心面对称分配。对可能导致制动力分配不平衡的调整和功能(如防抱),应予以声明。

在所有载荷状态下,当电控传输装置对制动系统故障或性能劣化的补偿超过下面的界限时,应以4.2.1.28a)规定的黄色报警信号指示给驾驶员。

a) 车轴的横向制动压力差:

——车辆减速度≥2 $m/s^2$ 时,取较高值的25%;

——车辆减速度<2 $m/s^2$ 时,取2 $m/s^2$ 时对应的较高值的25%。

b) 每根车轴的补偿值:

——车辆减速度≥2 $m/s^2$ 时,取大于标称值的50%;

——车辆减速度<2 $m/s^2$ 时,取2 $m/s^2$ 时标称值的50%。

只有在车速大于10 km/h时进行首次制动的才允许进行上述补偿。

4.2.2.6 电控传输装置失效时不得采取与驾驶员意图相反的制动。

4.2.2.7 行车制动、应急制动和驻车制动系应作用在通过具有足够强度的连接件与车轮相连接的制动表面上。

4.2.2.8 制动器磨损应易于通过手动或自动调整装置来补偿。并且传输装置及制动器的部件和控制装置应具有一定的储备行程,如有必要还应具有适当的补偿方式,确保当制动器发热或制动衬片磨损到一定程度时仍然能够进行有效制动,而无须立即进行间隙调整。行车制动器磨损后的调整和检查应遵循以下要求:

a) 行车制动器的磨损应能自动调整。$O_1$ 和 $O_2$ 类车辆可选装自动调整装置。安装磨损自动调整装置的制动器在加热、冷却以及按第5章规定相应地进行Ⅰ型或Ⅲ型试验后,应仍能按5.1.7.3规定正常行驶。对 $O_2$、$O_3$ 和 $O_4$ 类挂车,如满足5.1.7.3的要求,则认为其满足了上述性能要求。在正确评价自动制动调节装置功能的统一技术规定达成之前,如挂车在所有规定制动试验中都能正常行驶,则认为该挂车满足了正常行驶的要求。

b) 行车制动器摩擦部件磨损情况的检查应符合如下要求:

——行车制动器制动衬片的磨损应便于从车辆外部或车辆下部利用车辆正常配备的工具或设备进行检查,如适当的检查孔或一些其他措施。

——制动盘或制动鼓摩擦表面磨损情况也许只能通过对实际部件的直接测量来评估,必要时允许拆除相关部件。因此,车辆制造商应通过车辆手册或电子数据记录等方式免费提供如下信息:

- 制动鼓和制动盘摩擦表面磨损情况的评估方法,包括必需进行的拆除以及拆除工具和程序。
- 进行更换的最大磨损限度。

4.2.2.9 如挂车在行驶中脱挂,制动系统应保证挂车自动停车。但对最大设计总质量不超过1 500 kg的挂车,如果装有除主挂接装置外,还装有能在主挂接装置脱开时防止牵引杆触地并使挂车具有一定的剩余转向能力的应急挂接装置(如链条,钢丝绳等),则不必遵循本条的规定。

4.2.2.10 对需要安装行车制动系统的挂车,即使在挂车与牵引车分离时也应能保证驻车制动。驻车制动装置应能由站在地面上的人来操纵;但对载客挂车,驻车制动应能从挂车内部进行操作。

4.2.2.11 如挂车装有一个能切断除驻车制动系统外的其他制动系统压缩空气供给的装置,则这些制动系统的设计和构造应保证其在恢复对挂车供气前完全回位至平衡位置。

4.2.2.12 $O_3$ 和 $O_4$ 类挂车应满足4.2.1.18d)规定的条件。在控制管路接头下游回路需要安装一个易于接近的压力测试连接器。

装有电控线路的挂车与装有电控线路的牵引车实现电气连接时,只要挂车贮气筒的压力能够保证5.3.3规定的制动性能,则可禁止4.2.1.18d)规定的自动制动作用。

4.2.2.13 $O_3$ 和 $O_4$ 类挂车应装备满足GB/T 13594—2003要求的防抱系统。

4.2.2.14 如辅助设备的能量由行车制动系统提供，应保护行车制动系统以确保作用在车轮周缘的制动力之和至少达到5.3.1.2.1规定的相应挂车制动力值的80%。在下面两种工作条件下，都应满足该要求：

a) 辅助设备工作期间；

b) 辅助设备发生断裂或泄漏，除非这种断裂或泄漏影响附录E中E.6的控制信号而采用该章的性能要求。

如行车制动储能装置的压力至少保持在5.3.1.2.2规定的控制管路指令压力或对应的数字指令值的80%，则认为满足上面的规定。

4.2.2.15 装备电控传输装置的行车制动系统应满足下列附加要求：

a) 电控传输装置发生除能量供应外的单个暂时(小于40 ms)失效(非传输信号或数据错误)时，不应对行车制动性能产生显著影响。

b) 电控传输装置失效(如断裂、脱落等)时，至少应保持相应的挂车行车制动系统规定性能的30%。对仅通过4.1.3.1c)的电控线路实现电气连接并以5.3.3规定的性能满足4.2.1.18d)要求的挂车，当挂车行车制动系统不能保证其规定制动性能的至少30%时，在通过电控线路的数据通信部分提供"供能管路制动指令"信号或数据通信连续缺失时满足4.2.1.26a)规定即可。

c) 影响到规定的系统功能和性能的电控传输装置(不包括储能器)失效，应通过符合GB/T 20716.1或GB/T 20716.2规定的电气连接器(第5针或第7针)、以4.2.1.28b)规定的单独的报警信号指示给驾驶员。此外，装有电控线路并与装有电控线路的牵引车实现电气连接的挂车，在不能保证规定的挂车行车制动性能时，应通过电控线路的数据通信部分提供失效信息以点亮4.2.1.28b)规定的红色报警信号。

4.2.2.16 当装有电控线路并与装有电控线路的牵引车实现电气连接的挂车的行车制动系统任何部分存储的能量下降至下面规定的低能状态时，应采用4.2.1.28b)规定的红色信号向牵引车驾驶员发出报警，挂车应通过电控线路的数据通信部分提供失效信息。还应通过GB/T 20716.1或GB/T 20716.2规定的电气连接器第5针、采用单独的黄色信号提醒驾驶员挂车处于低能状态。

低能状态是指在该能量水平下，不论挂车负载状态如何，在不向储能器补充能量的情况下，行车制动系统在经过四次全行程制动后不能进行第五次制动并至少获得相应的挂车行车制动系统规定性能的50%。

4.2.2.17 装有电控线路的挂车和装有防抱系统的$O_3$和$O_4$类挂车应为其制动系统和/或防抱系统安装一个符合GB/T 20716.1或GB/T 20716.2的专用电气连接器。对未安装电控传输装置的挂车，如其具有单独的保险丝，可以降低GB/T 20716.1或GB/T 20716.2线束规格。保险丝的型号应确保不超过导体的电流强度。本标准规定的挂车失效报警信号应通过上述电气连接器点亮。挂车失效报警信号传输适用4.2.1.28d)、4.2.1.28e)和4.2.1.28f)有关机动车辆的要求。具有特殊结构的挂车，应满足以下要求：

a) 对采用选择制动的方式加强车辆稳定性的挂车，应在稳定性系统的电控传输装置发生失效时通过GB/T 20716.1或GB/T 20716.2的5芯电气连接器第5针、用4.2.1.28b)规定的单独的黄色报警信号报警。

b) 对允许制动系统除了上述GB/T 20716电气连接器获得电能提供以外还可连接其他电源的挂车，当提供此类额外供电时，制动系统在正常和失效模式下都不应受额外供电连接的不利影响。

4.2.2.18 当通过GB/T 20716电气连接器供应的电能用于4.1.3.6规定的功能时，制动系统应具有优先权并具有制动系统外部过载保护。这种保护应是制动系统的一种功能。

4.2.2.19 当依据4.1.3.1连接的牵引车和挂车的控制管路之一发生失效时，挂车应自动使用未受失效影响的控制管路来保证5.3.1规定的挂车制动性能。

4.2.2.20 当供能电压下降到制造商规定电压以下而不能保证规定的行车制动性能时，应通过符合GB/T 20716规定的电气连接器第5针点亮4.2.1.28a)规定的单独的黄色报警信号。此外，装有电控线路并与装有电控线路的牵引车实现电气连接的挂车，应通过电控线路的数据通信部分提供失效信息以点亮4.2.1.28b)规定的红色报警信号。

4.2.2.21 除4.2.1.18d)和4.2.1.21规定外，挂车制动器也可由挂车制动系统自身根据车载信息评价的结果自动操纵。

# 5 试验和性能要求

## 5.1 试验要求

### 5.1.1 总体要求

5.1.1.1 制动系统的性能是基于制动距离和充分发出的平均减速度规定的。制动系统的性能应通过测量与车辆初速度有关的制动距离和/或测量试验中充分发出的平均减速度来确定。

5.1.1.2 应按厂家规定的磨合程序或如下要求对制动器进行磨合：

a) 对于前/后盘式制动系统：
   1) 初始车速为60 km/h，制动至大约20 km/h；
   2) 首先以约2 $m/s^2$ 的制动减速度进行30次制动，然后以约4 $m/s^2$ 的制动减速度进行30次制动。

b) 对于前盘式/后鼓式或前/后鼓式制动系统：
   1) 初始车速为60 km/h，制动至大约20 km/h；
   2) 首先以约2 $m/s^2$ 的制动减速度进行100次制动，然后以约4 $m/s^2$ 的制动减速度进行100次制动。

在磨合过程中，制动盘和/或制动鼓的温度不应超过200 ℃。

5.1.1.3 制动距离是指从驾驶员开始促动制动系统的控制装置开始至车辆停住所驶过的距离。初始车速是指驾驶员开始促动制动系统控制装置时的速度。初始车速不应低于相应试验规定速度的98%。

充分发出的平均减速度($d_m$)应按式(1)计算：

$$d_m=\frac{v_b^2-v_e^2}{25.92(s_e-s_b)} \qquad\cdots\cdots(1)$$

式中：

$d_m$ ——充分发出的平均减速度，单位为米每二次方秒($m/s^2$)；

$v_0$ ——车辆初始车速，单位为千米每小时(km/h)；

$v_b$ ——$0.8v_0$ 时的车速，单位为千米每小时(km/h)；

$v_e$ ——$0.1v_0$ 时的车速，单位为千米每小时(km/h)；

$s_b$ ——从 $v_0$ 到 $v_b$ 期间行驶的距离，单位为米(m)；

$s_e$ ——从 $v_0$ 到 $v_e$ 期间行驶的距离，单位为米(m)。

车速和距离应在规定试验车速下用精度不低于±1%的仪器测定。$d_m$ 可用测量车速和距离外的其他方法测定，在这种情况下，$d_m$ 的精度不应低于±3%。

5.1.1.4 按附录J确认是否需要进行Ⅰ型、Ⅱ型(ⅡA)型和Ⅲ试验。

5.1.1.5 按附录K确认是否可以采用挂车制动器Ⅰ型和Ⅲ试验替代规程。

### 5.1.2 车辆制动性能的道路试验条件

5.1.2.1 车辆的质量状态应符合各类试验的规定，并在试验报告中说明。

5.1.2.2 各类试验应按相应的规定车速进行;如车辆的最高设计车速低于试验规定车速,应以最高设计车速进行试验。

5.1.2.3 试验期间,为达到规定的制动性能而施加在制动系统控制装置上的力不应超过该试验车型规定的最大值。

5.1.2.4 除有另行规定外,试验路面应具有良好的附着性能。

5.1.2.5 在试验道路纵向任意 50 m 长度上的坡度应小于 1%。驻车试验坡度按有关条款规定。路拱坡度应小于 2%。

5.1.2.6 试验过程中,风速应小于 5 m/s,环境温度不应超过 35 ℃。

5.1.2.7 试验开始时,轮胎应为冷态且处于与车辆静止时车轮实际承载相对应的规定压力。

5.1.2.8 应在车速超过 15 km/h 时未发生车轮抱死、车辆未偏离 3.7 m 宽的试验跑道及无异常振动的情况下达到规定的性能。

5.1.2.9 对完全或部分依靠与车轮永久连接的电机驱动的车辆,所有试验应在电机接合的情况下进行。

5.1.2.10 对 5.1.2.9 所述的车辆,如装有 A 型电力再生式制动系统,则车辆状态试验应在GB/T 13594—2003 中的 5.2.2.2 规定的低附着系数路面上进行。

对装有 A 型电力再生式制动系统的车辆,换挡或加速踏板松开的瞬间不应影响车辆行驶状态。

5.1.2.11 在 5.1.2.10 规定的试验中,不允许车轮抱死。允许进行转向修正,但转向盘在最初 2 s 内的转角不应超过 120°,且总转角不应超过 240°。

5.1.2.12 如给电动驱动的行车制动器供能的动力电池(或辅助动力电池)只能从独立的外部充电系统充电,则动力电池在制动性能试验中的平均荷电状态不应超过 4.2.1.26f)规定的制动失效报警时荷电状态的 5%。

5.1.2.13 如发生报警,可在试验过程中给动力电池充电,以便将荷电状态保持在规定范围内。

### 5.1.3 制动中的车辆状态

5.1.3.1 在制动试验、特别是高速试验中,应检查车辆的一般状态。

5.1.3.2 在附着力减小的路面上行驶时制动,$M_2$、$M_3$、$N_1$、$N_2$、$N_3$、$O_2$、$O_3$ 和 $O_4$ 类车辆的性能表现应满足附录 E 和/或 GB/T 13594—2003 的要求。

5.1.3.3 对 4.2.1.7b)所述的制动系统,如某车轴的制动由不止一种能源的制动力矩提供且每种能源都与其他能源不同,车辆在其控制策略允许的所有关系下都应满足附录 E 或 GB/T 13594—2003。制造商应向技术部门提供自动控制策略所允许的制动曲线族,技术部门可对这些曲线进行验证。

### 5.1.4 O 型试验(冷态制动时的一般性能)

#### 5.1.4.1 总体要求

5.1.4.1.1 制动器应处于冷态。在制动盘或制动鼓摩擦表面测得的温度低于 100 ℃时,可认为制动器处于冷态。

5.1.4.1.2 试验应在下列条件下进行:

a) 车辆满载时,轴荷分配应符合制造商规定。如有几种不同的轴荷分配方案,则车辆最大设计总质量的轴间分配应使各轴轴荷与其最大允许轴荷成正比。对半挂牵引车,装载质量可向后移至上述装载条件规定的鞍座主销与后桥中心线之间的中间位置附近。

b) 应以空载车辆重复各项试验。对于机动车辆,除驾驶员外,前排座椅上可坐一人负责记录试验结果。空载载荷除驾驶员外的质量,应尽可能与驾驶员在车辆纵向对称平面内。

c) 对于半挂牵引车,只对单车(包括鞍座的质量)进行空载试验。如备用车轮是规定的车辆标准配置,还应包括备用车轮的质量。

d) 对于二类底盘,可增加附加载荷来模拟车箱质量,但不应超过制造商规定的最小质量。

e) 对装有电力再生式制动系统的车辆,其要求视电力再生式制动系统的类型而定,并按以下方式处理:

——A型电力再生式制动系统如具有单独的控制装置,在O型试验中不应使用该装置;

——B型电力再生式制动系统所产生的制动力不应超过系统设计所保证的最低水平。

f) 如按附录A测定的动力电池荷电状态处于下列荷电状态之一,则认为其满足条件。经技术部门同意,对具有动力电池充电用车载能源和能够调整动力电池荷电状态的车辆,不要求进行荷电状态评价。

——制造商在车辆说明书中推荐的最大荷电状态;

——如制造商未提供具体的推荐意见,不应低于满荷电状态的95%;

——车辆自动控制充电所能达到荷电状态的最高水平。

5.1.4.1.3 性能要求规定了车辆空载及满载试验的最低性能要求限值。车辆应满足规定的制动距离和充分发出的平均减速度两项要求,但不必对两项参数都进行实际测定。

**5.1.4.2 发动机脱开的O型试验**

试验应按各车型规定的车速进行。试验车速与规定车速之间允许有不超过±2%偏差。但应达到各类车辆规定的最低性能要求。

**5.1.4.3 发动机接合的O型试验**

5.1.4.3.1 试验应在各种车速下进行,最低试验车速为车辆最高设计车速的30%,最高试验车速为车辆最高设计车速的80%。对装备限速器的车辆,限速器的限制车速将作为车辆的最高设计车速。应测量车辆实际的最大性能数据,并在报告中记录车辆状态。为模拟满载半挂车的影响而人为加载的半挂牵引车,其试验车速不应高于80 km/h。

5.1.4.3.2 应在发动机接合的状态下,按车辆所属类别在规定的试验初始车速下进一步进行试验。各类车辆应达到规定的最低性能要求。为模拟满载半挂车的影响而人为加载的半挂牵引车,其试验车速不应高于80 km/h。

**5.1.4.4 气制动的O类车辆的O型试验**

5.1.4.4.1 挂车的制动性能可根据牵引车及挂车的制动强度和作用在挂接装置测得的推力来计算。在特定情况下,也可根据只对挂车制动时牵引车和挂车的制动强度来计算。制动试验中,牵引车的发动机应脱开。

当只对挂车制动时,应考虑被减速的其他附加质量对列车充分发出的平均减速度产生的影响。

5.1.4.4.2 除5.1.4.4.3和5.1.4.4.4情形外,确定挂车制动强度时应测量牵引车及挂车的制动强度和作用在挂接装置上的推力。牵引车制动强度应满足附录E有关 $T_M/P_M$ 与压力 $p_m$ 之间关系的规定。挂车的制动强度按式(2)计算。

$$z_R = z_{R+M} + \frac{D}{P_R} \qquad \cdots\cdots(2)$$

式中:

$z_R$ ——挂车的制动强度;

$z_{R+M}$ ——牵引车及挂车的制动强度;

$D$ ——作用在挂接装置上的推力(拉力取正值,推力取负值),单位为牛顿(N);

$P_R$ ——路面与挂车车轮之间的静态法向反力之和(参见附录E),单位为牛顿(N)。

5.1.4.4.3 对半挂汽车列车,可单独制动挂车。如挂车为连续制动系统或半连续制动系统,且在制动过

程中制动气室的压力不随车轴的动载荷的改变而改变,挂车的制动强度按式(3)计算:

$$z_R=(z_{R+M}-R)\times\frac{P_M+P_R}{P_R}+R \qquad \cdots\cdots(3)$$

式中:

$R$ ——滚动阻力系数,其值取0.01;

$P_M$——路面与牵引车车轮与路面之间的静态法向反力之和(参见附录E),单位为牛顿(N)。

5.1.4.4.4 作为替代,还可采用只制动挂车的方式来评价挂车的制动强度。在这种情况下,所用的压力应与列车制动时所测得的制动气室压力相同。

### 5.1.5 Ⅰ型试验(衰退试验)

#### 5.1.5.1 重复制动试验

5.1.5.1.1 应以满载车辆、在表3所列的条件下对行车制动系统连续进行"制动-解除制动"。

表3 重复制动试验条件

| 车辆类别 | 试验条件 | | | |
|---|---|---|---|---|
| | $v_1$<br>km/h | $v_2$<br>km/h | $\Delta t$<br>s | $n$<br>次 |
| $M_2$ | $80\% v_{max} \leqslant 100$ | $\frac{1}{2}v_1$ | 55 | 15 |
| $N_1$ | $80\% v_{max} \leqslant 120$ | $\frac{1}{2}v_1$ | 55 | 15 |
| $M_3$、$N_2$、$N_3$ | $80\% v_{max} \leqslant 60$ | $\frac{1}{2}v_1$ | 60 | 20 |

注1:$v_1$ 为制动开始时的初始车速。

注2:$v_2$ 为制动结束时的车速。

注3:$v_{max}$ 为车辆的最高设计车速。

注4:$n$ 为制动次数。

注5:$\Delta t$ 为制动循环周期,从一次制动开始到下一次制动开始所经历的时间。

5.1.5.1.2 如因车辆特性而无法满足规定的制动循环周期,可增大制动循环周期。在任何情况下,除车辆制动和加速所需时间外,每个循环应留有10 s的时间来稳定车速 $v_1$。

5.1.5.1.3 在这些试验中,应调整控制力以确保首次制动时充分发出的平均减速度为3 m/s²,在此后的各次制动中,该控制力应保持恒定。

5.1.5.1.4 制动中,变速器应一直处于最高挡(超速挡除外)。

5.1.5.1.5 为在制动后恢复车速,应采用能在最短的时间(即以发动机和变速器所允许的最大加速度)达到 $v_1$ 的挡位。

5.1.5.1.6 对由于车辆性能限制而无法恢复制动初始车速来进行制动器加热循环的车辆,应以规定的车速进行第一次制动,之后以能够实现的最大加速度来恢复车速,然后以5.1.5.1.1规定的各类车辆对应的循环周期结束时所达到的车速连续进行制动。

5.1.5.1.7 对装有制动磨损自动调整装置的车辆,应在Ⅰ型试验之前按下列规程进行调整:

a) 对装备气制动系统的车辆,制动器调整应确保制动磨损自动调整装置正常工作。为此,应调整气室行程($S_0$)不小于 $1.1\times S_{re\text{-}adjust}$(其上限不应超过制造商推荐值,$S_{re\text{-}adjust}$ 为制动磨损自动调整装置制造商规定的重新调整的行程)。如无法测量气室行程,则初始设置应经试验技术部门的同意。依据上面的条件，应以制动系统工作压力的30%、但不低于0.2 MPa的气室压力连续制动50次，然后再以不小于0.65 MPa的气室压力制动一次。

b) 对装备液压盘式制动器的车辆无调整要求。

c) 对装备液压鼓式制动器的车辆，按制造商规定对制动器进行调整。

5.1.5.1.8 对装有B型电力再生式制动系统的车辆，试验开始时，电池的荷电状态应确保电力再生式制动系统提供的制动力不超过系统设计所保证的最低值。

如电池处于5.1.4.1.2b)所列的荷电状态之一，则认为满足该要求。

**5.1.5.2 连续制动试验**

5.1.5.2.1 $O_2$和$O_3$类挂车的行车制动系统应在车辆满载条件下进行，制动器的能量输入等于在相同时间内、满载车辆以40 km/h的稳定车速、在7%的坡道上，下坡行驶1.7 km所记录的能量。

5.1.5.2.2 该试验应在水平路面上、用牵引车牵引挂车进行。试验过程中应调整挂车制动的控制力使挂车阻力保持恒定(等于挂车最大静态轴荷的7%)。如牵引动力不足，可在较低车速下进行试验，但应延长试验距离，如表4所示。

**表4 试验条件**

| 车速<br>km/h | 距离<br>m |
|---|---|
| 40 | 1 700 |
| 30 | 1 950 |
| 20 | 2 500 |
| 15 | 3 100 |

5.1.5.2.3 对装有制动磨损自动调整装置的挂车，应在Ⅰ型试验之前按5.1.5.1.7规定的程序调整制动器。

**5.1.5.3 热态性能试验**

5.1.5.3.1 5.1.5.1或5.1.5.2规定的试验结束后1 min，应在发动机脱开的情况下，以与O型试验相同的条件(特别是恒定控制力不应大于实际使用的平均控制力)测定行车制动系统的热态制动性能(温度条件可不同)，其结果应满足如下要求：

a) 对机动车辆，热态制动性能不应低于该类车辆规定性能的80%，也不应低于发动机脱开的O型试验所记录数据的60%。

b) 对装有A型电力再生式制动系统的车辆，制动期间应一直保持最高挡且即使有其他电力再生式制动系统控制装置也不应使用(如有)。

c) 对装有B型电力再生式制动系统的车辆，在按照5.1.5.1.6完成加热循环后，如不能达到5.1.4.2规定的车速，则应以制动器加热循环结束时车辆所达到的最高车速进行热性能试验。为进行对比，还应以与热性能试验相同的车速、相近的电力再生制动力以及在合适的电池荷电状态下以冷态制动器重复进行O型试验。针对5.1.5.3.1a)和5.1.5.3.2的要求，将第二次O型试验的性能与热态性能进行对比；在试验前允许对制动衬片进行调整。

d) 对挂车，以40 km/h的车速试验时，车轮周缘的热态制动力不应低于最大静态轮荷的36%，也不应低于相同车速下O型试验的60%。

5.1.5.3.2 对满足5.1.5.3.1a)规定60%，但不满足5.1.5.3.1a)规定80%的机动车辆，应以不超过5.2规定的控制力进行进一步的热态性能试验。两次试验的结果都应记入试验报告。

5.1.5.4 正常行驶试验

对装有制动磨损自动调整装置的机动车辆，在完成5.1.5.3所述试验后，将制动器冷却至冷态制动器温度(即不高于100℃)情况下，车辆应能满足下列条件之一：

a) 车轮能够自由转动(即可用手转动)；

b) 在解除制动的情况下，车辆以60 km/h的恒定速度行驶，制动鼓/制动盘的渐进温升不超过80 ℃。

5.1.6 Ⅱ型试验(下坡工况试验)

5.1.6.1 应确保机动车辆满载试验时的能量输入等于在相同的时间内、满载车辆采用适当的挡位并利用缓速制动系统(如装有)、以30 km/h的平均车速在6%的坡道上，下坡行驶6 km时所记录的能量。所使用的变速器挡位应保证发动机转速不超过制造商规定的最高转速。

5.1.6.2 对能量只由发动机制动作用吸收的车辆，允许平均车速有±5 km/h的偏差，变速器挡位应保证车辆在6%的坡道上、以最接近30 km/h的稳定车速下坡行驶。若通过测量减速度来确定发动机单独制动时的制动性能，只要所测得的平均减速度不小于0.5 $m/s^2$ 即可。

5.1.6.3 试验结束后，应在发动机脱开的条件下，以与发动机脱开的O型试验相同的条件(温度条件可以不同)测量行车制动系统的热态制动性能。在控制力不超过700 N的情况下，热态制动性能的制动距离和充分发出的平均减速度应满足下列要求：

a) $M_3$ 类车辆：$S \leqslant 0.15v + (1.33v^2/130)$(单位为米)，$d_m \geqslant 3.75$ $m/s^2$；

b) $N_3$ 类车辆：$S \leqslant 0.15v + (1.33v^2/115)$(单位为米)，$d_m \geqslant 3.3$ $m/s^2$。

5.1.6.4 5.1.8.1所述车辆以5.1.8规定的ⅡA型试验代替Ⅱ型试验。

5.1.7 Ⅲ型试验($O_4$ 类车辆衰退试验)

5.1.7.1 道路试验

5.1.7.1.1 在Ⅲ型试验之前，按5.1.5.1.7规定的程序调整制动器。

5.1.7.1.2 道路试验条件见表5。试验中，应通过调整制动控制力，使第一次制动时，相对于挂车重量 $P_R$ 的充分发出的减速度达到3 $m/s^2$，并应在后续制动中保持该控制力。

表5 试验条件

| 制动次数<br>次 | 制动循环周期<br>s | 制动开始时的初始车速<br>km/h |
|---|---|---|
| 20 | 60 | 60 |

5.1.7.1.3 挂车的制动强度按式(3)计算。制动结束时的车速按式(4)计算。

$$v_2 = v_1 \times \sqrt{\frac{P_M + P_1 + \frac{P_2}{4}}{P_M + P_1 + P_2}} \quad \cdots\cdots(4)$$

式中：

$P_1$——非制动车轴承担的挂车质量，单位为千克(kg)；

$P_2$——制动车轴承担的挂车质量，单位为千克(kg)；

$v_1$ ——制动开始时的初始车速，单位为千米每小时(km/h)；

$v_2$ ——制动结束时的车速，单位为千米每小时(km/h)。

5.1.7.2 **热态性能试验**

行车制动系统热态性能应在5.1.7.1规定的试验结束后1 min内，在与O型试验相同的条件下(温度条件可以不同)、以60 km/h的初始车速进行制动时测定。车轮周缘的热态制动力不应低于最大静态轮荷的36%，也不应低于相同车速下O型试验数据的60%。

5.1.7.3 **正常行驶试验**

在完成5.1.7.2试验后，将制动器冷却至冷态制动器温度(即不高于100 ℃)，车辆应能满足下列条件之一：

a) 车轮能够自由转动(即可用手转动)；

b) 在解除制动的情况下，车辆以60 km/h的恒定速度行驶，制动鼓/制动盘的渐进温升不超过80 ℃。

5.1.8 **ⅡA型试验(缓速制动性能)**

5.1.8.1 **应进行ⅡA型试验的车辆类型**

5.1.8.1.1 GB/T 3730.1定义的$M_3$类长途客车和旅游客车。

5.1.8.1.2 允许挂接$O_4$类挂车的$N_3$类车辆。如最大设计质量超过26 000 kg，应将试验质量限定为26 000 kg；如空载质量超过26 000 kg，应通过计算得出试验质量。

5.1.8.1.3 符合ADR的特定车辆。

5.1.8.2 **试验条件和性能要求**

5.1.8.2.1 缓速制动系统的性能应在车辆或列车满载状态下进行试验。

5.1.8.2.2 应确保车辆满载试验时的能量输入等于在相同的时间内、满载车辆在7%的坡道上，以30 km/h的平均车速下坡行驶6 km时所记录的能量。试验过程中，不应接合行车制动系统、应急制动系统和驻车制动系统。所采用的变速器挡位应保证发动机转速不超过制造商规定的最大转速。假如整体式缓速制动系统相位合理，不会导致行车制动系统作用，则可以使用整体式缓速制动系统。可在5.1.4.1.1定义的制动器冷态条件下检查确认。

5.1.8.2.3 对能量只由发动机制动作用吸收的车辆，允许平均车速有±5 km/h的偏差，变速器挡位应保证车辆在7%的坡道上、以最接近30 km/h的稳定车速下坡行驶。若通过测量减速度来确定发动机单独制动时的制动性能，只要所测得的平均减速度不小于0.6 $m/s^2$即可。

5.1.8.2.4 装有整体式缓速器的车辆也应装备防抱制动系统，并至少作用在缓速器控制的那根轴的行车制动器和缓速器自身上，满足GB/T 13594—2003的规定。

## 5.2 M和N类车辆制动系统的性能要求

5.2.1 **行车制动系统**

5.2.1.1 M和N类车辆的行车制动系统各项性能试验应满足表6要求。

表 6　试验条件及性能要求

| 车辆种类 | | $M_2$ | $M_3$ | $N_1$ | $N_2$ | $N_3$ |
|---|---|---|---|---|---|---|
| 试验类型 | | 0、Ⅰ | 0、Ⅰ、Ⅱ或ⅡA | 0、Ⅰ | 0、Ⅰ | 0、Ⅰ、Ⅱ或ⅡA |
| 发动机脱开的O型试验 | $v$/(km/h) | 60 | 60 | 80 | 60 | 60 |
| | $S$/m | $\leqslant 0.15v+\frac{v^2}{130}$ | | | | |
| | $d_m/(m/s^2)$ | $\geqslant 5.0$ | | | | |
| | $F$/N | $\leqslant 700$ | | | | |
| 发动机接合的O型试验 | $v=80\%v_{max}$不超过 | 100 km/h | 90 km/h | 120 km/h | 100 km/h | 90 km/h |
| | $S$/m | $\leqslant 0.15v+\frac{v^2}{130.5}$ | | | | |
| | $d_m/(m/s^2)$ | $\geqslant 4.0$ | | | | |
| | $F$/N | $\leqslant 700$ | | | | |

**注 1**：$v$ 为规定的试验车速。

**注 2**：$S$ 为制动距离。

**注 3**：$d_m$ 为充分发出的平均减速度。

**注 4**：$F$ 为脚制动力。

**注 5**：$v_{max}$ 为最高车速。

5.2.1.2　对允许挂接无制动挂车的机动车辆，在挂接无制动挂车且挂车装载至机动车辆制造商规定的最大质量状态下，应满足对各类机动车辆（发动机脱开的 O 型试验）规定的相应的最低制动性能。

汽车列车的性能应参考在发动机脱开的 O 型试验下、仅机动车辆（满载）所能达到的最大制动性能，按式(5)计算后验证，无需挂接无制动挂车进行实际试验。

$$d_{M+R}=d_M\times\frac{P_M}{P_M+P_R} \quad \cdots\cdots(5)$$

式中：

$d_{M+R}$——机动车辆挂接无制动挂车时充分发出的平均减速度计算值，单位为米每二次方秒($m/s^2$)；

$d_M$——发动机脱开的 O 型试验中，仅机动车辆所能达到的充分发出的平均减速度的最大值，单位为米每二次方秒($m/s^2$)；

$P_M$——机动车辆的满载质量，单位为千克(kg)；

$P_R$——由机动车辆制造商规定的可挂接的无制动挂车的最大质量，单位为千克(kg)。

### 5.2.2　应急制动系统

5.2.2.1　无论应急制动系统控制装置是否用于其他制动功能，制动距离和充分发出的平均减速度应满足下列要求：

——$M_2$、$M_3$ 类车辆：$S\leqslant 0.15v+(2v^2/130)$（单位为米），$d_m\geqslant 2.5\ m/s^2$；

——N 类车辆：$S\leqslant 0.15v+(2v^2/115)$（单位为米），$d_m\geqslant 2.2\ m/s^2$。

5.2.2.2　采用手控装置时，控制力不应超过 600 N。控制装置应在便于驾驶员迅速操作的位置。

5.2.2.3　采用脚控装置时，控制力不应超过 700 N。控制装置应在便于驾驶员迅速操作的位置。

5.2.2.4　应急制动系统的性能应在发动机脱开的情况下，以下列初始车速进行 O 型试验来检查：

——$M_2$ 和 $M_3$ 为 60 km/h；

——$N_1$ 为 70 km/h；

——$N_2$ 为 50 km/h；

——$N_3$ 为 40 km/h。

5.2.2.5 应模拟行车制动系统的实际失效状态进行应急制动效能试验。

5.2.2.6 对装有电力再生式制动系统的车辆，还应在下列两种失效条件下检查其制动性能：

a) 行车制动系统输出的电动部件完全失效；

b) 失效状态导致电动部件产生最大制动力。

### 5.2.3 驻车制动系统

5.2.3.1 不论是否与其他制动系统相结合，驻车制动系统应能使满载车辆在18%的上、下坡道上保持静止。

5.2.3.2 对允许挂接挂车的车辆，牵引车的驻车制动系统应能使满载汽车列车在12%的上、下坡道上保持静止。

5.2.3.3 采用手控装置时，控制力不应超过 600 N。

5.2.3.4 采用脚控装置时，控制力不应超过 700 N。

5.2.3.5 允许通过多次促动驻车制动系统以达到规定的性能。

5.2.3.6 为验证是否满足 4.2.1.2d)的要求，应以 30 km/h 的初始车速进行发动机脱开的 O 型试验。驻车制动作用期间充分发出的平均减速度和车辆停止前的瞬时减速度都不应小于 1.5 $m/s^2$。试验时，车辆为满载，作用在制动控制装置上的力不应超过规定值。

### 5.2.4 传输装置失效后的剩余制动性能

5.2.4.1 传输装置部分失效时的试验条件及剩余制动性能要求见表 7。试验时，施加在控制装置上的操作力不应超过 700 N。

**表 7 传输装置部分失效试验条件及剩余制动性能要求**

| 车辆类型 | 初始车速 km/h | 满载 | | 空载 | |
|---|---|---|---|---|---|
| | | 制动距离 m | 平均减速度 $m/s^2$ | 制动距离 m | 平均减速度 $m/s^2$ |
| $M_2$ | 60 | $\leqslant 0.15v+\frac{100}{30}\times\frac{v^2}{130}$ | ≥1.5 | $\leqslant 0.15v+\frac{100}{25}\times\frac{v^2}{130}$ | ≥1.3 |
| $M_3$ | 60 | $\leqslant 0.15v+\frac{100}{30}\times\frac{v^2}{130}$ | ≥1.5 | $\leqslant 0.15v+\frac{100}{30}\times\frac{v^2}{130}$ | ≥1.5 |
| $N_1$ | 70 | $\leqslant 0.15v+\frac{100}{30}\times\frac{v^2}{115}$ | ≥1.3 | $\leqslant 0.15v+\frac{100}{25}\times\frac{v^2}{115}$ | ≥1.1 |
| $N_2$ | 50 | $\leqslant 0.15v+\frac{100}{30}\times\frac{v^2}{115}$ | ≥1.3 | $\leqslant 0.15v+\frac{100}{25}\times\frac{v^2}{115}$ | ≥1.1 |
| $N_3$ | 40 | $\leqslant 0.15v+\frac{100}{30}\times\frac{v^2}{115}$ | ≥1.3 | $\leqslant 0.15v+\frac{100}{30}\times\frac{v^2}{115}$ | ≥1.3 |

5.2.4.2 应模拟行车制动系统的实际失效状态进行剩余制动效能试验。

### 5.3 O 类车辆制动系统的性能要求

#### 5.3.1 行车制动系统

##### 5.3.1.1 $O_1$ 类车辆

强制安装行车制动系统时，系统性能应满足 $O_2$ 和 $O_3$ 类车辆规定的要求。

##### 5.3.1.2 $O_2$ 和 $O_3$ 类车辆

5.3.1.2.1 如行车制动系统是连续或半连续制动系统，则施加在制动车轮周缘的力的总和与相应静态轮荷总和的比值不应低于如下要求：

a) 全挂车，满载和空载为 50%；

b) 半挂车，满载和空载为 45%；

c) 中置轴挂车，满载和空载为 50%。

5.3.1.2.2 对装有气制动系统的挂车，供能管路的压力在制动试验中不应超过 0.7 MPa，控制管路的信号不应超过下列数值：

a) 气压控制管路为 0.65 MPa；

b) 电控线路中数字指令值相当于 0.65 MPa(按 ISO 11992 定义)。

试验车速为 60 km/h。为了同Ⅰ型试验结果进行比较，还应以满载车辆在 40 km/h 车速下进行一次附加试验。

5.3.1.2.3 若制动系统为惯性制动系统，应满足附录 L 的要求。

5.3.1.2.4 此外，车辆还应进行Ⅰ型试验。

5.3.1.2.5 半挂车Ⅰ型试验中，半挂车车轴制动的质量应与其最大轴荷对应(不包括主销载荷)。

##### 5.3.1.3 $O_4$ 类车辆

5.3.1.3.1 如行车制动系统是连续或半连续制动系统，则施加在制动车轮周缘的力的总和应满足5.3.1.2.1 要求。

5.3.1.3.2 对装有气制动系统的挂车，控制管路的压力在制动试验中不应超过 0.65 MPa，供能管路的压力在制动试验中不应超过 0.7 MPa。试验车速为 60 km/h。

5.3.1.3.3 此外，车辆应进行Ⅲ型试验。

5.3.1.3.4 半挂车Ⅲ型试验中，半挂车车轴制动的质量应与其最大轴荷对应。

#### 5.3.2 驻车制动系统

挂车装备的驻车制动系统应能在当挂车与牵引车脱挂时使满载挂车在 18% 的上、下坡道上保持静止，施加在控制装置上的力不应超过 600 N。

#### 5.3.3 自动制动系统

在满载条件下、以 40 km/h 的初始车速进行试验时，在 4.2.1.18c)规定的失效条件下，自动制动性能的制动力不应低于最大静态轮荷总和的 13.5%。当制动力超过 13.5%时，则允许车轮抱死。

### 5.4 响应时间

5.4.1 对行车制动系统完全或部分依靠驾驶员体力以外的其他能源的车辆，紧急制动时，从开始促动控制装置至最不利的车轴上的制动力达到相应的规定制动效能所经历的时间不应超过 0.6 s。

5.4.2 装有气制动系统的车辆如符合附录 B 的规定，则认为其满足 5.4.1 的要求。

5.4.3 装有液压制动系统的车辆在紧急制动时，车辆的减速度或最不利的制动轮缸内的压力能够在0.6 s内达到规定性能对应的水平，则认为其满足5.4.1的要求。

5.4.4 对于挂车，从模拟装置向控制管路提供压力达到0.65 MPa时起，至挂车制动气室中的压力达到其稳态值的75%时所经历的时间不应超过0.4 s。

## 6 车型批准和扩展

### 6.1 车型批准

对于申请批准的一组车型，应选择具有下列特征的一辆或者多辆作为其代表，进行本标准规定的全部试验。

a) 质量参数：
  ——在最大设计总质量中选择具有最大值的车辆，ABS试验选择具有最小值的车辆；
  ——对于允许挂接挂车的牵引车，还应在最大允许挂接质量中选择具有最大值的车辆(考虑转移到牵引车上的垂直载荷)，ABS试验选择具有最小值的车辆。

b) 空载轴荷选择前轴荷与后轴荷之比最大的车辆。

c) 悬架型式选择具有不同类型悬架的车辆(对于零件不同、具有相同型式的悬架视为相同类型)。

d) 轴距和轮距选择具有最小轴距及最小轮距的车辆。

e) 最高车速选择能达到发动机接合的O型试验车速和Ⅰ型衰退试验所需车速的车辆。

f) 选择发动机制动作用最小的车辆。

g) 传动系统及总传动比选择装备使发动机制动作用最小的传动系统的车辆。

h) 制动系统：
  ——选择具有最长管路系统(包括每条管路)的车辆；
  ——选择具有不同制动器类型的车辆；
  ——选择采用不同制动力传递和控制方式的车辆；
  ——选择具有不同制动回路布置方式的车辆。

i) 储能装置容量：
  ——充能试验时选择储能装置容量最大的车辆；
  ——其他试验时选择储能装置容量最小的车辆。

j) 能量来源选择具有最小能源供给或/和最小助力的车辆。

k) 轮胎：
  ——选择轮胎滚动半径最大的车辆；
  ——选择轮胎断面宽度最小的车辆；
  ——选择不同结构轮胎的车辆。

### 6.2 已批准车型的扩展

6.2.1 对已批准车型进行了与制动系统相关的更改，应申请扩展。

6.2.2 已批准车型的扩展符合6.1的原则时，应准予扩展。

6.2.3 已批准车型的扩展超出6.1规定的范围时，应重新进行试验。

## 7 生产一致性

在制造过程中应保证车辆与经批准的车型一致，并满足第4章的要求。

# 附 录 A
（规范性附录）
# 动力电池荷电状态检验规程

## A.1 范围

本规程适用于驱动和再生制动用的车辆动力电池。

## A.2 检验规程

**A.2.1** 对新电池或久置未用的动力电池，应按制造商的建议进行充放电循环。充放电循环结束后可至少在室温条件下放置 8 h。

应根据制造商推荐的充电程序将动力电池充满。

**A.2.2** 进行 5.1.2.12、5.1.2.13、5.1.4.1.2e)、5.1.5.1.3 和 5.1.5.1.6 的制动试验时，应连续记录驱动电机所消耗的电能和电力再生式制动系统所提供的电能的差额，并以此确定试验开始或结束时的荷电状态。

**A.2.3** 在进行如 5.1.5.3.1c)的对比试验时，为复制电池的荷电状态，可直接将电池充电至该荷电状态或首先充电至该状态以上，然后以大致恒定的功率对固定负载放电直至达到相应的荷电状态。对仅靠动力电池供电的车辆，可通过车辆行驶来调整荷电状态。对在电池部分充电的情况下进行的试验，宜在达到所需的荷电状态后尽快进行。

# 附 录 B
（规范性附录）
气制动系统车辆响应时间测量方法

## B.1 总则

**B.1.1** 行车制动系统的响应时间应在静止车辆上、位置最不利的制动器的制动气室进气口处进行压力测量。对采用气/液压组合制动系统的车辆，应在位置最不利的气压回路的开口处进行压力测量。对装有感载阀的车辆，感载阀应处于“满载”位置。

**B.1.2** 试验时，各车轴的制动气室行程应调整为制动器间隙尽可能小的行程。

**B.1.3** 按本附录规定测定的响应时间应四舍五入圆整至 0.1 s。

**B.1.4** 本附录中的简图提供了模拟装置设定与使用的正确结构。

## B.2 机动车辆

**B.2.1** 每次试验开始时储能装置的压力应等于调压阀恢复向制动系统供气时的压力。对于未装备调压阀（如采用限压空压机）的制动系统，每次试验开始时储能装置的压力应为 C.1.1.2.2a）定义的、制造商规定压力的 90%，并作为本附录规定试验的压力。

**B.2.2** 响应时间随促动时间变化关系应通过一系列全行程制动确定，以最短的促动时间开始制动并增加至大约 0.4 s。在曲线图上获取测量值。

**B.2.3** 本试验的响应时间 $t_f$ 对应的促动时间为 0.2 s。响应时间可用插值法从曲线图中得出。

**B.2.4** 当促动时间为 0.2 s 时，从开始促动制动系统控制装置至制动气室的压力达到稳态最大压力值的 75% 时所经历的时间不应超过 0.6 s。

**B.2.5** 对装有挂车用气压控制管路的机动车辆，除 B.1.1 的要求外，还应在与行车制动系统控制管路接头相连接的一段长 2.5 m、内径 13 mm 的管路末端测量响应时间。试验期间，应将一个容积为（385±5）mL 的容器（其容积等于长 2.5 m、内径 13 mm 的管子在 0.65 MPa 压力下的容积）连接到供能管路接头处。半挂牵引车应装有连接半挂车的软管。

**B.2.6** 从促动制动踏板开始至下述条件，达到目标值的 $x$% 时所经历的时间 $t$ 不应超过表 B.1 的要求：

a） 在气压控制管路接头处测得的压力；

b） 按 ISO 11992 测得的电控线路的数字指令值。

**表 B.1 实测值对应的时间**

| $x$/% | $t$/s |
|---|---|
| 10 | 0.2 |
| 75 | 0.4 |

**B.2.7** 对允许挂接装有气制动系统的 $O_3$ 或 $O_4$ 类挂车的机动车辆，除上述要求外，还应通过下列试验对 4.2.1.18d）的规定进行验证：

a） 测量连接在供能管路接头的长 2.5 m、内径 13 mm 的管路末端的压力；

b) 在接头处模拟控制管路失效；

c) 按 B.2.3 规定在 0.2 s 内促动行车制动控制装置。

## B.3 挂车

**B.3.1** 应在未与机动车辆连接的情况下测量挂车的响应时间。需要提供一个模拟装置代替机动车辆，与供能管路、气压控制管路接头和/或电控线路连接器相连接。

**B.3.2** 供能管路压力应为 0.65 MPa。

**B.3.3** 气压控制管路的模拟装置应具有下列特征：

a) 应有一个容积为 30 L 的储气筒，每次试验前应将储气筒充气至 0.65 MPa，试验过程中不应再充气。模拟装置在制动控制装置出气口应有一个直径为 4 mm～4.3 mm 的阻尼孔。从阻尼孔到接头（含接头）的这段管路容积应为（385±5）mL（该容积等于长 2.5 m、内径 13 mm 的管路在 0.65 MPa 压力下的容积）。

b) 制动系统控制装置的设计应保证其使用性能不受试验者影响。

c) 应按照 B.3.3a）的规定选择阻尼孔来设定模拟装置，确保在连接有容积为（385±5）mL 的储气筒情况下，压力从 0.065 MPa 上升至 0.49 MPa（分别为额定压力 0.65 MPa 的 10%和 75%）所需的时间为（0.2±0.01）s。如采用容积为（1 155±15）mL 的储气筒代替上述储气筒，在不作调整的情况下，压力从 0.065 MPa 上升至 0.49 MPa 所需的时间为（0.38±0.02）s。压力从 0.065 MPa至 0.49 MPa 的上升规律应近似线性。储气筒不应通过软管而直接与挂车接头连接，接头内径不应小于 10 mm。控制管路压力应在紧靠阻尼孔的下游管路测量。

**B.3.4** 用于检查电控线路传输信号响应时间的模拟装置应具有下列特征：

a) 模拟装置应按照 ISO 11992-2 要求在电控线路中产生一个数字指令信号，并通过GB/T 20716 规定的电气连接器第 6 针和第 7 针向挂车提供适当的信息。为测量响应时间，可应制造商的要求，在气压控制管路不工作时由模拟装置向挂车提供信息，电控线路的指令信号由两个独立回路产生（见 ISO 11992-2:2003 中的 6.4.2.2.24 和 6.4.2.2.25）。

b) 制动系统控制的设计应保证其使用性能不受试验者影响。

c) 为测量响应时间，电子模拟装置应能产生与气压在（0.2±0.01）s 的时间内、从 0 线性增加至 0.65 MPa对应的信号。

**B.3.5** 性能应满足以下要求：

a) 对装有气压控制管路的挂车，模拟装置从控制管路中产生的压力达到 0.065 MPa 起、至挂车制动气室压力达到目标压力的 75%所经历的时间不应超过 0.4 s。

应在通过 GB/T 20716 的电气连接器（第 5 针或第 7 针）向挂车供电的情况下，对装有气压控制管路和电控传输装置的挂车进行检查。

b) 对装有电控线路的挂车，模拟装置从产生的信号超过 0.065 MPa 当量压力起、至挂车制动气室压力达到目标压力的 75%所经历的时间不应超过 0.4 s。

c) 对装有气压控制管路和电控线路的挂车，应按照本附录规定的规程分别测定各个控制管路的响应时间。

## B.4 模拟装置实例

模拟装置实例见图 B.1。

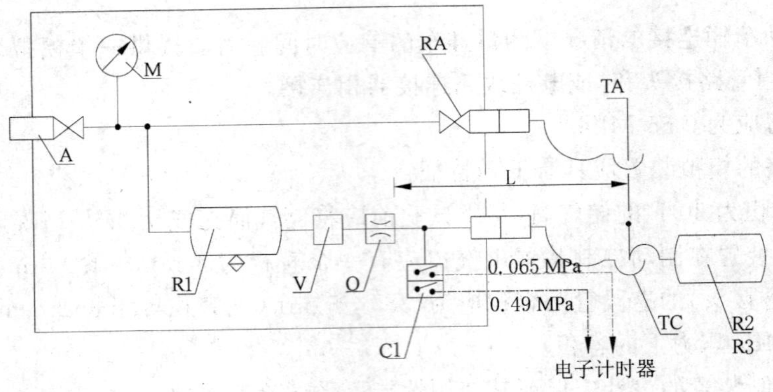


a） 模拟装置

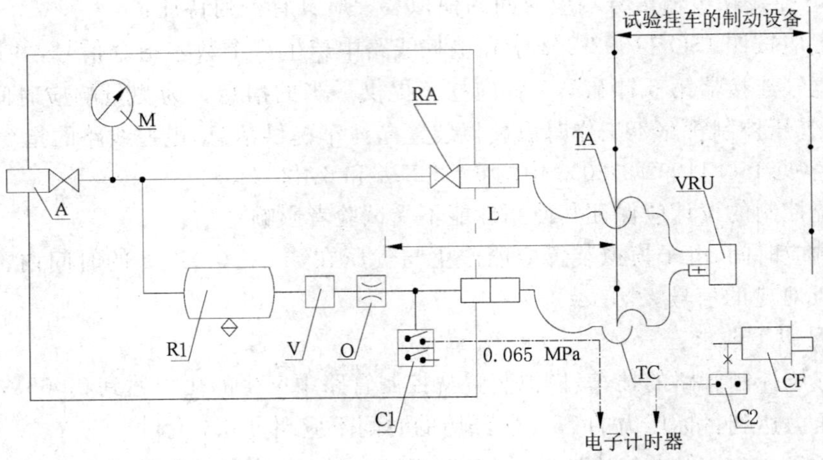


b） 挂车试验实例

**图 B.1 模拟装置实例**

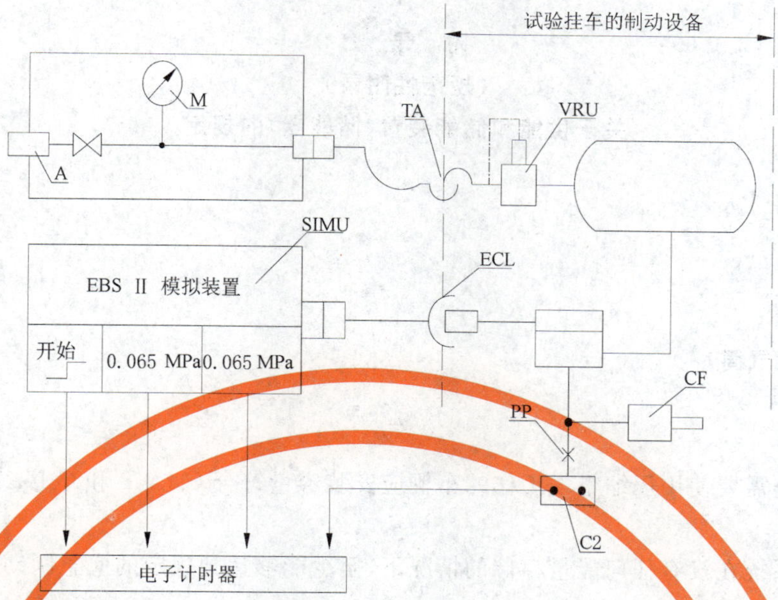


**c) 电控线路模拟装置实例**

说明：

A ——带切断阀的供气接头；

C1 ——模拟装置的压力开关，可设定为 0.065 MPa 和 0.49 MPa；

C2 ——与挂车制动气室连接的压力开关，在压力达到制动气室 CF 渐近压力的 75%时开始工作；

CF ——制动气室；

ECL ——符合 GB/T 20716 规定的电控线路；

L ——从阻尼孔 O 至接头 TC(含 TC)的管路，在 0.65 MPa 压力下的内部容积为(385±5) mL；

M ——压力表；

O ——直径不小于 4 mm、不大于 4.3 mm 的阻尼孔；

PP ——压力试验连接；

R1 ——容积为 30 L、带排水阀的的储气筒；

R2 ——容积为(385±5) mL 的标定储气筒(含 TC)；

R3 ——容积为(1 155±15) mL 的标定储气筒(含 TC)；

RA ——切断阀；

SIMU——符合 ISO 11992 规定的 EBS 11 字节 3、4 的模拟装置，能在开始、0.065 MPa 和 0.65 MPa 三个值输出信号；

TA ——供能管路接头；

TC ——控制管路接头；

V ——制动控制装置；

VRU ——紧急继动阀。

**图 B.1**(续)

# 附　录　C
（规范性附录）
关于供能和储能装置（储能器）的规定

## C.1　气制动系统

### C.1.1　储能装置（储气筒）

#### C.1.1.1　总则

**C.1.1.1.1**　制动系统需要使用压缩空气工作的车辆应安装容量符合 C.1.1.2 和 C.1.1.3 规定的储能装置（储气筒）。

**C.1.1.1.2**　如制动系统在没有任何能量存储的情况下，至少能够达到规定的应急制动性能，则不必要求储能装置具有规定的容量。

**C.1.1.1.3**　在检查是否符合 C.1.1.2 和 C.1.1.3 的要求时，应将制动器间隙尽可能调小。

#### C.1.1.2　机动车辆

**C.1.1.2.1**　机动车辆的储能装置（储气筒）应确保对行车制动系统控制装置进行八次全行程促动后，储能装置中剩余的压力不应低于达到规定的应急制动性能所需的压力。

**C.1.1.2.2**　应按下列要求进行试验：

a)　储能装置的初始能量水平应符合制造商规定，并能确保达到规定的行车制动性能。
b)　试验期间，不应给储能装置补充能量，且应断开辅助设备的储能装置。
c)　对允许挂接挂车并装有气压控制管路的机动车辆，应关闭供能管路并直接在控制管路上连接一个容量为 0.5 L 的储气筒。每次制动前，应将储气筒内的空气完全排掉，再按 C.1.1.2.1 进行试验后，气压控制管路中的能量不应低于首次制动时的一半。

#### C.1.1.3　挂车

**C.1.1.3.1**　挂车的储能装置应确保在牵引车行车制动系统经过八次全行程促动后，使用该能源的工作部件的能量水平不应低于首次制动时的一半，且不会导致挂车自动制动或驻车制动。

**C.1.1.3.2**　应按下列要求进行试验：

a)　储能装置在试验开始时的压力为 0.85 MPa；
b)　应关闭供能管路；且应断开辅助设备的储能装置；
c)　试验期间，不应给储能装置补充能量；
d)　每次制动时，气压控制管路的压力应为 0.75 MPa；
e)　每次制动时，电控线路的数字指令信号应相当于 0.75 MPa 的压力。

### C.1.2　供能装置

#### C.1.2.1　符号说明

**C.1.2.1.1**　“$p_1$”是指与 C.1.2.1.2 中定义的 $p_2$ 的 65%对应的压力。

**C.1.2.1.2**　“$p_2$”是指 C.1.1.2.2a）所述的、制造商规定的压力。

C.1.2.1.3 “$t_1$”是指相对压力从 0 上升到“$p_1$”所需的时间,“$t_2$”是指相对压力从 0 上升到“$p_2$”所需的时间。

C.1.2.2 测量方法及条件

C.1.2.2.1 所有情况下,空压机转速都应与发动机最大功率转速或限速器允许的转速相对应。

C.1.2.2.2 在确定时间 $t_1$ 和 $t_2$ 的试验中,应断开辅助设备的储能装置。

C.1.2.2.3 对允许挂接挂车的机动车辆,采用储能装置代表挂车;储能装置的最大相对压力 $p$(单位为千帕)应为牵引车供能回路可以提供的最大相对压力,容积 $V$(单位为升)用 $V=200\ R/p$ 计算($R$ 为挂车各车轴最大允许载质量之和,单位为千克)。

C.1.2.3 技术要求

C.1.2.3.1 在最不利的储能装置上记录的时间 $t_1$ 不应超过如下要求:

a) 对不允许挂接挂车的车辆为 3 min;

b) 对允许挂接挂车的车辆为 6 min。

C.1.2.3.2 在最不利的储能装置上记录的时间 $t_2$ 不应超过如下要求:

a) 对不允许挂接挂车的车辆为 6 min;

b) 对允许挂接挂车的车辆为 9 min。

C.1.2.4 附加试验

C.1.2.4.1 对装备一个或几个辅助装置用储能装置且其总容量超过制动储能装置总容量 20% 的机动车辆,应在辅助装置用储能装置加注控制阀工作无异常情况的条件下进行附加试验。

C.1.2.4.2 上述试验中,最不利的制动储能装置的压力从 0 上升到 $p_2$ 所需的时间 $t_2$ 应小于如下要求:

a) 对不允许挂接挂车的车辆为 8 min;

b) 对允许挂接挂车的车辆为 11 min。

C.1.2.4.3 应在 C.1.2.2.1 和 C.1.2.2.3 规定的条件下进行试验。

C.1.2.5 牵引车

允许挂接挂车的机动车辆还应满足上述对不允许挂接挂车的车辆的要求。对此类情况,进行 C.1.2.3.1和 C.1.2.3.2(和 C.1.2.4.2)的试验时,不安装 C.1.2.2.3 所述的储能装置。

## C.2 真空制动系统

C.2.1 储能装置(储能器)

C.2.1.1 总则

C.2.1.1.1 制动系统需要利用真空工作的车辆应安装容量满足 C.2.1.2 和 C.2.1.3 要求的储能装置。

C.2.1.1.2 如制动系统在没有任何能量存储的情况下,至少能够达到规定的应急制动性能,则不必要求储能装置具有规定的容量。

C.2.1.1.3 在检查是否符合 C.2.1.2 和 C.2.1.3 的要求时,应将制动器间隙尽可能调小。

C.2.1.2 机动车辆

C.2.1.2.1 在进行如下操作后,机动车辆的储能装置应确保达到规定的应急制动性能:

a) 以真空泵为能源时,对行车制动控制装置进行八次全行程促动;

b） 以发动机为能源时，对行车制动控制装置进行四次全行程促动。

C.2.1.2.2 应按下列要求进行试验：

a） 储能装置的初始能量水平应符合制造商规定，能够确保达到规定的行车制动性能，且不应超过能源提供的最大真空度的90%；

b） 试验期间，不应给储能装置补充能量，且应断开辅助设备的储能装置；

c） 对允许挂接挂车的机动车辆，应关闭供能管路并在控制管路上连接一个容量为0.5 L的储气筒。在按C.2.1.2.1进行试验后，控制管路的真空度不应低于首次制动时的一半。

#### C.2.1.3 挂车（仅$O_1$和$O_2$类）

C.2.1.3.1 挂车的储能装置应确保在挂车行车制动系统经过四次全行程促动后，各使用点的真空度不应低于首次制动时的一半。

C.2.1.3.2 应按下列要求进行试验：

a） 储能装置的初始能量水平应符合制造商规定，能够确保达到规定的行车制动性能。

b） 试验期间，不应给储能装置补充能量，且应断开辅助设备的储能装置。

### C.2.2 供能装置

#### C.2.2.1 总则

真空源应能在3 min内使储能装置从环境气压达到C.1.1.2.2a)规定的初始真空度。对允许挂接挂车的机动车辆，在C.2.2.2规定的条件下达到该真空度所需时间不应超过6 min。

#### C.2.2.2 测量条件

C.2.2.2.1 真空源的转速应符合如下要求：

a） 以车辆发动机为真空源时，应为车辆静止、变速器空挡、发动机怠速运行时的转速；

b） 以真空泵为真空源时，应为发动机以最大功率转速的65%运行时的转速；

c） 以真空泵为真空源且发动机装有限速器时，应为发动机以限速器最大允许转速的65%运行时的转速。

C.2.2.2.2 对允许挂接挂车的机动车辆，如挂车行车制动系统为真空控制，应采用储能装置代表挂车；储能装置容积按式(C.1)进行换算。

$$V = 15R/1\,000 \qquad \text{(C.1)}$$

式中：

$V$——储能装置容积，单位为升(L)；

$R$——挂车各轴的最大允许质量之和，单位为千克(kg)。

## C.3 储能式液压制动系统

### C.3.1 储能装置

#### C.3.1.1 总则

C.3.1.1.1 制动系统需要利用液压储能工作的车辆应安装容量满足C.3.1.2要求的储能装置(储能器)。

C.3.1.1.2 如制动系统在没有任何能量存储的情况下，至少能够达到规定的应急制动性能，则不必要求储能装置具有规定的容量。

C.3.1.1.3 在检查制动系统是否符合C.3.1.2.1、C.3.1.2.2和C.3.2.1规定的要求时，应将制动器间隙尽可能调小。进行C.3.1.2.1的检查时，全行程促动的频率应保证各次促动之间有60 s的时间间隔。

C.3.1.2 **机动车辆**

C.3.1.2.1 装有储能式液压制动系统的机动车辆应满足下列要求：

a) 对行车制动控制装置进行八次全行程制动后，在进行第九次促动时仍能达到应急制动性能。

b) 应按下列要求进行试验：

——从符合制造商规定但不超过开启压力的压力开始试验。

——不应给储能装置补充能量；且应断开辅助设备的储能装置。

C.3.1.2.2 装有储能式液压制动系统的机动车辆，如不满足 4.2.1.5 的要求但满足下列要求，可视其满足 4.2.1.5 的要求：

a) 发生一处传输失效后，对行车制动控制装置进行八次全行程促动后，在进行第九次制动时至少能达到规定的应急制动性能；当应急制动需要使用的储能采用单独的控制装置时，在经过八次全行程促动后，进行第九次制动时仍能达到 4.2.1.4 规定的剩余制动性能。

b) 应按下列要求进行试验：

——能源静止或以与发动机怠速对应的速度运行，使传输装置失效。失效发生前，储能装置处于制造商规定的压力，但不应超过开启压力。

——如有辅助设备及其储能装置，应将其断开。

C.3.2 **液压供能装置**

C.3.2.1 **符号说明**

C.3.2.1.1 $P_1$ 表示制造商规定的储能装置的最大系统工作压力(关闭压力)；

C.3.2.1.2 $P_2$ 表示不给储能装置补充能量的情况下，从 $P_1$ 开始对行车制动进行四次全行程促动后储能装置的压力。

C.3.2.1.3 “$t$”表示未操纵行车制动控制装置的情况下，储能装置的压力从 $P_2$ 上升至 $P_1$ 所需的时间。

C.3.2.2 **测量条件**

C.3.2.2.1 在测定时间 $t$ 的试验中，能源的供能速度应与发动机最大功率转速或限速器允许的转速对应。

C.3.2.2.2 在测定时间 $t$ 的试验中，不应断开辅助设备的储能装置，自动断开除外。

C.3.2.3 **要求**

C.3.2.3.1 对 $M_3$、$N_2$ 和 $N_3$ 类车辆，时间 $t$ 不应超过 30 s。

C.3.2.3.2 对 $M_3$、$N_2$ 和 $N_3$ 类以外的其他所有车辆，时间 $t$ 不应超过 20 s。

C.3.3 **报警装置的特性**

将发动机停机，从符合制造商规定但不超过开启压力的压力开始，对行车制动系统进行二次全行程促动后，报警装置不应报警。

# 附 录 D
（规范性附录）
有关弹簧制动系统特殊条件的规定

## D.1 概述

**D.1.1** 弹簧制动系统是指制动所需能量由一个或几个起储能作用(储能器)的弹簧提供的制动系统。

压缩弹簧以解除制动所需的能量由驾驶员操纵的控制装置来提供和控制(见 D.2.4)。

**D.1.2** 弹簧压缩腔是指产生导致弹簧压缩的压力腔室。

## D.2 总则

**D.2.1** 弹簧制动系统不应用做行车制动系统。假如驾驶员能够调节弹簧制动系统的制动作用,则允许在行车制动系统传输装置发生部分失效时利用弹簧制动系统达到 4.2.1.4 规定的剩余制动效能。除满足 4.2.1.4 要求的半挂牵引车以外的机动车辆,弹簧制动系统不能作为唯一的剩余制动源。真空弹簧制动系统不应用于挂车。

**D.2.2** 弹簧压缩腔供能回路压力限值的微小变化,不应引起制动力的明显变化。

**D.2.3** 弹簧压缩腔的供能回路应装备专用的储能装置,或由至少两个独立的储能装置供能。挂车制动供能管路可以从上述供能回路分出支管,但应保证挂车供气管路的压力下降不会导致弹簧制动系统发生作用。假如在能源损坏的情况下,也不会导致弹簧制动缸储存的能量下降至弹簧制动缸弹簧释放的能量水平以下,则允许辅助设备只从弹簧制动缸的供能管路中获取能量。任何情况下,在制动系统从零压力开始补充能量、直至行车制动系统的压力足以保证操纵行车制动控制装置至少能达到满载车辆的应急制动效能为止期间,不应解除弹簧制动系统。同样,除非行车制动系统中的压力足以保证操纵行车制动控制装置至少能达到满载车辆的剩余制动效能,否则,弹簧制动作用后将无法解除。本条不适用于挂车。

**D.2.4** 对机动车辆,在弹簧压缩腔的初始压力等于最大设计压力的情况下,弹簧制动系统的设计应保证至少能够进行三次"制动-解除制动"操作。对挂车,在脱挂前供能管路压力为 0.75 MPa 的条件下,脱挂后至少能够释放三次。在检查之前,应解除紧急制动。在各制动器的间隙调到尽可能小时应满足这些条件。此外,当挂车与牵引车挂接时,应能够按 4.2.2.10 的规定施加和解除驻车制动。

**D.2.5** 对机动车辆,在制动器间隙调整到尽可能小的情况下,弹簧开始促动制动器时弹簧压缩腔中的压力不应高于最低正常工作压力的 80%。

**D.2.6** 对挂车,弹簧开始促动制动器时,弹簧压缩腔中的压力不应高于 C.1.1.3 规定对行车制动系统进行四次全行程促动后的压力。初始压力为 0.7 MPa。

**D.2.7** 当弹簧压缩腔供能管路(液压辅助解除装置的管路除外)内的压力下降至制动器零部件开始移动时,应起动光学或声学报警装置。若满足该要求,可将 4.2.1.28a)规定的红色报警信号作为报警装置。本条不适用于挂车。

**D.2.8** 如允许挂接装有连续或半连续制动系统挂车的机动车辆装备了弹簧制动系统,则弹簧制动系统的自动制动应能引起挂车的制动作用。

**D.2.9** 若通过真空装置压缩弹簧,本附录各条中的压力是指负压。

## D.3 辅助解除系统

**D.3.1** 弹簧制动系统的设计应保证在系统失效的情况下仍能解除制动。可利用辅助解除装置(气压、机械式等)来实现。

利用储能解除制动的辅助装置应由与弹簧制动系统正常使用的储能装置独立的储能装置供能。如辅助解除装置采用单独的管路,该装置的气压或液压介质可以作用在弹簧制动系统正常使用的弹簧压缩腔内的同一活塞表面。如该管路与连接控制装置和弹簧制动气室正常管路之间的接头不是弹簧制动气室整体的一部分,该管路在各个弹簧制动气室的位置应在弹簧压缩腔前方紧靠接口处。该接头应具有防止管路间相互影响的装置。4.2.1.6 的要求也适用于该装置。

如制动系统传输装置的部件由金属或与金属特性相近的材料制成,在正常制动条件下不会发生明显变形,可按 4.2.1.2h)的规定视为不易断裂,则在上述的要求中不考虑其失效。

**D.3.2** 若 D.3.1 所述的辅助装置需要使用工具或扳手,应随车辆配备。

**D.3.3** 利用储能解除弹簧制动气室的辅助解除系统还应满足下列附加要求:

a) 如弹簧制动气室的辅助解除系统采用与应急/驻车制动系统同一控制装置,D.2.3 规定的要求在所有情况下都适用。

b) 如弹簧制动气室的辅助解除系统采用与应急/驻车制动系统不同的控制装置,D.2.3 规定的要求适用于两种控制系统。但 D.2.3 的要求不适用于弹簧制动气室的辅助解除系统。此外,辅助解除控制装置的位置应使驾驶员在驾驶座椅上无法进行操纵。

**D.3.4** 如为气压辅助解除系统,则应采用单独的控制装置起动,不应与弹簧制动气室控制装置相连。

# 附 录 E
（规范性附录）
车轴间的制动力分配及牵引车与挂车协调性要求

## E.1 一般要求

**E.1.1** 未装备(符合 GB 13594—2003 要求的)防抱系统的 $M_2$、$M_3$、N、$O_2$、$O_3$ 和 $O_4$ 类车辆应满足本附录的所有要求。对允许挂接挂车的牵引车和气制动挂车，在满载时应符合本附录的要求。若采用专门装置，该装置应能够自动工作。

装有防抱系统的车辆，如其另外装备了控制车轴间制动力分配的专用自动装置，则也应满足 E.7 和 E.8 的要求。在控制失效的情况下，应能按 E.6 的规定使车辆停止。

装有缓速制动系统的车辆，在测定本附录规定的车辆性能时，不考虑缓速制动系统产生的减速作用。

**E.1.2** E.3.1.5、E.3.1.6、E.4.1、E.5.1 和 E.5.2 规定的有关图表要求，对装有 4.1.3.1a)规定的气压控制管路和装有 4.1.3.1c)规定的电控线路的机动车辆均有效。在两种情况下，基准值(图的横坐标)均为控制管路的传输压力值；对按 4.1.3.1a)装备的车辆，即为控制管路的实际气压 $p_m$；对按 4.1.3.1c)装备的车辆，即为与电控线路传输的数字指令信号对应的压力(按 ISO 11992)。对按 4.1.3.1b)装备(气压和电控线路)的车辆应满足两种控制管路的有关图表要求。但不要求两种控制管路具有相同的特性曲线。

## E.2 符号

下列符号适用于本附录。

$E$：轴距。

$E_R$：主销与半挂车车轴中心的距离。

$f_i$：车轴 $i$ 利用的附着系数，$f_i = T_i/N_i$[1)]。

$i$：车轴序号(1 为前轴，2 为第二轴，依次类推)。

$g$：重力加速度，取 10 $m/s^2$。

$h$：由制造商规定并经试验技术部门认可的车辆质心高度。

$h_0$：牵引车的质心高度。

$h_R$：由制造商确定并经试验技术部门认可的半挂车质心高度。

$h_S$：半挂车鞍座的高度。

$J$：车辆减速度。

$k$：轮胎与路面间的理论附着系数。

$K_C$：半挂车满载修正因数。

$K_V$：半挂车空载修正因数。

$N_i$：制动时路面对车轴 $i$ 的法向反力。

$P$：车辆质量。

$P_0$：牵引车单车的空载质量。

$P_i$：路面对车轴 $i$ 的静态法向反力。

$p_m$：控制管路接头处的压力。

$P_M$：路面对牵引车所有车轮的静态法向反力之和，参见 5.1.4.4.3。

$P_R$：路面对挂车所有车轮的静态法向反力之和，参见 5.1.4.4.2。

1) 车辆的“附着系数利用曲线”是指在规定的装载条件下、各轴利用的附着系数与车辆制动强度之间的关系曲线。

$P_{Rmax}$：挂车处于最大质量状态时的 $P_R$ 值。

$P_{SO}$：牵引车最大满载质量与空载质量之差。

$T_i$：在道路上正常制动时，制动器作用于车轴 $i$ 的制动力。

$T_M$：牵引车所有车轮周缘上的制动力之和。

$T_R$：挂车所有车轮周缘的制动力之和。

$z$：车辆制动强度，$z=J/g$，对半挂车，$z$ 为制动力除以半挂车静态轴荷。

## E.3 对机动车辆的要求

### E.3.1 两轴车辆

**E.3.1.1** 所有车辆在 $k$ 值处于 0.2 与 0.8 之间时的制动强度应满足式(1)要求。

$$z \geqslant 0.1+0.85(k-0.2) \qquad \cdots\cdots (E.1)$$

本条的规定并不影响对制动性能的要求。如果按本条规定进行试验达到的制动性能高于第 5 章的规定，则附着系数利用曲线的有关规定只在图 E.1a)、图 E.1b)和图 E.1c)中直线 $k=0.8$ 和直线 $z=0.8$ 以内的区域适用。

**E.3.1.2** 在车辆所有载荷状态下，后轴的附着系数利用曲线不应位于前轴之上。不同类型的车辆分别按以下方式处理：

a) 制动强度处于 0.15～0.50 之间的 $N_1$ 类车辆：

1) 对于满/空载条件下后轴轴荷之比不超过 1.5 或最大设计总质量小于 2 000 kg 的 $N_1$ 类车辆，当制动强度 $z$ 处于 0.3～0.45 之间时，如后轴的附着系数利用曲线不超过公式 $k=z$ [见图 E.1a)]所确定的直线以上 0.05，则允许后轴的附着系数利用曲线位于前轴的曲线之上。

2) 当制动强度处于 0.15～0.30 之间时，如各车轴的附着系数利用曲线位于图 E.1b)所示、由方程 $k=z\pm0.08$ 所确定的两条平行的理想附着系数利用曲线之间时，可认为其满足该条件。其中，后轴附着系数利用曲线可以与直线 $k=z-0.08$ 相交；制动强度处于 0.30～0.50之间时，制动强度 $z$ 不应小于 $k-0.08$；制动强度处于 0.50～0.61 之间时，制动强度 $z$ 不应小于 $0.5k+0.21$。

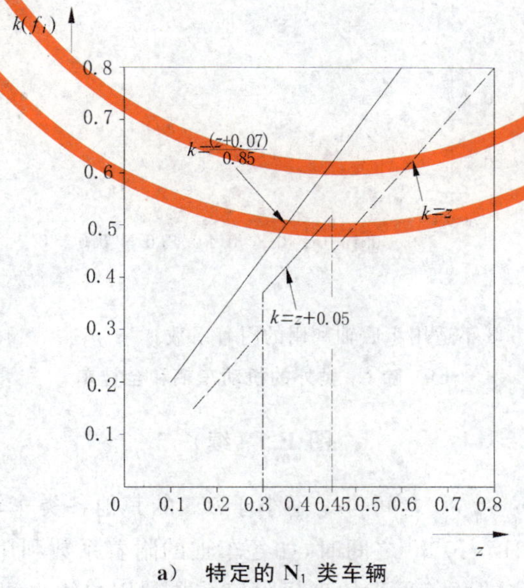


a) 特定的 $N_1$ 类车辆

图 E.1 附着系数与制动强度

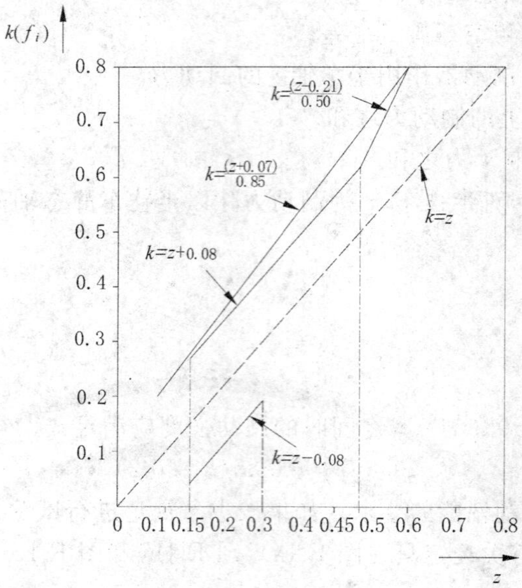


注 1：最小限值方程式 $k=z-0.08$ 不适用于后轴利用的附着系数。

注 2：特定车辆除外。

**b） $N_1$ 类车辆**

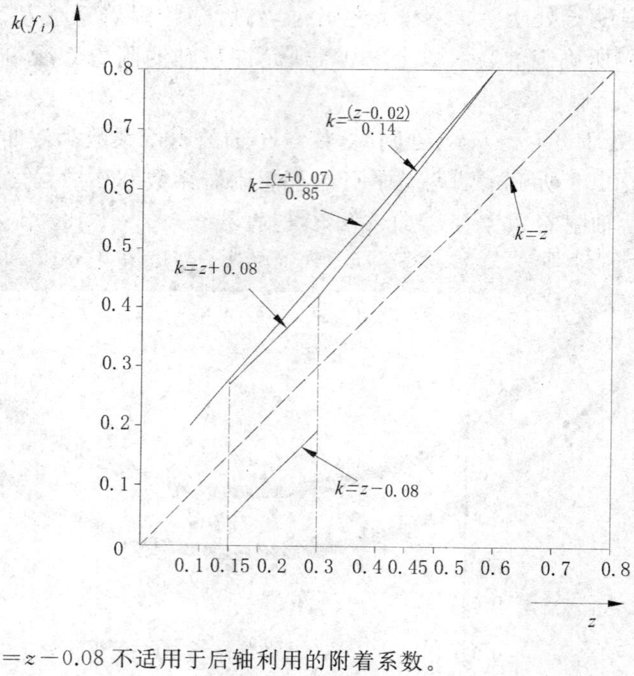


注：最小限值方程式 $k=z-0.08$ 不适用于后轴利用的附着系数。

**c） 除 $N_1$ 类外的机动车辆和全挂车**

**图 E.1（续）**

b） 制动强度 $z$ 处于 0.15～0.30 之间与 $z$ 不小于 0.3 的其他各类车辆：

当制动强度 $z$ 处于 0.15～0.30 之间时，如各车轴的附着系数利用曲线位于图 E.1c）所示、由方程 $k=z\pm0.08$ 所确定的两条平行的理想附着系数利用曲线之间，且后轴附着系数利用曲线在制动强度 $z$ 不小于 0.3 时满足 $z\geqslant0.3+0.74(k-0.38)$ 关系，可认为其满足该条件。

**E.3.1.3** 对允许挂接装有气制动系统的 $O_3$ 或 $O_4$ 类挂车的机动车辆，应按以下方法处理：

a） 不论车辆载荷状态如何，在能源停止、供能管路堵塞、气压控制管路上接有一容积为 0.5 L 的储气筒的情况下，在系统处于开启压力和关闭压力两种条件下进行试验，供能管路和气压控制管路接头处的压力在制动控制装置全行程作用时应为 0.65 MPa～0.85 MPa。

b） 对装备电控线路的车辆，全行程操纵行车制动系统控制装置时应产生 0.65 MPa～0.85 MPa 压力对应的数字指令（见 ISO 11992）。

c） 当机动车辆与挂车脱挂时应提供 E.3.1.5、E.3.1.6、E.4.1、E.5.1 和 E.5.2 规定的图表中的协调性区域不应超过 0.75 MPa 或对应的数字指令值（见 ISO 11992）。

d） 当系统处于开启压力时，应确保供能管路接头处至少具有 0.7 MPa 的压力。应在不进行行车制动的情况下验证该压力。

**E.3.1.4** 按如下方法验证 E.3.1.1 和 E.3.1.2 的要求。

a） 为验证 E.3.1.1 和 E.3.1.2 的要求，制造商应提供按式（E.2）和式（E.3）计算得出的前轴和后轴的附着系数利用曲线。

$$f_1 = \frac{T_1}{N_1} = \frac{T_1}{P_1 + z \times \frac{h}{E} \times P \times g} \qquad \cdots\cdots\cdots\cdots\cdots\cdots\text{（E.2）}$$

$$f_2 = \frac{T_2}{N_2} = \frac{T_2}{P_2 - z \times \frac{h}{E} \times P \times g} \qquad \cdots\cdots\cdots\cdots\cdots\cdots\text{（E.3）}$$

该曲线应按下面的加载条件绘制：

——空载（包括车辆行驶所必备的物质和驾驶员）。如车辆只是带有驾驶室的底盘，应加装附加载荷来模拟车身质量，但不应超过制造商规定的最小质量。

——满载。如有几种不同的载荷分配方式，应考虑前轴荷最重的情况。

b） 对（全时）全驱车辆，如无法按照 E.3.1.4a）进行数学验证，制造商可通过车轮抱死顺序试验确认在制动强度处于 0.15～0.8 之间时前轮与后轮同时抱死或前轮比后轮先抱死。其验证规程如下：

——车轮抱死顺序试验应以本条规定的初始车速、在附着系数不超过 0.3 和约为 0.8（干路面）的路面上进行。

——试验车速为 60 km/h 和 80 km/h，但对在低附着系数路面上进行的减速试验则不应超过 $0.8v_{max}$，对在高附着系数路面上进行的减速试验则不应超过 $v_{max}$。

——踏板力可超过 5.2.1.1 允许的促动力。

——施加并增大踏板力使车辆的第二个发生抱死的车轮在开始制动后 0.5 s～1 s 内发生抱死，直至某一根车轴（桥）的两个车轮发生抱死（试验中其他车轮也可抱死，即同时抱死）。

c） 应按 E.3.1.4b）规定在每种路面上各进行两次试验，如其中一次试验结果不合格，应进行决定性的第三次试验。

d） 对装备 B 型电力再生式制动系统的电动车辆，如电力再生制动能力受荷电状态影响，绘制曲线时应考虑电力再生式制动系统部件提供的制动力最小和最大的状态。对装有防抱系统且与电力再生式制动系统连接的车轮由防抱系统控制的车辆，不适用该要求。

**E.3.1.5** 除半挂牵引车外的牵引车，对允许挂接装有气制动系统的 $O_3$ 或 $O_4$ 类挂车的机动车辆，当压力处于 0.02 MPa～0.75 MPa 之间时，制动强度 $z(T_M/P_M)$ 与压力 $p_m$ 之间的关系曲线应在图 E.2 所示的区域内。

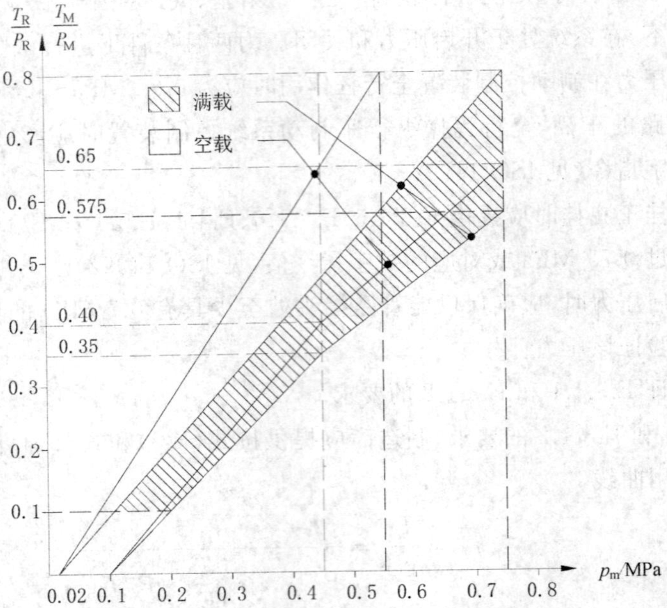


注：本图要求的关系适用于满载和空载之间的各种中间载荷状态，并应自动实现。

**图 E.2　牵引车和挂车(半挂牵引车及半挂车除外)**

E.3.1.6　半挂牵引车应按以下方法处理：

a)　空载列车。空载列车是指空载半挂车与牵引车的挂接组合(含行驶必备的物质和驾驶员)。用一个作用在鞍座上、大小等于15%最大挂接质量的静质量 $P_S$ 代表半挂车对牵引车的动载荷。制动力应能连续调至与"牵引车加空载半挂车"和"牵引车单车"之间的任何状态；还应对"牵引车单车"状态下的制动力进行确认。

b)　满载列车。满载列车是指满载半挂车与牵引车的挂接组合(含行驶必备的物质和驾驶员)。半挂车对牵引车的动载荷由一个作用在鞍座上的静质量 $P_S$ 来代替，静质量按式(E.4)进行换算。

$$P_S = P_{S0}(1 + 0.45z) \qquad \text{(E.4)}$$

列车质心高度 $h$ 值按式(E.5)计算。

$$h = \frac{h_0 \times P_0 + h_S \times P_S}{P} \qquad \text{(E.5)}$$

列车质量 $P$ 按式(E.6)计算。

$$P = P_0 + P_S = \frac{P_1 + P_2}{g} \qquad \text{(E.6)}$$

c)　对装备气制动系统的车辆，当压力处于 0.02 MPa～0.75 MPa 之间时，制动强度 $z$ 与压力 $p_m$ 之间的关系曲线应在图 E.3 所示区域内。

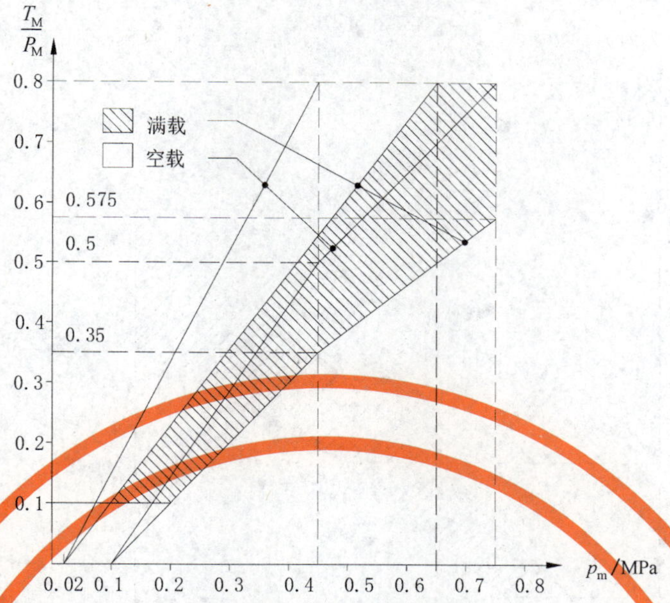


注：本图要求的关系适用于满载和空载之间的各种中间载荷状态，并应自动实现。

图 E.3 半挂牵引车

### E.3.2 两轴以上的车辆

E.3.1 的要求适用于两轴以上的车辆。当制动强度处于 0.15～0.30 之间时，如至少一根前轴利用的附着系数大于至少一根后轴利用的附着系数，则认为满足了 E.3.1.2 有关车轮抱死顺序的要求。

## E.4 对半挂车的要求

### E.4.1 装有气制动系统的半挂车

**E.4.1.1** 在满载和空载两种状态下，当压力处于 0.02 MPa～0.75 MPa 之间时，制动强度 $z$ 与压力 $p_m$ 之间的关系曲线应位于根据图 E.4a) 和图 E.4b) 推导出的两个区域内。在半挂车允许的所有载荷状态下都应满足该要求。

**E.4.1.2** 对 $K_C$ 小于 0.8 的半挂车，若不能满足 E.4.1.1 的要求和 5.3.1.2.1 的要求，则该半挂车应满足 5.3.1.2.1 规定的最低制动性能要求，并应安装防抱系统。

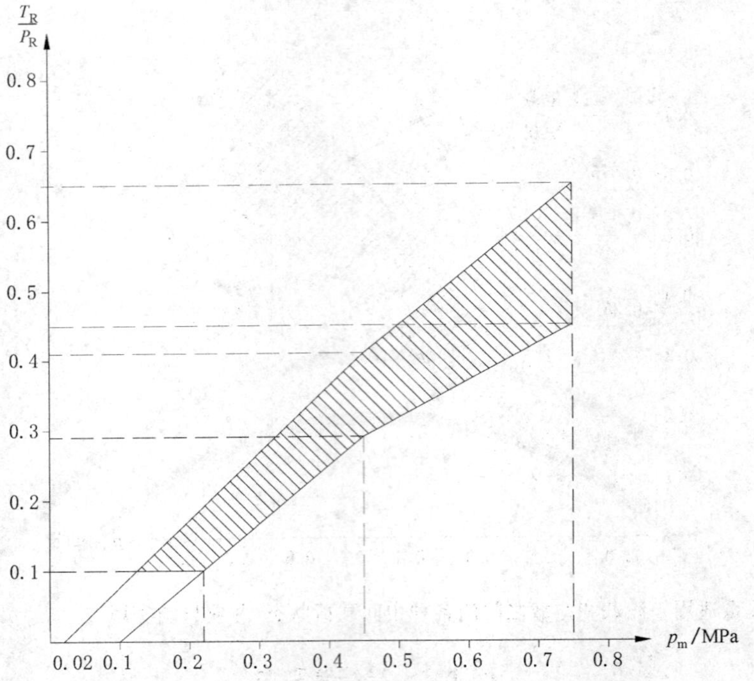


注：在空载与满载状态下，制动强度 $z$ 和控制管路的压力之间的关系按下述方法确定：校正因数 $K_C$（满载）和 $K_V$（空载）参照图 E.4b）求得。为确定满载与空载状态对应的区域，将图 E.4a）中阴影部分的上、下限的纵坐标分别乘以相应的因数 $K_C$ 和 $K_V$。

a） 制动强度与管路压力

**图 E.4 半挂车制动强度与管路压力的关系**

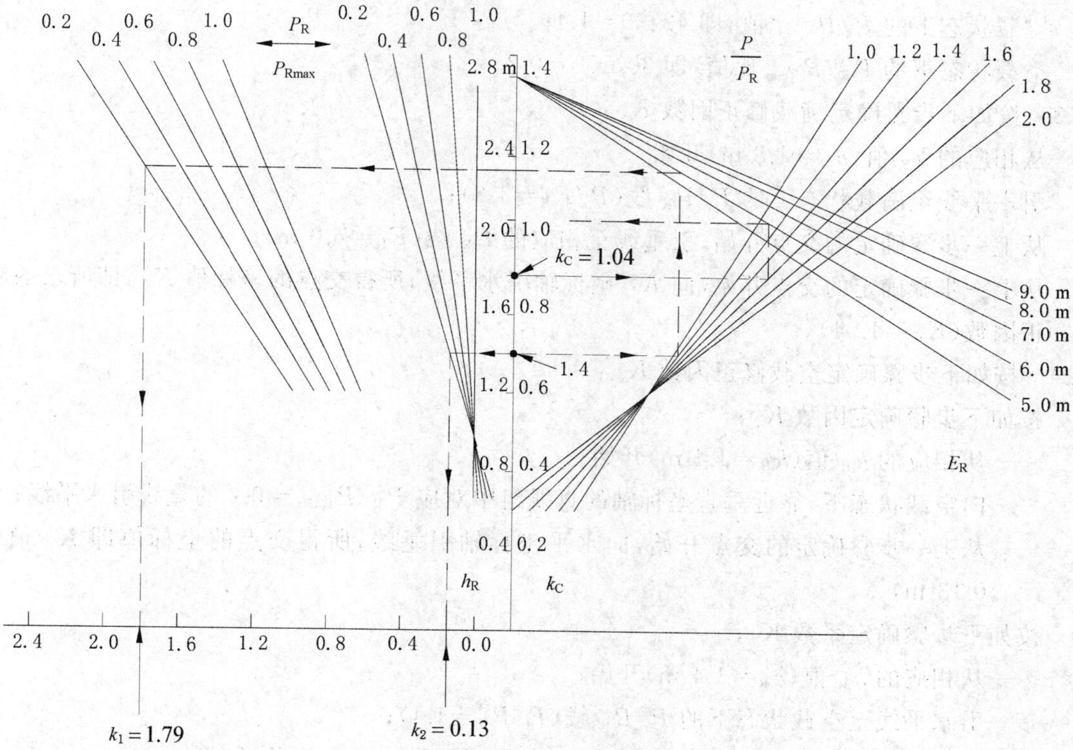


**b) 修正因数**

**图 E.4（续）**

## E.4.2 图 E.4b)使用说明

### E.4.2.1 计算公式

与图 E.4b)对应 $k$ 按式(E.7)进行计算：

$$k=\left[1.7-\frac{0.7P_R}{P_{Rmax}}\right]\times\left[1.35-\frac{0.96}{E_R}\left(1.0+(h_R-1.2)\frac{g\times P}{P_R}\right)\right]-\left[1.0-\frac{P_R}{P_{Rmax}}\right]\times\left[\frac{h_R-1.0}{2.5}\right]$$
……………………………（E.7）

### E.4.2.2 计算实例

E.4.2.2.1 实例车辆在不同载荷状态下的数据见表 E.1。

**表 E.1 空载和满载对应的取值**

| 车辆参数 | 满载 | 空载 |
|---|---|---|
| $P$ | 240 kN | 42 kN |
| $P_R$ | 150 kN | 30 kN |
| $P_{Rmax}$ | 150 kN | 150 kN |
| $h_R$ | 1.8 m | 1.4 m |
| $E_R$ | 6.0 m | 6.0 m |

E.4.2.2.2 确定不同载荷状态修正因数所需的下列特定比值：

a) 满载状态下的 $P/P_R$ 比值,即 240/150=1.6;

b) 空载状态下的 $P/P_R$ 比值,即 42/30=1.4;

c) 空载状态下的 $P_R/P_{Rmax}$ 比值,即 30/150=0.2。

**E.4.2.2.3** 按如下步骤确定满载修正因数 $K_C$:

a) 从相应的 $h_R$ 值($h_R$=1.8 m)开始;

b) 引水平线至满载状态下的 $P/P_R$ 线($P/P_R$=1.6);

c) 从上一步骤确定的交点开始,引垂线至相应的 $E_R$ 线($E_R$=6.0 m);

d) 从上一步骤确定的交点开始,向 $K_C$ 坐标轴引水平线,所得交点的坐标值 $K_C$,即所求的满载修正因数($K_C$=1.04)。

**E.4.2.2.4** 按如下步骤确定空载修正因数 $K_V$:

a) 按如下步骤确定因数 $K_2$;

——从相应的 $h_R$ 值($h_R$=1.4 m)开始;

——向空载状态下,靠近垂直坐标轴的直线组中对应 $P_R/P_{Rmax}$=0.2 的直线引水平线;

——从上一步骤确定的交点开始,向水平坐标轴引垂线,所得交点的坐标值即 $K_2$ 值($K_2$=0.13 m)。

b) 按如下步骤确定系数 $K_1$;

——从相应的 $h_R$ 值($h_R$=1.4 m)开始;

——引水平线至空载状态下的 $P/P_R$ 线($P/P_R$=1.4);

——从上一步骤确定的交点开始,向相应的 $E_R$ 线($E_R$=6.0 m)引垂线;

——从上一步骤确定的交点开始,向空载状态下,远离垂直坐标轴的直线组中对应 $P_R/P_{Rmax}$=0.2 的直线引水平线;

——从上一步骤确定的交点开始,向水平坐标轴引垂线,所得交点的坐标值即 $K_1$ 值($K_1$=1.79)。

c) 按式(E.8)计算空载修正因数 $K_V$。

$$K_V = K_1 - K_2 = 1.79 - 0.13 = 1.66 \quad \cdots\cdots\cdots\cdots (E.8)$$

## E.5 对全挂车和中置轴挂车的要求

### E.5.1 装备气制动系统的全挂车

**E.5.1.1** 下列要求适用于双轴全挂车(轴距小于 2 m 的除外):

a) 当 $k$ 值处于 0.2~0.8 之间时,制动强度 $z$ 应符合下式要求。

$$z \geqslant 0.1 + 0.85(k - 0.2)$$

b) 在车辆所有载荷状态下,当制动强度 $z$ 处于 0.15~0.30 之间时,后轴的附着系数利用曲线不应位于前轴之上。如各车轴的附着系数利用曲线位于图 E.1b)所示、由方程 $k=z+0.08$ 和 $k=z-0.08$所确定的理想附着系数利用曲线平行的两条直线之间,且在制动强度 $z$ 不小于 0.3 时满足 $z\geqslant0.3+0.74(k-0.38)$关系,则认为其满足该条件。

c) 确认 E.5.1.1a)和 E.5.1.1b)要求的程序与 E.3.1.4 规定相同。

**E.5.1.2** E.5.1.1 的要求也适用于两轴以上的全挂车。当制动强度处于 0.15~0.30 之间时,如至少一根前轴利用的附着系数大于至少一根后轴利用的附着系数,则认为满足了 E.5.1.1 有关车轮抱死顺序的要求。

**E.5.1.3** 在满载和空载状态下,当压力处于 0.02 MPa~0.75 MPa 之间时,制动强度 $z$ 与压力 $p_m$ 之间的关系曲线应位于图 E.2 指定的区域内。

### E.5.2 装备气制动系统的中置轴挂车

E.5.2.1 制动强度 $z$ 与压力 $p_m$ 之间的关系曲线应位于图 E.2 的纵坐标乘以 0.95 推导出的区域内。在满载和空载状态下，当压力处于 0.02 MPa～0.75 MPa 之间时都应满足该要求。

E.5.2.2 因附着力不足而不能满足 5.3.1.2.1 的要求时，应安装符合 GB/T 13594—2003 规定的防抱系统。

## E.6 制动力分配系统失效时须满足的要求

通过专门装置(如由车辆悬架机械控制)满足本附录要求的，当该装置控制系统失效时，机动车辆应能在规定的应急制动系统条件下将车辆停住。对允许挂接装有气制动系统的挂车的机动车辆，控制管路接头处的压力应在 E.3.1.3 规定的范围内。如该装置安装在挂车上，当其控制系统失效时，至少应能达到规定的行车制动性能的 30%。

## E.7 标志

E.7.1 通过车辆悬架机械控制的装置来满足本附录要求的车辆，应在该车辆上分别标出对应车辆空载和满载时的有效行程，以及检查该装置安装状况的说明信息。

若通过车辆悬架利用其他方法控制制动感载装置时，应在车辆上标明检查该装置安装状况的说明信息。

E.7.2 通过调节制动传输装置气压的装置来满足本附录要求的车辆，应在该车辆上标明制造商声明的、车辆处于下列载荷状态时各轴的轴荷、该装置的额定输出压力和输入压力(输入压力不应小于最大设计输入压力的 80%)：

a) 控制该装置的车轴的最大允许轴荷；
b) 车辆空载质量状态(包括车辆行驶所必备的物质)对应的轴荷；
c) 接近空载时(包括车辆行驶所必备的物质和推荐车身)的轴荷，其中，E.7.2b)所述轴荷是指车辆底盘加驾驶室时的轴荷；
d) 制造商规定的轴荷[如该轴荷与 E.7.2a)～ E.7.2c)中规定的轴荷不同]，可用于在使用中对该装置安装情况进行检查。

E.7.3 E.7.1 和 E.7.2 所述标志应以不易擦除的方式固定在便于观察的位置。表 E. 2 为装有气制动系统的车辆的机械控制装置的标志示例。

**表 E.2 制动感载装置标志示例**

<table>
<tr><th>控制参数</th><th>车辆载荷</th><th>第 2 轴地面轴荷<br>N</th><th>输入压力<br>MPa</th><th>额定输出压力<br>MPa</th></tr>
<tr><td rowspan="2">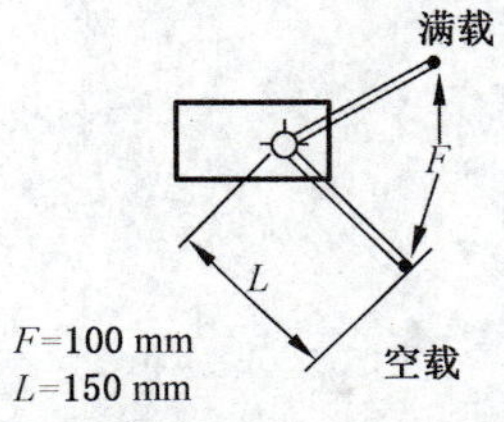<br></td><td>满载</td><td>100 000</td><td>0.6</td><td>0.6</td></tr>
<tr><td>空载</td><td>15 000</td><td>0.6</td><td>0.24</td></tr>
</table>

E.7.4 不能满足 E.7.1、E.7.2 和 E.7.3 要求的电控制动力分配系统应具有一套能对影响制动力分配的

功能进行自检的程序。

## E.8 车辆试验

试验时，技术部门应验证是否满足本附录的要求，必要时可在最后进行一些附加试验。附加试验的结果应予记录并附在试验报告中。

# 附　录　F
（规范性附录）
评价装有电控线路的车辆功能协调的试验规程

## F.1　总则

F.1.1　本规程规定了一套用于根据4.1.3.6a)规定的功能和性能要求、对装有电控线路的牵引车和被牵引车进行检查的规程。

F.1.2　本附录对GB/T 20716的引用中，24 V为GB/T 20716.1，12 V为GB/T 20716.2。

## F.2　信息文件

车辆制造商/系统供应商向技术部门提供的文件资料应至少包含以下内容：

a)　车辆制动系统的示意图；

b)　接口即物理层、数据连接层和应用层及支持的信息和参数各自位置应符合ISO 11992的规定；

c)　支持的信息和参数列表；

d)　关于车辆气控和/或电控控制回路的编号说明。

## F.3　牵引车

### F.3.1　ISO 11992规定的挂车模拟装置

F.3.1.1　具有连接试验车辆的、符合GB/T 20716的(7芯)电气连接器，采用连接器第6针和第7针传输和接受符合ISO 11992的信息。

F.3.1.2　能够接受进行试验的机动车辆传输的所有信息，能够传输ISO 11992-2规定的所有挂车信息。

F.3.1.3　提供一个直接或间接的信息读出装置，使数据域的参数按正确的时间顺序显示。

F.3.1.4　具有一个能够按B.2.6规定测量联接头响应时间的设备。

### F.3.2　检查程序

F.3.2.1　确认制造商/供应商的信息文件表明物理层、数据连接层和应用层符合ISO 11992的规定。

F.3.2.2　在模拟装置通过GB/T 20716接口与机动车辆连接并传输挂车所有与接口相关信息的情况下，进行下列检查：

a)　控制管路信号。对照车辆技术规定，对ISO 11992-2中EBS 12字节3定义的参数按表F.1进行检查。

表 F.1　控制管路信号检查参数

| 控制管路信号 | EBS 12 字节 3 | |
|---|---|---|
| | 1-2 位 | 5-6 位 |
| 一条电路产生的行车制动指令 | 00b | — |
| 两条电路产生的行车制动指令 | 01b | — |
| 未装备气压控制管路的车辆 | — | 00b |
| 装备气压控制管路的车辆 | — | 01b |

b) 行车和应急制动指令。对 ISO 11992-2 中 EBS 11 定义的参数按表 F.2 进行检查。

**表 F.2 行车和应急制动指令检查参数**

| 试验条件 | 字节号 | 电控线路信号值 |
|---|---|---|
| 行车制动踏板和应急制动控制装置释放 | 3-4 | 0 |
| 全力制动行车制动踏板 | 3-4 | 33280d-43520d<br>(0.65 MPa-0.85 MPa) |
| 全力制动应急制动系统 | 3-4 | 33280d-43520d<br>(0.65 MPa-0.85 MPa) |

c) 失效报警信号：

——在通往 GB/T 20716 的连接器第 6 针的通信线路中模拟一个永久失效并检查 4.2.1.28b)规定的黄色报警信号是否点亮。

——在通往 GB/T 20716 的连接器第 7 针的通信线路中模拟一个永久失效并检查 4.2.1.28b)规定的黄色报警信号是否点亮。

——模拟 EBS 22 字节 2 第 3-4 位设为 01b 的信息并检查 4.2.1.28a)规定的红色报警信号是否点亮。

d) 供能管路制动指令(对只通过电控线路与挂车连接即可工作的机动车辆)：

——应只连接电控线路。

——模拟 EBS 22 字节 4 第 3-4 位设为 01b 的信息，检查在行车制动器、应急制动器或驻车制动器完全作用后 2 s 内供能管路内的压力下降至 0.15 MPa。

——模拟数据通信的持续缺失，检查在行车制动器、应急制动器或驻车制动器完全作用后 2 s 内供能管路内的压力下降至 0.15 MPa。

e) 响应时间。在没有错误出现的情况下，检查 B.2.6 定义的控制管路响应的要求是否满足。

**F.3.2.3** 在不同状态的接口或接口关闭的条件下重复上述规程对非制动功能进行检查，由技术部门自行决定。

## F.4 挂车

### F.4.1 ISO 11992 规定的牵引车模拟装置

**F.4.1.1** 具有连接试验车辆的、符合 GB/T 20716 的(7 芯)电气连接器，应采用连接器第 6 针和第 7 针传输和接受符合 ISO 11992 的信息。

**F.4.1.2** 应具有失效报警显示装置和挂车供电装置。

**F.4.1.3** 应能接受进行试验的挂车传输的所有信息，传输 ISO 11992-2 规定的所有机动车辆信息。

**F.4.1.4** 应提供一个直接或间接的信息读出装置，使数据域的参数按正确的时间顺序显示。

**F.4.1.5** 应有一个能按 B.3.5b)规定测量联接头响应时间的设备。

### F.4.2 检查规程

**F.4.2.1** 确认制造商/供应商的信息文件表明物理层、数据连接层和应用层符合 ISO 11992 的规定。

**F.4.2.2** 在模拟装置通过 GB/T 20716 接口与挂车连接并传输牵引车所有与接口相关信息的情况下，进行下列检查：

a) 行车制动系统的功能

1) 按如下要求检查挂车对 ISO 11992 EBS 11 定义的参数的响应。每次检验开始时，供能管路的压力不应低于 0.7 MPa，车辆满载(未进行检查，可模拟加载条件)。

——对装备气压和电控线路的挂车，应按下列条件检查表 F.3 规定的参数：

● 同时连接两套控制管路；
● 两套控制管路同时发信号；
● 模拟装置应传输 EBS 12 字节 3 第 5-6 位设为 01b 的消息，向挂车表明应连接气压控制管路。

**表 F.3 检查参数**

| 模拟装置传输的消息 | | 制动腔的压力 |
|---|---|---|
| 字节号 | 数字指令信号 | |
| 3-4 | 0 | 0 MPa |
| 3-4 | 33280d<br>(0.65 MPa) | 按车辆制造商制动器计算的规定 |

——装备气压和电控线路或只装备电控线路的挂车，应按下列条件检查表 F.4 规定的参数：

● 只连接电控线路；
● 模拟装置应传输 EBS 12 字节 3 第 5-6 位设为 00b 的消息，向挂车表明没有气压控制管路可用；
● 模拟装置应传输 EBS 12 字节 3 第 1-2 位设为 01b 的消息，向挂车表明电控线路的信号由两条电路产生。

**表 F.4 检查参数**

| 模拟装置传输的消息 | | 制动腔的压力 |
|---|---|---|
| 字节号 | 状态 | |
| 3-4 | 0 | 0 MPa |
| 3-4 | 33280d<br>(0.65 MPa) | 按车辆制造商制动器计算的规定 |

2） 按如下要求检查只装备电控线路的挂车对 ISO 11992-2 EBS 12 定义的信息响应（每次检查开始时，供能管路的压力不应低于 0.7 MPa）和表 F.5 规定的参数：
——电控线路应与模拟装置连接。
——模拟装置应传输 EBS 12 字节 3 第 5-6 位设为 01b 的消息，向挂车表明气压控制管路可用；
——模拟装置应传输 EBS 11 字节 3-4 字节设为 0（无行车制动指令）的消息。

**表 F.5 检查参数**

| EBS12 字节 3 第 1-2 位状态 | 制动腔的压力或挂车的回位力 |
|---|---|
| 01b | 0 MPa（行车制动解除） |
| 00b | 挂车自动制动，表明列车不兼容。应通过 GB/T 20716 规定的连接器第 5 针传输信号（黄色报警信号） |

3） 按下列规程检查只与电控线路连接的挂车对导致制动性能下降至规定值 30% 的挂车电控线路失效的响应（每次试验开始时供能管路的压力不应低于 0.7 MPa），并检查表 F.6 规定的参数：

——电控线路应与模拟装置连接。
——模拟装置应传输 EBS 12 字节 3 第 5-6 位设为 00b 的消息，向挂车表明气压控制管路可用。
——模拟装置应传输 EBS 12 字节 3 第 1-2 位设为 01b 的消息，向挂车表明电控线路的信号由两条电路产生。

**表 F.6 检查参数**

| 试验条件 | 制动系统响应 |
|---|---|
| 挂车制动系统不存在故障 | 检查制动系统与模拟装置处于通信状态且 EBS 22 字节 4 第 3-4 位设定为 00b |
| 模拟挂车制动系统电控传输装置失效，使无法保持规定制动性能的 30% | 检查 EBS 22 字节 4 第 3-4 位设定为 01b；<br>或向模拟装置的数据通信被中断 |

b) 失效报警信号

在下列条件下检查相应的报警信息或信号的传输：

1) 模拟挂车电控传输装置的永久失效，使行车制动性能无法满足，检查挂车传输的 EBS 22 字节 4 第 3-4 位设定为 01b。信号也是通过 GB/T 20716 规定的连接器第 5 针传输(黄色报警信号)。
2) 将 GB/T 20716 规定的电气连接器第 1 针和第 2 针的电压降至制造商规定值以下，检查挂车传输的 EBS 22 字节 2 第 3-4 位设定为 01b。信号也是通过GB/T 20716规定的连接器第 5 针传输(黄色报警信号)。
3) 通过断开供能管路，检查是否满足 4.2.2.16 的规定。将挂车压力存储系统的压力降至制造商规定值以下。检查挂车传输的 EBS 22 字节 2 第 3-4 位设定为 01b、EBS23 字节 1 第 7-8 位设定为 00b。信号也是通过 GB/T 20716 规定的连接器第 5 针传输(黄色报警信号)。
4) 在挂车制动装备电动部分第一次通电时检查挂车传输的 EBS 22 字节 2 第 3-4 位设定为 01b。

c) 响应时间检查

在没有错误出现的情况下，检查 B.3.5b)定义的控制管路响应的要求是否满足。

**F.4.2.3** 附加检查应包括如下内容：

a) 在不同状态的接口或接口关闭的条件下重复上述规程对非制动功能进行检查，由技术部门自行决定。
b) 重复测量制动系统的响应时间时，由于车辆气压的反作用，记录值可能发生变化。在所有情况下都应满足规定的响应时间要求。

# 附　录　G
（规范性附录）
制动衬片的惯性测功机试验方法

## G.1　总则

满足本标准的车辆选装其他制动衬片时，应在惯性测功机上进行对比试验，判断选装制动衬片在性能上的一致性。必要时，也可进行道路试验。

## G.2　试验设备

试验应使用具有下列特征的测功机：

a)　能够产生 G.3.1 要求的惯量，能够满足 5.1.5、5.1.6 和 5.1.7 有关Ⅰ型、Ⅱ型和Ⅲ型试验的要求。

b)　所安装的制动器应与原车型相同。

c)　如采用风冷，应符合 G.3.4 要求。

d)　试验仪器至少能够提供下列数据：

——连续记录制动盘或制动鼓的转速；

——一次制动过程中所转过的转数，其分辨率不应低于 1/8 转；

——制动时间；

——连续记录衬片几何中心位置的温度；

——连续记录制动控制管路压力或控制力；

——连续记录制动器输出力矩。

## G.3　试验条件

**G.3.1**　测功机的转动惯量应尽量接近车辆总惯量中由相应车轮制动所引起的那一部分惯量，允许误差为±5%。转动惯量由式(G.1)计算：

$$I = MR^2 \qquad \cdots\cdots(G.1)$$

式中：

$I$ ——转动惯量，单位为千克二次方米($kg \cdot m^2$)；

$R$ ——轮胎滚动半径，单位为米(m)；

$M$ ——车辆最大质量状态下，相应车轮分配的质量。如果使用单工位的测功机，对 M 类和 N 类车辆，该质量可由设计的制动力分配来计算，此时，制动减速度为 5.2.1 规定的相应值，对 O 类挂车，该质量则等于车辆静止且装载到最大设计总质量时被制动车轮的承载质量，即与该车轮接触的地面所承受的质量。

**G.3.2**　惯性测功机的初始转速应与第 5 章规定的车辆线速度相对应，根据轮胎滚动半径确定。

**G.3.3**　制动衬片磨合时，应至少有 80%的接触面积，磨合温度不应超过 180 ℃，也可应制造商要求，按其意见进行磨合。

**G.3.4**　允许采用空气冷却，冷却气流应沿垂直于制动器旋转轴线的方向流过制动器，流过制动器的气流速度为 0.33$v$，其中 $v$ 为制动开始时的试验车速。

冷却空气的温度为环境温度。

## G.4 试验方法

### G.4.1 试样数量

应提交5付制动衬片样品进行对比试验。这5付样品应与相应车型首次试验时资料文件中注明的原始部件相同的5付衬片进行对比试验。

### G.4.2 试验结果比较

应根据本附录规定的试验规程并按照下列要求所取得的结果进行对比来确定制动衬片的等效性。

### G.4.3 O型冷态性能试验

**G.4.3.1** 在初始温度低于100 ℃时进行三次制动。温度应按G.2d)规定测量。

**G.4.3.2** 对用于M类和N类车辆的制动衬片,应在相当于5.2.1规定车速的初始转速下进行制动,制动器应产生相当于5.2.1规定减速度的平均制动力矩。此外,试验还应在最低相当于30%最高设计车速、最高相当于80%最高设计车速之间几种不同的转速下进行。

**G.4.3.3** 对用于O类车辆的制动衬片,应在相当于60 km/h初始车速的转速下进行制动,制动器应产生相当于5.3.1规定的平均制动力矩。为与5.3.1.2.2所述的Ⅰ型试验结果进行对比,还应以40 km/h对应的转速进行附加冷态性能试验。

**G.4.3.4** 在制动输入相同条件下,进行对比试验的制动衬片在上述冷态性能试验期间所记录的平均制动力矩同与试验申请中所注明部件相同的制动衬片上记录的平均制动力矩相比,其偏差不应超过±15%。

### G.4.4 Ⅰ型试验(衰退试验)

#### G.4.4.1 重复制动

M和N类车辆的制动衬片应按5.1.5.1规定的方法进行试验。

#### G.4.4.2 连续制动

挂车(O类)的制动衬片应按5.1.5.2规定的方法进行试验。

#### G.4.4.3 热态性能

**G.4.4.3.1** 在完成G.4.4.1和G.4.4.2所要求的试验后,应立即按5.1.5.3规定的方法进行热态制动性能试验。

**G.4.4.3.2** 同G.4.3.4。

### G.4.5 Ⅱ型试验(下长坡性能试验)

**G.4.5.1** 只有当被试车辆进行Ⅱ型试验时使用摩擦式制动器的,才需要进行该项试验。

**G.4.5.2** $M_3$(需要按5.1.6.4规定进行ⅡA型试验的车辆除外)和$N_3$机动车辆和$O_4$类挂车应按5.1.6.1规定的方法进行试验。

**G.4.5.3** 按如下要求进行热态性能试验:

a) 在完成G.4.5.1要求的试验后,应立即按5.1.6.3规定的方法进行热态性能试验。

b) 同G.4.3.4。

### G.4.6 衰退试验(Ⅲ型试验)

#### G.4.6.1 重复制动试验

$O_4$ 类挂车的制动衬片应按 5.1.7.1 和 5.1.7.2 规定的方法进行试验。

#### G.4.6.2 热态性能试验

**G.4.6.2.1** 在完成 G.4.6.1 要求的试验后,应立即按 5.1.7.4 规定的方法进行热态制动性能试验。

**G.4.6.2.2** 同 G.4.3.4。

### G.5 制动衬片的检查

完成上述各项试验后,应立即对制动衬片进行目视检查,以核实这些制动衬片能否继续正常使用。

# 附　录　H
（规范性附录）
# 对复合电子车辆控制系统安全方面的特殊要求

## H.1　总则

本附录规定了本标准涉及的复合电子车辆控制系统在安全方面的文件、故障策略及确认的特殊要求。

电子控制系统与安全相关的功能也可通过本标准的特殊条款以采用本附录。

本附录未规定“系统”的性能，而是规定设计过程中应遵循的方法和试验时须向技术部门公开的信息。

该信息应证明系统在正常和错误状态下均能满足本标准其他条款规定的所有适用的性能要求。

## H.2　文件

### H.2.1　要求

制造商应提供一系列文件，说明系统的基本设计、与车辆其他系统的连接方式或如何直接控制输出变量。文件应满足以下要求：

a）应说明制造商对系统功能和安全概念的规定。

b）文件应简明扼要，并证明设计开发利用了相关系统领域的专业技术。

c）为进行定期检查，文件应说明如何对系统当前的工作状态进行检查。

d）文件分为如下两部分：

　1）正式文件，包括 H.2 所列、在提交试验申请时须向技术部门提供的材料（H.2.4.4 所列文件除外）。这些文件将作为 H.3 规定的确认程序的主要参考依据。

　2）附加材料和 H.2.4.5 的分析数据，由制造商保管但在试验时应予公开、备查。

### H.2.2　系统功能说明书

**H.2.2.1**　应提供所有输入和感应变量表，并限定其工作范围。

**H.2.2.2**　应提供系统控制的所有输出变量表，并说明其在每种情况下是由系统直接控制还是通过车辆其他系统控制。规定对每种变量实施控制的范围。

**H.2.2.3**　针对相应的系统性能，说明有效工作范围的界限。

### H.2.3　系统布置及示意图

#### H.2.3.1　零部件明细

明细表应按序号列出所有的系统单元及实现相应控制功能所需的其他车辆系统。

应提供简要的示意图来说明组合中各单元，并标明装备的分布及相互连接关系。

#### H.2.3.2　单元的功能

简要说明系统各单元的功能及其与其他单元或车辆其他系统连接的信号。可通过带标注的模块图或其他示意图提供，也可借助图表说明。

H.2.3.3 相互连接

分别用电路图、光纤图、管路图和布置简图简要说明电控传输装置、气压或液压传输装置和机械连接装置在系统内部的相互连接。

H.2.3.4 信号流和优先顺序

传输装置和在单元之间传输的信号应有明确的对应关系。

如优先顺序可能成为影响本标准所述性能或安全的问题,应确定多元数据通道内的信号优先顺序。

H.2.3.5 单元的识别

应能清晰明确地识别每个单元(例如,对硬件的标志、对软件内容的标志或软件输出),并提供相应的硬件和文件帮助。

如一个单元或计算机集成了多种功能,则只使用一个单独的硬件识别标志,但为清晰和便于解释,在模块图中可用多个模块表示。

制造商应利用识别标志确认所提供的装置与相应的文件一致。

识别标志应明确硬件和软件的版本,如软件版本变化引起本标准所述单元的功能改变,应对识别标志作相应地改变。

H.2.4 制造商的安全概念

H.2.4.1 制造商应说明在无故障条件下,实现系统目标所选择的策略不会损害本标准所述系统的安全运行。

H.2.4.2 系统使用的软件,应解释其概要结构并注明所使用的设计方法和工具。制造商应准备在需要时说明设计开发过程中通过何种方法确定系统逻辑的实现途径。

H.2.4.3 制造商应向技术主管部门解释为确保系统在故障状态下安全运行而在设计时采取的预防措施。系统失效时可采取如下预防措施:

a) 利用部分系统以维持工作;

b) 切换到独立的备用系统;

c) 关闭上层功能。

H.2.4.4 系统发生失效时,应通过报警信号或讯息显示等警告驾驶员。若系统不是由驾驶员通过关掉切断开关或通过专用开关切断特殊功能来使系统停止工作,只要失效仍然存在就应继续报警,并采取以下方式处理:

a) 如在发生特定失效时选择维持部分性能的运行模式,应说明条件并界定其效果。

b) 如选择第二种(备用系统)方式来实现车辆控制系统的目标,应对切换机制的原理、冗余度逻辑及水平和备份系统检查特征进行说明并界定后备系统的效果。

c) 如选择关闭上层功能,应禁止与该功能有关的所有相应的输出控制信号,以此来限制过渡性干扰。

H.2.4.5 通过分析从总体上说明当影响车辆控制性能或安全的特定失效发生时系统如何应对,以此来支持上述文件。

可采用潜在失效模式及后果分析(FMEA)、失效树分析(FTA)或适合系统安全分析的其他类似方法。

采用的分析方法由制造商确定和保管,并应在试验时对技术部门公开备查。

文件应详细说明监测参数,并规定每种失效状态下向驾驶员和/或服务/技术检查人员发出的报警信号。

## H.3 确认和试验

应按 H.2 中文件所规定的要求进行下列试验对系统功能进行确认：

a) 系统功能确认

作为确定正常工作水平的方法，除需要根据本标准或其他标准规定的试验程序进行专门的性能试验外，应对照制造商的基本基准确定车辆系统在非故障状态下的性能。

b) 确认 H.2.4 的安全概念

为模拟单元内部故障的影响，应通过对电单元或机械元件发出相应的输出信号，来检查系统在受单个单元失效影响时的反应。

确认结果应与失效分析的结论一致，总体效果应确保有充分的安全概念和良好的执行效果。

# 附 录 I
（规范性附录）
装有电力制动系统的挂车试验

## I.1 总则

I.1.1 本附录规定的电力制动系统是指由一个控制装置、一个电动机械传输装置和若干摩擦式制动器组成的行车制动系统。调节挂车电压的电控装置应安装在挂车上。

I.1.2 电力制动系统所需电能由牵引车供给。

I.1.3 应通过操纵牵引车的行车制动系统来启动电力制动系统。

I.1.4 额定电压为 12 V。

I.1.5 最大工作电流消耗不应超过 15 A。

I.1.6 电力制动系统与牵引车的电气连接应采用相应的专用插头和插座，此专用插头不应与车辆灯光设备的插座兼容。插头及电缆应安装在挂车上。

## I.2 挂车的要求

I.2.1 若挂车蓄电池由牵引车供电单元供电，则挂车供电线路应与挂车行车制动系统供电线路分开。

I.2.2 对空载质量小于最大设计总质量 75%的挂车，其制动力应能根据挂车的装载情况自动调整。

I.2.3 电力制动系统应保证即使在连接线路的电压下降至 7 V 时，也能保持最大静态轴荷（总和）20%的制动作用。

I.2.4 如挂车具有不止一个车轴且具有能够垂直调节的牵引装置，调整与车辆运动趋势相反的制动力的控制装置（单摆、弹簧质量系统、液压惯性系统）应安装在车架上。对单轴挂车或轴距小于 1 米的双轴挂车，控制装置应安装一个能显示其水平位置的机构（如水平仪），并可以通过手动调节使调整机构处于平行于车辆运动方向的水平面内。

I.2.5 与控制管路相连并按 4.2.1.19b）的规定控制制动电流的继电器应安装在挂车上。

I.2.6 应安装一个与插头相配的插座。

I.2.7 在控制装置上安装一个信号灯，在制动时点亮，表明挂车电力制动系统处于正常工作状态。

## I.3 性能要求

I.3.1 电力制动系统应在牵引车/挂车列车的减速度不大于 0.4 $m/s^2$ 时予以响应。

I.3.2 从初始制动力开始产生制动作用；初始制动力应既不大于最大（总）静态轴荷的 10%，也不大于空载挂车（总）静态轴荷的 13%。

I.3.3 制动力可以逐级增加。制动力达到高于 I.3.2 规定值以后的各级制动力不应大于挂车最大静态轴荷的 6%，也不应大于挂车空载（总）静态轴荷的 8%。但对最大质量不超过 1 500 kg 的单轴挂车，第一级制动力不应超过挂车最大（总）静态轴荷的 7%，以后各级制动力允许以此增加 1%（例如：第一级为 7%，第二级为 8%，第三级为 9%，但以后各级不应超过 10%）。应用这些条款时，轴距小于 1 m 的双轴挂车应视为单轴挂车。

I.3.4 对牵引车与单轴挂车组成的列车，在充分发出的平均减速度不超过 5.9 $m/s^2$（对牵引车与多轴挂车组成的列车为 5.6 $m/s^2$）时，挂车在最大设计总质量状态下至少能达到等于挂车最大总轴荷的 50%

的规定制动力。轴距小于 1 m 的双联轴挂车也应视为本规定内的单轴挂车。此外,还应遵守本附录所规定的限值。若制动力是逐级调整的,则各级制动力应在本附录规定的范围内。

**I.3.5** 试验应在 60 km/h 的初始车速下进行。

**I.3.6** 挂车应提供 4.2.2.9 规定的自动制动能力。若自动制动需要电能,为满足上述条件,制动力至少应达到挂车最大总轴荷的 25%,并至少保持 15 min。

## I.4 挂车制动强度和牵引车/挂车列车充分发出的平均减速度之间的协调性(挂车满载和空载时)

图 I.1 中所注限值针对满载和空载挂车。当挂车空载质量超过满载质量的 75%时,限值只用于满载状态。

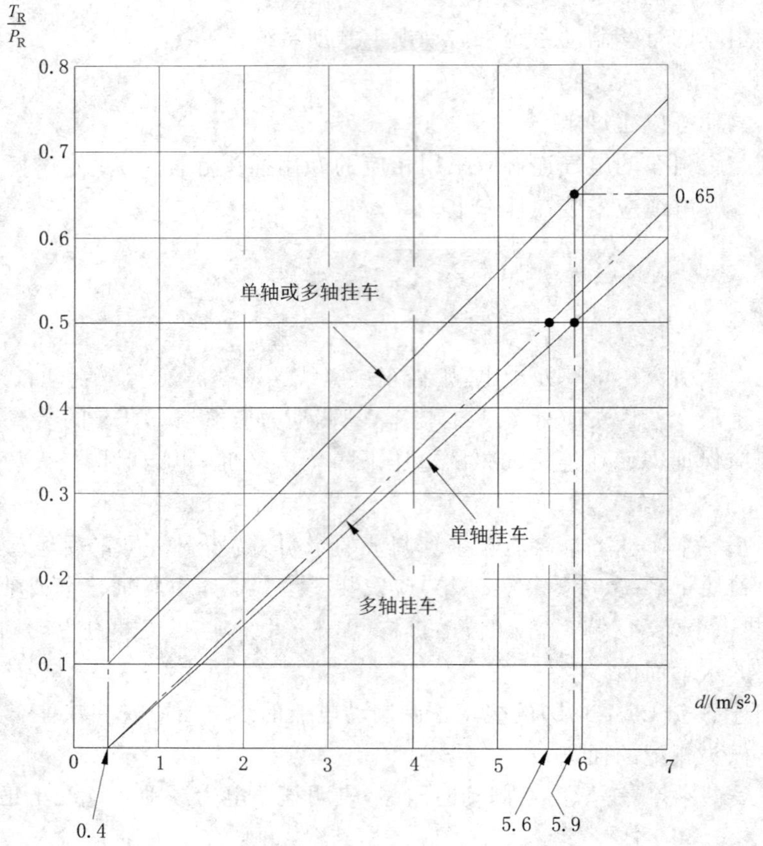


说明:

$T_R$ ——挂车所有车轮的轮缘制动力之和;

$P_R$ ——道路对挂车车轮的静态反力之和;

$d$ ——牵引车/挂车列车充分发出的平均减速度。

**图 I.1 挂车制动强度和牵引车/挂车列车充分发出的平均减速度之间的协调性**

图 I.1 中所注限值不影响本附录要求的有关最低制动性能的规定。但如试验中获得的制动性能大于所要求的制动性能(按 I.3.4 的规定),则该制动性能不应超过图 I.1 的限值。

# 附　录　J
（规范性附录）
不必进行Ⅰ型和/或Ⅱ型（ⅡA型）或Ⅲ型试验的条件

**J.1**　机动车辆或挂车的轮胎型号、各车轴吸收的制动能量、轮胎安装方式和制动器总成满足下列条件：

a)　与已经通过Ⅰ型和/或Ⅱ型（ⅡA型）或Ⅲ型试验的机动车辆或挂车相同；

b)　各轴轴荷不低于已通过试验车辆的相应车轴轴荷且制动能量吸收与已通过试验的车辆相同。

**J.2**　如机动车辆或挂车的各车轴所吸收的制动能量不超过在单根车轴上进行基准试验时所吸收的制动能量，且机动车辆或挂车的车轴在轮胎型号、各车轴吸收的制动能量、轮胎安装方式和制动器总成方面，与各轴轴荷不低于该车辆的相应车轴轴荷且已通过Ⅰ型和/或Ⅱ型（ⅡA型）或Ⅲ型试验的车辆相同。

**J.3**　车辆装备的缓速器（发动机缓速制动方式除外）与已按下列条件试验的缓速器相同：

a)　在至少6%（Ⅱ型试验）或7%（ⅡA型试验）的坡道上进行下坡试验时，仅靠缓速器自身即可使车辆稳速行驶，且试验时的最大质量不小于提交试验车辆的最大质量。

b)　当提交的试验车辆车速达到30 km/h时，缓速器转动部件的转速能确保缓速扭矩不小于J.3a)所述试验的相应扭矩。

**J.4**　提交试验的车辆是装备气制动的S凸轮式或盘式制动器的挂车，通过与基准车轴试验的特性参数对比，确认其满足附录K有关特性控制的验证要求。

**J.5**　J.1、J.2和J.3使用的术语“相同”是指这些条款所述车辆的零部件的几何、机械特性和材料相同。

# 附 录 K
## （规范性附录）
## 挂车制动器Ⅰ型和Ⅲ型试验的替代规程

### K.1 总则

**K.1.1** 如制动系统部件满足本附录的要求且预期制动性能满足本标准对相应车型的要求，可免做Ⅰ型和Ⅲ型的试验。

**K.1.2** 按本附录所述方法进行的试验应视为满足 K.1.1 要求。

**K.1.3** 按 K.3.6 进行试验，可认为是符合 4.2.2.8a)的一种方式。

**K.1.4** 在Ⅲ型试验之前，应按下列规程调整制动器。

a） 装有气压制动器的挂车，制动器调节应确保制动磨损自动调整装置正常工作，为此，应调整气室行程，使其满足式(K.1)要求。

$$S_0 \geqslant 1.1 \times S_{re\text{-}adjust} \text{（其上限不应超过制造商推荐值）} \quad \cdots\cdots\cdots\cdots\cdots \text{(K.1)}$$

式中：

$S_{re\text{-}adjust}$——根据制动磨损自动调整装置制造商的规定重新调整的行程，即在气室压力为 0.1 MPa的条件下开始重新调整制动器工作间隙的行程。

如无法测量气室行程，则初始设置应经试验技术部门的同意。

从上述条件开始，在气室压力为 0.2 MPa 的条件下，连续制动 50 次，然后再以不小于 0.65 MPa的气室压力制动一次。

b） 对装备液压盘式制动器的车辆没有调整要求。

c） 对装备液压鼓式制动器的挂车，按制造商规定对制动器进行调整。

**K.1.5** 对装备制动磨损自动调整装置的挂车，在进行Ⅰ型试验之前，应按 K.1.4 调整制动器。

### K.2 符号

下列符号适用本附录，基准制动器的符号后应带下标“e”。

$C$：凸轮轴输入扭矩。

$C_{max}$：技术上允许的凸轮轴最大输入扭矩。

$C_0$：凸轮轴的临界输入扭矩，即产生可测量的制动力矩所需的凸轮轴最小输入扭矩。

$l$：制动臂长度。

$M$：制动力矩($M = T \cdot R$)。

$p$：制动气室压力。

$P$：路面对车轴的静态法向反力。

$r$：制动鼓半径。

$R$：轮胎滚动半径（动态半径）。

$S_0$：制动气室行程（工作行程加上自由行程）。

$S_{max}$：制动气室总行程。

$S_P$：制动气室有效行程（输出推力为平均推力 $Th_A$ 的 90%时的行程）。

$T$:轮胎/道路接触面的制动力。

$Th_A$:平均推力,即总行程($S_{max}$)的 1/3 和 2/3 之间的推力的几何平均值,见图 K.1。

$z$:制动强度[$z=T/R$ 或 $M/(R\cdot P)$]。

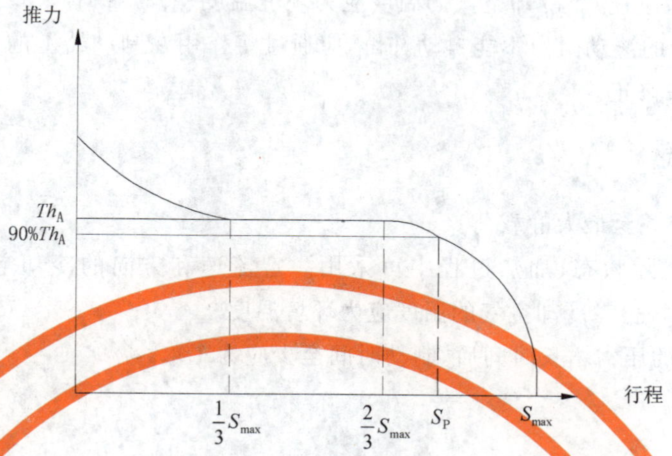


**图 K.1 推力与行程的关系**

## K.3 试验方法

### K.3.1 道路试验

**K.3.1.1** 宜只在一根车轴进行制动器性能试验。

**K.3.1.2** 如各车轴在牵引试验和热态制动试验中产生的制动能量输入相等,根据 K.1.1 的规定,可采用这组车轴的试验结果。

如各车轴的制动器几何参数、制动衬片、车轮安装、轮胎以及制动气室的促动和压力分配都相同,则认为可以满足该条件。

一组车轴的试验结果将是车轴数的平均值,其用法同单根车轴。

**K.3.1.3** 宜将各车轴加载至最大静载荷。

**K.3.1.4** 应考虑到采用列车进行试验时滚动阻力增加所产生的影响。

**K.3.1.5** 应采用规定的试验初始车速,试验终止车速按式(K.2)计算:

$$v_2=v_1\sqrt{\frac{P_0+P_1}{P_0+P_1+P_2}} \qquad \cdots\cdots\cdots\cdots(\text{K.2})$$

式中:

$v_1$ ——试验初始车速,单位为千米每小时(km/h);

$v_2$ ——试验终止车速,单位为千米每小时(km/h);

$P_0$ ——试验条件下牵引车的质量,单位为千克(kg);

$P_1$ ——非制动车轴承担的挂车质量,单位为千克(kg);

$P_2$ ——制动车轴承担的挂车质量,单位为千克(kg)。

### K.3.2 惯性测功机试验

**K.3.2.1** 测功机应能通过转动惯量来模拟车辆质量作用在某车轮上的线性惯量部分,这是冷态制动和热态制动试验所需的;为进行 K.3.5.2 和 K.3.5.3 规定的试验,试验机应能够以恒定转速运转。

**K.3.2.2** 同实车安装一样，将一个完整的车轮(包括轮胎)安装在制动器的运动部件上进行试验，惯性质量可以直接与制动器连接，也可以通过轮胎和车轮连接。

**K.3.2.3** 为模拟车辆实际状态，加热过程中可采用一定流速和方向的冷却空气，气流速度为 $0.33v$ ($v$ 为制动开始时的试验车速)。冷却空气的温度应为环境温度。

**K.3.2.4** 若试验中车轮的滚动阻力不能自动补偿，应通过将作用在制动器上的力矩减去相当于滚动阻力系数为 0.01 的力矩来修正。

### K.3.3 转鼓式测功机试验

**K.3.3.1** 宜将各车轴加载至最大静载荷。

**K.3.3.2** 为模拟车辆实际状态，加热过程中可采用一定流速和方向的冷却空气，气流速度为 $0.33v$ ($v$ 为制动开始时试验车速)。冷却空气的温度应为环境温度。

**K.3.3.3** 在最大 0.6 s 的压力增长时间后，制动时间至少应为 1 s。

## K.4 试验要求

试验应记录下列参数：

a) 连续记录制动力矩或车轮周缘制动力；

b) 连续记录制动气室的气压；

c) 试验车速；

d) 制动鼓或制动盘摩擦面的初始温度；

e) O 型和Ⅰ型或Ⅲ型试验时的制动气室行程。

## K.5 试验规程

### K.5.1 附加冷态性能试验

**K.5.1.1** 为评价Ⅰ型或Ⅲ型试验结束时的热态制动性能，对Ⅰ型试验应在 40 km/h 车速下、对Ⅲ型试验应在 60 km/h 车速下进行该试验。

**K.5.1.2** 在相同的制动压力、相当于 40 km/h(对Ⅰ型试验)或 60 km/h(对Ⅲ型试验)的制动车速和大致相同的制动器初始温度(在制动鼓/制动盘摩擦表面测得的温度不应高于 100 ℃)下进行 3 次制动。制动时制动气室压力应至少能产生相当于 0.5 的制动强度所对应的制动力矩或制动力。制动气室压力不应超过 0.65 MPa，凸轮轴输入扭矩($C$)不应超过凸轮轴技术文件允许的最大输入扭矩($C_{max}$)。三次试验结果的平均值作为冷态性能指标。

### K.5.2 衰退试验(Ⅰ型试验)

**K.5.2.1** 该试验应以相当于 40 km/h 的车速、在制动鼓或制动盘摩擦表面测得的初始温度不超过 100 ℃的情况下进行。

**K.5.2.2** 制动强度应保持在 0.07，其中包括滚动阻力(见 K.3.2.4)。

**K.5.2.3** 试验应在 40 km/h 的车速下持续 153 s 或行驶 1.7 km。如不能达到该试验车速，可根据 5.1.5.2.2的规定相应地延长试验持续时间。

**K.5.2.4** 在Ⅰ型试验结束后不超过 60 s 的时间内，按 5.1.5.3 的规定，以相当于 40 km/h 的车速进行热态制动性能试验。制动气室压力应为 O 型试验所用压力。

**K.5.3 衰退试验(Ⅲ型试验)**

**K.5.3.1 重复制动**

**K.5.3.1.1 道路试验**

见5.1.7.1。

**K.5.3.1.2 惯性测功机试验**

试验条件同5.1.7.1。试验应采用规定的试验初始车速,试验终止车速为试验初始车速的二分之一。

**K.5.3.1.3 转鼓式测功机试验**

试验条件如下:

a) 制动次数为20次;

b) 制动循环周期为60 s(制动25 s,解除制动35 s);

c) 制动车速为30 km/h;

d) 制动强度为0.06;

e) 滚动阻力系数为0.01。

**K.5.3.2 Ⅲ型试验结束后的附加试验**

在Ⅲ型试验结束后不超过60 s的时间内,按5.1.7.2的规定,以相当于40 km/h的初速度进行热态制动性能试验。制动气室压力应为O型试验所用压力。

**K.6 制动磨损自动调整装置的性能**

**K.6.1** 完成K.5.2.4(Ⅰ型试验)或K.5.3.2(Ⅲ型试验)的试验后,应验证是否满足K.6.3的要求。

**K.6.2** 当选装非整体式制动磨损调整装置时,应满足下列要求。

a) 按K.5.2(Ⅰ型试验)或K.5.3(Ⅲ型试验)规定的相应规程对制动器进行加热后,应满足下列要求之一。

——行车制动系统的性能应大于O型试验规定性能的80%;

——以与O型试验相同制动气室压力制动,测量该压力下的制动气室行程,其值不应大于$0.9S_P$。

b) 完成K.6.2a)规定的试验后,应验证是否满足K.6.3的要求。

**K.6.3** 完成K.6.1或K.6.2规定的试验后,将制动器冷却至冷态制动器温度(即不高于100 ℃)情况下,车辆应能满足下列条件之一:

a) 车轮能够自由转动(可用手转动);

b) 在解除制动的情况下,车辆以60 km/h的恒定速度行驶,制动鼓/制动盘的渐进温升不超过80 ℃。

# 附 录 L
# （规范性附录）
# 装备惯性(超越)制动系统的车辆的试验

## L.1 总体要求

**L.1.1** 挂车的惯性(超越)制动系统由控制装置、传输装置和车轮制动器(以下简称制动器)组成。

控制装置是指与牵引装置(联接头)构成整体的零部件组合。

传输装置是指处于联接头最后一个零件和制动器第一个零件之间的一组零件组合。

制动器的第一个部件可以是驱动制动凸轮的制动调整臂或类似部件(机械传输的惯性制动系统)，也可以是制动轮缸(液压传输的惯性制动系统)。

**L.1.2** 通过牵引车将存储的能量(电能、气压或液压能量)传输到挂车并且能量仅受联接头推力控制的制动系统不属于本标准定义的惯性制动系统。

**L.1.3** 试验前应进行如下检查：

**L.1.3.1** 制动器的基本部件。

**L.1.3.2** 控制装置的基本部件，并检查控制装置是否符合本标准的规定。

**L.1.3.3** 对车辆进行下列检查：

a) 控制装置与制动器的协调性；

b) 传输装置。

## L.2 符号与单位

### L.2.1 单位

本附录中未注单位名称和单位符号的物理量如下：

质量：千克(kg)。

力：牛顿(N)。

重力加速度：$g$(10 m/s$^2$)。

力矩和扭矩：牛顿米(Nm)。

面积：平方厘米(cm$^2$)。

压力：兆帕(MPa)。

行程：毫米(mm)。

### L.2.2 符号

下列符号适用于本附录。

#### L.2.2.1 制动器(见图 L.1)

$B$：考虑滚动阻力的情况下所需的制动力。

$B^*$：制动力。

$D$：联接头上的推力。

$D_1$：在传输装置脱开的情况下，联接头以每秒完成一个控制行程的速度(误差不超过10%)推压到底时,作用在联接头上的最大力。

$D_2$:在传输装置脱开的条件下,联接头以每秒完成一个控制行程的速度(误差不超过10%)从最大压缩位置向外拉伸时,作用在联接头上的最大力。

$D^*$:联接头上允许的推力。

$F_{Rz}$:鼓式制动器轮缸活塞顶部表面积或制动盘一侧的制动钳活塞顶部表面积之和。

$G_A$:制造商技术文件规定的允许的挂车最大质量。

$G_A'$:制造商规定的、控制装置能够制动的挂车最大允许质量。

$G_B$:挂车所有制动器共同工作时所能制动的挂车最大允许质量,$G_B=n \cdot G_{B0}$。

$G_{B0}$:制造商规定的、由一个制动器制动的部分挂车最大允许质量。

$K$:控制装置的附加力,该力在控制装置处于中间行程位置处测量,应为$P'$-$D$关系曲线的延长线与横坐标的交点对应的力(见图L.2和图L.3)。

$K_A$:控制装置临界压力,即在不给控制装置输出端施加任何压力的情况下,短时间内作用的联接头上的最大推力。习惯上用符号$K_A$来表示在控制装置传输脱开的情况下,联接头开始以10 mm/s~15 mm/s的速度推压到底时所测得的力。

$M_r$:当挂车向后运动时最大允许行程$s_r$或最大允许液体体积$V_r$产生的最大制动力矩(包括$0.01\ g \cdot G_{B0}$的滚动阻力)。

$M_T$:未安装过载保护装置时的试验制动力矩(按L.6.2.1)。

$M^*$:制造商规定的制动力矩,应至少能产生规定的制动力$B^*$。

$N$:制动器数目。

$P'$:控制装置输出的力。

$r$:制动鼓半径,单位为毫米(mm),见图L.4。

$r_A$:制动盘的外缘半径,单位为毫米(mm)。

$R$:动态轮胎滚动半径,单位为米(m)。

$S$:控制行程。

$S_0$:行程损失,即传输装置静止的情况下,驱动联接头从水平面上300 mm移动到水平面下300 mm时联接头的行程。

$S'$:L.8.5确定的控制装置的有效行程。

$S''$:在联接头处测量的制动主缸的储备行程。

$S_{Hz}$:图L.8规定的主缸行程。

$S''_{Hz}$:图L.8规定的、活塞在主缸内的行程。

$2S_B$:在与施力装置平行的直径上测量的制动蹄升程(制动蹄工作行程),试验期间不得调整制动器。

$2S_B^*$:鼓式制动器的制动蹄最小升程(制动蹄最小工作行程)。

$s_r$:挂车向后运动时制动器控制杠杆的最大允许行程。

$V_{60}$:制动力为$1.2 \cdot B^*=0.6 \cdot G_{B0}$和最大轮胎半径对应的压力下,一只车轮制动器吸收的液体体积。

$V_r$:当挂车向后运动时一个制动车轮吸收的最大允许液体体积,单位为立方厘米($cm^3$);

$\eta_{H0}$:惯性控制装置的效率。

$\eta_{H1}$:传输装置的效率。

$\eta_H$:控制装置和传输装置的总效率$\eta_H=\eta_{H0} \cdot \eta_{H1}$。

**L.2.2.2 机械传输制动系统(见图L.5)**

$i_g$:制动调整臂行程与制动蹄中心处的升程(工作行程)之间的比(见图L.4)。

$i_H$:挂接接头行程与制动调整臂行程之间的比 $i_H = i_{H0} \cdot i_{H1}$。

$i_{H0}$:联接头行程与控制装置输出端推杆行程的比。

$i_{H1}$:控制装置输出端推杆行程与制动调整臂行程之间的比。

$P$:作用到制动控制装置杠杆上的力(见图 L.4)。

$P_0$:挂车向前运动时的制动回位力:位于 $M = f(\rho)$ 曲线延长线与横坐标的交点处(见图 L.6)。

$P_{0r}$:挂车向后运动时的制动回位力(见图 L.6)。

$P^*$:产生制动力 $B^*$ 时作用在制动控制装置杠杆上的力。

$P_T$:L.6.2.1 的试验压力。

$\rho$:挂车向前移动时的制动特性系数,由$\rho = M / (P - P_o)$得出。

$\rho_r$:挂车向后移动时的制动特性系数,由$\rho_r = M_r / (P_r - P_{or})$得出。

### L.2.2.3 液压传输制动系统(见图 L.8)

$i'_g$:制动轮缸行程与制动蹄中心升程(工作行程)之间的比。

$i_h$:联接头行程与主缸活塞行程之间的比。

$F_{Rz}$:鼓式制动器轮缸活塞顶部表面积或制动盘一侧的制动钳活塞顶部表面积之和。

$F_{Hz}$:制动主缸活塞顶部的表面积。

$P$:制动轮缸内的液压。

$p_0$:挂车向前运动时制动轮缸内的回位压力,即 $M = f(p)$曲线延长线与横坐标交点的压力(见图 L.7)。

$p_{or}$:挂车向后运动时制动轮缸内的回位压力(见图 L.7)。

$p^*$:产生制动力 $B^*$ 所需的轮缸液压。

$p_T$:L.6.2.1 的试验压力。

$\rho'$:挂车向前运动时的制动器特性参数,$\rho' = M / (p - p_o)$。

$\rho'_r$:挂车向后运动时的制动器特性参数,$\rho'_r = M_r / (p_r - p_{or})$。

### L.2.2.4 过载保护装置

$D_{op}$:过载保护装置起动时控制装置输入端的作用力。

$M_{op}$:过载保护装置起动时的制动力矩。

$M_{Top}$:安装有过载保护装置时的最低试验制动力矩(按照 L.6.2.2.2)。

$P_{op\_min}$:过载保护装置起动时作用在制动器活塞上的力(按照 L.6.2.2.1)。

$P_{op\_max}$:(当联接头推压到底时)过载保护装置作用在制动器活塞上的最大力(按照 L.6.2.2.3)。

$p_{op\_min}$:过载保护装置起动时作用在制动器活塞上的压力(按照 L.6.2.2.1)。

$p_{op\_max}$:(当联接头推压到底时)过载保护装置作用在制动器活塞上的最大压力(按照 L.6.2.2.3)。

$P_{Top}$:安装有过载保护装置的最小试验制动力。

$p_{Top}$:安装有过载保护装置的最小试验制动压力。

## L.3 一般要求

**L.3.1** 应借助杆连接件或液体将力从联接头传输至挂车制动器。其中部分传输也可采用铠装电缆(鲍顿拉索),但应尽可能短。

**L.3.2** 所有连接螺栓应有充分的保护,可以自润滑或易于润滑。

**L.3.3** 惯性制动系统的布置应保证当联接头达到极限位置时,不会有任何零件卡住、发生永久变形或断裂。这应在传输装置末端从制动操纵杆脱开后进行检查。

**L.3.4** 惯性制动系统应保证挂车能够同牵引车一起倒车，且拖滞阻力不应超过 $0.08g \cdot G_A$。所用装置应能自动起作用并在挂车向前移动时自动脱开。

**L.3.5** 为满足 L.3.4 的要求而采用的任何专用装置都应确保不对上坡时的驻车制动性能产生不利影响。

**L.3.6** 惯性制动系统可具有过载保护装置。当力小于 $D_{op}=1.2D^*$（安装在控制装置上时）或小于 $P_{op}=1.2 \cdot P^*$ 或压力小于 $p_{op}=1.2 \cdot p^*$（安装在车轮制动器上时）时不应起动，力 $P^*$ 和 $p^*$ 对应的制动力 $B^*=0.5g \cdot G_{B0}$。

## L.4 对控制装置的要求

**L.4.1** 控制装置的滑动件应具有足够的长度以确保即使挂接挂车仍能全行程工作。

**L.4.2** 滑动件应使用防尘罩或类似装置加以保护，应能进行润滑或用自我润滑材料制成。摩擦接触表面应由不产生电化学力矩的材料制成且不应存在任何导致滑动件卡住的机械缺陷。

**L.4.3** 控制装置的临界压力不应小于 $0.02g \cdot G'_A$，也不应大于 $0.04g \cdot G'_A$。

**L.4.4** 对采用刚性挂钩的挂车，最大剪切力 $D_1$ 不应超过 $0.10g \cdot G'_A$，对采用轴式挂钩的多轴挂车不应超过 $0.067g \cdot G'_A$

**L.4.5** 最大拉力不应小于 $0.1g \cdot G'_A$，也不应大于 $0.5g \cdot G'_A$。

## L.5 控制装置的试验和测量

**L.5.1** 应确认提交给试验技术部门的控制装置符合 L.3 和 L.4 的要求。

**L.5.2** 各类制动器都应测量下列参数：

a) 行程 $S$ 和有效行程 $S'$；

b) 附加力 $K$；

c) 初始力 $K_A$；

d) 剪切力 $D_1$；

e) 拉力 $D_2$。

**L.5.3** 对机械传输的惯性制动系统应测定下列参数：

a) 在控制装置中间行程测定 $i_{H0}$；

b) 控制装置的输出力 $P'$ 与挂钩上推力 $D$ 为函数关系[见式(L.1)]。附加力 $K$ 和效率根据测量获得的曲线推出(见图 L.2)。

$$\eta_{H0}=\frac{1}{i_{H0}} \times \frac{P'}{D-K} \qquad \cdots\cdots (L.1)$$

**L.5.4** 对液压传输的制动系统应测定下列参数：

a) 在控制装置中间行程测定 $i_H$；

b) 制造商规定的主缸输出压力 $P$ 是作用在挂钩上的推力 $D$ 和主缸活塞顶部表面积 $F_{Hz}$ 的函数[见式(L.2)]。附加力 $K$ 和效率根据测量获得的曲线推出(见图 L.3)；

$$\eta_{H0}=\frac{1}{i_H} \times \frac{P \times F_{Hz}}{D-K} \qquad \cdots\cdots (L.2)$$

c) L.2.2 所述的主缸储备行程 $S''$。

**L.5.5** 对惯性制动系统采用轴式挂钩的多轴挂车，应按 L.8.5a)测量行程损失。

## L.6 制动器的要求及试验条件

### L.6.1 制造商应提供的技术文件与参数

除待检查的制动器外，制造商还应向进行试验的技术部门提供标有制动器尺寸、类型、关键零部件材料及衬片结构和类型的制动器产品图样。液压制动器的产品图样应标明制动器轮缸的顶部表面积 $F_{Rz}$。制造商还应规定制动力矩最大值 $M_{max}$ 以及质量 $G_{B0}$。

### L.6.2 试验条件

**L.6.2.1** 对未安装或无计划安装过载保护装置的惯性(超越)制动系统，应在下列相应试验力或试验压力下对车轮制动器进行试验：

$P_T = 1.8P^*$

或 $p_T = 1.8p^*$ 且 $M_T = 1.8M^*$

**L.6.2.2** 对安装或计划安装过载保护装置的惯性(超越)制动系统，应在下列相应试验力或试验压力下对车轮制动器进行试验：

a) 过载保护装置的最小设计值由制造商规定，且不应小于 $P_{op} = 1.2\ P^*$ 或 $p_{op} = 1.2\ p^*$。

b) 最小试验力 $P_{Top}$ 或最小试验压力 $p_{Top}$ 和最小试验力矩 $M_{Top}$ 的范围如下：

——$P_{Top}$ 不小于 1.1 $P^*$ 且不大于 1.2$P^*$。

——$p_{Top}$ 不小于 1.1 $p^*$ 且不大于 1.2 $p^*$，同时 $M_{Top}$ 不小于 1.1 $M^*$ 且不大于 1.2 $M^*$。

c) 过载保护装置的最大值($P_{op\_max}$ 或 $p_{op\_max}$)应由制造商规定且不应超过 $P_T$ 或 $p_T$。

## L.7 在制动器上进行的试验和测量

**L.7.1** 提交给技术部门进行试验的制动器和零部件应满足 L.6 的要求。

**L.7.2** 应确定制动器以下参数：

a) 制动蹄最小升程(制动蹄最小工作行程) $2S_B^*$。

1) 鼓式制动器按式(L.3)计算：

$$2S_B^* = 2.4 + 0.004 \times 2r \qquad \text{(L.3)}$$

2) 液压传输盘式制动器按式(L.4)计算：

$$2S_B^* = 1.1 + \frac{10 \times V_{60}}{F_{Rz}} + \frac{1}{1\ 000} \times 2r_A \qquad \text{(L.4)}$$

b) 制动蹄升程(制动蹄工作行程) $2S_B$ (应大于 $2S_B^*$)。

**L.7.3** 对机械式制动器，应确定下列参数：

a) $i_g$(见图 L.4)。

b) 制动力矩为 $M^*$ 时的制动力 $p^*$。

c) 对机械传输系统，制动力矩 $M^*$ 为作用在控制推杆的力 $P^*$ 的函数。当挂车向前运动时，制动器摩擦面的转速相当于 60 km/h 的车速；当挂车向后运动时，该车速为 6 km/h。根据测量得到的曲线推出下列参数(见图 L.6)：

——挂车向前运动时的制动回位力 $P_0$ 和特性参数值 $\rho$；

——挂车向后运动时的制动回位力 $P_{0r}$ 和特性参数值 $\rho_r$；

——挂车向后运动时处于最大允许行程 $s_r$ 时的最大制动力矩 $M_r$(见图 L.6)；

——挂车向后运动时制动控制装置杠杆的最大允许行程(见图 L.6)。

**L.7.4** 对液压制动器，应确定下列参数：

a) $i'_g$(见图 L.8)。

b) 制动力矩为 $M^*$ 时的制动力 $p^*$。

c) 对液压传输系统，制动力矩 $M^*$ 为作用在制动主缸上的压力 $p^*$ 的函数。当挂车向前运动时，制动器摩擦面的转速相当于 60 km/h 的车速；当挂车向后运动时，该车速为 6 km/h。根据测量得到的曲线推出下列参数(见图 L.7)：

——挂车向前运动时的制动回位力 $p_0$ 和特性参数值 $\rho'$；

——挂车向后运动时的制动回位力 $P_{0r}$ 和特性参数值 $\rho'_r$；

——挂车向后运动时处于最大允许液体体积 $V_r$ 时的最大制动力矩 $M_r$(见图 L.7)；

——挂车向后运动时一个制动车轮系数的最大允许液体体积 $V_r$(见图 L.7)。

d) 制动缸活塞的顶部表面积 $F_{Rz}$。

L.7.5 Ⅰ型试验的替代规程如下：

a) 当制动系统部件在惯性试验台上进行试验时满足 5.1.5.2 和 5.1.5.3 的要求，则不必按 5.1.5 对提交试验的车辆进行Ⅰ型试验。

b) Ⅰ型试验替代规程应按 K.3.5.2 的规定进行(盘式制动器同样适用)。

## L.8 车辆控制装置和制动器间的协调性

L.8.1 应对车辆进行检查，确认控制装置的特征参数、制动器特性参数、挂车特性参数以及挂车制动系统是否满足制造商的规定。

L.8.2 各类制动器应进行如下检查并满足相应要求：

a) 未与控制装置和制动器同时检查的传输装置部件应实车进行检查。

b) 质量检查应符合如下要求：

——挂车最大质量 $G_A$ 不应超过控制装置所允许挂接的最大质量 $G'_A$；

——挂车最大质量 $G_A$ 不应超过挂车所有制动器共同作用所能制动的最大质量 $G_B$。

c) 力检查应符合如下要求：

——临界压力 $K_A$ 不应低于 $0.02gG_A$，也不应高于 $0.04gG_A$；

——对采用刚性挂钩的挂车，最大剪切力 $D_1$ 不应超过 $0.10g \cdot G_A$，对采用轴式挂钩的多轴挂车不应超过 $0.067g \cdot G_A$；

——最大拉力 $D_2$ 应处于 $0.1gG_A$ 和 $0.5gG_A$ 之间。

L.8.3 作用于挂车车轮周缘上的制动力总和不应小于 $0.50gG_A$。考虑到 $0.01gG_A$ 的滚动阻力，对应的制动力 $B$ 即为 $0.49gG_A$。在这种情况下，作用在挂接装置上的最大允许推力应满足如下要求：

a) 对带轴式挂钩的多轴挂车，$D^* = 0.067gG_A$；

b) 对带刚性挂钩的挂车，$D^* = 0.100gG_A$。

L.8.4 制动器的效率 $\eta_H$ 应满足如下关系式：

a) 对机械传输的惯性制动系统。

$$\left[\frac{B \times R}{\rho} + nP_0\right]\frac{1}{(D^* - K) \times \eta_H} \leqslant i_H$$

b) 对液压传输的惯性制动系统。

$$\left[\frac{B \times R}{n \times \rho'} + p_0\right]\frac{1}{(D^* - K) \times \eta_H} \leqslant \frac{i_h}{F_{Hz}}$$

L.8.5 控制装置的控制行程应满足如下要求：

a) 对带有轴式挂钩的多轴挂车，如制动杆连接装置取决于牵引装置位置，控制装置的控制行程应大于控制装置有效行程 $S'$，两者之差值应大于行程损失 $S_0$。行程损失 $S_0$ 不应超过有效行程 $S'$ 的 10%。

b) 单轴和多轴挂车的有效(有用)行程 $S'$按下面的方法确定。

——若制动杆系受牵引装置角度位置的影响,则 $S'=S-S_0$;

——如没有行程损失,则 $S'=S$;

——对液压制动系统,则 $S'=S-S''$。

c) 用下列不等式检查控制装置是否合适。

——对机械传输的惯性制动系统:

$$i_H \leqslant \frac{S'}{S_{B*} \times i_g}$$

——对液压传输的惯性制动系统:

$$\frac{i_h}{F_{Hz}} \leqslant \frac{S'}{2S_{B*} \times nF_{Rz} \times i'_g}$$

L.8.6 附加检查主要包括如下内容:

a) 对机械传输的惯性制动系统进行检查,确认从控制装置向制动系统传力的连杆系安装正确。

b) 对液压传输的惯性制动系统,应确认主缸行程不应小于 $S/i_h$。

c) 车辆制动时的总体状况检查是道路试验的主要内容,应在不同车速下以不同的制动力和制动强度进行检查。不允许出现自激励的无衰减振动。

## L.9 总体说明

上述规定适用于机械传输或液压传输的惯性制动系统的常规装置,特别是挂车的所有车轮都装备相同制动器和轮胎的情况。

## L.10 试验报告

对装备惯性制动系统的挂车的试验申请应附有有关控制装置和制动器的试验报告以及挂车惯性式控制装置、传输装置和制动器间协调性的报告。

## L.11 图例

图 L.1～图 L.8 仅用于对本附录相关条款的一般性说明。实际应用时,应按被测试车辆的具体结构和特性参数进行处理。

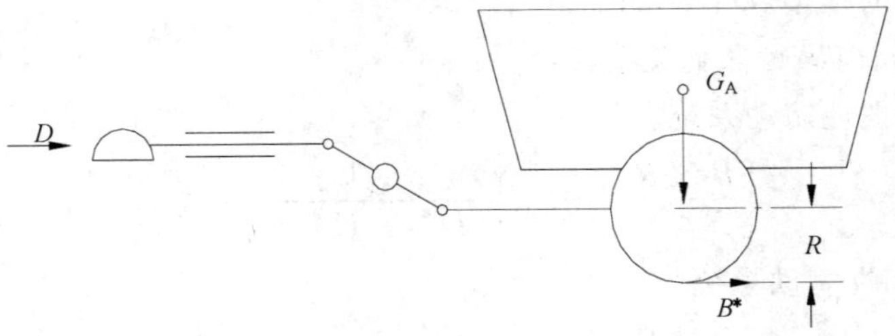


**图 L.1 适用于各类制动器的符号**

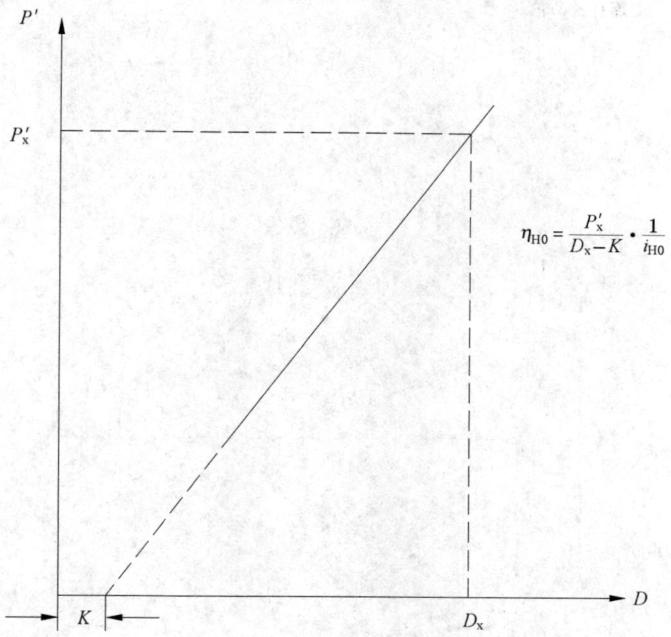


图 L.2　机械传输装置的 ***P′-D*** 关系曲线

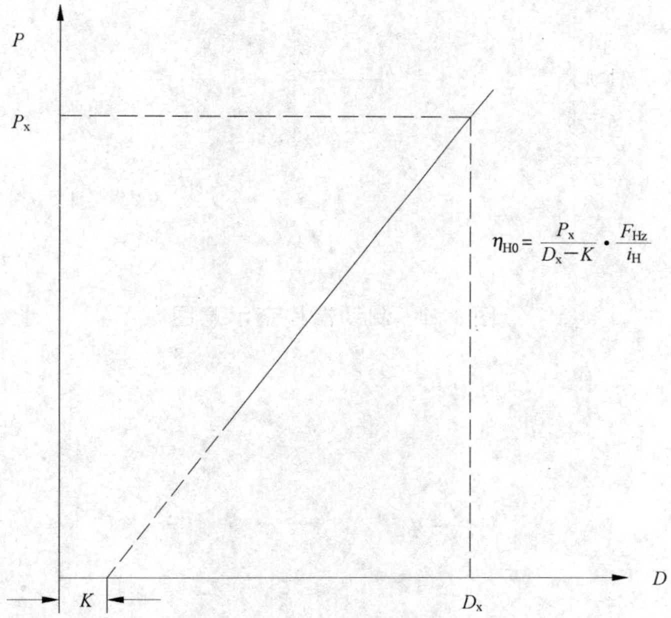


图 L.3　液压传输装置的 ***P-D*** 关系曲线

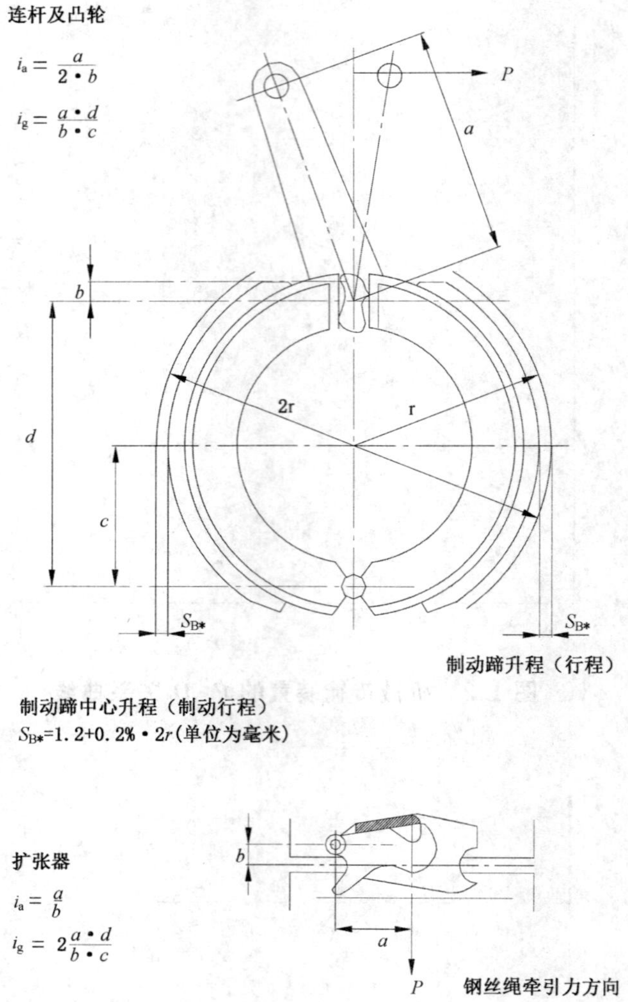


图 L.4 制动器检查示意图

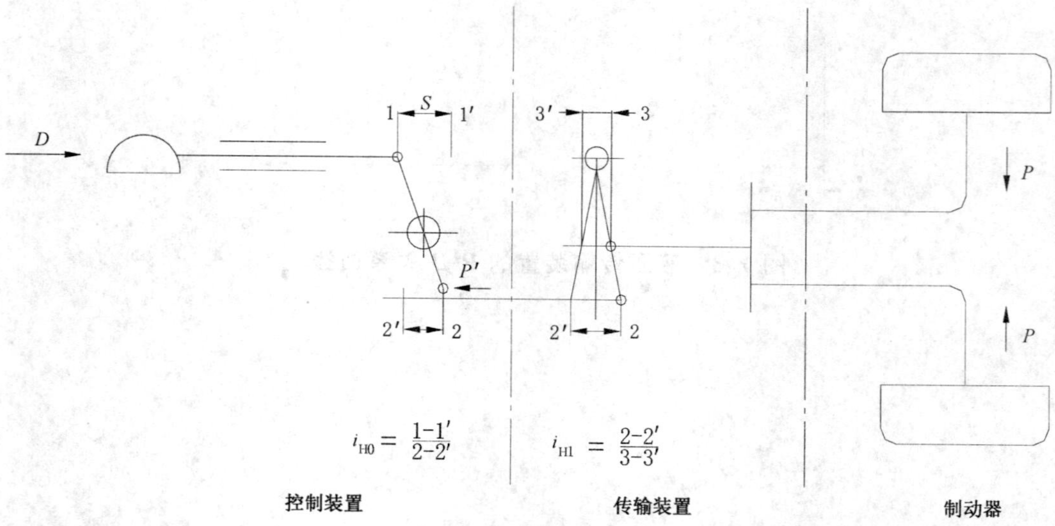


图 L.5 机械传输式制动系统组成示意图

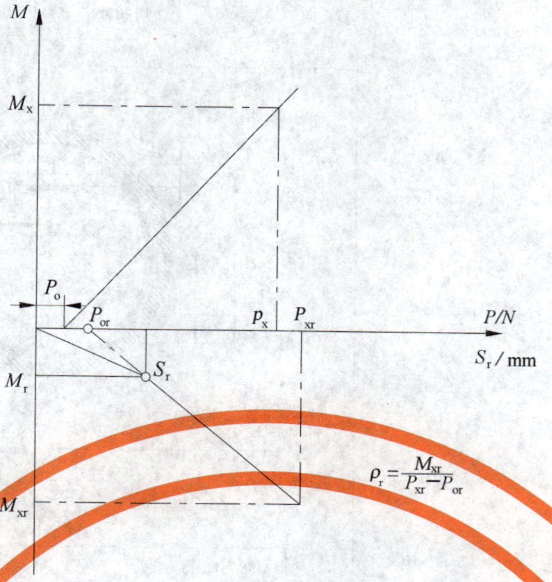


图 L.6　机械制动器 $\boldsymbol{M}$-$\boldsymbol{P}$/$\boldsymbol{M}$-$\boldsymbol{S}_\mathrm{r}$ 关系曲线

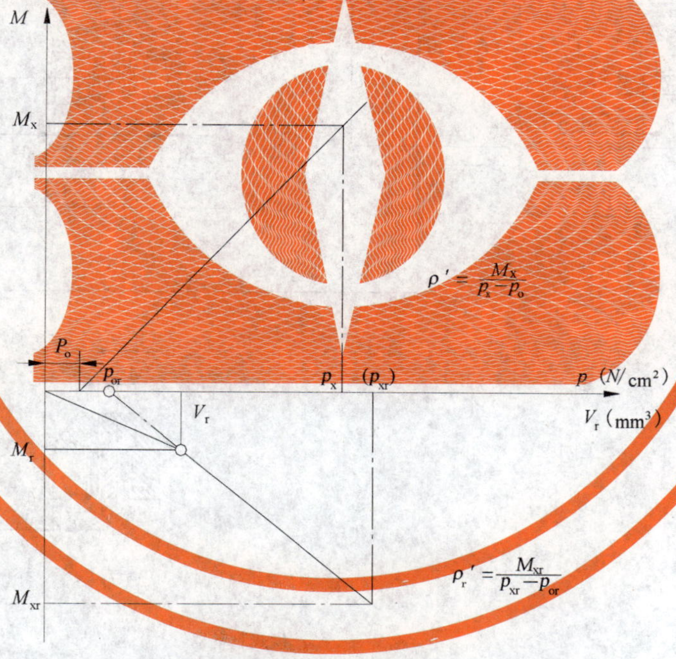


图 L.7　液压制动器 $\boldsymbol{M}$-$\boldsymbol{P}$/$\boldsymbol{M}$-$\boldsymbol{V}_\mathrm{r}$ 关系曲线

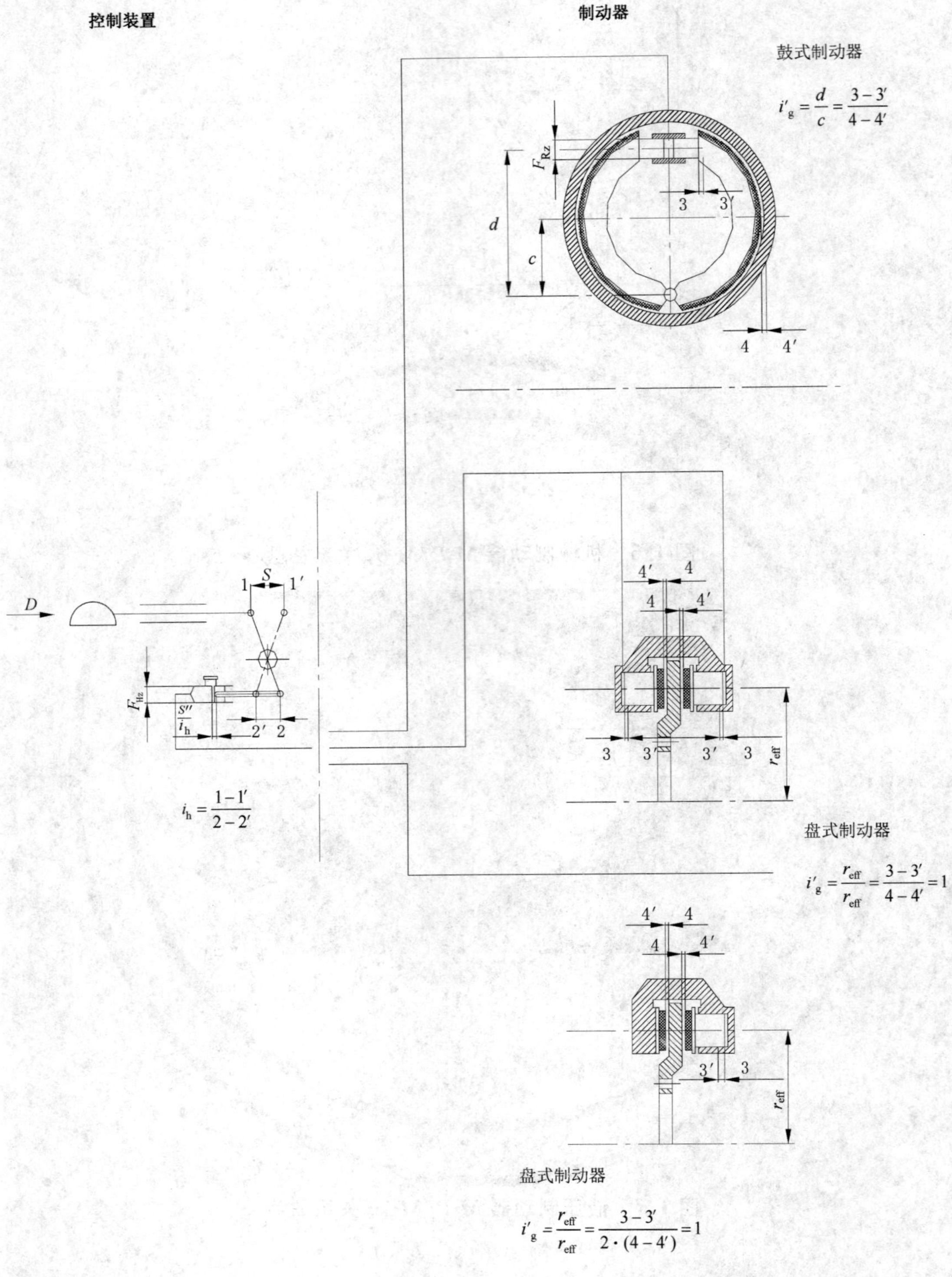


**图 L.8　液压传输制动系统组成示意图**

ICS 71.080.10
G 16

# 中华人民共和国国家标准

GB/T 12701—2014
代替 GB/T 12701—1990

# 工业用乙烯、丙烯中微量含氧化合物的测定　气相色谱法

Ethylene and propylene for industrial use—Determination of trace oxygenates—Gas chromatographic method

2014-07-08 发布　　2014-12-01 实施

中华人民共和国国家质量监督检验检疫总局
中国国家标准化管理委员会　发布

# 前言

本标准按照 GB/T 1.1—2009 给出的规则起草。

本标准代替 GB/T 12701—1990《工业用乙烯、丙烯中微量甲醇的测定　气相色谱法》。

本标准与 GB/T 12701—1990 相比主要变化如下：

——标准名称修改为《工业用乙烯、丙烯中微量含氧化合物的测定　气相色谱法》；

——标准的范围由“适用于甲醇含量大于 1 mg/kg 的试样”修改为“适用于甲醇、二甲醚、甲基叔丁基醚、乙醛、乙醇、异丙醇、丙酮和丁酮浓度不低于 0.5 $mg/m^3$ 的乙烯、丙烯”（见第 1 章，1990 年版的第 1 章）；

——色谱柱由填充柱修改为毛细管柱（见第 5 章表 1，1990 年版的第 5 章）；

——修改了标样配制的相关内容（见第 4 章，1990 年版的第 4 章）；

——修改了汽化装置和进样装置相关内容（见第 5 章，1990 年版的第 5 章）；

——取消了原标准中吸收装置及试样的富集操作相关内容（见 1990 年版的第 5 章、第 6 章）；

——修改了计算和结果的表示相关内容（见第 8 章，1990 年版的第 7 章、第 8 章）。

本标准由中国石油化工集团公司提出。

本标准由全国化学标准化技术委员会石油化学分技术委员会（SAC/TC 63/SC 4）归口。

本标准起草单位：中国石油化工股份有限公司上海石油化工研究院。

本标准主要起草人：李薇、唐琦民。

本标准所代替标准的历次版本发布情况为：

——GB/T 12701—1990。

# 工业用乙烯、丙烯中微量含氧化合物的测定 气相色谱法

## 1 范围

1.1 本标准规定了用气相色谱法测定工业用乙烯、丙烯中微量含氧化合物的含量。

1.2 本标准适用于甲醇、二甲醚、甲基叔丁基醚、乙醛、乙醇、异丙醇、丙酮和丁酮浓度不低于0.5 mL/$m^3$的乙烯、丙烯的测定。

注：传统石油路线生产的乙烯、丙烯产品中通常只含有甲醇一种含氧化合物杂质；煤制烯烃技术生产的乙烯、丙烯产品可能含有甲醇及1.2中的其他含氧化合物杂质。

1.3 本标准并不是旨在说明与其使用有关的所有安全问题。使用者有责任采取适当的安全与健康措施，保证符合国家有关法规的规定。

## 2 规范性引用文件

下列文件对于本文件的应用是必不可少的。凡是注日期的引用文件，仅注日期的版本适用于本文件。凡是不注日期的引用文件，其最新版本(包括所有的修改单)适用于本文件。

GB/T 3723 工业用化学产品采样安全通则(GB/T 3723—1999，idt ISO 3165:1976)

GB/T 8170 数值修约规则与极限数值的表示和判定

GB/T 13289 工业用乙烯液态和气态采样法(GB/T 13289—2014，ISO 7382:1986，NEQ)

GB/T 13290 工业用丙烯和丁二烯液态采样法(GB/T 13290—2014，ISO 8563:1987，NEQ)

## 3 方法原理

在本标准规定的条件下，气体(或液体汽化后)试样通过气体进样装置被载气带入色谱柱。使各含氧化合物组分分离，用氢火焰离子化检测器(FID)检测。记录各含氧化合物组分的峰面积，采用外标法定量。

## 4 试剂与材料

### 4.1 载气

氮气或氦气：纯度≥99.99%(体积分数)，经硅胶及5 A分子筛干燥，净化。

### 4.2 辅助气

4.2.1 氢气：纯度≥99.99%(体积分数)，经硅胶及5 A分子筛干燥，净化。

4.2.2 空气：经硅胶及5 A分子筛干燥，净化。

### 4.3 含氧化合物

甲醇、二甲醚、甲基叔丁基醚、乙醛、乙醇、异丙醇、丙酮和丁酮等，供配制标样用。纯度应不低于99.0%(质量分数)。

### 4.4 正戊烷

用作配制液体标样的溶剂,纯度不小于99.5%(质量分数),应不含有4.3所述含氧化合物杂质,其他满足要求的溶剂也可使用。

### 4.5 标样

4.5.1 气体标样:包含乙烯和丙烯产品中常见的含氧化合物组分,以4.3标准试剂甲醇、二甲醚及丙酮等配制而成。各组分的含量为10 mL/$m^3$,底气为氦气或氮气。可采用市售的有证标样。

4.5.2 液体标样:含氧化合物组分(如甲基叔丁基醚、乙醛、乙醇、异丙醇和丁酮)的饱和蒸汽压低,不易配制气体标样,因此可配制液体标样。方法如下:按重量法将丙酮和上述含氧化合物组分配制于正戊烷或其他合适的溶剂中,配制各组分含量为200 mg/kg左右的液体标样,用于测定这些组分相对于丙酮的相对校正因子。

注:标样根据工艺和样品分析的需要配制。液体标样作为气体标样的补充,仅在实际样品中待测的含氧化合物杂质组分未配入气体标样时需要。

## 5 仪器

### 5.1 气相色谱仪

配置六通气体进样阀(定量管容积1.0 mL)和氢火焰离子化检测器(FID)的气相色谱仪。该仪器对本标准所规定的最低测定浓度下的含氧化合物所产生的峰高应至少大于噪声的两倍。

### 5.2 色谱柱

推荐的色谱柱及典型操作条件见表1,典型色谱图见图1和图2。能满足分离要求的其他色谱柱和色谱条件也可使用。

表1 推荐的色谱柱及典型操作条件

| 色谱条件 | 色谱条件1 | 色谱条件2[a] |
|---|---|---|
| 色谱柱 | CP-Lowox | 键合(交联)聚乙二醇 |
| 柱长/m | 10 | 15 |
| 柱内径/mm | 0.53 | 0.53 |
| 液膜厚度/μm | — | 1.2 |
| 载气流量/(mL/min) | 15 (He) /8 ($N_2$) | 8($N_2$) |
| 柱温 | | |
| 初始温度/℃ | 110 | 40 |
| 保持时间/min | 1 | 4 |
| 升温速率/(℃/min) | 8 | — |
| 到达温度/℃ | 170 | — |
| 保持时间/min | 0 | — |
| 二次升温速率/(℃/min) | 15 | — |
| 终止温度/℃ | 200 | — |

表 1（续）

| 色谱条件 | 色谱条件 1 | 色谱条件 2[a] |
|---|---|---|
| 终温保持时间/min | 3 | — |
| 汽化室温度/℃ | 150 | 150 |
| 检测器温度/℃ | 250 | 250 |
| 阀箱温度/℃ | 100 | 100 |
| 气体样品进样量/mL | 1.0 | 1.0 |
| 液体标样进样量/μL | 1.0 | 1.0 |
| 分流比 | 2∶1 | 2∶1 |

[a] 色谱条件 2 仅适用于测定甲醇一种含氧化合物杂质。

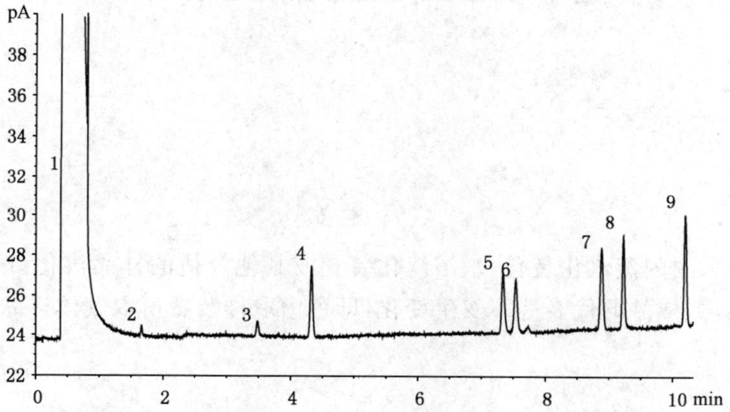


说明：

1——乙烯或丙烯；

2——二甲醚；

3——乙醛；

4——甲基叔丁基醚；

5——甲醇；

6——丙酮；

7——丁酮；

8——乙醇；

9——异丙醇。

**图 1　CP-Lowox 色谱柱上的典型色谱图**

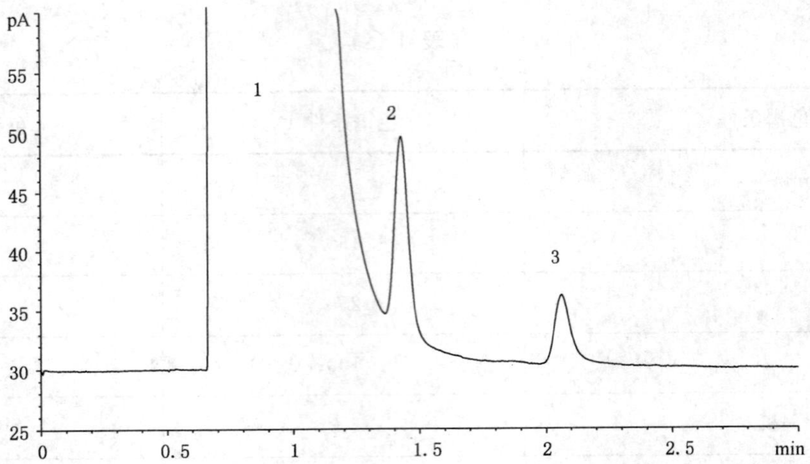


说明：
1——乙烯或丙烯；
2——丙酮；
3——甲醇。

**图 2 聚乙二醇色谱柱上的典型色谱图**

### 5.3 记录装置

积分仪或色谱工作站。

### 5.4 汽化装置

液态丙烯试样可采用闪蒸汽化装置、水浴汽化装置或其他合适的样品汽化方式汽化。汽化装置应保证液体样品完全汽化，样品的代表性不发生变化，即色谱取样装置所取气体样品与被汽化的液体样品组成的一致性。

### 5.5 进样装置

气体标样和样品采用六通气体进样阀进样，进样体积为 1.0 mL。

液体标样(4.5.2)采用 10 μL 微量注射器进样，进样体积为 1.0 μL。

注：需要时可对 5.4 及 5.5 中所用的采样钢瓶、汽化装置、气体进样阀、进样口及连接管线进行钝化处理，防止微量的含氧化合物被吸附。

## 6 采样

按 GB/T 13289、GB/T 13290 和 GB/T 3723 的规定采取样品。

## 7 测定步骤

### 7.1 设定操作条件

根据仪器操作说明书，在色谱仪中安装并老化色谱柱。然后调节仪器至表 1 所示的操作条件，待仪器稳定后即可开始测定。

## 7.2 校正

7.2.1 用六通气体进样阀，在规定的条件下向色谱仪注入 1.0 mL 气体标样，重复测定两次，测量各含氧化合物组分的平均峰面积，作为定量计算的依据。两次重复测定的峰面积之差应不大于其平均值的 5%。

7.2.2 如果样品中含有气体标样中未配制的含氧化合物杂质组分，则需要配制 4.5.2 的液体标样，并按以下方法测定该杂质组分对丙酮的相对摩尔校正因子。

采用微量注射器(5.5)，在规定的条件下向色谱仪注入 1.0 μL 液体标样，重复测定两次，测量各含氧化合物组分的平均峰面积。两次重复测定的峰面积之差应不大于其平均值的 5%。

计算这些组分对丙酮的相对摩尔校正因子，作为定量计算的依据。相对摩尔校正因子按式(1)计算。部分含氧化合物组分的相对分子质量见表 2。

$$R_i=\frac{m_i}{m_f}\times\frac{A_f}{A_i}\times\frac{M_f}{M_i} \qquad \cdots\cdots(1)$$

式中：

$R_i$——组分 $i$ 对丙酮的相对摩尔校正因子；

$m_i$——标样中含氧化合物组分 $i$ 的质量，单位为毫克(mg)；

$m_f$——标样中丙酮的质量，单位为毫克(mg)；

$M_i$——含氧化合物组分 $i$ 的相对分子质量；

$A_i$——标样中含氧化合物组分 $i$ 的峰面积；

$A_f$——标样中丙酮的峰面积；

$M_f$——丙酮的相对分子质量。

**表 2 部分含氧化合物组分的相对分子质量**

| 组分名称 | 相对分子质量 |
|---|---|
| 二甲醚 | 46.07 |
| 甲醇 | 32.04 |
| 乙醛 | 44.05 |
| 甲基叔丁基醚 | 88.15 |
| 乙醇 | 46.07 |
| 异丙醇 | 60.10 |
| 丙酮 | 58.08 |
| 丁酮 | 72.11 |

## 7.3 试样汽化

用采样钢瓶所取得的液态丙烯试样，需先经充分汽化后才能导入进样装置。将 5.4 中汽化装置加热至所需温度，并将加热系统的一端与试样钢瓶的出口阀相连接，而另一端接至进样装置，此时开启钢瓶的出口阀，试样即进入汽化装置并获得充分汽化。当用气体进样阀进样时，需用试样对进样装置进行足够的冲洗。

## 7.4 试样测定

用六通气体进样阀准确注入 1.0 mL 气态样品，重复测定两次，记录并测得各含氧化合物组分的峰面积。

## 8 分析结果的表述

### 8.1 计算

8.1.1 样品中待测的含氧化合物杂质组分已在气体标样中配制时，这些待测组分的含量 $\varphi_i$ 按式(2)计算，以毫升每立方米($mL/m^3$)计：

$$\varphi_i = \varphi_s \times \frac{A_i}{A_s} \qquad \cdots\cdots(2)$$

式中：

$\varphi_s$ ——标样中含氧化合物组分 $i$ 的含量，单位为毫升每立方米($mL/m^3$)；

$A_i$ ——试样中含氧化合物组分 $i$ 的峰面积；

$A_s$ ——标样中含氧化合物组分 $i$ 的峰面积。

8.1.2 样品中待测的含氧化合物杂质组分未在气体标样中配制时，需结合气体标样中丙酮的含量、测得的峰面积和 7.2.2 液体标样测定的相对摩尔校正因子计算这些组分的含量。这些待测组分的含量 $\varphi_i$ 按式(3)计算，以毫升每立方米($mL/m^3$)计：

$$\varphi_i = \varphi_f \times \frac{A_i}{A_f} \times R_i \qquad \cdots\cdots(3)$$

式中：

$\varphi_f$ ——气体标样中丙酮的含量，单位为毫升每立方米($mL/m^3$)；

$A_i$ ——试样中组分 $i$ 的峰面积；

$A_f$ ——气体标样中丙酮的峰面积；

$R_i$ ——组分 $i$ 对丙酮的相对摩尔校正因子。

8.1.3 以毫克每千克(mg/kg)表示的含氧化合物的含量由式(4)给出：

$$w_i = \varphi_i \times \frac{M_i}{M} \qquad \cdots\cdots(4)$$

式中：

$w_i$ ——试样中含氧化合物的含量，单位为毫克每千克(mg/kg)；

$M_i$ ——试样中含氧化合物的相对分子质量；

$M$ ——试样的相对分子质量，乙烯为 28.05，丙烯为 42.08。

### 8.2 结果的表示

对于任一试样，以两次重复测定结果的算术平均值报告其分析结果，按 GB/T 8170 的规定修约至 0.1 mg/kg 或 0.1 $mL/m^3$。

## 9 重复性

在同一实验室，由同一操作者使用相同设备，按相同的测试方法，并在短时间内对同一被测对象相互独立进行测试获得的两次独立测试结果的绝对差值不应超过下列的重复性限($r$)，以超过重复性限($r$)的情况不超过 5% 为前提：

$X \leqslant 10\ mL/m^3$ 时，$r$ 为其平均值的 20%。

$X > 10\ mL/m^3$ 时，$r$ 为其平均值的 15%。

## 10 报告

报告应包括下列内容：

a) 有关试样的全部资料，例如名称、批号、采样地点、采样时间等；

b) 本标准编号；

c) 测定结果；

d) 测定中观察到的任何异常现象的细节及其说明；

e) 分析人员的姓名及分析日期等；

f) 未包括在本标准中的任何操作及自由选择的操作条件的说明。

ICS 21.220.10
G 42

# 中华人民共和国国家标准

GB 12731—2014
代替 GB 12731—2003

# 阻燃V带

# Fire-resistant V-belts

2014-09-03 发布　　　　2015-07-01 实施

中华人民共和国国家质量监督检验检疫总局
中国国家标准化管理委员会　发布

# 前　言

**本标准5.5安全性能为强制性的，其余为推荐性的。**

本标准按照GB/T 1.1—2009给出的规则起草。

本标准代替GB 12731—2003《阻燃V带》，与GB 12731—2003相比，除编辑性修改外主要技术变化如下：

——修改了阻燃V带结构表示方法(见3.1和3.2，2003版的3.1和3.2)；

——增加了阻燃V带型号表示方法(见4.1)；

——增加了阻燃V带疲劳性能要求及试验方法(见5.4和6.3)；

——修改了阻燃V带抗静电性能表示方法(见5.5.2，2003版的4.4.2)；

——增加了阻燃汽车V带的性能要求和试验方法(见第5章和第6章)。

本标准由中国石油和化学工业联合会提出。

本标准由全国带轮与带标准化技术委员会摩擦型带传动分技术委员会(SAC/TC 428/SC 3)归口。

本标准起草单位：浙江三维橡胶制品股份有限公司、宁波丰茂远东橡胶有限公司、浙江青莱特传动工业有限公司、浙江凯欧传动带有限公司、浙江紫金港胶带有限公司、青岛市产品质量检验技术研究所。

本标准主要起草人：张国方、刘友良、孙光明、陆江军、汪金芳、解德利、庞长志、吴桂卿。

本标准所代替标准的历次版本发布情况为：

——GB/T 10714—1989；

——GB 12731—1991、GB 12731—2003。

# 阻 燃 V 带

## 1 范围

本标准规定了阻燃V带的结构、型号和标记、要求、试验方法、检验规则、标志、标签、包装、运输和贮存。

本标准适用于矿井等要求阻燃和抗静电场合下的V带。

## 2 规范性引用文件

下列文件对于本文件的应用是必不可少的。凡是注日期的引用文件,仅注日期的版本适用于本文件。凡是不注日期的引用文件,其最新版本(包括所有的修改单)适用于本文件。

GB 338 工业用甲醇

GB/T 394.1 工业酒精

GB/T 3686 V带拉伸强度和伸长率试验方法

GB/T 3688 V带线绳粘合强度试验方法

GB/T 10715 带传动 多楔带、联组V带及包括宽V带、六角带在内的单根V带 抗静电带的导电性:要求和试验方法(GB/T 10715—2002,ISO 1813:1998,MOD)

GB/T 11544 带传动 普通V带和窄V带 尺寸(基准宽度制)(GB/T 11544—2012,ISO 4184:1992,MOD)

GB/T 11545 带传动 汽车工业用V带 疲劳试验(GB/T 11545—2008,ISO 5287:2003,MOD)

GB/T 13352 带传动 汽车工业用V带及其带轮 尺寸(GB/T 13352—2008,ISO 2790:2004,MOD)

GB/T 14562 V带疲劳试验方法 有扭矩法

HG/T 3864 V带的层间粘合强度试验方法

MT 182 酒精喷灯燃烧器的结构与技术要求

## 3 结构

3.1 阻燃V带按其截面形状分为阻燃普通V带、阻燃窄V带;按结构分为包边式阻燃V带和切边式阻燃V带,其中,切边式阻燃V带分为普通切边阻燃V带、有齿切边阻燃V带和底胶夹布切边阻燃V带。

3.2 阻燃V带由包布、顶布、顶胶、缓冲胶、抗拉体、底胶夹布、底布等组成(见图1)。

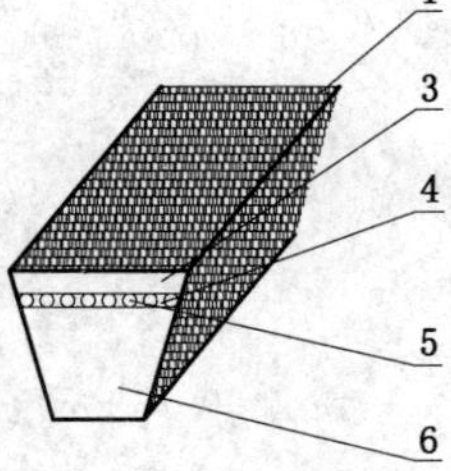


a) 包边阻燃V带

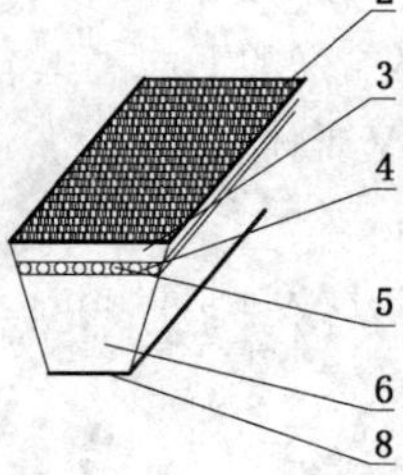


b) 切边阻燃V带

图1 阻燃V带结构示意图

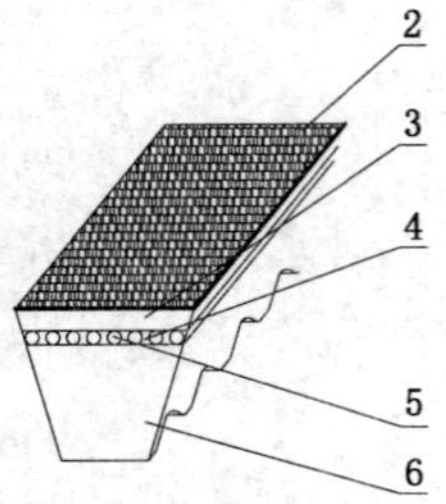


c） 有齿切边阻燃 V 带

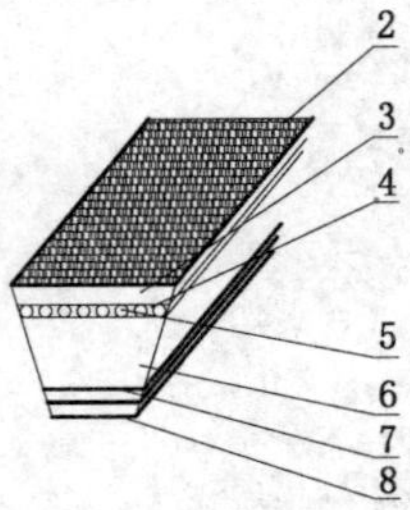


d） 底胶夹布切边阻燃 V 带

说明：

1——包布；

2——顶布；

3——顶胶；

4——缓冲胶；

5——抗拉体；

6——底胶；

7——底胶夹布；

8——底布。

图 1（续）

## 4 型号和标记

### 4.1 型号

阻燃普通 V 带型号分为 Z、A、B、C、D、E 六种，有齿阻燃普通 V 带以 ZX、AX、BX、CX、DX、EX 表示。

阻燃窄 V 带型号分为 SPZ、SPA、SPB、SPC、9N、15N、25N 七种，有齿阻燃窄 V 带以 XPZ、XPA、XPB、XPC、9NX、15NX、25NX 表示。

阻燃汽车 V 带型号分为 AV10、AV13、AV15、AV17、AV22 五种，有齿阻燃汽车 V 带以 AVX10、AVX13、AVX15、AVX17、AVX22 表示。

### 4.2 标记

阻燃 V 带的标记示例。以符合 GB 12731，阻燃，A 型，基准长度为 1 400 mm 的阻燃普通 V 带为例，其标记为：

示例：

GB 12731-FR-A1400

标记中各要素的含义如下：

FR ——阻燃 V 带标志；

A ——型号；

1 400——基准长度为 1 400 mm。

## 5 要求

### 5.1 外观质量

阻燃 V 带的外观质量应符合表 1 的规定。

**表 1　阻燃 V 带外观质量要求**

| 类　型 | | 缺陷名称 | 要　求 |
|---|---|---|---|
| 阻燃普通 V 带 | 阻燃包边普通 V 带 | 带角包布破损 | 外包布每边累计长度不应超过带长的 30%(内包布不应有) |
| | | 鼓包 | 不应有 |
| | | 包布搭缝脱开 | |
| | | 带身压扁 | |
| | | 海绵状 | |
| | | 飞边 | 顶面单侧飞边不应超过 0.5 mm |
| | 阻燃切边普通 V 带 | 鼓包 | 不应有 |
| | | 带偏、开裂 | |
| | | 海绵状 | |
| 阻燃窄 V 带 | 阻燃包边窄 V 带 | 工作面凸起 | SPZ、9N 型不应有;SPA、SPB、15N 型此缺陷高度不应超过 0.5 mm;SPC、25N 型应高度不应超过 1 mm |
| | | 包布破损 | SPZ、9N 型不应有;SPA、SPB、15N、SPC、25N 型外包布破损总长度不应超过带长的 25%,内包布不应有 |
| | | 包布搭缝脱开 | SPZ、9N 型不应有;SPA、SPB、15N、SPC、25N 型此缺陷只允许有一处不应超过 30 mm 长和 3 mm 宽 |
| | | 海面状 | 不应有 |
| | | 飞边 | 顶面单侧飞边不应超过 0.5 mm |
| | 阻燃切边窄 V 带 | 鼓包 | 不应有 |
| | | 带偏、开裂 | |
| | | 角度不对称 | |
| | | 海绵状 | |
| 阻燃汽车 V 带 | | 飞边 | 包边 V 带顶面单侧飞边不应超过 0.5 mm |
| | | 鼓包 | 不应有 |
| | | 扭曲 | |
| | | 开裂 | |
| | | 切边 V 带两侧面及顶面切割重边、分层,顶布接缝脱开、线绳明显弯曲 | 不应有 |

## 5.2　尺寸

阻燃普通 V 带和阻燃窄 V 带的基准长度极限偏差、露出高度、中心距变化量、配组差按 GB/T 11544 的规定。阻燃汽车 V 带的有效长度极限偏差、露出高度、中心距变化量按 GB/T 13352 的规定。

### 5.3 物理性能

阻燃 V 带的物理性能应符合表 2 的规定。

**表 2 阻燃 V 带的物理性能**

<table>
<tr><th rowspan="2">类型</th><th rowspan="2">型号</th><th rowspan="2">拉伸强度<br>kN<br>≥</th><th colspan="2">参考力伸长率<br>%<br>≤</th><th colspan="2">线绳粘合强度<br>kN/m<br>≥</th><th rowspan="2">布与顶胶间<br>粘合强度<br>kN/m<br>≥</th></tr>
<tr><th>包边 V 带</th><th>切边 V 带</th><th>包边 V 带</th><th>切边 V 带</th></tr>
<tr><td rowspan="6">阻燃普通 V 带</td><td>Z、ZX</td><td>2.0</td><td rowspan="6">7.0</td><td rowspan="4">5.0</td><td>13.0</td><td>25.0</td><td rowspan="2">—</td></tr>
<tr><td>A、AX</td><td>3.0</td><td>17.0</td><td>28.0</td></tr>
<tr><td>B、BX</td><td>5.0</td><td>21.0</td><td>28.0</td><td rowspan="4">2.0</td></tr>
<tr><td>C、CX</td><td>9.0</td><td>27.0</td><td>35.0</td></tr>
<tr><td>D、DX</td><td>15.0</td><td rowspan="2">—</td><td>31.0</td><td>—</td></tr>
<tr><td>E、EX</td><td>20.0</td><td>31.0</td><td>—</td></tr>
<tr><td rowspan="5">阻燃窄 V 带</td><td>SPZ、XPZ<br>9N、9NX</td><td>2.3</td><td rowspan="3">4.0</td><td rowspan="3">3.0</td><td>13.0</td><td>20.0</td><td rowspan="2">—</td></tr>
<tr><td>SPA、XPA</td><td>3.0</td><td>17.0</td><td>25.0</td></tr>
<tr><td>SPB、XPB<br>15N、15NX</td><td>5.4</td><td>21.0</td><td>28.0</td><td rowspan="3">2.0</td></tr>
<tr><td>SPC、XPC</td><td>9.8</td><td rowspan="2">5.0</td><td rowspan="2">4.0</td><td>27.0</td><td>35.0</td></tr>
<tr><td>25N、25NX</td><td>12.7</td><td>31.0</td><td>—</td></tr>
<tr><td rowspan="5">阻燃汽车 V 带</td><td>AV10、AVX10</td><td>2.26</td><td colspan="2">4.0</td><td>—</td><td>—</td><td>—</td></tr>
<tr><td>AV13、AVX13</td><td>3.14</td><td colspan="2">4.0</td><td>—</td><td>—</td><td>—</td></tr>
<tr><td>AV15、AVX15</td><td>3.7</td><td colspan="2">4.0</td><td>—</td><td>—</td><td>—</td></tr>
<tr><td>AV17、AVX17</td><td>4.42</td><td colspan="2">6.0</td><td>—</td><td>—</td><td>—</td></tr>
<tr><td>AV22、AVX22</td><td>7.06</td><td colspan="2">6.0</td><td>—</td><td>—</td><td>—</td></tr>
</table>

### 5.4 疲劳性能

阻燃普通 V 带和阻燃窄 V 带的疲劳寿命应符合表 3 的规定，阻燃汽车 V 带的疲劳寿命应符合表 4 的规定。

阻燃普通 V 带和阻燃窄 V 带的疲劳寿命用屈挠次数表示，按式(1)计算：

$$R=\frac{N\times d_{\mathrm{d}}\times\pi\times 60\times t}{L_{\mathrm{d}}} \qquad \cdots\cdots(1)$$

式中：

$R$ ——屈挠次数；

$N$ ——主动轮平均转速，单位为转每分(r/min)；

$d_{\mathrm{d}}$——主动轮基准直径，单位为毫米(mm)；

$t$ ——V 带终止试验前所经历的时间，单位为小时(h)；

$L_{\mathrm{d}}$——V 带基准长度，单位为毫米(mm)。

**表 3 阻燃普通 V 带和阻燃窄 V 带的疲劳寿命**

| 类型 | 型号 | 疲劳寿命/次 ≥ |
|---|---|---|
| 阻燃普通 V 带 | Z、ZX | 1×10⁵ |
| | A、AX | 3×10⁵ |
| | B、BX | 4×10⁵ |
| 阻燃窄 V 带 | SPZ、XPZ、SPA、XPA、SPB、XPB | 1×10⁶ |

注 1：阻燃普通 V 带的 C、CX、D、DX、E、EX 型号中某一型号在其同种材质的 A 或 B 型号疲劳试验结果达到标准合格要求，它的各项性能指标又达到本标准合格规定要求时，则同期该批产品亦可视为合格。

注 2：阻燃窄 V 带的 SPC、XPC、9N、9NX、15N、15NX、25N、25NX 型号中某一型号在其同种材质的 SPZ、SPA、SPB 中任一型号疲劳试验结果达到标准合格要求，它的各项性能指标又达到本标准合格规定要求时，则同期该批产品亦可视为合格。

**表 4 阻燃汽车 V 带的疲劳寿命**

| 类型 | | 型号 | 疲劳寿命/h ≥ |
|---|---|---|---|
| 阻燃汽车 V 带 | 包边 V 带 | AV10、AV13、AV15、AV17、AV22 | 55 |
| | 切边 V 带 | AV10、AVX10、AV13、AVX13、AV15、AVX15、AV17、AVX17、AV22、AVX22 | 80 |

## 5.5 安全性能

### 5.5.1 阻燃性能

阻燃 V 带的阻燃性能应符合表 5 的规定。

**表 5 阻燃 V 带试样的熄灭时间**

单位为秒

| 型号 | | | 6 个试样的平均熄灭时间 ≤ | | 每个试样的熄灭时间 ≤ | |
|---|---|---|---|---|---|---|
| 阻燃普通 V 带 | 阻燃窄 V 带 | 阻燃汽车 V 带 | 明焰 | 无焰燃烧 | 明焰 | 无焰燃烧 |
| Z、ZX | SPZ、XPZ、9N、9NX | AV10、AVX10 | 5 | 5 | 10 | 12 |
| A、AX | SPA、XPA | AV13、AVX13 | 5 | 5 | 10 | 12 |
| B、BX | SPB、XPB、15N、15NX | AV15、AVX15<br>AV17、AVX17 | 5 | 5 | 10 | 12 |
| C、CX | SPC、XPC | AV22、AVX22 | 5 | 7 | 10 | 15 |
| D、DX | 25N、25NX | — | 5 | 7 | 10 | 15 |
| E、EX | — | — | 5 | 7 | 10 | 15 |

### 5.5.2 抗静电性能

阻燃 V 带的抗静电性用阻燃 V 带电阻测量值表示。阻燃 V 带试验中每一个电阻测量单值均不得大于表 6 的规定值。

**表 6 单根 V 带传动表面的最大电阻**

| 型号 | | | 最大电阻值/MΩ |
|---|---|---|---|
| 阻燃普通 V 带 | 阻燃窄 V 带 | 阻燃汽车 V 带 | |
| Z、ZX | — | — | 4.48 |
| A、AX | SPZ、XPZ、9N、9NX | AV10、AVX10 | 3.6 |
| — | SPA、XPA | AV13、AVX13、 | 2.8 |
| B、BX | — | AV15、AVX15、AV17、AVX17 | 2.5 |
| C、CX | SPB、XPB、15N、15NX | AV22、AVX22 | 2 |
| — | SPC、XPC | — | 1.6 |
| D、DX | — | — | 1.42 |
| E、EX | 25N、25NX | — | 1.12 |

## 6 试验方法

6.1 阻燃普通 V 带和阻燃窄 V 带的尺寸按 GB/T 11544 的规定进行测量,阻燃汽车 V 带的尺寸按 GB/T 13352 的规定进行试验。

6.2 阻燃 V 带的物理性能按 GB/T 3686、GB/T 3688、HG/T 3864 的规定进行试验,阻燃 V 带的参考力应符合表 7 的规定。

**表 7 阻燃 V 带的参考力**

| 类型 | 型号 | 参考力/kN |
|---|---|---|
| 阻燃普通 V 带 | Z、ZX | 0.8 |
| | A、AX | 1.4 |
| | B、BX | 2.4 |
| | C、CX | 3.9 |
| | D、DX | 7.8 |
| | E、EX | 11.8 |
| 阻燃窄 V 带 | SPZ、XPZ、9N、9NX | 0.8 |
| | SPA、XPA | 1.1 |
| | SPB、XPB、15N、15NX | 2.0 |
| | SPC、XPC | 3.9 |
| | 25N、25NX | 5.0 |

表 7（续）

| 类型 | 型号 | 参考力/kN |
|---|---|---|
| 阻燃汽车 V 带 | AV10、AVX10 | 0.79 |
| | AV13、AVX13 | 1.48 |
| | AV15、AVX15 | 1.8 |
| | AV17、AVX17 | 2.36 |
| | AV22、AVX22 | 3.93 |

6.3 阻燃普通 V 带和窄 V 带的疲劳性能按 GB/T 14562 的规定进行试验，阻燃汽车 V 带的疲劳性能按 GB/T 11545 的规定进行试验。

6.4 阻燃 V 带的阻燃性能试验应符合附录 A 的规定。

6.5 阻燃 V 带的抗静电性能按 GB/T 10715 的规定进行试验。

## 7 检验规则

7.1 阻燃 V 带由制造厂质量检验部门检验合格，并出具合格证明后方能出厂。

7.2 阻燃 V 带应逐条进行外观质量和尺寸检查。

7.3 阻燃 V 带均以不多于 5 000 A 米为一批；在每批产品中，抽取出足够样品进行物理性能、抗静电性和阻燃性能检验，且这种检验每月不得少于一次；同种型号、同种材质的阻燃 V 带疲劳寿命检验，每半年不得少于一次。

7.4 若各项性能中有一项不合格，则应在该批产品中另取双倍试样对不合格项目进行复验，如其中一项结果仍不合格，则该批产品为不合格品。

## 8 标志、标签、包装、运输、贮存

### 8.1 标志

每条阻燃 V 带上应有明显标志，应至少包括以下内容：

a) 标记；

b) 制造商名或商标；

c) 制造年月。

### 8.2 标签和包装

采用合适的包装物进行包装，标签应至少包括以下内容：

a) 标记；

b) 制造商名或商标；

c) 制造年月。

### 8.3 运输和贮存

8.3.1 阻燃 V 带在运输和贮存中，应避免阳光直射和雨雪浸淋，保持清洁，防止酸、碱、油及有机溶剂等有害于带质量的物质接触，带的贮存位置应离热源装置 1 m 以上，贮存中不能使带受到过大的弯曲和挤压。

8.3.2 贮存时库房温度宜保持在 −18 ℃～30 ℃，相对湿度不宜超过 70%。

8.3.3 贮存期间应避免使阻燃 V 带变形，可将阻燃 V 带挂在月牙形的架子上或平整地放在货架上。

# 附 录 A
(规范性附录)
阻燃性能试验方法

## A.1 原理

用具有一定温度的火焰灼烧V带试样达一定时间后移去灯焰，测定试样上的明焰和无焰燃烧自动熄火所需的时间。

## A.2 装置

试验装置包括以下部分：

a) 酒精喷灯，应按MT 182的规定，燃料由带有刻度管的容器供给(见图A.1)。
b) 夹持器及其支架，用来按要求位置夹持试样。
c) 燃烧试验箱，应设有加工好的配合孔作为燃料导管的入口，箱子应设有可调节装置，确保试件处在适当位置。在箱子上部装有带抽风机的烟罩，但应以不引起火焰燃烧变化为前提，否则试验时应关闭抽风机(见图A.2)。
d) 秒表，宜使用最小分度0.01 s，总量程为30 s的秒表。

单位为毫米

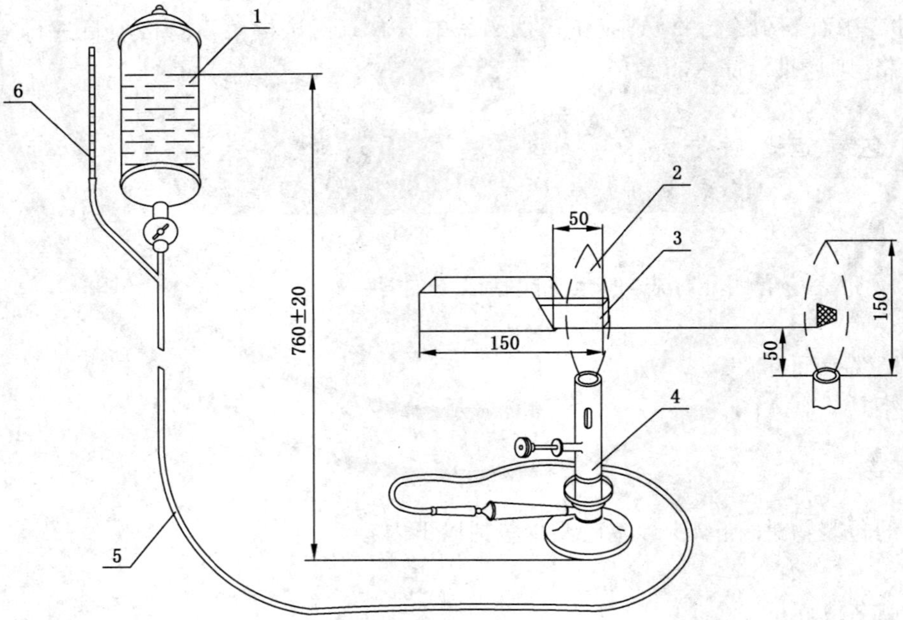


说明：

1——酒精容器；
2——火焰外缘；
3——试样；
4——酒精喷灯；
5——透明塑料管；
6——刻度玻璃管。

**图A.1 阻燃性试验喷灯和试样的布置**

单位为毫米

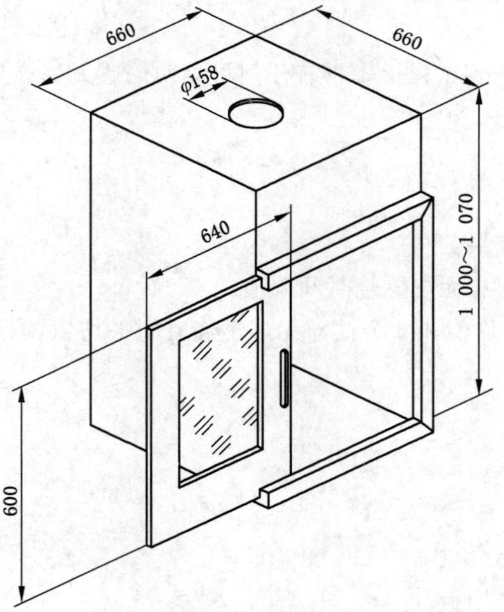


图 A.2 燃烧试验箱

## A.3 燃料

所用燃料为95%乙醇和5%甲醇的混合物(体积分数),其中乙醇按GB/T 394.1的规定,甲醇按GB 338的规定。

## A.4 试样

试样应为在同一条V带上截取的六段,每段长度大于100 mm,要求切割面整齐,与顶面垂直,并保持干净、干燥、光洁,不含毛边。如一条V带上不能取足6个试样,则取两条,但须在试验报告中注明。

## A.5 试验程序

### A.5.1 酒精喷灯的点燃操作

**A.5.1.1** 先在酒精喷灯的预热盘中添入适量燃料,关闭喷灯的控制阀并打开酒精容器的阀门。

**A.5.1.2** 在确认酒精容器内的燃料耗量为零(即无泄漏)后,点燃预热盘内的燃料,拧开喷灯的控制阀达一圈,点燃喷灯。调节酒精容器的高度,直至火焰高度达到150 mm为止。

**A.5.1.3** 试验时试样周围的空气流动应尽量小,以不影响燃着试件的火焰为准。

**A.5.1.4** 试验时容器内的燃料液面高度应保持在距离酒精喷灯底部(760±20)mm范围内,见图A.1。

**A.5.1.5** 试样位于火焰中央,其前缘与火焰外缘一致。

**A.5.1.6** 试样应垂直于燃烧箱的门,以便观察到试样的两面。

### A.5.2 试样的灼烧和自熄时间的测定

**A.5.2.1** 将试样夹持在燃烧试验箱内的夹持器上,V带试样切割端面位于铅锤平面上,V带试样顶面呈铅锤方向。调节夹持器高度，使试样下缘能位于喷灯灯口上方 50 mm（见图 A.1）。

**A.5.2.2** 将喷灯移至试样灼烧端的正下方，与此同时，启动秒表并关闭燃烧试验箱门，30 s 后迅速移开喷灯。

**A.5.2.3** 分别记录自移开灯焰到试样上不再有任何可见明焰或无焰燃烧的时间（即自燃时间）。

## A.6 结果的表述

应记录和计算下列试验结果：

a） 每个试样的明焰时间和无焰燃烧时间单值；

b） 6 个试样明焰时间平均值和 6 个试样无焰燃烧时间平均值，取小数点后两位，修约至小数点后一位。

## A.7 试验报告

试验报告应包括下列内容：

a） 试验 V 带的品种、规格；

b） 试验室温度和相对湿度；

c） 试验结果；

d） 试验日期；

e） 试验者。

ICS 21.220.10
G 42

# 中华人民共和国国家标准

GB/T 12735—2014
代替 GB/T 12735—1991

# 带传动 农业机械用V带 疲劳试验

Belt drives—V-belts for the agricultural machinery—Fatigue test

2014-05-06 发布 2014-12-01 实施

中华人民共和国国家质量监督检验检疫总局
中国国家标准化管理委员会 发布

# 前　言

本标准按照 GB/T 1.1—2009 给出的规则起草。

本标准代替 GB/T 12735—1991《农业机械用 V 带疲劳试验方法》，与 GB/T 12735—1991 相比，除编辑性修改外主要技术变化如下：

——修改了表 1 的试验用带轮尺寸，HL 型 V 带的外径 216.47 mm 修改为 216.41 mm；HA 型 V 带的测量球或棒的间距 90.36 mm 修改为 90.63 mm；HB 型 V 带的测量球或棒的直径 14.228 mm 修改为 14.288 mm(见 4.1，1991 年版的 3.2.1)；

——修改了表 2 的试验参数，HD 型 V 带的带总张力 1 191 N 修改为 1 911 N；HK 型 V 带的带总张力由 1 156 N 修改为 1 680 N(见 6.2，1991 年版的 5.2)；

——修改了试验带轮要求，轮缘部分表面硬度 HRC45～48 修改为(217～255)HBW，轮槽两侧表面结构的粗糙度 $Ra$ 小于 0.8 μm 修改为不大于 3.2 μm(见 4.2 和 4.3，1991 年版的 3.2.2 和 3.2.3)；

——增加了表 1、表 2、表 3 的表注(见 4.1，6.2 和 6.3)。

本标准由中国石油和化学工业联合会提出。

本标准由全国带轮与带标准化技术委员会摩擦型带传动分技术委员会(SAC/TC 428/SC 3)归口。

本标准起草单位：马鞍山锐生工贸有限公司、无锡市中惠橡胶科技有限公司、佳木斯惠尔有限责任公司、浙江凯殴传动带有限公司、浙江紫金港胶带有限公司、青岛市产品质量检验技术研究所。

本标准主要起草人：朱六生、刘志刚、朱树生、王宏钢、解德利、庞长志、吴桂卿、王萍。

本标准所代替标准的历次版本发布情况为：

——GB/T 12735—1991。

# 带传动　农业机械用 V 带 疲劳试验

## 1　范围

本标准规定了试验室快速检验农业机械用 V 带(以下简称带)的疲劳试验方法。

本标准适用于在规定条件下测定带的疲劳寿命。

本标准适用于农业机械用普通 V 带、农业机械用变速 V 带和农业机械用六角带。

## 2　规范性引用文件

下列文件对于本文件的应用是必不可少的。凡是注日期的引用文件,仅注日期的版本适用于本文件。凡是不注日期的引用文件,其最新版本(包括所有的修改单)适用于本文件。

GB/T 10821　农业机械用 V 带和多楔带　尺寸

## 3　装置

3.1　疲劳试验机(参见图 1)为两轮试验机。包括电动机、主动轮、通过被试带传动的从动轮和测功仪、张紧装置以及必要的仪表。

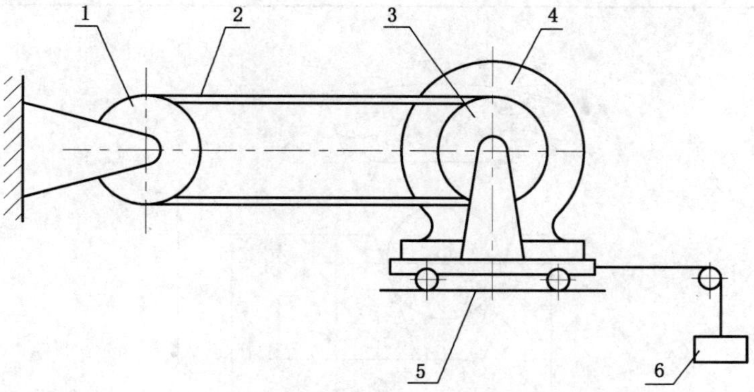


说明:

1——主动轮;

2——带;

3——从动轮;

4——测功仪;

5——滑道;

6——重砣。

**图 1　两轮试验机示意图**

3.2　如果用内燃机代替电动机,则应装上一个足够大的飞轮来消除冲击。

3.3　试验机的主动轮或者从动轮安装在滑道上,可作水平移动,使带承受恒定张力。

3.4　所有装配件的尺寸应足够精确,转动件应装配在适宜的轴承里,尽量减少摩擦。

## 4 试验用带轮

4.1 试验用带轮符合表1尺寸规定(见图2)。

**表1 试验用带轮尺寸**

单位为毫米

| 型号 | 外径 $d_a$ | 槽角 $\varphi$/(°) | 槽顶宽 $b_a$ (参考值) | 槽深 $h_c$ > | 测量球或棒的直径 $d$ | 测量球或棒的间距 $K$ |
|---|---|---|---|---|---|---|
| HA | 82.55±0.13 | 34±20′ | 12.55 | 12.45 | $11.112^{+0.005}_{-0.004}$ | 90.63±0.13 |
| HB | 114.30±0.13 | 32±20′ | 16.00 | 14.73 | $14.288^{+0.005}_{-0.004}$ | 124.61±0.13 |
| HC | 172.72±0.13 | 34±20′ | 22.33 | 19.81 | $19.844^{+0.005}_{-0.004}$ | 187.40±0.13 |
| HD | 269.24±0.13 | 34±20′ | 31.98 | 26.67 | $28.575^{+0.005}_{-0.004}$ | 290.95±0.13 |
| HI | 140.97±0.13 | 26±20′ | 26.85 | 23.01 | $24.209^{+0.005}_{-0.004}$ | 156.39±0.13 |
| HJ | 168.16±0.13 | 26±20′ | 33.22 | 28.58 | $30.162^{+0.006}_{-0.005}$ | 188.49±0.13 |
| HK | 195.58±0.13 | 26±20′ | 39.57 | 34.92 | $36.512^{+0.006}_{-0.005}$ | 222.99±0.13 |
| HL | 216.41±0.13 | 26±20′ | 45.92 | 38.10 | $42.862^{+0.006}_{-0.005}$ | 250.90±0.13 |
| HM | 237.49±0.13 | 26±20′ | 52.27 | 44.45 | $48.419^{+0.006}_{-0.005}$ | 274.72±0.13 |

注1:当标准变速V带装在符合表中参数的轮槽上时,应凹进轮槽3.2 mm,而普通V带则应与槽轮外径齐平。

注2:主动轮和从动轮尺寸相同。

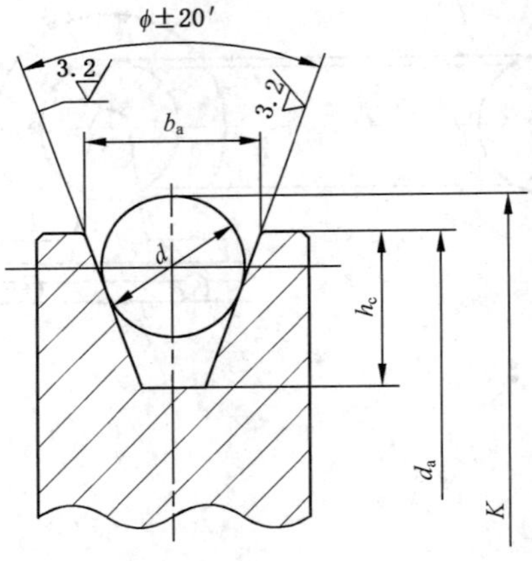


**图2 试验用带轮示意图**

4.2 试验用带轮采用45号钢制作并进行调质处理,轮缘部分表面硬度为217 HBW~255 HBW。

4.3 轮槽两侧表面结构的粗糙度要求:$Ra$ 不大于3.2 μm。

4.4 轮槽两侧面最外端对带轮轴线的径向圆跳动不超过0.25 mm,端面圆跳动不超过0.1 mm。

## 5 试样

选取4条符合GB/T 10821要求的带作为一组试样进行试验。

## 6 试验条件

6.1 实验室温度应控制在 18 ℃～32 ℃。

6.2 主动轮的转速、从动轮的传动功率、带速及带总张力符合表 2 试验参数规定。从动轮的传动功率及带的总张力的极限偏差为规定值的±2%。

表 2 试验参数

| 型号 | 从动轮的传动功率<br>kW | 带总张力<br>N | 带速(近似值)<br>m/s | 主动轮转速<br>r/min |
|---|---|---|---|---|
| HA | 2.02 | 441 | 6.98 | 1 750 |
| HB | 5.15 | 804 | 9.90 | 1 750 |
| HC | 12.14 | 1 245 | 14.88 | 1 750 |
| HD | 29.42 | 1 911 | 23.27 | 1 750 |
| HI | 3.38 | 441 | 11.63 | 1 750 |
| HJ | 9.71 | 1 069 | 13.97 | 1 750 |
| HK | 17.14 | 1 680 | 16.30 | 1 750 |
| HL | 23.68 | 2 050 | 18.03 | 1 750 |
| HM | 30.16 | 2 314 | 19.78 | 1 750 |
| 注：所列的从动轮的传动功率和带总张力是一些荐用近似值，这些值适用于长度为普通长度，紧边松边张力比为 5 的 V 带的实验室疲劳试验。 | | | | |

6.3 如果农业机械用 V 带和六角带在使用中有反向弯曲，本试验需要增加两个张紧轮进行反向弯曲试验(参见图 3)。试验参数符合表 3 和表 4 的规定。

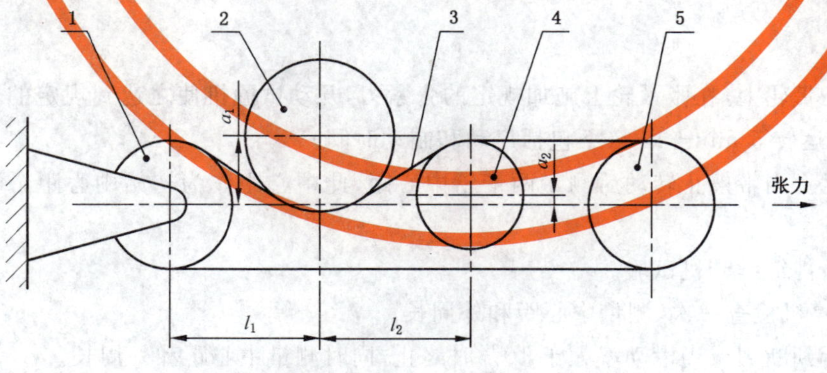


说明：

1——主动轮；

2——1 号张紧轮；

3——带；

4——2 号张紧轮；

5——从动轮。

图 3 反向弯曲试验装置

表 3 张紧轮安装位置

单位为毫米

| 型号 | $l_1$ | $l_2$ | $a_1$ | | $a_2$ |
|---|---|---|---|---|---|
| | | | 平轮(V 带用) | 槽轮(六角带用) | |
| HA HAA | 98.4 | 98.4 | 44.4 | 25.4 | 6.4 |
| HB HBB | 139.7 | 139.7 | 60.3 | 34.9 | 6.4 |
| HC HCC | 222.2 | 222.2 | 76.2 | 41.3 | 12.7 |
| HD HDD | 355.6 | 355.6 | 114.3 | 57.2 | 19.0 |
| 注：各轮槽的尺寸及极限偏差见表 1，试验参数按 6.2 规定。 | | | | | |

表 4 V 带和六角带反向弯曲试验参数

单位为毫米

| 型号 | 有效直径 $d_e$ | | | |
|---|---|---|---|---|
| | 主动轮和从动轮 | 1 号张紧轮 | | 2 号张紧轮（槽轮） |
| | | 平轮(V 带用) | 槽轮(六角带用) | |
| HA HAA | 82.55 | 108.0 | 69.8 | 69.8 |
| HB HBB | 114.30 | 152.4 | 101.6 | 101.6 |
| HC HCC | 172.72 | 215.9 | 146.0 | 146.0 |
| HD HDD | 269.24 | 342.9 | 228.6 | 228.6 |
| 注：各轮槽的尺寸及极限偏差见表 1，试验参数按 6.2 规定。 | | | | |

## 7 试验程序

7.1 将带安装在带轮上，在张紧轮上施加规定的张紧力，开动试验机使之达到规定的转速，让试验装置在规定的条件下运转 5 min±15 s(不包括启动和制动时间)。

7.2 关闭试验机。当带停止转动后测量两带轮中心距，此中心距作为初始中心距。测量外周长，作为初始外周长。

7.3 在规定的条件继续开机试验。

7.4 每隔 24 h 停机检查一次，测量中心距和外周长。

7.5 当试验进行到断裂或当滑动率大于 10%时终止，同时测量中心距和外周长。

滑动率按式(1)计算：

$$\varepsilon = \left(1 - \frac{n_2}{n_1}\right) \times 100\% \quad \cdots\cdots\cdots\cdots (1)$$

式中：

ε ——滑动率(%)；

$n_1$——主动轮转速，单位为转每分(r/min)；

$n_2$——从动轮转速，单位为转每分(r/min)。

7.6 记录试验开始到试验终止的时间(停机时间除外)。

## 8 试验结果的计算及评定

### 8.1 计算

8.1.1 有效伸长率按式(2)计算:

$$\delta_a = \frac{2(a_e - a_o)}{L_o} \times 100\% \quad \cdots\cdots(2)$$

式中:

$\delta_a$——有效伸长率(%);

$a_o$——初始中心距,单位为毫米(mm);

$a_e$——终止中心距,单位为毫米(mm);

$L_o$——初始外周长,单位为毫米(mm)。

8.1.2 外周长变化率按式(3)计算:

$$\delta_b = \frac{L_e - L_o}{L_o} \times 100\% \quad \cdots\cdots(3)$$

式中:

$\delta_b$——外周长变化率(%);

$L_o$——初始外周长,单位为毫米(mm);

$L_e$——终止外周长,单位为毫米(mm)。

8.1.3 计算 $\delta_a$ 和 $\delta_b$ 之差,该值反映了带的侧面磨损程度和带陷入轮槽中的程度。

### 8.2 评定

带的疲劳寿命以终止时的运转时间(小时)表示。

## 9 试验报告

试验报告至少包括以下内容:

a) 试样的截型、规格;

b) 试验时的温度;

c) 试验运转时间;

d) 有效伸长率和外周长变化率;

e) 试验终止原因;

f) 试验评定;

g) 试验员、审核、批准;

h) 试验单位;

i) 试验时间;

j) 试验送检单位或人员、日期。

ICS 65.060.35
B 91

中华人民共和国国家标准

GB/T 12785—2014
代替 GB/T 12785—2002

# 潜水电泵　试验方法

# Test methods for submersible motor-pumps

2014-07-24 发布　　2015-01-01 实施

中华人民共和国国家质量监督检验检疫总局
中国国家标准化管理委员会　发布

# 前　言

本标准按照 GB/T 1.1—2009 给出的规则起草。

本标准代替 GB/T 12785—2002《潜水电泵　试验方法》。

本标准与 GB/T 12785—2002 相比，除编辑性修改外主要技术差异如下：

——将原标准的“3　试验”修改为“3　试验与验收准则”(见第 3 章)；

——将原标准试验验收等级增加为三级，增加了单边容差带(见 3.6.1，2002 年版的 11.3)；

——增加了关于与螺杆潜水电泵试验相关的内容；

——增加了关于与高压潜水电动机试验相关的内容；

——修改了关于电动机初始状态绕组温度测量的内容，对测量条件提出了定量要求(见 5.3.1，2002 年版的 7.1)；

——修改了空载电阻的测定方法(见 6.1.3，2002 年版的 8.1.4)；

——按 GB 755—2008 将原标准的温升试验更名为热试验(见第 7 章，2002 年版的第 9 章)，并增加了采用预埋检温计测温、降低负载电流法测温的试验方法(见 7.2、7.3)；

——增加了用圆图法计算电动机额定功率点性能的内容(见 8.5.2)；

——增加了机组成套试验，规范了潜水电泵机组成套试验的方法，满足相关潜水电泵的产品技术标准和用户使用要求(见第 9 章)；

——按 JJF 1059.1 将原标准附录 A“试验误差的分析和估算”，修改为附录 B“测量不确定度评定”；

——增加了附录 A“仪表校准时间间隔”；

——删除原标准附录 B，将相关内容移入正文(见 3.6.1、3.6.2)；

——删除原标准附录 C，将相关内容移入正文(见 8.6.2.4)；

——增加了附录 C“量、符号与单位”；

——增加了附录 D“换算为 SI 单位”。

本标准由中国机械工业联合会提出。

本标准由全国农业机械标准化技术委员会(SAC/TC 201)归口。

本标准起草单位：中国农业机械化科学研究院、江苏大学流体机械工程技术研究中心、上海电器科学研究所(集团)有限公司、新界泵业集团股份有限公司、利欧集团股份有限公司、杭州斯莱特泵业有限公司、浙江大福泵业有限公司、海城三鱼泵业有限公司、晋州市水泵厂。

本标准主要起草人：钱一超、张咸胜、肖崇仁、王洋、李圣年、赵丽伟、席三忠、许敏田、毛剑云、侯永胜、鲁求荣、林发明、李璐璐、李群爱。

本标准所代替标准的历次版本发布情况为：

——GB/T 12785—1991、GB/T 12785—2002。

# 潜水电泵 试验方法

## 1 范围

本标准规定了潜水电泵性能试验和验收(或评定)方法。

本标准适用于各类潜水电泵(以下简称“电泵”),包括各类潜水电动机和潜水泵的试验。

## 2 规范性引用文件

下列文件对于本文件的应用是必不可少的。凡是注日期的引用文件,仅注日期的版本适用于本文件。凡是不注日期的引用文件,其最新版本(包括所有的修改单)适用于本文件。

GB 755—2008 旋转电机 定额和性能

GB/T 1032 三相异步电动机试验方法

GB 1971 旋转电机 线端标志与旋转方向

GB/T 3214 水泵流量的测定方法

GB/T 3216 回转动力泵 水力性能验收试验 1级和2级

GB/T 9651 单相异步电动机试验方法

GB/T 10068 轴中心高为56 mm及以上电机的机械振动 振动的测量、评定及限值

GB/T 10069.1 旋转电机噪声测定方法及限值 第1部分:旋转电机噪声测定方法

GB 10069.3 旋转电机噪声测定方法及限值 第3部分:噪声限值

GB/T 22714 交流低压电机成型绕组匝间绝缘试验规范

GB/T 22715 交流电机定子成型线圈耐冲击电压水平

GB/T 22719.1 交流低压电机散嵌绕组匝间绝缘 第1部分:试验方法

GB/T 22719.2 交流低压电机散嵌绕组匝间绝缘 第2部分:试验限值

## 3 试验与验收准则

### 3.1 保证

#### 3.1.1 保证点

泵的保证点应由保证流量 $Q_G$ 和保证扬程 $H_G$ 确定。电动机的保证点由电动机的额定频率 $f_N$、额定电压 $U_N$ 和额定功率 $P_N$ 确定。保证值是电泵在保证点应保证的参数值,可以是标准规定值、设计值或是验收试验时的商定值。

注:按条文使用的不同场合对保证点可采用保证、规定、设计(或额定)的称谓。

#### 3.1.2 保证条件

除另有规定,验收试验应遵守下列保证条件:

a) 应用3.3.1规定的试验用液体,在符合本标准规定的方法、试验装置及试验条件的试验台上进行。

b) 应保证泵的性能是指泵入口和出口法兰之间的性能,泵出口侧的管路和附件不属于保证的

范围。

c) 应保证电动机的性能是指含有 5 m 以内引出电缆的性能，超过 5 m 所引起的电动机性能的变化不在保证的范围。

试验台应为制造厂提供，也可经合同双方商定认可的第三方提供。对一定批量、同规格的泵验收时，测试泵的数量应由合同双方商定。

### 3.1.3 保证内容

制造厂应保证电泵在规定条件(额定频率和额定电压)下保证点的性能：

a) 测得的泵在规定转速时的 $H \sim Q$ 曲线应触及或通过一个围绕保证点的容差范围，见表 7 和图 7、图 8；

b) 测得的电动机在规定温度时保证点的性能应在规定的容差范围内，见表 9；

c) 除保证流量、保证扬程外，在规定条件下还可保证下列一个或多个量：

   1) 泵在规定转速时的最低泵效率 $\eta_{pG}$ 或最大泵轴功率 $P_G$；

   2) 电泵机组成套试验时电泵最低效率 $\eta_{grG}$ 或电动机最大输入功率 $P_{grG}$。

## 3.2 试验类型

### 3.2.1 制造厂的产品性能检验

是制造厂对产品在保证点是否达到了保证值的检验。试验项目按有关产品标准规定。

### 3.2.2 合同验收试验

#### 3.2.2.1 非见证性验收试验

验收试验项目由合同双方商定，试验应在经合同双方商定认可的制造厂试验台或第三方试验台上进行。非见证试验没有买方代表在场，由制造方和承担试验方共同遵守本标准进行试验，对结果作出评判并形成签名文件。

#### 3.2.2.2 见证性验收试验

买方代表参与的验收试验，试验项目由合同双方商定。验收结果由买方见证人签字决定。

### 3.2.3 监督性抽查试验

由国家各级政府主管部门授权的产品质量监督检验机构进行的质量抽查试验。试验内容与项目按有关产品标准和产品质量监督检验机构的相关文件规定。试验应遵守本标准要求并在经过认证的第三方试验台或经质检机构认同的制造厂试验台上进行。

## 3.3 试验条件

### 3.3.1 试验用液体

试验介质应为清洁冷水或化学和物理性质与清洁冷水相同的液体。“清洁冷水”的特性应符合 GB/T 3216 的规定。

### 3.3.2 试验电源

试验电源应符合 GB/T 1032 的规定。

### 3.3.3 试验电泵引出电缆长度

除另有规定，试验电泵引出电缆长度不应超过 5 m。

### 3.3.4 试验电泵淹没深度

试验应在电泵淹没于水中的条件下进行。对高扬程井用潜水电泵，可部分淹没泵头，淹没深度应保证电泵试验过程中不发生汽蚀。

### 3.3.5 试验过程中的稳定性

#### 3.3.5.1 运转稳定性

##### 3.3.5.1.1 与运转稳定性有关的概念

在判定运转是否稳定时涉及到以下概念：

a) 信号平均值——通常测量信号具有随机性。信号平均值是随机信号的统计特征之一，用一个观测期 $T$ 内 $n$ 次重复测量值的算数平均值来表示。观测期 $T$ 应足够长，确定 $T$ 时应考虑测量系统中各仪表最长的响应时间以及是否充分反映了被测量值的变化特性。

b) 波动——由测量系统输出的信号及其导出的物理量随时间围绕其平均值做周期性或随机的改变称为波动。如果由于泵的结构或运转使测量信号出现大幅度波动，可在测量仪表或其连接管线中采用能使波动幅度降低到表 1 给定值的范围内的缓冲器或阻尼器。但应注意所采取的措施不能影响到读数平均值的"失真"，它应提供至少一个完整的波动周期内的波动积分。缓冲器对波动幅度的降低应是双向对称和线性的。

c) 变化——测量系统输出信号及其导出物理量的平均值的改变。

d) 读数——测量系统输出信号可记录的可视观测值。

   1) "准瞬时"读数：在尽可能短的时间内(但不短于测量系统的响应时间)读出的值。

   2) 信号的"平均读数"：具有积分功能的测量仪表直接给出的信号平均值。

e) 读数组——观测期 $T$ 时间内所读出的 $n$ 次"准瞬时"读数群，可以用来进行数据的统计分析计算(如平均值、方差、标准差的计算)。

与平均值的变化相比，波动是快速的，而平均值的变化是较慢的。根据平均值的变化情况即可判断运转是稳定或是不稳定的。

##### 3.3.5.1.2 允许的读数波动幅度

表 1 给出了每个被测量的允许波动幅度，以观测量平均值的百分数表示。

表 1 允许波动幅度

| 观测量 | 允许波动幅度/% | | |
|---|---|---|---|
| | 1 级 | 2 级 | 3 级 |
| 流量 | ±2 | ±3 | ±6 |
| 泵出口扬程 | ±2 | ±3 | ±6 |
| 输入功率 | ±2 | ±3 | ±6 |
| 转速 | ±0.5 | ±1 | ±2 |
| 转矩 | ±2 | ±3 | ±6 |

3.3.5.1.3　运转稳定条件下的观测组数

如果所有涉及到的量(流量、泵出口压力、输入功率和转速)的平均值不随时间而变化,即称该试验条件为稳定条件。试验时对一个试验工况点进行至少 10 s 的观测,如果所观测的每个量值的变化在表 2 给出的稳定条件限度以内,同时其主要参数的波动幅度不超过表 1 给出的允许波动幅度,即可认为达到了稳定运转的条件。在稳定条件下,对选定的试验工况点,各个参数可只记录一组读数组。

表 2　稳定条件下同一量重复测量结果的变化限度(基于 95%置信限度)

| 条件 | 读数组的数量或读数平均值的次数 | 每个量的最大、最小读数差相对于平均值的允差值/% | | | |
|---|---|---|---|---|---|
| | | 流量、泵总扬程、转矩、输入功率 | | 转　速 | |
| | | 1 级 | 2、3 级 | 1 级 | 2、3 级 |
| 稳定 | 1 | 0.6 | 1.2 | 0.2 | 0.4 |

3.3.5.1.4　运转不稳定条件下的观测组数

当用 3.3.5.1.3 的方法所得观测值的变化超出了表 2 给出的稳定条件限度时,则称为运转不稳定条件。应按照以下程序进行处理:

对选定的试验工况点,以随机的时间间隔(但不少于 10 s)至少取三组读数组,并记录每一量的平均值以及由每组读数计算出来的效率平均值。每个参数的最大平均值与最小平均值差值的相对允差不得大于表 3 给出的值。应取每个参数的所有各读数组平均值的算术平均值作为试验得出的实际值。

对每组读数组重复取样时,所有调节位置如阀门、水位、密封等应完全保持不变。如果达不到表 3 给出的值,应查明原因,调整试验条件,重新取一组完整的读数,并应全部废弃原先一组的读数,不可因读数超限为由对单个读数采取剔除或不读。

表 3　不稳定条件下同一量重复测量结果(平均值)之间的变化限度(基于 95%置信限度)

| 条件 | 读数组的数量或读数平均值的次数 | 每个量的最大平均值、最小平均值差相对于平均值[a] 的允差值/% | | | |
|---|---|---|---|---|---|
| | | 流量、泵总扬程、转矩、输入功率 | | 转　速 | |
| | | 1 级 | 2、3 级 | 1 级 | 2、3 级 |
| 不稳定 | 3 | 0.8 | 1.8 | 0.3 | 0.6 |
| | 5 | 1.6 | 3.5 | 0.5 | 1.0 |
| | 7 | 2.2 | 4.5 | 0.7 | 1.4 |
| | 9 | 2.8 | 5.8 | 0.8 | 1.6 |
| | 13 | 2.9 | 5.9 | 0.9 | 1.8 |
| | ＞20 | 3.0 | 6.0 | 1.0 | 2.0 |
| [a] 指各读数组平均值的算术平均值。 | | | | | |

除因测量方法或仪表误差等系统效应所致而无法加以消除的情况外,读数变化过大时应增加读数组数,并用统计分析方法计算测量结果的不确定度。

3.3.5.2　电动机的运转热稳定性

除了在内部预埋有温度传感器的电动机以外,电动机热稳定性一般采用运转足够长时间的方法来达到。空载试验预运转时间应不少于 0.5 h。热试验预运转时间为 1.5 h～4 h,容量大的电动机应取大值。负载及泵性能试验预运转时间应不少于 1 h。

### 3.4 试验设备、试验装置与测量仪器

#### 3.4.1 试验设备

试验设备包括试验装置、测量仪器和配电设备。对所有试验设备和试验过程应采取安全预防措施。试验设备应可靠接地，试验应由有相关知识、有经验和有操作资格的人员操作。

#### 3.4.2 试验装置

试验装置采用开敞式结构形式，如图 1 所示。应能满足在测量截面的液流具有最佳测量条件，即测量截面的液流呈：

——轴对称分布；

——等静压分布；

——无装置引起的旋涡。

离压力测量截面 4$D$ 距离($D$ 为测量截面直径)以内不应存在任何阀门、弯头或弯头组合、锥管或截面的突变，以防止测量截面的液流出现非常不良的速度分布或旋涡。

对测流管线，其管径应与流量计一致，流量计上、下游直管段长度应符合流量计安装的技术要求。流量调节阀应安装在流量计的下游侧，不能满足要求时，应在测流管线后设置背压管(一段垂直向上的管路)，以确保试验液体始终充满测流管线。

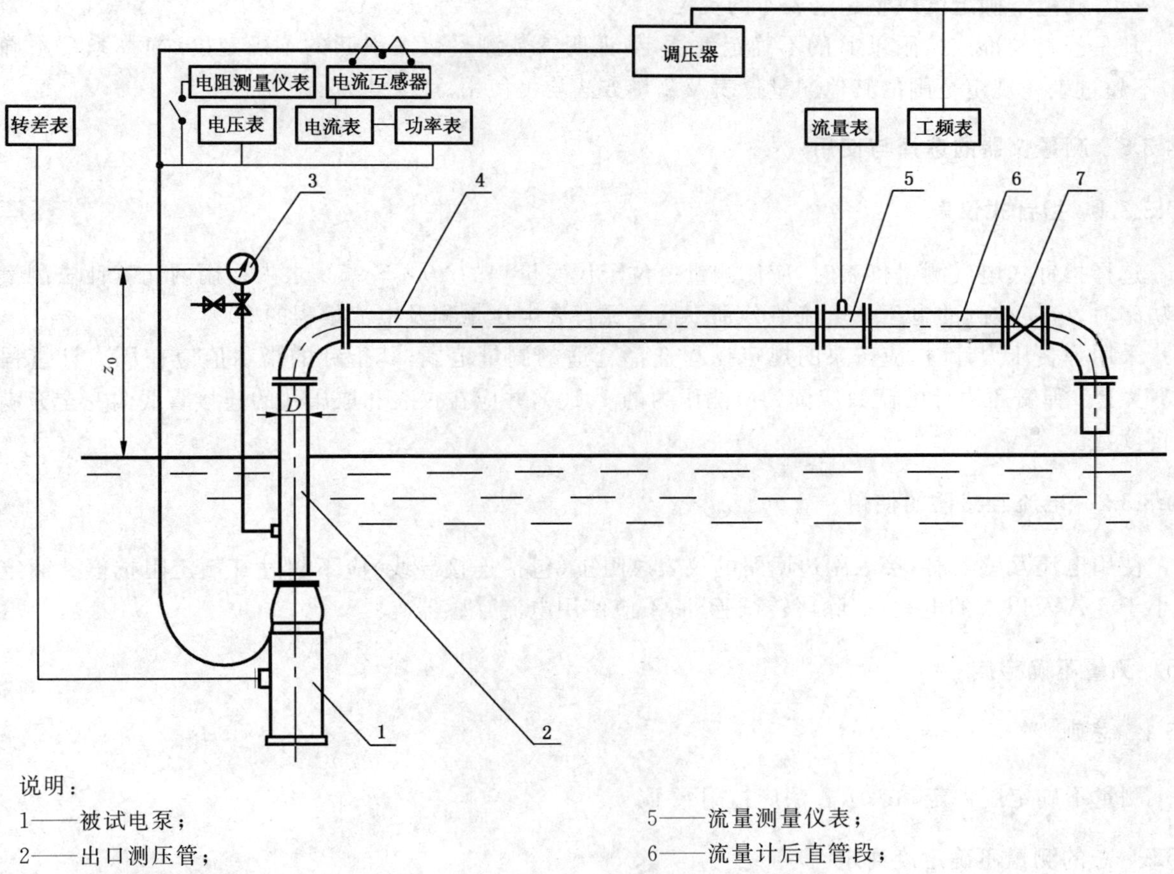


说明：

1——被试电泵；

2——出口测压管；

3——压力测量仪表；

4——流量计前直管段；

5——流量测量仪表；

6——流量计后直管段；

7——流量调节阀。

图 1 潜水电泵试验装置示意图

3.4.3 测量仪器

3.4.3.1 测量仪器校准文件的有效性

测量仪器应定期检定或校准,并在有效期内。测量仪器检定或校准时间间隔参见附录 A。

3.4.3.2 测量仪器的准确度

测量仪器的准确度或最大允许误差的具体要求如下:

a) 电流表、电压表及瓦特表(包括低功率因数瓦特表)的准确度等级应不低于 0.5 级(兆欧表除外);仪用互感器的准确度等级应不低于 0.2 级。
b) 双臂电桥或数字微欧计准确度等级应不低于 0.2 级。
c) 电量变送器的准确度等级应不低于 0.5 级。
d) 转矩测量仪表的准确度等级应不低于 0.5 级;测力计的准确度等级应不低于 1 级。
e) 转速测量仪表的最大允许误差为±0.1%,频率表的准确度等级应不低于 0.1 级。
f) 涡轮或电磁流量变送器的准确度等级应不低于 1 级,其他流量测量仪表应符合 GB/T 3214。
g) 弹簧压力计准确度等级应不低于 0.4 级,也可使用准确度相当的数字式测量仪表(含压力变送器)。
h) 温度测量仪的最大允许误差为±1 ℃。
i) 采用自动测试系统时,各参数的测量仪表(包括二次测量仪表和一次传感器或变送器)引起的测量不确定度应不超过表 4 的规定。

凡是经过校准或按附录 B 的不确定度评定,证明参数测量仪表引起的不确定度(简称系统不确定度)不超过表 4 规定范围的其他测量仪表及测量方法均可使用。

3.4.3.3 测量仪器的选择与使用

3.4.3.3.1 指针式仪表

选择指针式电气测量仪表时,应使测量值位于仪表量程的 20%~95%之内。用两瓦特计法测量三相功率时,应使被测的电压及电流值分别不低于瓦特表电压量程及电流量程的 20%。

采用弹簧压力计时,应按泵的规定扬程选择合适的测量范围,其指针的指示值应在压力计量程的 1/3 以上。弹簧压力计的读数应读到所测压力的 1/100,并应在仪表和取压孔的连接管线内完全充满水后再读数。

3.4.3.3.2 电流互感器的使用

使用电流互感器时,接入副边回路的仪表总阻抗(包括连接导线)应不超过其额定阻抗值。额定电流小于 5 A 及以下的电动机,除堵转试验外,不应使用电流互感器。

3.5 测量不确定度

3.5.1 总则

测量不确定度评定和表示方法应按附录 B。

3.5.2 总的测量不确定度评定

3.5.2.1 随机不确定度 $u_r$ 的估算

随机相对不确定度由观测值的平均值和标准差进行估算,应按 B.5.3.1 评定。

3.5.2.2　系统不确定度 $u_s$ 的估算

允许的系统相对不确定度见表 4。具体的估算方法见 B.3.5.2 和 B.3.5.3。

表 4　允许系统不确定度

| 测量参数 | 系统相对不确定度最大允许值(在保证点)/% | |
|---|---|---|
| | 1 级 | 2、3 级 |
| 流量 | ±1.5 | ±2.5 |
| 扬程 | ±1.0 | ±2.5 |
| 泵轴功率(电动机输出功率) | ±1.0 | ±2.5 |
| 电动机输入功率 | ±1.0 | ±2.0 |
| 转速 | ±0.35 | ±1.4 |
| 转矩 | ±0.9 | ±2.0 |

3.5.2.3　测量合成标准不确定度的估算

每个参数的测量合成标准不确定度 $u_c$ 按式(1)计算：

$$u_c = \sqrt{u_r^2 + u_s^2} \qquad \cdots\cdots(1)$$

式中：

$u_c$——参数测量合成标准不确定度；

$u_r$——由随机效应导致的测量标准不确定度(随机测量不确定度)；

$u_s$——由系统效应导致的测量标准不确定度(系统测量不确定度)。

3.5.2.4　总测量不确定度

总测量相对不确定度的计算见 B.5.3.5。表 5 给出了总测量相对不确定度 $u_y$ 的允许值。

表 5　总测量不确定度的允许值

| 测量参数 | 符号 | 1 级<br>% | 2、3 级<br>% |
|---|---|---|---|
| 流量 | $u_Q$ | ±2.0 | ±3.5 |
| 转速 | $u_n$ | ±0.5 | ±2.0 |
| 转矩 | $u_T$ | ±1.4 | ±3.0 |
| 泵总扬程 | $u_H$ | ±1.5 | ±3.5 |
| 电动机输入功率 | $u_{Pgr}$ | ±1.5 | ±3.5 |
| 泵输入功率<br>(由转矩和转速算出) | $u_{Pt}$ | ±1.5 | ±3.5 |
| 泵输入功率<br>(由电动机输入功率和电动机效率算出) | $u_{Pt}$ | ±2.0 | ±4.0 |

#### 3.5.2.5 效率总不确定度的确定

泵效率 $\eta_p$、电动机效率 $\eta_m$、电泵(机组)效率 $\eta_{gr}$ 的系统标准不确定度按式(2)~式(4),具体计算方法见 B.5.3.3.4。

$$u_s(\eta_p)=\sqrt{u_s^2(Q)+u_s^2(H)+u_s^2(P_t)+u_s^2(\rho)} \qquad (2)$$

$$u_s(\eta_m)=\sqrt{u_s^2(P_1)+u_s^2(P_2)} \qquad (3)$$

$$u_s(\eta_{gr})=\sqrt{u_s^2(Q)+u_s^2(H)+u_s^2(P_1)+u_s^2(\rho)} \qquad (4)$$

式中:

$u_s(\eta_p)$ ——泵效率测量的系统相对标准不确定度;

$u_s(\eta_m)$ ——电动机效率测量的系统相对标准不确定度;

$u_s(\eta_{gr})$ ——电泵效率测量的系统相对标准不确定度;

$u_s(Q)$ ——流量测量的系统相对标准不确定度;

$u_s(H)$ ——扬程测量的系统相对标准不确定度;

$u_s(P_t)$ ——轴功率测量的系统相对标准不确定度;

$u_s(P_1)$ ——电动机输入功率测量的系统相对标准不确定度;

$u_s(\rho)$ ——水密度测量的系统相对标准不确定度。

效率合成标准不确定度按式(1)计算,效率总不确定度的计算见 B.5.3.5。表 6 给出了效率总不确定度的最大允许值。

**表 6 效率总不确定度的最大允许值**

| 测量参数 | 符号 | 1 级<br>% | 2、3 级<br>% |
|---|---|---|---|
| 电泵效率(由 $Q$、$H$、$P_1$ 算出) | $u_{\eta gr}$ | ±2.9 | ±6.1 |
| 泵效率(由 $Q$、$H$、$T$、$n$ 算出) | $u_{\eta p}$ | ±2.9 | ±6.1 |
| 泵效率(由 $Q$、$H$、$P_1$、$\eta_m$ 算出) | $u_{\eta p}$ | ±3.2 | ±6.4 |

### 3.6 验收等级与容差

#### 3.6.1 泵性能的验收等级与容差

泵性能的验收分成 1、2 和 3 级。1 级含有较窄容差带,2 级含有适中容差带,3 级含有较宽容差带。每级流量、扬程又分 B(双边)、U(单边)两种容差带,共有 1U、1B、2U、2B、3B 五个验收等级。同一级(如 1B 和 1U;2B 和 2U)的流量、扬程容差带宽度相同,以适应不同的技术标准及不同的使用要求。

容差由参数的保证值乘以容差系数得到。表 7 给出了泵保证点的流量、扬程、功率和效率的验收等级和所对应的容差系数。所有容差系数以保证值的百分数表示。

**表 7 泵试验验收等级及容差系数**

| 级 | 1 | | 2 | | 3 | 保证要求 |
|---|---|---|---|---|---|---|
| $\Delta\tau_Q$ | 10% | | 16% | | 18% | |
| $\Delta\tau_H$ | 6% | | 10% | | 14% | |
| 验收等级 | 1U | 1B | 2U | 2B | 3B | |
| $\tau_Q$ | +10% | ±5% | +16% | ±8% | ±9% | 强制项 |
| $\tau_H$ | +6% | ±3% | +10% | ±5% | ±7% | |
| $\tau_P$ | +10% | +5% | +16% | +8% | +9% | 选择项 |
| $\tau_\eta$ | −3% | | −5% | | −7% | |
| **注**：$\Delta\tau_Q$、$\Delta\tau_H$——流量、扬程的容差范围，以保证值的百分数表示；<br>$\tau_Q$、$\tau_H$、$\tau_P$、$\tau_\eta$——流量、扬程、功率和泵效率的容差系数，以保证值的百分数表示。 | | | | | | |

应事先确定验收等级和相应的容差来评定泵保证点的保证内容。验收等级所对应的容差只适用于保证点，如果给出了保证点，而没有指定验收等级，可采用 3.6.3 所述的默认验收等级。

对保证点以外的其他试验点的容差，应另行规定。如果仅指定了其他试验点，而没有给出容差，则该试验点的验收等级默认为 3B 级。

### 3.6.2 对于轴功率为 10 kW 以下的泵的验收容差

对于轴功率为 10 kW 以下的泵，除另有规定，容差系数应按如下规定：

——流量 $Q$ 的容差系数 $\tau_Q=\pm10\%$；

——扬程 $H$ 的容差系数 $\tau_H=\pm8\%$；

——效率 $\eta$ 的容差系数 $\tau_{\eta P}$ 按式(5)计算；

——功率 $P$ 的容差系数 $\tau_P$ 按式(6)计算。

$$\tau_{\eta P}=-\left[10\left(1-\frac{P_{\text{tmax}}}{10}\right)+7\right]\% \qquad (5)$$

$$\tau_P=\sqrt{7^2+\tau_{\eta P}^2}\,\% \qquad (6)$$

式中：

$P_{\text{tmax}}$——泵工作范围内的最大轴功率，单位为千瓦(kW)。

泵工作范围由产品技术标准或合同规定。当未规定时，工作范围按 $0.7Q_G \sim 1.2\,Q_G$ 定。

对于轴功率小于 1 kW 的泵，必要时有关各方可另外达成协议。

### 3.6.3 泵适用的默认试验验收等级

验收试验时，如果验收方和被验收方已商定了保证点，而没有指出验收等级，应按表 8 所示的默认验收等级验收，按照表 8 中给定等级只保证流量和扬程。

表 8 默认的验收等级

| 用途 | 电泵额定功率 $P_N$<br>kW | |
|---|---|---|
| | $10<P_N\leqslant 100$ | $>100$ |
| 市政用水 | 2B | 1B |
| 市政用污水 | 2B | 1B |
| 排水泵 | 3B | 2B |
| 电力工业 | 1B | 1B |
| 用于海上 | 1B | 1B |
| 化学工业 | 2B | 2B |
| 用于冷却塔 | 2B | 2B |
| 用于一般工业 | 3B | 2B |
| 用于灌溉 | 3B | 2B |

在商定保证点时，买方有权指定首选验收等级。一旦选择完成之后，应按首选验收等级进行验收。

### 3.6.4 电动机性能的验收容差

除另有规定外，电动机参数保证值的容差应按表 9 的规定。

表 9 电动机参数保证值的容差

| 序 号 | 参 数 | 容 差 |
|---|---|---|
| 1 | 效率 $\eta$<br>$P_N\leqslant 150$ kW<br>$P_N>150$ kW | <br>$-0.15(1-\eta_{mN})$<br>$-0.10(1-\eta_{mN})$ |
| 2 | 功率因数 $\cos\varphi$ | $-1/6(1-\cos\varphi_N)$<br>最小绝对值 0.02<br>最大绝对值 0.07 |
| 3 | 堵转电流 | 电流保证值的+20% |
| 4 | 堵转转矩 | 转矩保证值的$^{+25}_{-15}$% |
| 5 | 最大转矩 | 转矩保证值的−10% |
| 6 | 最小转矩 | 转矩保证值的−15% |

### 3.6.5 机组成套性能的验收

除另有规定，如已对电动机和泵的性能进行了验收，则不再对机组成套性能进行验收。

当需要对机组成套性能进行验收时，验收内容、方法及容差应由验收方与被验收方双方商定，或按产品标准执行。除另有规定，电泵的保证点由实测转速下的保证流量和保证扬程（螺杆泵为保证压力）确定，其余保证参数为保证流量（或保证压力）对应的各参数的规定值，验收等级和容差规定如下：

a) 保证点的流量 $Q_G$、扬程 $H_G$ 按表 7 的 3B 级验收，电泵效率 $\eta_{gr}$ 按表 7 的 2B 级验收；

b) 在泵工作范围内电动机的输入功率不超过允许的最大输入功率 $P_{1max}$，$P_{1max}$ 按式(7)计算；

c) 电泵额定功率为 10 kW 以下的泵的容差，除有另行规定，容差系数应为：

——流量 $Q$ 的容差系数 $\tau_Q = \pm 10\%$；

——扬程 $H$ 的容差系数 $\tau_H = \pm 8\%$；

d) 电泵的功率因数见 9.4.3.3。

$$P_{1max} = \frac{P_N}{\eta_{mN} + \Delta\eta_m} \quad \cdots\cdots (7)$$

式中：

$P_{1max}$ ——电动机允许的最大输入功率，单位为千瓦(kW)；

$P_N$ ——电动机的额定功率，单位为千瓦(kW)；

$\eta_{mN}$ ——电动机的额定效率；

$\Delta\eta_m$ ——电动机的效率容差，按表 9 给出。

# 4 参数测量

## 4.1 参数测量的同时性

泵性能试验及其他试验，应在满足 3.3.5 规定的各种运转稳定条件下进行读数。流量、出口压力、输入功率、转差及其他试验的读数，应同时读取。

## 4.2 流量的测量

流量测量采用 GB/T 3214 规定的测量仪器及方法。

## 4.3 扬程的测量

电泵试验时泵的扬程应为出口压力水头、测压截面处液流速度水头及压力表中心距水池面高度的总和，计算公式见 8.6.1.2.1。

出口压力的测压孔应距泵出口法兰 2 倍管径距离；井筒式潜水轴流电泵或混流电泵的测压孔应设在井筒直管段，与电泵出口法兰的距离 $L$ 按式(8)确定。测压孔的个数、形式及匀压环按照 GB/T 3216 的规定。测压孔至泵出口法兰距离的摩阻损失的修正方法及修正值的计算参照 GB/T 3216 的规定。

$$L = 2(D_j - D_d) \quad \cdots\cdots (8)$$

式中：

$L$ ——测压孔至泵出口法兰的距离，单位为毫米(mm)；

$D_j$ ——井筒直径，单位为毫米(mm)；

$D_d$ ——潜水电机直径，单位为毫米(mm)。

## 4.4 电量的测量

### 4.4.1 有效值

除另有规定，所有电压和电流的测量值均为有效值(rms)。

### 4.4.2 电压测量

应从电动机引出电缆端测量端电压，如现场不允许，应计算由此引起的误差并对读数做校正。在测量三相电压时，取三相电压的算术平均值计算电动机性能。

对 750 W 及以下的电动机，除堵转试验外，测量时应将电压表接至电动机引出电缆端，将电压调整到所需数值，读取此时的电压值。然后，将电压表迅速换至电源端并保持电源电压不变，再读取其他仪表的数值。空载试验时额定电压下、负载试验时额定负载下，当电源端电压与电动机端电压之差小于电动机端电压的1%时，电压表可固定在电源端进行测量。

#### 4.4.3 电流测量

对三相电动机应同时测量电动机的每相线电流，用三相线电流的算术平均值计算电动机性能。对双绕组运行的单相电动机应同时测量主绕组电流、副绕组电流及总电流。

#### 4.4.4 功率测量

对三相电动机，输入功率应采用两瓦特表法或三瓦特表法测量。如需获得更准确的功率测量值可按 GB/T 1032 进行修正。

### 4.5 转速或转差的测量

#### 4.5.1 转速或转差的测量方法

转差或转速的测量优先采用感应线圈法，也可使用其他方法，但所使用的转速传感元件不应使功率消耗有明显的增加或影响泵的进口吸入条件。

对结构特殊的电泵，无法使用常规测速手段测量电泵的转速或转差时，如内装式潜水电泵，可使用振动测速法。

#### 4.5.2 感应线圈法

感应线圈法是将一只带铁芯的多匝线圈密封后紧贴在被试电动机机壳的上部或下部(相当于电动机绕组上、下端伸部位)。线圈与磁电式检流计或阴极示波器或数字转差仪相连。当使用检流计或阴极示波器时，试验时测定检流计光点摆动或示波器波形全摆动次数、所需的时间与电源频率。数字转差仪可同时测量电源频率和电动机的转差(Hz)，进而得出电动机的转速。

#### 4.5.3 振动测速法

振动测速法是将加速度传感器放置在电泵或试验管路上，其方向宜指向电动机旋转轴线并与轴线垂直，通过对加速度传感器输出的电泵振动信号进行频谱分析的方法来测量转速。

### 4.6 直流电阻的测量

绕组两相引出电缆端间的直流电阻(以下简称端电阻)用电桥测量，电阻在 1 Ω 及以下时，应采用双臂电桥测量。当采用自动检测装置或数字微欧计等仪表测量绕组电阻时，通过被测绕组的试验电流应不超过其正常运行时电流的10%，通电时间不应超过 1 min。若电阻小于 0.01 Ω，则通过被测绕组的电流不宜太小。

### 4.7 测量参数的符号

本标准中主要的测量参数的符号与单位见附录 C，SI 单位制与其他单位的换算关系见附录 D。

## 5 试验准备

### 5.1 试验装置与设备

试验前，应检查电泵的装配质量、试验装置及设备，以保证各项试验能顺利进行。除有特殊规定外，所有试验都应将电动机和泵潜于水下进行。

### 5.2 电动机冷(热)态绝缘电阻的测定

#### 5.2.1 测量时电动机的状态

电动机绝缘电阻的测定应分别在实际冷状态和热状态下进行。出厂检验时,可只在实际冷状态下进行。测量后应将绕组对地放电。

#### 5.2.2 兆欧表的选用

根据电动机绕组的额定电压,按表10选用兆欧表。测量埋置式检温计的绝缘电阻时,应采用不高于250 V的兆欧表。

表10 兆欧表的电压值

| 电动机绕组额定电压 $U_N$<br>V | 绝缘电阻直流测量电压<br>V |
|---|---|
| $U_N \leqslant 500$ | 500 |
| $500 < U_N \leqslant 3\ 300$ | 1 000 |
| $U > 3\ 300$ | $\geqslant 2\ 500$ |

#### 5.2.3 测量方法

如各相绕组的始、末端均引出机壳外时,应分别测量每相绕组对机壳及相互间的绝缘电阻。如三相绕组已在电动机内连接,仅引出三个出线端时,则测量所有绕组对机壳的绝缘电阻。当绝缘电阻明显偏低、可能影响安全运行时,应查明原因并检修,否则不能继续试验。

### 5.3 电动机绕组在初始(冷)状态下直流端电阻的测定

#### 5.3.1 初始状态下绕组温度的测定

试验前电动机应在水池中放置一段时间。当电动机内埋置有检温计时,可用埋置检温计测量绕组温度,绕组温度与周围冷却介质温度之差应不超过2 K。

对于无埋置检温计的电动机,可用检测电动机绕组直流电阻的变化来判断电动机的绕组温度是否已与周围介质的温度基本一致。电动机入水后每隔15 min测量电动机指定线间的电阻 $R_i(t)$,按式(9)计算,电阻值对时间的变化率 $\Delta R$ 连续三次均不超过0.005%,则可用周围介质的温度作为绕组的冷态温度 $\theta_1$。如果受仪器测量精度的限制,也可采取将潜水电动机潜入水下静止不动浸泡至少2 h后,才可用周围水的温度作为绕组的冷态温度。对大功率电动机尤其是干式电动机浸泡的时间要适当延长。

$$\Delta R = \frac{R_{i-1} - R_i}{R_i(t_i - t_{i-1})} \times 100\% \qquad \cdots\cdots(9)$$

式中:

$\Delta R$ ——电阻值对时间的变化率;

$i$ ——测量次数,$i=1,2,3,4,\cdots$;

$t_i$ ——测量电阻的时间,单位为分钟(min);

$R_i$ ——在 $t_i$ 时的实测电阻,单位为欧姆(Ω)。

5.3.2 测量方法

5.3.2.1 测量时电动机的状态

测量时电动机内部温度应与周围介质温度一致，电动机转子应静止不动。定子绕组的电阻应在电动机引出电缆端上测量。

5.3.2.2 端电阻的测量次数

每一端电阻应测量三次，任意一次读数与三次读数的平均值之差应在平均值的±0.5%以内，以平均值作为电阻的实际值。出厂检验时，每一电阻可仅测量一次。

5.3.2.3 单相电动机的电阻测量

对电容运行及双值电容的单相电动机应分别测量主、副绕组的端电阻。

5.3.3 三相电动机绕组各相电阻值的计算

对三相电动机，各相电阻值应按式(10)～式(16)计算：

设
$$R_{med}=\frac{R_{ab}+R_{bc}+R_{ca}}{2} \quad\cdots\cdots(10)$$

绕组星形接法时：

$$R_a=R_{med}-R_{bc} \quad\cdots\cdots(11)$$

$$R_b=R_{med}-R_{ca} \quad\cdots\cdots(12)$$

$$R_c=R_{med}-R_{ab} \quad\cdots\cdots(13)$$

绕组三角形接法时：

$$R_a=\frac{R_{bc}\cdot R_{ca}}{R_{med}-R_{ab}}+R_{ab}-R_{med} \quad\cdots\cdots(14)$$

$$R_b=\frac{R_{ca}\cdot R_{ab}}{R_{med}-R_{bc}}+R_{bc}-R_{med} \quad\cdots\cdots(15)$$

$$R_c=\frac{R_{ab}\cdot R_{bc}}{R_{med}-R_{ca}}+R_{ca}-R_{med} \quad\cdots\cdots(16)$$

式中：

$R_{ab}$、$R_{bc}$、$R_{ca}$——分别为引出电缆端 a 与 b、b 与 c、c 与 a 间测得的电阻值，单位为欧姆(Ω)；

$R_a$、$R_b$、$R_c$ ——每相绕组相电阻，单位为欧姆(Ω)。

当各端电阻值与三个端电阻的平均值之差，对星形接法的绕组不大于平均值的2%、对三角形接法的绕组不大于平均值的1.5%时，则各相绕组的相电阻 $R$ 应按式(17)、式(18)计算：

绕组星形接法时：
$$R=\frac{1}{2}R_{av} \quad\cdots\cdots(17)$$

绕组三角形接法时：
$$R=\frac{3}{2}R_{av} \quad\cdots\cdots(18)$$

式中：

$R$ ——定子绕组初始(冷)态各相绕组的相电阻，单位为欧姆(Ω)；

$R_{av}$——定子绕组初始(冷)态三个端电阻的平均值，单位为欧姆(Ω)。

# 6 电动机的空载试验

## 6.1 试验方法

### 6.1.1 一般要求

6.1.1.1 宜在负载试验结束后进行。试验时,电动机的转向应与电泵转向一致。

6.1.1.2 电动机不带负载潜于水下,对于轴伸端在顶部的电动机,水面应淹没机械密封面或电动机轴伸端。对电容运行及双值电容单相电动机应在起动后将副绕组开路。

6.1.1.3 型式试验应测取空载特性曲线,出厂检验可只测量额定电压点的空载损耗和空载电流。

6.1.1.4 在额定电压、额定频率下预运转 0.5 h～1 h。预运转期间每隔 15 min 读取输入功率,两次读数之差不大于前一次读数的 3%,保证电动机达到热稳定状态。出厂检验时,空载运转的时间可适当缩短。

### 6.1.2 空载电流与空载损耗的测定

试验时被试电动机施以额定频率的电压,电压从 1.1 倍～1.3 倍额定电压开始,逐步降低到 0.2 倍额定电压或空载电流最小(电流开始回升)或不稳定为止。在最高电压和 0.6 倍额定电压之间均匀取 4～5 个电压点(其中包括额定电压点),在约 0.5 倍额定电压和最低电压点之间,至少取 3 个电压点。每个电压点应测取电压 $U_0$、电流 $I_0$(对三相电动机应取三相电压、三相电流)和输入功率 $P_0$。当使用指针式仪表时,功率测量应采用低功率因数瓦特表。

### 6.1.3 空载电阻的测定

#### 6.1.3.1 有预埋检温计时空载电阻的测量

当电动机内埋置有检温计时,可用埋置检温计直接测量每个电压点时的绕组温度,按温度与电阻成比例关系,用试验开始前测得的绕组初始端电阻、初始温度和每点温度,代入式(19)计算每个电压点时的端电阻:

$$R_0 = R_{av}\frac{K_1+\theta_0}{K_1+\theta_1} \qquad \cdots\cdots(19)$$

式中:

$R_0$ ——每个试验电压点的定子绕组端电阻平均值,单位为欧姆(Ω);

$\theta_0$ ——每个试验电压点测得的定子绕组温度,单位为摄氏度(℃);

$R_{av}$ ——定子绕组初始(冷)态端电阻的平均值,单位为欧姆(Ω);

$\theta_1$ ——定子绕组初始(冷)态的绕组温度,单位为摄氏度(℃);

$K_1$ ——导体材料在 0 ℃时电阻温度系数的倒数,铜 $K_1=235$,铝 $K_1=225$(特殊规定除外)。

#### 6.1.3.2 无预埋检温计时空载电阻的测量

对于无埋置检温计的三相电动机以及空载电流大于 0.7 倍额定电流的单相电动机,每一个电压点处的定子绕组的端电阻值可用线性插值法确定,起点是最高电压点读数前测得的电阻值,末点是最低电压点读数后测得的电阻值。

#### 6.1.3.3 空载电流不大于 0.7 倍额定电流的单相电动机空载电阻的测量

空载电流不大于 0.7 倍额定电流的单相电动机空载试验后,立即测取定子绕组的端电阻,并将此电阻作为每个电压点处的电阻值。

### 6.1.4 单相电动机转子等值电阻的测定

当空载试验结束测量定子主绕组电阻后，在转子静止的状态下，主绕组施以低值电压，使绕组流过的电流值等于或接近额定值，测得此时的电流和输入功率，转子绕组的等值电阻按式(20)计算：

$$R'_{20}=\frac{P'_{k}}{(I'_{k})^{2}}-R_{10} \qquad \cdots\cdots(20)$$

式中：

$R'_{20}$——转子绕组的等值电阻，单位为欧姆(Ω)；

$R_{10}$——空载试验后测得的定子主绕组电阻，单位为欧姆(Ω)；

$I'_{k}$——试验测得的电流，单位为安培(A)；

$P'_{k}$——试验测得的输入功率，单位为瓦特(W)。

### 6.1.5 电容运转及双值电容单相电动机主、副绕组有效匝比 *K* 的测定

电动机空载运转，首先将副绕组开路，对主绕组施加额定电压 $U_{m}$，测量副绕组感应电动势 $E_{a}$。然后，主绕组开路，将电压 $U_{a}$($U_{a} \geqslant E_{a} \times 118\%$)施于副绕组上，测量主绕组感应电动势 $E_{m}$。有效匝比 $K$ 按式(21)计算：

$$K=\sqrt{\frac{U_{a}\times E_{a}}{E_{m}\times U_{m}}} \qquad \cdots\cdots(21)$$

式中：

$K$——主、副绕组有效匝比；

$U_{m}$——施加于主绕组的额定电压，单位为伏特(V)；

$U_{a}$——施加于副绕组的电压，单位为伏特(V)；

$E_{m}$——测得的主绕组感应电动势，单位为伏特(V)；

$E_{a}$——测得的副绕组感应电动势，单位为伏特(V)。

注：对于分相起动和电容起动或者只做机组成套试验的单相电动机不测该项。

## 6.2 试验结果的分析计算

### 6.2.1 空载损耗的计算

6.2.1.1 三相电动机定子绕组 $I^{2}R$ 损耗 $P_{0cul}$ 按式(22)计算：

$$P_{0cul}=1.5I_{0}^{2}R_{0} \qquad \cdots\cdots(22)$$

式中：

$P_{0cul}$——空载试验时定子绕组的 $I^{2}R$ 损耗，单位为瓦特(W)；

$I_{0}$——空载试验时测得的线电流的平均值，单位为安培(A)；

$R_{0}$——空载试验时测得的定子绕组端电阻的平均值，单位为欧姆(Ω)。

6.2.1.2 单相电动机定子绕组 $I^{2}R$ 损耗 $P_{0cul}$ 按式(23)计算：

$$P_{0cul}=I_{0}^{2}(R_{10}+0.5R'_{20}) \qquad \cdots\cdots(23)$$

式中：

$P_{0cul}$——空载试验时定子绕组的 $I^{2}R$ 损耗，单位为瓦特(W)；

$I_{0}$——空载试验时测得的定子主绕组电流，单位为安培(A)；

$R_{10}$——空载试验时测得的定子主绕组电阻，单位为欧姆(Ω)。

6.2.1.3 铁耗和机械耗之和 $P'_{0}$ 按式(24)计算：

$$P'_{0}=P_{0}-P_{0cul} \qquad \cdots\cdots(24)$$

式中：

$P'_0$——空载试验时铁耗和机械耗之和，单位为瓦特(W)；

$P_0$——空载试验时电动机输入功率，单位为瓦特(W)。

### 6.2.2 空载特性曲线的绘制

绘制空载特性曲线 $P_0=f(U_0/U_N)$、$P'_0=f[(U_0/U_N)^2]$、$I_0=f(U_0/U_N)$，分离铁耗 $P_{Fe}$(W)和机械耗 $P_{fw}$(W)，如图 2 所示。延长曲线 $P'_0=f[(U_0/U_N)^2]$的直线部分与纵坐标轴交于 $P$ 点，$P$ 点的纵坐标为电动机的机械耗 $P_{fw}$，空载额定电压下的铁耗 $P_{Fe}$可由$(U_0/U_N)^2=1$ 时的 $P'_0$减去 $P_{fw}$求得。

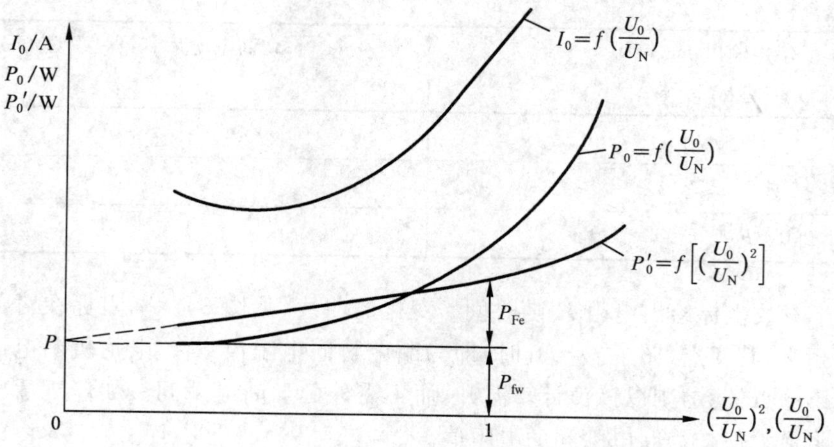


图 2 空载特性曲线

## 7 电动机的热试验

### 7.1 一般要求

7.1.1 热试验方法可采用直接负载法和间接负载法。应优先采用直接负载法。

7.1.2 对 100 kW 以上的电动机可采用间接负载法中的降低电压负载法，对 1 000 kW 以上或 $I_N \geqslant 800$ A 的电动机可采用间接负载法中的降低电流负载法。

7.1.3 用泵做负载时，当采用直接负载法并且在泵反转的情况下仍然达不到电动机的额定负载时，可更换轴功率更大的泵做负载，也可采用降低电流负载法。

7.1.4 间接负载法中的降低电压负载法按照 GB/T 1032 执行。

### 7.2 温度测量方法

7.2.1 应优先采用电阻法测温。采用电阻法测绕组温度时，绕组冷、热态电阻应在相同的电缆引出线端测量。

7.2.2 当电动机内埋置有检温计(热电偶或电阻式温度传感器)时，可用埋置检温计直接测量绕组温度、轴承温度或铁心温度。

7.2.3 冷却介质的温度采用温度计测量电动机周围(距电动机 0.5 m 以内)的水温。

### 7.3 热试验方法

#### 7.3.1 直接负载法

7.3.1.1 电泵潜入水中，在电动机的额定频率、额定电压和额定功率(或铭牌电流)下，按不同结构形式和功率应分别运行 1.5 h～4 h，直到电动机达到热稳定为止。每隔 15 min 记录下电压、电流、输入功率、频率、转速或转差以及周围冷却介质的温度。

7.3.1.2　电动机内埋置有检温计时，除按 7.3.1.1 记录相关数据外，还应记录绕组温度和轴承温度。

7.3.1.3　试验期间，应采取措施减少冷却介质温度的变化。

7.3.1.4　电动机达到热稳定后，停机测量电动机指定线间绕组直流电阻。停机开始计时，连续测定一段时间间隔 $t_1$，$t_2$，…，$t_n$ 时相应的电阻值，直至电阻变化缓慢为止。测得第一点电阻值的时间应不超过表 11 的规定。

**表 11　最初读值的时间**

| 额定输出 $P_N$<br>kW | 切断电源后到第一次读值的时间<br>s |
|---|---|
| $P_N \leqslant 50$ | 15 |
| $50 < P_N \leqslant 200$ | 45 |
| $200 < P_N \leqslant 5\,000$ | 60 |

7.3.1.5　宜采用半对数坐标绘出电阻 $R$ 随时间 $t$ 变化的曲线（见图 3）。电阻标在对数坐标轴上，曲线外延与对数坐标相交，其交点（图中 $t = 0$ 时）即为断电瞬间电阻值 $R_f$。电动机断电后如能在表 11 规定的时间内测得第一点读数，则以该值计算温升，而不需外延至断电瞬间。如停机后电阻值连续上升，则应取测得的电阻最大值作为断电瞬间的电阻值。

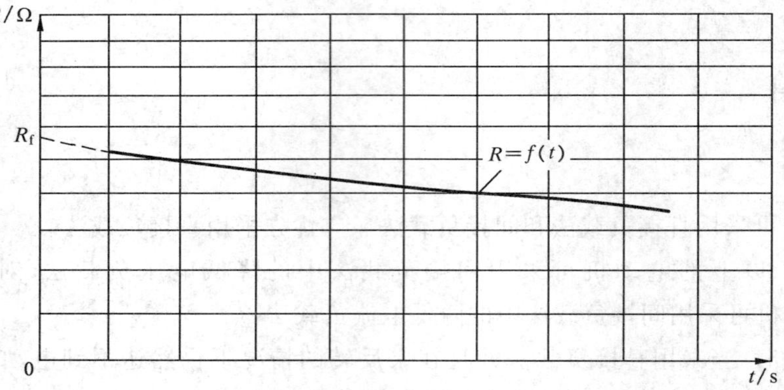


**图 3　热试验曲线**

7.3.1.6　对机内埋置有检温计并且已经测量和记录了运行期间温度变化的电动机，热试验应进行到当相隔 30 min 两个读数之间的温升变化在 1 K 之内时为止。但对温升不易稳定的电动机，应进行到当相隔 60 min 两个读数之间的温升变化在 2 K 之内时为止。停机后可不再测量电阻。

7.3.1.7　对各机座号的大功率井用潜水电动机，允许模拟现场条件测试。

### 7.3.2　降低电流负载法

采用降低电流负载法时，应进行下列热试验：

a)　电动机潜入水中，在额定频率、额定电压下进行空载热试验，并计算此时的绕组温升 $\Delta\theta_{0a}$，计算公式见 7.4.1。

b)　电泵潜入水中，在额定频率、降低电压和最大可能的电流（$I \geqslant 0.7I_N$）下进行部分负载下的热试验，并计算此时的绕组温升 $\Delta\theta_r$，计算公式见 7.4.1。

c) 电动机潜入水中,在额定频率和对应于 7.3.2b)的试验电压下进行空载热试验,并计算此时的绕组温升 $\Delta\theta_{0c}$,计算公式见 7.4.1。

### 7.4 试验结果分析计算

#### 7.4.1 电阻法测温时绕组实测平均温升

采用电阻法测温时,电动机定子绕组的实测平均温升按式(25)计算:

$$\Delta\theta=\frac{R_f-R_1}{R_1}(K_1+\theta_1)+\theta_1-\theta_a \qquad (25)$$

式中:

$\Delta\theta$ ——试验时电动机定子绕组的平均温升,单位为开尔文(K);

$R_f$ ——试验结束时的定子绕组指定线间电阻,单位为欧姆(Ω);

$R_1$ ——定子绕组初始(冷)态的指定线间电阻,单位为欧姆(Ω);

$\theta_a$ ——试验结束时电泵周围(0.5 m 以内)冷却介质的温度,单位为摄氏度(℃);

$\theta_1$ ——定子绕组初始(冷)态的绕组温度(即为开始试验时电泵周围的水温),单位为摄氏度(℃);

$K_1$ ——常数,对铜绕组 $K_1=235$;对铝绕组 $K_1=225$(特殊规定除外)。

#### 7.4.2 额定功率时绕组温升

##### 7.4.2.1 直接负载法

当 $5\%<|(I_1-I_N)/I_N|\leqslant10\%$时,按式(26)计算:

$$\Delta\theta_N=\Delta\theta\,(I_N/I_1)^2\left[1+\frac{\Delta\theta\,(I_N/I_1)^2-\Delta\theta}{K_1+\Delta\theta+\theta_a}\right] \qquad (26)$$

当$|(I_1-I_N)/I_N|\leqslant5\%$时,按式(27)计算:

$$\Delta\theta_N=\Delta\theta\left(\frac{I_N}{I_1}\right)^2 \qquad (27)$$

式中:

$\Delta\theta_N$——额定功率时定子绕组的温升,单位为开尔文(K);

$I_N$ ——满载电流,即额定功率时的电流,从电动机工作特性曲线上求得,单位为安培(A);

$I_1$ ——热试验时的电流,取在整个试验过程的最后 1/4 时间内按相等时间间隔测得的几个线电流的平均值,单位为安培(A);

$\Delta\theta$ ——对应于 $I_1$时的定子绕组温升,单位为开尔文(K)。

当采用泵做负载时,如果$(I_1-I_N)/I_N$ 超出了上述范围时,应换更大的泵做负载,或者采用降低电流负载法。

##### 7.4.2.2 降低电流负载法

额定功率时定子绕组的温升 $\Delta\theta_N$按如下步骤确定:

当按 7.3.2 规定完成试验并算出 $\Delta\theta_{0a}$、$\Delta\theta_r$、$\Delta\theta_{0c}$后,连接 $\Delta\theta_r$、$\Delta\theta_{0c}$两点作直线,纵坐标为温升 $\Delta\theta$、横坐标为$(I_1/I_N)^2$,如图 4 所示。通过 $\Delta\theta_{0a}$点作 $\Delta\theta_r$、$\Delta\theta_{0c}$两点连线的平行线。此平行线上查找与横坐标$(I_1/I_N)^2=1$ 对应的纵坐标值,即为电动机在额定电压、额定电流时的绕组温升 $\Delta\theta_N$。

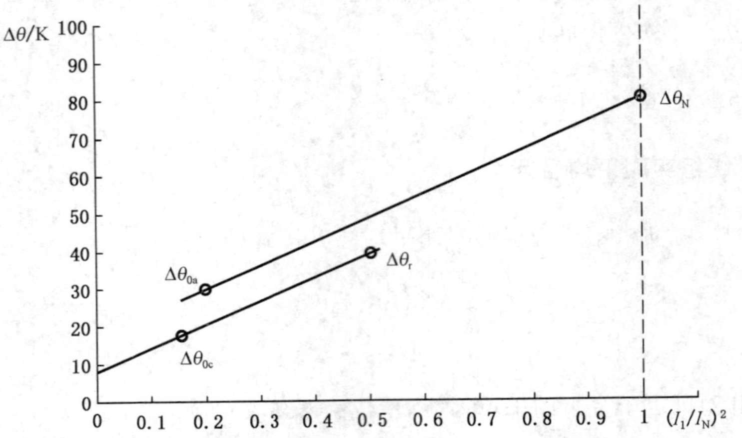


说明：$\Delta\theta_{0a}$、$\Delta\theta_{0c}$、$\Delta\theta_r$见 7.3.2。

**图 4　降低电流负载法确定温升 $\Delta\theta_N$**

## 8　电动机的负载试验及泵的性能试验

### 8.1　一般要求

8.1.1　电动机负载试验应在额定电压、额定频率和规定温度下，测量电动机的输入功率 $P_1$、负载电流 $I_1$、效率 $\eta_m$、功率因数 $\cos\varphi$ 和转差率 $s$（或转速 $n$）和输出功率 $P_2$。

8.1.2　泵性能试验应在额定电压、额定转速或额定频率下测量泵的总扬程 $H$（或全压力 $p_i$）、流量 $Q$、轴功率 $P_t$ 和泵的效率 $\eta_p$。

8.1.3　应优先采用泵做负载的方法。两项试验可在一次试验过程中同时完成，通过调节阀门开度同时改变泵的工况和电动机的输出功率。也可采用测功机做负载另做电动机的负载试验，但应配备专用的试验装置。将被试电动机潜于水下，轴伸端露出水面，再用相关的测量设备和仪器与电动机的轴伸端相接，进行试验。当受试验设备或泵的轴功率限制，在额定电压下，试验不能得到电动机在额定功率时的满意的结果时，允许采用圆图计算法求额定负载点的参数。

8.1.4　对试验结果的计算处理，电动机负载性能和泵性能应分别进行。电动机的性能应换算到电动机的规定温度下，泵的性能应换算到额定转速下。对叶片泵除另有规定，试验转速可在额定转速的 50%～120%范围内进行试验，当试验转速的变化是在额定转速的±20%以内时，泵效率的改变可忽略。

### 8.2　试验方法

#### 8.2.1　泵做电动机负载的试验方法

电动机负载试验和泵的工作性能试验应在额定电压、额定频率下进行，采用损耗分析及推荐负载杂散损耗的方法确定电动机效率和泵的轴功率。如果试验时所能做到的电动机的最大电流值达不到额定电流值，在电泵结构允许的前提下，可通过反转电动机增大电动机输出功率和电流，满足试验要求。在电泵不允许反转或反转也达不到额定电流值的情况下，可更换轴功率更大的泵重新做电动机的负载试验。

#### 8.2.2　测功机做电动机负载的试验方法

当采用测功机另做电动机的负载试验时，宜采用损耗分析及输入-输出法间接测量杂散损耗的方法确定电动机的效率。试验应在额定电压、额定频率下进行，具体试验方法按照 GB/T 1032 和 GB/T 9651 的规定执行。

### 8.2.3 圆图计算法

圆图计算法是根据电动机的空载试验和堵转试验数据，利用圆图求取额定功率时的效率、功率因数及转差率。此时的堵转试验的试验点应包含堵转电流在 1.0～1.1 倍额定电流值时的测点。

## 8.3 电动机杂散损耗的确定

负载杂散损耗是指总损耗中未计入定子 $I^2R$ 损耗、转子 $I^2R$ 损耗、铁耗和机械损耗的那一部分损耗。如果没有特殊规定，额定负载杂散损耗 $P_s$ 的推荐值按表 12 确定。

**表 12 额定负载杂散损耗 $P_s$ 的推荐值**

| 电动机转子形式 | 电动机轴承类型 | 功率等级/kW | $P_s/P_N$/% |
|---|---|---|---|
| 铜条转子 | — | $P_N \leqslant 1\,850$ | 1.2 |
| | | $P_N > 1\,850$ | 0.9 |
| 铸铝转子 | 滑动轴承 | $P_N < 1$ | 2.0 |
| | | $1 \leqslant P_N \leqslant 90$ | 1.6 |
| | | $90 < P_N \leqslant 375$ | 1.4 |
| | | $375 < P_N \leqslant 1\,850$ | 1.2 |
| | | $P_N > 1\,850$ | 0.9 |
| | 滚动轴承 | $P_N < 1$ | 2.5 |
| | | $1 \leqslant P_N \leqslant 90$ | 1.8 |
| | | $90 < P_N \leqslant 375$ | 1.5 |
| | | $375 < P_N \leqslant 1\,850$ | 1.2 |
| | | $P_N > 1\,850$ | 0.9 |

非额定负载点的杂散损耗值按与 $(I_1^2 - I_0^2)/(I_N^2 - I_0^2)$ 成比例确定，$I_0$ 为被试电动机在额定电压时的空载电流。

## 8.4 额定电压负载法试验过程

### 8.4.1 试验时电泵的状态

电泵应潜入水中，在额定频率、额定电压和泵的额定流量下，按不同结构形式和功率分别预运行 1 h～1.5 h，达到表 1、表 2 或表 3 规定的运转稳定条件和电动机达到热稳定为止。如在热试验后立即进行负载试验和泵的性能试验，预运转的时间可适当缩短。测试应保证在泵性能没有受到汽蚀影响的条件下进行。

### 8.4.2 试验步骤

试验应从功率最小点开始，对离心泵一般从零流量开始，逐步增大至流量保证点的 140%以上或阀门全开。对混流泵、轴流泵和旋涡泵应从阀门全开状态开始，逐步减少至流量保证点的 60%以下。其间应取 13～15 个不同流量点。所取流量点中应包含有流量保证点 $Q_G$、95% $Q_G$、105% $Q_G$、泵工作范

围的小流量点 $Q_{min}$、大流量点 $Q_{max}$ 和额定电流点。对离心泵还应包括零流量点。

对螺杆泵一般从零压力点(阀门全开)开始,逐步增大至压力保证点附近。其间应取 10～13 个不同压力点。所取压力点中应包含有压力保证点 $p_G$、零压力点 $p_{min}$、50% $p_G$、75% $p_G$、95% $p_G$ 以及额定电流点。当流量调节阀全开而且泵出口压力示值不超过 0.05 MPa 时,出口压力视为零压力。

当上述试验过程所能测得的电动机的最大电流值达不到额定电流时,在电泵允许的前提下,应在测定电阻后立即逆转水泵再测量 2～3 点,使试验电流达到 1.25 倍额定电流。此时流量和压力不必记录。

每点测量时应有一定的时间间隔以保证该工况点达到稳定状态。每个工况点应在额定电压、额定频率下同时测量下列参数:

a) 对三相电泵:读取三相电流、输入功率、电源频率、转差(或转速)、出口压力和流量值;

b) 对单相电泵:

  1) 电阻或电容起动电动机读取输入功率、定子主绕组电流、电源频率、转差(或转速)、出口压力和流量值;

  2) 电容运转或双值电容电动机读取输入功率、绕组总电流、定子主、副绕组电流、电源频率、转差(或转速)、出口压力和流量值。

#### 8.4.3 负载电阻的测定

试验结束应立即在引出电缆端测量定子绕组的热态直流电阻。对电容运转和双值电容的单相电动机应分别读取定子主、副绕组的热态直流电阻。

#### 8.4.4 单相电动机容损的测定

对电容运转和双值电容的单相电动机,还应在电容器端施加额定工作电压时测定电容器电流 $I_c$(A)和用低功率因数瓦特表测量电容器的损耗功率 $W_c$(W)。

### 8.5 电动机试验结果的计算分析

#### 8.5.1 三相电动机特性计算

8.5.1.1 机械损耗 $P_{fw}$ 和额定电压时的铁损耗 $P_{Fe}$ 由空载试验求得,见 6.2.2。

8.5.1.2 规定温度下定子绕组 $I^2R$ 损耗 $P_{cu1s}$ 由式(28)计算:

$$P_{cu1s} = 1.5 I_1^2 R_s \qquad \cdots\cdots(28)$$

式中:

$P_{cu1s}$——定子绕组 $I^2R$ 损耗,单位为瓦特(W);

$I_1$ ——测得的线电流的平均值,单位为安培(A);

$R_s$ ——换算到规定温度 $\theta_s$ 时的定子绕组端电阻平均值,单位为欧姆(Ω),由式(29)计算:

$$R_s = R_{av}\frac{K_1+\theta_s}{K_1+\theta_1} \qquad \cdots\cdots(29)$$

式中:

$R_{av}$——定子绕组初始(冷)态的定子绕组端电阻的平均值,单位为欧姆(Ω);

$\theta_1$ ——定子绕组初始(冷)态时的定子绕组温度,单位为摄氏度(℃);

$\theta_s$ ——规定温度,见表 13,单位为摄氏度(℃)。

表 13 潜水电动机的规定温度(基准工作温度)

| 潜水电动机类型 | | 绝缘材料或热分级 | 规定温度/℃ |
|---|---|---|---|
| 井用潜水电动机 | 充水式 | 聚乙烯、聚丙烯、交联聚乙烯 | 50 |
| | 充油式<br>屏蔽式<br>干式 | 130(B) | 95 |
| | | 155(F) | 115 |
| | | 180(H) | 130 |
| 其他类潜水电动机 | 充水式 | 聚乙烯、聚氯乙烯、聚丙烯、交联聚乙烯 | 60 |
| | 充油式<br>干式<br>屏蔽式 | 120(E) | 75 |
| | | 130(B) | 95 |
| | | 155(F) | 115 |
| | | 180(H) | 130 |

8.5.1.3 规定温度下的转差率 $s_s$ 由式(30)计算:

$$s_s = s\frac{K_1 + \theta_s}{K_1 + \Delta\theta + \theta_a} \quad \cdots\cdots (30)$$

式中:

$s_s$——换算到规定温度 $\theta_s$ 时的转差率;

$s$ ——负载试验实测的转差率,由式(31)计算:

$$s = 1 - \frac{n}{n_0}, \text{或 } s = \frac{s_t}{f} \quad \cdots\cdots (31)$$

式中:

$n$ ——负载试验实测转速,单位为转每分钟(r/min);

$n_0$——同步转速,单位为转每分钟(r/min),由式(32)计算;

$s_t$ ——负载试验实测的转差,单位为赫兹(Hz);

$f$ ——负载试验实测工频,单位为赫兹(Hz)。

$$n_0 = \frac{60f}{p} \quad \cdots\cdots (32)$$

式中:

$p$——电动机极对数。

8.5.1.4 规定温度下转子绕组 $I^2R$ 损耗 $P_{cu2s}$,按式(33)计算:

$$P_{cu2s} = s_s(P_1 - P_{cu1s} - P_{Fe}) \quad \cdots\cdots (33)$$

式中:

$P_{cu2s}$——规定温度下转子绕组 $I_2R$ 损耗,单位为瓦特(W);

$P_1$ ——负载试验时电动机的输入功率,单位为瓦特(W);

$P_{Fe}$ ——电动机额定电压时的铁损耗,由空载试验得,单位为瓦特(W)。

8.5.1.5 每个试验点的负载杂散损耗 $P_s$ 按 8.3 确定。

8.5.1.6 总损耗 $\sum P$ 及输出功率 $P_2$,按式(34)计算:

$$\begin{aligned} P_2 &= P_1 - \sum P \\ P_2 &= P_1 - (P_{cu1s} + P_{cu2s} + P_{Fe} + P_{fw} + P_s) \end{aligned} \quad \cdots\cdots (34)$$

式中:

$P_2$ ——规定温度下电动机的输出功率,单位为瓦特(W);

$P_{fw}$ ——电动机的机械损耗，由空载试验得，单位为瓦特(W)；

$P_{Fe}$ ——电动机额定电压时的铁损耗，由空载试验得，单位为瓦特(W)；

$P_s$ ——电动机的负载杂散损耗，按 8.3 确定，单位为瓦特(W)；

$\sum P$ ——电动机的总损耗，单位为瓦特(W)。

8.5.1.7 电动机效率 $\eta_m$，按式(35)计算：

$$\eta_m = \frac{P_2}{P_1} \times 100\% \quad \cdots\cdots(35)$$

8.5.1.8 电动机功率因数 $\cos\varphi$，按式(36)计算：

$$\cos\varphi = \frac{P_1}{\sqrt{3} U_L I_L} \quad \cdots\cdots(36)$$

式中：

$U_L$——线电压，单位为伏特(V)；

$I_L$——定子线电流，单位为安培(A)。

### 8.5.2 圆图计算法求额定功率时的电流、效率、功率因数及转差率

圆图计算法公式中的电压、电流、电阻均为相电压(V)、相电流(A)、相电阻(Ω)的三相算术平均值，功率为三相功率值(W)。

计算步骤如下：

a) 定子绕组电阻 $R_{1s}$：换算至规定温度时的电阻值。

b) 由空载试验求得的参数，按式(37)、式(38)计算：

空载电流的有功分量，单位为安培(A)： $I_{0R} = \frac{P_0}{3U_N}$ ……(37)

空载电流的无功分量，单位为安培(A)：$I_{0X} = \sqrt{I_0^2 - I_{0R}^2}$ ……(38)

式(37)和式(38)中：

$U_N$——额定相电压，单位为伏特(V)；

$P_0$——额定电压时的空载输入功率，单位为瓦特(W)；

$I_0$——额定电压时的空载电流，单位为安培(A)。

c) 由额定频率堵转试验(堵转电流在 1.0～1.1 倍额定电流值时)求得的参数，按式(39)～式(45)计算：

等值阻抗，单位为欧姆(Ω)： $Z_K = \frac{U_K}{I_K}$ ……(39)

等值电阻，单位为欧姆(Ω)： $R_K = \frac{P_K}{3I_K^2}$ ……(40)

等值电抗，单位为欧姆(Ω)： $X_K = \sqrt{Z_K^2 - R_K^2}$ ……(41)

再按下述方法求出参数 $R$、$X$、$Z$，单位为欧姆(Ω)：

对耐水电磁线及 E、B 级绝缘：$R = R_K$

对 F、H 级绝缘： $R = 1.13R_K$

$X = X_K$

$Z = \sqrt{R^2 + X^2}$ ……(42)

堵转电流，单位为安培(A)： $I_{KN} = \frac{U_N}{Z}$ ……(43)

堵转电流的有功分量，单位为安培(A)： $I_{KR} = I_{KN} \frac{R}{Z}$ ……(44)

堵转电流的无功分量,单位为安培(A): $I_{KX}=I_{KN}\dfrac{X}{Z}$ ……………………(45)

式(39)～式(45)中:

$U_K$——堵转电流在1.0～1.1倍额定电流值时的堵转电压,单位为伏特(V);

$P_K$——堵转电流在1.0～1.1倍额定电流值时的堵转功率,单位为瓦特(W);

$I_K$——堵转电流(1.0～1.1倍额定电流),单位为安培(A)。

d) 额定功率 $P_N$ 时的电流、效率、功率因数及转差率,按式(46)～式(65)计算:

$$K=I_{KR}-I_{0R} \quad \cdots\cdots(46)$$

$$H=I_{KX}-I_{0X} \quad \cdots\cdots(47)$$

$$I_{2K}=\sqrt{H^2+K^2} \quad \cdots\cdots(48)$$

由 $\tan\alpha=\dfrac{H}{K}$ 求出 $\alpha$、$\cos\alpha$、$\sin\alpha$

$$K_3=I_{2K}^2\frac{R_{1s}}{U_N} \quad \cdots\cdots(49)$$

$$K_2=K-K_3 \quad \cdots\cdots(50)$$

$$I_R=\frac{P_N+P_s}{3U_N} \quad \cdots\cdots(51)$$

$$a=\frac{I_{2K}}{2}-I_R\cos\alpha \quad \cdots\cdots(52)$$

$$b=a-\sqrt{a^2-I_R^2} \quad \cdots\cdots(53)$$

$$b_1=b\cos\alpha \quad \cdots\cdots(54)$$

$$b_2=b\sin\alpha \quad \cdots\cdots(55)$$

$$c=\frac{b_1K_2}{K} \quad \cdots\cdots(56)$$

$$d=c+I_R \quad \cdots\cdots(57)$$

$$I_{1R}=I_{0R}+b_1+I_R \quad \cdots\cdots(58)$$

$$I_{1X}=I_{0X}+b_2 \quad \cdots\cdots(59)$$

定子电流,单位为安培(A): $I_1=\sqrt{I_{1R}^2+I_{1X}^2}$ ……………………(60)

功率因数: $\cos\varphi=\dfrac{I_{1R}}{I_1}$ ……………………(61)

转差率: $s=\dfrac{c}{d}$ ……………………(62)

各项损耗:铁耗和机械耗按6.2.2确定;定子绕组 $I^2R$ 损耗按8.5.1.2确定;杂散耗按8.3确定。

转子绕组 $I^2R$ 损耗,单位为瓦特(W): $P_{cu2s}=\dfrac{s(P_N+P_{fw}+P_s)}{1-s}$ ……………………(63)

总损耗: $\sum P=P_{cu1s}+P_{cu2s}+P_{Fe}+P_{fw}+P_s$ ……………………(64)

效率: $\eta_m=\dfrac{P_N}{P_N+\sum P}$ ……………………(65)

式(46)～式(65)中:

$P_N$——电动机的额定功率,单位为瓦特(W)。

### 8.5.3 单相电动机特性计算

#### 8.5.3.1 机械损耗 $P_{fw}$ 和额定电压时的铁损耗 $P_{Fe}$

机械损耗 $P_{fw}$ 和额定电压时的铁损耗 $P_{Fe}$ 由空载试验求得。

8.5.3.2　规定温度下定子绕组 $I^2R$ 损耗 $P_{cu1s}$

8.5.3.2.1　电阻或电容起动的电动机按式(66)计算：

$$P_{cu1s}=I_1^2R_{ms} \qquad \cdots\cdots(66)$$

式中：

$P_{cu1s}$——定子绕组 $I^2R$ 损耗，单位为瓦特(W)；

$I_1$——定子绕组电流，单位为安培(A)；

$R_{ms}$——换算到规定温度 $\theta_s$ 时的定子主绕组端电阻，单位为欧姆(Ω)，由式(67)计算：

$$R_{ms}=R_{m0}\frac{K_1+\theta_s}{K_1+\theta_1} \qquad \cdots\cdots(67)$$

式中：

$R_{m0}$——实际冷态时的定子主绕组端电阻，单位为欧姆(Ω)。

8.5.3.2.2　电容运行或双值电容的电动机按式(68)计算：

$$P_{cu1s}=I_m^2R_{ms}+I_a^2(R_{as}+R_c) \qquad \cdots\cdots(68)$$

式中：

$P_{cu1s}$——定子绕组 $I^2R$ 损耗，单位为瓦特(W)；

$I_m$——主绕组电流，单位为安培(A)；

$R_{ms}$——换算到规定温度 $\theta_s$ 时的主绕组端电阻，单位为欧姆(Ω)，由式(69)计算；

$I_a$——副绕组电流，单位为安培(A)；

$R_{as}$——换算到规定温度 $\theta_s$ 时的副绕组端电阻，单位为欧姆(Ω)，由式(70)计算；

$R_c$——电容器等效电阻，单位为欧姆(Ω)，由式(71)计算。

$$R_{ms}=R_{m0}\frac{K_1+\theta_s}{K_1+\theta_1} \qquad \cdots\cdots(69)$$

$$R_{as}=R_{a0}\frac{K_1+\theta_s}{K_1+\theta_1} \qquad \cdots\cdots(70)$$

$$R_c=\frac{W_c}{I_c^2} \qquad \cdots\cdots(71)$$

式(69)～式(70)中：

$R_{m0}$——实际冷态时的主绕组端电阻，单位为欧姆(Ω)；

$R_{a0}$——实际冷态时的副绕组端电阻，单位为欧姆(Ω)。

8.5.3.3　规定温度下的转差率 $s_s$

规定温度下的转差率 $s_s$ 由式(30)计算。

8.5.3.4　规定温度下转子绕组 $I^2R$ 损耗 $P_{cu2s}$

8.5.3.4.1　电阻或电容起动的电动机

转子绕组 $I^2R$ 损耗按式(72)计算，负载试验时转子绕组等值电阻按式(73)计算。

$$P_{cu2s}=s_s(P_1-P_{cu1s}-P_{Fe})+I_1^2R'_2\left(\frac{K_1+\theta_s}{K_1+\Delta\theta+\theta_a}\cdot\frac{1-s}{2-s}\right) \qquad \cdots\cdots(72)$$

$$R'_2=\frac{R_m}{R_{10}}R'_{20} \qquad \cdots\cdots(73)$$

式(72)和式(73)中：

$P_{cu2s}$——转子绕组 $I^2R$ 损耗，单位为瓦特(W)；

$I_1$ ——定子绕组电流,单位为安培(A);

$R'_2$ ——负载试验时转子绕组等值电阻,单位为欧姆(Ω);

$R'_{20}$ ——空载试验时转子绕组等值电阻,按式(20)计算,单位为欧姆(Ω);

$R_{10}$ ——空载试验后测得的定子主绕组端电阻,单位为欧姆(Ω);

$R_m$ ——负载试验后测得的定子主绕组端电阻,单位为欧姆(Ω)。

#### 8.5.3.4.2 电容运行或双值电容的电动机

转子绕组 $I^2R$ 损耗按式(74)计算:

$$P_{cu2s} = s_s(P_1 - P_{cu1s} - P_{Fe}) + [I_m^2 + (KI_a)^2 - 2KI_aI_m\sin\varphi]R'_2\left(\frac{K_1+\theta_s}{K_1+\Delta\theta+\theta_a}\cdot\frac{1-s}{2-s}\right) \quad \cdots\cdots(74)$$

式中:

$I_1$ ——定子绕组总电流,单位为安培(A);

$I_m$ ——主绕组电流,单位为安培(A);

$I_a$ ——副绕组电流,单位为安培(A);

$K$ ——主、副绕组有效匝比,按式(21)计算;

$\varphi$ ——电容运行电动机主、副绕组电流间的相角差,单位为度(°),$0° < \varphi < 180°$,由式(75)计算。

$$\varphi = \arccos\frac{I_1^2 - (I_m^2 + I_a^2)}{2I_mI_a} \quad \cdots\cdots(75)$$

### 8.5.3.5 负载杂散损耗 $P_s$

每个试验点的负载杂散损耗 $P_s$ 按 8.3 确定。

### 8.5.3.6 总损耗 $\sum P$ 及输出功率 $P_2$

按式(76)计算:

$$P_2 = P_1 - \sum P$$
$$P_2 = P_1 - (P_{cu1s} + P_{cu2s} + P_{Fe} + P_{fw} + P_s) \quad \cdots\cdots(76)$$

式中:

$P_2$——规定温度下电动机的输出功率,单位为瓦特(W)。

### 8.5.3.7 电动机效率 $\eta_m$

按式(77)计算:

$$\eta_m = \frac{P_2}{P_1} \times 100\% \quad \cdots\cdots(77)$$

### 8.5.3.8 电动机功率因数 $\cos\varphi$

按式(78)计算:

$$\cos\varphi = \frac{P_1}{U_1I_1} \quad \cdots\cdots(78)$$

式中:

$U_1$——施加给定子绕组端电压,单位为伏特(V);

$I_1$——定子总电流,单位为安培(A)。

8.5.4 电动机试验结果分析

8.5.4.1 测试结果转换为基于规定温度的数据

应将电动机的性能换算到规定温度时的性能。

电动机性能换算到规定温度时，三相按式(28)～式(36)计算，单相按式(66)～式(78)计算。

8.5.4.2 电动机负载特性曲线

将测试结果转换为基于规定温度时的数据，分别作出输入功率 $P_1$、电流 $I_1$、电动机效率 $\eta_m$、功率因数 $\cos\varphi$、转差率 $s_s$ 对输出功率 $P_2$ 的最佳拟合曲线。曲线反映电动机的负载特性，如图 5 所示。

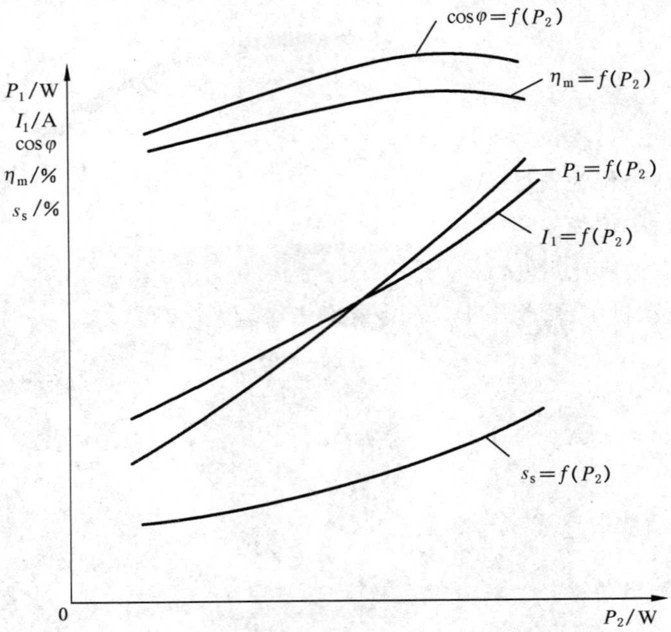


图 5 负载特性曲线

8.5.4.3 电动机性能评价

电动机电气性能实测值应是负载特性曲线上电动机输出功率保证点所对应的各参数值。除另有规定，要求实测值与保证值之差应在表 9 规定的容差范围之内。

8.6 泵试验结果的计算分析

8.6.1 水泵性能计算

8.6.1.1 泵的流量 $Q$

泵流量的测量与计算方法按 GB/T 3214。

8.6.1.2 泵的总扬程(或全压力)

8.6.1.2.1 叶片泵的总扬程 $H$ 按式(79)计算：

$$H=\frac{p_e}{\rho g}+Z_0+\frac{v^2}{2g} \qquad \cdots\cdots(79)$$

$$v=\frac{Q}{A}$$

式中：

$H$ ——泵总扬程，单位为米(m)；

$p_e$ ——泵出口表压，单位为帕斯卡(Pa)；

$\rho$ ——水的密度，单位为千克每立方米(kg/m³)；

$g$ ——重力加速度，$g=9.806\ 65\ m/s^2$；

$Z_0$ ——水池水面至压力表中心高度，单位为米(m)；

$v$ ——泵出口测压截面上水的平均流速，单位为米每秒(m/s)；

$Q$ ——泵的流量，单位为立方米每秒(m³/s)；

$A$ ——泵出口测压截面面积，单位为平方米(m²)。

8.6.1.2.2 螺杆泵的全压力 $p_i$ 按式(80)计算：

$$p_i=p_e+\rho g Z_0\times 10^{-6} \qquad (80)$$

式中：

$p_i$——泵全压力，单位为兆帕(MPa)；

$p_e$——泵出口表压，单位为兆帕(MPa)；

$\rho$ ——水的密度，单位为千克每立方米(kg/m³)；

$g$ ——重力加速度，$g=9.806\ 65\ m/s^2$；

$Z_0$——水池水面至压力表中心高度，单位为米(m)。

#### 8.6.1.3 泵的轴功率(电动机实际输出功率) $P_t$

##### 8.6.1.3.1 三相电动机定、转子实际的 $I^2R$ 损耗 $P_{cu1}$、$P_{cu2}$

电动机定、转子实际的 $I^2R$ 损耗按式(81)和式(82)计算：

$$P_{cu1}=1.5I_1^2R_t \qquad (81)$$

$$P_{cu2}=s(P_1-P_{cu1}-P_{Fe}) \qquad (82)$$

式(81)和式(82)中：

$P_{cu1}$——定子绕组实际的 $I^2R$ 损耗，单位为瓦特(W)；

$P_{cu2}$——转子绕组实际的 $I^2R$ 损耗，单位为瓦特(W)；

$R_t$ ——负载试验结束时实测的三相电动机定子绕组端电阻平均值，单位为欧姆(Ω)；

$s$ ——负载试验实测的转差率。

##### 8.6.1.3.2 电容或电阻起动单相电动机定、转子实际的 $I^2R$ 损耗 $P_{cu1}$、$P_{cu2}$

电动机定、转子实际的 $I^2R$ 损耗按式(83)和式(84)计算：

$$P_{cu1}=I_1^2R_m \qquad (83)$$

$$P_{cu2}=s(P_1-P_{cu1}-P_{Fe})+I_1^2R'_2\frac{1-s}{2-s} \qquad (84)$$

式(83)和式(84)中：

$R_m$——负载试验结束时实测的主绕组端电阻，单位为欧姆(Ω)；

$R'_2$——负载试验时转子绕组等值电阻，由式(73)算出，单位为欧姆(Ω)。

##### 8.6.1.3.3 电容运行或双值电容单相电动机定、转子实际的 $I^2R$ 损耗 $P_{cu1}$、$P_{cu2}$

电动机定、转子实际的 $I^2R$ 损耗按式(85)和式(86)计算：

$$P_{cu1}=I_m^2R_m+I_a^2(R_a+R_C) \qquad (85)$$

$$P_{cu2}=s(P_1-P_{cu1}-P_{Fe})+[I_m^2+(KI_a)^2-2KI_aI_m\sin\varphi]R'_2\frac{1-s}{2-s} \qquad (86)$$

式(85)和式(86)中：

$R_a$——负载试验结束时实测的副绕组端电阻，单位为欧姆(Ω)。

#### 8.6.1.3.4 机械损耗 $P_{fw}$ 和铁损耗 $P_{Fe}$

机械损耗 $P_{fw}$ 和额定电压时的铁损耗 $P_{Fe}$ 由空载试验求得，见 6.2.2。

#### 8.6.1.3.5 负载杂散损耗 $P_s$

每个试验点的负载杂散损耗 $P_s$ 按 8.3 确定。

#### 8.6.1.3.6 泵轴功率 $P_t$

泵轴功率即负载试验电动机实际输出功率，采用损耗分析法，按式(87)计算：

$$P_t = P_1 - \sum P$$
$$P_t = P_1 - (P_{cu1} + P_{cu2} + P_{Fe} + P_{fw} + P_s) \quad \cdots\cdots (87)$$

式中：

$P_t$——泵轴功率，单位为瓦特(W)。

### 8.6.1.4 电泵实测转速 $n$

当采用感应线圈法时按式(88)计算：

$$n = \frac{60}{p}(f - s_t) \quad \cdots\cdots (88)$$

式中：

$n$——负载试验电泵转速，单位为转每分钟(r/min)；

$p$——电动机极对数；

$f$——负载试验实测工频，单位为赫兹(Hz)；

$s_t$——负载试验实测转差，单位为赫兹(Hz)。

### 8.6.1.5 泵效率 $\eta_p$

#### 8.6.1.5.1 叶片泵的泵效率

叶片泵的泵效率 $\eta_p$ 按式(89)计算：

$$\eta_p = \frac{\rho g Q H}{1\,000 P_t} \times 100\% \quad \cdots\cdots (89)$$

式中：

$Q$——泵流量，单位为立方米每秒($m^3/s$)；

$H$——泵总扬程，单位为米(m)；

$\rho$——水的密度，单位为千克每立方米($kg/m^3$)；

$g$——重力加速度，单位为米每二次方秒($m/s^2$)；

$P_t$——泵轴功率，单位为千瓦(kW)。

#### 8.6.1.5.2 螺杆泵的泵效率

螺杆泵的泵效率 $\eta_p$ 按式(90)计算：

$$\eta_p = \frac{Q p_i}{3.6 P_t} \times 100\% \quad \cdots\cdots (90)$$

式中：

$Q$——泵流量，单位为立方米每小时($m^3/h$)；

$p_i$——泵全压力，单位为兆帕(MPa)；

$P_t$——泵轴功率，单位为千瓦(kW)。

### 8.6.1.6 螺杆泵容积效率 $\eta_V$

螺杆泵的容积效率 $\eta_V$ 按式(91)计算：

$$\eta_V = \frac{Q}{Q_0} \times 100\% \qquad (91)$$

式中：

$Q_0$——零压力时泵的流量，单位为立方米每小时($m^3/h$)。

### 8.6.1.7 电泵效率 $\eta_{gr}$

#### 8.6.1.7.1 叶片泵的电泵效率

叶片泵的电泵效率 $\eta_{gr}$ 按式(92)计算：

$$\eta_{gr} = \frac{\rho g Q H}{1\,000 P_1} \times 100\% \qquad (92)$$

#### 8.6.1.7.2 螺杆泵的电泵效率

螺杆泵的电泵效率 $\eta_{gr}$ 按式(93)计算：

$$\eta_{gr} = \frac{Q p_i}{3.6 P_1} \times 100\% \qquad (93)$$

### 8.6.2 泵试验结果分析评定

#### 8.6.2.1 测试结果转换为额定转速(或频率)的数据

应将泵的性能换算到额定转速下。如果试验电压与额定电压偏差不超过±5%，试验频率与额定频率偏差不超过±0.1%，测试数据因电压和频率引起的变化可忽略。

试验转速 $n$ 在额定转速 $n_{sp}$ 的 50%～120% 范围内时，泵性能换算到额定转速时的计算，如式(94)～式(99)所示。当试验转速的变化在额定转速的±20%以内时，叶片泵效率的改变可忽略。

对叶片泵：

$$Q_T = Q \frac{n_{sp}}{n} \qquad (94)$$

$$H_T = H \left(\frac{n_{sp}}{n}\right)^2 \qquad (95)$$

$$P_T = P_t \left(\frac{n_{sp}}{n}\right)^3 \qquad (96)$$

对螺杆泵：

$$Q_T = Q \frac{n_{sp}}{n} \qquad (97)$$

$$p_T = p_i \qquad (98)$$

$$P_T = P_t \frac{n_{sp}}{n} \qquad (99)$$

式(94)～式(99)中：

$Q_T$——换算到规定转速下的流量测量值，单位为立方米每小时($m^3/h$)；

$H_T$——换算到规定转速下的扬程测量值，单位为米(m)；

$p_T$——规定转速下的压力测量值，单位为兆帕(MPa)；

$P_T$ ——换算到规定转速下的轴功率测量值,单位为千瓦(kW);

$Q$ ——实测转速下的流量测量值,单位为立方米每小时($m^3/h$);

$H$ ——实测转速下的扬程测量值,单位为米(m);

$p_i$ ——实测转速下的压力测量值,单位为兆帕(MPa);

$P_t$ ——实测转速下的轴功率测量值,单位为千瓦(kW);

$n_{sp}$ ——泵的规定转速,单位为转每分钟(r/min);

$n$ ——泵的实测转速,单位为转每分钟(r/min)。

对叶片泵,当 $n$ 的变化在 $n_{sp}$的±20%以内时:$\eta_{pT}=\eta_p$。

对螺杆泵,应当用换算到额定转速下的 $Q_T$、$Q_{0T}$、$p_T$和 $P_T$代入式(90)、式(91)计算效率 $\eta_{pT}$和 $\eta_{VT}$。

在验收试验中,当电泵的性能保证条件之一是频率而不是转速时,泵的流量、总扬程、轴功率和效率数据仍可按式(94)～式(99)换算,其中的额定转速 $n_{sp}$用额定频率 $f_{sp}$取代、实测转速 $n$ 用实测频率 $f$ 取代。但是,这种转换仅限于测试过程中的所选定的频率变化不超过1%的情况。

如果超过了上述偏差即频率偏差±1%,电压偏差±5%,验收和被验收双方应达成一致。

### 8.6.2.2 泵性能曲线

将测试结果转换为基于额定(规定)转速的数据。对叶片泵分别作出扬程 $H_T$、轴功率 $P_T$、泵效率 $\eta_{pT}$对流量 $Q_T$的最佳拟合曲线,如图6所示。对螺杆泵分别作出流量 $Q_T$、轴功率 $P_T$、泵效率 $\eta_{pT}$对全压力 $p_T$的最佳拟合曲线。

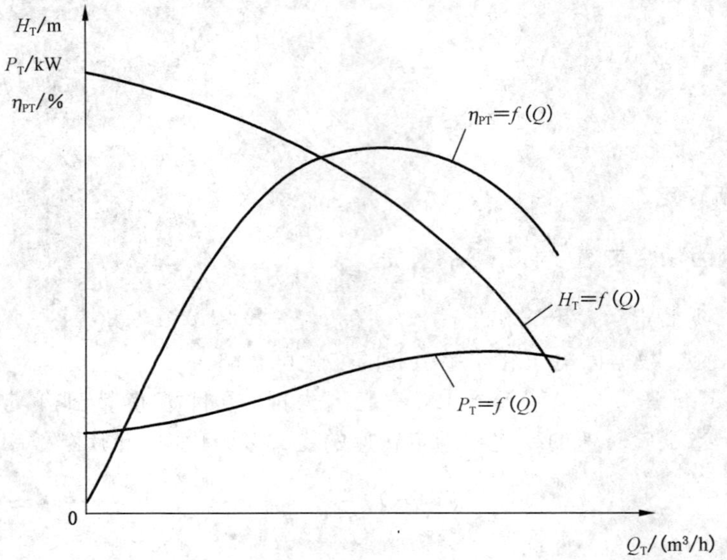


图6 叶片泵性能曲线

### 8.6.2.3 泵性能的评价

#### 8.6.2.3.1 流量和扬程的评价

保证点的评价应在额定转速下进行。当试验转速与额定转速不同时,每个测点应按式(94)～式(99)重新换算到额定转速。

除另有规定,叶片泵的流量容差应采用在保证扬程处的保证流量的容差($Q_G\times\tau_Q$);泵的扬程容差应采用在保证流量处的保证扬程的容差($H_G\times\tau_H$)。螺杆泵的流量容差应采用在保证压力处的保证流量的容差($Q_G\times\tau_Q$),压力不设容差。

当流量或扬程或两者都在所采用的容差带以内,泵的流量、扬程合格,如图7和图8所示。

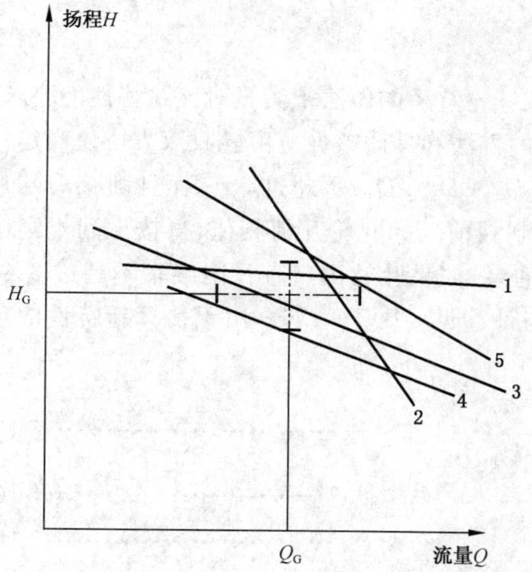


图 7 1B、2B、3B 级流量扬程的评价

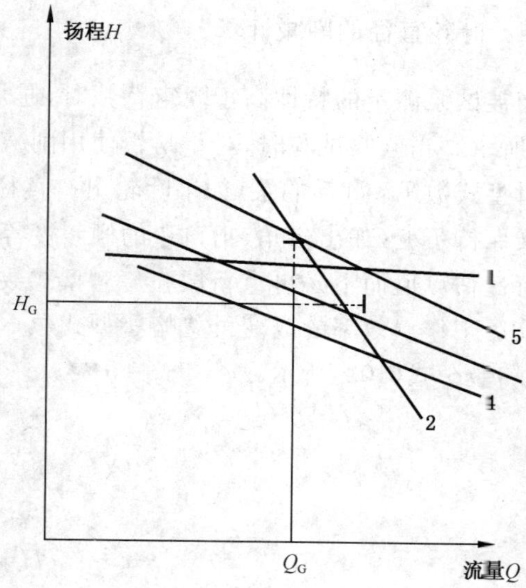


图 8 1U、2U 级流量扬程的评价

图中：曲线 1 与扬程容差带相交，合格；

曲线 2 与流量容差带相交，合格；

曲线 3 与流量、扬程容差带均相交，合格；

曲线 4、5 与流量、扬程容差带均不相交，不合格。

8.6.2.3.2 效率和功率的评价

过坐标原点（零流量、零扬程）和保证点（$Q_G$，$H_G$）画一条直线，与拟合的 $H \sim Q$ 测试曲线相交于 $P$ 点。过 $P$ 点作横坐标的垂线与 $P \sim Q$ 曲线和 $\eta_p \sim Q$ 曲线分别相交。各交点的坐标值代表泵性能的测试结果 $Q$、$H$、$P$、$\eta_p$。测试结果的轴功率 $P$ 或效率 $\eta_p$ 应与其保证值进行比较，如果都在其容差范围内，则认为合格。见图 9 和图 10。

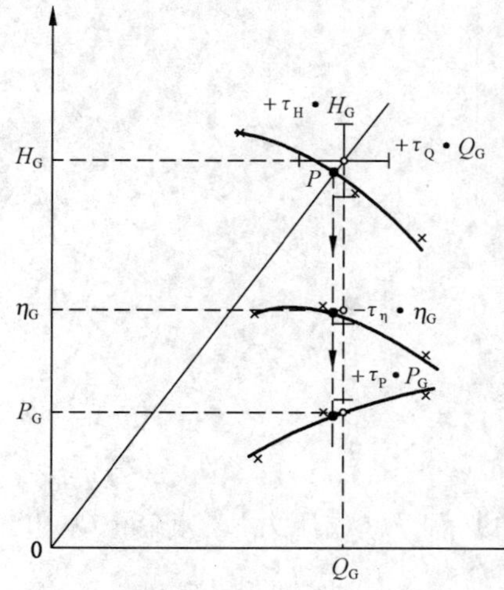


说明：

× 实测点；

○ 保证点；

● 测试结果。

图 9 1B、2B、3B 级效率、功率的评价

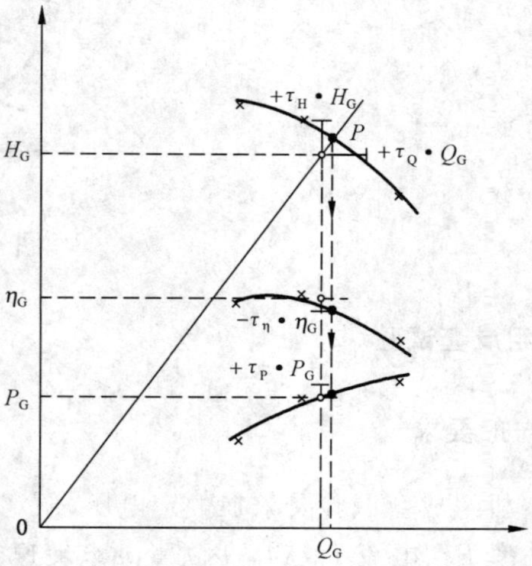


说明：

× 实测点；

○ 保证点；

● 测试结果。

图 10 1U、2U 级效率、功率的评价

#### 8.6.2.4 叶轮直径的削减计算

当被试泵测量的特性高于规定特性时，通常可用削减叶轮直径的做法来满足对该泵特性的要求，如图 11 所示。当验收试验时，对于是否使用削减叶轮直径的方法和具体条件应由验收双方协议商定。

对型式数 $K \leqslant 1.5$ 的泵，如果叶轮出口直径削减率（$[D_t - D_r]/D_t$）不超过 5%，而且削减后叶片的形状又保持不变（如出口角、出口边的倾斜度等），可认为削减前后的叶轮几何相似，可按下列规则确定新的特性估算值而不必再重新试验。对型式数 $K \leqslant 1.0$ 的泵，如果叶轮出口直径削减率不超过 3%时，削减前后工作点效率的改变可忽略。型式数 $K$ 的定义与计算见 GB/T 3216。用于估算新特性的定律如式(100)～式(102)所示：

$$r_D = \sqrt{\frac{D_r^2 - D_1^2}{D_t^2 - D_1^2}} \quad \cdots\cdots(100)$$

$$Q_r = r_D \cdot Q_t \quad \cdots\cdots(101)$$

$$H_r = r_D^2 \cdot H_t \quad \cdots\cdots(102)$$

式(100)～式(102)中：

$r_D$——估算新特性的系数；

$D_t$——试验时叶轮的出口平均直径，单位为毫米(mm)；

$D_r$——削减后叶轮的出口平均直径，单位为毫米(mm)；

$D_1$——叶轮叶片的进口平均直径，单位为毫米(mm)；

$Q_r$——叶轮直径削减后的流量值，单位为立方米每小时($m^3/h$)；

$H_r$——叶轮直径削减后的扬程值，单位为米(m)；

$Q_t$——叶轮直径削减前的流量值，单位为立方米每小时($m^3/h$)；

$H_t$——叶轮直径削减前的扬程值，单位为米(m)。

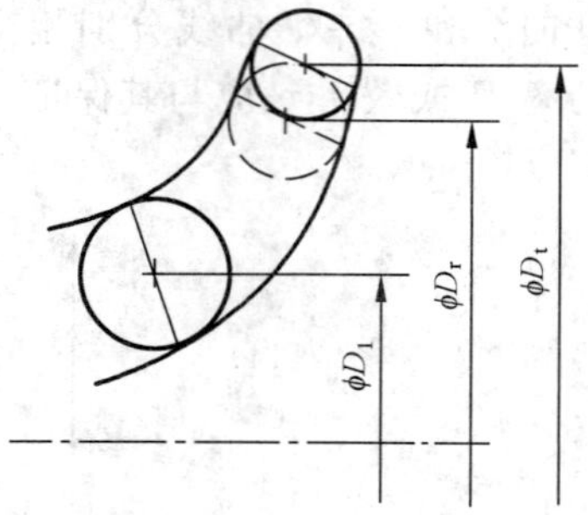


图 11 削减叶轮直径

## 9 机组成套试验

### 9.1 一般要求

**9.1.1** 机组成套试验要求在额定电压、额定频率下，测量泵的总扬程 $H$（或压力 $p_i$）、流量 $Q$、电动机的输入功率 $P_1$、电流 $I_1$、功率因数 $\cos\varphi$、转速 $n$ 和电泵效率 $\eta_{gr}$。

**9.1.2** 试验时不必试到电动机额定电流点。必要时可以给出上述各量的试验曲线，不换算转速但应从曲线图上查到不同流量（或压力）时的转速。

**9.1.3** 机组成套试验一般是在出厂检验、产品的技术标准要求或泵的用户提出要求时进行。

### 9.2 试验方法及步骤

试验方法同额定电压负载法，见 8.4。电动机不必反转，试验工况应包含所要求的泵工作范围。

## 9.3 试验结果的计算

### 9.3.1 电泵成套性能的计算

9.3.1.1 电泵流量同 8.6.1.1。

9.3.1.2 电泵扬程(或压力)同 8.6.1.2。

9.3.1.3 电泵转速同 8.6.1.4。

9.3.1.4 电泵效率同 8.6.1.7。

9.3.1.5 三相电动机功率因数同 8.5.1.8,单相电动机功率因数同 8.5.3.8。

### 9.3.2 采用基于损耗分析的经验公式计算泵轴功率和泵效率

当采用机组成套试验的方法而又需要知道泵的效率时,可用式(103)估算泵的轴功率,再求出泵或电动机的效率。

$$P_t=\left(\frac{n}{n_0}\cdot P_{2K}-P_0\right)\cdot\frac{1}{(1+K_{Ps})} \qquad (103)$$

式中:

$P_{2K}$——可根据不同的电动机按式(104)或式(105)或式(106)计算。

对三相电动机:

$$P_{2K}=P_1-1.5R_t(I_1^2-I_0^2) \qquad (104)$$

对电容或电阻起动单相电动机:

$$P_{2K}=P_1-(R_m+0.5R_2')(I_1^2-I_0^2) \qquad (105)$$

对电容运行或双值电容单相电动机:

$$P_{2K}=P_1-R_m(I_m^2-I_0^2)-0.5R_2'[(I_m-I_a)^2-I_0^2]-I_a^2(R_a+1) \qquad (106)$$

式(103)~式(106)中:

$n_0$ ——电动机同步转速,单位为转每分钟(r/min);

$n$ ——实测转速,单位为转每分钟(r/min);

$P_1$ ——实测电动机输入功率,单位为瓦特(W);

$I_1$ ——实测输入电流,单位为安培(A);

$I_m$ ——实测主绕组电流,单位为安培(A);

$I_a$ ——实测副绕组电流,单位为安培(A);

$R_t$ ——试验结束立即测得的三个端电阻平均值,单位为欧姆(Ω);

$R_m$ ——试验结束立即测得的主绕组电阻,单位为欧姆(Ω);

$R_a$ ——试验结束立即测得的副绕组电阻,单位为欧姆(Ω);

$R_2'$ ——负载试验时的转子绕组等值电阻,由式(73)算出,单位为欧姆(Ω);

$I_0$ ——额定电压时,电动机空载电流,单位为安培(A);

$P_0$ ——额定电压时,电动机空载输入功率,单位为瓦特(W);

$K_{Ps}$——电动机杂散损耗系数,由表 12 给出。

## 9.4 电泵机组成套性能的评价

### 9.4.1 电泵机组成套性能基于实际工作温度和转速

机组成套试验测试结果反映电泵在实际工作温度和转速时的性能,所有测试数据不必做任何转换。

### 9.4.2 电泵机组成套试验曲线

对叶片泵,将测试结果分别作出扬程 $H$、电动机输入功率 $P_1$、电流 $I$(可选)、转速 $n$、电泵效率 $\eta_{gr}$、

功率因数 $\cos\varphi$(可选)对流量 $Q$ 的最佳拟合曲线。对螺杆泵,将测试结果分别作出流量 $Q$、电动机输入功率 $P_1$、电流 $I$(可选)、转速 $n$、电泵效率 $\eta_{gr}$、功率因数 $\cos\varphi$(可选)对全压力 $p_i$ 的最佳拟合曲线,如图 12 所示。

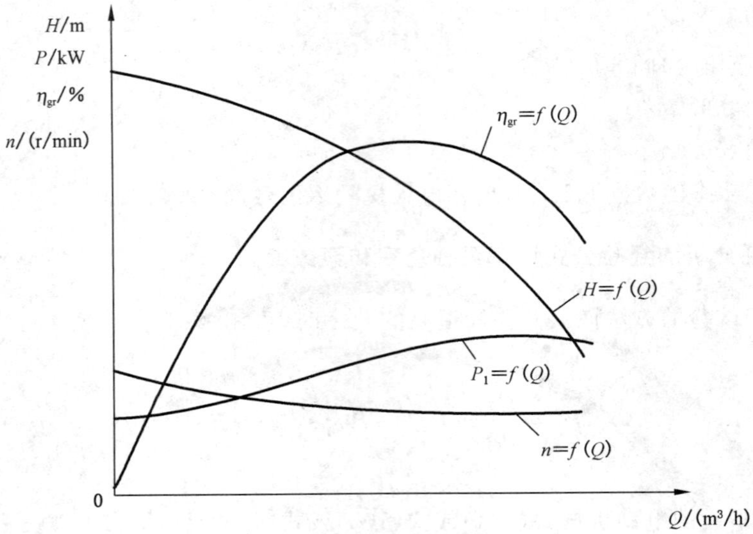


图 12 电泵(叶片泵)机组成套试验曲线

### 9.4.3 电泵机组成套性能的评价

#### 9.4.3.1 流量和扬程的评价

保证点的评价在实测转速下进行。对于试验转速与规定转速不同的泵,当已知保证点是规定转速下的参数时,应按式(94)～式(99)将保证点的参数换算到实测转速下。

除另有规定,叶片泵的流量容差应采用在实测转速时保证扬程处的保证流量的容差($Q_G \times \tau_Q$);泵的扬程容差应采用在实测转速时保证流量处的保证扬程的容差($H_G \times \tau_H$)。

除另有规定,螺杆泵的流量容差应采用在实测转速时保证压力处的保证流量的容差($Q_G \times \tau_Q$),压力不设容差。

当流量或扬程或两者都在所采用的容差带以内,泵的流量、扬程合格,如图 7、图 8 所示。

#### 9.4.3.2 电泵效率和电动机输入功率的评价

过坐标原点(零流量、零扬程)和保证点($Q_G$,$H_G$)画一条辅助直线,与拟合的 $H \sim Q$ 测试曲线相交于 $P$ 点。过 $P$ 点作横坐标的垂线与 $P_1 \sim Q$ 曲线和 $\eta_{gr} \sim Q$ 曲线分别相交。各交点的纵、横坐标值代表电泵在实际转速时性能的实测值 $H$、$P_1$、$\eta_{gr}$、$Q$。测得的电泵效率 $\eta_{gr}$ 与电泵效率保证值之差,应在容差范围内,参见图 9 和图 10。在泵工作范围内测得的电动机的输入功率应不超过允许的最大输入功率 $P_{1max}$。

#### 9.4.3.3 电流和功率因数

在泵工作范围内测得的电动机的电流应不超过额定电流。

电动机的功率因数实测值 $\cos\varphi$ 与保证值之差应在式(107)计算的容差范围 $\Delta\cos\varphi$ 之内,$\Delta\cos\varphi$ 的绝对值最小为 0.02、最大为 0.07。

$$\Delta \cos\varphi = \Delta \cos\varphi_N \frac{P_1 \cdot \eta_{mN}}{P_N} \qquad \cdots\cdots(107)$$

式中：

$\Delta\cos\varphi$ ——电动机的功率因数容差；

$\Delta\cos\varphi_N$ ——由表9给出的电动机在额定功率时的功率因数容差；

$P_1$ ——电泵在流量实测值处从曲线上查得的电动机输入功率值，单位为千瓦(kW)；

$P_N$ ——电泵的额定功率，单位为千瓦(kW)；

$\eta_{mN}$ ——电泵电动机的额定效率。

## 10 电动机的堵转试验

### 10.1 概述

堵转试验在电动机接近实际冷状态下进行。试验时应将电动机转子堵住，堵住转子的工具应有足够的强度，防止产生对人身的伤害和对设备的损坏。试验前，应确定旋转的方向。对三相电动机可在任何方便的位置上堵住转子。试验时，电源频率应稳定，功率测量应按需要采用低功率因数瓦特表，其电压回路应接至电动机的引出电缆端。

型式试验应测取堵转特性曲线，出厂检验可只测量额定电流点的堵转功率和堵转电流。

### 10.2 试验方法

#### 10.2.1 三相电动机的堵转试验

##### 10.2.1.1 试验过程

三相电动机试验时施于定子绕组的电压应尽可能从不低于0.9倍额定电压开始，逐步降低电压至电流接近额定电流时为止。其间共取5～7点，每点应同时读取三相电压、三相电流、输入功率和转矩，每点连续通电时间不应超过10 s。出厂检验时，可仅在额定电流值附近一点读取堵转时的电压、电流和输入功率。

##### 10.2.1.2 对试验电流的要求

对45 kW以下的电动机，堵转试验时最大电流值应不低于4.5倍额定电流；对45 kW～300 kW的电动机应不低于2.5倍～4.0倍额定电流；对300 kW～500 kW的电动机应不低于1.5倍～2.0倍额定电流。对500 kW以上的电动机应不低于1.0倍～1.5倍额定电流。

##### 10.2.1.3 定子绕组端电阻的测定

对45 kW及以上的三相电动机如受设备条件限制，允许用式(108)计算转矩，此时应在每点读数后，在两个引出电缆端间测量定子绕组的直流电阻。

#### 10.2.2 单相电动机的堵转试验

对单相电动机应先在定子绕组上施以低电压，使堵转电流接近额定电流。保持此电压并使电动机的定、转子在圆周方向产生相对位移，测出堵转转矩最小的位置，堵转电流最大的位置，分别做好标记后，断开电源，重新调整电动机的位置，使在测力计与堵转臂始终保持垂直位置的条件下，分别在上述两处标记位置上进行堵转试验。

试验时，仅需在接近额定电压一点，测取堵转转矩、堵转电流。每次通电持续时间应不超过5 s。两组测量值中，堵转转矩取小值，堵转电流取大值作为电动机的堵转转矩值和堵转电流值。

10.2.3 圆图计算法求最大转矩时对堵转试验的要求

若采用圆图计算法求取最大转矩，堵转试验应含有 2.0 倍～2.5 倍额定电流范围内的某一电流点。

10.2.4 圆图计算法求电动机工作特性时对堵转试验的要求

若采用圆图计算法求电动机工作特性，堵转试验应含有 1.0 倍～1.1 倍额定电流范围内的某一电流点。

10.3 试验结果的分析计算

10.3.1 三相电动机堵转转矩 $T_K$ 的计算

当受设备限制，堵转转矩 $T_K$ 不能实测时按式(108)和式(109)计算：

$$T_K = 9.549\frac{P_K - P_{Kcu1} - P_{Ks}}{n_0} \quad \cdots\cdots (108)$$

$$P_{Kcu1} = 1.5I_K^2R_K \quad \cdots\cdots (109)$$

式(108)和式(109)中：

$T_K$ ——堵转转矩，单位为牛顿米(N·m)；

$P_{Kcu1}$ ——堵转试验时定子绕组的 $I^2R$ 损耗，单位为瓦特(W)；

$P_{Ks}$ ——堵转时的杂散损耗(包括铁耗)，单位为瓦特(W)；一般取 $P_{Ks}=0.05P_K$；对大、中型高压电动机，取 $P_{Ks}=0.10P_K$；

$n_0$ ——电动机同步转速，单位为转每分钟(r/min)；

$I_K$ ——堵转试验时各点实测电流，单位为安培(A)；

$P_K$ ——堵转试验时各点实测输入功率，单位为瓦特(W)；

$R_K$ ——堵转试验时各点实测绕组端电阻平均值，单位为欧姆(Ω)。

10.3.2 堵转特性曲线

堵转特性曲线 $I_K=f(U_K)$、$T_K=f(U_K)$、$\lg I_K=f(\lg U_K)$ 曲线如图 13 和图 14 所示。

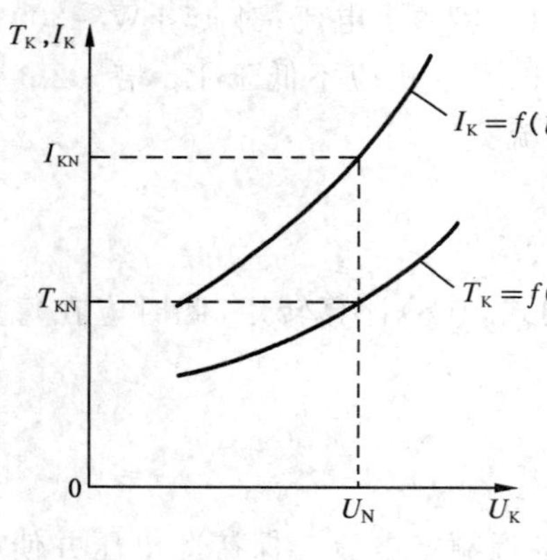


图 13 堵转特性曲线

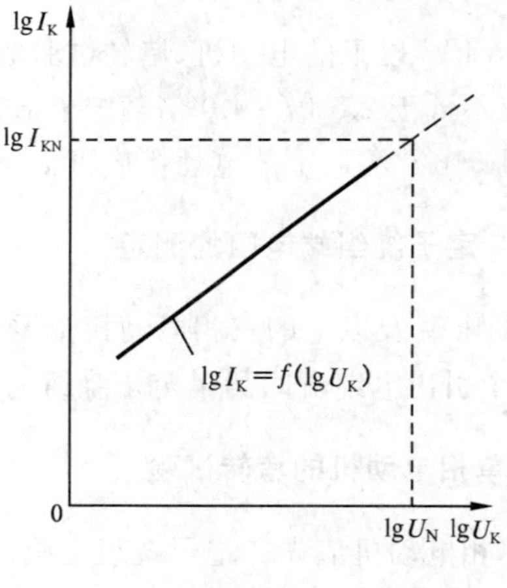


图 14 堵转电流-堵转电压对数曲线

10.3.3 堵转转矩 $T_{KN}$

10.3.3.1 堵转试验最大电压在 0.9 倍～1.1 倍额定电压范围内时的堵转转矩 $T_{KN}$

若堵转试验的最大电压在 0.9 倍～1.1 倍额定电压范围内，堵转电流 $I_{KN}$ 和堵转转矩 $T_{KN}$ 可在堵转特性曲线上直接查取。

10.3.3.2 **堵转试验最大电压低于 0.9 倍额定电压范围内时的堵转转矩 $T_{KN}$**

若堵转试验的最大电压低于 0.9 倍额定电压时，应作 $\lg I_K = f(\lg U_K)$ 曲线，并从最大电流外延曲线，查取额定电压时的堵转电流值 $I_{KN}$，则堵转转矩 $T_{KN}$ 按式(110)计算。

$$T_{KN} = T_K \left(\frac{I_{KN}}{I_K}\right)^2 \qquad \cdots\cdots (110)$$

式中：

$T_{KN}$——额定电压时的堵转转矩，单位为牛顿米(N·m)；

$T_K$ ——在最大试验电流 $I_K$ 时测得或计算的堵转转矩，单位为牛顿米(N·m)。

10.3.3.3 **750 W 及以下电动机的堵转转矩 $T_{KN}$**

对 750 W 及以下的电动机堵转电流和堵转转矩按式(111)和式(112)计算：

$$I_{KN} = I_K \left(\frac{U_N}{U_K}\right) \qquad \cdots\cdots (111)$$

$$T_{KN} = T_K \left(\frac{U_N}{U_K}\right)^2 \qquad \cdots\cdots (112)$$

式(111)和式(112)中：

$U_N$ ——额定电压，单位为伏特(V)；

$T_{KN}$——额定电压时的堵转转矩，单位为牛顿米(N·m)；

$U_K$ ——在最大试验电流 $I_K$ 时的堵转电压，单位为伏特(V)；

$T_K$ ——在最大试验电流 $I_K$ 时测得或计算的堵转转矩，单位为牛顿米(N·m)。

## 11 电动机最大转矩的测定

### 11.1 一般要求

试验时应配备专用的试验装置，被试电动机按正常工作状态的安装形式安装且潜于水下，轴伸端露出水面。再用相关的测量设备和仪器与电动机的轴伸端相接，进行试验。试验方法按照 GB/T 1032、GB/T 9651。

如限于设备，对于三相电动机允许采用圆图计算法求取最大转矩。为此，电动机应做含有 2.0 倍～2.5 倍额定电流范围内的某一电流点的堵转试验。

### 11.2 圆图计算法求最大转矩

圆图计算法公式中的电压、电流、电阻均为相电压(V)、相电流(A)、相电阻(Ω)的三相算术平均值，功率为三相功率值(W)。

计算步骤如下：

a) 定子绕组电阻 $R_{1s}$：换算至规定温度时的电阻值。

b) 按式(113)和式(114)计算由空载试验求得的参数：

空载电流的有功分量，单位为安培(A)： $I_{0R} = \dfrac{P_0 - P_{fw}}{3U_N}$ $\cdots\cdots$ (113)

空载电流的无功分量，单位为安培(A)： $I_{0X} = \sqrt{I_0^2 - I_{0R}^2}$ $\cdots\cdots$ (114)

式(113)和式(114)中：

$U_N$——额定相电压，单位为伏特(V)；

$P_0$——额定电压时的空载输入功率，单位为瓦特(W)；

$I_0$——额定电压时的空载电流，单位为安培(A)。

c) 按式(115)～式(118)计算由额定频率堵转试验(堵转电流在2.0倍～2.5倍额定电流值时)求得的参数：

堵转电流，单位为安培(A)： $$I_{KN}=I_K\frac{U_N}{U_K} \tag{115}$$

堵转功率，单位为瓦特(W)： $$P_{KN}=P_K\left(\frac{U_N}{U_K}\right)^2 \tag{116}$$

堵转电流的有功分量，单位为安培(A)： $$I_{KR}=\frac{P_{KN}}{3U_N} \tag{117}$$

堵转电流的无功分量，单位为安培(A)： $$I_{KX}=\sqrt{I_{KN}^2-I_{KR}^2} \tag{118}$$

式(115)～式(118)中：

$U_K$——堵转电流在2.0倍～2.5倍额定电流值时的堵转电压，单位为伏特(V)；

$P_K$——堵转电流在2.0倍～2.5倍额定电流值时的堵转功率，单位为瓦特(W)；

$I_K$——堵转电流(2.0倍～2.5倍额定电流)，单位为安培(A)。

d) 最大转矩的求取，按式(119)～式(127)计算：

$$K=I_{KR}-I_{0R} \tag{119}$$

$$H=I_{KX}-I_{0X} \tag{120}$$

$$r=\frac{1}{2}\left(H+\frac{K^2}{H}\right) \tag{121}$$

$$I_{2K}=\sqrt{H^2+K^2} \tag{122}$$

$$K_3=I_{2K}^2\frac{R_{1s}}{U_N} \tag{123}$$

由 $\tan\beta=\frac{H}{K_3}$ 求出 $\beta$、$\tan\frac{\beta}{2}$

$$T=3rU_N\tan\frac{\beta}{2} \tag{124}$$

$$P_m=\frac{P_N+P_{fw}+P_s}{1-s} \tag{125}$$

最大转矩倍数： $$K_T=\frac{C\cdot T}{P_m} \tag{126}$$

最大转矩，单位为牛顿米(N·m)： $$T_{max}=K_T\cdot T_N \tag{127}$$

式(119)～式(127)中：

$C$——对10 kW及以上的电动机，取$C=0.9$；小于10 kW的电动机，$C=1.0$；

$T_N$——额定转矩，单位为牛顿米(N·m)。

## 12 电动机最小转矩的测定

按照GB/T 1032和GB/T 9651规定的方法执行。

## 13 电动机的耐电压试验

### 13.1 试验要求

13.1.1 试验应符合GB 755—2008中9.2的规定。耐电压试验应在各项试验完成之后进行。根据电动机的额定电压决定应施加的电压值。

13.1.2 耐电压试验仅对装配完成的新电动机进行，并可能会对电动机的绝缘造成损伤或破坏，故不宜重复进行。验收试验时不应对绕组重复进行全值电压的耐电压试验，如用户确认需要重复进行试验时，试验电压应为规定值的80%。

13.1.3 试验时电动机应在静止状态下并浸泡于水中进行，浸泡的时间按相关的产品技术标准规定执行。对于充水式潜水电动机应至少浸泡12 h。试验前应先测量绕组的绝缘电阻。

13.1.4 试验时电压应施于被试绕组与机壳之间，此时其他不参与试验的绕组均应与铁心及机壳相接。对额定电压在1 kV以上的电动机，若每相的两端均单独引出时，则应每相逐一进行试验。对单相电动机应对主、副绕组分别进行试验，对副绕组，高电压只加在副绕组回路中的绕组端。

13.1.5 试验变压器应有足够的容量，应按下列要求选择：

a) 对低压电动机，每1 kV试验电压，试验变压器的容量应不小于1 kVA；

b) 对高压电动机，当其电容量较大时，试验变压器的容量应大于式(128)算出的计算容量 $S_T$ (kVA)：

$$S_T = 2\pi f C U_t U_{TN} \times 10^{-3} \qquad \cdots\cdots(128)$$

式中：

$S_T$ ——试验变压器的计算容量，单位为千伏安(kVA)；

$f$ ——电源频率，单位为赫兹(Hz)；

$C$ ——被试电动机的电容量，单位为法拉(F)；

$U_t$ ——试验电压，单位为伏特(V)；

$U_{TN}$——变压器高压侧的额定电压，单位为伏特(V)；

c) 对小功率电动机和单相电动机，试验变压器的容量应不小于0.5 kVA。

额定电压在3 kV及以上的电动机耐电压试验时，应在试验变压器接线柱与被试绕组之间并联接入放电铜球。试验电压应在试验变压器的高压侧进行测量。

试验前应采取安全防护措施，试验中发现异常情况，应立即切断试验电源，并将绕组对地放电。

### 13.2 试验电压和时间

试验电压的数值按GB 755—2008的规定或相关产品的技术标准执行。

试验时施加的电压应从不超过试验电压全值的一半开始，然后稳步地或分段地以每段不超过全值的5%逐步增加至全值。电压自半值增加至全值的时间应不少于10 s，全值电压试验时间应维持1 min。

对批量生产功率为200 kW及以下、额定电压 $U_N \leqslant 1$ kV的电动机进行常规试验时，允许用规定的试验电压数值的120%，历时1 s进行试验。

## 14 电动机绕组匝间绝缘试验

低压电动机绕组匝间绝缘试验方法：

a) 散嵌绕组按GB/T 22719.1、GB/T 22719.2的规定；

b) 成型绕组按GB/T 22714，试验电压的数值按有关产品标准的规定。

高压电动机按GB/T 22715的规定对定子成型线圈进行耐冲击电压水平检验，不推荐进行整机试验。

## 15 电动机的噪声测定

### 15.1 试验时电动机的状态

电动机应处于正常工作状态的安装形式放置在弹性垫上空载进行试验。弹性安装要求应符合GB/T 10069.1的规定。

### 15.2 噪声试验的要求与方法

电动机噪声测定的要求及方法按GB/T 10069.1、GB 10069.3的规定。

## 16 电动机的振动测定

### 16.1 试验时电动机的状态

电动机应处于正常工作状态的安装形式放置在弹性垫上空载进行试验。弹性安装要求应符合GB/T 10068的规定。

### 16.2 测振点的布置

振动测点数为5点，在电动机轴伸端及电动机上、下端沿圆周互相垂直的直径方向各一点(见图15)，其中①②④⑤点的测量方向延长线应尽量接近轴承支点的中心(对滑动轴承则应为导轴承长度的中点)。

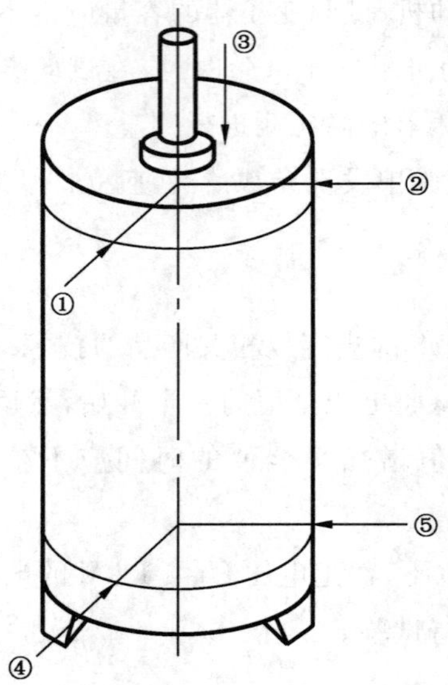


图15 振动测点布置

### 16.3 试验的其他要求与方法

电动机振动测定的其他要求、测定方法按GB/T 10068的规定。

## 17 井用潜水泵的轴向力的测定

### 17.1 测量配用电动机

测量时配用电动机为带滑动轴承的充水式潜水电动机。

### 17.2 测量用传感器及仪表

测量时采用的传感器或测力仪表，最大允许误差应小于±2%。对于防水传感器浸于水中 12 h 后引出信号线对壳的绝缘电阻应不低于 5 MΩ。测力传感器应定期校准标定。

### 17.3 安装与测量

#### 17.3.1 测力传感器的安装

测量前，潜水泵应与配用电动机按正常使用条件装配好，卸下电动机底座上的球面支承，安装测力传感器并应调整其位置，使传力杆球面顶部的位置与原球面支承的安装位置相同，保证机组转子与壳体轴向相对位置不变(见图 16)。

说明：

1——下导轴承；
2——电机轴；
3——下导轴承座；
4——底座；
5——推力盘；
6——止推轴承；
7——止推轴承座；
8——调整垫片；
9——轴向力传感器。

**图 16　水泵轴向水推力测量装置示意图**

#### 17.3.2 测量方法

轴向力测量可与水泵性能试验同时进行，亦可单独完成。电泵运转前应记下仪表读数 $G_0$，该值为转动部件静止时在水中的重量。电泵运转时各测点的轴向力为 $G$。

#### 17.3.3 泵轴向力曲线

轴向力曲线的绘制(见图 17)，图中 $H$ 和 $G$ 为试验时扬程和轴向力的实测值。

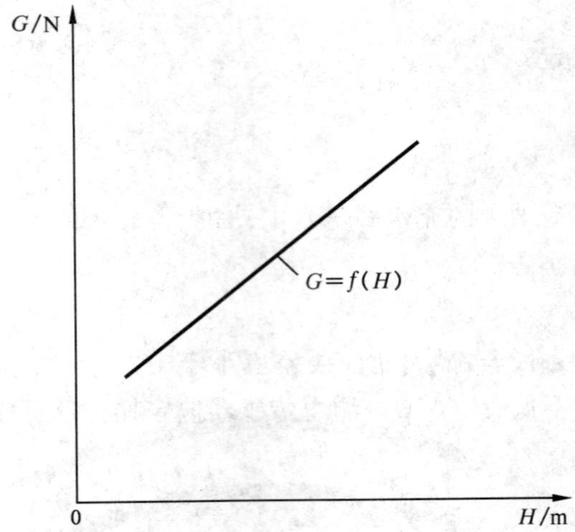


图 17 泵轴向力曲线

## 18 其他试验

### 18.1 通过能力试验

#### 18.1.1 试验要求

对污水污物潜水电泵或其他有通过能力要求的潜水电泵，应进行通过能力试验。试验时应在容器或水池内加入一定数量并与允许通过最大颗粒直径相应的悬浮或半悬浮球。

#### 18.1.2 试验方法

可以用以下三种方法之一测试：

a) 将电泵放入容器或水池中，然后启动电泵，此时相应颗粒直径的悬浮或半悬浮球应能从泵出口排出。
b) 用溢流法检查相应颗粒直径悬浮球是否随着电泵放入容器或水池深度的增加自动从出口溢出。
c) 测量电泵的叶轮、泵壳的最小过流断面尺寸是否大于允许的最大颗粒直径。

### 18.2 电动机的转向测定

按 GB 1971 规定的线端标志，在 $U$、$V$、$W$ 上施加相应相序的电压，电动机转向应与转向标志一致。

### 18.3 短时过转矩试验

对需要进行短时过转矩试验的电动机，按照 GB/T 1032 执行。

### 18.4 超速试验

对需要进行超速试验的电动机，按照 GB/T 1032 执行。

# 附 录 A
（资料性附录）
## 仪表校准时间间隔

两次校准之间的实际时间间隔应根据试验设备及所属仪表可利用的经验而定，应当在试验台的质量保证程序中作出规定。其他仪表参照 GB/T 3216 和 GB/T 1032。试验仪表合适的校准时间间隔见表 A.1。

**表 A.1 试验仪表合适的校准时间间隔**

| 设 备 | 间隔周期 |
|---|---|
| 流量 | |
| 涡轮流量计(不低于 0.5 级) | 1 年 |
| 涡轮流量计(1 级) | 2 年 |
| 电磁流量计(不低于 0.5 级) | 1 年 |
| 电磁流量计(1 级) | 2 年 |
| 堰 | 不要求，除非怀疑关键尺寸有改变 |
| 流量数字显示仪表 | 1 年 |
| 压力 | |
| 弹簧压力计 | 4 个月 |
| 传感器或变送器 | 4 个月 |
| 压力数字显示仪表 | 1 年 |
| 功率 | |
| 转矩传感器 | 1 年 |
| 数字式功率仪 | 1 年 |
| 指针式电流、电压、瓦特表 | 1 年 |
| 电流、电压互感器 | 2 年 |
| 数字式转速转矩仪 | 1 年 |
| 转速 | |
| 数字式转差转速仪 | 1 年 |
| 数字式振动测速仪 | 1 年 |

# 附 录 B
# （规范性附录）
# 测量不确定度评定

## B.1 总则

电泵试验的测量不确定度评定除有特殊规定，只对泵性能试验中的流量、扬程、转速、泵轴功率及效率的测量结果进行不确定度评定。以泵效率的测量不确定度作为测试系统测量不确定度评定结果。

电泵试验的测量不确定度评定依据 JJF 1059.1—2012 给出的评定与表示测量不确定度的原则、方法和步骤制定，是关于实验误差的基本理论在泵测试技术中的具体应用。

## B.2 试验中导致测量误差以及不确定度的来源

电泵试验中可能导致测量误差以及测量不确定度的来源主要有：

a) 测量仪表及传感器的最大允许误差和不确定度；
b) 试验装置设计、制造、安装不规范、不完善引起液流不稳定造成的参数波动变化；
c) 试验环境及条件（如电源频率、电压波动、室温、水温、水位变化等等）的随机变化；
d) 试验运转中的不稳定性；
e) 对指针式仪表（如弹簧压力表）的读数存在的人为偏移；
f) 仪表使用条件超出正常使用范围时引起的附加误差；
g) 测量方法和测量程序的近似和假定；
h) 对被测量的定义不完整或测量方法不理想；
i) 引用数据或其他参量的不确定度；
j) 在相同条件下被测量在重复观测中的变化。

## B.3 测量过程及数学模型的建立

在实际测量过程中，有一些被测量是通过测量量具、仪器直接测量得到的，这种测量过程称为直接测量。如在试验中的流量、出口压力、转速、温度、线端电阻、每相电流、每相电压、电动机的输入功率等属于直接测量。另一些量，如泵总扬程、泵轴功率、效率等不能用仪器仪表直接测得，而是通过测量与其有函数关系（数学模型）的其他量来导出，称为间接测量，如式（B.1）所示。导出输出量 $Y$ 的输入量 $X_1$，$X_2$，…，$X_N$ 本身也可以是被测量，也可以取决于其他量，甚至包括具有系统效应的修正值。

$$Y=f\ (X_1,\ X_2,\ \cdots,\ X_N) \qquad \cdots\cdots(B.1)$$

在式（B.1）中被测量 $Y$ 的估计值（算术平均值）记为 $y$，输入量 $X_i$ 的估计值（算术平均值）记为 $x_i$，它们的函数关系如式（B.2）所示：

$$y=f\ (x_1,\ x_2,\ \cdots,\ x_N) \qquad \cdots\cdots(B.2)$$

式（B.1）中大写字母表示量的符号，在不确定度评定中，既代表可测的量，也代表随机变量。当叙述为 $X_i$ 具有某概率分布时，这个符号的含义就是后者。

测量不确定度由测量过程的数学模型和不确定度的传播律来评定。数学模型的确定和选用应充分反映测量过程中所有与被测量相关量变化的实际情况。在可能的情况下，应采用按长期积累的数据建立起来的经验模型。

## B.4 试验的测量不确定度的评定规则

试验的测量不确定度的评定规则为：

a) $x_i$的不确定度是函数$y$的不确定度的来源。寻找不确定度来源时应全面考虑，做到不遗漏、不重复，特别应注意对结果影响大的来源。遗漏会使$y$的不确定度过小，重复会使$y$的不确定度过大。
b) 函数$y$的不确定度将取决于$x_i$的不确定度，因此应首先评定$x_i$的标准不确定度$u(x_i)$。
c) 确定或择优选用数学模型。试验装置、试验设备、仪器仪表、试验方法和测量过程的不同，数学模型也将不同。评定时应具体情况具体分析，不应简单随便套用。
d) 在不确定度评定前，应将所有修正量加入，并将所有异常值剔除，保证所得的$Y$值为最佳值。
e) 当根据有关信息(如仪器的检定证书、校准证书、使用说明书)来评定时，应保证相关信息的有效性。
f) 不确定度评定中随机变量的置信概率为95%，随机变量的概率分布为正态分布或$t$分布。
g) 所测各量的误差，认为是不相关或弱相关，相关系数$r≈0$。
h) 本标准中所有的不确定度均以相对不确定度表示。
i) 测量仪表最大极限误差导致的不确定度概率分布为均匀分布。
j) 原则上只对保证点的流量、总扬程、转速、泵轴功率及效率进行不确定度评定。
k) 测试系统(或试验台)测量不确定度以泵保证点效率的测量不确定度表示。

## B.5 测量结果不确定度的评定步骤

### B.5.1 评定前准备

在评定前应做好如下准备：

a) 确定测试系统所使用的仪器、仪表的检定证书或校准证书的有效性，其准确度应符合本标准的要求。
b) 选择和确定试验用仪器、仪表，其测量范围应与电泵的额定参数相适应。
c) 当试验装置含有多条测流管线时，应选择与泵额定流量相匹配的测流管线。

### B.5.2 A类不确定度评定的分析试验

A类不确定度评定方法是基于在重复性条件下所得到的重复观测值，采用测量结果的统计方法估算。因此需要进行相应的分析试验来得到评定所需的重复观测值。具体做法是：

将电泵在额定工况点运行一定时间，待试验运转稳定性达到本标准表1、表2或表3的要求后，开始试验。试验时应保证流量调节阀、调压器不动，水位保持不变，尽快地以随机的时间间隔(但应不少于10 s)成组、同时、重复地读取并记录各被测量的读值。至少测量10组。

采用损耗分析法测功时，试验结束停机后应立即测量电动机定子绕组的端电阻。电动机未作空载试验的还应做空载试验。

### B.5.3 测量不确定度的估算

#### B.5.3.1 由随机效应导致的标准不确定度分量的估算

电泵试验中由于测量系统(包括试验装置)的特性和被测量的变化等随机效应导致的不确定度(简称“随机标准不确定度”)，直接表现为测量结果的离散。随机不确定度采用A类不确定度评定方法。

评定的基本步骤如下：

a) 计算被测量 $X$ 的算术平均值 $\bar{x}$。

在重复性条件或复现性条件下对被测量 $X$ 进行 $n$ 次观测的测量值为 $x_i$($i=1,2,\cdots,n$)，算术平均值 $\bar{x}$ 按式(B.3)计算：

$$\bar{x}_i=\frac{1}{n}\sum_{i=1}^{n}x_i \qquad \cdots\cdots(\text{B.3})$$

b) 计算单次测量值的实验标准差 $s(x_i)$。

用贝塞尔公式计算单次测量值的实验标准差 $s(x_i)$，按式(B.4)计算：

$$s(x_i)=\sqrt{\frac{\sum_{i=1}^{n}(x_i-\bar{x})^2}{n-1}} \qquad \cdots\cdots(\text{B.4})$$

式中：

$s(x_i)$ ——在重复性条件下的重复测量中，单次测量值的实验标准差；

$n$ ——在重复性条件下的重复测量次数；

$x_i$ ——在重复性条件下的重复测量值，$i=1,2,\cdots,n$；

$\bar{x}$ ——在重复性条件下的 $n$ 次观测的测量值的算术平均值。

c) 平均值 $\bar{x}$ 的实验标准差 $s(\bar{x})$ 按式(B.5)计算：

$$s(\bar{x})=\frac{s(x_i)}{\sqrt{n}} \qquad \cdots\cdots(\text{B.5})$$

d) 测量结果的标准不确定度 $u(x)$。

通常测量结果用测量值的算术平均值 $\bar{x}$ 表示，随机标准不确定度为 $u_r(x)=s(\bar{x})$。随机相对标准不确定度 $u_r(x)=s(\bar{x})/\bar{x}$。

重复观测中的每次测量值的随机标准不确定度为 $u_r(x_i)=s(x_i)$。

### B.5.3.2 单台仪器系统效应导致的标准不确定度分量的估算

系统标准不确定度是指系统所用测量仪器仪表引入的标准不确定度(简称“系统不确定度”)，它可根据仪器仪表的检定证书、校准证书或仪表的说明书的信息采用B类标准不确定度的评定方法求得。

由单台测量仪器仪表引入的系统标准不确定度通常有以下几方面的来源：

a) 仪器仪表示值误差引入的不确定度。

当泵试验中常用的仪器仪表的检定证书或仪器的技术说明书给出了仪器的最大允许相对误差 $\pm A\%$ 或准确度等级 $A$ 时，由此带来的标准不确定度按式(B.6)计算：

$$u_{s1}(y)=\frac{Ay}{100k} \text{ 或 } u_{s1}(y)=\frac{AR}{100k} \qquad \cdots\cdots(\text{B.6})$$

式中：

$A$ ——仪器的准确度等级或最大允许相对误差以百分数表示时的数值；

$u_{s1}(y)$ ——由仪器仪表示值误差引入的不确定度；

$y$ ——仪表示值；

$k$ ——包含因子；

$R$ ——仪表满量程值。

通常仪器仪表示值误差的概率分布为均匀分布，式(B.6)中包含因子 $k=\sqrt{3}$，当仪器仪表的最大允许误差是引用误差时，公式中代入满量程值 $R$。

当用相对标准不确定度表示时，$u_{s1rel}(y)=\frac{A}{k}$或$u_{s1rel}(y)=\frac{A}{k}\times\frac{R}{y}$(引用误差时采用)。

b) 数字式仪表的分辨力引入的不确定度。

对于数字式仪表，如其分辨力为$\delta x$，量化误差是区间为$\delta x$的均匀分布，区间半宽为$\delta x/2$，包含因子$k=\sqrt{3}$，由此带来的标准不确定度按式(B.7)计算：

$$u_{s2}(y)=\frac{\delta x}{2k} \qquad \cdots\cdots(B.7)$$

式中：

$u_{s2}(y)$——由数字式仪表的分辨力引入的不确定度。

c) 由仪器仪表在检定或校准时的测量结果不确定度引入的不确定度。

电泵试验中常用的仪器仪表的检定证书或校准证书通常给出了仪器的扩展不确定度$U$及包含因子$k$，由此带来的标准不确定度按式(B.8)计算：

$$u_{s3}(y)=\frac{U}{k} \qquad \cdots\cdots(B.8)$$

式中：

$u_{s3}(y)$——由仪器仪表在检定或校准时的测量结果不确定度引入的不确定度。

示例：

一台数字式压力仪的校准证书上的校准结果列出当标准电压值为5 V，仪表显示值为4.999 8 V，扩展不确定度为0.2 mV，包含因子$k=2$。该仪表说明书规定了压力表的最大允许相对误差为±0.2%。

该仪表的示值误差引入的不确定度为$u_{s1}(y)=0.2/100\times4.999\ 8/\sqrt{3}=0.005\ 8$ V，是绝对不确定度，带有单位。式中的$\sqrt{3}$为均匀分布的包含因子。

该仪表由分辨力引入的不确定度为$u_{s2}(y)=\frac{0.000\ 1}{2\sqrt{3}}=2.9\times10^{-5}$ V，是绝对不确定度，带有单位。

按式(B.8)算出由仪表检定或校准测量结果的不确定度在泵试验中所引起的不确定度分量为$u_{s3}(y)=\frac{0.2}{2}=0.1$ mV$=0.000\ 1$ V，是绝对不确定度，带有单位。

单台测量仪器仪表引入的系统相对标准不确定度：

$$u_s(y)=\sqrt{u_{s1}^2(y)+u_{s2}^2(y)+u_{s3}^2(y)}/y=\sqrt{0.005\ 8^2+(2.9\times10^{-5})^2+0.000\ 1^2}/4.999\ 8=0.12\%$$

从上面的计算可以看出，通常对一般的数字式仪表来说，当数字显示位数足够多时，与示值误差带来的不确定度相比较，后两种因素导致的不确定度都很小，可以忽略不计。

d) B类不确定度分量的自由度。

无论B类或是A类评定，不确定度是用来衡量测量结果的可靠程度，自由度则是用来衡量不确定度的可靠程度的。对单台仪表，当不确定度的数据来源于校准证书、检定证书或手册等比较可靠的资料时，可以取较高的自由度。经校准并在有效期内的仪表，可以取不确定度的相对不确定度为20%，自由度为$\upsilon_i=12$。

当测量参数的标准不确定度由多个标准不确定度合成时，合成标准不确定度$u_c(y)$的自由度称为有效自由度$\upsilon_{eff}$。当多个不确定度$u_i(y)$，其自由度为$\upsilon_i$，合成标准不确定度$u_c(y)$时，其有效自由度按式(B.9)计算：

$$\upsilon_{eff}=\frac{u_c^4(y)}{\sum\frac{u_i^4(y)}{\upsilon_i}} \qquad \cdots\cdots(B.9)$$

当用相对标准不确定度合成，其自由度按式(B.10)计算：

$$\upsilon_{eff}=\frac{u_{crel}^4(y)}{\sum\frac{p_i^4u_{irel}^4(y)}{\upsilon_i}} \qquad \cdots\cdots(B.10)$$

式(B.9)和式(B.10)中：

$y$ ——被测量参数；

$\upsilon_{\text{eff}}$ ——有效自由度；

$u_{\text{c}}(y)$ ——合成标准不确定度；

$u_{\text{crel}}(y)$——合成相对标准不确定度；

$u_i(y)$ ——标准不确定度分量；

$u_{\text{irel}}(y)$——相对标准不确定度分量；

$p_i$ ——各相对标准不确定度分量的灵敏系数。

**B.5.3.3 测量参数的系统标准不确定度的估算**

**B.5.3.3.1 概述**

系统标准不确定度按被测量值 $Y$ 的估计值 $y$(即 $Y$ 的算术平均值)的系统标准不确定度给出，符号为 $u_{\text{s}}(y)$。在实际测量中，$y$ 通常采用被测量的符号，如流量 $Q$ 的系统标准不确定度可表示为 $u_{\text{s}}(Q)$。在泵试验中，系统标准不确定度按 B 类方法评定。

系统标准不确定度的计算公式随着参数的测量方法、所用仪器和数学模型的不同而变化。应针对具体的测试系统和测量参数首先确定计算公式，再估算测量结果的系统标准不确定度。本附录中给出的公式也不应简单套用，应具体分析和应用。

**B.5.3.3.2 系统标准不确定度估算的基本公式**

直接测量与间接测量参数的系统标准不确定度的基本计算公式见式(B.11)～式(B.21)。

a) 直接测量参数的系统标准不确定度 $u_{\text{s}}(y)$ 采用方和根的方法，按式(B.11)计算：

$$u_{\text{s}}(y)=\sqrt{\sum u_{\text{s}i}^2(y)} \qquad \text{( B.11 )}$$

式中：

$y$ ——被测参数；

$u_{\text{s}}(y)$ ——被测参数的系统标准不确定度；

$u_{\text{s}i}(y)$ ——参与测量的每台仪表的系统标准不确定度，按 B 类方法计算。

b) 间接测量参数的系统标准不确定度 $u_{\text{s}}(y)$ 用不确定度传播律式(B.12)和被测量与输入量的函数表达式(即被测量的数学模型)导出的计算公式算出。

$$u_{\text{s}}^2(y)=\sum_{i=1}^{N}\left[\frac{\partial f}{\partial x_i}\right]^2 u_{\text{s}}^2(x_i) \qquad \text{( B.12 )}$$

式中：

$u_{\text{s}}(y)$ ——被测参数的系统标准不确定度；

$u_{\text{s}}(x_i)$——与间接测得量有函数关系的被测量的系统标准不确定度，$i=1,2,3,\cdots,N$。

注：式(B.12)中的不确定度 $u_{\text{s}}(y)$ 和 $u_{\text{s}}(x_i)$ 均是以绝对标准不确定度表示。

c) 具有和差函数关系的间接测得量的系统标准不确定度 $u_{\text{s}}(y)$。

被测量的数学模型：
$$y=a_0+\sum_{i=1}^{n}a_i x_i \qquad \text{( B.13 )}$$

根据式(B.12)，间接测量值的方差 $u_{\text{s}}^2(y)$ 按式(B.14)计算：

$$u_{\text{s}}^2(y)=\sum_{i=1}^{n}\left[\frac{\partial(a_i x_i)}{\partial x_i}\right]^2 u_{\text{s}}^2(x_i)=\sum_{i=1}^{n}a_i^2 u_{\text{s}}^2(x_i) \qquad \text{( B.14 )}$$

测量不确定度以相对标准不确定度表示时，按式(B.15)计算：

$$u_{\text{s}}(y)=\left[\sum_{i=1}^{n}\left(\frac{a_i x_i}{y}\right)^2 u_{\text{s}}^2(x_i)\right]^{\frac{1}{2}} \qquad \text{( B.15 )}$$

式(B.13)～式(B.15)中：

$y$ ——被测参数的算术平均值；

$x_i$ ——与间接测得量有函数关系的被测量的算术平均值；

$a_i$ ——方程系数；

$a_0$ ——常数项。

d) 具有乘除函数关系的间接测得量的系统标准不确定度 $u_s(y)$。

如被测量的数学模型：

$$y = x_1 x_2 x_3 \quad \cdots\cdots\cdots\cdots\cdots\cdots\cdots\cdots (B.16)$$

根据式(B.12)，间接测量值的方差 $u_s^2(y)$ 的计算公式见式(B.17)：

$$u_s^2(y) = (x_2 x_3)^2 u_s^2(x_1) + (x_1 x_3)^2 u_s^2(x_2) + (x_1 x_2)^2 u_s^2(x_3) \quad \cdots\cdots (B.17)$$

以相对标准不确定度表示时：

$$u_s(y) = \left[\sum_{i=1}^{n} u_s^2(x_i)\right]^{\frac{1}{2}} \quad \cdots\cdots\cdots\cdots\cdots\cdots\cdots\cdots (B.18)$$

e) 具有幂函数关系的间接测得量的系统标准不确定度 $u_s(y)$。

被测量的数学模型：

$$y = x^m \quad \cdots\cdots\cdots\cdots\cdots\cdots\cdots\cdots (B.19)$$

根据式(B.12)，间接测量值的方差 $u_s^2(y)$ 的计算公式见式(B.20)：

$$u_s^2(y) = \left[\frac{\partial(x^m)}{\partial x}\right]^2 u_s^2(x) = (m x^{m-1})^2 u_s^2(x) \quad \cdots\cdots\cdots\cdots (B.20)$$

以相对标准不确定度表示时，按式(B.21)计算：

$$u_s(y) = m u_s(x) \quad \cdots\cdots\cdots\cdots\cdots\cdots\cdots\cdots (B.21)$$

注：式(B.15)、式(B.18)、式(B.21)中的不确定度 $u_s(y)$ 和 $u_s(x_i)$ 均是相对标准不确定度。

#### B.5.3.3.3 直接测量参数的系统标准不确定度

潜水电泵性能试验中属于直接测量的参数有：实测流量 $Q$，泵出口压力 $p_2$，实测转差 $s_t$，工频 $f$，电流 $I_1$、$I_2$、$I_3$，电压 $U_1$、$U_2$、$U_3$，电动机输入功率 $P_1$，绕组直流电阻 $R_1$、$R_2$、$R_3$，静水位(压力表或压力变送器中心到水面的距离) $Z_0$。根据式(B.11)这些参数的系统标准不确定度计算公式如下：

a) 实测流量 $Q$ 的系统标准不确定度(指相对不确定度，以下同)。

当参与流量测量的仪表有流量数显表 $M_Q$ 和流量变送器 $S_Q$ 时，$Q$ 的系统标准不确定度 $u_s(Q)$ 应是两台仪表系统标准不确定度的方和根，按式(B.22)计算：

$$u_s(Q) = [u_s^2(M_Q) + u_s^2(S_Q)]^{\frac{1}{2}} \quad \cdots\cdots\cdots\cdots\cdots\cdots (B.22)$$

根据式(B.10)流量测量的系统标准不确定度的自由度按式(B.23)计算：

$$\upsilon_Q = \frac{u_s^4(y)}{\sum \frac{p_i^4 u_i^4(y)}{\upsilon_i}} = \frac{u_s^4(Q)}{\frac{u_s^4(M_Q)}{12} + \frac{u_s^4(S_Q)}{12}} \quad \cdots\cdots\cdots\cdots\cdots\cdots (B.23)$$

式(B.22)和式(B.23)中：

$u_s(Q)$ ——流量测量的系统相对标准不确定度；

$u_s(M_Q)$——流量数字显示仪表的系统相对标准不确定度；

$u_s(S_Q)$ ——流量变送器(或传感器)的系统相对标准不确定度；

$\upsilon_Q$ ——流量测量的系统标准不确定度的自由度；

$p_i$ ——相对标准不确定度分量的灵敏系数，在式(B.22)中，$p_i = 1$。

b) 泵出口压力 $p_2$ 的系统标准不确定度。

当参与出口压力测量的仪表是压力数显表 $M_{p2}$ 和压力变送器 $S_{p2}$ 时，$p_2$ 的系统标准不确定度 $u_s(p_2)$ 应是两台仪表系统标准不确定度的方和根，按式(B.24)计算：

$$u_s(p_2) = [u_s^2(M_{p2}) + u_s^2(S_{p2})]^{\frac{1}{2}} \quad \cdots\cdots\cdots\cdots\cdots\cdots (B.24)$$

出口压力测量的系统标准不确定度的自由度按式(B.25)计算，式中的灵敏系数 $p_i = 1$。

$$v_{p2}=\frac{u_s^4(y)}{\sum\frac{p_i^4u_i^4(y)}{v_i}}=\frac{u_s^4(p_2)}{\frac{u_s^4(M_{p2})}{12}+\frac{u_s^4(S_{p2})}{12}} \quad \cdots\cdots(B.25)$$

式(B.24)和式(B.25)中：

$u_s(p_2)$ ——出口压力测量的系统相对标准不确定度；

$u_s(M_{p2})$——压力数字显示仪表的系统相对标准不确定度；

$u_s(S_{p2})$ ——压力变送器(或传感器)的系统相对标准不确定度；

$v_{p2}$ ——压力测量的系统标准不确定度的自由度。

c) 实测转差 $s_t$ 的系统标准不确定度。

当用数字转差仪测转差时，$s_t$ 的系统标准不确定度即为数字转差仪 $M_{st}$ 的系统标准不确定度，见式(B.26)。

$$u_s(s_t)=u_s(M_{st}) \quad \cdots\cdots(B.26)$$

式中：

$u_s(s_t)$ ——转差测量的系统相对标准不确定度；

$u_s(M_{st})$ ——数字转差仪的系统相对标准不确定度。

转差测量的系统标准不确定度的自由度：$v_{st}=12$。

d) 电源频率 $f$ 的系统标准不确定度。

当用数字频率仪测电源频率时，$f$ 的系统标准不确定度即为数字频率仪 $M_f$ 的系统标准不确定度，见式(B.27)。

$$u_s(f)=u_s(M_f) \quad \cdots\cdots(B.27)$$

式中：

$u_s(f)$ ——电源频率测量的系统相对标准不确定度；

$u_s(M_f)$ ——数字频率仪的系统相对标准不确定度。

电源频率测量的系统标准不确定度的自由度：$v_f=12$。

e) 电流 $I_1$、$I_2$、$I_3$ 的系统标准不确定度。

当用三相数字功率表时，参与电流测量的仪表有三相数字功率表电流测量单元 $M_I$ 和电流互感器 HLI，因此，每相电流的系统标准不确定度 $u_s(I)$ 应是两台仪表系统标准不确定度的方和根，按式(B.28)和式(B.29)计算：

$$u_s(I)=[u_s^2(M_I)+u_s^2(\mathrm{HLI})]^{\frac{1}{2}} \quad \cdots\cdots(B.28)$$

$$u_s(I_1)=u_s(I_2)=u_s(I_3)=u_s(I) \quad \cdots\cdots(B.29)$$

电流测量的系统标准不确定度的自由度按式(B.30)计算，式中的灵敏系数 $p_i=1$。

$$v_I=\frac{u_s^4(y)}{\sum\frac{p_i^4u_i^4(y)}{v_i}}=\frac{u_s^4(I)}{\frac{u_s^4(M_I)}{12}+\frac{u_s^4(\mathrm{HLI})}{12}} \quad \cdots\cdots(B.30)$$

式(B.28)～式(B.30)中：

$u_s(I)$ ——电流测量的系统相对标准不确定度；

$u_s(I_1)$、$u_s(I_2)$、$u_s(I_3)$——三相电动机每个线电流测量的系统相对标准不确定度；

$u_s(M_I)$ ——数字功率仪表电流测量单元的系统相对标准不确定度；

$u_s(\mathrm{HLI})$ ——电流互感器电流比值的系统相对标准不确定度；

$v_I$ ——电流测量的系统标准不确定度的自由度。

f) 电压 $U_1$、$U_2$、$U_3$ 的系统标准不确定度。

当用三相数字功率表时(低压，无电压互感器)，电压的系统标准不确定度即为三相数字功率表电压测量单元 $M_U$ 的系统标准不确定度，见式(B.31)。

$$u_s(U_1)=u_s(U_2)=u_s(U_3)=u_s(M_U) \quad\cdots\cdots(B.31)$$

式中：

$u_s(U_1)$、$u_s(U_2)$、$u_s(U_3)$ ——三相电动机每个线电压测量的系统相对标准不确定度；

$u_s(M_U)$ ——数字功率仪表电压测量单元的系统相对标准不确定度。

电压测量的系统标准不确定度的自由度：$\upsilon_U=12$

g) 电动机输入功率 $P_1$ 的系统标准不确定度。

当用三相数字功率表时，参与功率测量的仪表有三相数字功率表 $M_P$ 和电流互感器 HLI，因此，功率的系统标准不确定度 $u_s(P_1)$ 应是功率仪表系统标准不确定度 $u_s(M_P)$、电流互感器的比值的不确定度 $u_s(\text{HLI})$ 以及电流互感器的相位不确定度 $u_s(\text{HL}\varphi)$ 的方和根，系统相对标准不确定度按式(B.32)计算：

$$u_s(P_1)=[u_s^2(M_P)+u_s^2(\text{HLI})+100^2\cdot\tan^2(\varphi)u_s^2(\text{HL}\varphi)]^{\frac{1}{2}} \quad\cdots\cdots(B.32)$$

功率测量的系统标准不确定度的自由度用式(B.33)计算：

$$\upsilon_{P1}=\frac{u_s^4(y)}{\sum\frac{p_i^4u_{si}^4(y)}{\upsilon_i}}=\frac{[u_s(P_1)]^4}{\frac{u_s^4(M_P)}{12}+\frac{u_s^4(\text{HLI})}{12}+\frac{100^4\ \tan^4(\varphi)u_s^4(\text{HL}\varphi)}{12}} \quad\cdots\cdots(B.33)$$

式(B.32)和式(B.33)中：

$\varphi$ ——电压、电流相位角。

$u_s(P_1)$ ——三相电动机输入功率测量的系统相对标准不确定度；

$u_s(M_P)$ ——三相数字功率仪表功率测量的系统相对标准不确定度；

$u_s(\text{HL}\varphi)$——电流互感器的相位系统标准不确定度；

$\upsilon_{P1}$ ——三相电动机输入功率测量的系统标准不确定度的自由度。

如果是高压潜水电泵试验时，测试系统中电压和功率的测量仪表中还会增加电压互感器，计算公式也应作相应调整。

h) 绕组直流电阻 $R_1$、$R_2$、$R_3$ 的系统标准不确定度。

当用数字微欧表测端电阻时，每个端电阻的系统标准不确定度即为数字微欧表 $M_R$ 的系统标准不确定度，见式(B.34)。

$$u_s(R_1)=u_s(R_2)=u_s(R_3)=u_s(R)=u_s(M_R) \quad\cdots\cdots(B.34)$$

式中：

$u_s(R)$ ——电阻测量的系统相对标准不确定度；

$u_s(R_1)$、$u_s(R_2)$、$u_s(R_3)$——三相电动机每个端电阻测量的系统相对标准不确定度；

$u_s(M_R)$ ——数字微欧表的系统相对标准不确定度。

电阻测量的系统标准不确定度的自由度：$\upsilon_R=12$。

i) 水密度的系统标准不确定度。

泵性能的计算中当水的密度按常数 1 000 kg/m³ 取值(水温为 4 ℃时水的密度)，而实测水温又不等于 4 ℃时，可用下述方法来近似确定由水密度导致的系统不确定度：

设试验室一年中水温的温差为 $\Delta T$ ℃，由此而引起的实际密度 $\rho$ 与 1 000 kg/m³ 的最大绝对误差为 $\Delta\rho$ kg/m³，密度最大相对误差为 $\Delta\rho/1\ 000$，其概率分布为均匀分布，包含因子 $k=\sqrt{3}$。则密度的系统相对标准不确定度按式(B.35)计算：

$$u_s(\rho)=\frac{\Delta\rho}{1\ 000k} \quad\cdots\cdots(B.35)$$

式中：

$u_s(\rho)$——水密度的系统相对标准不确定度。

水密度的系统标准不确定度的自由度：$\upsilon_\rho=\infty$。

**B.5.3.3.4 间接测量参数的系统标准不确定度**

潜水电泵性能试验中属于间接测量的参数有：泵的总扬程 $H$、转速 $n$、电流平均值 $I_{av}$、电压平均值 $U_{av}$、泵轴功率 $P_t$、绕组直流电阻平均值 $R_{av}$、泵效率 $\eta_p$、电动机效率 $\eta_m$、换算到规定转速下的流量 $Q_T$、扬程 $H_T$、泵轴功率 $P_T$ 等。这些参数的系统标准不确定度应通过参数的数学模型（计算公式）和不确定度传播律来导出其不确定度的计算公式。相关参数的计算公式如下：

a) 泵的总扬程 $H$。

1) 总扬程按式(B.36)计算：

$$H=H_2+Z_0+H_D \qquad \text{(B.36)}$$

式中：

$H$ ——泵的总扬程，单位为米(m)；

$H_2$ ——泵出口静压水头，$H_2=\dfrac{p_2}{\rho g}$，单位为米(m)；

$Z_0$ ——压力变送器中心到水池水面垂直高度，单位为米(m)；

$H_D$ ——速度水头，单位为米(m)。

2) 总扬程测量的系统相对标准不确定度 $u_s(H)$ 按式(B.37)计算：

$$u_s(H)=\sqrt{\left(\frac{H_2}{H}\right)^2\left[u_s^2(p_2)+u_s^2(\rho)\right]+\left(\frac{Z_0}{H}\right)^2u_s^2(Z_0)+\left(\frac{H_D}{H}\right)^2u_s^2(Q)} \qquad \text{(B.37)}$$

式中：

$u_s(H)$ ——总扬程测量的系统相对标准不确定度；

$u_s(Z_0)$ ——压力变送器中心到水池水面垂直高度测量的系统相对标准不确定度；

$\left(\dfrac{H_2}{H}\right),\left(\dfrac{Z_0}{H}\right),\left(\dfrac{H_D}{H}\right)$——式中各分项的灵敏系数。

对于高扬程的泵，由静水位和速度水头测量误差引起的不确定度可忽略不计。式(B.37)可以简化为式(B.38)：

$$u_s(H)=\sqrt{\left(\frac{H_2}{H}\right)^2\left[u_s^2(p_2)+u_s^2(\rho)\right]} \qquad \text{(B.38)}$$

3) 总扬程测量的系统标准不确定度的自由度按式(B.39)计算：

$$\upsilon_H=\frac{u_s^4(y)}{\sum\dfrac{p_i^4u_{si}^4(y)}{\upsilon_i}}=\frac{[u_s(H)]^4}{\left(\dfrac{H_2}{H}\right)^4\left[\dfrac{u_s^4(p_2)}{\upsilon_{p2}}+\dfrac{u_s^4(\rho)}{\upsilon_\rho}\right]} \qquad \text{(B.39)}$$

式中：

$\upsilon_H$——总扬程测量的系统标准不确定度的自由度。

b) 转速 $n$。

1) 转速按式(B.40)计算：

$$n=(f-s_t)\times\frac{60}{p} \qquad \text{(B.40)}$$

2) 转速测量的系统相对标准不确定度 $u_s(n)$ 按式(B.41)计算：

$$u_s(n)=\sqrt{\left(\frac{60f}{pn}\right)^2u_s^2(f)+\left(\frac{60s_t}{pn}\right)^2u_s^2(s_t)} \qquad \text{(B.41)}$$

3） 转速测量的系统标准不确定度的自由度按式(B.42)计算：

$$\upsilon_{n}=\frac{u_{s}^{4}(y)}{\sum\frac{p_{i}^{4}u_{si}^{4}(y)}{\upsilon_{i}}}=\frac{[u_{s}(n)\times(pn/60)]^{4}}{f^{4}\times\frac{u_{s}^{4}(f)}{\upsilon_{f}}+s_{t}^{4}\times\frac{u_{s}^{4}(s_{t})}{\upsilon_{st}}} \quad\cdots\cdots(B.42)$$

式(B.40)～式(B.42)中：

$n$ ——电泵转速测量值，单位为转每分钟(r/min)；

$f$ ——电源频率测量值，单位为赫兹(Hz)；

$s_{t}$ ——转差测量值，单位为赫兹(Hz)；

$p$ ——电动机极对数；

$u_{s}(n)$——转速测量的系统相对标准不确定度；

$\upsilon_{n}$ ——转速测量的系统标准不确定度的自由度。

c） 电流平均值 $I_{AV}$。

1） 电流平均值按式(B.43)计算：

$$I_{AV}=\frac{1}{3}(I_{1}+I_{2}+I_{3}) \quad\cdots\cdots(B.43)$$

2） 系统相对标准不确定度 $u_{s}(I_{AV})$按式(B.44)计算：

$$u_{s}(I_{AV})=\sqrt{\left[\frac{I_{1}^{2}+I_{2}^{2}+I_{3}^{2}}{(3I_{AV})^{2}}\right]u_{s}^{2}(I)} \quad\cdots\cdots(B.44)$$

当三相电流平衡时，设 $I_{1}=I_{2}=I_{3}=I_{AV}$，可简化为式(B.45)：

$$u_{s}(I_{AV})=\frac{1}{\sqrt{3}}u_{s}(I) \quad\cdots\cdots(B.45)$$

3） 系统标准不确定度的自由度按式(B.46)计算：

$$\upsilon_{Iav}=\frac{u_{s}^{4}(y)}{\sum\frac{p_{i}^{4}u_{si}^{4}(y)}{\upsilon_{i}}}=\frac{u_{s}(I_{AV})^{4}}{\frac{1}{3^{2}}\times\frac{u_{s}^{4}(I)}{\upsilon_{I}}} \quad\cdots\cdots(B.46)$$

式(B.43)～式(B.46)中：

$I_{AV}$ ——三个线电流测量值的算术平均值，单位为安培(A)；

$I_{1}$、$I_{2}$、$I_{3}$——三个线电流测量值，单位为安培(A)；

$u_{s}(I_{AV})$ ——电流测量值的算术平均值的系统相对标准不确定度；

$\upsilon_{Iav}$ ——电流测量值的算术平均值的系统标准不确定度的自由度。

d） 绕组直流电阻平均值 $R_{AV}$。

1） 绕组直流电阻平均值按式(B.47)计算：

$$R_{AV}=\frac{1}{3}(R_{1}+R_{2}+R_{3}) \quad\cdots\cdots(B.47)$$

2） 绕组直流电阻平均值系统相对标准不确定度 $u_{s}(R_{AV})$按式(B.48)计算：

$$u_{s}(R_{AV})=\frac{R_{1}+R_{2}+R_{3}}{3R_{AV}}u_{s}(R) \quad\cdots\cdots(B.48)$$

当三相电阻平衡时，设 $R_{1}=R_{2}=R_{3}=R_{AV}$，可简化为式(B.49)：

$$u_{s}(R_{AV})=u_{s}(R) \quad\cdots\cdots(B.49)$$

3） 绕组直流电阻平均值系统标准不确定度的自由度按式(B.50)计算：

$$\upsilon_{Rav}=\frac{u_{s}^{4}(y)}{\sum\frac{p_{i}^{4}u_{si}^{4}(y)}{\upsilon_{i}}}=\frac{[u_{s}(R_{AV})]^{4}}{\frac{u_{s}^{4}(R)}{\upsilon_{R}}} \quad\cdots\cdots(B.50)$$

式(B.47)～式(B.50)中：

$R_{AV}$ ——三个端电阻测量值的算术平均值，单位为欧姆(Ω)；

$R_1$、$R_2$、$R_3$ ——三个端电阻测量值，单位为欧姆(Ω)；

$u_s(R_{AV})$ ——电阻测量值的算术平均值的系统相对标准不确定度；

$\upsilon_{Rav}$ ——电阻测量值的算术平均值的系统标准不确定度的自由度。

e) 转差率 $s$。

1) 转差率 $s$ 按式(B.51)计算：

$$s=\frac{s_t}{f} \qquad \cdots\cdots (B.51)$$

2) 转差率测量的系统相对标准不确定度按式(B.52)计算：

$$u_s(s)=\sqrt{u_s^2(s_t)+u_s^2(f)} \qquad \cdots\cdots (B.52)$$

3) 转差率测量的系统标准不确定度的自由度按式(B.53)计算：

$$\upsilon_s=\frac{u_s^4(y)}{\sum\frac{p_i^4u_{si}^4(y)}{\upsilon_i}}=\frac{[u_s(s)]^4}{\frac{u_s^4(s_t)}{\upsilon_{st}}+\frac{u_s^4(f)}{\upsilon_f}} \qquad \cdots\cdots (B.53)$$

式(B.51)～式(B.53)中：

$s$ ——电动机的转差率测量值；

$u_s(s)$——转差率测量的系统相对标准不确定度；

$\upsilon_s$ ——转差率测量的系统标准不确定度的自由度。

f) 定子 $I^2R$ 损耗 $P_{cu1}$。

1) 定子 $I^2R$ 损耗 $P_{cu1}$ 按式(B.54)计算：

$$P_{cu1}=1.5I_{AV}^2R_{AV} \qquad \cdots\cdots (B.54)$$

2) 定子 $I^2R$ 损耗测量的系统相对标准不确定度按式(B.55)计算：

$$u_s(P_{cu1})=\sqrt{4u_s^2(I_{AV})+u_s^2(R_{AV})} \qquad \cdots\cdots (B.55)$$

3) 定子 $I^2R$ 损耗测量的系统标准不确定度的自由度按式(B.56)计算：

$$\upsilon_{Pcu1}=\frac{u_s^4(y)}{\sum\frac{p_i^4u_{si}^4(y)}{\upsilon_i}}=\frac{[u_s(P_{cu1})]^4}{\frac{2^4u_s^4(I_{AV})}{\upsilon_{Iav}}+\frac{u_s^4(R_{AV})}{\upsilon_{Rav}}} \qquad \cdots\cdots (B.56)$$

式(B.54)～式(B.56)中：

$P_{cu1}$ ——负载试验时定子 $I^2R$ 损耗测量值，单位为瓦特(W)；

$u_s(P_{cu1})$——负载试验时定子 $I^2R$ 损耗测量的系统相对标准不确定度；

$\upsilon_{Pcu1}$ ——负载试验时定子 $I^2R$ 损耗测量的系统标准不确定度的自由度。

g) 固定损耗 $P'_0$(铁耗和机械耗之和)。

1) 固定损耗 $P'_0$ 按式(B.57)计算：

$$P'_0=P_0-P_{0cu1} \qquad \cdots\cdots (B.57)$$

2) 固定损耗 $P'_0$ 测量的系统相对标准不确定度按式(B.58)计算：

$$u_s(P'_0)=\sqrt{\left(\frac{P_0}{P'_0}\right)^2u_s^2(P_0)+\left(\frac{P_{0cu1}}{P'_0}\right)^2u_s^2(P_{0cu1})} \qquad \cdots\cdots (B.58)$$

空载输入功率 $P_0$ 和空载时定子 $I^2R$ 损耗 $P_{0cu1}$ 的系统标准不确定度及其自由度计算方法与负载时的 $P_1$ 和 $P_{cu1}$ 相同。

3) 固定损耗 $P'_0$ 测量的系统标准不确定度的自由度按式(B.59)计算：

$$\upsilon_{P0'}=\frac{u_s^4(y)}{\sum\frac{p_i^4u_{si}^4(y)}{\upsilon_i}}=\frac{[u_s(P'_0)]^4}{\left(\frac{P_0}{P'_0}\right)^4\times\frac{u_s^4(P_0)}{\upsilon_{P0}}+\left(\frac{P_{0cu1}}{P'_0}\right)^4\times\frac{u_s^4(P_{0cu1})}{\upsilon_{P0cu1}}} \qquad \cdots\cdots (B.59)$$

式(B.57)～式(B.59)中：

$P_0$ ——电动机额定电压时空载输入功率测量值,单位为瓦特(W)；

$P_{0cu1}$ ——电动机额定电压时空载定子 $I^2R$ 损耗测量值,单位为瓦特(W)；

$P_0'$ ——电动机额定电压时固定损耗测量值,单位为瓦特(W)；

$u_s(P_0')$ ——固定损耗测量的系统相对标准不确定度；

$u_s(P_0)$ ——电动机额定电压时空载输入功率测量的系统相对标准不确定度；

$u_s(P_{0cu1})$ ——电动机额定电压时空载定子 $I^2R$ 损耗测量的系统相对标准不确定度；

$\upsilon_{P0'}$ ——固定损耗测量的系统标准不确定度的自由度；

$\upsilon_{P0}$ ——电动机额定电压时空载输入功率测量的系统标准不确定度的自由度；

$\upsilon_{P0cu1}$ ——电动机额定电压时空载定子 $I^2R$ 损耗测量的系统标准不确定度的自由度。

h) 电磁功率 $P_D$。

1) 电磁功率 $P_D$按式(B.60)计算：

$$P_D = P_1 - P_{cu1} - P_{Fe} \quad \cdots\cdots (B.60)$$

2) 电磁功率测量的系统相对标准不确定度。电磁功率 $P_D$的系统相对标准不确定度按式(B.61)计算：

$$u_s(P_D) = \sqrt{\left(\frac{P_1}{P_D}\right)^2 u_s^2(P_1) + \left(\frac{P_{cu1}}{P_D}\right)^2 u_s^2(P_{cu1}) + \left(\frac{P_{Fe}}{P_D}\right) u_s^2(P_{Fe})} \quad \cdots\cdots (B.61)$$

式中 $\left(\frac{P_{Fe}}{P_D}\right)^2 \ll \left(\frac{P_1}{P_D}\right)^2$，忽略由铁损耗所引起的系统不确定度分量后可简化为式(B.62)：

$$u_s(P_D) = \sqrt{\left(\frac{P_1}{P_D}\right)^2 u_s^2(P_1) + \left(\frac{P_{cu1}}{P_D}\right)^2 u_s^2(P_{cu1})} \quad \cdots\cdots (B.62)$$

3) 电磁功率测量的系统标准不确定度的自由度按式(B.63)计算：

$$\upsilon_{Pd} = \frac{u_s^4(y)}{\sum \frac{p_i^4 u_{si}^4(y)}{\upsilon_i}} = \frac{[u_s(P_D)]^4}{\left(\frac{P_1}{P_D}\right)^4 \frac{u_s^4(P_1)}{\upsilon_{P1}} + \left(\frac{P_{cu1}}{P_D}\right)^4 \frac{u_s^4(P_{cu1})}{\upsilon_{Pcu1}}} \quad \cdots\cdots (B.63)$$

式(B.60)～式(B.63)中：

$P_D$ ——负载试验时电磁功率测量值,单位为瓦特(W)；

$u_s(P_D)$——负载试验时电磁功率测量的系统相对标准不确定度；

$u_s(P_{Fe})$——电动机铁损耗测量的系统相对标准不确定度；

$\upsilon_{Pd}$ ——负载试验时电磁功率测量的系统标准不确定度的自由度。

i) 转子 $I^2R$ 损耗 $P_{cu2}$。

1) 转子 $I^2R$ 损耗 $P_{cu2}$按式(B.64)计算：

$$P_{cu2} = P_D \cdot s \quad \cdots\cdots (B.64)$$

2) 转子 $I^2R$ 损耗的系统相对标准不确定度按式(B.65)计算：

$$u_s(P_{cu2}) = \sqrt{u_s^2(P_D) + u_s^2(s)} \quad \cdots\cdots (B.65)$$

3) 转子 $I^2R$ 损耗的系统标准不确定度的自由度按式(B.66)计算：

$$\upsilon_{Pcu2} = \frac{u_s^4(y)}{\sum \frac{p_i^4 u_{si}^4(y)}{\upsilon_i}} = \frac{[u_s(P_{cu2})]^4}{\frac{u_s^4(P_D)}{\upsilon_{Pd}} + \frac{u_s^4(s)}{\upsilon_s}} \quad \cdots\cdots (B.66)$$

式(B.64)～式(B.66)中：

$P_{cu2}$ ——负载试验时转子 $I^2R$ 损耗测量值,单位为瓦特(W)；

$u_s(P_{cu2})$——负载试验时转子 $I^2R$ 损耗测量的系统相对标准不确定度；

$\upsilon_{Pcu2}$ ——负载试验时转子 $I^2R$ 损耗测量的系统标准不确定度的自由度。

j) 泵轴功率 $P_t$。

1) 泵轴功率按式(B.67)计算：

$$P_t=(P_1-P_{cu1}-P_{cu2}-P'_0-P_s) \quad \cdots\cdots(B.67)$$

2) 泵轴功率测量的系统相对标准不确定度 $u_s(P_t)$ 按式(B.68)计算：

$$u_s(P_t)=\sqrt{\left(\frac{P_1}{P_t}\right)^2u_s^2(P_1)+\left(\frac{P_{cu1}}{P_t}\right)^2u_s^2(P_{cu1})+\left(\frac{P_{cu2}}{P_t}\right)^2u_s^2(P_{cu2})+\left(\frac{P'_0}{P_t}\right)^2u_s^2(P'_0)+\left(\frac{P_s}{P_t}\right)^2u_s^2(P_s)}\times100\% \quad \cdots\cdots(B.68)$$

式中 $\left(\frac{P_s}{P_t}\right)^2$ 远小于 $\left(\frac{P_1}{P_t}\right)^2$，忽略由杂散损耗所引起的系统不确定度分量，可简化为式(B.69)：

$$u_s(P_t)=\sqrt{\left(\frac{P_1}{P_t}\right)^2u_s^2(P_1)+\left(\frac{P_{cu1}}{P_t}\right)^2u_s^2(P_{cu1})+\left(\frac{P_{cu2}}{P_t}\right)^2u_s^2(P_{cu2})+\left(\frac{P'_0}{P_t}\right)^2u_s^2(P'_0)} \quad \cdots\cdots(B.69)$$

3) 泵轴功率测量的系统标准不确定度的自由度按式(B.70)计算：

$$\upsilon_{Pt}=\frac{[u_s(P_t)]^4}{\left(\frac{P_1}{P_t}\right)^4\frac{u_s^4(P_1)}{\upsilon_{P1}}+\left(\frac{P_{cu1}}{P_t}\right)^4\frac{u_s^4(P_{cu1})}{\upsilon_{Pcu1}}+\left(\frac{P_{cu2}}{P_t}\right)^4\frac{u_s^4(P_{cu2})}{\upsilon_{Pcu2}}+\left(\frac{P'_0}{P_t}\right)^4\frac{u_s^4(P'_0)}{\upsilon_{P0'}}} \quad \cdots\cdots(B.70)$$

式(B.67)～式(B.70)中：

$P_t$ ——泵轴功率测量值，单位为瓦特(W)；

$u_s(P_t)$——泵轴功率测量的系统相对标准不确定度；

$u_s(P_s)$——电动机杂散损耗测量的系统相对标准不确定度；

$\upsilon_{Pt}$ ——泵轴功率测量的系统标准不确定度的自由度。

k) 泵效率 $\eta_p$。

1) 泵效率(叶片泵)按式(B.71)计算：

$$\eta_p=\frac{\rho gQH}{1\,000\times P_t} \quad \cdots\cdots(B.71)$$

2) 泵效率测量的系统相对标准不确定度 $u_s(\eta_p)$ 按式(B.72)计算：

$$u_s(\eta_p)=\sqrt{u_s^2(Q)+u_s^2(H)+u_s^2(P_t)+u_s^2(\rho)} \quad \cdots\cdots(B.72)$$

3) 泵效率测量的系统标准不确定度的自由度按式(B.73)计算：

$$\upsilon_{\eta p}=\frac{u_s^4(y)}{\sum\frac{p_i^4u_{si}^4(y)}{\upsilon_i}}=\frac{[u_s(\eta_p)]^4}{\frac{u_s^4(Q)}{\upsilon_Q}+\frac{u_s^4(H)}{\upsilon_H}+\frac{u_s^4(P_t)}{\upsilon_{Pt}}+\frac{u_s^4(\rho)}{\upsilon_\rho}} \quad \cdots\cdots(B.73)$$

式(B.71)～式(B.73)中：

$\eta_p$ ——泵效率测量值；

$\rho$ ——水的密度，$\rho=1\,000$，单位为千克每立方米(kg/m$^3$)；

$g$ ——重力加速度，$g=9.806\,65$ m/s$^2$；

$P_t$ ——泵轴功率测量值，单位为千瓦(kW)；

$u_s(\eta_p)$——泵效率测量的系统相对标准不确定度；

$\upsilon_{\eta p}$ ——泵效率测量的系统标准不确定度的自由度。

l) 电泵效率(机组效率)$\eta_{gr}$。

1) 电泵效率(叶片泵)按式(B.74)计算：

$$\eta_{gr}=\frac{\rho gQH}{1\,000\times P_1} \quad \cdots\cdots(B.74)$$

2） 电泵效率测量的系统相对标准不确定度按式(B.75)计算：

$$u_s(\eta_{gr})=\sqrt{u_s^2(Q)+u_s^2(H)+u_s^2(P_1)+u_s^2(\rho)} \quad \cdots\cdots\cdots\cdots(\text{B.75})$$

3） 电泵效率测量的系统标准不确定度的自由度按式(B.76)计算：

$$\upsilon_{\eta gr}=\frac{u_s^4(y)}{\sum\frac{p_i^4u_{si}^4(y)}{\upsilon_i}}=\frac{[u_s(\eta_{gr})]^4}{\frac{u_s^4(Q)}{\upsilon_Q}+\frac{u_s^4(H)}{\upsilon_H}+\frac{u_s^4(P_1)}{\upsilon_{P1}}+\frac{u_s^4(\rho)}{\upsilon_\rho}} \quad \cdots\cdots\cdots\cdots(\text{B.76})$$

式(B.74)～式(B.76)中：

$\eta_{gr}$ ——电泵效率测量值；

$u_s(\eta_{gr})$——电泵效率测量的系统相对标准不确定度；

$\upsilon_{\eta gr}$ ——电泵效率测量的系统标准不确定度的自由度。

m） 电动机实测效率 $\eta_m$。

1） 电动机实测效率按式(B.77)计算：

$$\eta_m=\frac{P_t}{P_1} \quad \cdots\cdots\cdots\cdots(\text{B.77})$$

2） 电动机实测效率测量的系统相对标准不确定度 $u_s(\eta_m)$按式(B.78)计算：

$$u_s(\eta_m)=\sqrt{u_s^2(P_1)+u_s^2(P_t)} \quad \cdots\cdots\cdots\cdots(\text{B.78})$$

3） 电动机实测效率测量的系统标准不确定度的自由度按式(B.79)计算：

$$\upsilon_{\eta m}=\frac{u_s^4(y)}{\sum\frac{p_i^4u_{si}^4(y)}{\upsilon_i}}=\frac{[u_s(\eta_m)]^4}{\frac{u_s^4(P_1)}{\upsilon_{P1}}+\frac{u_s^4(P_t)}{\upsilon_{Pt}}} \quad \cdots\cdots\cdots\cdots(\text{B.79})$$

式(B.77)～式(B.79)中：

$\eta_m$ ——电动机效率测量值；

$u_s(\eta_m)$——电动机效率测量的系统相对标准不确定度；

$\upsilon_{\eta m}$ ——电动机效率测量的系统标准不确定度的自由度。

n） 换算到规定转速下的流量 $Q_T$。

1） $Q_T$(叶片泵)按式(B.80)计算：

$$Q_T=Q\frac{n_{sp}}{n} \quad \cdots\cdots\cdots\cdots(\text{B.80})$$

2） $Q_T$测量的系统相对标准不确定度 $u_s(Q_T)$按式(B.81)计算：

$$u_s(Q_T)=\sqrt{u_s^2(Q)+u_s^2(n)} \quad \cdots\cdots\cdots\cdots(\text{B.81})$$

3） $Q_T$测量的系统相对标准不确定度的自由度按式(B.82)计算：

$$\upsilon_{QT}=\frac{u_s^4(y)}{\sum\frac{p_i^4u_{si}^4(y)}{\upsilon_i}}=\frac{[u_s(Q_T)]^4}{\frac{u_s^4(Q)}{\upsilon_Q}+\frac{u_s^4(n)}{\upsilon_n}} \quad \cdots\cdots\cdots\cdots(\text{B.82})$$

式(B.80)～式(B.82)中：

$Q_T$ ——换算到规定转速下的流量测量值，单位为立方米每小时($m^3/h$)；

$Q$ ——实测转速下的流量测量值，单位为立方米每小时($m^3/h$)；

$n_{sp}$ ——泵的规定转速，单位为转每分钟(r/min)；

$n$ ——泵的转速测量值，单位为转每分钟(r/min)；

$u_s(Q_T)$——换算到规定转速下的流量测量的系统相对标准不确定度；

$\upsilon_{QT}$ ——换算到规定转速下的流量测量的系统标准不确定度的自由度。

o） 换算到规定转速下的扬程 $H_T$。

1） $H_T$(叶片泵)按式(B.83)计算：

$$H_T = H\left(\frac{n_{sp}}{n}\right)^2 \quad \cdots\cdots(B.83)$$

2) $H_T$测量的系统相对标准不确定度 $u_s(H_T)$按式(B.84)计算：

$$u_s(H_T)=\sqrt{u_s^2(H)+4\times u_s^2(n)} \quad \cdots\cdots(B.84)$$

3) $H_T$测量的系统相对标准不确定度的自由度按式(B.85)计算：

$$\upsilon_{HT}=\frac{u_s^4(y)}{\sum\frac{p_i^4u_{si}^4(y)}{\upsilon_i}}=\frac{[u_s(H_T)]^4}{\frac{u_s^4(H)}{\upsilon_H}+\frac{2^4u_s^4(n)}{\upsilon_n}} \quad \cdots\cdots(B.85)$$

式(B.83)～式(B.85)中：

$H_T$ ——换算到规定转速下的扬程测量值，单位为米(m)；

$H$ ——实测转速下的扬程测量值，单位为米(m)；

$u_s(H_T)$——换算到规定转速下的扬程测量的系统相对标准不确定度；

$\upsilon_{HT}$ ——换算到规定转速下的扬程测量的系统标准不确定度的自由度。

p) 换算到规定转速下的泵轴功率 $P_T$。

1) $P_T$(叶片泵)按式(B.86)计算：

$$P_T = P_t\left(\frac{n_{sp}}{n}\right)^3 \quad \cdots\cdots(B.86)$$

2) $P_T$测量的系统相对标准不确定度 $u_s(P_T)$按式(B.87)计算：

$$u_s(P_T)=\sqrt{u_s^2(P_t)+9\times u_s^2(n)} \quad \cdots\cdots(B.87)$$

3) $P_T$测量的系统相对标准不确定度的自由度按式(B.88)计算：

$$\upsilon_{PT}=\frac{u_s^4(y)}{\sum\frac{p_i^4u_{si}^4(y)}{\upsilon_i}}=\frac{[u_s(P_T)]^4}{\frac{u_s^4(P_t)}{\upsilon_{Pt}}+\frac{3^4u_s^4(n)}{\upsilon_n}} \quad \cdots\cdots(B.88)$$

式(B.86)～式(B.88)中：

$P_T$ ——换算到规定转速下的轴功率测量值，单位为千瓦(kW)；

$P_t$ ——实测转速下的轴功率测量值，单位为千瓦(kW)；

$u_s(P_T)$——换算到规定转速下的轴功率测量的系统相对标准不确定度；

$\upsilon_{PT}$ ——换算到规定转速下的轴功率测量的系统标准不确定度的自由度。

#### B.5.3.4 测量结果的合成标准不确定度

##### B.5.3.4.1 相对合成标准不确定度的估算公式

合成标准不确定度按输出量 $Y$ 的估计值 $y$(即 $Y$ 的算术平均值)的合成标准不确定度给出，符号为 $u_c(y)$，相对合成标准不确定度符号为 $u_{crel}(y)$，如式(B.89)所示。在实际测量中，$y$ 通常采用被测量的符号，如流量 $Q$ 的相对合成标准不确定度可表示为 $u_{crel}(Q)$。

$$u_{crel}(y)=\sqrt{u_r^2(y)+u_s^2(y)} \quad \cdots\cdots(B.89)$$

式中：

$y$ ——被测量参数；

$u_{crel}(y)$——被测量参数的合成相对标准不确定度；

$u_r(y)$ ——被测量参数的随机相对标准不确定度；

$u_s(y)$ ——被测量参数的系统相对标准不确定度。

##### B.5.3.4.2 相对合成标准不确定度的自由度

合成标准不确定度 $u_c(y)$或 $u_{crel}(y)$的自由度称为有效自由度 $\upsilon_{eff}$。当用相对合成标准不确定度时，其自由度按式(B.10)计算。

**B.5.3.5 测量结果的总不确定度**

测量参数 $Y$ 的估计值 $y$(即 $Y$ 的算术平均值)的总不确定度以扩展相对不确定度 $u_y$ 表示。为具有置信概率 $p$ 的置信区间的半宽，如式(B.90)所示。

$$u_y = k_p u_{crel}(y) \quad \cdots\cdots(B.90)$$

式中：

$k_p$——$t$ 分布系数，$k_p$ 与 $y$ 的分布有关。

电泵试验时，置信概率为 95%，按各参数合成标准不确定度的有效自由度 $\upsilon_{eff}$ 从表 B.1 查出 $k_p$。

**表 B.1 $t$ 分布在不同置信概率 $p$ 与不同自由度 $\upsilon(\upsilon=n-1)$ 的 $t_p(\upsilon)$ 或有效自由度 $\upsilon_{eff}$ 的 $k_p(\upsilon_{eff})$ 值**

| 自由度 $\upsilon$ | 置信概率 $p$/% | | | 自由度 $\upsilon$ | 置信概率 $p$/% | | |
|---|---|---|---|---|---|---|---|
| | 68.27 | 95 | 99 | | 68.27 | 95 | 99 |
| 1 | 1.84 | 12.71 | 63.66 | 16 | 1.03 | 2.12 | 2.92 |
| 2 | 1.32 | 4.30 | 9.92 | 17 | 1.03 | 2.11 | 2.90 |
| 3 | 1.20 | 3.18 | 5.84 | 18 | 1.03 | 2.10 | 2.88 |
| 4 | 1.14 | 2.78 | 4.60 | 19 | 1.03 | 2.09 | 2.86 |
| 5 | 1.11 | 2.57 | 4.03 | 20 | 1.03 | 2.09 | 2.85 |
| 6 | 1.09 | 2.45 | 3.71 | | | | |
| 7 | 1.08 | 2.36 | 3.50 | 25 | 1.02 | 2.06 | 2.79 |
| 8 | 1.07 | 2.31 | 3.36 | 30 | 1.02 | 2.04 | 2.75 |
| 9 | 1.06 | 2.26 | 3.26 | 35 | 1.01 | 2.03 | 2.72 |
| 10 | 1.05 | 2.23 | 3.17 | 40 | 1.01 | 2.02 | 2.70 |
| 11 | 1.05 | 2.20 | 3.11 | 45 | 1.01 | 2.01 | 2.69 |
| 12 | 1.04 | 2.18 | 3.05 | | | | |
| 13 | 1.04 | 2.16 | 3.01 | 50 | 1.01 | 2.01 | 2.68 |
| 14 | 1.04 | 2.14 | 2.98 | 100 | 1.005 | 1.984 | 2.626 |
| 15 | 1.03 | 2.13 | 2.95 | ∞ | 1.000 | 1.960 | 2.576 |

**B.5.4 不确定度的验证或比对试验**

验证试验是将已做过不确定度分析试验的泵，在较长时间内(2 天～10 天)，在一次安装的条件下对泵进行 10 次性能试验，并绘出每次试验的性能曲线(换算到额定转速下)。按图 9、图 10 所示的方法在曲线上查出泵的实测结果，比较 10 次试验结果的参数变化是否在各参数不确定度评定结果所指定的范围内。若超出范围，则可认为先前在进行不确定度评定时，还有某些不可以忽略的不确定来源未被考虑到，应尽可能找出它们并加入到估算公式中重新计算。

比对试验是将同一台泵在两个具有同级测量不确定度的测试系统中进行试验，将试验结果进行比较。通过比对试验可以发现一些尚未认识到的系统误差，并采取措施消除其影响。例如，在泵试验中，有些试验装置的泵压力的取压点位置未按试验方法标准要求设置，影响到压力的测量结果。只有通过与其他严格按标准要求设置取压点的装置作比对试验的验证后，才能发现。

### B.5.5 测量结果不确定度的报告与表示

电泵的测试报告在测量结果的表示中，一般只对泵性能试验中的流量、扬程、转速、泵轴功率及效率的测量结果标明其不确定度。在报告测量结果的不确定度时，其有效位数最多取两位。电泵试验测量结果的不确定度以扩展相对不确定度表示并注明其置信概率为95%。表示方式如下：

流量 $Q_T$：　　$Q_T \pm (Q_T \times u_Q)$

扬程 $H_T$：　　$H_T \pm (H_T \times u_H)$

轴功率 $P_T$：　　$P_T \pm (P_T \times u_{PT})$

转速 $n$：　　$n \pm (n \times u_n)$

水泵效率 $\eta_p$：　　$\eta_p \pm (\eta_p \times u_{\eta p})$

电机效率 $\eta_m$：　　$\eta_m \pm (\eta_m \times u_{\eta m})$

## B.6 测试系统(或试验台)的测量不确定度评定

泵测试系统的测量不确定度用泵效率的总相对不确定度表示。评定时所使用的仪器仪表及其准确度、试验装置应符合本标准要求，置信概率为95%。评定的方法和步骤按B.5。

# 附 录 C
## （资料性附录）
## 量、符号和单位

### C.1 与泵相关的术语和符号

与泵相关的术语和符号见GB/T 3216。表C.1给出了潜水电泵试验的常用量、符号和单位。

**表 C.1 与泵相关的的物理量、符号和单位**

| 量 | 符 号 | 量 纲 | 单 位 |
|---|---|---|---|
| 质量 | $m$ | M | kg |
| 长度 | $l$ | L | m |
| 时间 | $t$ | T | s |
| 温度 | $\theta$ | $\theta$ | ℃ |
| 面积 | $A$ | $L^2$ | $m^2$ |
| 体积 | $V$ | $L^3$ | $m^3$ |
| 角速度 | $\omega$ | $T^{-1}$ | rad/s |
| 速度 | $v$ | $LT^{-1}$ | m/s |
| 频率 | $f$ | $T^{-1}$ | $s^{-1}$，Hz |
| 重力加速度 | $g$ | $LT^{-2}$ | $m/s^2$ |
| 转速 | $n$ | $T^{-1}$ | $s^{-1}$，$min^{-1}$ |
| 密度 | $\rho$ | $ML^{-3}$ | $kg/m^3$ |
| 运动黏度 | $\nu$ | $L^2T^{-1}$ | $m^2/s$ |
| 能量 | $E$ | $L^2MT^{-2}$ | J |
| 比能 | $y$ | $L^2T^{-2}$ | J/kg |
| 功率 | $P$ | $ML^2T^{-3}$ | kW |
| 转矩 | $T$ | $L^2MT^{-2}$ | N·m |
| 雷诺数 | $Re$ | — | — |
| 直径 | $D$ | L | m |
| 质量流量 | $q_m(q)$ | $MT^{-1}$ | kg/s |
| 体积流量 | $q_v(Q)$ | $L^3T^{-1}$ | $m^3/s$ |
| 表压力 | $p_e$ | $ML^{-1}T^{-2}$ | Pa |
| 大气压力（绝对） | $p_b$ | $ML^{-1}T^{-2}$ | Pa |
| 高度 | $Z$ | L | m |

表 C.1（续）

| 量 | 符号 | 量纲 | 单位 |
|---|---|---|---|
| 总水头(截面 $i$ 处) | $H_i$ | L | m |
| 入口总水头 | $H_1$ | L | m |
| 出口总水头 | $H_2$ | L | m |
| 泵扬程 | $H$ | L | m |
| 入口水头损失 | $H_{J1}$ | L | m |
| 出口水头损失 | $H_{J2}$ | L | m |
| 型式数 | $K$ | — | — |
| 泵效率 | $\eta_p$ | — | % |

## C.2 与电动机相关的术语与符号

与电动机相关的物理量、符号和单位见表 C.2。

表 C.2 与电动机相关的的物理量、符号和单位

| 量 | 符号 | 单位 |
|---|---|---|
| 功率因数 | $\cos\varphi$ | — |
| 电源频率 | $f$ | Hz |
| 定子线电流 | $I_1$ | A |
| 空载线电流 | $I_0$ | A |
| 堵转线电流 | $I_K$ | A |
| 额定电流 | $I_N$ | A |
| 单相电动机负载试验定子主绕组电流 | $I_m$ | A |
| 单相电动机负载试验定子副绕组电流 | $I_a$ | A |
| 导体材料在 0 ℃时电阻温度系数的倒数 | $K_1$ | — |
| 电动机的极对数 | $p$ | — |
| 电动机的输入功率 | $P_1$ | W |
| 电动机的输出功率(换算到规定温度下) | $P_2$ | W |
| 电动机的输出功率(试验温度下) | $P_t$ | W |
| 额定功率 | $P_N$ | W |
| 铁损耗 | $P_{Fe}$ | W |
| 机械损耗 | $P_{fw}$ | W |

表 C.2（续）

| 量 | 符 号 | 单 位 |
|---|---|---|
| 杂散损耗 | $P_s$ | W |
| 空载输入功率 | $P_0$ | W |
| 堵转时的输入功率 | $P_K$ | W |
| 空载试验定子绕组的 $I^2R$ 损耗 | $P_{0cu1}$ | W |
| 定子绕组的 $I^2R$ 损耗(试验温度下) | $P_{cu1}$ | W |
| 转子绕组的 $I^2R$ 损耗(试验温度下) | $P_{cu2}$ | W |
| 定子绕组的 $I^2R$ 损耗(换算到规定温度下) | $P_{cu1s}$ | W |
| 转子绕组的 $I^2R$ 损耗(换算到规定温度下) | $P_{cu2s}$ | W |
| 定子绕组初始(冷)态三个端电阻平均值 | $R_{av}$ | Ω |
| 定子绕组初始(冷)态端电阻(指定线间) | $R_1$ | Ω |
| 额定负载热试验结束时定子绕组端电阻(指定线间) | $R_f$ | Ω |
| 负载试验定子绕组三个端电阻平均值(试验温度下) | $R_t$ | Ω |
| 定子绕组三个端电阻平均值(换算到规定温度下) | $R_s$ | Ω |
| 空载试验定子绕组三个端电阻平均值 | $R_0$ | Ω |
| 堵转试验定子绕组三个端电阻平均值 | $R_K$ | Ω |
| 单相电动机空载试验后定子主绕组电阻 | $R_{10}$ | Ω |
| 单相电动机负载试验后定子主绕组电阻 | $R_m$ | Ω |
| 单相电动机初始(冷)态定子主绕组电阻 | $R_{m0}$ | Ω |
| 单相电动机定子主绕组电阻(换算到规定温度下) | $R_{ms}$ | Ω |
| 单相电动机负载试验后定子副绕组电阻 | $R_a$ | Ω |
| 单相电动机初始(冷)态定子副绕组电阻 | $R_{a0}$ | Ω |
| 单相电动机定子副绕组电阻(换算到规定温度下) | $R_{as}$ | Ω |
| 单相电动机空载试验时转子绕组等值电阻 | $R'_{20}$ | Ω |
| 单相电动机负载试验时转子绕组等值电阻 | $R'_2$ | Ω |
| 单相电容运行和双值电容电动机电容等效电阻 | $R_c$ | Ω |
| 负载试验实测转差 | $s_t$ | Hz |
| 转差率 | $s$ | — |
| 换算到规定温度下的转差率 | $s_s$ | — |
| 堵转时转矩 | $T_K$ | N·m |
| 最大转矩 | $T_{max}$ | N·m |
| 最小转矩 | $T_{min}$ | N·m |
| 空载试验端电压 | $U_0$ | V |

表 C.2（续）

| 量 | 符 号 | 单 位 |
|---|---|---|
| 堵转试验端电压 | $U_K$ | V |
| 额定电压 | $U_N$ | V |
| 初始(冷)态时的绕组温度 | $\theta_1$ | ℃ |
| 热试验结束时冷却介质的温度 | $\theta_a$ | ℃ |
| 负载试验时冷却介质的温度 | $\theta_f$ | ℃ |
| 电动机的规定温度 | $\theta_s$ | ℃ |
| 空载试验时定子绕组温度 | $\theta_0$ | ℃ |
| 试验时电动机定子绕组的平均温升 | $\Delta\theta$ | K |
| 额定功率时电动机的定子绕组温升 | $\Delta\theta_N$ | K |
| 电动机效率 | $\eta_m$ | % |
| 电动机额定效率 | $\eta_{mN}$ | % |
| 泵效率 | $\eta_p$ | % |
| 电泵效率 | $\eta_{gr}$ | % |

# 附　录　D
## （资料性附录）
## 换算为 SI 单位

表 D.1 给出了以 SI 单位的倍数或分数表示的以及以非 SI 单位表示的量换算为 SI 单位的换算系数。用各种单位表示的值乘上此换算系数即得到一 SI 单位表示的相应值。

**表 D.1　换算系数**

| 量 | SI 单位符号 | 各种单位 | | 换算系数 |
|---|---|---|---|---|
| | | 名称 | 单位符号 | |
| 体积流量 | $m^3/s$ | 升每秒 | L/s | $10^{-3}$ |
| | | 立方米每小时 | $m^3/h$ | 1/3 600 |
| | | 升每小时 | L/h | 1/3 600 000 |
| | | 升每分钟 | L/min | 1/60 000 |
| | | 英加仑每分钟 | gal(UK)/min | $75.77\times10^{-6}$ |
| | | 立方英尺每秒 | $ft^3/s$ | $28.316\ 8\times10^{-3}$ |
| | | 美加仑每分钟 | gal(US)/min | $63.09\times10^{-6}$ |
| | | 美桶每小时 | barrel(US)/h | $44.16\times10^{-6}$ |
| 质量流量 | kg/s | 吨每秒 | t/s | $10^3$ |
| | | 吨每小时 | t/h | 1/3.6 |
| | | 千克每小时 | kg/h | 1/3 600 |
| | | 磅每秒 | lb/s | 0.453 592 37 |
| 压力 | Pa | 千克力每平方厘米 | $kp/cm^2$ | 98 066.5 |
| | | 公斤力每平方厘米 | $kgf/cm^2$ | 98 066.5 |
| | | 巴 | bar | $10^5$ |
| | | 百皮兹 | hpz | $10^5$ |
| | | 托 | torr | 133.322 |
| | | 毫米水银柱 | mmHg | 133.322 |
| | | 毫米水柱 | $mmH_2O$ | 9.806 65 |
| | | 磅达每平方英尺 | $pdl/ft^2$ | 1.488 16 |
| | | 标准大气压 | atm | 101 325 |
| | | 磅力每平方英寸 | $lbf/in^2$ (psi) | 6 894.76 |
| 密度 | $kg/m^3$ | 千克每立方分米 | $kg/dm^3$ | $10^3$ |
| | | 克每立方厘米 | $g/cm^3$ | $10^3$ |
| | | 磅每立方英尺 | $lb/ft^3$ | 16.018 5 |
| 功率 | W | 千瓦 | kW | $10^3$ |
| | | 千克力米每秒 | kp·m/s | 9.806 65 |
| | | I.T.千卡每小时 | $kcal_{IT}/h$ | 1.163 |
| | | 公制马力 | ch | 735.5 |
| | | 马力 | hp | 745.7 |
| | | 制热单位每小时 | Btu/h | 0.293 071 |
| | | 公斤力米每秒 | kgf·m/s | 9.806 65 |

**表 D.1（续）**

| 量 | SI单位符号 | 各种单位 | | 换算系数 |
|---|---|---|---|---|
| | | 名称 | 单位符号 | |
| 动力黏度 | Pa·s | 泊 | P | $10^{-1}$ |
| | | 达因秒每平方厘米 | $dyn\cdot s/cm^2$ | $10^{-1}$ |
| | | 克每秒厘米 | $g/s\cdot cm$ | $10^{-1}$ |
| | | 千克力秒每平方米 | $kp\cdot s/m^2$ | 9.806 65 |
| | | 磅达秒每平方英尺 | $pdl\cdot s/ft^2$ | 1.488 16 |
| 运动黏度 | $m^2/s$ | 沲(斯托) | $St=cm^2/s$ | $10^{-4}$ |
| | | 平方英尺每秒 | $ft^2/s$ | $92.903\times10^{-3}$ |

## 参 考 文 献

[1] GB/T 18149—2000 离心泵、混流泵和轴流泵 水力性能试验规范 精密级

[2] JB/T 8091—1998 螺杆泵 试验方法

[3] ISO 9906:2012 Rotodynamic pumps—Hydraulic performace acceptance tests—Grades 1, 2 and 3

[4] JJF 1059.1—2012 测量不确定度评定与表示

[5] 国家技术质量监督局计量司编.测量不确定度评定与表示指南.北京:计量出版社,2000.

ICS 29.045
H 82

# 中华人民共和国国家标准

GB/T 12963—2014
代替 GB/T 12963—2009

# 电子级多晶硅

# Electronic-grade polycrystalline silicon

2014-12-31 发布　　2015-09-01 实施

中华人民共和国国家质量监督检验检疫总局
中国国家标准化管理委员会　发布

# 前　言

本标准按照 GB/T 1.1—2009 给出的规则起草。

本标准代替 GB/T 12963—2009《硅多晶》。本标准与 GB/T 12963—2009 相比，主要有如下变动：

——增加引用国家标准 GB/T 1551、GB/T 1557、GB/T 24574、GB/T 24581、GB/T 24582(见第 2 章)；

——增加了多晶硅的技术参数，包括施主杂质浓度、受主杂质浓度、氧浓度、基体金属杂质浓度、表面金属杂质浓度的要求(见表 1)；

——不同等级多晶硅的碳浓度由 $<1.5\times10^{16}$ atoms /$cm^3$、$<2\times10^{16}$ atoms /$cm^3$、$<2\times10^{16}$ atoms /$cm^3$ 修订为 $<4.0\times10^{15}$ atoms /$cm^3$、$<1.0\times10^{16}$ atoms /$cm^3$、$<1.5\times10^{16}$ atoms /$cm^3$ (见表 1)。

请注意本文件的某些内容可能涉及专利。本文件的发布机构不承担识别这些专利的责任。

本标准由全国半导体设备和材料标准化技术委员会(SAC/TC 203)和全国半导体设备和材料标准化技术委员会材料分会(SAC/TC 203/SC 2)共同提出并归口。

本标准起草单位：峨嵋半导体材料研究所、四川新光硅业科技有限责任公司、有研半导体材料股份有限公司、江苏中能硅业科技发展有限公司、新特能源股份有限公司、洛阳中硅高科技有限公司。

本标准起草人：詹科、杨旭、种娜、黎亚文、梁洪、孙燕、刘晓霞、银波、甘新业、严大洲。

本标准所代替标准的历次版本发布情况为：

——GB/T 12963—1991、GB/T 12963—1996、GB/T 12963—2009。

# 电子级多晶硅

## 1 范围

本标准规定了多晶硅的要求、试验方法、检验规则以及标志、包装、运输、储存、质量证明书和订货单（或合同）内容。

本标准适用于以氯硅烷、硅烷制得的多晶硅。

## 2 规范性引用文件

下列文件对于本文件的应用是必不可少的。凡是注日期的引用文件，仅注日期的版本适用于本文件。凡是不注日期的引用文件，其最新版本（包括所有的修改单）适用于本文件。

GB/T 1550 非本征半导体材料导电类型测试方法

GB/T 1551 硅单晶电阻率测定方法

GB/T 1553 硅和锗体内少数载流子寿命测定光电导衰减法

GB/T 1557 硅晶体中间隙氧含量的红外吸收测量方法

GB/T 1558 硅中代位碳原子含量红外吸收测量方法

GB/T 4059 硅多晶气氛区熔基磷检验方法

GB/T 4060 硅多晶真空区熔基硼检验方法

GB/T 4061 硅多晶断面夹层化学腐蚀检验方法

GB/T 13389 掺硼掺磷掺砷硅单晶电阻率与掺杂剂浓度换算规程

GB/T 14264 半导体材料术语

GB/T 24574 硅单晶中Ⅲ-Ⅴ族杂质的光致发光测试方法

GB/T 24581 低温傅立叶变换红外光谱法测量硅单晶中Ⅲ、Ⅴ族杂质含量的测试方法

GB/T 24582 酸浸取-电感耦合等离子质谱仪测定多晶硅表面金属杂质

## 3 术语和定义

GB/T 14264 界定的术语和定义适用于本文件。

## 4 要求

### 4.1 产品牌号及类别

4.1.1 电子级多晶硅的牌号表示为：

PSi—□—□

——阿拉伯数字表示多晶硅等级

——多晶硅形状，I 为棒状，N 为块状

——多晶硅

4.1.2 电子级多晶硅按外形分为块状多晶硅和棒状多晶硅，根据导电类型分为 N 型和 P 型，根据纯度

的差别分为 3 级。

## 4.2 等级

电子级多晶硅的等级及相关技术指标应符合表 1 的规定。

表 1 电子级多晶硅等级及技术要求

| 项目 | 技术指标要求 | | |
|---|---|---|---|
| | 电子 1 级 | 电子 2 级 | 电子 3 级 |
| 施主杂质浓度，$10^{-9}$ | ≤0.15 | ≤0.25 | ≤0.30 |
| 受主杂质浓度，$10^{-9}$ | ≤0.05 | ≤0.08 | ≤0.10 |
| 少数载流子寿命<br>μs | ≥1 000 | ≥1 000 | ≥500 |
| 碳浓度<br>atoms/$cm^3$ | $<4.0\times10^{15}$ | $<1.0\times10^{16}$ | $<1.5\times10^{16}$ |
| 氧浓度<br>atoms/$cm^3$ | $\leqslant1\times10^{16}$ | — | — |
| 基体金属杂质浓度，$10^{-9}$ | Fe、Cr、Ni、Cu、Zn、Na<br>总金属杂质含量：≤1.0 | Fe、Cr、Ni、Cu、Zn、Na<br>总金属杂质含量：≤1.5 | Fe、Cr、Ni、Cu、Zn、Na<br>总金属杂质含量：≤2.0 |
| 表面金属杂质浓度，$10^{-9}$ | Fe、Cr、Ni、Cu、Zn、Al、K、Na<br>总金属杂质含量：≤5.5 | Fe、Cr、Ni、Cu、Zn、Al、K、Na<br>总金属杂质含量：≤10.5 | Fe、Cr、Ni、Cu、Zn、Al、K、Na<br>总金属杂质含量：≤15 |
| 注：电阻率值由供需双方协商确定。 | | | |

## 4.3 尺寸及允许偏差

4.3.1 块状多晶硅具有无规则的形状和随机尺寸分布，其线性尺寸最小为 6 mm，最大为 150 mm。

4.3.2 块状多晶硅的尺寸分布范围应满足：

a) 6 mm～25 mm 的最多占重量的 15%；

b) 25 mm～50 mm 的占重量的 15%～35%；

c) 50 mm～150 mm 的最少占重量的 65%。

4.3.3 块状多晶硅的具体尺寸要求可由供需双方协商确定。

4.3.4 棒状多晶硅的直径及长度由供需双方协商确定，其直径允许偏差≤5%。

## 4.4 结构

多晶硅应无氧化夹层。

## 4.5 外观质量

4.5.1 多晶硅表面结构应致密、平整(断面边缘颗粒不大于 3 mm)。

4.5.2 多晶硅的外观应无色斑、变色及可见的污染物。

# 5 试验方法

5.1 多晶硅导电类型检验按 GB/T 1550 的规定进行。

5.2 多晶硅中的施主杂质浓度、受主杂质浓度的测试按 GB/T 24574、GB/T 24581 或 GB/T 13389 的规定进行。

5.3 多晶硅少数载流子寿命测试按 GB/T 1553 的规定进行。

5.4 多晶硅中碳浓度测试按 GB/T 1558、GB/T 24581 的规定进行。

5.5 多晶硅中氧浓度测试按 GB/T 1557 的规定进行。

5.6 多晶硅基体金属杂质浓度的测试方法由供需双方协商确定。

5.7 多晶硅表面金属杂质浓度的测试按 GB/T 24582 的规定进行。

5.8 多晶硅基磷电阻率检验按 GB/T 4059 的规定进行。

5.9 多晶硅基硼电阻率检验按 GB/T 4060 的规定进行。

5.10 块状多晶硅、棒状多晶硅的尺寸及允许偏差用相应精度的量具测量，或由供需双方商定的方法检验。

5.11 多晶硅氧化夹层的检验按 GB/T 4061 的规定进行。

5.12 多晶硅的外观质量用目视检查。

## 6 检验规则

### 6.1 检查和验收

6.1.1 产品应由供方质量监督部门进行检验，保证产品质量符合本标准及合同的规定，并填写产品质量证明书。

6.1.2 需方可对收到的产品进行检验。若检验结果与本标准或合同的规定不符时，应在收到产品之日起 3 个月内向供方提出，由供需双方协商解决。

### 6.2 组批

产品应成批提交验收，每批应有同一牌号、具有相同纯度等级和特性，以类似工艺生产并可追溯生产条件的同一反应炉次的多晶硅组成。

### 6.3 检验项目

每批产品应进行施主杂质浓度、受主杂质浓度、碳浓度、氧浓度、尺寸及允许偏差、结构、外观质量的检验。导电类型、少数载流子寿命、电阻率、基体金属杂质浓度、表面金属杂质浓度的检验由供需双方协商。

### 6.4 取样与制样

6.4.1 供方取样、制样时，基磷电阻率、基硼电阻率的取样、制样按 GB/T 4059、GB/T 4060 进行，断面氧化夹层取样、制样按 GB/T 4061 进行。仲裁抽样方案由供需双方商定。

6.4.2 导电类型、施主杂质浓度、受主杂质浓度、少数载流子寿命、碳浓度、氧浓度、尺寸及允许偏差、外观质量、基体金属杂质含量、表面金属杂质含量的取样由供需双方协商确定。

### 6.5 检验结果的判定

6.5.1 多晶硅的等级由施主杂质浓度、受主杂质浓度、碳浓度、氧浓度、表面金属杂质浓度、基体金属杂质浓度判定。在判定项目中若检验结果有一项不合格，则加倍取样对该不合格的项目进行重复试验。对重复试验结果仍不合格的产品，则判该批产品不合格。

6.5.2 导电类型、少数载流子寿命、电阻率、尺寸及允许偏差、结构、外观质量检验结果的判定由供需双方协商确定。

## 7　标志、包装、运输、贮存及质量证明书

### 7.1　标志

包装箱外应标有“小心轻放”及“防腐、防潮”字样或标志、并说明：

a）　需方名称；

b）　产品名称、牌号；

c）　产品发货件数、净重；

d）　供方名称。

### 7.2　包装

多晶硅经过洁净处理后，装入高纯洁净的聚乙烯包装袋内，密封。包装时应防止聚乙烯包装袋破损，以避免产品外来沾污，并按最佳方法提供良好保护，装入外包装箱。多晶硅的包装也可由供需双方协商决定。

### 7.3　运输

产品在运输过程中应轻装轻卸，勿压勿挤，并采取防震措施。

### 7.4　贮存

产品应贮存在清洁、干燥环境中。

### 7.5　质量证明书

每批产品应附有质量证明书，其上注明：

a）　供方名称；

b）　产品名称及牌号；

c）　产品批号；

d）　产品毛重、净重；

e）　各项检验结果及检验部门印记；

f）　本标准编号；

g）　出厂日期。

## 8　订货单（或合同）内容

订购本标准所规范产品的订货单内应包括下列内容：

a）　产品名称、牌号；

b）　本标准编号；

c）　本标准中由供需双方协商的内容；

d）　其他。

---

ICS 25.220.20
H 20

# 中华人民共和国国家标准

GB/T 12967.4—2014
代替 GB/T 12967.4—1991

# 铝及铝合金阳极氧化膜检测方法 第4部分:着色阳极氧化膜耐紫外光性能的测定

**Test methods for anodic oxidation coatings of aluminium and aluminium alloys—Part 4: Determination of the comparative fastness to ultraviolet light and heat of coloured anodic oxidation coatings**

(ISO 6581:2010, Anodizing of aluminium and its alloys—Determination of the comparative fastness to ultraviolet light and heat of coloured anodic oxidation coatings, MOD)

2014-12-05 发布　　2015-05-01 实施

中华人民共和国国家质量监督检验检疫总局
中国国家标准化管理委员会　发布

# 前 言

GB/T 12967《铝及铝合金阳极氧化膜检测方法》分为7个部分：

——第1部分：用喷磨试验仪测定阳极氧化膜的平均耐磨性；

——第2部分：用轮式磨损试验仪测定阳极氧化膜的耐磨性和耐磨系数；

——第3部分：铜加速乙酸盐雾试验(CASS试验)；

——第4部分：着色阳极氧化膜耐紫外光性能的测定；

——第5部分：用变形法评定阳极氧化膜的抗破裂性；

——第6部分：目视观察法检验着色阳极氧化膜色差和外观质量；

——第7部分：用落砂试验仪测定阳极氧化膜的耐磨性。

本部分为GB/T 12967的第4部分。

本部分是按照GB/T 1.1—2009给出的规则起草的。

本部分代替GB/T 12967.4—1991《铝及铝合金阳极氧化　着色阳极氧化膜耐紫外光性能的测定》。

本部分与GB/T 12967.4—1991相比，主要变化如下：

——对范围部分进行了重新描述；

——在原理部分删除了使用标准试样进行对比的内容；

——在试验部分使用供需双方商定的阳极氧化膜试样作为控制试样；

——增加试验报告的要求。

本部分使用重新起草法修改采用ISO 6581:2010《铝及其合金的阳极氧化　着色阳极氧化膜耐紫外光性能的测定》。

本部分做了下列编辑性修改：

——取消了ISO 6581:2010的前言，增加了本部分前言；

——取消了ISO 6581:2010的引言。

本部分与ISO 6581:2010相比存在技术性差异，这些差异涉及的条款已通过在其外侧页边空白位置的垂直单线(|)进行了标示，附录A中给出了相应技术性差异及其原因的一览表。

本部分由全国有色金属标准化技术委员会(SAC/TC 243)归口。

本部分负责起草单位：国家有色金属质量监督检验中心。

本部分参加起草单位：广东兴发铝业(河南)有限公司、广东新合铝业有限公司、广东豪美铝业股份有限公司、广东坚美铝型材厂(集团)有限公司、福建南平铝业有限公司、广东凤铝铝业有限公司、广亚铝业有限公司、福建省闽发铝业股份有限公司、佛山市南海华豪铝型材有限公司、四川广汉三星铝业有限公司。

本部分主要起草人：纪红、夏秀群、曹贵水、饶竹贵、戴悦星、冯东升、陈慧、潘学著、朱耀辉、张中兴、牟永涛。

本部分所代替标准的历次版本发布情况为：

——GB/T 12967.4—1991。

# 铝及铝合金阳极氧化膜检测方法 第4部分:着色阳极氧化膜耐紫外光性能的测定

## 1 范围

GB/T 12967 的本部分规定了着色阳极氧化膜经紫外光照射后颜色变化的对比方法。

本部分适用于不具有热敏感性的着色阳极氧化膜。

注:在本部分规定的试验条件下,深色试样表面通常会达到较高的温度。

## 2 方法原理

观察着色阳极氧化试样经紫外光照射后所发生的颜色变化,通过与对应控制试样比较,评定试样着色阳极氧化膜耐紫外光性能。

## 3 仪器

### 3.1 装置

试验用装置主要包括由耐热材料制成的试验箱(3.2)、紫外光源(3.3)和试样夹持装置(3.4)。

### 3.2 试验箱

3.2.1 试验箱应使全部试样都能与光源保持等距离。

3.2.2 试验箱内的试样表面温度在整个试验过程中都不应超过 100 ℃,必要时可采用合适的风冷来对试验箱和试样进行冷却,但要防止光源过冷,以免影响电弧。具体情况可遵循光源生产厂家的指导。

3.2.3 试验箱应完全密闭,或装有合适的隔离装置,以免紫外光发生泄露。试验箱开启时,应有微动开关使光源自动关闭。

3.2.4 如果采用会产生臭氧的紫外光源,应设置强制空气循环装置,将试样箱内的空气排出室外。

### 3.3 紫外光源

3.3.1 以装有石英罩的、强度可调的中压汞弧灯作为紫外光源。

3.3.2 在距离光源中心 190 mm 处,紫外灯的波长和强度应符合表 1 的规定。

注:宜使用功率为 500 W、有效弧长为 120 mm 的紫外灯,其距离试样的距离约为 190 mm。

表 1

| 波长<br>nm | 强度<br>μW/cm² |
|---|---|
| 254 | 500～150 |
| 265 | 800～400 |

表 1（续）

| 波长<br>nm | 强度<br>μW/cm² |
|---|---|
| 297 | 600～400 |
| 303 | 1 000～800 |
| 313 | 1 350～1 200 |
| 365 | 1 500～1 700 |
| 405 | 800～1 000 |
| 436 | 1 300～1 600 |

3.3.3　紫外灯的额定寿命通常为 1 000 h，在使用过程中，紫外灯的强度会所下降，尤其是在波长小于 313 nm 的部分，紫外灯应具有强度调节装置来补偿这种下降。

3.3.4　紫外灯上的石英罩不应用手直接触摸，以免影响透光率。

3.3.5　宜选用不产生臭氧的紫外灯。

### 3.4　试样夹持装置

该装置可保证所有试样能以相同的形式被夹持在与光源等距离的各个位置上，且光源与试样之间无遮挡。

## 4　试验过程

### 4.1　试验

4.1.1　将试样夹持在试验箱内的试样夹持装置上进行紫外光照射，直到试样及控制试样的颜色变化达到供需双方商定的变色程度为止。

注：试验时间主要取决于选用的试验装置和着色阳极氧化试样本身，本试验方法与其他光照褪色试验法相比较，是一种比较苛刻的试验方法。

4.1.2　试样的部分表面可采用不透紫外光的材料进行遮盖，避免此部分受到紫外光照射，以便于颜色变化的检查。

### 4.2　控制试样

选用一种供需双方商定的着色阳极氧化试样作为控制试样。控制试样和试样同时进行紫外光的照射，并以相同的方式(4.1.2)进行遮盖。

### 4.3　臭氧的影响

采用的光源是否产生臭氧，对着色阳极氧化试样的试验结果无太大影响。但在含臭氧的气氛中试验时，试样的表面有时会出现轻微的光晕。如出现光晕，在测定样品颜色变化前，应用细研磨剂将其除掉。

## 5　结果表示

记录试样及控制试样的颜色变化达到供需双方商定的变色程度时所用的试验时间，试验结果以试样的试验时间来表示。

## 6 试验报告

试验报告至少应包括以下内容：

a） 本部分编号；

b） 试样编号；

c） 试样的颜色，生产方法（如果已知）；

d） 控制试样；

e） 试验装置和试验时间；

f） 试样、控制试样的未遮盖部分与遮盖部分相比的颜色变化；

g） 试验期间所遇到的一些异常现象或偏离；

h） 试验日期。

# 附 录 A
## （资料性附录）
## 本部分与 ISO 6581:2010 的技术性差异及其原因

表 A.1 给出了本部分与 ISO 6581:2010 的技术性差异及其原因。

**表 A.1 本部分与 ISO 6581:2010 的技术性差异及其原因**

| 本部分章条编号 | 技术性差异 | 原因 |
|---|---|---|
| 1 | 删除了适用耐热性能测定的说法 | 此标准中的方法是指着色阳极氧化膜经紫外光照射后颜色变化的对比方法，其中的热的产生是由于在紫外光的照射下，试样由于吸热会产生温度升高现象。范围的注中已说明，因此无需在 1.1 中单独说明，以避免产生歧义 |
| 2 | 在原理部分删除了使用标准试样进行对比的内容 | 与国内的检测实际情况相对应 |
| 3 | 删除了可选用光源在中心部位垂直放置的圆柱形试验箱，或光源在试样支架上方水平放置的横截面为矩形的试验箱 | 只对装置进行要求，不做解释性说明 |
| 4 | 使用供需双方商定的试样作为控制试样而不是限于使用耐紫外光性能已知的标准试样作为控制试样 | 与国内的检测实际情况相对应 |
| | 大多数着色阳极氧化膜试样在 100 h 以内的试验时间内，颜色就会发生明显的变化 | 根据试验验证的结果，大多数着色阳极氧化膜试样在 100 h 以内的试验时间内，颜色不会发生明显的变化 |
| 5 | 无 | — |
| 6 | 无 | — |

ICS 29.160.30
K 21

# 中华人民共和国国家标准

GB/T 12974.2—2014

# 交流电梯电动机通用技术条件
# 第2部分：永磁同步电动机

General specification for a.c. lift motor—
Part 2: Permanent magnet synchronous motor

2014-12-05 发布　　2015-07-01 实施

中华人民共和国国家质量监督检验检疫总局
中国国家标准化管理委员会　发布

# 前　言

GB/T 12974《交流电梯电动机通用技术条件》分为两个部分：

——第1部分：三相异步电动机；

——第2部分：永磁同步电动机。

本部分为GB/T 12974的第2部分。

本部分按照GB/T 1.1—2009给出的规则起草。

本部分由中国电器工业协会提出。

本部分由全国旋转电机标准化技术委员会(SAC/TC 26)归口。

本部分起草单位：上海电器科学研究所(集团)有限公司、上海电机系统节能工程技术研究中心有限公司、浙江西子富沃德电机有限公司、苏州通润驱动设备股份有限公司、浙江金龙电机股份有限公司和山东华力电机集团股份有限公司、苏州江南创意机电技术研究院有限公司、文登奥文电机有限公司、江门市江晟电机厂有限公司、中国电子科技集团公司第二十一研究所。

本部分主要起草人：姚丙雷、张宝强、周红芳、周卫、吴艳红、叶叶、王庆东、鲁力。

# 交流电梯电动机通用技术条件 第2部分:永磁同步电动机

## 1 范围

GB/T 12974的本部分规定了电梯用永磁同步电动机的型式、基本参数与尺寸、技术要求、检验方法与规则、标志、包装及保用期的要求。

本部分适用于各种乘客电梯、客货电梯、病床电梯、家用电梯及载货电梯用电子电源驱动永磁同步电动机(以下简称电动机)。凡属本系列电动机所派生的各种系列电动机也可参照执行。

## 2 规范性引用文件

下列文件对于本文件的应用是必不可少的。凡是注日期的引用文件,仅注日期的版本适用于本文件。凡是不注日期的引用文件,其最新版本(包括所有的修改单)适用于本文件。

GB/T 191—2008 包装储运图示标志

GB 755—2008 旋转电机 定额和性能

GB/T 997—2008 旋转电机结构型式、安装型式及接线盒位置的分类(IM代号)

GB 1971 旋转电机 线端标志与旋转方向

GB/T 1993—1993 旋转电机冷却方法

GB/T 4772.1—1999 旋转电机尺寸和输出功率等级 第1部分:机座号56～400和凸缘号55～1080

GB/T 4942.1—2006 旋转电机整体结构的防护等级(IP代码) 分级

GB 10068—2008 轴中心高为56 mm及以上电机的机械振动 振动的测量、评定及限值

GB/T 10069.1—2006 旋转电机噪声测定方法及限值 第1部分:旋转电机噪声测定方法

GB/T 12665—2008 电机在一般环境条件下使用的湿热试验要求

GB 14711 中小型旋转电机通用安全要求

GB/T 21707—2008 变频调速专用三相异步电动机绝缘规范

GB/T 22669—2008 三相永磁同步电动机试验方法

GB/T 22719.1—2008 交流低压电机散嵌绕组匝间绝缘 第1部分:试验方法

## 3 型式、基本参数与尺寸

3.1 电动机的外壳防护等级为IP00、IP20、IP21或IP41(按GB/T 4942.1—2006的规定)。

3.2 电动机的冷却方式为IC00、IC01或IC06(按GB/T 1993—1993的规定)。

3.3 电动机的结构及安装型式为IM B3、IM B5和IM B35(按GB/T 997—2008的规定)。

3.4 电动机为断续周期工作制(S5),每小时起动次数可根据电梯的不同要求,分为120次/h、180次/h,电动机的负载持续率为15%、40%、50%或60%。

3.5 电动机驱动装置额定电压为380 V,额定频率为50 Hz。

3.6 电动机的极数分为6极、8极、10极、12极、16极、20极、24极、32极和48极。

3.7 电动机应按下列额定功率制造:

0.55 kW、0.75 kW、1.1 kW、1.5 kW、2.2 kW、3 kW、4 kW、5.5 kW、7.5 kW、9 kW、11 kW、15 kW、18.5 kW、22 kW、30 kW、37 kW、45 kW、55 kW、75 kW、90 kW、110 kW。

3.8 电动机在额定转速运行时，额定转矩、额定功率应按式(1)转换：

$$T_N = \frac{9\,550 \times P_2}{n_N} \quad \cdots\cdots(1)$$

式中：

$T_N$ ——电动机额定转矩，单位为牛米(N·m)；

$P_2$ ——电动机额定功率，单位为千瓦(kW)；

$n_N$ ——电动机额定转速，单位为转每分(r/min)。

## 4 技术要求

4.1 电动机应符合本部分的要求，并按照经规定程序批准的图样及技术文件制造。

4.2 在下列的海拔、环境空气温度条件下，电动机应能额定运行，对于现场运行条件偏差的修正，按GB 755—2008的规定：

a) 海拔不超过1 000 m；

b) 最高环境空气温度随季节而变化，但不超过40 ℃；

c) 最低环境空气温度为+5 ℃；

d) 环境空气不应含有腐蚀性和易燃性气体；

e) 安装地点的周围环境应不影响电动机的正常通风。

4.3 电动机在功率、电压及频率为额定时，其效率的保证值应符合表1的规定，容差为$-0.15(1-\eta)$：

a) 电动机的效率由输入-输出法确定(按GB/T 22669—2008中10.2.1的规定)；

b) 在计算中，效率值取四位有效位数。

表1 效率的保证值

| 额定功率<br>kW | 转速<br>r/min | | | | | | |
|---|---|---|---|---|---|---|---|
| | ≤100 | >100～140 | >140～180 | >180～250 | >250～400 | >400～750 | >750 |
| | 效率<br>% | | | | | | |
| 0.55 | 68.0 | 68.9 | 69.4 | 70.0 | 70.5 | 72.0 | 73.0 |
| 0.75 | 70.6 | 71.8 | 72.3 | 72.9 | 73.5 | 75.0 | 76.0 |
| 1.1 | 72.7 | 73.9 | 74.4 | 75.0 | 75.5 | 77.0 | 78.0 |
| 1.5 | 74.0 | 75.9 | 76.4 | 77.0 | 77.5 | 79.0 | 80.0 |
| 2.2 | 76.8 | 78.0 | 78.4 | 79.0 | 79.7 | 81.2 | 82.2 |
| 3 | 77.0 | 78.5 | 79.0 | 79.7 | 80.3 | 81.8 | 82.8 |
| 4 | 78.6 | 79.8 | 80.3 | 80.9 | 81.5 | 83.0 | 84.0 |
| 5.5 | 79.0 | 80.0 | 80.8 | 81.4 | 82.0 | 83.5 | 84.5 |
| 7.5 | 80.0 | 81.3 | 81.8 | 82.4 | 83.0 | 84.5 | 85.5 |
| 9 | 80.9 | 82.1 | 82.6 | 83.2 | 83.8 | 85.3 | 86.3 |
| 11 | 81.8 | 83.0 | 83.4 | 84.0 | 84.7 | 86.2 | 87.2 |

表 1（续）

| 额定功率 kW | 转速 r/min | | | | | | |
|---|---|---|---|---|---|---|---|
| | ≤100 | >100～140 | >140～180 | >180～250 | >250～400 | >400～750 | >750 |
| | 效率 % | | | | | | |
| 15 | 83.6 | 84.8 | 85.3 | 85.9 | 86.5 | 88.0 | 89.0 |
| 18.5 | 84.0 | 85.2 | 85.7 | 86.3 | 86.9 | 88.4 | 89.4 |
| 22 | 84.3 | 85.5 | 86.0 | 86.7 | 87.3 | 88.8 | 89.8 |
| 30 | 85.0 | 86.3 | 86.8 | 87.4 | 88.0 | 89.5 | 90.5 |
| 37 | 85.6 | 86.8 | 87.3 | 87.9 | 88.5 | 90.0 | 91.0 |
| 45 | 86.0 | 87.3 | 87.8 | 88.4 | 89.0 | 90.5 | 91.5 |
| 55 | 86.6 | 87.8 | 88.3 | 88.9 | 89.5 | 91.0 | 92.0 |
| 75 | 86.7 | 87.9 | 88.4 | 89.0 | 89.7 | 91.2 | 92.2 |
| 90 | 87.0 | 88.3 | 88.8 | 89.4 | 90.0 | 91.5 | 92.5 |
| 110 | 87.0 | 89.0 | 89.4 | 90.0 | 90.5 | 92.0 | 93.0 |

4.4 在额定电压下，电动机失步转矩与额定转矩之比的保证值为 1.65，容差为－10%。

4.5 电动机定子绕组温升按如下要求：

a) 电动机采用能承受高频脉冲的 155(F)级绝缘，并应符合 GB/T 21707—2008 的要求。当海拔和环境空气温度符合 4.2 规定时，电动机定子绕组的温升(电阻法)按 80 K 考核。温升数值修约间隔为 1。如试验地点的海拔或环境空气温度与 4.2 的规定不同时，温升限值应按 GB 755—2008 的规定修正；

b) 用电阻法测量绕组温度时，应在热试验结束尽快使电动机停转。电动机断电后能在表 2 给出的时间内测得第一点读数，则以此读数计算得到的温升不需要外推至断电瞬间。如不能在表 2 间隔时间内测得第一点读数，则应按 GB 755—2008 的规定；

表 2 断电后间隔时间

| 额定功率 kW | 断电后间隔时间 s |
|---|---|
| 0.55～50 | 30 |
| >50～110 | 90 |

c) 电动机轴承的允许温度(温度计法)应不超过 95 ℃。

电动机定子绕组热试验：电动机在额定负载下，按运行工作制、负载持续率做正反方向运转，每个工作周期通电时间为 1 min，在一个工作周期内维持同一方向旋转，试验时间为 2 h，然后按 GB 755—2008 的 8.6.2 规定的方法测量。

4.6 电动机在热状态和逐渐增加转矩的情况下，应能承受 4.4 所规定的转矩值(计及容差)，历时 15 s 短时过转矩试验而不失步。此时，电压和频率应维持在额定值。

4.7 电动机在空载情况下，应能承受 1.2 倍的最高额定转速，历时 2 min 的超速试验而不发生有害变形。

4.8 电动机定子绕组绝缘电阻在热状态时或热试验后，应不低于 0.5 MΩ。

4.9 电动机的定子绕组应能承受历时 1 min 的耐电压试验而不发生击穿，试验电压的频率为 50 Hz，并尽可能为正弦波形，电压的有效值为 2 380 V。

4.10 电动机的定子绕组应能承受匝间冲击耐电压试验而不击穿，其试验冲击电压峰值为 3 670 V，容差为±3%，波前时间为 0.5 μs，试验应在转子安装前进行。

4.11 电动机的定子绕组在按 GB/T 12665—2008 所规定的 40 ℃交变湿热试验方法进行 6 周期试验后，绝缘电阻应不低于 0.5 MΩ，并应能承受 4.9 所规定的耐电压试验而不发生击穿，但电压的有效值为 2 000 V，试验时间为 1 min。

4.12 电动机在空载时测得的振动速度有效值不超过 0.5 mm/s。

4.13 电动机在空载时测得的 A 计权声功率级的噪声数值应符合表 3 所规定的数值。噪声数值的容差为+3 dB(A)。

**表 3 空载最大 A 计权声功率级值 $L_{WA}$(dB)**

单位为分贝

| 额定功率 | 同步转速 | | |
|---|---|---|---|
| | ≤200 r/min | >200 r/min～300 r/min | >300 r/min |
| <25 kW | 62 | 65 | 68 |
| 25 kW～55 kW | 65 | 68 | 68 |
| >55 kW | 68 | 70 | 70 |

4.14 当三相电源平衡时，电动机的三相空载电流中任何一相与三相平均值的偏差应不大于平均值的 10%。电动机三相定子绕组在实际冷状态下直流电阻的任何一相与三相平均值的偏差应不大于平均值的 10%。

4.15 电动机的空载反电动势、空载电流和损耗应能保证电动机性能符合 4.3、4.4 的规定。

4.16 在出线端标志的字母顺序与三相电源的电压相序方向相同时，从主轴伸端视之，电动机应为顺时针方向旋转(按 GB 1971 的规定)。

4.17 电动机的安全性能应符合 GB 14711 的要求。

4.18 电动机转动时，应平稳轻快，无停滞现象；电动机的装配应完整正确，电动机表面油漆应干燥完整、均匀，无污损、碰坏、裂痕等现象。

## 5 检验规则

### 5.1 检验分类

电机试验分为出厂检验与型式检验。

### 5.2 出厂检验

出厂检验项目按表 4 执行，每台电动机应检验合格后才能出厂，并应附有产品合格证。

### 5.3 型式检验

5.3.1 凡遇下列情况之一者，应进行型式检验：

a) 经鉴定定型后制造厂第一次试制或小批生产时；

b) 电动机设计或工艺上的变更足以引起某些特性和参数发生变化时；

c) 当出厂检验结果和以前进行的型式试验结果发生不可容许的偏差时；

d) 成批生产的电动机定期的抽试，每年抽试一次。当需要抽试的数量过多时，抽试时间间隔可适当延长，但至少每两年抽试一次。

5.3.2 型式检验项目按表 4 执行。

表 4 检验项目

| 序号 | 检验项目 | 检验要求 | 检验方法 | 出厂检验 | 型式检验 |
|---|---|---|---|---|---|
| 1 | 机械检查 | 4.18 | GB/T 4772.1—1999 | • | • |
| 2 | 定子绕组对机壳及绕组相互间绝缘电阻的测定 | 4.8 | GB/T 22669—2008 | • | • |
| 3 | 定子绕组在实际冷状态下直流电阻的测定 | 4.14 | GB/T 22669—2008 | • | • |
| 4 | 耐电压试验 | 4.9 | GB 755—2008 | • | • |
| 5 | 匝间绝缘试验 | 4.10 | GB/T 22719.1—2008 | • | • |
| 6 | 空载电流的测定 | 4.14、4.15 | GB/T 22669—2008 | • | • |
| 7 | 噪声的测定 | 4.13 | GB/T 10069.1—2006 | • | • |
| 8 | 振动的测定 | 4.12 | GB 10068—2008 | • | • |
| 9 | 空载反电动势的测定 | 4.15 | GB/T 22669—2008 | • | • |
| 10 | 旋转方向的检查 | 4.16 | GB 1971 | • | • |
| 11 | 热试验 | 4.5 | 4.5 | | • |
| 12 | 效率的测定 | 4.3 | GB/T 22669—2008 | | • |
| 13 | 短时过转矩试验 | 4.6 | GB/T 22669—2008 | | • |
| 14 | 失步转矩的测定 | 4.4 | GB/T 22669—2008 | | • |
| 15 | 超速试验 | 4.7 | GB/T 22669—2008 | | • |
| 16 | 外壳防护等级试验 | 3.1 | GB/T 4942.1—2006 | | • |
| 17 | 40 ℃交变湿热试验 | 4.11 | GB/T 12665—2008 | | • |
| 18 | 安全性能 | 4.17 | GB 14711 | | • |

注 1：第 7 项和第 8 项可以抽查，抽查办法由制造厂制定。

注 2：第 15 项当有协议规定时进行。

注 3：第 16 项～第 18 项在产品结构定型或当结构和工艺有较大改变时进行。

## 6 标志、包装及保用期

6.1 铭牌材料及铭牌上数据的刻划方法，应保证其字迹在电动机整个使用期间内不易磨灭。

6.2 铭牌应固定在电动机机座的上半部，应标明的项目如下：

a) 制造厂名称或标记；

b) 电动机名称（电梯用永磁同步电动机）；

c) 电动机型号；

d) 外壳防护等级（允许另作铭牌）；

e) 额定转矩，N·m；

f) 额定功率，kW；

g) 额定频率,Hz;

h) 额定电流,A;

i) 额定电压,V;

j) 额定转速,r/min;

k) 热分级;

l) 接线方法;

m) 效率;

n) 制造厂出品年月和出品编号;

o) 质量,kg;

p) 标准编号。

6.3 电动机定子绕组的出线端及在接线板的接线位置上均应有相应的标志,并应保证其字迹在电动机整个使用时期内不易磨灭,其标志按 GB 1971 的规定。

6.4 电动机轴伸平键(如果有)、使用维护说明书(同一用户同一型式的一批电动机至少提供一份,使用说明书需标明制造厂地址)及产品合格证书应随同每台电动机供给用户。

6.5 电动机的包装应能保证在正常的储运条件下,自发货之日起的 1 年时间内不致因包装不善而导致受潮与损坏。

6.6 包装箱外壁的文字和标志应清楚整齐,内容如下:

a) 发货站及制造厂名称;

b) 收货站及收货单位名称;

c) 电动机型号和出品编号;

d) 电动机的净重及连同箱子的毛重;

e) 箱子外形尺寸;

f) 在箱子的适当位置应标有“小心轻放”“怕雨”等字样,其图形应符合 GB/T 191—2008 的规定。

6.7 在用户按照使用说明书的规定,正确地使用与存放电动机的情况下,制造厂应保证电动机在开始使用 1 年内,或自制造厂的出品日期不超过 18 个月的时间内能良好地运行。如在此规定时间内电动机因制造质量不良而发生损坏或不能正常工作时,制造厂应无偿地为用户修理或更换零件或电动机。

ICS 43.080.20
T 42

# 中华人民共和国国家标准

GB 13057—2014
代替 GB 13057—2003

# 客车座椅及其车辆固定件的强度

## Strength of the seats and their anchorages of passenger vehicles

2014-10-10 发布　　2015-07-01 实施

中华人民共和国国家质量监督检验检疫总局
中国国家标准化管理委员会　发布

# 前　言

**本标准的第4章、第5章为强制性,其余为推荐性。**

本标准按照GB/T 1.1—2009给出的规则起草。

本标准代替GB 13057—2003《客车座椅及其车辆固定件的强度》。

本标准与GB 13057—2003相比,除编辑性修改外主要技术差异如下:

——变更了标准的适用范围(由“座椅”改变为“乘客座椅”,增加了“也适用于此类客车上安装于座椅前方的约束隔板及其车辆固定件。”)(见第1章);

——更新了部分规范性引用文件(见第2章);

——增加了“前向座椅”、“固定件”、“约束隔板”的术语和定义(见3.2、3.6、3.14);

——删除了“静态试验要求”(见2003版的4.1.2)和“座椅静态试验”(见2003版的5.1)。

本标准使用重新起草法修改采用ECE R80《大型客车座椅认证及座椅强度和固定件强度有关的车辆认证的统一规定》(修订本1)英文版。

本标准与ECE R80(修订本1)相比在结构上有所调整,附录C中列出了本标准与ECE R80(修订本1)的章条编号对照一览表。

本标准与ECE R80(修订本1)相比存在的主要技术性差异是,规定每种型式的座椅都必须满足动态试验要求,这些技术性差异涉及的条款已通过在其外侧页边空白位置的垂直单线进行了标示,附录D中给出了相应技术性差异及其原因的一览表。

本标准由中华人民共和国工业和信息化部提出。

本标准由全国汽车标准化技术委员会(SAC/TC 114)归口。

本标准起草单位:中国公路车辆机械有限公司、国家客车质量监督检验中心、丹阳市车船装饰件有限公司、江苏省公路学会、国家汽车质量监督检验中心(襄樊)、江苏大学汽车与交通工程学院、江苏先昌电能部件有限公司、东风商用车技术中心、郑州宇通客车股份有限公司、南京依维柯汽车有限公司、金华青年汽车制造有限公司、厦门金龙联合汽车工业有限公司、厦门金龙旅行车有限公司、河南少林汽车股份有限公司、扬州恒新座椅有限公司、四川一汽丰田汽车有限公司、北汽福田汽车股份有限公司北京欧辉客车分公司、成都客车股份有限公司。

本标准主要起草人:金明新、李彀、刁薇、李德兴、赵卫丽、覃祯员、裴志浩、侯洪娟、白红、李德云、田晋跃、柳立志、李冬梅、张海涛、纪碧端、徐茂林、冯朝昀、唐云霞、洪伟、孟树兴、方明树。

本标准于2003年3月首次发布,本次为第一次修订。

# 客车座椅及其车辆固定件的强度

## 1 范围

本标准规定了客车座椅及其车辆固定件的强度要求与试验方法。

本标准适用于 $M_2$ 和 $M_3$ 类的Ⅱ级、Ⅲ级及B级客车中前向安装的乘客座椅，以及此类客车所有乘客座椅的车辆固定件及其座椅安装。也适用于此类客车上安装于座椅前方的约束隔板及其车辆固定件。

本标准不适用于后向座椅、侧向座椅和可折叠座椅，也不适用于驾驶员座椅。

## 2 规范性引用文件

下列文件对于本文件的应用是必不可少的。凡是注日期的引用文件，仅注日期的版本适用于本文件。凡是不注日期的引用文件，其最新版本(包括所有的修改单)适用于本文件。

GB 11552—2009 乘用车内部凸出物

GB 14166 机动车乘员用安全带、约束系统、儿童约束系统和ISOFIX儿童约束系统

GB 14167 汽车安全带安装固定点、ISOFIX固定点系统及上拉带固定点

GB 24406—2012 专用校车学生座椅系统及其车辆固定件的强度

ISO 6487 道路车辆 碰撞试验测量技术 检测仪器

## 3 术语和定义

GB 24406—2012界定的以及下列术语和定义适用于本文件。

3.1

**座椅型式 seat type**

在下列可能影响其强度和伤害性方面无实质区别的某类座椅：

a) 承载件的结构、形状、尺寸和材料；

b) 座椅靠背调整和锁止系统的型式与尺寸；

c) 附件和支撑件(即椅腿)的尺寸、结构和材料。

3.2

**前向座椅 forward-facing seat**

面向前方安装，且座椅的对称垂直平面与车辆前进方向所形成的夹角在$-10°\sim+10°$之间。

3.3

**调整装置 adjustment system**

一种可将座椅或其部件调节到适于乘客乘坐的装置。

3.4

**位移装置 displacement system**

在没有固定的中间位置情况下，一种可使座椅或某个部件横向或纵向移动，以方便乘客进出的装置。

3.5

**锁止装置 locking system**

一种保证座椅或其部件保持在其使用位置的装置。

3.6

**固定件 anchorage**

用于固定座椅的车辆地板或车身的一部分。

3.7

**连接件 attachment fittings**

用来将座椅安装到车辆固定件上的螺栓等零件。

3.8

**台车 trolley**

用于动态再现包括正面碰撞在内的道路交通事故的试验设备。

3.9

**辅助座椅 auxiliary seat**

台车上试验座椅后面安装假人的座椅,代表着车辆上使用的位于试验座椅后面的座椅。

3.10

**基准平面 reference plane**

通过 3-DH 装置两脚跟与地板接触点的水平面。

3.11

**基准高度 reference height**

座椅顶部至基准平面的距离。

3.12

**假人 manikin**

符合 HYBRIDⅡ型或Ⅲ型要求的 50 百分位男性人体模型或 TNO 10 型人体模型。

3.13

**座椅间距 seat spacing**

后方座椅靠背前部凸起部分至前方座椅靠背(或约束隔板)后部凸起部分之间的距离,在基准平面上方 620 mm 高度处水平测量。

3.14

**约束隔板 restraining barrier**

安装在车身结构上,用于在前方碰撞事故或紧急制动过程中约束位于其后方乘员的装置。

[GB 24406—2012,定义 3.11]

## 4 要求

### 4.1 座椅要求

#### 4.1.1 总体要求

每种型式的座椅都应满足 4.1.2 规定的动态试验要求。每个调整装置和位移装置都应配备自动锁止装置,试验后座椅的调整和锁止装置应能保持锁止状态。

#### 4.1.2 动态试验要求

4.1.2.1 乘坐的乘客能被其前方座椅(或约束隔板)和(或)安全带恰当地限制住。

按照5.1规定的试验方法进行试验后，假人躯干和头部的任何部分向前位移应不超过位于辅助座椅R点前1.6 m的横向垂面。

4.1.2.2 乘坐的乘客未受严重伤害。

装备测试仪器的假人应满足附录B确定的允许伤害指标。其允许伤害指标为：

a) 头部允许指标(HIC)：小于500；

b) 胸部允许指标(ThAC)：小于30$g$(持续作用时间小于3 ms的峰值除外)($g$=9.81 m/s$^2$)；

c) 腿部允许指标(FAC)：小于10 kN；当持续作用时间大于20 ms时，应小于8 kN。

4.1.2.3 座椅及其安装足够牢固。

符合下列条件，可认为满足要求：

a) 试验期间，座椅安装件、附件或零件无完全分离；

b) 试验期间，即使一个或多个固定件部分地分离，座椅仍能牢牢地固定住，且所有锁止装置保持锁定；

c) 试验后，座椅或其附件的结构件无任何可能导致人体伤害的断裂或尖角、锐边。

### 4.1.3 安装件和附件要求

所有构成座椅背面的安装件或附件，在碰撞过程中不应对乘客身体造成任何伤害。安装件及附件要求如下：

a) 采用直径165 mm的球体接触座椅背面的任意部分，其曲率半径均应在5 mm以上。如位于刚性背面上的安装件和附件的任何部位均由硬度邵尔A小于50的材料制成，则本条款的要求仅适用于该刚性背面。

b) 位于基准平面上方400 mm水平面以下的座椅背面调整装置和附件，可不满足本条款的要求。

## 4.2 车辆固定件要求

4.2.1 座椅的车辆固定件应能承受5.1(若试验座椅安装在代表车身结构的试验平台上)所规定的试验。

4.2.2 在规定的时间内承受规定的试验力持续作用后，允许固定件或其周边区域产生永久变形，包括部分断裂。

4.2.3 当一种车型上有多于一种型式的固定件时，每种不同型式的固定件都应进行试验。

4.2.4 当一种型式座椅和一种型式固定件的组合能够满足4.1的要求，则该型式座椅和其他型式固定件组合后，可仅对不同型式的固定件按5.2的要求进行试验。

4.2.5 如果相应座椅位置的安全带固定点直接固定在座椅上，而且这些安全带固定点完全符合GB 14167的规定，应认为座椅固定件强度符合4.2.1和4.2.2的要求。

## 4.3 座椅安装要求

4.3.1 所有前向座椅应满足4.1的要求，并符合下述条件：

a) 座椅应有至少1 m的基准高度；

b) 紧邻其后的座椅的H点应与试验座椅H点的高度差不大于72 mm，如果大于72 mm，应在该实际安装高度进行试验。

4.3.2 按5.1.2、5.1.3的要求进行试验1和试验2，但下列情况除外：

a) 当座椅后部不会被未受约束的乘客所撞击时(即在试验座椅后面无前向座椅)，试验1可不做。

b) 符合下列情况之一，试验2可不做：

——座椅背面不会被受约束的乘客撞击；

——后排座椅上安装有三点式安全带和固定点，且完全符合GB 14167的规定；

——座椅靠背后部的吸能特性满足 GB 11552—2009 中附录 G 的要求。

## 5 试验方法

### 5.1 座椅及其车辆固定件动态试验

#### 5.1.1 试验座椅或约束隔板的准备

5.1.1.1 试验座椅或约束隔板应安装在代表车身结构的试验平台(进行座椅及其车辆固定件动态试验时)或刚性试验平台(进行座椅动态试验时)上。

5.1.1.2 试验平台为试验座椅或约束隔板提供的固定件应与安装该座椅的车辆固定件相同。

5.1.1.3 试验座椅或约束隔板的装饰件和附件应齐全,如座椅配有小桌,应处于收起位置。

5.1.1.4 如座椅可横向调节,应调节到横向最宽位置。

5.1.1.5 如座椅靠背可调整,应调整到使假人(用来确定在车内乘坐位置 H 点和实际躯干角)躯干的倾角尽可能接近制造厂推荐的正常使用值,如无制造厂特定的推荐值时,应尽可能靠近垂线后方 25°处。

5.1.1.6 如座椅靠背装有高度可调的头枕,头枕应调节到最低位置。

5.1.1.7 安装在辅助座椅和试验座椅上的安全带应符合 GB 14166 的规定,并装配在符合 GB 14167 规定的固定点上。

#### 5.1.2 试验 1

5.1.2.1 将试验平台固定在台车上。

5.1.2.2 辅助座椅

辅助座椅型式可以与试验座椅相同,并平行地直接放置在试验座椅(或约束隔板)后方,两座椅高度相同,调整状态一致,辅助座椅与试验座椅(或约束隔板)间距为 750 mm。

5.1.2.3 假人

5.1.2.3.1 将假人无约束地放置在辅助座椅上,使其对称平面与试验乘坐位置的对称平面相一致。

5.1.2.3.2 假人的手放在大腿上,肘部与座椅靠背接触,两腿应尽量伸开,如可能应平行,脚跟接触地板。

5.1.2.3.3 每个试验假人应按下列程序安放在座椅上:

a) 将假人放置在座椅上,尽可能接近所要求的位置。
b) 将一块 76 mm×76 mm 的刚性平面尽可能低地放置在假人躯干的前面。
c) 以 250 N～350 N 的水平力将此平面压向假人躯干;拉动假人肩部,将躯干向前拉到垂直位置,然后以背部靠着座椅靠背放回,该操作进行两次;假人躯干不移动时,头部位置应能使头颅内支承测量仪器的平台为水平,并保持头部中心平面与车辆对称平面平行。
d) 将该刚性平面小心地移去。
e) 将座椅上的假人向前移动,重复上述放置步骤。
f) 如果需要,下部肢体的位置应调整。
g) 碰撞过程中,安装的测量仪器不得对假人的运动有任何影响。
h) 试验前,测量仪器系统的温度应稳定,并尽可能保持在 19 ℃～26 ℃范围内。

5.1.2.4 碰撞模拟:

a) 台车模拟的碰撞速度应在 30 km/h～32 km/h 之间。
b) 碰撞模拟过程中,台车的减速度/加速度应与图 1 规定一致;持续作用时间小于 3 ms 的峰值除外,台车减速度/加速度的时间函数曲线应保持在图 1 所示的限定区间内。
c) 平均减速度/加速度应在 $6.5g$～$8.5g$ 之间。

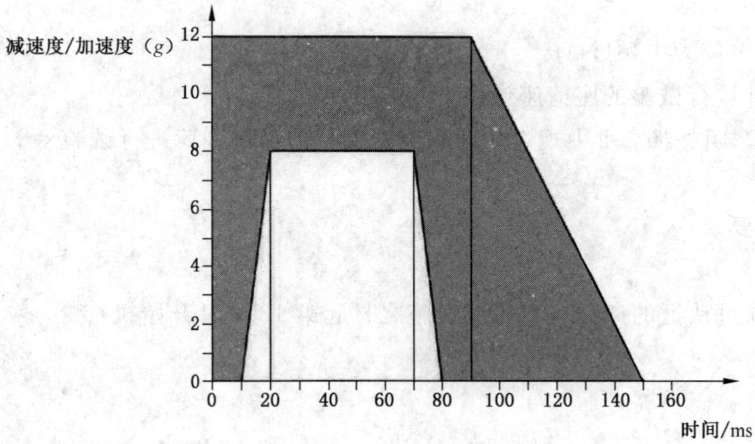


图 1　减速度/加速度的时间历程

5.1.2.5　试验中不测量假人的伤害值。

5.1.3　**试验 2**

5.1.3.1　用坐在辅助座椅上的 HYBRIDⅡ型或Ⅲ型假人重复进行 5.1.2 规定的试验 1 步骤，假人应被安全带约束住，并按制造厂的说明安装和调整。

5.1.3.2　试验中测量假人的伤害值。

5.1.3.3　在用三点式安全带约束假人进行 5.1.3.1 规定的试验 2，且不超过允许伤害指标的情况下，此辅助座椅应认为已符合 GB 14167 中对安全带静态加载和上固定点位移的要求。

5.1.4　**对台车及假人应做的测量**

应符合附录 A 的规定，假人允许伤害指标应按附录 B 的规定来确定。

5.2　**车辆固定件试验**

5.2.1　**试验设备**

5.2.1.1　将一个能够代表车辆上座椅的刚性结构件，采用制造厂提供的连接件（螺栓等）安装在进行试验的固定件上。

5.2.1.2　如果几种类型座椅前后椅脚端部之间的距离不等，且都能安装在相同的固定件上，试验应用前后椅脚端距最短的座椅进行。

5.2.2　**试验程序**

5.2.2.1　$F$ 力施加：

a）在基准平面以上 750 mm 处，力 $F$ 通过 5.2.1.1 规定的刚性结构件作用在以不同固定点为顶点（或者合适时，将座椅末端的固定件包括在内）组成的多边形的几何中心垂线上；

b）$F$ 力为水平方向，指向车辆前方；

c）施力持续时间应不少于 0.2 s。

5.2.2.2　$F$ 力由式(1)确定。

$$F=(5\,000\pm 50)\times i \qquad \cdots\cdots(1)$$

式中：

$F$ ——作用力，单位为牛顿(N)；

$i$ ——对固定件进行试验的座椅座位数。

如果制造厂要求，可按照5.1中规定的动态试验测得的典型载荷进行试验。

## 6 标准实施过渡期要求

已获得许可或通过认证的产品自本标准实施之日起第13个月开始执行。

# 附 录 A
（规范性附录）
# 对台车及假人应做的测量

A.1 对所有应做的检测，其测量系统应符合 ISO 6487 的规定。

A.2 动态试验

A.2.1 在台车上做的测量

台车的减速度/加速度特性应以台车上刚性结构部位的纵向加速度传感器的读数为基础确定，测量系统采用 CFC60 的数据通道。

A.2.2 在假人上做的测量

不同的参数测量应通过下列 CFC（通道的频率等级）的独立数据通道来记录。

A.2.2.1 假人头部的测量

头部重心合成加速度（$\gamma_{\gamma}$）应用 CFC600 测量。

A.2.2.2 假人胸部的测量

胸部重心合成加速度应用 CFC180 测量。

A.2.2.3 假人腿部的测量

轴向压缩力应用 CFC600 测量。

# 附　录　B
（规范性附录）
允许伤害指标的确定

## B.1　头部允许指标(HIC)

此指标应按附录A中A.2.2.1测量的三维合成加速度来计算，见式(B.1)：

$$\mathrm{HIC}=(t_2-t_1)\left[\frac{1}{t_2-t_1}\int_{t_1}^{t_2}\gamma_\gamma \mathrm{d}t\right]^{2.5} \qquad \cdots\cdots\cdots\cdots(\mathrm{B.1})$$

$$\gamma_\gamma{}^2=\gamma_1{}^2+\gamma_\mathrm{v}{}^2+\gamma_\mathrm{t}{}^2$$

式中：

$t_1$，$t_2$——试验期间时间的任意值，单位为秒(s)；

$\gamma_\gamma$　——头部重心位置的合成加速度($g=9.81\ \mathrm{m/s^2}$)；

$\gamma_1$　——纵向瞬时加速度；

$\gamma_\mathrm{v}$　——垂直瞬时加速度；

$\gamma_\mathrm{t}$　——横向瞬时加速度。

## B.2　胸部允许指标(ThAC)

此指标由合成加速度($g$)的绝对值和加速度持续时间(ms)确定，合成加速度按附录A中A.2.2.2的规定测量。

## B.3　腿部允许指标(FAC)

此指标由人体模型每条腿轴向传递的压缩力(按附录A中A.2.2.3的规定测量，单位为kN)和压缩力持续时间(ms)确定。

# 附　录　C
（资料性附录）
## 本标准与 ECE R80（修订本 1）相比的结构变化情况

本标准与 ECE R80（修订本 1）相比在结构上有较多调整，具体章条编号对照情况见表 C.1。

表 C.1　本标准与 ECE R80（修订本 1）具体章条编号对照情况

| 本标准章条编号 | 对应 ECE R80（修订本 1）章条编号 |
|---|---|
| 1 | 1.1 |
| 2 | — |
| 3.1 | 2.3 |
| 3.2 | 2.5.1 |
| 3.3 | 2.11 |
| 3.4～3.7 | 2.12～2.15 |
| 3.8～3.12 | 2.16～2.20 |
| 3.13 | 2.23 |
| 3.14 | — |
| 4.1.1 | 5.1、5.3、5.4 |
| 4.1.2 | 附录 1，1.1 |
| 4.1.3 | 附录 1，1.2 |
| 4.2 | 6 |
| 4.3 | 7 |
| 5.1.1 | 附录 1，2 |
| 5.1.2 | 附录 1，3.1～3.4 |
| 5.1.3 | 附录 1，3.5 |
| 5.2 | 附录 2 |
| 附录 A | 附录 3 |
| 附录 B | 附录 4 |
| 附录 C | — |
| 附录 D | — |

# 附 录 D
(资料性附录)
## 本标准与ECE R80(修订本1)的技术性差异及其原因

表D.1给出了本标准与ECE R80(修订本1)的技术性差异及其原因。

表D.1 本标准与ECE R80(修订本1)的技术性差异及其原因

| 本标准章条编号 | 技术性差异 | 原 因 |
|---|---|---|
| 1 | 增加了"也适用于此类客车上安装于座椅前方的约束隔板。" | 当前向座椅前方为约束隔板时,同样应保证该位置座椅乘客的乘坐安全性 |
| 3.14 | 增加了"约束隔板"的术语和定义 | 与范围中增加的内容相适应 |
| 4.1.2.1 | 增加了"约束隔板"的内容 | 与范围中增加的内容相适应 |
| 4.2.4 | 增加了"当一种型式座椅和一种型式固定件的组合能够满足4.1的要求,则该型式座椅和其他型式固定件组合后,可仅对不同型式的固定件按5.2的要求进行试验。" | 明确一种型式座椅和不同型式固定件组合进行试验的判别原则 |
| 5.1.1 | 增加了"约束隔板"的内容 | 与范围中增加的内容相适应 |
| 5.1.2.2 | 增加了"约束隔板"的内容 | 与范围中增加的内容相适应 |
| 5.1.2.5 | 增加了"5.1.2.5 试验中不测量假人的伤害值。" | 在理解ECE R80(修订本1)有关条款的基础上,明确"5.1.2 试验1"的检测内容 |
| 5.1.3.2 | 增加了"5.1.3.2 试验中测量假人的伤害值。" | 在理解ECE R80(修订本1)有关条款的基础上,明确"5.1.3 试验2"的检测内容 |
| | 删除了ECE R80中第3章"申请认证" | 不同标准体系和法规体系的差异所致 |
| | 删除了ECE R80中第4章"认证" | 不同标准体系和法规体系的差异所致 |
| | 删除了ECE R80的5.1中有关静态试验的要求 | 将动态试验作为唯一试验方法,以提高客车座椅的设计、制造和使用安全性 |
| | 删除了ECE R80中第8章"生产一致性" | 不同标准体系和法规体系的差异所致 |
| | 删除了ECE R80中第9章"生产不一致性的处罚" | 不同标准体系和法规体系的差异所致 |
| | 删除了ECE R80中第10章"座椅类型和/或车辆类型批准的修改和扩展" | 不同标准体系和法规体系的差异所致 |
| | 删除了ECE R80中第11章"正式停产" | 不同标准体系和法规体系的差异所致 |
| | 删除了ECE R80中第12章"过渡性条款" | 不同标准体系和法规体系的差异所致 |

表 D.1（续）

| 本标准章条编号 | 技术性差异 | 原　因 |
|---|---|---|
| | 删除了 ECE R80 中第 13 章“负责批准检测的技术部门和类型审批的主管部门的名称及地址” | 不同标准体系和法规体系的差异所致 |
| | 删除了 ECE R80 附录 5“静态试验的要求和程序” | 将动态试验作为唯一试验方法，以提高客车座椅的设计、制造和使用安全性 |
| | 删除了 ECE R80 附录 6“座椅靠背后部的吸能特性” | 将动态试验作为唯一试验方法，以提高客车座椅的设计、制造和使用安全性 |

# 中华人民共和国国家标准

GB 13104—2014

# 食品安全国家标准
# 食糖

2014-12-24 发布　　　　2015-05-24 实施

中华人民共和国
国家卫生和计划生育委员会　发布

# 前 言

本标准代替 GB 13104—2005《食糖卫生标准》。

本标准与 GB 13104—2005 相比，主要变化如下：

——标准名称修改为“食品安全国家标准 食糖”；

——增加了术语和定义；

——修改了感官要求；

——删除了微生物指标。

# 食品安全国家标准
# 食糖

## 1 范围

本标准适用于以甘蔗、甜菜为原料生产的原糖、白砂糖、绵白糖、赤砂糖、红糖、方糖和冰糖等。

## 2 术语和定义

### 2.1 原糖

以甘蔗汁经清净处理、煮炼结晶、离心分蜜制成的带有糖蜜、不供作直接食用的蔗糖结晶。

### 2.2 白砂糖

以甘蔗或甜菜为原料，经提取糖汁、清净处理、煮炼结晶和分蜜等工艺加工制成的蔗糖结晶。

### 2.3 绵白糖

以甜菜或甘蔗为原料，经提取糖汁、清净处理、煮炼结晶、分蜜并加入适量转化糖浆等工艺制成的晶粒细小、颜色洁白、质地绵软的糖。

### 2.4 赤砂糖

以甘蔗为原料，经提取糖汁、清净处理等工艺加工制成的带蜜的棕红色或黄褐色砂糖。

### 2.5 红糖

以甘蔗为原料，经提取糖汁、清净处理后，直接煮制不经分蜜的棕红色或黄褐色的糖。

### 2.6 方糖

由粒度适中的白砂糖，加入少量水或糖浆，经压铸等工艺制成小方块的糖。

### 2.7 冰糖

砂糖经再溶、清净处理，重结晶而制得的大颗粒结晶糖。

## 3 技术要求

### 3.1 原料要求

原料应符合相应的食品标准和有关规定。

### 3.2 感官要求

感官要求应符合表1的规定。

表 1 感官要求

| 项 目 | 要 求 | 检验方法 |
|---|---|---|
| 色泽 | 具有产品应有的色泽 | 取适量试样于白色瓷盘中，在自然光下观察色泽和状态。闻其气味，用温开水漱口，品其滋味 |
| 滋味、气味 | 味甜，无异味，无异嗅 | |
| 状态 | 具有产品应有的状态，无潮解，无正常视力可见外来异物 | |

## 3.3 理化指标

理化指标应符合表 2 的规定。

表 2 理化指标

| 项 目 | | 指标 | 检验方法 |
|---|---|---|---|
| 不溶于水杂质[a]/(mg/kg) | ≤ | 350 | GB 15108 |
| [a] 仅适用于原糖。 | | | |

## 3.4 污染物限量

污染物限量应符合 GB 2762 的规定。

## 3.5 生物指标

螨：不得检出。检验方法见附录 A。

## 3.6 食品添加剂

食品添加剂的使用应符合 GB 2760 的规定。

## 附 录 A

### 螨的检验方法

取食糖250 g放入1 000 mL的锥形瓶中，加20 ℃～25 ℃的分析实验室用水至瓶的三分之二处，用洁净的玻璃棒不断搅拌至充分溶解，补充20 ℃～25 ℃的分析实验室用水至瓶口处，不使水溢出为止。用洁净的玻片盖在瓶口上，使玻片与液面接触，静置15 min左右，取下镜检。

ICS 13.280
F 84

# 中华人民共和国国家标准

GB/T 13163.3—2014/IEC 61577-3:2011

# 辐射防护仪器　氡及氡子体测量仪
# 第3部分:氡子体测量仪的特殊要求

**Radiation protection instrumentation—Radon and radon decay product measuring instruments—Part 3: Specific requirements for radon decay product measuring instruments**

(IEC 61577-3:2011,IDT)

2014-09-03 发布　　2015-02-01 实施

中华人民共和国国家质量监督检验检疫总局
中国国家标准化管理委员会　发布

# 前　言

GB/T 13163《辐射防护仪器　氡及氡子体测量仪》分为4个部分：

——第1部分：一般原则；

——第2部分：氡测量仪的特殊要求；

——第3部分：氡子体测量仪的特殊要求；

——第4部分：含氡同位素及其子体参考大气的产生设备(氡环境试验系统)。

本部分为GB/T 13163的第3部分。

本部分按照GB/T 1.1—2009给出的规则起草。

本部分使用翻译法等同采用IEC 61577-3:2011《辐射防护仪器　氡及氡子体测量仪　第3部分：氡子体测量仪的特殊要求》。

与本部分中规范性引用的国际标准有一致性对应关系的我国文件如下：

——GB/T 2423.5—1995　电工电子产品环境试验　第2部分：试验方法 试验Ea和导则：冲击(idt IEC 60068-2-27:1987)；

——GB 17799.4—2012　电磁兼容　通用标准　工业环境中的发射标准(IEC 61000-6-4:2011,IDT)；

——GB/T 16511—1996　电气和电子测量设备随机文件(idt IEC 61187:1993)。

为了便于使用，本部分对IEC 61577-3:2011做了下列编辑性修改：

——"2　规范性引用文件"增加了GB/T 13163.1—2009；

——"3　术语和定义"增加"为了便于使用，以下重复列出了IEC 60050-394中的某些术语和定义"；

——删除10.2和表3中不符合国情的电源频率的内容；

——表1中的脚注编号用[a]、[b]、[c]代替*、**、***，表2和表3中的脚注编号用[a]、[b]代替*、**。

本部分由全国核仪器仪表标准化技术委员会(SAC/TC 30)提出并归口。

本部分起草单位：中国原子能科学研究院。

本部分主要起草人：邢雨、容超凡、杨静、魏可新。

# 引 言

氡是一种放射性痕量气体，分别由地壳中的天然放射系核素$^{238}U$、$^{235}U$和$^{232}Th$的子体$^{226}Ra$、$^{223}Ra$和$^{224}Ra$衰变所产生。氡的同位素($^{222}Rn$、$^{219}Rn$和$^{220}Rn$)通过3条衰变链衰变，最后终止于铅的稳定同位素。氡的同位素$^{220}Rn$通常称为钍射气[1)]。

注：在正常情况下，由于$^{219}Rn$半衰期非常短，与其他两个氡系列的活度相比，它的活度和衰变子体(RnDP[2)])的活度完全可以忽略，其健康效应也不重要。因此，在本部分中未考虑$^{219}Rn$及其衰变子体。

氡同位素及其相应短寿命衰变子体(RnDP)(例如，$^{222}Rn$的$^{218}Po$、$^{214}Pb$、$^{214}Bi$、$^{214}Po$，$^{220}Rn$的$^{216}Po$、$^{212}Pb$、$^{212}Bi$、$^{212}Po$、$^{208}Tl$)相当重要，因为它们构成公众与职业工作人员接受天然放射性照射的主要部分。在某些工作场所(例如，地下矿井、矿泉水和自来水厂)工作的人员受到非常显著水平的氡子体照射。氡及其同位素是气体，它们的子体是微粒，这些不同量的放射性核素均以气载形式存在。高准确度测量大气中的这种天然放射性水平对于保健物理是有价值的。由于这些放射性元素在空气中和在相应的测量仪器中具有独特的行为特性，有必要规范这类测量仪器的试验方法。

GB/T 13163系列标准包括氡和氡子体测量仪试验和校准的特殊要求，为了便于应用，GB/T 13163系列标准分为下列不同部分：

GB/T 13163.1(规范性)：该部分涉及专门在氡及氡子体(RnDP)测量方面所用的术语与单位，简述了用于氡及RnDP测量设备的试验与校准的氡环境试验系统(STAR)。

GB/T 13163.2(规范性)：该部分专用于$^{222}Rn$和$^{220}Rn$测量仪的试验。

GB/T 13163.3(规范性)：该部分专用于$^{222}Rn$和$^{220}Rn$的子体($RnDP_{222}$和$RnDP_{220}$)测量仪的试验。

GB/T 13163.4(规范性)：该部分详述STAR的结构和试验应用。

GB/T 13163.5(资料性)：该部分是关于氡及其子体的特性及其测量的技术导则。

---

1) 本部分不使用钍射气这个术语，氡表示核素$^{220}Rn$和$^{222}Rn$。在特指某一种核素时，标出其化学符号和质量数。

2) RnDP是氡衰变产物的缩写，有时用氡子体表示。氡衰变产物或其缩写RnDP是指本部分关注的氡衰变产生的全部短寿命子体。对于某一特定的子体同位素，在其化学符号的左上角加质量数表示。在符号RnDP加右下角标数字($_{222}$、$_{220}$)指相应氡同位素的全部子体。(例如，$RnDP_{222}$指$^{222}Rn$的子体$^{218}Po$、$^{214}Pb$、$^{214}Bi$、$^{214}Po$，$RnDP_{220}$指$^{220}Rn$的子体$^{216}Po$、$^{212}Pb$、$^{212}Bi$、$^{212}Po$、$^{208}Tl$)。

# 辐射防护仪器　氡及氡子体测量仪 第3部分:氡子体测量仪的特殊要求

## 1　范围

GB/T 13163的本部分规定了测量室外、住宅和工作场所(含地下矿井)中气载短寿命氡子体的体积活度和/或其环境α潜能浓度仪器的特殊要求。

本部分适用于基于抓取采样、连续采样技术和电子积分测量方法的几乎所有类型的电子仪器。对采样装置(如过滤器)上的活度测量可在采样期间或采样周期完成之后进行。

在GB/T 13163.1—2009中规定了用于测量的各种类型仪器。

## 2　规范性引用文件

下列文件对于本文件的应用是必不可少的。凡是注日期的引用文件,仅注日期的版本适用于本文件。凡是不注日期的引用文件,其最新版本(包括所有的修改单)适用于本文件。

IEC 60050-394　国际电工词汇(IEV)　第394部分:核仪器　仪器、系统、设备和探测器(International electrotechnical vocabulary (IEV)—Part 394: Nuclear instrumentation—Instruments, systems, equipment and detectors)

IEC 60068-2-27　环境试验　第2-27部分:试验　试验Ea和导则:冲击(Environmental testing—Part 2-27: Tests—Test Ea and guidance: Shock)

IEC 61000-6-4　电磁兼容(EMC)　第6-4部分:通用标准　工业环境中的发射标准(Electromagnetic compatibility (EMC)—Part 6-4: Generic standards—Emission standard for industrial environments)

IEC 61140　电击防护　装置和设备的通用部分(Protection against electric shock—Common aspects for installation and equipment)

IEC 61187　电气和电子测量设备　随机文件(Electrical and electronic measuring equipment—Documentation)

ISO/IEC 导则 98-3:2008　测量不确定度　第2部分:测量不确定度表示指南(GUM:1995)

## 3　术语和定义

IEC 60050-394界定的以及下列术语和定义适用于本文件。为了便于使用,以下重复列出了IEC 60050-394中的某些术语和定义。

3.1

**量的约定真值　conventionally true value of a quantity**

赋予一个特定量的值,按该值用于某一给定目的时具有的不确定度,有时按惯例可以接受。

注:"量的约定真值"有时称为给定值、最佳估算值、约定值或参考值。

[IEC 60050-394:2007,定义394-40-10]

3.2

**额定范围　rated range**

指定给仪器的测量、观察、输入或设定的量值范围。

[IEC 60050-394:2007,定义 394-39-42]

3.3

**(测量)误差　error (of measurement)**

被测量的测量结果减去其真值。

注 1：因为不可能确定一个真值,实际上采用约定真值。

注 2：当必须区分“误差”和“相对误差”时,有时前者就称为“测量的绝对误差”,这不应与“误差的绝对值”相混淆,误差的绝对值是误差的模数。

[IEC 60050-394:2007,定义 394-40-13]

3.4

**相对误差　relative error**

测量误差除以被测量的真值的商。

注：因为不可能确定一个真值,实际上采用约定真值。

[IEC 60050-394:2007,定义 394-40-11]

3.5

**固有误差　intrinsic error**

在参考条件下确定的测量仪器的误差。

[IEC 60050-394:2007,定义 394-40-12]

3.6

**(辐射测量装置的)响应　response (of a radiation measuring assembly)**

在规定条件下由式(1)给出的比值：

$$R=\frac{v}{v_c} \qquad \cdots\cdots(1)$$

式中：

$v$ ——受试设备或装置测得的量值；

$v_c$ ——这个量的约定真值。

注 1：对测量系统来说,输入信号可称为激励;输出信号可称为响应(VIM)。

注 2：响应可能有不同的定义,上述辐射测量装置响应的定义只是一个例子。

[IEC 60050-394:2007,定义 394-40-21 修改]

3.7

**参考响应　reference response**

测量装置在参考条件下对参考剂量率或放射性活度的响应,按式(2)计算：

$$R_{ref}=\frac{v}{v_c} \qquad \cdots\cdots(2)$$

式中：

$v$ ——受试设备或装置测得的量值；

$v_c$ ——参考源的约定真值。

注：通过测量系统中的算法可自动计入本底值。

[IEC 60050-394:2007,定义 394-40-22 修改]

3.8

**交叉干扰　cross-interference**

仪器对来自干扰放射性核素辐射的响应与感兴趣的放射性核素辐射的响应之比。

注：在本部分的正文中，术语“交叉干扰”是指 $RnDP_{220}$ 对 $RnDP_{222}$ 测量仪器指示值造成的干扰，反之亦然。

3.9

**变异系数　coefficient of variation**

标准偏差 $s$ 与一组 $n$ 个测量值 $x_i$ 的算术平均值 $\bar{x}$ 之比值，按式(3)计算：

$$V = s/\bar{x} = 1/\bar{x}\sqrt{\frac{\sum_{i=1}^{n}(x_i-\bar{x})^2}{n-1}} \quad \cdots\cdots(3)$$

[IEC 60050-394:2007，定义 394-40-14]

3.10

**(测量装置的)响应时间　response time (of a measuring assembly)**

从被测量发生阶跃变化到输出信号第一次达到其最终值的某一给定百分数(通常取 90%)时所经历的时间。

[IEC 60050-394:2007，定义 394-39-09]

## 4　设计的综合考虑

### 4.1　对测量的设计考虑

#### 4.1.1　氡子体在表面的沉积

在氡衰变之后，新产生的子体形成原子团(粒径为 nm 量级)，其中一部分附着在环境中的气溶胶上，这部分附着原子团的份额称为氡子体的结合态份额。自由原子团部分则称为子体的非结合态份额。衰变子体的非结合态份额有很高的迁移率并容易沉积在表面。

氡子体在表面的沉积导致仪器附近子体的量有所损失从而可能引起测量不准确。为了将这些影响减至最小，首选开放式(直接面对空气)空气采样。

在开放式采样不适用的情况下，制造厂应规定与氡子体非结合态份额有关的相对误差。

注：在大气中新形成的氡子体主要带正电，它们的体积由于与环境空气中的分子(水、痕量气体)凝聚而迅速变大。这些热力学直径通常小于 5 nm 的小微粒仍称为非结合态份额。通用丝网测量非结合态份额。

#### 4.1.2　流气系统

具有空气采样功能的仪器，其设计和结构应防止空气进口与出口之间的回流。应由制造厂与用户协商确定入口与出口之间的最小距离。

空气采样系统的设计宜避免湍流。应由制造厂与用户协商确定流量和压降对测量的影响。

### 4.2　操作和维护的设计考虑

#### 4.2.1　可携带性

为了进行现场测量，仪器应设计成便于携带。特别要求足够坚固，以抗机械冲击。

#### 4.2.2　在恶劣环境条件下的使用

如果仪器主要是在室外或工作场所(特别是矿山)的恶劣环境条件下使用，其结构应坚固。应在合适的地方采取适当的措施来保护仪器及其部件不受外部因素或条件的影响，例如：

a)　机械冲击；

b)　腐蚀和腐蚀性溶剂；

c)　真菌；

d) 害虫;

e) 太阳辐射;

f) 结冰;

g) 潮湿和淋水;

h) 爆炸性气体环境。

在外部影响不能完全消除的情况下,这些影响不应妨碍仪器的正常运行或损害其安全性。淋水不应造成有害影响。

制造厂应规定满足仪器正常运行的最低环境条件或外部影响的范围。制造厂应说明严重损害仪器测量能力的影响或条件。

制造厂应明确说明仪器是否能在易爆气体环境(如矿山)中使用。

#### 4.2.3 自动操作

仪器既可手动测量也可按程序循环测量从而实现自动操作。

#### 4.2.4 可靠性

仪器的设计应提供保持最低故障的可靠性能。

#### 4.2.5 运行试验的能力

宜为用户提供对仪器的运行进行定期检查的能力。

必要时,应使用一个或多个合适的放射源进行这些检查。

#### 4.2.6 设备的调整与维修

所有电子学部件应提供足够数量的易接近且可识别的试验点,以便于调整和故障定位。应提供专用的维修工具和适用的维修手册。

所有部件的设计均应便于修理和维护。

#### 4.2.7 噪声水平

仪器的噪声水平主要来自于采样装置及其形成的震动。

制造厂宜通过部件选择和仪器设计使噪声水平降至最小。特别是对于室内使用的仪器,应考虑降低噪声水平。

#### 4.2.8 电磁干扰

应采取所有必要的预防措施防止对仪器或由仪器引起的有害电磁干扰。

制造厂应量化设备的电磁发射,IEC 61000-6-4 给出了本部分所涵盖仪器的发射限值。此外,制造厂应说明手机和步话机在给定距离处对仪器的影响并给出适当的警告。

#### 4.2.9 储存

在−25 ℃～60 ℃之间任意温度下,在不带电池储存和在制造厂包装条件下运输后,仪器应能按本部分的要求正常工作。在某些情况下,可能需要说明更严格的要求,如耐受空运中低气压环境的能力。

## 5 技术部件

### 5.1 采样装置

采样装置可包括下述部件和功能单元：

a) 采样管和排气管；

b) 空气采样入口；

c) 气溶胶滞留设备；

d) 空气泵；

e) 流量控制与测量系统。

建议采用开放式的采样入口，采样设备的设计应使得微粒损失最小。

在空气过滤器用于气溶胶滞留和气载放射性核素采样时，宜采用高效微粒过滤器(HEPA)。制造厂应说明过滤器的类型。

过滤器的入口应设计成可快速而容易地拆卸。应注意过滤器周围的气密性，以将过滤器与过滤器支架之间的泄漏降至最小。应给出因压降而必需更换过滤器的警告。设计应使过滤器易于更换而不会毁坏。

空气泵应置于过滤器或其他采样单元的下游，并应能承受由运行条件、过滤器类型以及大气灰尘堵塞等引起的压力变化。泵应能在计划维修之间连续运行。

制造厂应说明可接受的流量范围。如果测量受流量影响，则应提供一个流量控制装置，该装置的流量调节范围应能充分满足所用的空气泵和过滤器固有特性的变化。如果测量和指示的是流量，则应提供流量计校准时的压力与温度以及流量显示值所对应的压力与温度。

### 5.2 辐射探测装置

辐射探测装置产生一个与入射到探测器上的由采集氡子体发射辐射有关的电信号。探测效率应最优化。

探测器的污染可能增加本底。当仪器不用时，应采取防止污染的措施。辐射探测器窗宜尽可能用可更换的薄屏来保护或使用坚固的固体探测器。

注：污染原因可能是：

——气载衰变产物的沉积；

——采样衰变产物的反冲。

### 5.3 数据处理与记录

该装置由获取和处理探测器信号的功能单元组成。

制造厂应公布用以得出测量结果及其不确定度的相关测量原理和方法。信息的详细程度应使用户便于对测量结果进行验证。

电子学数据记录系统应具有足够容量记录所有测量数据(包括在很长自动数据获取周期中产生的谱数据)。特别是在发生故障和运行中断或在电源失效等情况时，数据应保存在具有保护性和可用性的存储介质中。制造厂应规定数据记录系统的容量。

### 5.4 测量的显示

显示应在各种环境条件下易读。应在显示器上清楚标明测量单位。如果测量方法需要，应提供流量、大气压力和环境温度的指示。

应显示下述一个或多个量：

——氡子体的活度浓度；

——α潜能浓度(PAEC)或α潜能照射量(PAEE)；

——平衡当量氡浓度。

所有量都应以SI单位给出,宜使用合适的词头。显示宜包括测量的不确定度。

测量结果应包括被测量的测量值和该测量值相关的不确定度。宜根据ISO/IEC导则98-3:2008对测量不确定度的表述要求给出不确定度。

宜提供允许远程显示的数据输出并使用下述一种或多种装置：

——显示器；

——数据记录仪；

——打印机；

——计算机；

——其他连接数据端口的装置。

仪器宜配置预设阈值水平的功能,在有关辐射量(如氡子体的活度浓度或α潜能浓度)超过预定值时给出报警。预设阈值水平宜可调。

### 5.5 电源

电源组件应满足在IEC 61140中规定的防止人员被电击的要求。

有些仪器可配备电池。电池可采用任何希望的方式连接,并应能单独更换。应清晰标明电池的正确极性。制造厂应规定电池的类型。

可充电电池应在16 h内用市电充满电。宜提供电池充满电后断开充电器的装置。在显示失效前,应清楚显示最低电量的指示。

## 6 试验条件

### 6.1 概述

本部分涉及的一般试验方法适用于具有不同技术特性的仪器。除非另有规定,这些试验均为型式试验。规定的要求是最低要求并可扩展到任何特定的设备或功能单元。经制造厂与用户协商,某些试验可作为验收试验。

除非另有规定,制造厂应规定下列量中的至少一个量作为试验量：

a) 一个或多个短寿命氡子体的活度浓度；

b) 短寿命氡子体的PAEC或PAEE；

c) 平衡当量浓度。

试验量是试验仪器计量学性能的一个量。也可由制造厂与用户协商确定试验量。

### 6.2 标准试验条件

除非另有规定,本部分描述的试验应在参考氡气中建立的标准试验条件下进行。

表1列出的标准试验条件应在试验期间保持在规定的限值之内。

### 6.3 试验的进行

在试验大气中的氡子体浓度所引起的指示值应在额定范围内。除非另有规定,指示值应在额定范围的三分之一内。

为了保证以具有足够精度的平均值评价是否符合相关要求,应取足够多的测量读数使得由放射性的随机性引起的测量值统计涨落最小。

为了对仪器进行特定影响量的试验，该影响量应在表3规定的范围内变化，而其他影响量应保持在表2规定的标准试验条件的范围内。应计算在参考条件下仪器指示值的相对误差。

注：当受试仪器用于特殊的环境条件时，影响量的范围可由制造厂与用户商定。

## 6.4 试验源

### 6.4.1 固体源

通常使用放射性核素成分明确且活度精确已知的固体参考源进行氡子体和/或α潜能测量仪器的试验。该源能检查从探测器至显示设备的分析用电子电路是否正常运行。

按照测量原理，应使用参考α或β源。

注：通常使用α或β平面源，典型的α放射性核素是$^{244}$Cm、$^{241}$Am或$^{238}$Pu，典型的β放射性核素是$^{137}$Cs、$^{99}$Tc、$^{36}$Cl、$^{90}$Sr/$^{90}$Y。

源活性区的尺寸宜与过滤器放射性沉积的面积相同。当无法得到与过滤器收集的放射性沉积尺寸相同的固体源时，如果试验需要，制造厂应说明源的尺寸以及修正尺寸差异所使用的方法。

### 6.4.2 参考氡气

在实际气体环境中建立的$^{222}$Rn（或$^{220}$Rn）短寿命衰变子体的α潜能浓度取决于特定的气候和气溶胶特定的物理参数。试验应评价仪器在预期应用中的测量能力，因此应建立能模拟实际测量条件的试验气体环境，这些试验气体应在使用氡环境试验系统（STAR）的氡参考室内产生。

注1：GB/T 13163.4—2014中描述了用于仪器试验的STAR组成和运行以及参考氡气的产生。

STAR通常使用人工气溶胶运行。标准试验应使用多分散气溶胶分布。气溶胶微粒的活度中值空气动力学直径（AMAD）宜在150 nm～500 nm之间，几何标准偏差（GSD）在1.5～2.5之间。

注2：几何标准偏差低于1.5的单分散气溶胶宜用于进一步的性能研究和基本气溶胶行为的调查。

# 7 辐射探测性能的要求和试验

## 7.1 对试验源的参考响应

### 7.1.1 要求

制造厂应说明仪器对所提供试验源的标称指示值及其允许偏差。

注：只有当制造厂提供合适的试验源时才进行本项试验。

### 7.1.2 试验方法

仪器应在标准试验条件下和在无参考放射源存在的标准运行模式中工作。应记录仪器的本底指示值。

试验源应产生一个在额定范围内的指示值。应将源置于制造厂规定的位置以代替采样介质（例如，过滤器）。

在仪器预热后，试验源产生的指示值减去本底应在制造厂给出的标称指示值限值范围内。

## 7.2 其他氡同位素的交叉干扰

### 7.2.1 要求

$RnDP_{222}$对$RnDP_{220}$测量仪的交叉干扰不应大于20%。

$RnDP_{220}$对$RnDP_{222}$测量仪的交叉干扰不应大于20%。

#### 7.2.2 试验方法

在标准试验条件下，应在STAR建立的参考氡气中进行试验。

使用下述方法对由$RnDP_{220}$引起的交叉干扰进行试验：

应准备好测量$^{222}Rn$短寿命子体相关量的仪器。将足够量的$^{220}Rn$代替$^{222}Rn$注入到参考氡气中，建立的体积活度为1 000 $Bq \cdot m^{-3}$，保持稳定的时间大于50 h。在参考氡气中$^{222}Rn$的活度浓度应可忽略。注入至少50 h后，仪器应获取测量数据至少1 h。应计算在数据获取期间的指示值平均值与相应$RnDP_{220}$量平均值的比值，并以百分数表示。

使用下述方法对由$RnDP_{222}$引起的交叉干扰进行试验：

应准备好测量$^{220}Rn$短寿命子体相关量的仪器。将足够量的$^{222}Rn$代替$^{220}Rn$注入到参考氡气中，建立的体积活度为1 000 $Bq \cdot m^{-3}$，保持稳定的时间至少4 h。在参考氡气中$^{220}Rn$的活度浓度应可忽略。注入至少3 h后，仪器应获取测量数据至少1 h。应计算在数据获取期间的指示值平均值与相应$RnDP_{222}$量平均值的比值，并以百分数表示。

### 7.3 指示值的线性

#### 7.3.1 要求

应使用线性误差评价仪器的线性，线性误差代表输出量与输入量之间函数关系的曲线与直线的偏离。线性误差由参数$Q$描述，按式(4)计算：

$$Q=\left|\frac{R_{\max}-R_{\min}}{R_{\max}+R_{\min}}\right| \qquad \cdots\cdots(4)$$

式中：

$R_{\max}$——在输入引起的输出高于额定范围90%时的仪器响应；

$R_{\min}$——在输入引起的输出低于额定范围10%时的仪器响应。

线性参数$Q$应低于0.15。如果仪器具有不同的工作范围，每一个工作范围的线性参数$Q$均应低于0.15。

应在仪器的额定范围内进行线性试验。

#### 7.3.2 试验方法

在标准试验条件下，应在STAR建立的参考氡气中进行试验。标准试验条件应在试验期间保持稳定。

被测量的约定真值应使输出值高于额定范围的90%。由输入和输出的比值确定$R_{\max}$。重复此步骤产生低于额定范围10%的指示值以确定$R_{\min}$。然后计算线性参数$Q$。

如果仪器具有不同的工作范围，对每一个工作范围均应重复试验。

### 7.4 仪器的统计涨落

#### 7.4.1 要求

相同辐射量的连续测量结果应可重复。由仪器采样和信号处理对变异系数的贡献不应超过10%。不应考虑放射性衰变引起的统计涨落。

注：统计涨落是由辐射和放射性的随机性以及仪器的采样方法和信号处理所引起的。为了证明测量的可重复性，仪器的统计涨落试验不包括由放射性衰变引起的统计涨落。

### 7.4.2 试验方法

在标准试验条件下，应在STAR建立的参考氡气中进行试验。标准试验条件应在试验期间保持稳定。应在额定范围的上半区进行试验。采样和测量的时间应使得由放射性衰变引起的统计涨落低于5%。

应至少进行10次独立测量。应确定所有记录读数的平均值和变异系数$V$。仪器采样和信号处理对变异系数的贡献$V_i$由式(5)计算：

$$V_i = \sqrt{V^2 - V_{\mathrm{Rad}}^2} \qquad \cdots\cdots(5)$$

式中：

$V_{\mathrm{Rad}}$——由放射性衰变的统计涨落引起的变异系数。

注：在以计数方式测量的情况下，由放射性衰变的统计涨落引起的变异系数$V_{\mathrm{Rad}}$由下式计算：

$$V_{\mathrm{Rad}} = \sqrt{\frac{\dfrac{R_b}{t_b} + \dfrac{R_0}{t_0}}{(R_b - R_0)^2}}$$

式中：

$R_b$——总计数率；

$R_0$——本底计数率；

$t_b$——样品测量时间；

$t_0$——本底测量时间。

当$R_b >> R_0$时，简化为：

$$V_{\mathrm{Rad}} = \sqrt{\frac{1}{t_b R_b}}$$

## 7.5 响应时间

### 7.5.1 要求

制造厂应规定装置的响应时间。

注：本项试验与基于抓取采样和其他短期采样方法的仪器无关。

### 7.5.2 试验方法

在标准试验条件下，应在STAR建立的参考氡气中进行试验。当短寿命氡子体的活度浓度处于平衡状态时，仪器应瞬间暴露在STAR内建立的试验量中以达到阶跃变化。

应测量阶跃变化发生时刻到输出信号第一次达到最终值90%之间的持续时间并作为响应时间。

注1：试验量的阶跃变化可由将工作中的仪器放进试验气体中或由打开采样单元来实现。

注2：为了确定指示值随时间的变化，宜将记录仪与仪器连接。

## 7.6 信号累积

### 7.6.1 要求

积分式仪器应能对事件随时间的连续或同步影响进行累积和求和，并能永久或至少在整个测量过程中储存被测量。可由电子学信号处理系统或由直接受事件影响的无源测量传感器进行积分。

示例：

在使用信号处理系统的情况下，典型情况是在测量过程中通过对记录的脉冲求和进行积分。与此相比，无源测量传感器可以是核径迹探测器，其特性是当辐射照射时累积潜在径迹的变化。通过处理传感器得到测量量。

仪器指示的积分值与其约定真值的误差应在制造厂给出的标称限值之内。

#### 7.6.2 试验方法

在标准试验条件下,应在STAR中建立的参考氡气中进行试验。标准试验条件应在试验期间保持稳定。试验应在额定范围的上半区进行,累积和积分的时间周期应由制造厂与用户商定。

## 8 空气回路性能的要求和试验

### 8.1 概述

当仪器响应取决于流过采样和探测装置的已知流量时,应对所有仪器进行这些试验。当能证明不需要进行一个或多个试验来评价是否符合性能要求时,可不进行这些试验。应由制造厂与用户商定是否进行试验。

### 8.2 流量稳定性

#### 8.2.1 要求

制造厂应规定标称空气流量。仪器经过标称预热时间后,在随后的20 h运行期间,采样流量的相对误差的变化不应超过10%。

#### 8.2.2 试验方法

为了避免在试验期间采样装置的压降变化,应使用无尘空气进行试验。

为了测量运行30 min、5 h和20 h之后的流量,应在测量条件下将经校准的一个空气流量计连接到空气回路中。

### 8.3 流量测量的准确度

#### 8.3.1 要求

制造厂应规定空气流量测量的准确度。流量测量的相对误差不应超过10%。

#### 8.3.2 试验方法

应将在测量条件下经校准的流量测量装置连接到空气回路中。经过滤的无尘空气应在仪器的标准运行条件下流过空气回路。计算30 min后测量的空气流量相对于制造厂规定的空气流量的相对误差。

### 8.4 过滤器压降的影响

#### 8.4.1 要求

在标准试验条件下,压降从标称值增加10%引起指示值的相对误差不应超过10%。应确定由仪器指示的相关辐射量的相对误差。

#### 8.4.2 试验方法

为了确认对整个测量过程的影响,应在标准试验条件下,在STAR中建立的参考氡气中进行试验。标准试验条件应在试验期间保持稳定。试验量应产生在额定范围内的指示值。

在试验开始前,仪器应安装清洁的采样过滤器。在进气口的下游应安装阀门。使用经校准的相对压力传感器测量通过进气口和阀门的压降。

示例:U型管或压差计可作为压力传感器。

应使用压力传感器测量通过过滤器的标称压降，记录仪器的指示值。

注：如果阀门明显影响流量，应在没有阀门的空气回路中测量标称压降。

然后，应调节阀门使通过过滤器的压降超过标称压降的10%，记录在此压降下的仪器指示值并确定在标称压降下指示值的相对误差。

## 8.5 低采样流量的指示值

### 8.5.1 要求

当采样流量的指示值低于可接受的水平时，系统应指示报警。

### 8.5.2 试验方法

在试验开始时，系统应正常工作。应将空气采样流量降至低于预设的采样流量报警阈值，并触发报警。

# 9 环境性能的要求和试验

## 9.1 对环境 γ 辐射的响应

### 9.1.1 要求

仪器的设计应使其测量结果受外部 γ 辐射的影响最小。制造厂应说明由 1 μSv·$h^{-1}$ 周围剂量当量率引起的指示值相对于在标准试验条件下额定范围的下限和上限时指示值的不同变化。

### 9.1.2 试验方法

γ 辐射试验场应由 $^{137}Cs$ 源产生。在参考点处，试验场的周围剂量当量率应为(1.0±0.1)μSv·$h^{-1}$ 并在一个大于探测器的平面内均匀。应将源置于满足此要求的距离处。

应使用经校准的剂量率仪测量参考点处外部 γ 辐射的周围剂量当量率。

在试验期间，应将受试仪器的探测器置于参考点处。

## 9.2 气溶胶浓度

### 9.2.1 要求

由采样气体中气溶胶微粒浓度变化引起的相对误差应在表 3 规定的限值之内。

### 9.2.2 试验方法

在标准试验条件下，应在 STAR 中建立的参考氡气中进行试验。标准试验条件应在试验期间保持稳定。试验量应给出在额定范围上半区内的指示值。

使用气溶胶发生器将参考氡气中气溶胶浓度调节到 $10^8$ $m^{-3}$，精确度±10%。在 6.4.2 中描述了试验用气溶胶的特性。达到稳定状态后，记录仪器的指示值。

对 $10^{10}$ $m^{-3}$（标准试验条件）和 $10^{12}$ $m^{-3}$ 浓度重复这个过程。应计算相对于标准试验条件的最大相对误差。

## 9.3 环境温度

### 9.3.1 要求

在表 3 规定的整个温度范围内，仪器指示值的相对误差应保持在表中规定的限值之内。

### 9.3.2 试验方法

应在STAR中建立的参考氡气中进行试验，环境特性除了环境温度之外均保持标准试验条件。

应在达到热稳定状态后开始测量，持续时间取决于仪器的特性。

温度应在其每个极值处至少保持1 h，并将在该周期最后30 min内测量的仪器指示值与在标准试验条件下的相应读数进行比较。

## 9.4 相对湿度和冷凝水

### 9.4.1 要求

由湿度和冷凝水引起的指示值相对误差应在表3规定的限值之内。对冷凝水的试验应仅在制造厂没有明确说明仪器在这种条件下禁止使用时才进行。

### 9.4.2 试验方法

应在STAR中建立的参考氡气中进行试验，环境特性除了环境温度和相对湿度之外均保持标准试验条件。相对湿度在环境温度30 ℃时应达到90%。应在仪器处于热稳定状态下进行试验。

试验条件应至少保持1 h，并将该周期最后30 min内测量的仪器指示值与在标准试验条件下的相应读数进行比较。

然后，为了产生湿气沉积（冷凝水），温度应降至低于露点。试验条件应至少保持1 h，并将该周期最后30 min内测量的仪器指示值与在标准试验条件下的相应读数进行比较。

## 9.5 大气压力

大气压力仅对某些类型的测量仪有影响。在这种情况下，制造厂应说明试验时的大气压力以及大气压力变化的影响。

# 10 电气性能的要求和试验

## 10.1 预热时间

### 10.1.1 要求

开机10 min后，当仪器受放射源照射时，仪器应给出与在标准试验条件下（见表1）获得指示值的差别不超过±10%的指示值。

### 10.1.2 试验方法

在试验前，仪器应断开电源至少1 h。为了产生在额定范围内的指示值，应使用合适的放射源。

在第一个小时内，应以适合于试验的时间间隔定时记录指示值。开机1 h后，应取足够多的读数并以这些读数的平均值作为指示值的“最终值”。

“最终值”与曲线中10 min处的数值之间的差值应在规定的限值之内。

## 10.2 电源变化

### 10.2.1 要求

当电源电压在（90%～110%）$U_N$（$U_N$为标称电压）范围内和频率在47 Hz～52 Hz范围内变化时，仪器应能正常工作，其指示值变化不大于标准试验条件下指示值的10%。

#### 10.2.2 试验方法

应在STAR中建立的参考氡气中进行试验。选取适合的氡子体体积活度以使仪器产生在额定范围内的指示值。当供电电压和频率处于额定值时，应取足够多读数的平均值。

a) 电压试验：在频率为标称值、电压为110% $U_N$ 时，取足够多的连续读数求其平均值。当电压为90% $U_N$ 时，重复上述过程。

这两组平均值与在标称电压下获得的平均值之间的差别不应超过±10%。

b) 频率试验：在电压为标称值、频率为47 Hz（标称频率为50 Hz）时，取足够多的连续读数求其平均值；当为52 Hz时，重复上述过程。

这两组平均值与在标称频率下获得的平均值之间的差别不应超过±10%。

### 10.3 电池试验

#### 10.3.1 要求

电池（包括二次电池）的容量应满足：在连续使用8 h后，装置的指示值与初始指示值的差别不应超过±10%。

#### 10.3.2 试验方法

为了产生在额定范围内的指示值，应使用合适的放射源。

应记录初始响应。连续运行8 h后，比较此时的响应与试验开始时的响应。

## 11 机械性能的要求和试验

### 11.1 要求

仪器应设计成能承受机械冲击而性能不下降。制造厂应规定仪器抵御机械冲击的性能。

仪器应承受来自三个相互垂直的方向、时间间隔为18 ms、加速度达300 $m \cdot s^{-2}$ 的机械冲击，冲击脉冲的波形是半正弦波。根据技术标准（见IEC 60068-2-27）或本部分的要求，仪器应不受损坏且能正常工作。

### 11.2 试验方法

IEC 60068-2-27规定了机械冲击的试验方法。

## 12 操作和维护手册

应按IEC 61187的要求为每台仪器提供合适的手册，手册应包括下述信息：

a) 制造厂名称或注册商标；

b) 仪器类型的相关设计特征；

c) 测量量和单位；

d) 气溶胶过滤器的类型和尺寸；

e) 探测器类型；

f) 仪器的使用说明；

g) 有效测量范围；

h) 预热时间；

i) 标称空气流量；

j) 防爆证书；

k) 标称电源电压和耗电量；

l) 仪器按本部分要求运行的环境条件：

——环境γ辐射；

——温度、相对湿度和大气压力的范围；

——影响测量的灰尘和其他不利条件；

——外部电磁辐射和静电放电；

——机械冲击。

文件应根据关键和可更换部件(如气泵、探测器、流量测量设备和电池等)的技术特性提供其预期运行寿命的信息。

手册应提供有关如何检查仪器性能和判别技术故障的信息。应详细描述维护方法。宜尽量保持最小的实用维护要求。

注：操作与维护手册可以硬拷贝或通过电子数据传输提供。

## 13 型式试验报告和证书

应正确、清楚、明确和客观地报告性能试验的结果。

性能试验的结果应公布于试验报告中，包括应用户要求的为了正确执行试验方法和适当解释试验结果所需的所有必要信息。

每个试验报告应至少包括下述信息：

a) 实验室名称和地址以及完成试验的地点；

b) 受试仪器的制造厂名称；

c) 仪器类型的相关设计特性；

d) 受试仪器的型号与序列号；

e) 仪器的制造年份；

f) 试验方法与特定试验条件的描述；

g) 以适当测量单位表示的试验结果；

h) 是否符合本部分的要求的声明；

i) 试验报告批准人的姓名、职务和签名或等效的身份证明。

注1：试验报告有时称为试验证书。

注2：试验报告可以硬拷贝或通过电子数据传输提供。

表1 参考条件和标准试验条件(除非制造厂另有说明)

| 影响量 | 参考条件 | 标准试验条件 |
|---|---|---|
| 预热时间 | 10 min | ≥10 min |
| $^{222}Rn$ 的活度浓度[b] | <10 Bq·m$^{-3}$ | <10 Bq·m$^{-3}$ |
| $^{220}Rn$ 的活度浓度[c] | <10 Bq·m$^{-3}$ | <10 Bq·m$^{-3}$ |
| 环境温度 | 20 ℃ | 18 ℃～22 ℃ |
| 相对湿度 | 65％ | 50％～75％ |
| 大气压力 | 101.3 kPa | 90 kPa～106 kPa[a] |

表 1(续)

| 影响量 | 参考条件 | 标准试验条件 |
|---|---|---|
| 气溶胶浓度 | $10^{10}$ m$^{-3}$ | $10^{9}$ m$^{-3}$～$10^{11}$ m$^{-3}$ |
| 空气流量 | <2 m·s$^{-1}$(静止或缓慢流动的空气) | <2 m·s$^{-1}$ |
| 电源电压 | 标称电压 $U_N$ | $U_N$(1.0±0.5%) |
| 交流电源频率 | 标称频率 $f_N$ | $f_N$(1.0±0.5%) |
| 交流电源波形 | 正弦波 | 总谐波畸变小于5%的正弦波 |
| 周围剂量当量率 | <0.20 μSv·h$^{-1}$ | <0.20 μSv·h$^{-1}$ |
| 外界电磁场 | 可忽略 | 可忽略 |
| 外界磁感应 | 可忽略 | 可忽略 |
| 射频 | 可忽略 | 小于引起干扰的最小值 |
| 采样流量 | 标称流量 $q_N$ | $q_N$(1.0±0.5%) |

[a] 在探测技术对大气压力变化特别灵敏的情况下,试验条件应限制在参考压力的±5%;
[b] 仅对于测量$^{220}$Rn短寿命子体的仪器;
[c] 仅对于测量$^{222}$Rn短寿命子体的仪器。

表 2 辐射探测性能的试验

| 试验特性 | 要求 | 条款 |
|---|---|---|
| $RnDP_{222}$的交叉干扰[a] | 对$RnDP_{222}$的响应≤20% | 7.2 |
| $RnDP_{220}$的交叉干扰[b] | 对$RnDP_{220}$的响应≤20% | 7.2 |
| 指示值的线性 | 线性参数 $Q$ <0.15 | 7.3 |
| 仪器的统计涨落 | 变异系数不超过±10% | 7.4 |
| 响应时间 | 按制造厂的规定 | 7.5 |

[a] 仅对于测量$^{220}$Rn短寿命子体的仪器;
[b] 仅对于测量$^{222}$Rn短寿命子体的仪器。

表 3 随影响量变化的试验

| 影响量 | 影响量的数值范围 | 变化限值[a] | 条款 |
|---|---|---|---|
| 周围剂量当量率 | ≤1 μSv·h$^{-1}$ | 按制造厂的规定 | 9.1 |
| 气溶胶浓度 | $10^{8}$ m$^{-3}$～$10^{12}$ m$^{-3}$ | ±25% | 9.2 |
| 环境温度 | −5 ℃～45 ℃ | ±10% | 9.3 |
| 相对湿度 | 在30 ℃时90% | ±10% | 9.4 |
| 水汽[b] | 冷凝 | ±50% | 9.4 |
| 大气压力 | 90 kPa～106 kPa | 按制造厂的规定 | 9.5 |
| 预热时间 | 10 min | ±10% | 10.1 |
| 交流电源电压 | (90%～110%)$U_N$ | ±10% | 10.2 |

表 3（续）

| 影响量 | 影响量的数值范围 | 变化限值[a] | 条款 |
|---|---|---|---|
| 交流电源频率 | 47 Hz～52 Hz | ±10% | 10.2 |
| 电池容量 | 连续运行 8 h 后 | ±10% | 10.3 |
| 机械冲击 | 按制造厂的规定 | 按制造厂的规定 | 11 |

[a] 相对于参考条件；

[b] 仅在制造厂没有明确禁止时。

**表 4　空气回路试验**

| 试验特性 | 要求 | 条款 |
|---|---|---|
| 流量稳定性 | 在 20 h(运行时间)内变化不超过±10% | 8.2 |
| 流量准确性 | 仪器指示值的相对误差不超过±10% | 8.3 |
| 过滤器压降 | 在压降增加 10%时仪器指示值的相对误差小于 10% | 8.4 |
| 采样气路损坏 | 当流量低于可接受的水平时显示故障 | 8.5 |

ICS 13.280
F 84

# 中华人民共和国国家标准

GB/T 13163.4—2014/IEC 61577-4:2009

# 辐射防护仪器 氡及氡子体测量仪 第4部分:含氡同位素及其子体参考大气的产生设备(氡环境试验系统)

**Radiation protection instrumentation—Radon and radon decay product measuring instruments—Part 4: Equipment for the production of reference atmospheres containing radon isotopes and their decay products (STAR)**

(IEC 61577-4:2009,IDT)

2014-09-03 发布 2015-02-01 实施

中华人民共和国国家质量监督检验检疫总局
中国国家标准化管理委员会 发布

# 前 言

GB/T 13163《辐射防护仪器 氡及氡子体测量仪》分为4个部分：

——第1部分：一般原则；

——第2部分：氡测量仪的特殊要求；

——第3部分：氡子体测量仪的特殊要求；

——第4部分：含氡同位素及其子体参考大气的产生设备(氡环境试验系统)。

本部分为GB/T 13163的第4部分。

本部分按照GB/T 1.1—2009给出的规则起草。

本部分使用翻译法等同采用IEC 61577-4:2009《辐射防护仪器 氡及氡子体测量仪 第4部分：含氡同位素及其子体参考大气的产生设备(氡环境试验系统)》。

与本部分中规范性引用的国际标准有一致性对应关系的我国文件如下：

——GB/T 2900.61—2008 电工术语 物理和化学(IEC 60050-111:1996,MOD)；

——GB/T 18216(所有部分) 交流1 000 V和直流1 500 V以下低压配电系统电气安全 防护措施的试验、测量或监控设备[IEC 61557(所有部分)]；

——GB/T 27025—2008 检测和校准实验室能力的通用要求(ISO/IEC 17025:2005,IDT)。

为了便于使用，本部分对IEC 61577-4:2009做了下列编辑性修改：

——“2 规范性引用文件”删除正文中未出现的IEC 61557；

——表A.1中的脚注编号用[a]、[b]代替*、**；

——根据国内的习惯，将国际标准中以“hPa”表示的大气压力单位改为以“kPa”表示。

本部分由全国核仪器仪表标准化技术委员会(SAC/TC 30)提出并归口。

本部分起草单位：中国原子能科学研究院。

本部分主要起草人：邢雨、容超凡、杨静、魏可新。

# 引　言

氡是一种放射性气体，分别由地壳中的天然放射性核素$^{238}U$、$^{235}U$和$^{232}Th$的子体$^{226}Ra$、$^{223}Ra$和$^{224}Ra$衰变所产生。氡的同位素（$^{222}Rn$、$^{219}Rn$和$^{220}Rn$）通过3条衰变链衰变，最后终止于铅的稳定同位素。

注：在正常情况下，由于$^{219}Rn$半衰期非常短，与其他两个氡系列的活度相比，它的活度和衰变子体（RnDP[1]）的活度完全可以忽略，其健康效应也不重要。因此，在本部分中未考虑$^{219}Rn$及其衰变子体。

氡同位素及其相应短寿命衰变子体（RnDP）（例如：$^{222}Rn$的$^{218}Po$、$^{214}Pb$、$^{214}Bi$、$^{214}Po$，$^{220}Rn$的$^{216}Po$、$^{212}Pb$、$^{212}Bi$、$^{212}Po$、$^{208}Tl$）相当重要，因为它们构成公众与职业工作人员接受天然放射性照射的主要部分。在某些工作场所（例如：地下矿井、矿泉水和自来水厂）工作的人员受到非常显著水平的氡子体照射。氡及其同位素是气体，它们的子体是微粒，这些不同量的放射性核素均以气载形式存在。高准确度测量大气中的这种天然放射性水平对于保健物理是有价值的。由于这些放射性元素在空气中和在相应的测量仪器中具有独特的行为特性，有必要规范这类测量仪器的试验方法。

为了便于应用，GB/T 13163系列标准分为下列不同部分：

GB/T 13163.1：重点是专门在氡及氡子体（RnDP）测量领域所用的术语与单位，简单介绍了用于氡及RnDP测量设备的试验与校准的氡环境试验系统（STAR）。

GB/T 13163.2：该部分专用于$^{222}Rn$和$^{220}Rn$测量仪的试验。

GB/T 13163.3：该部分专用于$^{222}Rn$和$^{220}Rn$的子体（$RnDP_{222}$和$RnDP_{220}$）测量仪的试验。

GB/T 13163.4：详细说明STAR的结构和试验应用。

1) RnDP是氡衰变产物的缩写，与氡子体等同使用（见参考文献[1]）。

# 辐射防护仪器　氡及氡子体测量仪 第4部分:含氡同位素及其子体参考大气的产生设备(氡环境试验系统)

## 1　范围和目标

GB/T 13163包括了氡及氡子体测量仪试验和校准的一般特性,还规定了为证明仪器合格而进行的型式试验。GB/T 13163.2—2005和GB/T 13163.3—2014描述了这些型式试验。本部分只涉及测量气体中$^{220}$Rn和$^{222}$Rn同位素及其短寿命子体的仪器和相关方法。

本部分适用于在参考氡气中试验氡及氡子体测量仪所需的氡环境试验系统(STAR)。下列条款既不能解决建立产生氡及其子体参考气体环境所用设备有关的所有问题,也不能描述使用的所有方法,但可以指导遇到这些问题的人能够在所有有关知识中选择可采用的最好方法。

## 2　规范性引用文件

下列文件对于本文件的应用是必不可少的。凡是注日期的引用文件,仅注日期的版本适用于本文件。凡是不注日期的引用文件,其最新版本(包括所有的修改单)适用于本文件。

GB/T 2900.81—2008　电工术语　核仪器　物理现象和基本概念(IEC 60050-393:2003,IDT)

GB/T 2900.82—2008　电工术语　核仪器　仪器、系统、设备和探测器(IEC 60050-394:2007,IDT)

IEC 60050-111:1996　国际电工词汇　第111章:物理和化学(International electrotechnical vocabulary (IEV)—Part 111: Physics and chemistry)

ISO/IEC 导则 99:2007　国际计量学词汇　基本和通用概念及相关术语(VIM)(International vocabulary of metrology—Basic and general concepts and associated terms (VIM))

ISO/IEC 17025　检测和校准实验室能力的通用要求(General requirements for the competence of testing and calibration laboratories)

ICRP 32　工作人员吸入氡子体的限值(Limits for inhalation of radon daughters by workers)

ICRP 38　放射性核素的蜕变:发射能量和强度(Radionuclides transformations, energy and intensity of emissions)

ICRP 65　在家中和在工作中的$^{222}$Rn的防护(Protection against radon-222 at home and at work)

## 3　术语、定义和单位

下列术语、定义和单位适用于本文件。

整个标准中,术语氡表示本部分涉及的全部氡同位素。在特指某一同位素时,在其化学符号的左上角加质量数表示(如$^{220}$Rn、$^{222}$Rn)。由于历史原因,$^{220}$Rn也被称作钍射气。

术语氡子体(radon decay product,缩写RnDP)指本部分涉及的氡衰变产生的全部短寿命子体。特定的子体同位素通过在其化学符号的左上角加质量数表示。在符号RnDP右下角加标数字222、220指相应氡同位素的全部子体($RnDP_{222}$指$^{218}$Po、$^{214}$Pb、$^{214}$Bi、$^{214}$Po,$RnDP_{220}$指$^{216}$Po、$^{212}$Pb、$^{212}$Bi、$^{212}$Po、$^{208}$Tl)。

本部分使用的所有核数据均引自ICRP 38,该出版物主要适用于辐射防护测量仪器。

## 3.1 通用术语和定义

3.1.1

**(放射性)活度　activity**

***A***

在给定时刻,处于特定能态的一定量放射性核素在 d$t$ 时间间隔内发生自发核跃迁数的期望值 d$N$ 除以 d$t$:

$$A = \frac{dN}{dt} \qquad (1)$$

注:该量以贝可勒尔(Bq)为单位。

[GB/T 2900.81—2008,定义 393-14-12]

3.1.2

**体积活度　volumie activity**

**活度浓度　activity concentration**

$C_A$

样品的放射性活度除以样品的总体积的商。

注1:对于气体必需指明用贝克勒尔每立方米表示的体积活度测量时的温度和压力条件,例如标准温度和压力(STP)。

注2:该量以贝克勒尔每立方米 ($Bq \cdot m^{-3}$)为单位。

[GB/T 2900.81—2008,定义 393-14-16]

3.1.3

**基准　primary standard**

设计或公认的具有最高计量特性的测量标准,其量值无需参考相同量的其他标准。

注:对于基本量和导出量,基准概念同等有效。

[ISO/IEC 导则 99:2007,5.4,修改]

3.1.4

**次级标准　secondary standard**

其量值通过与相同量的基准比较确定的测量标准。

[ISO/IEC 导则 99:2007,5.5,修改]

3.1.5

**参考标准　reference standard**

在指定地区或组织内通常具有最高计量特性并在该地区或组织内进行量值传递的测量标准。

[ISO/IEC 导则 99:2007,5.6,修改]

3.1.6

**质量流量　mass flow rate**

单位时间内流过管道的气体质量($kg \cdot s^{-1}$)。

3.1.7

**体积流量　volume flow rate**

单位时间内流过管道的气体体积($m^3 \cdot s^{-1}$)。

3.1.8

**气溶胶　aerosol**

悬浮在气体介质中的固体或液体微粒。

注:微粒直径的范围一般从几个 nm 到 10 μm。

[GB/T 2900.81—2008,定义 393-11-37]

3.1.9

**均匀的　homogeneous**

有关特性与在物理介质中的位置无关的描述。

[IEC 60050-111:1996,定义 111-13-08]

3.1.10

**量的约定真值　conventionally true value of a quantity**

$v_c$

赋予一个特定量的值,按该值用于某一给定目的时具有的不确定度,有时按惯例可以接受。

注:“量的约定真值”有时称为给定值、最佳估算值、约定值或参考值。

[GB/T 2900.82—2008,定义 394-40-10]

## 3.2　专用术语和定义

3.2.1

**α 潜能　potential alpha energy**

**PAE 或 $\varepsilon_p$**

RnDP 原子沿 $^{222}Rn$ 和 $^{220}Rn$ 衰变链分别全部衰变至 $^{210}Pb$ 或 $^{208}Pb$ 时释放的 α 粒子总能量。

假设 $N_{xxxXx}$ 为核素 $^{xxx}Xx$ 的原子个数,则 $^{222}Rn$ 和 $^{220}Rn$ 子体 α 潜能分别为:

$$\varepsilon_{p222}=[(6.003+7.687)\times N_{218Po}+7.687\times(N_{214Pb}+N_{214Bi})+7.687\times N_{214Po}]\times 1.602\times 10^{-13}(J)$$

$$\varepsilon_{p220}=[(6.779+7.804)\times N_{216Po}+7.804\times(N_{212Pb}+N_{212Bi})+8.785\times N_{212Po}]\times 1.602\times 10^{-13}(J)$$

注 1:α 粒子能量 7.804 MeV 来自 $^{212}Bi$ 分支比的虚拟 α 发射。

注 2:年摄入量限值(ALI)可以用 $PAE_{222}$ 和 $PAE_{220}$ 表示。为此,$PAE_{222}$ 和 $PAE_{220}$ 作为健康危害指标使用。

[ICRP 32]

3.2.2

**α 潜能浓度　potential alpha energy concentration**

**PAEC 或 $c_p$**

单位空气体积中存在的任何短寿命氡子体混合物全部衰变至 $^{210}Pb$ 或 $^{208}Pb$ 释放的 α 能量。

注:该量以 SI 单位 $J\cdot m^{-3}$ 表示。

[ICRP 32]

3.2.3

**α 潜能照射量　potential alpha energy exposure**

$P_p(T)$

空气中的 α 潜能浓度 $c_p$ 对个体暴露于给定时间 $T$(例如一年)内的积分。

$$P_p(T)=\int_T c_p(t)\,dt \qquad \cdots\cdots(2)$$

注:该量以 SI 单位 $J\cdot m^{-3}\cdot h$ 表示。

[ICRP 65]

3.2.4

**平衡当量浓度　equilibrium equivalent concentration**

$c_{eq}$

氡与其短寿命子体处于放射性平衡状态、并具有与非平衡状态混合物相同的 α 潜能浓度时氡的活度浓度。

注:该量以 SI 单位 $Bq\cdot m^{-3}$ 表示。

[ICRP 32]

3.2.5

**平衡因子　equilibrium factor**

***F***

氡的平衡当量浓度($c_{eq}$)与氡气的实际浓度($C_{Rn}$)之比。

$$F=\frac{c_{eq}}{C_{Rn}} \qquad \cdots\cdots(3)$$

[ICRP 65]

3.2.6

**射气本领　emanating power**

**射气系数　emanation coefficient**

$\tau$

传输到物质微孔空间中的氡原子数($n$)与物质本身(包括微孔空间)中存在的氡原子数($N$)之比:

$$\tau=\frac{n}{N} \qquad \cdots\cdots(4)$$

3.2.7

**射气率　emanation rate**

单位时间从单位质量物质中析出的氡原子活度值。

注:该量以 SI 单位 $Bq\cdot kg^{-1}\cdot s^{-1}$ 表示。

3.2.8

**反卷积法　deconvolution**

通过采用一组特定的方程对测量(例如,计数事件)结果数据进行数学处理以获得原始被测量值的方法。

3.2.9

**活度中值空气动力学直径　activity median aerodynamic diameter**

**AMAD**[2][2)]

与所研究的气溶胶微粒具有相同沉降速率的单位密度($kg\cdot m^{-3}$)球的直径随活度分布的中位值。

3.2.10

**活度中值热力学直径　activity median thermodynamic diameter**

**AMTD**

与所研究的气溶胶微粒具有相同热力学特性的单位密度($kg\cdot m^{-3}$)球的直径随活度分布的中位值。

3.2.11

**α 潜能浓度未结合态份额　unattached fraction of PAEC**

未与环境气溶胶结合的短寿命 RnDP 的 α 潜能浓度的份额。

注:粒径范围为 nm 量级。

[ICRP 65]

3.2.12

**结合态份额　attached fraction**

与环境气溶胶结合的短寿命 RnDP 的 α 潜能浓度的份额。

注:与大多数 RnDP 结合的载体气溶胶的尺寸通常在 0.1 μm～0.3 μm 范围内。

---

2) 括号内的数字是参考文献的编号。

3.2.13

**抓取采样　grab sampling**

与所研究的量(如空气活度浓度)的涨落相比,样品(如含有氡或气溶胶微粒的空气)收集时间较短的采样方法。

3.2.14

**连续法　continuous method**

在时间分辨率与所研究现象相适应的情况下,在确定的时间段内连续记录被测参数的方法。

3.2.15

**累积法　integrating method**

在确定的采样和测量时间情况下,对所研究的量进行积分测量的方法。

3.2.16

**无源采样　passive sampling**

仪器不使用任何主动式设备(例如泵)进行的空气采样。

注:在这种情况下,多数仪器主要是通过扩散方法采样。

3.2.17

**有源采样　active sampling**

仪器使用主动式设备(例如泵)进行的空气采样。

3.2.18

**参考源　reference source**

在校准测量仪表时所用的次级标准放射源。

[GB/T 2900.82—2008,定义 394-40-19]

3.2.19

**参考氡气　reference atmosphere**

在氡或 RnDP 测量仪试验方法中使用的、影响参数(气溶胶、放射性、气象条件等)已知或可控的放射性气体环境。涉及的参数值可溯源至认可的标准。

3.2.20

**氡环境试验系统　system for test atmosphere with radon**

**STAR**

产生和使用参考氡气所需设备的系统。

3.2.21

**高效空气微粒过滤器(HEPA 过滤器)　high-efficiency particulate air filters(HEPA filters)**

用于收集气溶胶的过滤器,其对粒径为 0.3 μm 气溶胶微粒的最低收集效率为 99.97%。

### 3.3　单位和换算系数

本部分使用国际单位制(SI)。

注:有时还使用下列"非标准"单位:

居里(Ci),活度单位:1 Ci=$3.7\times10^{10}$ Bq;

MeV·$L^{-1}$,α 潜能浓度单位:1 MeV·$L^{-1}$=$1.6\times10^{-4}$ μJ·$m^{-3}$。

同时使用下列换算系数:

工作水平(WL),α 潜能浓度的表征量之一:1 WL=20.8 μJ·$m^{-3}$。

工作水平月(WLM),α 潜能照射量的表征量之一:1 WLM=3.6 mJ·h·$m^{-3}$。

$c_{eq}$,α 潜能浓度的表征量之一:

——与其子体($RnDP_{222}$)平衡的 $^{222}Rn$ 活度浓度 1 Bq·$m^{-3}$ 等效于 α 潜能浓度($PAEC_{222}$)为 $5.62\times10^{-9}$ J·$m^{-3}$;

——与其子体（RnDP$_{220}$）平衡的$^{220}$Rn 活度浓度 1 Bq·m$^{-3}$ 等效于 α 潜能浓度（PAEC$_{220}$）为 75.8×10$^{-9}$ J·m$^{-3}$。

## 4 氡环境试验系统(STAR)的一般描述

### 4.1 概述

为了在受控条件下对所涉测量仪器进行完整的、标准化的试验，需使用参考氡气。

各种实例表明，需要一种直接与被测元素相关的试验装置。该装置可由以下不可分割的 4 部分组成：

——产生氡气的设备；

——氡容器；

——生成的参考氡气；

——监测参考氡气的设备和方法。

用于表征参考氡气性质的设备应可溯源至基准。

为了简化本部分的文本，氡环境试验系统简称为 STAR。

图 1 是完整 STAR 的整体组成图。它也称为“氡室”，但该术语并不具有 STAR 的全部概念。

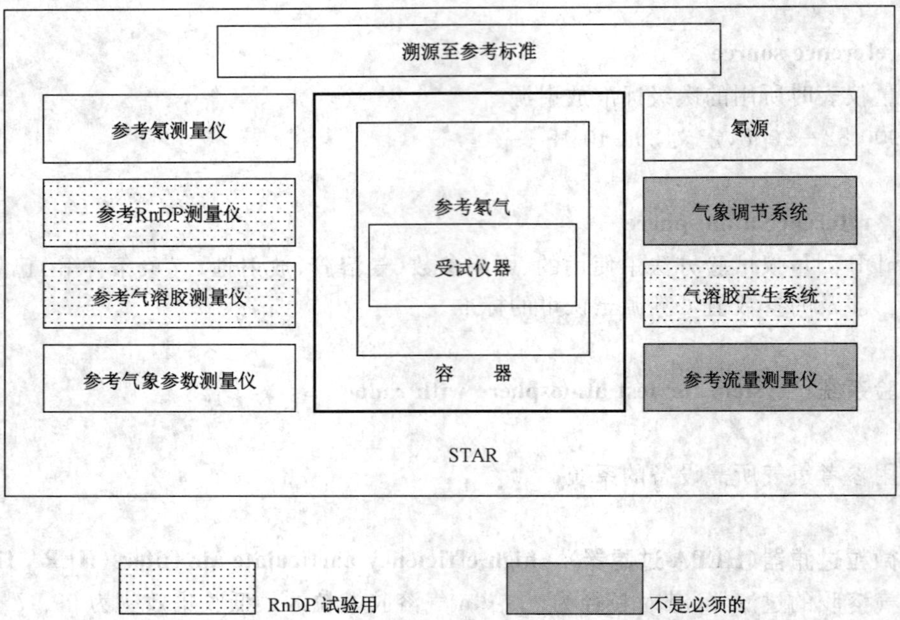


图 1　STAR 的组成：一般情况

在某些情况下，STAR 可以只包括其中的一部分。例如，仅用于氡测量仪试验的 STAR，氡测量仪不受气体环境中气溶胶和 RnDP 的影响，就不需要控制这些相关量的专门设备。图 2 为 STAR 的最低要求。

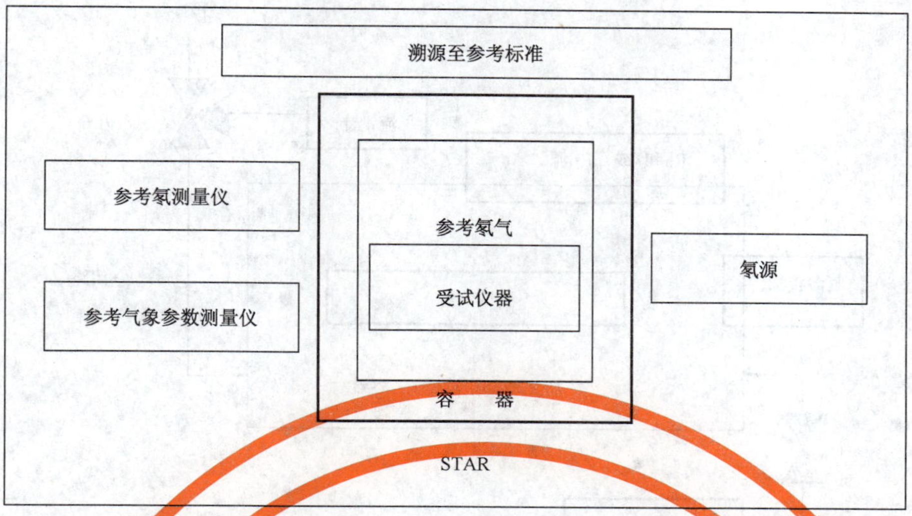


图 2 STAR 的最低要求

参考氡气的容器主要分为两类：

——大容器(内部体积几个 $m^3$)，通常设计为“步入式”，可由操作人员将设备放入。

——小容器，仅用于受试设备。

## 4.2 STAR 的运行方式

### 4.2.1 静态运行方式

静态运行方式在运行开始时即设定容器内的条件。

氡源置于容器内或容器外。静态运行方式可使用内部风扇使环境均匀。

注：用于静态运行方式的容器的建立和使用相对简单，可产生和控制一系列不同的参考氡气。但是，实现对内部条件(气压、气溶胶等)控制的可能性有限。

### 4.2.2 动态运行方式

动态运行方式在受试仪器的照射期间可控制和调节容器内的氡气环境。

动态运行方式总是结合全部或部分更新内部气体的某种方法(见图 3)。

可使用两种动态方式(见图 3)：

——闭路(气体再循环)；

——开路(部分或全部排气)。

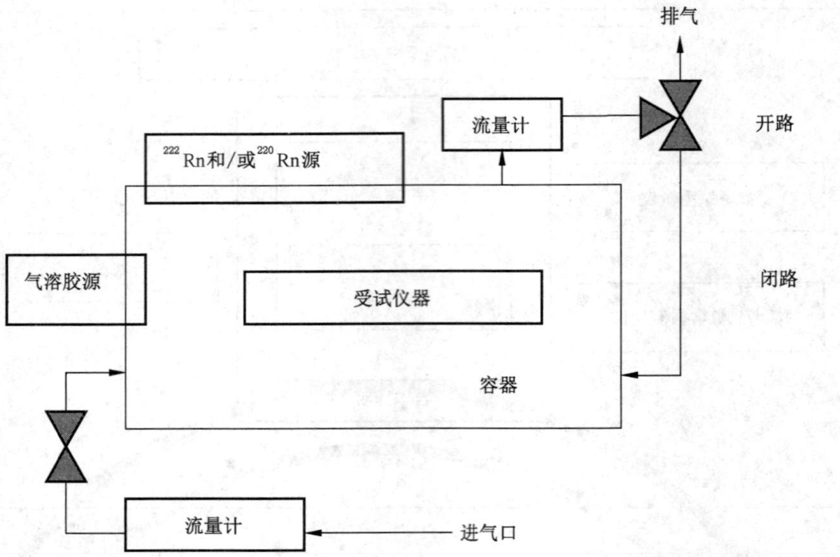


图 3 STAR 的动态运行方式

通常将氡源置于容器的外部，这样允许对容器的内部条件进行某些控制或至少进行连续监测。

将气溶胶源置于容器的内部或外部。

使用开路可影响向环境的放射性释放。

闭路用于控制容器内的气溶胶浓度或平衡因子。

STAR 的不同运行方式可伴随各种影响均匀性或 RnDP 的行为特性的气流条件：

a) 对流：应考虑在静态运行方式或空气交换率很低时使用对流。在这些试验条件下，对流可改变 STAR 气体的均匀性。

b) 强制气体流动：强制气体流动可影响气溶胶的特性，主要是湍流扩散和撞击现象导致 RnDP 在（室壁，仪器等）表面沉积的变化。强制气体流动对气体的均匀性也是重要的。

空气交换率对参考氡气中的 RnDP 浓度有强烈影响。

## 5 STAR 的特性

### 5.1 概述

本章描述了仅提供氡参考气体环境的 STAR 和提供氡及 RnDP 参考气体环境的 STAR 的特性。

### 5.2 针对氡的 STAR

#### 5.2.1 概述

该类 STAR 应仅用于试验那些与气溶胶参数无关的仪器。因此，它不能用于试验带有开放式探测器的氡测量仪。

#### 5.2.2 STAR 容器的技术特性

STAR 容器应充分防漏：

——通过有效限制含有的放射性以保证安全；

——防止由于参考氡气的泄漏而产生意外变化。

此外，如果容器在有压力的情况下具有进行试验的能力，它应经受这类试验所需的内部压力并应符合有关压力容器的相关规定。

当按表2进行随温度和湿度变化的试验时，容器壁应隔热（如 $R_{th}>3\ m^2\cdot K\cdot W^{-1}$）。如果容器内的气体连续更新，其内部形状的设计宜避免产生能够导致整个体积内活度分布不均的通风不良的“死区”。这样的设计也有利于气体的排空和净化。

容器的内壁宜使用耐腐蚀且导电良好的光滑材料。这些特性不仅有利于去污和因扩散使气溶胶的吸附最小，而且也可防止RnDP由于静电效应的异常收集。

不管使用哪种容器，在试验期间的设备操作应尽可能在外部进行（通过远程控制或使用手套孔），以使得对内部条件的干扰尽可能小。

同样原因，大型容器宜配备密封过渡仓，用于放入仪器和操作人员进出。

电源的电压和频率宜稳定且提供足够的功率。

注：应提供氡水平最低的合适地点存放无源累积探测器。

### 5.2.3 氡源

#### 5.2.3.1 固体源

固体源通常由含 $^{226}Ra$ 或 $^{228}Th$ 的盐组成，分别用于产生 $^{222}Rn$ 和 $^{220}Rn$。盐可以是纯的，也可与基材混合或吸附在基材上。材料的特性决定射气本领和射气率，从而决定了该源提供大量氡的能力。

射气率宜为常数，但由于射气本领取决于某些物理参数（相对湿度等），使用固体源需要采取相当多的保证措施（如控制温度，湿度等）。然而，因为易操作处理，这类源被广泛使用。

注：有些其他固体源结构简单，由密封在容器中的铀或钍的矿石或矿渣构成；虽然这类源价格低廉，使用方便，但其稳定性较差。

#### 5.2.3.2 液体源

为了得到 $^{222}Rn$ 或 $^{220}Rn$，液体源通常分别由 $^{226}Ra$ 或 $^{228}Th$ 盐的酸溶液组成。在经过一定时间后，子体与源的母核达到长期平衡，平衡时间取决于氡同位素的半衰期。

通过对溶液仔细进行脱气操作，生成的氡能够用以下两种方式之一回收：

——单次操作；

——连续操作。

对于后一种情况，根据源的活度和载气的流量可简单计算得到氡的流量。

这种类型的源主要用于参考仪器的校准。应采取措施避免污染。

装有 $^{226}Ra$ 溶液的射气率经检定的胶囊也可用于校准。

#### 5.2.3.3 气体源

装有氡的安瓿瓶也可作为气体源用于产生STAR中的气体。装在玻璃球或不锈钢容器中经过严格校准的氡源能用于STAR气体的定值[3,4,14]。

注：使用这种源时应注意确保安瓿瓶中的氡全部转移。

$^{222}Rn$ 标准气体源可用于校准。

### 5.2.4 $^{222}$Rn 和 $^{220}$Rn 的分析与控制

根据运行方式选择STAR中的氡活度浓度。

在STAR容器中的氡活度浓度能：

——保持在一个恒定值；

——调节到几个恒定值；

——在容器中注入一定活度的氡后，按照氡的衰变规律减少；

——一直增加到某个稳定值。

根据计划进行的试验来选择用于分析 STAR 中放射性的方法。参考氡气活度浓度的约定真值可溯源至国家或国际标准。

如果能溯源至参考标准，将根据进行的试验增加辅助测量设备。

例如：如果研究的有效量是 γ 辐射，则需要测量该辐射的仪器。

为了比较氡活度浓度的约定真值与受试仪器的测量值，容器内氡活度浓度应均匀。为了保证参考氡气的均匀分布，应试验其均匀性。

#### 5.2.5 气象参数的分析和控制

应测量主要气象参数：温度、压力和相对湿度。

由于温度、相对湿度和大气压力是受试仪器探测器响应和采样系统的影响量，当确定参考气体中氡或钍射气的活度浓度时，应考虑到这些影响量的数值。

当 STAR 用于确定气象参数的影响时，应控制这些参数。

### 5.3 针对氡和 RnDP 的 STAR

#### 5.3.1 概述

该类 STAR 至少包括 5.2 中氡 STAR 的全部要求和下述与 RnDP 有关的特殊要求。

#### 5.3.2 STAR 容器的技术特性

5.2.2 规定了 STAR 容器的技术特性。

此外，STAR 容器的内部尺寸宜达到下述两个矛盾要求的最佳折衷：

——尽可能地小，以限制可能降低测量质量的气体不均匀性；

——尽可能地大，以将壁效应减至最小和容纳大量的受试仪器。

#### 5.3.3 RnDP 源

RnDP 气体形成于含有氡和天然或人工气溶胶的空气中。因此，RnDP 源是氡源与气溶胶源的混合物。在氡衰变之后，新产生的 RnDP 形成原子团（粒径在 nm 量级），其中一部分附着在环境中的气溶胶上。这两部分分别称为未结合态份额（原子团）和结合态份额。它们在容器的内表面的沉积与其粒径相关。附录 A 的表 A.1 给出了在实际气体中得到的氡体积活度、气溶胶粒径及浓度、RnDP 活度浓度和 RnDP 未结合态份额的数值范围。

为了将 RnDP 浓度或 PAEC 设置到规定值，氡和气溶胶源在试验期间应保持稳定。可在某些限值内调节 RnDP 浓度和载带气体中未结合态份额的值。这些变化需要改变环境气溶胶（凝聚核的数目、粒径分布），可使用气溶胶发生器和/或静电沉积设备或过滤器来实现。通常，微粒浓度越低，未结合态份额越高，虽然其他因素（如空气流动）也会影响未结合态份额。为了改变上述参数，可使用气溶胶发生器、过滤设备、静电沉积器、离子发生器等。

上面已描述了各种类型的氡源。商品化的气动气溶胶发生器或巴西棕榈蜡（carnauba wax）发生器是最常用的气溶胶源。

#### 5.3.4 RnDP 分析和控制

应使用下列装置或设备测量或监测 STAR 中产生的参考气体的特性值（见表 1）：

——连续或半连续测量氡的设备，其灵敏度与测量范围及其自身的记录设备相适应；

——测量单位体积气溶胶微粒数的装置；

——测量气溶胶粒径分布的装置；

——测量 RnDP 未结合态份额和结合态份额的装置(见注 1)；

——测量 RnDP 的装置(见注 2)。

注 1：未结合态份额可用丝网扩散技术测量，例如：单网或分级网阵列[10]。

注 2：RnDP 测量设备由过滤器或网采样系统和用于分析过滤器或网放射性的计数设备相结合组成并使用反卷积法。

在测量 STAR 气体之前，宜通过参考标准仔细校准设备。

与氡源不同，不存在标准 RnDP 源。使用参考仪器获得参考氡气的 PAEC 约定真值。

RnDP 测量仪采样系统的设计应注意将气溶胶微粒在采样系统表面的沉积减至最小。

无论使用什么类型的设备测量氡体积活度或 PAEC，当使用主动采样方式时，应准确测量采样流量或采样体积。由于测量结果以单位体积的活度或 α 潜能浓度表示，需用适当的标准来校准参考仪器的采样流量或采样体积。

STAR 的设备应考虑测量或产生受试仪器和属于 STAR 的测量装置的采样流量或采样体积。测量流量时应补充测量气体的温度和压力，并可能补充测量载氡气体(例如：某些测量土壤仪器中的 $CO_2$)密度。以质量流量或体积流量方式测量流量并以修正到 101.3 kPa 和 20 ℃的压力和体积表示。被测流量范围取决于受试设备。

采样流量或体积引起的不确定度宜与其他来源的不确定度具有相同量级。

### 5.3.5 受试设备的采样流量

STAR 实际使用的采样装置一般具有几个 $m^3 \cdot h^{-1}$ 的流量，其总误差因子宜小于 1%。

采样流量是一个相当重要的量，首先是由于其与测量不确定度有关，其次是由于其可能在采样装置内存在相关损失(采样过滤器的自吸收、气溶胶在空气动力学采样回路的损失)。

因此，STAR 应提供一组具有足够高准确度的空气流量测量装置，以评价受试仪器的采样特性。应在专门的设施中进行流量测量装置的校准。

监测的流量范围取决于受试设备的使用场合。个别仪器或那些需要低灵敏度的仪器(地下气体环境调查、积分仪器等)的采样流量范围从几个 $10^{-3}\ m^3 \cdot h^{-1}$～$1\ m^3 \cdot h^{-1}$，而环境监测仪器覆盖非常宽的流量范围($0.1\ m^3 \cdot h^{-1}$～$100\ m^3 \cdot h^{-1}$)。

高采样流量的受试设备可明显改变 STAR 的气溶胶浓度、体积活度和均匀性等条件。

### 5.3.6 气象参数的分析和控制

应测量气象参数(例如，温度、大气压力和相对湿度)。当 STAR 用于确定气象参数的影响时，应测量和控制这些参数。

为了评价 STAR 气体的均匀性(例如：在动态条件下测量流量或速度分布图)，宜试验这些气象参数。

## 6 STAR 提供参考氡气的要求

### 6.1 概述

宜根据受试仪器选择 STAR。

相对于试验的要求，STAR 的内部运行条件应在用于监测和分析设备的规定限值之内。应确保其达到所需准确度的能力。

某些类型仪器的指示值精度可能受不同影响量的影响，例如，温度、气溶胶的粒径和在 STAR 室壁上的附壁效应、平衡因子以及采样装置的空气动力学特性等。

经制造厂与用户协商，使用STAR进行的试验宜说明参考条件和变化条件使用的影响量数值。

在STAR中可模拟的气体环境特性见附录A。

## 6.2 参考条件

表1列出了为进行氡子体测量仪的型式试验而与监测参考氡气相关的一组参数。当STAR仅用于氡测量仪的试验时，这组参数可适当地简化。至少应监测气象参数(温度、相对湿度、大气压力)和环境γ剂量率。

**表1 参考条件和标准试验条件**

| 影响量 | 参考条件 | 标准试验条件 |
| --- | --- | --- |
| 温度 | 20 ℃ | 18 ℃～22 ℃ |
| 相对湿度 | 50% | 40%～60% |
| 大气压力 | 101.3 kPa | 86.0 kPa～106.0 kPa |
| 环境γ剂量率 | | <0.25 μSv·$h^{-1}$ |
| 未结合态份额 | | <0.25 |
| 气溶胶浓度 | $10^{10}$ $m^{-3}$ | $10^{8}$ $m^{-3}$～$10^{12}$ $m^{-3}$ |
| 气溶胶粒径(AMTD或AMAD)[a] | 0.2 μm | 0.1 μm～0.3 μm |

[a] 对几何标准偏差没有要求。

试验特定装置所需的标准采样流量由受试设备的制造厂规定。

在本系列标准的第2部分和第3部分中描述了仪器的试验方案。

STAR宜能用于试验氡体积活度值在每个量程1/3～2/3之间变化的设备。基本的标准试验条件可选$^{222}Rn$活度值为100 Bq·$m^{-3}$～1 000 Bq·$m^{-3}$之间的某一值和平衡因子为0.4，使得所有受试设备可得到同一工作点。其他值可由STAR的操作人员与仪器的制造厂商定。

## 6.3 影响量

### 6.3.1 概述

表2归纳了影响量的变化范围。

**表2 随影响量变化的试验**

| 影响量 | 影响量的数值范围(除非制造厂另有说明) |
| --- | --- |
| 温度 | −25 ℃～50 ℃ |
| 相对湿度 | 10%～100%(冷凝) |
| 大气压力 | 80.0 kPa～108.0 kPa |
| 环境γ剂量率 | 由STAR的操作人员与制造厂或用户确定 |
| $^{222}Rn$的体积活度(对$^{220}Rn$测量仪) | 10 Bq·$m^{-3}$～1 MBq·$m^{-3}$ |
| $^{220}Rn$的体积活度(对$^{222}Rn$测量仪) | 10 Bq·$m^{-3}$～1 MBq·$m^{-3}$ |
| $C_{eq222}$(对$C_{eq220}$测量仪) | 2 Bq·$m^{-3}$～1 MBq·$m^{-3}$ |
| $C_{eq220}$(对$C_{eq222}$测量仪) | 0.05 Bq·$m^{-3}$～100 Bq·$m^{-3}$ |

表 2（续）

| 影响量 | 影响量的数值范围(除非制造厂另有说明) |
|---|---|
| $RnDP_{222}$的未结合份额 | 直到 0.9 |
| 气溶胶浓度 | $10^8\ m^{-3}$～$10^{12}\ m^{-3}$ |
| 气溶胶粒径(AMTD 或 AMAD)[a] | $10^{-3}\ \mu m$～$10\ \mu m$ |
| [a] 由 STAR 的操作人员、制造厂和用户商定后，进行气溶胶粒径变化试验。 | |

### 6.3.2 温度

温度是一个相当重要的量。它对探测系统中的测量装置、相关模拟电子设备和测量结果显示系统(液晶显示)产生影响。它也影响采样装置的空气动力学性能和原电池或二次电池的寿命。温度还可能影响控制气溶胶行为的参数。

参考温度为 20 ℃，允许的变化范围为 18 ℃～22 ℃。

随影响量变化的试验使用的温度范围宜与附录 A 中描述的不同气体环境一致：

——室外气体环境，－25 ℃～50 ℃；

——室内气体环境，5 ℃～40 ℃；

——地下气体环境，0 ℃～60 ℃；

——土壤气体环境，－10 ℃～50 ℃。

经制造厂与用户协商，可使用其他温度范围。

### 6.3.3 相对湿度

试验气体的湿度对于探测系统是一个相当重要的量。例如：特别是在探测器上出现冷凝可能引起性能变差并可能带来污染。湿度对气溶胶的物理行为也有重要影响并可能影响采样系统的运行(引起吸湿过滤器的阻塞、静电收集系统效率降低等)。

相对湿度的参考值为 50％，允许的变化范围为 40％～60％。

随影响量变化的试验使用的相对湿度范围宜与附录 A 中描述的不同气体环境一致：

——室外气体环境，10％～100％(冷凝)；

——室内气体环境，10％～70％；

——地下气体环境，10％～100％(冷凝)；

——土壤气体环境，80％～100％(冷凝)。

经制造厂与用户协商，可使用其他的相对湿度范围。

### 6.3.4 大气压力

在某些情况下，大气压力对放射性测量也是一个相当重要的量：

——工作在带压条件下的测量仪器(如在钻井中测量氡)；

——当 α 粒子需要在空气中经过很长路径到达探测器时，探测效率可能随压力的不同而变化。

采样装置的特性可对压力变化敏感，STAR 中测量采样流量的系统应能对这种影响进行定量测量。

大气压力的参考值是 101.3 kPa。

大气压力的变化范围为 80.0 kPa～108.0 kPa(如仪器带压工作，宜试验到仪器的最大工作压力)。

经制造厂与用户协商，可使用其他的压力范围。

#### 6.3.5 环境 γ 场

标准试验条件宜使用低于 0.25 $\mu Sv \cdot h^{-1}$的有效剂量率。

环境 γ 场可能对测量仪器的响应有相当大的影响。例如:使用β粒子探测或电离室的仪器也对环境 γ 辐射灵敏。该类仪器的试验宜规定在试验条件下的影响程度。

#### 6.3.6 RnDP 照射的工作范围

为了评价 RnDP 照射,PAEC 测量仪的量程通常覆盖工作范围。宜注意以下情况:当在其工作范围的上半部分进行测量装置的试验时,气体环境宜至少在一天的时间内保持高度稳定。

#### 6.3.7 气溶胶的工作范围

气溶胶的工作范围应至少覆盖受试仪器设计测量的气体环境中存在的气溶胶粒径和分布的典型范围。在特殊情况下,经制造厂与用户协商,可扩大或缩小该范围。

参考气溶胶的 AMAD 为 0.2 μm。分布的标准偏差以及气溶胶的性质取决于使用的气溶胶发生器。

随影响量变化的试验使用的气溶胶粒径范围为从 $10^{-3}$ μm 到几十 μm。

气溶胶采样的质量对测量结果有很大的影响(如进气口设计不好可引起气溶胶由于沉积而损失)。

#### 6.3.8 受试仪器的照射时间

对于所有使用累积或抓取采样的仪器,时间应是一个相当重要的量。对于其他类型的仪器,如果本底噪声或信号的分析持续时间是可变的或可调的(如通过改变探测阈等),也宜考虑时间。

此外,如果受试仪器的时间常数比使用过程中涨落所占用的时间长,STAR 应考虑对涨落进行尽可能接近实际情况的模拟。

## 7 在 STAR 中使用的测量方法和测量仪器的校准与溯源

### 7.1 溯源链

STAR 的操作人员应保证所有相关的测量结果可溯源至使用合适 SI 单位的基准。

下列测量直接溯源:

——温度;

——湿度;

——大气压力;

——$^{222}Rn$ 的体积活度;

——采样的空气体积。

不是对所有量都建立将测量追溯至认可标准的方法,特别是涉及气溶胶浓度和分布的测量。STAR 的操作人员宜建立适当的方法去验证这些测量,验证方法可包括实验室之间的比对[6,7,11,12,13,15,16]。

参考室中氡活度浓度的溯源性是通过氡气基准或者一个或多个参考仪器(次级标准)建立的。由活度已知的氡气注入到经校准的参考体积内产生氡气的活度浓度。可溯源的氡气活度由基准实验室提供或从经检定的$^{226}Ra$ 溶液定量取出氡气得到(鼓泡法)。将氡气引入试验仪器的方法包括将仪器置于参考体积中或从参考体积定量转移到仪器。为了计算校准因子从而校准仪器,计算为校准点所选的活度浓度并与在评价时系统的输出进行比较。系统可用作次级标准或参考仪器。

参考氡气的 $PAEC_{222}$ 和 $RnDP_{222}$ 的体积活度可使用过滤装置(最好使用开放式装置)采样 $RnDP_{222}$ 溯源。采样之后,同时用 α 和 γ 谱仪测量在过滤器上的核衰变。设备应能探测由 $^{218}Po$ 和 $^{214}Po$ 发射的 α 射线和由 $^{214}Pb$ 和 $^{214}Bi$ 发射的 γ 射线。根据 $^{218}Po$ 和 $^{214}Po$ 的衰变数,计算 $RnDP_{222}$ 的活度和 α 潜能,除以采样空气体积后得到体积活度和 PAEC。为了校准考虑测量几何因素的设备,可使用一个密封的 $^{226}Ra$ 面源,其含有的 $^{226}Ra$ 已与 $^{222}Rn$ 和 $RnDP_{222}$ 达到平衡。密封源与气溶胶过滤器的活性区面积宜具有相同尺寸。利用 γ 测量与对应的 $^{214}Bi$ 源活度的关系[5,8],此密封源用于校准在衰变期间测量整个过滤器上的 α 计数。

### 7.2 质量保证

STAR 实验室应保持 STAR 活动的质量保证体系。

质量保证应包含质量控制的验证,该验证包括了针对已制定的要求对设备、仪器和方法进行适应性评价的所有活动。质量保证应确保以下内容:设备和仪器运行正常;正确地建立和遵循的方法;正确地完成分析;定量的误差在可接受的限值内;正确记录并及时保存。质量保证程序和为质量控制而进行的定期核查应全部文件化。

ISO/IEC 17025 提出了对实验室能力的通用要求。

# 附 录 A
# （资料性附录）
# 可在STAR中模拟的气体环境特性

## A.1 概述

在STAR中的受试仪器设计为在下述不同气体环境中使用。因此，STAR至少应能模拟这些气体环境的部分特性。

表A.1提供了在这些环境中得到的典型值信息，这些典型值包含受试仪器的工作范围。

## A.2 室外气体环境

室外气体环境以整个地球表面自然状态的典型氡体积活度和气溶胶分布的范围来表征。

## A.3 室内气体环境

室内气体环境以建筑物内的典型氡体积活度和气溶胶分布的范围来表征。后者部分地取决于住户的生活方式（烹饪、吸烟、通风等）或工作活动的水平。

## A.4 地下气体环境

地下气体环境主要以其氡体积活度范围和空气驻留时间来表征。也可能出现湿度饱和。

在矿井中，气溶胶粒径分布和所带电荷在此气体环境下随空间和时间明显地变化，还可能受发动机废气、油烟和爆破的烟雾等的影响。

## A.5 土壤气体环境

土壤气体环境主要以其氡体积活度范围来表征。也可经常出现湿度饱和。

本部分也涉及土壤气体环境，因为辐射防护非常关注土壤氡，它作为住宅和工作场所氡的主要来源。因此，为了评价土壤产生氡的趋势应进行测量（如在建筑住宅之前）。

在某些情况下，载氡气体可与空气不同，如$CO_2$。

**表A.1 气体环境特性范围（典型值）**

| | 工作范围 | | | |
|---|---|---|---|---|
| | 室外气体环境[a] | 室内气体环境[b] | 地下气体环境 | 土壤气体环境 |
| $^{222}$Rn体积活度 | 10 Bq·m$^{-3}$～50 kBq·m$^{-3}$ | 10 Bq·m$^{-3}$～100 kBq·m$^{-3}$ | 100 Bq·m$^{-3}$～1 MBq·m$^{-3}$ | 100 Bq·m$^{-3}$～1 MBq·m$^{-3}$ |
| $^{220}$Rn体积活度 | 10 Bq·m$^{-3}$～10 kBq·m$^{-3}$ | 10 Bq·m$^{-3}$～50 kBq·m$^{-3}$ | 100 Bq·m$^{-3}$～5 MBq·m$^{-3}$ | 100 Bq·m$^{-3}$～1 MBq·m$^{-3}$ |

**表 A.1（续）**

| | 工作范围 | | | |
|---|---|---|---|---|
| | 室外气体环境[a] | 室内气体环境[b] | 地下气体环境 | 土壤气体环境 |
| $^{222}$Rn 的平衡因子 $F$ | 0.2～0.6 | 0.2～0.8 | 0.1～0.8 | 不适用 |
| $RnDP_{222}$ 的未结合态份额 | 0.03～0.9 | 0.03～0.7 | 0.03～0.9 | 不适用 |
| $PAEC_{222}$ | 11 nJ·m$^{-3}$～170 μJ·m$^{-3}$ | 11 nJ·m$^{-3}$～450 μJ·m$^{-3}$ | 56 nJ·m$^{-3}$～4.5 mJ·m$^{-3}$ | 不适用 |
| $PAEC_{220}$ | 4 nJ·m$^{-3}$～152 μJ·m$^{-3}$ | 4 nJ·m$^{-3}$～6 μJ·m$^{-3}$ | 没有数据 | 不适用 |
| $c_{eq222}$ | 2 Bq·m$^{-3}$～30 kBq·m$^{-3}$ | 2 Bq·m$^{-3}$～80 kBq·m$^{-3}$ | 10 Bq·m$^{-3}$～0.8 MBq·m$^{-3}$ | 不适用 |
| $c_{eq220}$ | 0.05 Bq·m$^{-3}$～2 kBq·m$^{-3}$ | 0.05 Bq·m$^{-3}$～76 Bq·m$^{-3}$ | 没有数据 | 不适用 |
| 气溶胶浓度 | $10^{6}$ m$^{-3}$～$10^{12}$ m$^{-3}$ | $10^{8}$ m$^{-3}$～$10^{14}$ m$^{-3}$ | $10^{10}$ m$^{-3}$～$10^{1}$ m$^{-3}$ | 不适用 |
| 气溶胶粒径 | $10^{-3}$ μm～0.5 μm | $10^{-3}$ μm～10 μm | $10^{-3}$ μm～10 μm | 不适用 |

**注**：在某些情况下，体积活度范围可覆盖 6 个数量级。

[a] 在铀尾矿附近，室外氡的体积活度可升到 50 kBq·m$^{-3}$。

[b] 在镭源存储区，氡的体积活度可升到 100 kBq·m$^{-3}$。

# 参 考 文 献

[1] P. K. Hopke, Health Physics, vol 64, n°5, p 459 (1993).

[2] W. C.Hinds, Aerosol Technology, Properties, Behavior and measurement of airborne Particles (1999).

[3] R. Dersch, U. Schötzig, Production and measurement of 222Rn standards, Appl. Radiat. Isot., Vol. 49, p.1171—1174, (1998).

[4] J. L. Picolo, D. Pressyanov, P. Blanchis, N. Michielsen, V. Voisin and K. Turek. A radon—222 metrological chain from primary standard to field detectors. International Conference on radionuclide metrological and its applications, ICRM'99, Prague. (1999).

[5] A. Paul, S. Röttger, A. Honig, T. Sulima, A. Buchholz and U. Keyser, Measurement of short—lived radon progenies by αγ-spectrometry at the radon reference chamber. Nuclear Instruments and Methods in Physics Research, Vol. A434, p.303—312, (1999).

[6] Maringer et al. The Austrian radon intercomparison exercise 1992—1996. Proc. IRPA reg. Symp. Rad. Prot. In Neighbouring Countries of central Europe, Tech Univ. Prague, p 150—153 (1997).

[7] G. Butterweck, Ch. Schuler, A. Paul, A. Honig, R. Dersch, V. Schmidt, P. Hamel, H. Buchenröder, A. Rox and W. Herzog. Intercomparison exercise of the PTB, BfS, MPA and PSI calibration facilities for radon gas concentration. Radiat. Prot. Dosim. 98(2):219—222 (2002).

[8] R. Falk, N. Hagberg, L. Mjönes, H. Möre, L. Nyblom and G. A. Swedjemark. Standards, calibration and quality assurance of 222Rn measurements in Sweden, Nuclear Instruments and Methods in Physics Research Section A: Accelerators, Spectrometers, Detectors and Associated Equipment, Volume 339, Issues 1—2, 22 January 1994, Pages 254—263.

[9] A. Röttger, A. Honig, G. Butterweck, Ch. Schuler, V. Schmidt, H. Buchenröder, A. Rox, G.M. Kendall, J.C.H. Miles, I. Burian, N. Michielsen, V. Voisin, F.J. Maringer, A. Vargas, Intercomparison exercise of calibration facilities for radon gas activity concentration, Ⅶ International Symposium on Natural Radiation Environment (NRE Ⅶ), 20—24 May, Rhodes, Greece (2002).

[10] Y. S. Cheng, J. A. Keating and G. M. Kanapilly, Theory and calibration of a screen-type diffusion battery. Journal of Aerosol Science, Vol.11, p.549—556 (1980).

[11] Pineau, J.F., "Results of the $1^{st}$ European Intercomparison of radon and radon daughters measurement methods and devices in an underground mine atmosphere"—CEC 1424/1/84, nov. 1985.

[12] Bertrand, C., Gibaud, C., Janot, M., Pineau, J.F., "Results of the 2nd European Intercomparison of radon and radon daughters measurement methods and devices in an underground mine atmosphere"—CEC B16/0340/F (1990).

[13] Knutson, E. O. (editor). International intercalibration and intercomparison programme for radon, thoron and daughters measuring equipment:

Part I: Radon measurement. Paris, OECD (1983).

Part II: Radon measurement. Paris, OECD (1983).

Part III: Radon measurement. Paris, OECD (1983).

[14] E.Gargioni, A.Honig, A.Röttger, 'Development of a calibration facility for the measurement of the thoron activity concentration', Nuclear Instr. And Meth. In Phys. Research, A 506, 2003, 166—172.

[15] Röttger, A., Honig, A., Butterweck, G., Schuler, Ch., Schmidt, V., Buchröder, H., Rox, A., Kendall, G.M., Miles, J.C.H., Burian, I., Michielsen, N., Maringer, F.J., Vargas, A.. Comparison of calibration facilities for radon activity concentration: Euromet Project 657. Metrologia, 2005, 42, Tech. Suppl. 06003.

[16] Tokonami, S., Ishimori, Y., Ishikawa, T., Yamazaki, K., Yamada, Y.. Intercomparison exercise of measurement techniques for radon, radon decay products and their particle size distributions at NIRS. Jpn. J. Health Phys., 40(2):193—190 (2005).